中国国家标准汇编

428

GB 23893～23933

（2009 年制定）

中国标准出版社 编

中国标准出版社

北京

图书在版编目（CIP）数据

中国国家标准汇编：2009年制定．428：GB 23893～23933/中国标准出版社编．—北京：中国标准出版社，2010

ISBN 978-7-5066-6008-2

Ⅰ．①中…　Ⅱ．①中…　Ⅲ．①国家标准-汇编-中国-2009　Ⅳ．①T-652.1

中国版本图书馆CIP数据核字（2010）第166750号

中国标准出版社出版发行
北京复兴门外三里河北街16号
邮政编码：100045

网址 www.spc.net.cn
电话：68523946　68517548
中国标准出版社秦皇岛印刷厂印刷
各地新华书店经销

*

开本 880×1230　1/16　印张 39　字数 1 140 千字
2010年10月第一版　2010年10月第一次印刷

*

定价 220.00 元

出 版 说 明

1.《中国国家标准汇编》是一部大型综合性国家标准全集。自 1983 年起，按国家标准顺序号以精装本、平装本两种装帧形式陆续分册汇编出版。它在一定程度上反映了我国建国以来标准化事业发展的基本情况和主要成就，是各级标准化管理机构，工矿企事业单位，农林牧副渔系统，科研、设计、教学等部门必不可少的工具书。

2.《中国国家标准汇编》收入我国每年正式发布的全部国家标准，分为"制定"卷和"修订"卷两种编辑版本。

"制定"卷收入上一年度我国发布的、新制定的国家标准，顺延前年度标准编号分成若干分册，封面和书脊上注明"20××年制定"字样及分册号，分册号一直连续。各分册中的标准是按照标准编号顺序连续排列的，如有标准顺序号缺号的，除特殊情况注明外，暂为空号。

"修订"卷收入上一年度我国发布的、修订的国家标准，视篇幅分设若干分册，但与"制定"卷分册号无关联，仅在封面和书脊上注明"20××年修订-1，-2，-3，……"字样。"修订"卷各分册中的标准，仍按标准编号顺序排列（但不连续）；如有遗漏的，均在当年最后一分册中补齐。需提请读者注意的是，个别非顺延前年度标准编号的新制定的国家标准没有收入在"制定"卷中，而是收入在"修订"卷中。

读者配套购买《中国国家标准汇编》"制定"卷和"修订"卷则可收齐上一年度我国制定和修订的全部国家标准。

3. 由于读者需求的变化，自 1996 年起，《中国国家标准汇编》仅出版精装本。

4. 2009 年我国制修订国家标准共 3 158 项。本分册为"2009 年制定"卷第 428 分册，收入国家标准 GB 23893～23933 的最新版本。

中国标准出版社

2010 年 8 月

目　　录

ICS 21.100.10
J 12

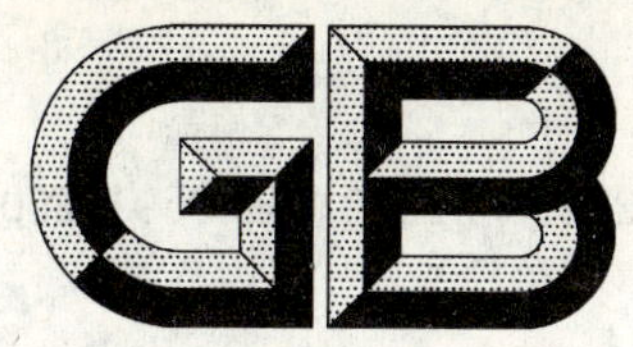

中华人民共和国国家标准

GB/T 23893—2009/ISO 6691:2000

滑动轴承用热塑性聚合物　分类和标记

Thermoplastic polymers for plain bearings—Classification and designation

(ISO 6691:2000,IDT)

2009-05-26 发布　　2009-12-01 实施

中华人民共和国国家质量监督检验检疫总局
中国国家标准化管理委员会　发布

前　言

本标准等同采用国际标准 ISO 6691:2000《滑动轴承用热塑性聚合物　分类和标记》(英文版)。

本标准等同翻译 ISO 6691:2000。

为便于使用,本标准做了下列编辑性修改:

——“本国际标准”一词改为“本标准”;

——用小数点“.”代替作为小数点的逗号“,”;

——删除国际标准的前言;

——由于国际标准中规范性引用文件未列全,采标时我国增加了正文中引用的四个国际标准,分别是:ISO 1043-1《塑料　符号和缩略语　第1部分:基本聚合物及其特征性能》,ISO 1872-1《聚乙烯(PE)模塑和挤出材料　第1部分:标记系统和分类基础》,ISO 1874-1《塑料　模塑和挤塑用聚酰胺(PA)共聚物和均聚物　第1部分:命名》,ISO 7792-1《塑料　热塑性聚酯(TP)模塑和挤塑材料　第1部分:标记体系和基本规范》。

标准的附录 A 和附录 B 是资料性附录。

本标准由中国机械工业联合会提出。

本标准由全国滑动轴承标准化技术委员会(SAC/TC 236)归口。

本标准起草单位:中机生产力促进中心、浙江长盛滑动轴承有限公司、浙江双飞无油轴承有限公司、浙江中达轴承有限公司。

本标准由全国滑动轴承标准化技术委员会秘书处负责解释。

本标准为首次发布。

滑动轴承用热塑性聚合物　分类和标记

1　范围

本标准规定了部分最常用的未填充的滑动轴承用热塑性聚合物的分类和标记体系。

本标准是根据聚合物不同性质，不同添加剂以及它们在滑动轴承上应用的相关信息来对这些未填充的热塑性聚合物进行分类。标记体系不包括所有特性，因此具有相同标记的聚合物并不是在任何情况下都能互换的。

本标准在列出影响选择滑动轴承用聚合物的一些基本参数的同时，还概述了最常用的未填充的热塑性聚合物性质及用途。

2　规范性引用文件

下列文件中的条款通过本标准的引用而成为本标准的条款。凡是注日期的引用文件，其随后所有的修改单(不包括勘误的内容)或修订版均不适用于本标准，然而，鼓励根据本标准达成协议的各方研究是否可使用这些文件的最新版本。凡是不注日期的引用文件，其最新版本适用于本标准。

GB/T 1033.1　塑料　非泡沫塑料密度的测定　第1部分：浸渍法、液体比重瓶法和滴定法(GB/T 1033.1—2008，ISO 1183-1:2004，IDT)

GB/T 1040.1　塑料　拉伸性能的测定　第1部分：总则(GB/T 1040.1—2006，ISO 527-1:1993，IDT)

GB/T 1040.2　塑料　拉伸性能的测定　第2部分：模塑和挤塑塑料试验条件(GB/T 1040.2—2006，ISO 527-2:1993，IDT)

GB/T 1040.3　塑料　拉伸性能的测定　第3部分：薄膜和薄片的试验条件(GB/T 1040.3—2006，ISO 527-3:1995，IDT)

GB/T 1040.4　塑料　拉伸性能的测定　第4部分：各向同性和正交各向异性纤维增强复合材料的试验条件(GB/T 1040.4—2006，ISO 527-4:1997，IDT)

GB/T 1040.5　塑料　拉伸性能的测定　第5部分：单向纤维增强复合材料的试验条件(GB/T 1040.5—2008，ISO 527-5:1997，IDT)

GB/T 3682　热塑性塑料熔体质量流动速率和熔体体积流动速率的测定(GB/T 3682—2000，idt ISO 1133:1997)

ISO 307　塑料　聚酰胺　黏度值的测定

ISO 1043-1　塑料　符号和缩略语　第1部分：基本聚合物及其特征性能

ISO 1628-5　塑料　用毛细管黏度计测定稀溶液中聚合物的黏度　第5部分：热塑性聚脂(TP)均聚物与共聚物

ISO 1872-1　聚乙烯(PE)模塑和挤出材料　第1部分：标记系统和分类基础

ISO 1872-2　聚乙烯(PE)模塑和挤塑材料　第2部分：试样制备和性能测定

ISO 1874-1　塑料　模塑和挤塑用聚酰胺(PA)共聚物和均聚物　第1部分：命名

ISO 1874-2　聚酰胺(PA)模塑和挤塑材料　第2部分：试样制备和性能测定

ISO 7148-2　滑动轴承　轴承材料摩擦特性试验　第2部分：聚合物基体轴承材料试验

ISO 7792-1　塑料　热塑性聚酯(TP)模塑和挤塑材料　第1部分：标记体系和基本规范

3 分类及标记体系

3.1 总则

热塑性聚合物是以模块体系为基础进行分类和标记的，模块体系由“描述模块”和“识别模块”组成。“识别模块”由“国家标准号模块”和“独立项模块”组成。对于所有热塑性聚合物的明确编码，“独立项模块”都分为五个数据模块。

“独立项模块”以对开线开始，各数据模块之间用逗号隔开。

数据模块 1～数据模块 5 各自包含的信息如下：

数据模块 1：材料符号(见 3.2)；

数据模块 2：目的用途或加工方法(见 3.3)；

数据模块 3：特殊性质(见 3.4)；

数据模块 4：填充型或增强型材料的类型和含量(见 3.5)；

数据模块 5：有关滑动轴承摩擦学特性的信息(见 3.6)。

每一数据模块中的字母和数字所代表的含义是不同的(见 3.2～3.6)。

数据模块 2 由 4 个位置组成，当第 2～4 的位置上至少使用了一位，但是没有给出位置 1 上的信息时，则位置 1 上应用字母 X 代替。位置 2～位置 4 上的字母应按字母表顺序排列。

当某一数据模块没有使用，则应用两个连续的数据模块分隔符，例如连续两个逗号(，，)表示出来。

第 4 章中给出了标记示例。

3.2 数据模块 1

热塑性聚合物的化学结构根据 ISO 1043-1 中规定的符号来标记。

表 1 材料化学结构及符号

热塑性聚合物		名称及化学结构
分组/名称	符号	
聚酰胺	PA 6	PA 6：ε-己内酰胺均聚物
	PA 6，浇铸	PA 6，浇铸：ε-己内酰胺均聚物
	PA 66	PA 66：己二胺己二酰及脂肪酸缩聚合反应的产物
	PA 12	PA 12：十二内酰胺
	PA 12，浇铸	PA 12 浇铸：PA 12
	PA 46	PA 46(聚己二酰丁二胺)
聚甲醛	POM	聚缩醛树脂(均聚物) 聚缩醛树脂(共聚物)
聚对苯二酸丁二脂	PET PBT	聚对苯二甲酸乙二酯 聚对苯二甲酸丁二醇酯
聚乙烯	PE-UHMW	超高分子量聚乙烯
	PE-HD	高密度聚乙烯
多氟烃	PTFE	聚四氟乙烯
聚酰亚胺	PI	通过加聚反应生成的聚酰亚胺可作为热固性塑料使用。通过缩聚反应生成的聚酰亚胺既可作为热塑性塑料，也可以作为热固性塑料使用，同时它也是酰亚胺共聚物。一些热塑性聚酰亚胺很明显的也是热固性酰亚胺，因为它们的热塑性温度范围在比分解温度要高。由于它们的中间位置，本标准对聚酰亚胺和酰亚胺共聚物只是略带介绍

表 1（续）

热塑性聚合物		名称及化学结构
分组/名称	符号	
聚醚醚酮	PEEK	聚芳醚酮
聚偏二氟乙烯	PVDF	偏二氟乙烯的共聚物
聚苯硫醚	PPS	苯环和硫原子按照线性结构排列形成的聚苯硫醚(摩擦改性材料)
聚酰胺-酰亚胺	PAI	通过缩聚反应生成的聚酰胺-酰亚胺是一种很硬的无定形热塑性塑料。经过后固化的聚酰胺-酰亚胺零件不能再加工使用("伪热固性塑料")

3.3 数据模块 2

第一位字母给出了目的用途代码(见表 2)。

表 2 数据模块 2(位置 1)

代码	目的用途
E	挤塑成型
G	一般用途
M	注塑成型
Q	压塑成型
R	滚塑成型
X	未指定

位置 2～位置 4 最多可以指示 3 种重要的性质和(或)添加剂(见表 3)。

表 3 数据模块 2(位置 2～位置 4)

代码	目的用途
A	加工稳定性
F	特殊的燃烧性质
H	防热老化稳定性
L	光稳定性
R	脱模剂、隔离剂
S	爽滑剂、润滑剂

3.4 数据模块 3

3.4.1 总则

不同特性的等级是以字母和数字来编码的。

每一种热塑性聚合物标记的性质都是不同的。

制造公差规定了单一属性值落在某一区间之内或者之外。对于制造者来说，也就是注明用来标记热塑性聚合物的区间范围。

3.4.2 聚酰胺

聚酰胺在数据模块 3 中以黏数来标记。黏数按 ISO 1874-1 中规定，由两位数字(见表 4)表示，并用对开线和其后三位数字(见表 5)表示的弹性模量分隔开。

最后一个位置上，可以用字母 N 来表示快速凝固产品。

聚酰胺黏数应使用表 4 中所给的溶剂，按照 ISO 307 中的方法来确定。

聚酰胺弹性模量应在符合 GB/T 1040.1,GB/T 1040.2,GB/T 1040.3,GB/T 1040.4,GB/T 1040.5 中规定的干燥状态下,在符合 ISO 1874-2 的环境中来测定。

表 4　聚酰胺黏数

聚酰胺	代　码	黏数/(mL/g)			
		溶剂			
		96%硫磺酸/(*m*/*m*)		间甲酚	
		＞	⩽	＞	⩽
PA 6 PA 6,浇铸 PA 66	09	—	90	—	
	10	90	110		
	12	110	130		
	14	130	160		
	18	160	200		
	22	200	240		
	27	240	290		
	32	290	340		
	34	340	—		
PA 12 PA 12,浇铸	11	—		—	110
	12			110	130
	14			130	150
	16			150	170
	18			170	200
	22			200	240
	24			240	—

表 5　弹性模量

代　码	弹性模量/(N/mm²)	
	＞	⩽
001	50	150
002	150	250
003	250	350
004	350	450
005	450	600
007	600	800
010	800	1 500
020	1 500	2 500
030	2 500	3 500
040	3 500	4 500
050	4 500	5 500

表 5（续）

代 码	弹性模量/(N/mm²)	
	>	≤
060	5 500	6 500
070	6 500	7 500
080	7 500	8 500
090	8 500	9 500
100	9 500	10 500
110	10 500	11 500
120	11 500	13 500
140	13 500	15 000
160	15 000	17 000
190	17 000	20 000
220	20 000	23 000
250	23 000	—

3.4.3 聚乙烯

聚乙烯是按照 ISO 1872-1 规定的，由两位数字(见表 6)代表的密度以及其后用对开线隔开的、用一个字母和三位数字(见表 7)表示的熔体质量流动速率(MFR)来标记。

基材的密度应在符合 ISO 1872-2 规定的环境中，按 GB/T 1033.1 中规定的方法来确定。

熔体质量流动速率应在 190 ℃温度下，施加 2.16 kgf(符号 D)，按照 GB/T 3682 来测定。对于熔体质量流动速率<0.1 g/10 min 的热塑性聚合物，建议在 5 kgf(符号 T)载荷作用下进行试验；如果速率还是小于 0.1 g/10 min，则试验载荷应加大到 21.65 kgf(符号 G)。

符号 D、T、G 应在表 7 中所给的熔体质量流动速率代码前面。

表 6 密度

代 码	密度[a]/(g/cm³)	
	>	≤
15	—	0.917
20	0.917	0.922
25	0.922	0.927
30	0.927	0.932
35	0.932	0.937
40	0.937	0.942
45	0.942	0.947
50	0.947	0.952
55	0.952	0.957
60	0.957	0.962
65	0.962	—

[a] 表中数据为未染色和未填充的 PE 材料的密度范围。

表 7　熔体质量流动速率(MFR)

代　码	熔体质量流动速率/(g/10 min)	
	>	≤
000	—	0.1
001	0.1	0.2
003	0.2	0.4
006	0.4	0.8
012	0.8	1.5
022	1.5	3
045	3	6
090	6	12
200	12	25
400	25	50
700	50	100

3.4.4　**聚亚烷基对苯二酸酯**

聚亚烷基对苯二酸酯的特殊性质是 ISO 7792-1 中规定的黏数，按 ISO 1628-5 中规定的方法来测定。用两位数字来表示。

表 8　聚亚烷基对苯二酸酯的黏数

聚亚烷基对苯二酸酯	代码	黏数/(mL/g)	
		>	≤
PET(聚对苯二甲酸乙二酯)	06	—	60
	07	60	70
	08	70	80
	09	80	90
	10	90	100
	11	100	120
	13	120	140
	15	140	—
PBT(聚对苯二酸丁二酯)	08	—	90
	10	90	110
	12	110	130
	14	130	150
	16	150	170
	18	170	—

3.4.5　**其他聚合物**

本标准随后的版本中将会包括聚甲醛、聚四氟乙烯、聚酰胺-酰亚胺的特殊性质的编码方式。

3.5　**数据模块 4**

填充及增强材料以及为滑动轴承应用指定的添加剂，按以下方式编码：

位置 1:填充剂及增强材料的类型,用一个字母表示(见表 9);

位置 2:填充剂及增强材料的物理形态,用一个字母表示(见表 10);

位置 3 和 4:填充剂及增强材料在聚合物中的质量百分数,用两位数字表示(见表 11);

位置 5 和 6:位置 1 上的填充剂,用两个字母表示(见表 12)。

表 9 填充剂及增强材料的类型(位置 1)

代　码	类　型
C	碳
G	玻璃
K	白垩
S	有机合成材料
T	滑石
X	未指明

表 10 填充剂及增强材料的物理形态(位置 2)

代　码	形　态
D	粉末
F	纤维
S	球状的
X	未指明

表 11 质量百分数(位置 3 和位置 4)

代　码	质量百分数	
	>	⩽
0X	未指明	
01	0.1(包括 0.1)	1.5
02	1.5	3
05	3	7.5
10	7.5	12.5
15	12.5	17.5
20	17.5	22.5
25	22.5	27.5
30	27.5	32.5
35	32.5	37.5
40	37.5	42.5
45	42.5	47.5
50	47.5	55
60	55	65
70	65	75
80	75	85
90	85	—

表 12 填充剂(位置 5 和位置 6)

代 码	类 型
GR	石墨
MO	二硫化钼(MoS_2)
OL	矿物油
PE	聚乙烯
TF	聚四氟乙烯(PTFE)

3.6 数据模块 5

对摩擦学特性的测试,见 ISO 7148-2。

4 标记示例

标记体系汇总见表 13。

表 13 标记体系汇总

描述模块	热塑性塑料				
国家标准号模块	GB/T 23893				
独立项模块	数据模块	位置	内容	参考目录	
				条款	表格
	1	—	材料符号	3.2	1
	2	1	目的用途或加工方法	3.3	2
		2～4	重要特性和(或)添加剂	3.3	3
	3	—	特殊性质	3.4	4～8
	4	1	填充剂和增强材料的类型	3.5	9
		2	填充剂和增强材料的物理形态	3.5	10
		3～4	填充剂和增强材料的质量含量	3.5	11
		5～6	附加信息	3.5	12
	5[a]	—	应用于滑动轴承的摩擦学特性	3.6	—

[a] 见 3.6。

例 1:注塑成型(M)、带脱模剂(R)、黏数为 140 mL/g(14)、弹性模量为 2 600 N/mm^2(030)和快速硬化(N)的 PA 6 产品标记示例如下:

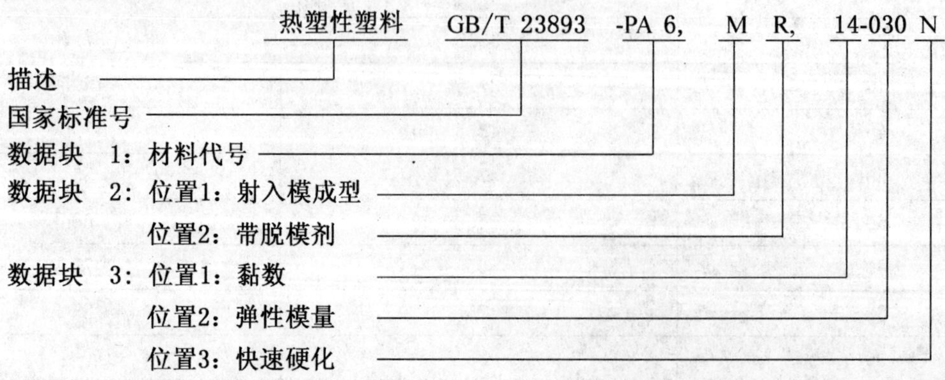

标记：

热塑性塑料 GB/T 23893 -PA 6,MR,14-030N

例 2:数据模块 2 中未指明使用添加剂、黏数为 280 mL/g(27)、弹性模量为 4 000 N/mm^2(040)、快速硬化(N)、20%(m/m)玻璃纤维的 PA66 产品标记示例如下：

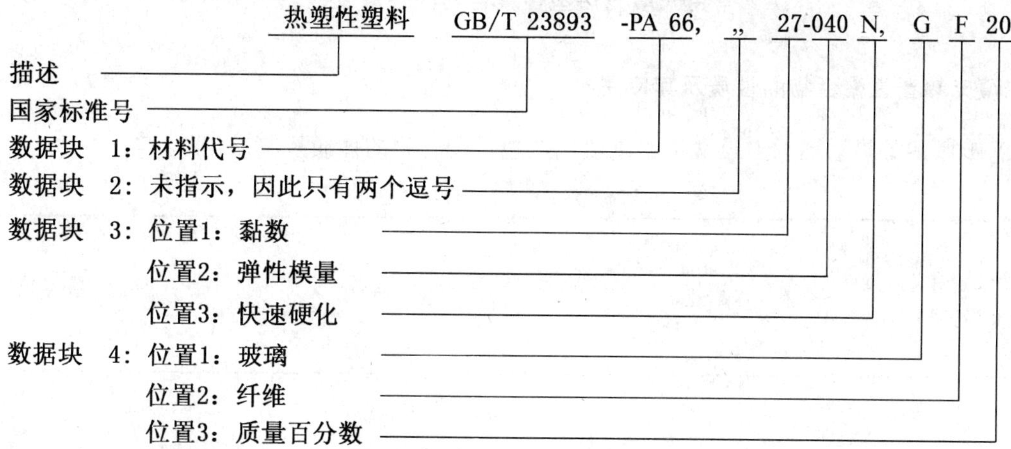

标记：

热塑性塑料 GB/T 23893 -PA 66，,，27-040N,GF20

5 订购信息

采购商和供应商应就需要进行的检测项目进行协商。

当准备检测材料的机械和(或)摩擦特性时,双方应就测试是否在成品或试棒(以下三种情况)上进行以及测试是否应在平行于或垂直于流动方向,和(或)机械加工方向上进行达成协议。

a) 交付货物中未改动的零件,

b) 随同一生产批次制造的试棒,或

c) 从成品上取得的试棒。

附　录　A
（资料性附录）
常用未填充热塑性聚合物的性质及应用

A.1　未填充热塑性聚合物的性质及其应用

表 A.1 概述了滑动轴承上最常用的未填充热塑性聚合物的性质及其应用。

表 A.1　概述

热塑性聚合物分类(符号)	综　述	化学性质	应用示例
聚酰胺(PA)	抗性材料,尤其是抗振动和抗磨损,具有良好的阻尼特性。 无润滑工作状态下滑动摩擦因数高,吸水率相对较高	阻燃,防油,防脂及其他大多数溶剂。对无机酸敏感,即使是稀释的无机酸。但不受强碱(即使是浓度很高的碱)的腐蚀。PA 6 和 PA 66 在热水中使用时需要有防止水解的化学平衡。PA 11 和 PA 12 普遍防水解	受振动影响的轴承; 钢制磨床的导轨; 火车刹车装置中的轴套; 农业机械中的轴承; 弹簧环端轴套
聚甲醛(POM)	硬质材料,因此能够承受的压力比聚酰胺高,但是对振动比较敏感。抗磨损较差,但是摩擦因数比聚酰胺低。吸水率非常低	可抵抗绝大多数化学物质,尤其是有机酸。只有少部分溶剂可以溶解 POM。即使在高温下,POM 共聚物依然能够抵抗强碱溶液(例如 50% NaOH 溶液)的腐蚀。氧化性和强酸性(pH＜4)的化学物质可以腐蚀 POM	尺寸稳定性和摩擦因数要求很严的滑动轴承。需在无润滑或润滑不足状态下工作良好的场合。精密仪器、电子仪器及家用电器中的滑动轴承
聚对苯二甲酸乙二酯(PET) 聚对苯二酸丁二酯(PBT)	硬度和 POM 类似,但是温度高于 70 ℃时硬度会明显降低。温度低于 70 ℃时,磨损和摩擦因数都很低。吸水率低	耐候性好,可抵抗绝大多数溶剂、石油、脂肪及盐溶液。对许多酸碱水溶液有足够的抵抗性。浓缩的无机酸和碱溶液可腐蚀它们。卤化烃,比如:氯化亚甲基和氯仿可使 PET,PBT 急剧膨胀。高温下易水解	和 POM 适用的滑动轴承类似。 通常用在工作温度在 70 ℃ 以下的滑动轴承上。在无润滑和润滑不足时工作良好。精密仪器及在水中工作的滑动轴承,连杆的导向轴套。振荡运动中的滑动轴承

表 A.1（续）

热塑性聚合物分类(符号)	综　述	化学性质	应用示例
超高分子聚乙烯(PE-UHMW) 高分子聚乙烯(PE-HD)	PE-UHMW 具有良好的抗振动性能。PE-HD 对持久应力的抵抗力较差，但是可抗振动。热膨胀性大约是 PA 和 POM 的两倍。 具有良好的抗磨性，良好的滑动和嵌入性能。不吸收水分。可在低温下工作	室温下，PE 不溶于水、碱溶液、盐溶液及无机酸(强氧化性酸除外)。室温下，极性溶液，比如酒精、有机酸、酯、酮等仅仅会使 PE 轻微膨胀。PE 可极大的吸收脂肪烃，芳香烃及其卤化物，从而导致自身强度降低。当这些物质挥发完全后，PE 可恢复到其原先的性能。不挥发液体，比如脂肪、石油、蜡等，活性较低，挥发的比较慢	水中用于挖沙的机械中的滑动轴承； 公路及农业机械中； 低温环境下工作的轴承； 化工设备中的滑动轴承
聚四氟乙烯(PTFE)	抗震，具有良好的嵌入性。可在无润滑状态下工作。主要工作在重载、低速、摩擦因数低的情况。抗咬黏，高温、低温下都可使用。不吸收水分。未填充的 PTFE 抗磨损较差，通常用在受到限制的轴承上	260 ℃以下，除了被溶解或熔融的碱金属所腐蚀外，不受其他任何化学物质腐蚀。氟元素或氯氟化物在室温以上即可腐蚀 PTFE	化工设备中的滑动轴承，高频率、高温或低摩擦因数情况下的应用。桥梁支座及类似线速度极低(蠕动速度)的轴承。 对于食品机械中的滑动轴承，其所用的未填充 PTFE 对人体无害
聚酰亚胺(PI)	耐高温，硬度高。抗磨损。无润滑状态下，滑动表面温度低于 70 ℃时摩擦因数相对较高。承载能力高，吸水率低，同时也可在极低的温度下工作	不溶于绝对多数脂肪烃和芳香烃、稀释酸或弱酸，以及石油和汽油。随着浓度和温度的升高，碱溶液会腐蚀 PI。当在高温水或水蒸气中使用时，必须考虑水解问题	隧道式烘炉中的滑动轴承
聚醚醚酮(PEEK)	PEEK 是半结晶性热塑性聚合物，耐高温，抗拉强度、弯曲强度高。在弯曲循环应力下良好的疲软强度，故使用时间很长。抗水解性能极好	可抵抗绝大多数化学物质。只溶于浓硫酸、浓硝酸。某些卤化烃可分解聚醚醚酮	250 ℃以下恶劣环境下的滑动轴承和滑动元件。通过添加 PTFE 石墨或碳纤维添加剂，可以显著提高其本身已经很优异的摩擦性能

表 A.1（续）

热塑性聚合物分类(符号)	综　述	化学性质	应用示例
聚偏二氟乙烯(PVDF)	该氟塑料具有和PTFE类似的性质和更好的机械强度、硬度和黏性。使用极限温度为150 ℃。其蠕变倾向与PTFE相比明显的受限制	耐酸、碱、溶剂、氯化烃、热丙酮、酮以及酯。高温下可被一级胺腐蚀。用于食品相关领域时没有妨碍。该材料对人体无毒害	用于食品行业的化工设备中的滑动轴承
聚苯硫醚(PPS)	未添加添加剂时，PPS是脆性相对较大的高结晶度热塑性聚合物。使用温度极限为220 ℃，加入添加剂后，原本在0.4～0.7之间的相对较高的摩擦因数会降低，并且在特定弯曲应力下能提高疲劳强度和抗冲击强度	耐化学药品性极好，200 ℃以下使用时，已知的任何溶剂都溶解不了PPS。可被氯磺酸腐蚀。防水解	用于与化学相关的，高温、恶劣环境下的滑动轴承
聚酰胺-酰亚胺(PAI)	机械性能极高的高性能材料，可在极高或极低的温度下使用。抗疲劳强度尤其是抗磨损性极好。聚酰胺-酰亚胺零件须经过后加工以达到最佳的耐磨损和耐化学药品性	极好的耐化学物品性能。温度高于93 ℃时，苯磺酸、蚁酸、苏打碱液(30%)能腐蚀它。高于160 ℃时，水蒸气可导致其降解	适用于重载，使用温度在260 ℃以下的滑动轴承和滑动元件。加入PTFE或石墨添加剂后，有助于提高其摩擦性能

A.2　应用在滑动轴承中的特殊性质

滑动轴承摩擦学系统中用到的热塑性聚合物的特性是其在压应力下表现出来的耐高低温及耐水性能，以及它们的热导率和滑动(包括耐磨损)性能。

摩擦系统并不仅仅取决于滑动轴承材料的性能，还取决于相配合的部件的型式和表面、应用类型、设计、环境影响和总体工作条件等。在有润滑的条件下，还包括润滑剂的性能(见附录B)。

表A.2和图A.1给出了这些参数的近似值。

实际值根据所使用的塑料的类型以及制造者水平的差异会在热塑性聚合物组内发生偏差波动。随不同的应用，还应考虑其他一些性质。

表 A.2 滑动轴承中未填充热塑性聚合物的特性

热塑性聚合物的特性			PA 6	浇铸 PA 6	PA 66	PA 12	浇铸 PA 12	PA 46	POM	PET	PBT	PE-UHMW	PTFE[a]	PI[b]	PEEK	PVDF	PPS	PAI
滑动性能[c,d]			见图 A.1															
耐磨损性			见图 A.1															
推荐配合材料	与金属配合[e]	最低硬度/(HRC)	50	50	50	50	50	50	50	50	50	50[e]	50[e]	50[e]	50	50	50	50
		表面粗糙度,Rz/(μm)	2~4	2~4	2~4	2~4	2~4	2~4	1~3	0.5~2	0.5~2	0.5~2	0.2~1	2~4	2~4	2~4	1~3	1~3
	与热塑性塑料配合	热塑性塑料及改性热塑性塑料[f]	POM 改性 POM	POM 改性 POM	POM 改性 POM	POM 改性 POM	POM	PA 改性 PA	PA PBT 改性 POM	POM	POM	PA	PA POM PET PBT	—	—	—	—	—
		粗糙度[g]/(μm) Rz	10	10	10	10	10	10	10	10	10	10	5	—	—	—	—	—
		粗糙度[g]/(μm) Ra	1.6	1.6	1.6	1.6	1.6	1.6	1.6	1.6	1.6	1.6	0.8	—	—	—	—	—
平衡水含量/[%(V/V)]	在标准环境中[h]		2.5~3.5	2.2~3	2.2~3.1	0.7~1.1	0.4~0.9	2.8	0.2~0.3	0.3	0.2	0	0	1~1.3	1~1.3	0.05	0.03	1.8~2.5
	在 20 ℃水中[i]		9~10	7~9	8~9	1.3~1.7	1.3~1.5	9.5	0.6~0.7	0.6	0.5	0	0	—	—	0.05	0.09	—
温度极限/(℃)	熔化温度(ISO 1218 及 ISO 3146)		215~220	210~220	250~260	175~180	186~192	295	165~184	255~260	220~225	130~178	327	[j]	340	175	280	[j]
	维氏软化点(GB/T 1633,方法 A;浇铸 PA 12,方法 B)		180	—	299	165	190(方法 B)	—	163~173[k]	188	178	70	110	—	—	—	—	—
	间歇工作温度[l]		140	150	160	140	140	250	120~140	180	165	110	300	300~480	310	160	260	260
	连续工作温度		80~100	80~100	80~100	70~100	80~110	135~155	80~100	60~100	70~100	250	260	250	250	150	220	260

表 A.2（续）

热塑性聚合物的特性		材料															
		PA 6	浇铸 PA 6	PA 66	PA 12	浇铸 PA 12	PA 46	POM	PET	PBT	PE-UHMW	PTFE[a]	PI[b]	PEEK	PVDF	PPS	PAI
压力极限[m]/(N/mm^2)（见图 A.1）	压球法硬度 30 s (ISO 2039-1)[n]	55	55	65	70	100	—	125	155	130	40	30	—	—	—	—	—
	持久压力极限（静态）	12	13	14	11	12	—	18	19	18	8	5	20	—	—	—	—

a 这些数据适用于未填充 PTFE。未填充 PTFE 仅用于设计为防止蠕变（限制滑动元件）的滑动轴承上。除此之外，通常都使用填充 PTFE，它的抗压和抗磨损性能更好。

b 聚酰亚胺通常和填充剂一起使用，基于此，并且由于聚酰亚胺类别范围广泛，因此在这里不可能详细标记这些材料。

c 见 B.3.4（润滑）。

d 图 A.1 中所示之值适用于未填充热塑性塑料。当加入特定的添加剂后，这些值可能会发生明显的变化。

e 见 B.3.3（配合零件）。

f 常用改性填充剂材料：PE，PTFE，MoS_2，石墨，白垩。

g 见 B.3.3.4（表面粗糙度）。

h GB/T 2918—1998 中给出了在标准环境 23/50（环境温度 23 ℃，相对湿度 50%）中测定平衡水含量的方法。

i 根据 GB/T 1034—1998 中的规定来测定吸水率。

j 多数情况下低于分解温度时不会熔化。

k 温度上限适用于均聚物。

l 见 B.3.7（温度）。

m 在标准环境 23/50 中达到平衡水含量时。见 B.3.5（压应力）。

n 由于新测试方法中规定为 30 s，而不是以前的 10 s 和 60 s，因此建议如果蠕变现象的信息比较重要，还应测试 1 h 时的值。

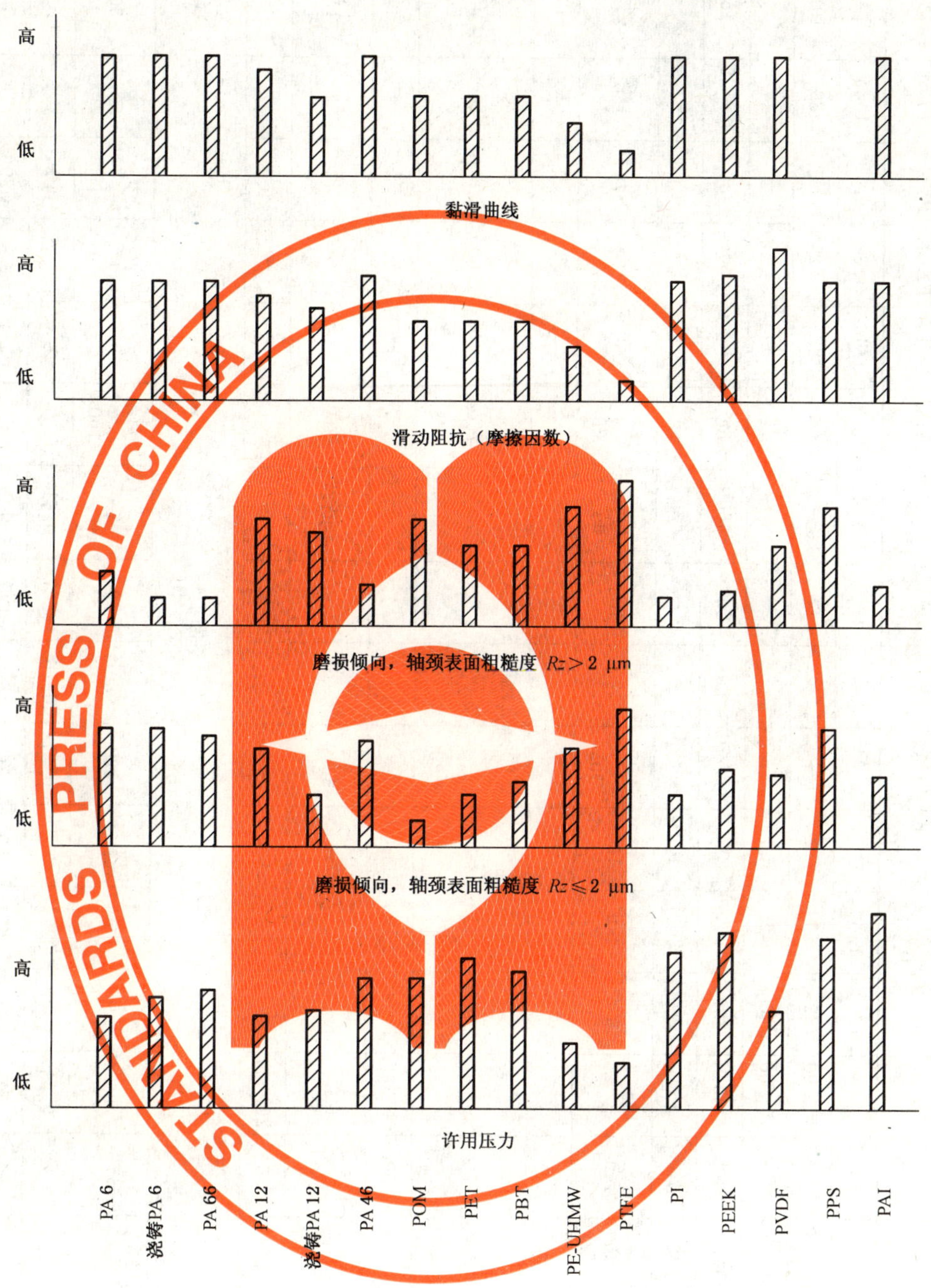

图 A.1　用于低速，与钢制零件配合的，无润滑滑动轴承上的部分未填充热塑性聚合物的典型性能(对比)

A.3　一般性质

除 A.1 和 A.2 中提及的性质外，热塑性塑料的其他一些性质对滑动轴承也很重要。

表 A.3 中给出了这些性质的参考值。取决于所使用的热塑性聚合物和加工形式，实际值可能会变动很大(在每一个组内)。

热塑性滑动轴承的磨损，很大程度上取决于轴承几何形状的精度。

表 A.3　滑动轴承中未填充热塑性聚合物的一般性质

热塑性聚合物的一般性质		材料															
		PA 6	浇铸 PA 6	PA 66	PA 12	浇铸 PA 12	PA 46	POM	PET	PBT	PE-UHMW	PTFE	PI	PEEK	PVDF	PPS	PAI
密度/(g/cm³)	干	1.13	1.13	1.14	1.02	1.03	1.18	1.41	1.37	1.29	0.94	2.15	1.43	1.32	1.78	1.35	2.41
抗拉强度(屈服点)/(N/mm²)	干	50～80	50～85	80～90	50	55	10	65～72	70	60	20～38	7～15	85	92	54	80	192
	湿	40～50	40～60	55～60	40	45	55	—	—	—	—	—	—	—	—	—	—
断后伸长率/(%)	干	130	10	40	250	150	25	25～70	50	200	450	300	—	50	80	15～25	15
	湿	220	70	150	280	200	100	—	—	—	—	—	—	—	—	—	—
弯曲强度极限/(N/mm²)	干	120	140	125～130	70	90	150	100～105	130	105	27	16～20	—	170	74	150	244
	湿	50	60	60	—	—	50	—	—	—	—	—	—	—	—	—	—
弹性模量/(N/mm²)	干	2 600	2 700	2 800	1 900	2 400	3 100	2 800～3 200	3 000	2 800	790	700	3 400	3 600	1 800	400	4 400
	湿	1 400	1 500	1 600	1 600	2 100	1 500	—	—	—	—	—	—	—	—	—	—
断口冲击韧性/(kJ/m²)	干	3～6	1.5～3	3～5	10～17	5～15	6	6～9	6	3～6	不断裂	16	—	6	14	3	11
	湿	不断裂	30	20～80	25	15	25	—	—	—	—	—	—	—	—	—	—
冲击韧性/(kJ/m²)	干	不断裂															
	湿																
线性热膨胀系数/($10^{-6}\cdot K^{-1}$)	干	85	75	85	110	100	90	120	80	60	—	100～160	31	47	130～170	50	30
热导率/[W/(m·K)]	干	0.23	0.23	0.23	0.29	0.29	0.3	0.31	0.26	0.27	0.41	0.23	0.3	0.25	0.19	0.3	0.26
绝缘破坏强度/(kV/mm)	干	50	50	50	33	35	60	70	89	109	90	50	—	25	20	21	23.6
	湿	20	20	41	32	30	20	—	—	—	—	—	—	—	—	—	—

附 录 B
（资料性附录）
基本应用方法

B.1 总则

本附录列出了影响滑动轴承选择、使用的热塑性聚合物的一些基本参数。

然而，这些对热塑性塑料滑动轴承最终的选择、计算和设计来说并不够，还应从滑动轴承供应商或从原材料供应商处获得更确切的信息。

B.2 滑动轴承中使用的热塑性聚合物的选择及应用

本标准中提到的热塑性聚合物在不同程度上满足滑动轴承应用中以下这些要求：

a) 低摩擦因数；

b) 高耐磨性；

c) 足够的承载能力；

d) 足够的温度稳定性；

e) 应急情况下的工作能力；

另外，以下这些性质，即使可能会给出很宽范围的特性，也应取决于所使用的热塑性聚合物的型式。

f) 无润滑状态下的工作能力；

g) 是否不需要维护(很多情况下，安装时加一次润滑油就足够了)；

h) 与环境介质(比如水、碱溶液、酸溶液等)的相互反应，这些介质随着滑动轴承热塑性塑料的不同的抗化学物品的性能而可能作为润滑剂或者冷却剂；

i) 是否运行平稳；

j) 吸收振动和冲击的能力；

k) 抗腐蚀性；

l) 抗化学药品性；

m) 是否毒性低；

n) 绝缘性；

o) 是否重量轻。

热塑性滑动轴承和相配合的零件、润滑剂以及环境的影响构成了一个摩擦系统，应用范围和使用环境主要由温度(环境温度加上摩擦引起的温升)确定的。图 B.1 和图 B.2 给出了热塑性聚合物机械性能值(以弹性模量为例)和温度的关系。

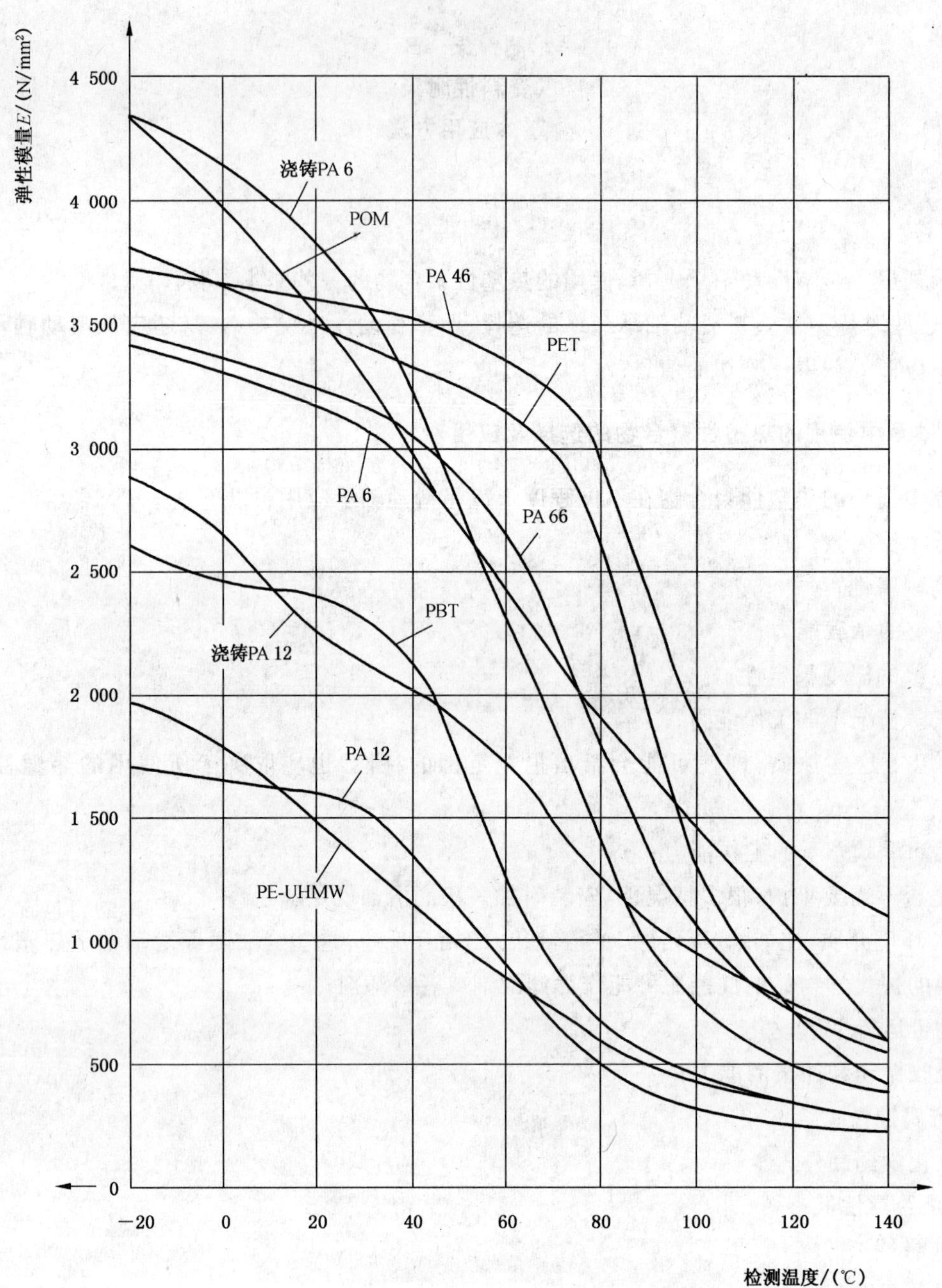

图 B.1 PA 6，浇铸 PA 6，PA 66，PA 12，浇铸 PA 12，PA 46，POM，PET，PBT 及 PE-UHMW（试样含水量小于 0.2%）在不同温度下的动态弹性模量

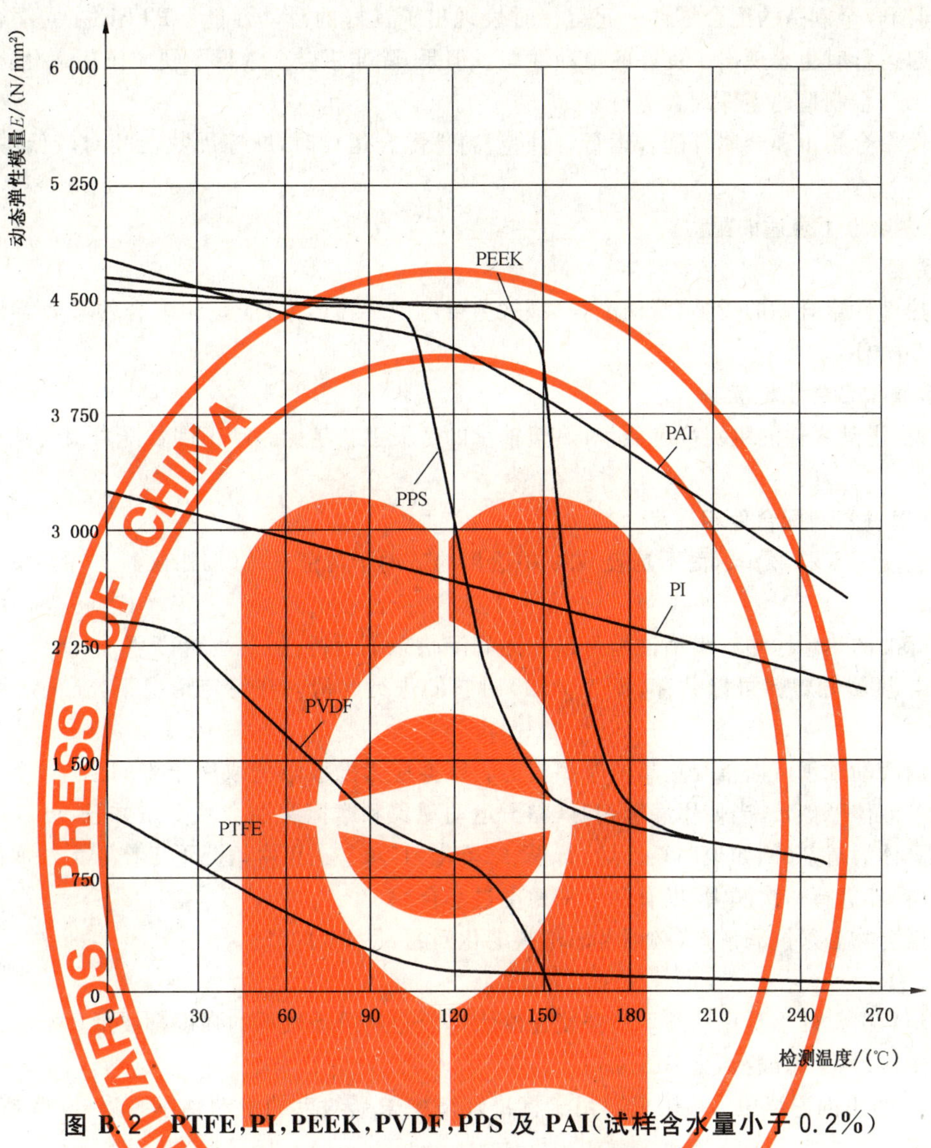

图 B.2 PTFE,PI,PEEK,PVDF,PPS 及 PAI(试样含水量小于 0.2%)在不同温度下的动态弹性模量

B.3 系统和环境的影响

B.3.1 滑动轴承类型

根据热塑性聚合物的类型的不同,无润滑的径向滑动轴承的 $p \cdot u$ 值是止推轴承的 2 倍~4 倍。

B.3.2 运动类型

热塑性滑动轴承在仪器中主要用于支承旋转轴。在机器和汽车中主要用于吸收振动和往复摆动。

在旋转、振动、往复摆动之间以及连续运动和间歇运动之间不同的应力值对 $p \cdot u$ 值和磨损有很大影响。

B.3.3 配合零件

B.3.3.1 材料

硬化钢是热塑性聚合物配合零件最合适的材料,玻璃同样也适合,非金属制造的配合零件也可以使用,但是必须考虑以下因素:

a) 当表面硬度小于 50 HRC 时,摩擦因数会比较高;

b) 滑动表面磨损可能会加剧;

c) 即使热导性比钢要好,但是许用 $p \cdot u$ 值和抗磨损性都比钢低。

PE 在同铜合金制造的配合零件一起运行时表现出了良好的滑动性能。PTFE 在同铜合金制造的配合零件一起运行时也表现出了良好的滑动性能。但是，除非铝合金进行了硬质阳极氧化，否则 PTFE 不能用于和铝合金制造的零件配合运行。

当热塑性聚合物不和金属件配合运行，而同塑料件配合运行时，摩擦因数会相对较低，并且大小相对恒定。

表 A.2 中给出了合适的配对。

B.3.3.2 硬度

不考虑热塑性聚合物的类型，滑动配合最好(主要考虑磨损因素)的是相配合的金属零件表面的洛氏硬度大于 50 HRC。

B.3.3.3 金属配合件粗糙度

总的来说，滑动零件的粗糙度越低，对热塑轴承的磨损也就越低。摩擦因数随着滑动零件粗糙度的降低而增加。

B.3.3.4 热塑性塑料配合件粗糙度

推荐粗糙度为 $Rz \leqslant 2\ \mu m$，而不是表 A.2 中给出的适用于精密机械(例如仪器上)的 Rz 值。

B.3.4 润滑

符合本标准的热塑性塑料滑动轴承可以在无润滑状态下运行，但是也可以用油、脂及其他液体(假设这些液体与热塑性塑料可以共存，见表 A.1)对它们进行润滑。在特定情况下，还可以用水来做润滑剂。

润滑过的滑动轴承可以承受更高的摩擦应力。摩擦应力的极限值取决于不同的摩擦状况(边界摩擦、混和摩擦、液体摩擦)。当使用润滑剂时，黏滑运动现象和摩擦腐蚀会减少。并且，可以从外部向滑动表面供给固体润滑剂(例如聚四氟乙烯、石墨、二硫化钼等)。在正常情况下工作于无油润滑状态的轴承，安装时也推荐进行一次润滑，以有利于平稳度过磨合期。

热塑性聚合物必须抗润滑剂(必须考虑塑料老化问题，见 ISO 175)。

B.3.5 压应力

热塑性塑料滑动轴承受压状态下的强度比绝大部分金属滑动轴承的强度都要低。

间歇的压应力(动态载荷)见 B.3.10。

表 A.2 中给出的连续压力极限值适用于标准环境中未受约束的滑动轴承。温升(摩擦引起的)会降低许用载荷。

B.3.6 速率

热塑性聚合物导热性很差。当摩擦热散发不出去(例如通过相配合的零件散发出去)时，允许的滑动速度范围就会受到轴承壁热导率的限制。

B.3.7 温度

持续工作的允许温度大大低于间歇工作的允许温度。表 A.2 中给出的持续工作的允许温度值表示在此温度下，材料的特性多年不会改变许多。一般用途的机械零件在许用条件下，由于热老化(见 GB/T 7142—2002)，其机械强度大约会降低到室温状态下的一半左右。

热塑性聚合物的热膨胀率是钢的 10 倍左右，这意味着较大的轴承间隙。机械性能随着工作温度的不同而不同。热塑性聚合物的热导率差意味着对摩擦热的散发能力受到限制。

B.3.8 水分

表 A.2 中给出的吸水率在室温下有效。温度越高，吸水率越大。吸水率会逐步影响线性尺寸，随吸水率(百分率)的不同，可能会达到原始尺寸的 1/3～1/4。吸收的水分会改变热塑性聚合物的机械性能。

B.3.9 时间

长时间工作的条件下，热塑性聚合物逐渐发生蠕变。因此，在连续压应力或拉应力状态下，建议增加其蠕变指数，增加最大值可到间歇工作时蠕变指数的1/5。

B.3.10 动态载荷及振动

通常热塑性聚合物可以非常好的承受间歇动态应力，但是承受持续载荷的能力稍差。当受到振动的影响时，性能可能会降到间歇工作状态下该值的50%～70%。

B.3.11 化学物品

滑动轴承材料和润滑剂在抗化学物品性能上差异很大。在重要用途时，应向供应商详细咨询。

B.3.12 生物互作用

当滑动轴承应用在食品、刺激物品、医药领域时，应严格遵守政府相关法规。

参 考 文 献

[1] GB/T 1034—1998 塑料吸水性试验方法(eqv ISO 62:1980).

[2] GB/T 1041—1992 塑料压缩性能试验方法(idt ISO 604:1973).

[3] GB/T 1043—1993 硬质塑料简支梁冲击试验方法(neq ISO 179:1982).

[4] GB/T 1633—2000 热塑性塑料维卡软化温度(VST)的测定(idt ISO 306:1994).

[5] GB/T 1844.1—1995 塑料及树脂缩写代号 第一部分:基础聚合物及其特征性能(neq ISO 1043-1:1987).

[6] GB/T 1845.1—1999 聚乙烯(PE)模塑和挤出材料 第1部分:命名系统和分类基础(eqv ISO 1872-1:1993).

[7] GB/T 2411—1980 塑料邵氏硬度试验方法(eqv ISO 868:1978).

[8] GB/T 2918—1998 塑料试样状态调节和试验的标准环境(idt ISO 291:1997).

[9] GB/T 7142—2002 塑料长期热暴露后时间-温度极限的测定(eqv ISO 2578:1993).

[10] GB/T 9341—1988 塑料弯曲性能试验方法(idt ISO 178:1993).

[11] GB/T 9352—1988 热塑性塑料压缩试样的制备(neq ISO 293:1986).

[12] GB/T 11026.1—1989 确定电气绝缘材料耐热性的导则 制订老化试验方法和评价试验结果的总规程(eqv IEC 216-1:1987).

[13] GB/T 11026.2—2000 确定电气绝缘材料耐热性的导则 第2部分:试验判断标准的选择(idt IEC 60216-2:1990).

[14] GB/T 11026.4—1999 确定电气绝缘材料耐热性的导则 第4部分:老化烘箱 单室烘箱(idt IEC 60216-4-1:1990).

[15] GB/T 11997—1989 塑料多用途试样的制备和使用(eqv ISO 3167:1983).

[16] GB/T 15596—1995 塑料暴露于玻璃下日光或自然气候或人工光后颜色和性能变化的测定(eqv ISO 4582:1980).

[17] GB/T 16422.2—1999 塑料实验室光源暴露试验方法 第2部分:氙弧灯(idt ISO 4892-2:1994).

[18] GB/T 17037.1—1997 热塑性塑料材料注塑试样的制备 第1部分:一般原理及多用途试样和长条试样的制备(idt ISO 294-1:1996).

[19] ISO 75-1 塑料 载荷下挠曲温度的测定 第1部分:一般试验方法.

[20] ISO 75-2 塑料 载荷下挠曲温度的测定 第2部分:塑料和硬橡胶.

[21] ISO 75-3 塑料 载荷下挠曲温度的测定 第3部分:高强度热固性叠层板和长纤维增强塑料.

[22] ISO 175 塑料 测定液体化学品对塑料影响的试验方法.

[23] ISO 294-2 塑料 热塑性材料试样的注模塑法 第2部分:小拉伸棒.

[24] ISO 294-3 塑料 热塑性材料试样的注模塑法 第3部分:小板.

[25] ISO 294-4 塑料 热塑性材料试样的注模塑法 第4部分:模塑收缩率的测定.

[26] ISO 458-1 塑料 柔性材料扭曲刚度的测定 第1部分:一般方法.

[27] ISO 458-2 塑料 柔性材料扭曲刚度的测定 第2部分:适宜于氯乙烯的均聚物和共聚物的增塑物.

[28] ISO 899-1 塑料 蠕变性能的测定 第1部分:拉伸蠕变(GB/T 11546—1989 塑料拉伸蠕变测定方法,EQV ISO 899:1981).

[29] ISO 899-2 塑料 蠕变性能的测定 第2部分:用三点负载测定挠曲蠕变.

[30] ISO 1110 塑料 聚酰胺 试样的加速状态调节.

[31] ISO 1218 塑料 聚酰胺 熔点的测定.

[32] ISO 1628-1 塑料 用毛细管黏度计测定稀溶液中聚合物的黏度 第1部分:一般原则.

[33] ISO 1628-3 塑料 黏数和极限黏数的测定 第3部分:聚乙烯和聚丙烯.

[34] ISO 1874-1 塑料 模塑和挤塑用聚酰胺(PA)共聚物和均聚物 第1部分:标记.

[35] ISO 2039-1 塑料球压痕硬度试验方法.

[36] ISO 2557-2 塑料 无定形热塑性塑料 具备特定复原性的试样的制备 第2部分:圆形试样.

[37] ISO 2818 塑料 试样的机加工制备.

[38] ISO 3146 塑料 用毛细管和偏振显微镜测定半晶状聚合物的熔化性能(熔化温度或熔化区域).

[39] ISO 4892-1 塑料 实验室光源暴露方法 第1部分:通用指南.

[40] ISO 4892-4 塑料 实验室光源暴露方法 第4部分:火焰炭弧灯.

[41] ISO 6721-1 塑料 动态机械性能的测定 第1部分:一般原则.

[42] ISO 6721-2 塑料 动态机械性能的测定 第2部分:扭摆法.

[43] ISO 6721-4 塑料 动态机械性能的测定 第4部分:拉伸振动 非共振法.

[44] ISO 6721-7 塑料 动态机械性能的测定 第7部分:扭转振动 非共振法.

[45] ISO 6721-10 塑料 动态机械性能的测定 第10部分:使用平板振荡流变仪测定复合剪切黏度.

[46] ISO 7792-1 塑料 热塑性聚酯(TP)模塑和挤塑材料 第1部分:标记体系和基本规范.

[47] ISO 15512 塑料 水含量的测定.

ICS 21.100.10
J 12

中华人民共和国国家标准

GB/T 23894—2009

滑动轴承　铜合金镶嵌固体润滑轴承

Plain bearings—Copper alloy bearings with solid lubricant

(ISO 4379:1993,Plain bearings—Copper alloy bushes,NEQ)

2009-05-26 发布　　2009-12-01 实施

中华人民共和国国家质量监督检验检疫总局
中国国家标准化管理委员会　发布

前 言

本标准与 ISO 4379:1993《滑动轴承　铜合金轴承》的一致性程度为非等效。

本标准由中国机械工业联合会提出。

本标准由全国滑动轴承标准化技术委员会(SAC/TC 236)归口。

本标准起草单位:浙江双飞无油轴承有限公司、浙江中达轴承有限公司、浙江长盛滑动轴承有限公司。

本标准由全国滑动轴承标准化技术委员会秘书处负责解释。

本标准为首次发布。

引　言

铜合金镶嵌固体润滑轴承以铸造铜合金为基体，并在基体上开出排列有序，大小适当的孔穴，再嵌入固体润滑材料，这种结构综合了铜合金和固体润滑材料的各自特点，可以在难以形成油膜润滑和因条件限制而不能添加润滑剂的场合使用。

该种轴承的直套型和带挡边型结构型式参照 GB/T 18324—2001，此外还派生出止推垫片和滑板两种结构型式。

滑动轴承　铜合金镶嵌固体润滑轴承

1　范围

本标准规定了铜合金镶嵌固体润滑轴承的结构型式、基本尺寸、技术要求和试验方法。

本标准适用于将固体润滑材料镶嵌在符合 GB/T 1176 中规定的铜合金基体内，经加工而成的镶嵌固体润滑轴承(以下简称轴承)。

2　规范性引用文件

下列文件中的条款通过本标准的引用而成为本标准的条款。凡是注日期的引用文件，其随后所有的修改单(不包括勘误的内容)或修订版均不适用于本标准，然而，鼓励根据本标准达成协议的各方研究是否可使用这些文件的最新版本。凡是不注日期的引用文件，其最新版本适用于本标准。

GB/T 228—2002　金属材料　室温拉伸试验方法(eqv ISO 6892:1998)

GB/T 1176—1987　铸造铜合金技术条件(neq ISO 1388:1977)

GB/T 1800.4—1999　极限与配合　标准公差等级和孔、轴的极限偏差表(eqv ISO 286-2:1988)

GB/T 1184—1996　形状和位置公差　未注公差值(eqv ISO 2768-2:1989)

GB/T 5121.1—2008　铜及铜合金化学分析方法　第1部分:铜含量的测定(ISO 1554:1976，ISO 1553:1976，MOD)

GB/T 5121.9—2008　铜及铜合金化学分析方法　第9部分:铁含量的测定(ISO 4748:1984，ISO 1812:1976，MOD)

GB/T 5121.11—2008　铜及铜合金化学分析方法　第11部分:锌含量的测定(ISO 4740:1985，MOD)

GB/T 5121.13—2008　铜及铜合金化学分析方法　第13部分:铝含量的测定(ISO 3110:1975，MOD)

GB/T 5121.14—2008　铜及铜合金化学分析方法　第14部分:锰含量的测定(ISO 2543:1973，MOD)

GB/T 18324—2001　滑动轴承　铜合金轴套(idt ISO 4379:1993)

JB/T 7925.1—1995　滑动轴承　单层轴承减摩合金的硬度检验方法

3　型式、尺寸与公差

3.1　直套型轴承结构型式、尺寸及公差

直套型轴承结构型式见图1，尺寸及公差见图1和表1。

3.2　带挡边型轴承结构型式、尺寸及公差

带挡边型轴承结构型式见图2，尺寸及公差见图2和表2。

3.3　止推垫片结构型式、尺寸及公差

止推垫片结构型式见图3，尺寸及公差见图3和表3。

3.4　滑板结构型式、尺寸及公差

滑板结构型式见图4，尺寸及公差见图4和表4。

单位为毫米

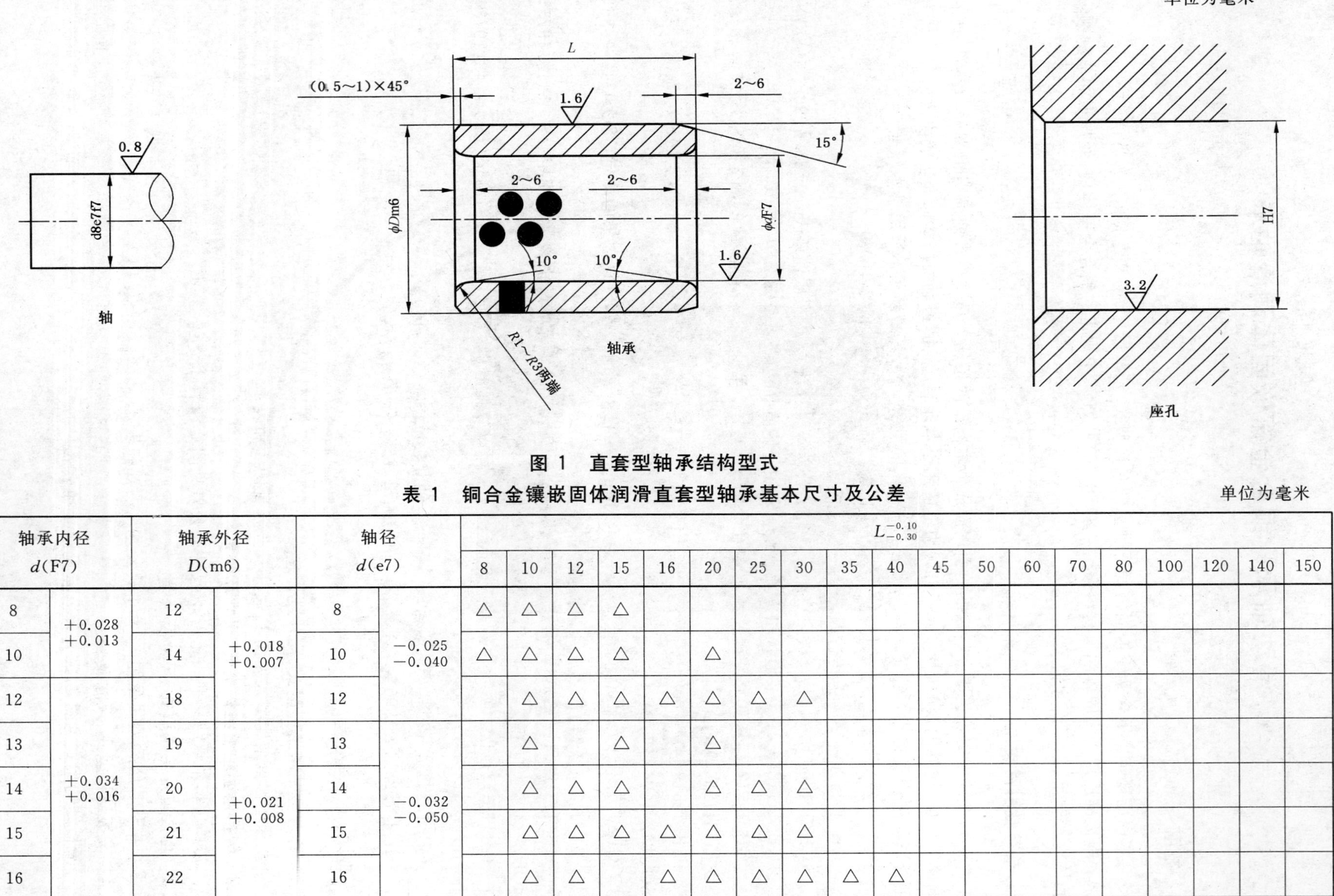

图 1　直套型轴承结构型式

表 1　铜合金镶嵌固体润滑直套型轴承基本尺寸及公差

单位为毫米

轴承内径 d(F7)		轴承外径 D(m6)		轴径 d(e7)		$L_{-0.30}^{-0.10}$																		
						8	10	12	15	16	20	25	30	35	40	45	50	60	70	80	100	120	140	150
8	+0.028 +0.013	12	+0.018 +0.007	8	−0.025 −0.040	△	△	△	△															
10		14		10		△	△	△	△		△													
12	+0.034 +0.016	18		12			△	△	△	△	△	△	△											
13		19	+0.021 +0.008	13	−0.032 −0.050		△		△		△													
14		20		14			△	△	△		△	△	△											
15		21		15			△	△	△	△	△	△	△											
16		22		16			△	△		△	△	△	△	△	△									

表 1（续）

单位为毫米

轴承内径 d(F7)		轴承外径 D(m6)		轴径 d(e7)		$L_{-0.30}^{-0.10}$																		
						8	10	12	15	16	20	25	30	35	40	45	50	60	70	80	100	120	140	150
17	+0.034 +0.016	23	+0.021 +0.008	17	−0.032 −0.050				△															
18		24		18				△	△	△	△	△	△	△	△									
19	+0.041 +0.020	26		19	−0.040 −0.061				△		△													
20		28		20			△	△	△	△	△	△	△	△	△	△	△							
20		30		20						△	△	△	△	△	△									
22		32	+0.025 +0.009	22				△	△		△	△												
25		33		25				△	△	△	△	△	△	△	△	△	△	△						
25		35		25				△	△	△	△	△	△	△	△	△	△							
28		38		28							△	△	△	△										
30		38		30				△	△		△	△	△	△	△	△	△	△						
30		40		30							△	△	△	△	△	△	△	△						
31.5	+0.050 +0.025	40		31.5	−0.050 −0.075								△	△										
32		42		32									△	△										
35		44		35								△	△	△	△	△	△	△						
35		45		35							△	△	△	△	△	△	△	△						
38		48		38									△	△										
40		50		40							△	△	△	△	△	△	△	△	△	△				
40		55	+0.030 +0.011	40								△	△	△	△	△	△	△						

表 1（续）

单位为毫米

轴承内径 d(F7)		轴承外径 D(m6)		轴径 d(e7)		$L_{-0.30}^{-0.10}$																		
						8	10	12	15	16	20	25	30	35	40	45	50	60	70	80	100	120	140	150
45	+0.050 +0.025	55	+0.030 +0.011	45	−0.050 −0.075								△	△	△	△	△	△						
45		56		45									△	△	△	△	△	△						
45		60		45									△	△	△	△	△	△	△	△				
50		60		50									△	△	△	△	△	△	△	△				
50		62		50									△	△	△	△	△	△	△					
50		65		50									△	△	△	△	△	△	△	△	△			
55	+0.060 +0.030	70		55	−0.060 −0.090										△	△	△	△	△					
60		74		60									△	△	△	△	△	△	△	△				
60		75		60									△	△	△	△	△	△	△	△	△			
63		75		63													△	△	△					
65		80		65													△	△	△	△				
70		85	+0.035 +0.013	70										△	△	△	△	△	△	△	△			
70		90		70													△	△	△	△				
75		90		75														△	△	△	△			
75		95		75														△	△	△	△			
80		96		80											△	△	△	△	△	△	△	△		
80		100		80											△	△	△	△	△	△	△	△	△	
90	+0.071 +0.036	110		90	−0.072 −0.107								△				△	△	△	△	△	△		

表 1（续）

单位为毫米

轴承内径 d(F7)		轴承外径 D(m6)		轴径 d(e7)		$L_{-0.30}^{-0.10}$																		
						8	10	12	15	16	20	25	30	35	40	45	50	60	70	80	100	120	140	150
100		120	+0.035 +0.013	100														△	△	△	△	△	△	
110	+0.071 +0.036	130		110	−0.072 −0.107														△	△	△	△		
120		140		120																△	△	△	△	
125		145		125																	△	△		
130		150	+0.040 +0.015	130																	△		△	
140	+0.083 +0.043	160		140	−0.085 −0.125																△		△	
150		170		150																	△			△
160		180		160																	△			△

注：表中标记“△”的为标准品。

单位为毫米

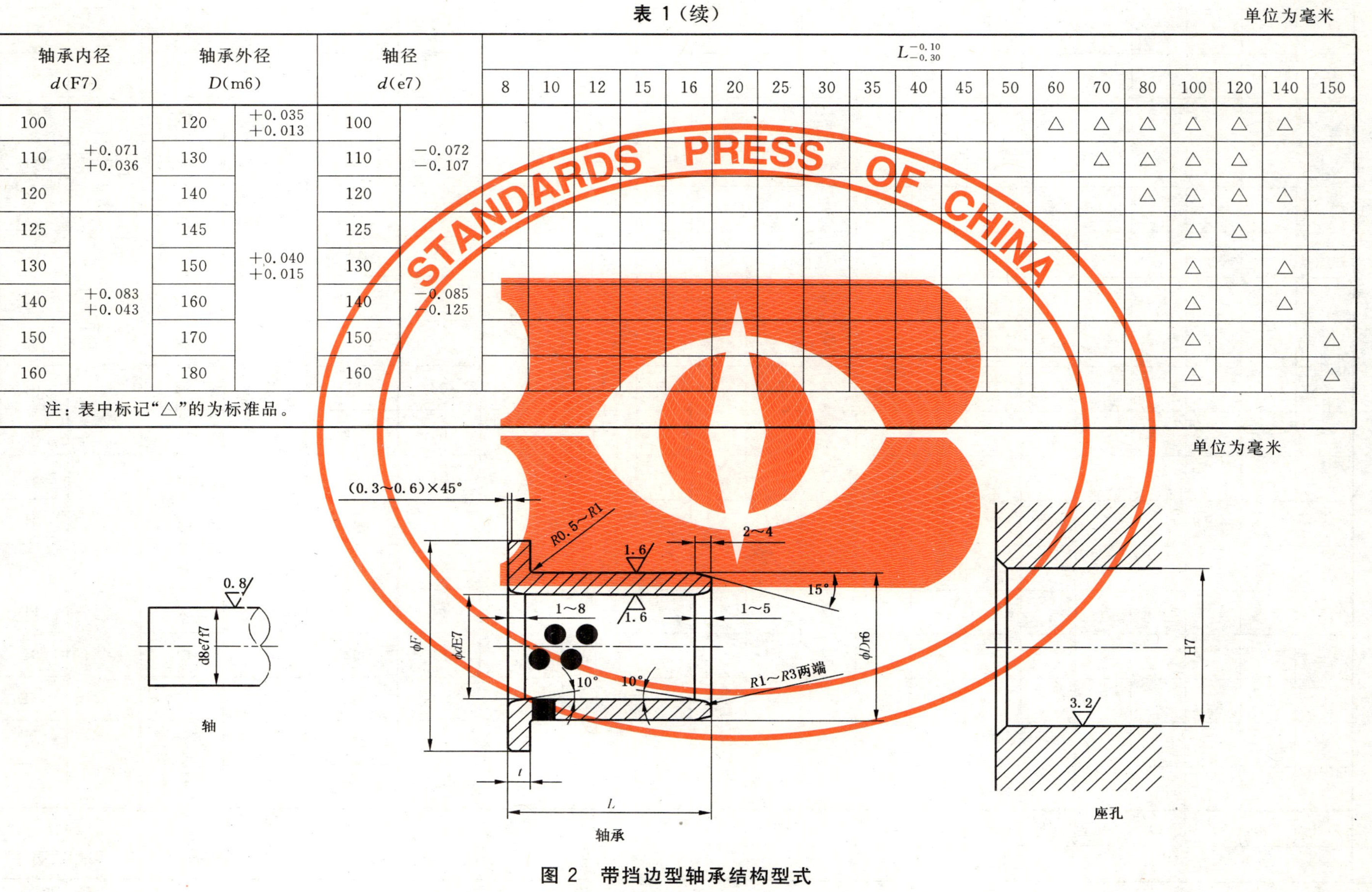

图 2　带挡边型轴承结构型式

表 2　带挡边型轴承基本尺寸及公差

单位为毫米

轴承内径 d(E7)		轴承外径 D(r6)		法兰直径 F	轴径 d(e7)		$t_{-0.10}^{0}$	$L_{-0.30}^{-0.10}$												
								10	12	15	20	25	30	35	40	50	60	70	80	100
8	+0.040 +0.025	12	+0.034 +0.023	20	8	−0.025 −0.040	2	△		△										
10		14		22	10			△	△	△	△									
12	+0.050 +0.032	18		25	12		3	△		△	△	△	△							
13		19	+0.041 +0.028	26	13	−0.032 −0.050				△	△									
14		20		27	14					△	△									
15		21		28	15			△		△	△	△	△							
16		22		29	16					△	△	△	△	△	△					
18		24		32	18						△		△							
20	+0.061 +0.040	28		40	20	−0.040 −0.061	5			△	△	△	△	△						
20		30		40	20					△	△	△	△	△	△					
25		33	+0.050 +0.034	45	25					△	△	△	△		△					
25		35		45	25					△	△	△	△	△	△	△				
30		38		50	30						△	△	△	△	△	△				
30		40		50	30						△	△	△	△	△	△				
31.5	+0.075 +0.050	40		50	31.5	−0.050 −0.075					△		△	△	△					
35		45		60	35						△	△	△		△	△				
40		50		65	40						△	△	△		△		△			
45		55	+0.060 +0.041	70	45								△	△	△	△	△			

表 2（续）

单位为毫米

轴承内径 d(E7)		轴承外径 D(r6)		法兰直径 F	轴径 d(e7)		$t_{-0.10}^{0}$	$L_{-0.30}^{-0.10}$												
								10	12	15	20	25	30	35	40	50	60	70	80	100
50	+0.075 +0.050	60	+0.060 +0.041	75	50	−0.050 −0.075	5						△	△	△	△	△			
55	+0.090 +0.060	65		80	55	−0.060 −0.090									△		△			
55		70	+0.062 +0.043	80	55										△		△			
60		75		90	60		7.5								△	△	△		△	
65		80		95	65										△		△		△	
70		85	+0.073 +0.051	105	70											△			△	
75		90		110	75												△		△	
80		100		120	80		10									△	△		△	△
90	+0.107 +0.072	110	+0.076 +0.054	130	90	−0.072 −0.107										△	△		△	△
100		120		150	100												△		△	△
120		140	+0.088 +0.063	170	120												△		△	△

注：表中标记"△"的为标准品。

单位为毫米

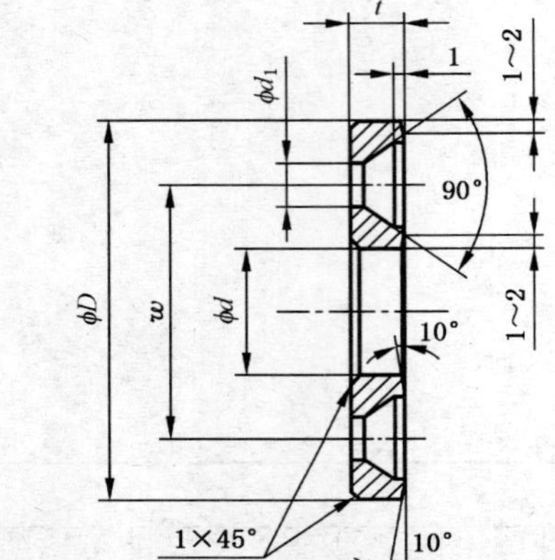
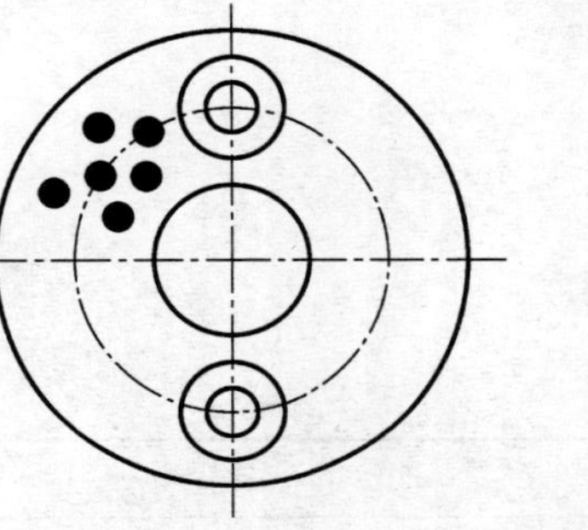

图 3　止推垫片结构型式

表 3　止推垫片基本尺寸及公差

单位为毫米

内径 d	外径 D	厚度 $t_{-0.1}^{0}$	螺孔中心距 $w\pm0.10$	定位孔 d_1	螺钉规格	螺钉孔数
10.2	30	3	20	3.5	M3	2
12.2	40		28			
13.2						
14.2						
15.2	50		35			
16.2						
18.2						
20.2		5		6	M5	
25.2	55		40			
30.2	60		45			
35.2	70		50	7	M6	

表 3（续）

单位为毫米

内径 d	外径 D	厚度 $t_{-0.1}^{0}$	螺孔中心距 $w\pm0.10$	定位孔 d_1	螺钉规格	螺钉孔数
40.2	80	7	60	7	M6	2
45.2	90		70			
50.3	100	8	75			4
55.3	110		85			
60.3	120		90	9	M8	
65.3	125		95			
70.3	130	10	100			
75.3	140		110			
80.3	150		120			
90.5	170		140	11	M10	
100.5	190		160			
120.5	200		175			

注：内径小于等于 50 mm 时公差为$^{+0.2}_{+0.1}$，大于 50 mm 时公差为$^{+0.3}_{+0.1}$。外径为自由公差。

单位为毫米

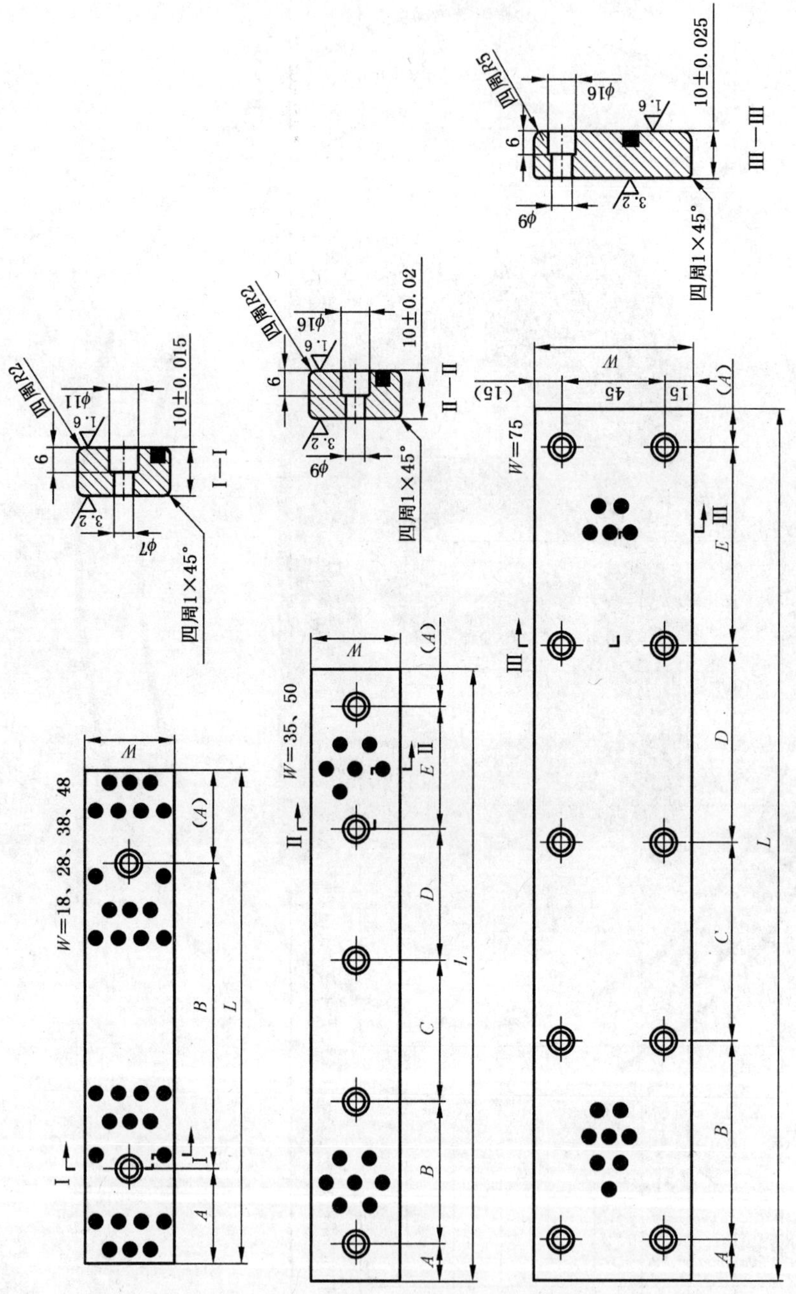

图4 滑板结构型式

表 4 滑板基本尺寸

单位为毫米

滑板宽度 W	滑板长度 L	A	B	C	D	E	内六角圆柱头螺钉	孔 数
18	75	15	45				M6	2
	100	25	50					
	125		75					
	150		100					
28	75	15	45					
	100	25	50					
	125		75					
	150		100					
35	100	20	60				M8	
	150		55	55				3
	200		55	50	55			4
	250		70	70	70			
	300		65	65	65	65		5
	350		80	75	75	80		
38	75	15	45				M6	2
	100	25	50					
	125		75					
	150		100					
48	75	15	45					
	100	25	50					
	125		75					
	150		100					

表 4（续）

单位为毫米

滑板宽度 W	滑板长度 L	A	B	C	D	E	内六角圆柱头螺钉	孔数
50	100	20	60				M8	2
	150		55					3
	200		55	55				4
	250		70	70	70			
	300		65	65	65	65		5
	400		90	90	90	90		
75	150		110					4
	200		80	80				6
	250		105	105				
	300		85	90	85			8
	400		120	120	120			
	500		115	115	115	115		10

注：内六角圆柱头螺钉需经特殊订货，板厚大于或等于 15 mm 时可采用标准内六角圆柱头螺钉。

4 技术要求

4.1 轴承基体铜合金材料的化学成分

轴承基体铜合金材料的化学成分应符合 GB/T 1176—1987 中 ZCuZn25Al6Fe3Mn3 的要求。

其他基体金属材料由用户和制造商协商。

4.2 轴承基体铜合金材料的机械性能

轴承基体铜合金材料的机械性能应符合表 5 的规定。

表 5 轴承基体铜合金材料的机械性能

机械性能	抗拉强度，σ_b/(N/mm²)	断后伸长率，δ/%	布氏硬度/HB
性能参数	≥740	≥10	≥210

4.3 压缩永久变形量

试验方法按 5.3 规定。轴承基体铜合金材料试样的压缩永久变形量应符合表 6 规定。

表 6 压缩永久变形量

试样尺寸	压应力/(N/mm²)	永久变形量/mm
ϕ15×15	300	≤0.03

4.4 摩擦磨损耐久性能

轴承在 5.4 规定的试验和初始润滑条件下的摩擦磨损耐久性能应达到表 7 的规定。

表 7 摩擦磨损耐久性能

试验型式	润滑条件	摩擦因数	磨损量/mm	试样最终温度/℃
摇摆试验	初始润滑	≤0.15	≤0.05	≤130

4.5 公差和表面粗糙度

轴承的尺寸公差应符合 GB/T 1800.4—1999，按表 8 的规定。

表 8 轴承尺寸公差

单位为毫米

型式	内径 d	外径 D	长度 L	推荐的轴径公差等级	推荐的座孔公差等级
直套型	F7	m6	$^{-0.10}_{-0.30}$	d8,e7,f7	H7
带挡边型	E7	r6	$^{-0.10}_{-0.30}$	d8,e7,f7	H7
注 1：与轴承配合的轴颈硬度一般不低于 40 HRC，表面粗糙度不低于 Ra0.8。 注 2：d8 重载荷，e7 轻载荷，f7 精密配合。					

轴承的形状和位置公差按 GB/T 1184—1996 及 GB/T 18324—2001 的规定，外径对内径的同轴度为 8 级。

铜合金表面粗糙度按图 1～图 4，工作表面为 Ra1.6。

4.6 外观要求

轴承的表面色泽应均匀。无裂纹、气孔、夹渣、毛刺、尖锐棱角、明显的划伤、碰伤和锈蚀现象。

固体润滑材料和铜合金结合在施加 50 N 压力时应无松动，固体润滑材料表面应无崩裂。

5 试验方法

5.1 化学成分分析

铸造铜合金化学成分分析可采用原子吸收和光谱分析等方法测定。当分析结果有争议时，以

GB/T 5121.1—2008、GB/T 5121.9—2008、GB/T 5121.11—2008、GB/T 5121.13—2008、GB/T 5121.14—2008 中规定的化学分析方法为准。

5.2 机械性能测试

铜合金基体材料的抗拉强度、断后伸长率按 GB/T 228—2002 规定。

铜合金基体材料的硬度按 JB/T 7925.1—1995 规定。

5.3 压缩变形试验

5.3.1 试验设备

试验在压缩试验机或其他压力加载机构上进行。

压板工作表面应平整并磨光，压板硬度不低于 55 HRC。

5.3.2 试样的制备

本试验采用圆柱形试样，试样高度 h_0 与直径 d_0 之比为：

$$\frac{h_0}{d_0}=1$$

试样直径为 ϕ15 mm。试样应经机加工，两端面应精抛或精磨，应互相平行并与试样的轴线垂直。试样几何精度要求按图 5 规定。

单位为毫米

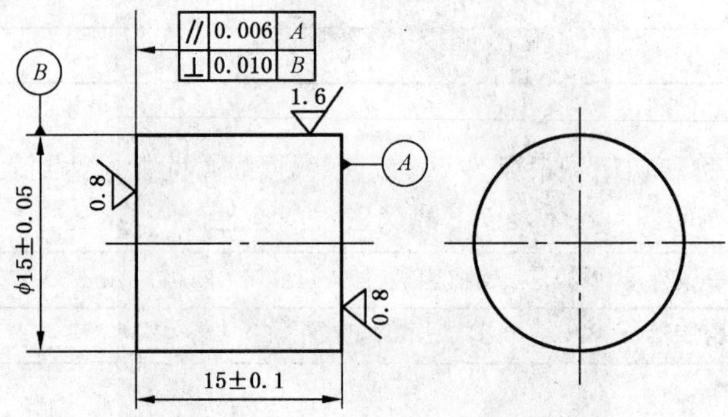

图 5 试样几何精度要求

5.3.3 试验程序

试验开始前，测量试样的高度 h_0，将试样放在压缩试验机或压力加载机构的中心位置。如果可能，试样的轴线与所施力的作用线间的距离应不大于 0.5 mm。

每次压缩试验前，两压板应涂少许润滑脂。

对试样逐级施加压力，以最大不超过 30 N/(mm^2 · s)的应力增量对试样连续加载，直到应力达到表 6 规定的最高应力（试验机压力达到 53 kN 左右），保持 30 s，卸载。从试验机上取出试样，测量试样高度。前后高度之差即为压缩永久变形量。

5.4 摇摆耐久性能试验

摇摆耐久性能试验是在摇摆磨损试验机上进行，原理见图 6。

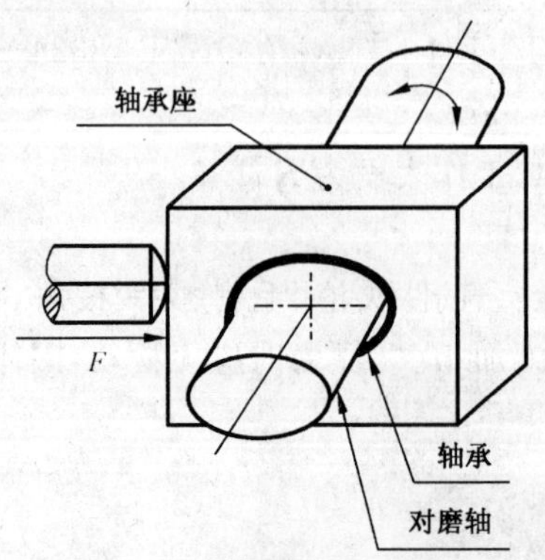

图 6 摇摆试验原理图

试件要求：尺寸为 ϕ50 mm×ϕ40 mm×30 mm(或 ϕ80 mm×ϕ70 mm×40 mm)，固体润滑材料分布率为 22%～30%，内表面粗糙度 *Ra*1.6。

对磨轴要求：材料为 45 钢，硬度为 43 HRC～47 HRC，表面粗糙度 *Ra*0.8，圆柱度为 ϕ0.01 mm。

轴外径与试件内径配合间隙：0.10 mm～0.15 mm。

润滑条件：装配时轴承内表面一次性涂 2 号锂基润滑脂。

试验方法：采用定速定载试验，试验时间为 100 h，极限温度为 130 ℃，承载压强为 24.5 MPa，摇摆角度±45°，线速度 1 m/min。当出现下列情况之一时，试验提前终止：

a) 摩擦力或温升剧增，转轴动作阻滞；

b) 温度达到试验规定的极限值；

c) 摩擦因数超过限定值。

通过计算机打印出摩擦因数数据、温度随时间变化曲线及试件最终磨损量。

摩擦磨损量测定方法：

摇摆耐久性能试验开始前，用壁厚千分尺测量试验轴承壁厚，试验终止后，在轴承工作面磨损处多点测量轴承磨损处壁厚，磨损面前后壁厚差的最大值即为磨损量。

ICS 21.100.10
J 12

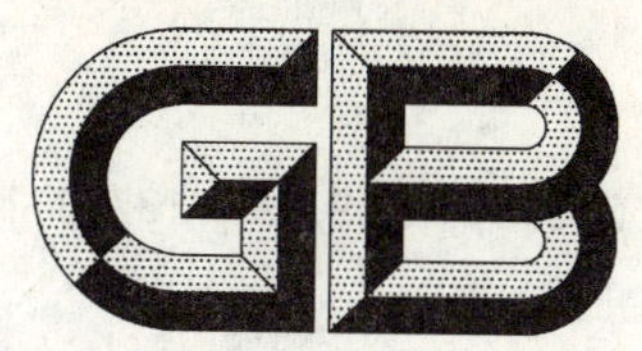

中华人民共和国国家标准

GB/T 23895—2009/ISO 13778:1999

滑动轴承　薄壁轴瓦质量保证 缩小轴承间隙范围的选择装配

Plain bearings—Quality assurance of thin-walled half bearings—Selective assembly of bearings to achieve a narrow clearance range

(ISO 13778:1999,IDT)

2009-05-26 发布　　2009-12-01 实施

中华人民共和国国家质量监督检验检疫总局
中国国家标准化管理委员会　发布

前　言

本标准等同采用 ISO 13778:1999《滑动轴承　薄壁轴瓦质量保证　缩小轴承间隙范围的选择装配》(英文版)。

本标准等同翻译 ISO 13778:1999。

为便于使用,本标准做了下列编辑性修改:

——“本国际标准”一词改为“本标准”;

——用小数点“.”代替作为小数点的逗号“,”;

——删除国际标准的前言。

本标准由中国机械工业联合会提出。

本标准由全国滑动轴承标准化技术委员会(SAC/TC 236)归口。

本标准起草单位:中机生产力促进中心、成都圣三强铁路配件有限公司。

本标准由全国滑动轴承标准化技术委员会秘书处负责解释。

本标准为首次发布。

滑动轴承　薄壁轴瓦质量保证
缩小轴承间隙范围的选择装配

1　范围

本标准规定了滑动轴承(符合 GB/T 7308)的选择装配。

轴承的直径间隙由轴承座孔直径、轴颈直径及两片轴瓦的厚度决定。这几部分的公差“叠加”一般将达到 50 μm～60 μm。根据现代发动机的发展和实践,为了改进发动机性能,需要缩小由公差“叠加”形成的间隙范围。本标准提出了为获得这种小间隙范围而进行选择装配的各种方案和建议。

2　规范性引用文件

下列文件中的条款通过本标准的引用而成为本标准的条款。凡是注日期的引用文件,其随后所有的修改单(不包括勘误的内容)或修订版均不适用于本标准,然而,鼓励根据本标准达成协议的各方研究是否可使用这些文件的最新版本。凡是不注日期的引用文件,其最新版本适用于本标准。

GB/T 7308—2008　滑动轴承　有法兰或无法兰薄壁轴瓦　公差、结构要素和检验方法(ISO 3548:1999,IDT)

GB/T 2889.1—2008　滑动轴承　术语、定义和分类　第 1 部分:设计、轴承材料及其性能(ISO 4378-1:1997,IDT)

3　术语和定义

GB/T 2889.1 中所确立的术语及下列术语和定义适用于本标准。

3.1

轴承的理论直径间隙　theoretical bearing diametral clearance

C,轴承座孔直径 D_H 减去两倍轴瓦厚度 S_3 和轴颈直径 D_J 后的差值,即:

$C = D_H - (2S_3 + D_J)$

3.2

轴承座孔直径　housing diameter

D_H,未装轴瓦时在垂直于对口面方向测得的轴承座孔直径。

3.3

轴瓦壁厚　bearing wall thickness

S_3,在距对口 90° 处(顶部)测得的轴瓦壁厚。

注:若测量两点,采用二者之中较大的测值。

3.4

轴颈直径　journal diameter

D_J,在精加工轴颈的直径最大位置测得的直径。

3.5

公差　tolerance

图纸规定的上极限和下极限之间的范围。

3.6

轴承座孔增大　housing swell

由轴承安装过盈引起的轴承座孔的膨胀。

4 轴承座孔增大和热膨胀

轴承座孔增大的定义是:"由轴承安装过盈引起的轴承座孔的膨胀"。当轴承座装入两片轴瓦,并用螺栓紧固之后,组装后的轴承孔将比装瓦之前测得的轴承座孔直径减去两片轴瓦壁厚所得的理论计算值稍大。轴承座孔增大的数量级一般为几微米。最大轴承座孔增大量产生于最大轴瓦高出度和最小轴承座孔直径的组合。应仔细进行装配试验来测定轴承座孔实际增大量。控制螺栓紧固程度也会影响实际的轴承座孔增大。

由于轻合金弹性模量较低,并且膨胀系数较大,因此其轴承座孔增大量较大。

在决定轴承直径间隙时,应确定轴承座孔增大和热膨胀的容许限度。

5 测量和识别

5.1 轴承座和轴颈

在更复杂的分级方案中,可能要求对每个轴承座和轴颈进行测量。当轴瓦只根据顶部壁厚分级时,可能要求在轴向和周向的多个位置上对轴颈进行测量,以确定轴颈的平均轴径。轴承座顶部直径则可能是唯一需要的轴承座测量值。对于几微米的公差分级,需要在无尘和恒温条件下进行精确测量。

通常,不同级别的曲轴轴颈通过在轴颈近旁涂以油漆或着色来识别。轴承座也采取类似的识别方法。这种方法依赖于操作者的视觉识别,有时可能不可靠。一种替代方法是在轴承座和/或轴颈上用贴标签或蚀刻剂进行划线或打点作为标记。另一种方法是将数据储存入计算机,以便在组装阶段检索。

5.2 轴瓦

如果轴瓦的壁厚公差等级小于正常工艺能力,就应考虑如何进行轴瓦的分级和识别。件号是在轴瓦壁厚最终加工之前打的。不允许在轴瓦分级之后再加打,因为这将使壁厚产生高点。通常的实际做法,是在分级之后用一种永久性的颜色或其他的适当方法在轴瓦侧面作出标记。

6 装配建议方案

在选取轴承选择装配的方案之前,首要的是要决定理想的间隙范围。通常来说,间隙范围越窄,分级方案就会越复杂,每件零件的公差也越小。例如:如果需要的间隙范围是 24 μm,就应当要求 6 μm 的等级公差,当间隙范围是 32 μm 时,则可接受 8 μm 的等级公差。

从设计的观点,期望获得非常窄的间隙范围,但可能出现一种情况,即由于配合非常接近理想平均间隙而获得的效果被成本的增加和选择装配方案的复杂性所抵消。

然而,这类方案用于对置式内燃机组装是可行的。在这些内燃机上轴瓦被压紧在尺寸相同的座孔内,实际上是不更换的。

另外要考虑以下几点:

a) 由于轴颈和轴承座尺寸呈正态分布,每种等级的轴瓦数量没有必要都相等。为了尽可能减少轴瓦库存并防止某一轴瓦等级的不足,应仔细控制编排装配方案。

b) 通过将相邻等级的两片轴瓦装配在一起,能够形成中间等级,这会极大的增加装配方案的适应性。

c) 当有必要在壁厚精加工之后测量进行轴瓦分级时,应容许轴承级别混用,因此也就容许轴承供应商灵活制定每种轴瓦等级的合理库存定额。

d) 当选取一种分级方案时,应注意双层轴承和多层轴承壁厚对工艺能力要求的差别。

6.1~6.6 所描述的方案,仅是举例。

6.1 方案 1:标准用途,不分等级

方案 1 不分级,各尺寸范围见表 1。间隙大小取决于正常工艺能力的局限性。

轴承座孔直径 D_H:不分级;

轴颈直径 D_J:不分级;

轴瓦壁厚 S_3:不分级。

表 1 标准用途,不分等级

单位为毫米

级 别	不 分 等 级
D_H	50.00～50.018
D_J	46.00～46.018
S_3	1.972～1.978
C	0.026～0.074

6.2 方案 2:轴瓦分级

方案 2 分级方法见表 2。适用于需要稍微减小间隙公差的场合。轴瓦进行分级,以有效的减小等级公差。

轴承座孔直径 D_H:不分级;

轴颈直径 D_J:不分级;

轴瓦壁厚 S_3:分 3 级,等级公差 4 μm。

表 2 轴瓦分级

单位为毫米

级 别	A	B	C
D_H [a]		50.000～50.018	
D_J [a]		46.000～46.018	
S_3	1.970～1.974	1.974～1.978	1.978～1.982
C [b]		0.026～0.070	

a 不分级。

b 按照选择程序。

根据选择程序,装配的一副轴瓦,可以是两片 B 级瓦配对,或一片 A 级同一片 C 级配对。

注 1:该方案管理简单。

注 2:与方案 1 相比,间隙范围由 0.026 mm～0.074 mm 减小至 0.026 mm～0.070 mm。

6.3 方案 3:轴瓦分级和轴颈或轴承座分级

方案 3 分级方法见表 3。

轴承座孔直径 D_H:不分级;

轴颈直径 D_J:分 3 级,等级公差 6 μm;

轴瓦壁厚 S_3:分 3 级,等级公差 4 μm。

表 3 轴瓦分级及轴颈或轴承座分级

单位为毫米

级 别	A	B	C
D_H [a]		50.000～50.012	
D_J	46.000～46.006	46.006～46.012	46.012～46.018
S_3	1.984～1.980	1.981～1.977	1.978～1.982
C		0.026～0.058	

a 不分级。

注 1:每个轴瓦等级的间隔取决于每个轴颈等级的间隔,以使每个组合达到相同的间隙范围。

注 2：同方案 2 相比，间隙范围由 0.026 mm～0.070 mm 减小至 0.026 mm～0.058 mm。

注 3：有效采用了交叉等级。

注 4：该方案简单。

6.4 方案 4：非混级装配轴承（矩阵方案）

方案 4 分级方法见表 4 和表 5。轴承座和轴颈直径以相同的等级公差分级。轴承座和轴颈的等级数相等，矩阵对称，轴瓦壁厚的分布均匀。轴瓦壁厚等级公差是轴承和轴颈等级公差之半。

轴承座孔直径 D_H：分 3 级，等级公差 6 μm；

轴颈直径 D_J：分 3 级，等级公差 6 μm；

轴瓦壁厚 S_3：分 5 级，等级公差 3 μm。

表 4　非混级装配的轴承　　单位为毫米

级别	A	B	C	D	E
D_H	50.000～50.006	50.006～50.012	50.012～50.018	—	—
D_J	46.000～46.006	46.006～46.012	46.012～46.018	—	—
S_3	1.975～1.978	1.978～1.981	1.981～1.984	1.984～1.987	1.987～1.990
C	0.026～0.044				

表 5　非混级装配的轴瓦等级

轴颈等级	轴瓦等级根据表 4 轴承座级别		
	A	B	C
A	C+C	D+D	E+E
B	B+B	C+C	D+D
C	A+A	B+B	C+C

注 1：本方案使用许多轴承等级，可能会在辨别含混不清的涂色方面带来困难。

注 2：与方案 3 相比，间隙范围由 0.026 mm～0.058 mm 减小至 0.026 mm～0.044 mm。

注 3：可得到更窄的轴承间隙范围，但轴瓦壁厚公差应更小。

6.5 方案 5：混级装配轴承（矩阵方案）

方案 5 分级方法见表 6 和表 7。轴承座和轴颈直径以相同的等级公差等级分级。轴瓦壁厚也和轴承及轴颈直径的等级公差相等。

轴承座孔直径 D_H：分 3 级，等级公差 6 μm；

轴颈直径 D_J：分 3 级，等级公差 6 μm；

轴瓦壁厚 S_3：分 3 级，等级公差 6 μm。

表 6　混级装配的轴承（矩阵方案）　　单位为毫米

级别	A	B	C
D_H	50.000～50.006	50.006～50.012	50.012～50.018
D_J	46.000～46.006	46.006～46.012	46.012～46.018
S_3	1.972～1.978	1.978～1.984	1.984～1.990
C	0.026～0.050		

表 7　混级装配的轴瓦等级

轴颈等级	轴瓦等级根据表 6 轴承座级别		
	A	B	C
A	B+B	B+C	C+C
B	A+B	B+B	B+C
C	A+A	A+B	B+B

注 1：因为所需要的轴瓦少了两个等级，同方案 4 相比，间隙范围由 0.026 mm～0.044 mm 增大至 0.026 mm～0.050 mm。

注 2：为了增加两端轴承的利用率，中间的配对 B+B 可用 A+C 代替。

6.6　方案 6：混级装配的轴承（精密矩阵）

方案 6 分级方法见表 8。在本方案中，轴承座孔和轴颈测量值准确到最接近的微米，轴瓦的装配取决于它们各自在矩阵中的位置，轴瓦壁厚分级方法见表 10。

表 8　混级装配的轴承（精密矩阵）

轴颈直径/mm	轴承座孔直径[a]/mm																		
	最小 50.000																		最大 50.018
最小 46.000	d	d	d	c	c	c	c	c	c	b	b	b	b	b	b	a	a	a	a
	d	d	d	d	c	c	c	c	c	c	b	b	b	b	b	b	a	a	a
	d	d	d	d	d	c	c	c	c	c	c	b	b	b	b	b	b	a	a
	d	d	d	d	d	d	c	c	c	c	c	c	b	b	b	b	b	b	a
	e	d	d	d	d	d	d	c	c	c	c	c	c	b	b	b	b	b	b
	e	e	d	d	d	d	d	d	c	c	c	c	c	c	b	b	b	b	b
	e	e	e	d	d	d	d	d	d	c	c	c	c	c	c	b	b	b	b
	e	e	e	e	d	d	d	d	d	d	c	c	c	c	c	c	b	b	b
	e	e	e	e	e	d	d	d	d	d	d	c	c	c	c	c	c	b	b
	e	e	e	e	e	e	d	d	d	d	d	d	c	c	c	c	c	c	b
	f	e	e	e	e	e	e	d	d	d	d	d	d	c	c	c	c	c	c
	f	f	e	e	e	e	e	e	d	d	d	d	d	d	c	c	c	c	c
	f	f	f	e	e	e	e	e	e	d	d	d	d	d	d	c	c	c	c
	f	f	f	f	e	e	e	e	e	e	d	d	d	d	d	d	c	c	c
	f	f	f	f	f	e	e	e	e	e	e	d	d	d	d	d	d	c	c
	f	f	f	f	f	f	e	e	e	e	e	e	d	d	d	d	d	d	c
	g	f	f	f	f	f	f	e	e	e	e	e	e	d	d	d	d	d	d
	g	g	f	f	f	f	f	f	e	e	e	e	e	e	d	d	d	d	d
最大 46.018	g	g	g	f	f	f	f	f	f	e	e	e	e	e	e	d	d	d	d

[a] 字母含义见表 9。

表 9　组合方式

字母	组合方式
a	A+A
b	A+B
c	B+B
d	B+C

表 9（续）

字母	组合方式
e	C+C
f	C+D
g	D+D
注：此方案需要更复杂的逻辑运算。	

表 10　轴瓦壁厚

等　　级	轴瓦壁厚/mm
A	1.994～1.988
B	1.988～1.982
C	1.982～1.976
D	1.976～1.970
注：间隙范围为 0.026 mm～0.044 mm。	

ICS 21.100.10
J 12

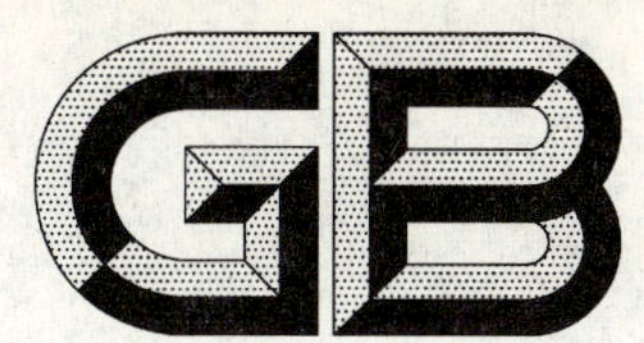

中华人民共和国国家标准

GB/T 23896—2009/ISO 12132:1999

滑动轴承　薄壁轴瓦质量保证
设计阶段的失效模式和效应分析(FMEA)

Plain bearings—Quality assurance of thin-walled half bearings—Design FMEA

(ISO 12132:1999,IDT)

2009-05-26 发布　　2009-12-01 实施

中华人民共和国国家质量监督检验检疫总局
中国国家标准化管理委员会　发布

前　言

本标准等同采用ISO 12132:1999《滑动轴承　薄壁轴瓦质量保证　设计阶段的失效模式和效应分析》(英文版)。

本标准等同翻译ISO 12132:1999。

为便于使用,本标准做了下列编辑性修改:

——“本国际标准”一词改为“本标准”;

——删除国际标准的前言。

本标准由中国机械工业联合会提出。

本标准由全国滑动轴承标准化技术委员会(SAC/TC 236)归口。

本标准起草单位:中机生产力促进中心、成都圣三强铁路配件有限公司。

本标准由全国滑动轴承标准化技术委员会秘书处负责解释。

本标准为首次发布。

ISO 引言

FMEA(失效模式和效应分析)是帮助判定所设计产品的潜在故障并在设计阶段消除这些故障的分析方法(以表格形式给出)。

FMEA 以综合设计实践和滑动轴承运用的经验及概率理论为基础。

FMEA 的应用提高了其所分析的产品的质量和可靠性以及该产品工艺的质量和可靠性,同时也降低了用于产品试验和工艺技术改进的费用。

设计阶段 FMEA 的执行体系,已有大量文件资料论述,故不包括在本标准讨论范围之内。这些体系可帮助对已有和计划中的复杂设计项目进行分析。

滑动轴承　薄壁轴瓦质量保证
设计阶段的失效模式和效应分析(FMEA)

1　范围

本标准为内燃机薄壁轴瓦设计过程FMEA提供了指南(生产过程的FMEA则是供应商的责任),标准中列出了常见的失效模式及其潜在效应和潜在原因。

对每一种用途、每一个制造厂商和用户,可以对失效的发生、严重性和检测方面的风险的数值评估做出具体规定。

由于必须对每种情况作出评估,故风险数据不包括在本标准中。从统计学上进行评估的通用指南,可从参考资料中得到。

2　规范性引用文件

下列文件中的条款通过本标准的引用而成为本标准的条款。凡是注日期的引用文件,其随后所有的修改单(不包括勘误的内容)或修订版均不适用于本标准,然而,鼓励根据本标准达成协议的各方研究是否可使用这些文件的最新版本。凡是不注日期的引用文件,其最新版本适用于本标准。

GB/T 7826　系统可靠性分析技术　失效模式和效应分析(FMEA)程序(GB/T 7826—1987,idt IEC 60812:1985)

GB/T 18844—2002　滑动轴承　损坏和外观变化的术语、特征及原因(idt ISO 7146:1993)

3　术语和定义

GB/T 7826中所确立的术语及下列术语和定义适用于本标准。

3.1

失效模式和效应分析　FMEA

失效模式和效应分析是一种可靠性分析方法,目的是确定影响所考虑的应用范围内的系统性能,产生严重后果的失效。

3.2

设计阶段失效模式和效应分析　design FMEA

在开发产品时由设计者完成的FMEA。

3.3

失效模式　failure mode

在轴承上观察到的一种失效的外观。

3.4

失效效应　failure effect

一种失效模式在内燃机上产生的后果。

3.5

失效原因　failure cause

引起一种失效模式的缺陷。

4　轴瓦常见的潜在失效模式、效应和原因

内燃机连杆轴瓦和主轴瓦,仅是一个综合系统的一部分,这个系统包括润滑油、润滑系统、曲轴、机

体、连杆和轴瓦本身，甚至汽缸盖的材料、螺栓的紧固和汽缸盖垫片的材料，都影响轴瓦的性能。因此，内燃机轴承设计时需要考虑的事项应包括系统的所有要素，而不仅仅是轴瓦。

常见的轴瓦潜在失效模式和失效效应及可能的失效原因见表1。单一的失效很少见，而多为综合性失效，以致实际的初始失效模式和失效原因，可能很难确定。表内不包括轴承系统其他元件的失效模式。

表1 常见的轴瓦潜在失效模式及其效应和原因

序号	潜在的失效模式	失效的潜在效应	失效的潜在原因	
			与轴瓦相关	与系统相关
1	疲劳(见GB/T 18844—2002中4.4)	缩短轴瓦寿命和/或轴瓦咬黏； 疲劳磨粒污染润滑油； 内燃机无法运转	轴瓦直径不足； 轴瓦宽度不足； 材料疲劳强度选择不当； 由于轴瓦结构要素(孔、槽等)的存在和布局引起的局部过载； 轴瓦合金厚度过大； 镀覆层厚度过大； 轴瓦有未支承部位	气缸爆发压力规定不当； 油泵能力计算有误； 轴颈有效长度不足； 轴颈几何形状(椭圆、轴向圆柱度、棱圆)不良； 轴承座孔几何形状(椭圆、棱圆)不良； 轴承座动态刚性(周向、径向或轴向)不足； 润滑油温度过高和/或冷却不足
2	急剧磨损(油膜厚度不足或磨粒污染)(见GB/T 18844—2002中4.2)	缩短轴瓦寿命和/或轴瓦咬黏； 噪声； 油压降低	轴瓦宽度不足； 轴瓦直径不足； 材料(耐磨性、嵌入性)选择不当； 镀覆层厚度不当(耐磨性和嵌入性差)； 轴瓦结构要素(孔、槽等)位置不当； 油槽和油孔不足； 轴瓦壁厚不当(间隙不足和/或间隙过大)； 轴瓦壁厚不均(轴承内孔锥度、偏心等)	润滑油选择不当； 润滑油添加剂规定不当； 润滑油和/或添加剂稳定性差； 润滑油供给不足(油压或供油能力不充分，油孔直径太小或位置不当等)； 润滑油中渗入空气或供油质量恶化(润滑系统中油孔粗糙或有陡弯，油底壳阻流，吸油不畅等)； 润滑油过滤不够； 轴颈有效长度不足； 轴颈直径不足； 轴颈几何形状(椭圆、轴向圆柱度、棱圆)不良； 轴颈表面质量(表面光洁度、镀覆层等)差； 内燃机平衡不良； 轴承座几何形状(椭圆、棱圆)不良； 轴瓦有未支承部位； 油温不够和/或冷却不够； 来自其他配件的磨粒造成的污染； 高速吸入的磨粒； 油和/或过滤器更换周期过长； 严重的冷却剂污染； 严重的燃料和燃料生成物污染

表 1（续）

序号	潜在的失效模式	失效的潜在效应	失效的潜在原因	
			与轴瓦相关	与系统相关
3	粘附磨损和塑性变形（过热）（见 GB/T 18844—2002 中 4.3）	缩短轴瓦寿命和/或轴瓦咬黏	轴瓦厚度不当（间隙不足和/或间隙过大，瓦背与轴承座顺应性差）； 轴瓦壁厚不均（轴承孔锥度、偏心等）； 轴瓦结构要素（孔、槽等）位置不当； 油槽和油孔不足； 轴瓦周长不够（装配过盈不足）； 瓦背接触不良； 合金材料（顺应性、相容性）选择不当； 防扩散栅层材料不正确； 轴承座与轴瓦之间或轴承座与轴之间热膨胀差别过大（失去装配过盈）	轴颈直径不当（间隙）； 轴颈几何形状（椭圆、轴向圆柱度、棱圆）不良； 轴颈表面质量不良； 圆角半径尺寸不当； 轴承座直径（安装过盈）不当； 轴承座孔几何形状（椭圆、轴向圆柱度、棱圆）不良； 轴承座紧固（螺栓）载荷不够； 供油量不足（油压或供油能力不够，油孔直径太小或位置不当）； 泄漏严重或供油中断； 润滑油中渗入空气或供油质量恶化（油孔粗糙或润滑系统中有陡弯，油底壳阻流，吸油不畅等）； 磨合不充分； 轴瓦端部轴向间隙不够
4	重度偏磨（见 GB/T 18844—2002 中 4.2 和 4.9）	缩短寿命； 降低油压	轴瓦结构要素（孔、槽等）位置不当； 轴瓦壁厚不均（轴承孔圆柱度、偏心等）； 内倒角规定不当（圆角干涉）； 轴瓦孔削薄量规定不当； 定位结构（槽、舌或缺口）规定不当； 瓦背接触不充分	曲轴油孔进入轴颈的倒圆不够； 圆角半径尺寸不当； 制造清洁度不够； 轴承座孔几何形状（椭圆、轴向圆柱度、棱圆）不良； 轴承盖定位不良； 轴承座结构要素（孔、槽等）位置不当； 轴承座刚性（径向和轴向）不足； 轴承座上的轴承定位槽位置不对； 轴承对中不良（机体对中不良，连杆弯曲或扭曲）； 连杆偏心载荷过大； 轴颈几何形状不良（椭圆、轴向圆柱度、棱圆）； 曲轴主轴颈同轴度差
5	瓦背微动磨损（见 GB/T 18844—2002 中 5.1）	缩短轴瓦寿命和/或轴瓦咬黏； 连杆断裂	轴瓦周长（装配过盈）不足； 瓦背接触不充分； 轴承座与轴瓦或轴承座与轴之间热膨胀差别过大（失去装配过盈）； 轴承座和瓦背材料不相容	轴承座动态刚性（周向、径向或轴向）不足； 轴承座紧固（螺栓）载荷不够； 轴承座直径（装配过盈）不当； 轴瓦有未支承部位

表 1（续）

序号	潜在的失效模式	失效的潜在效应	失效的潜在原因	
			与轴瓦相关	与系统相关
6	腐蚀(见 GB/T 18844—2002 中 4.6)	降低缩短轴瓦寿命和/或轴瓦咬黏； 加大磨损和/或噪声	材料选择不当(抗腐蚀性差)	润滑油选择不当； 润滑油添加剂规定不当； 润滑油和/或添加剂稳定性差； 油温过高和/或油的冷却不足； 润滑油更换周期过长； 冷却剂造成的污染严重； 燃料和燃料生成物造成的严重污染
7	气蚀(见 GB/T 18844—2002 中 4.5)	影响带镀覆层轴瓦外观，但一般不造成故障； 在严重情况下会造成基体合金腐蚀； 在双金属轴瓦上造成的局部疲劳失效； 供油量或油压降低； 由衬层材料脱落造成表面划痕，有凹穴和陷坑	轴承计算不正确； 油槽倒角不充分； 油槽导入部不当； 间隙过大； 油槽位置不当； 油槽细节设计不良； 材料选择不当	润滑油选择不当； 供油量不足(油压或供油能力不充分，油孔直径太小或位置不当等)； 润滑油中渗入空气或供油质量恶化(油孔粗糙或润滑系统有陡弯，油底壳阻流，吸油不畅等)； 振动

ICS 65.020.20
B 62

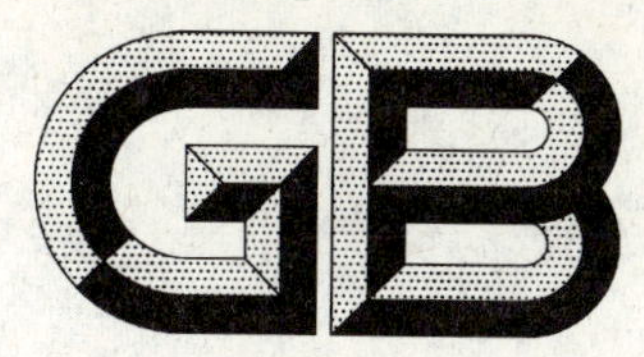

中华人民共和国国家标准

GB/T 23897—2009

主要切花产品包装、运输、贮藏

Packing, transportation and storage of major cut flowers

2009-05-12 发布　　　　2009-11-01 实施

中华人民共和国国家质量监督检验检疫总局
中国国家标准化管理委员会　发布

前　言

本标准的附录 A 为规范性附录。

本标准由国家林业局提出并归口。

本标准起草单位:中国花卉协会、北京林业大学。

本标准主要起草人:张启翔、张宝鑫、高亦珂、张引潮、姜伟贤、宿友民、孔海燕。

主要切花产品包装、运输、贮藏

1 范围

本标准规定了主要切花月季(*Rosa cvs.*)、非洲菊(*Gerbera jamesonii*)、菊花(*Dendranthema morifolium*)、唐菖蒲(*Gladiolus hybridus*)、百合(*Lilium cvs.*)、香石竹(*Dianthus caryophyllus*)等产品的包装、运输及贮藏各环节的技术要求与方法。

本标准适用于我国国内大型花卉交易市场、花卉生产单位,作为切花批发、销售过程中包装、运输、贮藏各个环节的质量保证基准。其他切花可参照本标准的技术要求进行相应的包装、运输、贮藏。

2 规范性引用文件

下列文件中的条款通过本标准的引用而成为本标准的条款。凡是注日期的引用文件,其随后所有的修订单(不包括勘误的内容)或修订版均不适用于本标准,然而,鼓励根据本标准达成协议的各方研究是否可使用这些文件的最新版本。凡是不注日期的引用文件,其最新版本适用于本标准。

GB/T 191　包装储运图示标志

GB/T 6544　瓦楞纸板

GB/T 18247.1　主要花卉产品等级　第1部分:鲜切花

3 术语和定义

下列术语和定义适用于本标准。

3.1

包装　packing

在流通过程中保护花卉产品,方便储运,促进销售,按一定技术方法而采用的容器、材料及辅助物等的总体名称。也指为了达到上述目的而采用容器、材料和辅助物的过程中施加一定技术方法等的操作活动。

3.2

运输　transportation

运用一定的交通设备和工具,将花卉产品从一地点向另一地点运送的活动,其中包括集货、分配、搬运、中转、装入、卸下、分散等一系列操作。在切花生产销售过程中,运输是切花分级包装以后运送到市场或者消费者的过程。

3.3

贮藏　storage

在切花生产、销售过程中,采取一定的设备和措施将切花产品保存起来并达到一定的效果。

3.4

标识　labeling

用于识别花卉产品及其质量、数量、特征和使用方法所做的各种表示的统称。标识可以用文字、符号、图案以及其他说明物等表示。

3.5

预冷　precooling

在切花的运输前或贮藏前,通过人工措施将其温度迅速降到所需要温度的冷却处理过程,以加速田间热的散发,使其入库后较快的达到低温贮藏的要求。

3.6

切花保鲜剂　preservative solution of cut flowers

能够延长切花寿命的物质。切花保鲜剂包括预处液、催花液、瓶插液，本标准所指为前两种。

3.7

堆码　stacking

将切花包装箱整齐、规则地摆放成货垛的作业。

4　切花包装、运输、贮藏的一般要求

4.1　切花包装、运输、贮藏的一切操作过程应在低温、空气流通的环境下进行。

4.2　在包装、运输、贮藏操作过程中避免切花产品的机械损伤。

4.3　切花包装物应该为切花的运输、贮藏提供足够的保护。

4.4　销往国外的切花产品要根据国外切花包装、质量标准或根据切花营销双方约定的协议要求进行相应的包装、贮藏、运输。

5　切花包装

5.1　包装环境

切花的包装在专门场所内进行，包装过程在室温下进行，包装场所要求温度、湿度控制稳定，整洁，干净，无污染。

5.2　切花包装箱规格

切花产品包装、运输、贮藏所采用包装箱的规格见表1，各种包装箱的箱式及折叠方式见附录A，包装时根据实际情况选用适宜的包装箱。

表1　切花包装箱的规格及用途

包装规格(外围尺寸)(长×宽×高)	用途
90 cm×35 cm×20 cm	通用型
100 cm×40 cm×40 cm	铁路、航空专用
100 cm×45 cm×45 cm	铁路、航空专用
100 cm×50 cm×50 cm	铁路、航空专用
120 cm×45 cm×45 cm	通用型
130 cm×35 cm×35 cm	通用型
130 cm×45 cm×50 cm	通用型
160 cm×50 cm×35 cm	通用型
35 cm×20 cm×125 cm	专用于唐菖蒲
35 cm×35 cm×125 cm	专用于唐菖蒲
35 cm×35 cm×55 cm	专用于湿包装月季
100 cm×40 cm×10 cm	专用于非洲菊
105 cm×55 cm×45 cm	专用于非洲菊
80 cm×36 cm×36 cm	邮政专用(包装后总重量应低于35 kg)

5.3　切花包装箱的质地

切花运输过程中的包装箱采用瓦楞纸箱或蜂窝纸箱，瓦楞纸的厚度为2 mm～4 mm，瓦楞纸箱的强度、封口等各项技术要求参照GB/T 6544执行。

在切花交易双方协商同意的情况下，短途运输或者相邻区域的运输采用瓦楞纸包装或采用其他材料和容器包装。

5.4 切花包装的预处理

5.4.1 采后处理

切花采切后把茎端剪掉，迅速放入清水或保鲜液中，置于阴湿环境中，避免日光曝晒，吸水 2 h～3 h 以后进行包装。

5.4.2 切花的预冷

切花在采切后，冷藏运输和贮藏之前要进行预冷；预冷的温度为 0 ℃～1 ℃，相对湿度为 90%～95%；预冷起始时间尽可能早；预冷时间尽可能短；预冷后要保证整个箱子温度一致。

5.5 切花包装

5.5.1 包装程序

田间采切的鲜花经过预处理、切花保鲜液处理后，适当剪切，整理分级后进行包装，不同质量等级的鲜切花放入不同的包装箱内，包装后进行运输或者短暂贮藏。

5.5.2 包装内切花一致性的要求

切花产品质量等级应符合 GB/T 18247.1 的要求。

切花装箱时相同质量等级的切花放入同一个包装箱内，每一扎内的切花达到相同的成熟阶段，且在每个包装箱内，要求一级品每扎中切花最长与最短的差别不超过 1 cm，二级品每扎中最长与最短的差别不超过 3 cm，三级品每扎中切花最长与最短的差别不超过 5 cm。

5.5.3 切花包装的方法

切花的包装在分级之后进行，按照切花的质量等级、花色以及客户要求进行包装，按照一定的数量成束捆扎，在切花的茎秆基部捆扎。花头包装的方法有以下几种，根据实际情况选择使用：

——单头：以单朵花作为一个包扎单位，直接在包装箱中放置。非洲菊、菊花的质量等级较高的切花可采用。

——齐头：捆扎时切花的花头对齐，在基部捆扎。菊花、月季、香石竹切花可采用齐头的包装方法。

——错头：切花包扎时，花头错开，花头（花序）附近不得捆扎。非洲菊、唐菖蒲切花可采用错头包装方法。

——卷头：切花单排排列，由包装纸间隔卷绕包扎，在基部捆扎。月季切花可采用卷头包装方法。

——套头：单朵花的花头用不同包装材料进行包裹，每扎切花在基部捆扎。月季切花可采用套头的包装方法。

5.5.4 装箱容量

根据切花种类以及切花的质量等级来确定最佳装箱容量。切花装箱时根据需要进行，以装满为准，不能挤压，切花包扎数量及装箱容量应参照表 2 执行。

表 2 切花的装箱容量

切花种类	花束包扎数量	装箱容量(以 100 cm×50 cm×50 cm 规格纸箱为例)
香石竹	20 支捆为一扎	每箱放置 40 扎～60 扎
百合	10 支捆为一扎	每箱放置单头百合 70 扎，三头百合每箱放置 40 扎～60 扎
月季	20 支捆为一扎	每箱放置 70 扎
菊花	一级花每朵花都用纸包裹，其他级别切花 10 支～20 支捆为一扎	一级花每箱放置 50 支～70 支，其他级别切花每箱放置 30 扎
非洲菊	一级花每朵花都用纸包裹，其他级别切花 20 支捆为一扎	专用包装箱，一级花每箱放置 50 支～70 支，其他级别切花每箱放置 50 扎～60 扎
唐菖蒲	10 支捆为一扎	专用立式包装箱，每箱 15 扎～24 扎

5.5.5 切花内包装材料的要求

切花内包装材料要求新鲜、干净、无毒、无刺激性、完好无损、保湿性能好。

切花的内包装可以为耐湿白纸、白色瓦楞纸、报纸、聚乙烯薄膜，捆扎用橡皮筋、细绳、胶带等。

白纸或者瓦楞纸的规格为(20 cm～30 cm)×(30 cm～50 cm)，聚乙烯塑料薄膜的厚度为0.04 mm～0.06 mm。

切花的内包装要包裹花头部分，切花茎秆基部要用保湿纸包裹。

每扎花的内包装物只能使用一次。

5.5.6 切花放置方式

包装箱内切花分层放置，层间有衬垫，各层切花反向叠放箱中，花头朝外，距离箱边5 cm。纸箱两侧面要打孔，孔的直径为2 cm～3 cm，孔的数量为6个～8个，均匀分布于侧面。

封箱采用压敏胶带，胶带的长度需超过包装箱两端，纸箱外用纤维带捆扎，在包装箱上等距离捆扎三条纤维带。

5.5.7 混合包装要求

根据客户的要求及合同的约定，切花产品可采取在同一个包装箱内混装的方法，混装切花产品应该满足以下的要求：

a) 混装的切花产品要求运输温度在同样的允许范围内；

b) 不同切花对湿度的要求一致。

5.5.8 切花包装箱的标识

切花包装箱的标识应该包括以下项目和信息：

a) 切花种类(混装时要在包装箱上注明)；

b) 品种名；

c) 花色、花型等主要性状；

d) 质量等级及执行标准号；

e) 装箱容量；

f) 生产单位；

g) 花卉产地；

h) 采切时间；

i) 商品条形码。

以上的各个项目以及其他要求如“向上”、“防雨”、“温度极限”、“不耐挤压”等图示的标识根据GB/T 191执行。

包装标识的要求：

——切花包装的标识要求清晰，醒目，持久，整齐；

——切花的种类、生产单位、企业商标等项目标注在正面展示面；

——包装箱的侧面标注其他项目。

切花包装箱的标识部位见图1。

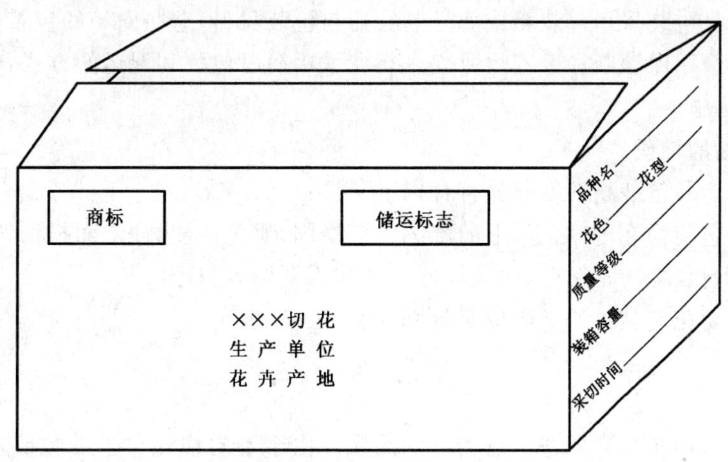

图1 切花包装箱标识

6 切花运输

6.1 运输方式

切花运输方式的选择要根据切花的质量、采切时间、客户要求等实际条件加以综合确定，可采取以下几种运输方式：

a) 航空运输：采用飞机进行运输，运输在24 h内完成，不需要专门的冷藏设备，运输时要符合航空运输货物的相关规定。

b) 铁路运输：采用火车进行运输，时间较长，运输过程中需采取保鲜措施。

c) 汽车运输：为近距离运输的主要途径，或者用于铁路运输不方便的地区。时间不超过20 h的运输可不使用冷藏设备。

d) 轮船运输：采用轮船，运输过程中要采用冷藏集装箱，应满足切花最佳的运输条件。

运输工具要求具有良好的保温、保湿性能，且能够调节、控制温度，清洁卫生，无污染；运输时间不超过20 h的切花，可以采用无冷藏设备的货车，超过20 h的运输要使用冷藏设备或者专门的冷藏车；汽车、火车、轮船运输时，切花的包装可以采用纸箱和冷藏集装箱。

6.2 切花运输的温度、湿度要求

不同切花在运输中所要求的湿度、温度不同，切花在运输过程中温度、湿度应该满足表3所规定的条件。

表3 切花适宜的运输温度、湿度

切花种类	运输温度	相对湿度
月季	2 ℃～8 ℃	85%～95%
香石竹	2 ℃～4 ℃，不高于8 ℃	85%～95%
唐菖蒲	8 ℃～10 ℃	85%～95%
非洲菊	2 ℃～8 ℃	85%～95%
百合	1 ℃～2 ℃	85%～95%
菊花	2 ℃～4 ℃，不高于8 ℃	85%～95%

6.3 不同运输距离切花运输的要求

长途运输的切花应该有硬质的外包装和内包装，运输包装采用标准规格的包装箱，包装箱内加冰瓶，防止温度上升。运输时间较长应使用集装箱，集装箱的使用参见其他的规定；长途运输采用空运或铁路运输。

短途运输的切花外包装采用包装箱或简易的容器与包装材料，这些简易的包装材料包括包装纸筒、水桶、周转箱，内包装采用保湿纸和聚乙烯薄膜。切花采用简易包装和湿运的方式，包裹花头，置于水桶中，可以不采取冷藏措施。

6.4 切花运输包装物的堆码

运输过程中切花产品包装物的堆码要符合以下条件：

——切花产品的包装物在运输工具上的堆码应该稳固，避免冲撞、冲击而损伤切花产品；

——切花产品的包装物与车厢壁、包装容器之间均需要留有空隙；

——运输工具上切花包装物的堆码应充分利用空间。

7 切花贮藏

贮藏的目的是延长切花观赏期并保持较好的品质。由于不同切花对于贮藏要求不同，因此贮藏时需根据具体情况，并参照相应的技术进行。

7.1 贮藏场所的环境要求

切花贮藏场所要求温度、湿度控制稳定，满足不同切花的贮藏要求，通风状况良好，并且要求干净、整洁、无污染物。

贮藏场所空间利用合理，对温度要求严格的切花放置于温度变化小的区域，对温度要求不严格的可以放置于边缘。

7.2 贮藏方法

鲜切花贮藏中可以根据切花的不同特性以及实际情况采用普通冷藏和减压贮藏、气体调节贮藏的方法。

7.2.1 普通冷藏

普通冷藏包括干藏和湿藏两种方式。

干藏用于切花的长期贮藏，贮藏过程中不提供任何的补水措施，切花采用聚乙烯薄膜包装，以减少水分蒸发，降低呼吸作用，有利于延长寿命。质量较高的的切花适于干藏。

湿藏用于1周～4周的短期贮藏，温度保持在3 ℃～4 ℃。贮藏过程中将花材茎秆基部直接浸入水中，或者用湿棉球包扎茎基切口处，以保持水分不断供给。湿藏的包装箱有保持垂直向上的标志。

7.2.2 其他贮藏方法

在鲜切花采后流通中采用减压贮藏和气体调节贮藏等贮藏方法，应遵照相关技术规程执行。

7.3 切花贮藏的温度、湿度要求

切花贮藏中要根据不同花卉的特性，来确定花卉的贮藏温度。切花贮藏冷库的温度一般应控制在2 ℃～4 ℃，唐菖蒲切花贮藏要保持相对较高的温度。常见切花的最佳贮藏温度、湿度范围见表4。

表4 切花贮藏温度、湿度

切花种类	贮藏温度	相对湿度
月季	0.5 ℃～0 ℃	85%～95%
唐菖蒲	7 ℃～10 ℃	90%～95%
香石竹	1 ℃～2 ℃	90%～95%
百合	2 ℃～5 ℃	90%～95%
菊花	2 ℃～3 ℃	90%～95%
非洲菊	2 ℃～4 ℃	90%～95%

7.4 贮藏的特殊处理

根据客户要求使用不同的切花保鲜剂，在切花采切后24 h内进行预处液处理，并结合复水处理，处

理不超过 12 h。

唐菖蒲等切花在贮藏过程中，容易发生花茎向上弯曲的现象，贮藏过程中应该使其垂直放置于贮藏场所。

7.5 贮藏时间

切花贮藏时间的长短要根据不同切花种类的特性、客户的具体要求、切花的不同贮藏方式来确定，要求尽量缩短贮藏时间。

7.6 贮藏容器要求

切花贮藏容器要求清洁、无菌，容器中装有水或者保鲜液。

切花贮藏时间较短，可采用规格统一的水桶、周转箱等简易设备。

7.7 贮藏环境中切花的摆放

贮藏场所中，成扎的切花放置于周转箱及塑料桶中，花头向上，包装容器置于架上或者地面上，要求摆放整齐。

切花也可放置在包装箱中，包装箱的码垛要整齐、安全，码放行距为 5 cm～10 cm，墙壁和包装箱距离 10 cm～20 cm，天花板和包装箱距离 50 cm，冷风出口与贮藏产品之间距离 200 cm。

附 录 A
（规范性附录）
切花包装箱箱型结构

0201

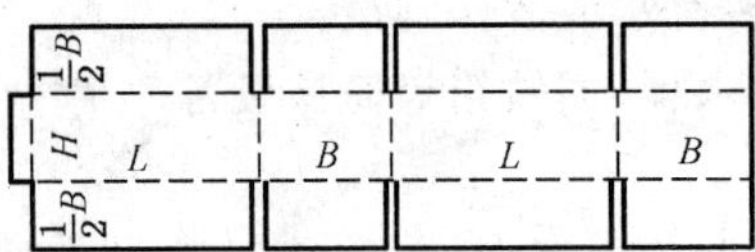

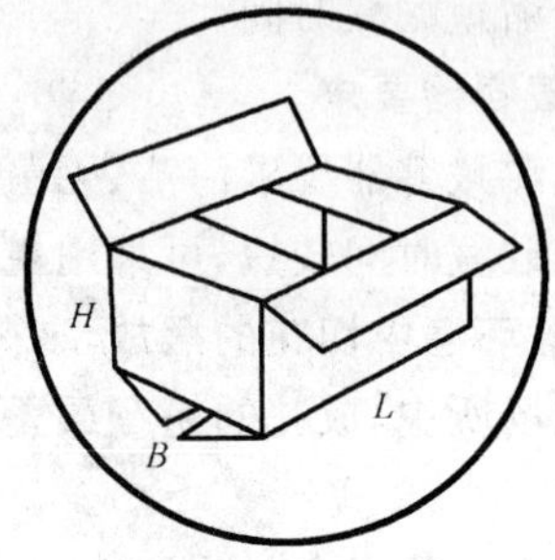

0202

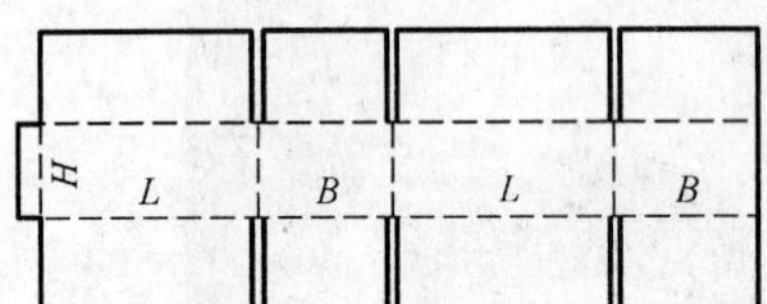

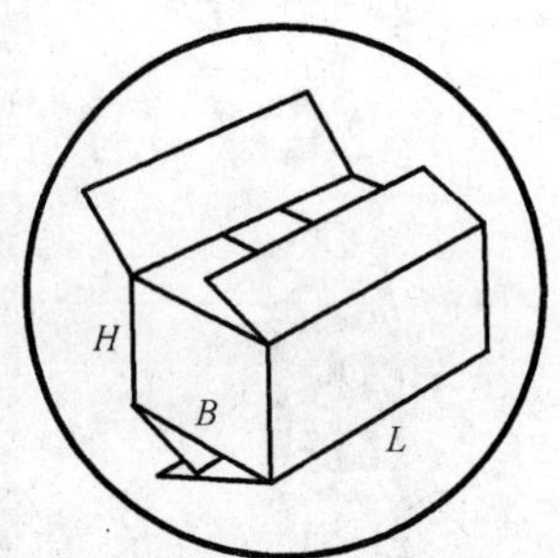

0203

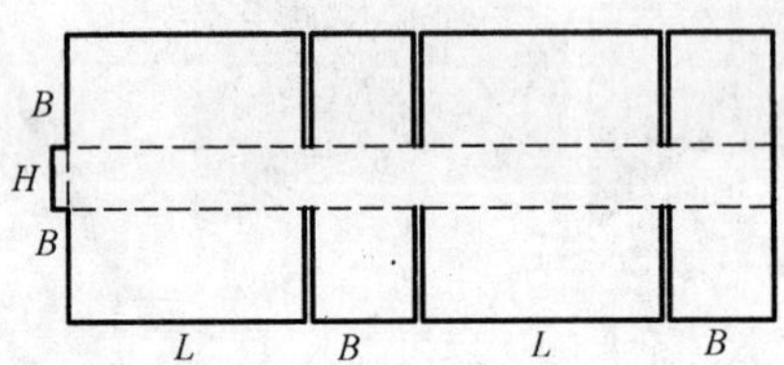

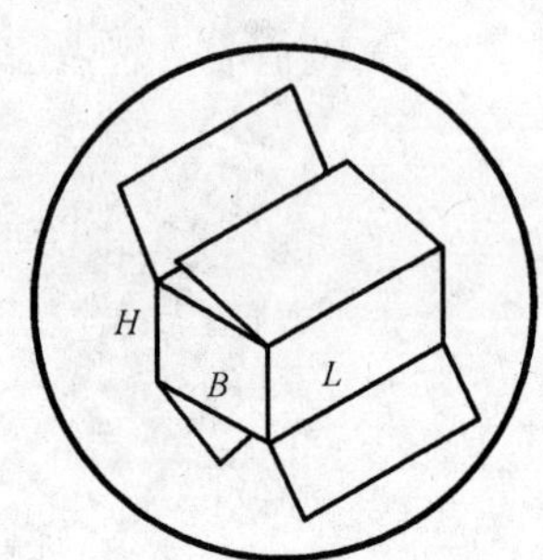

0301

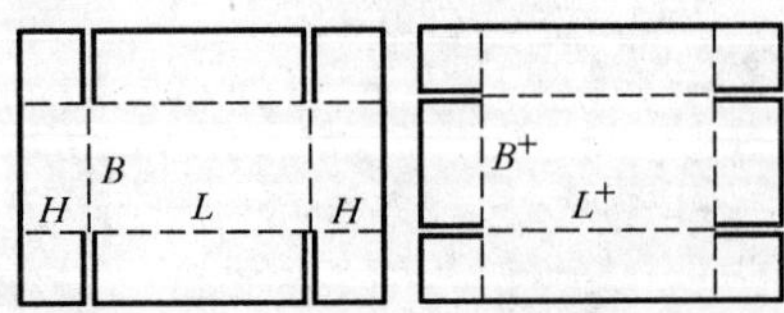

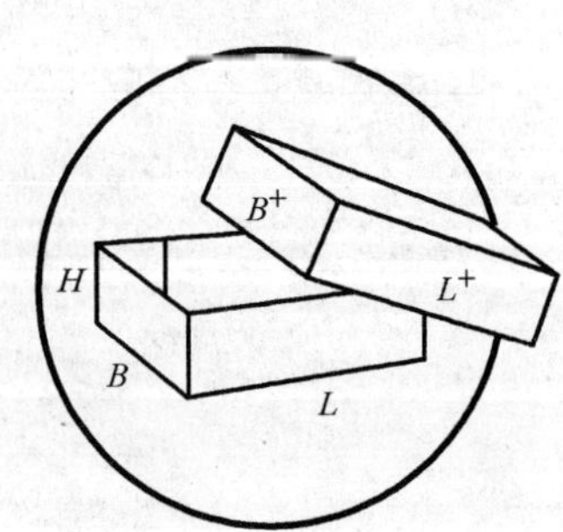

0303

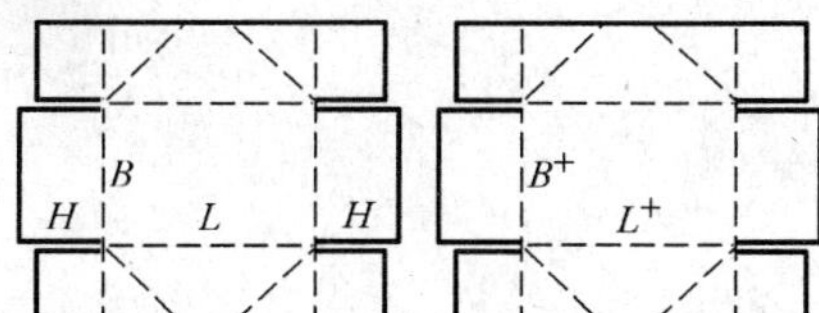

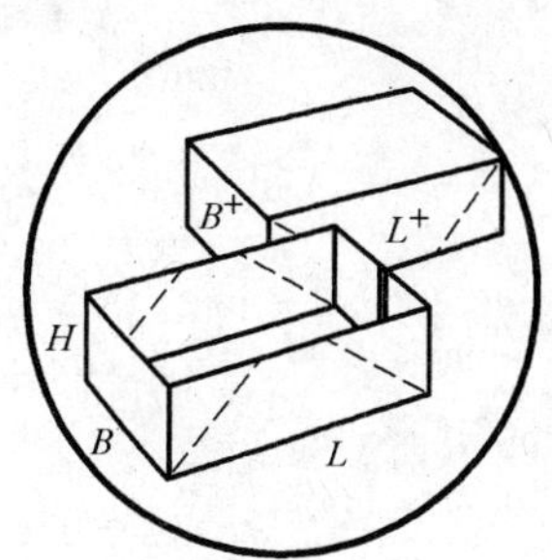

0304

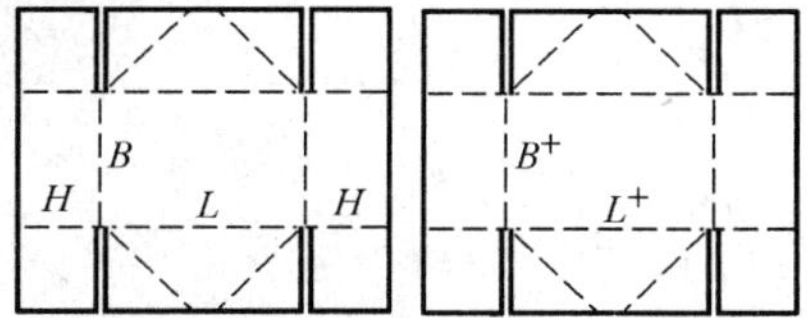

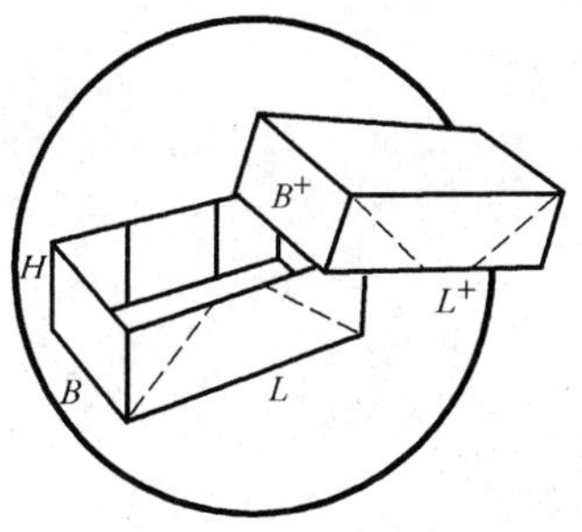

0305

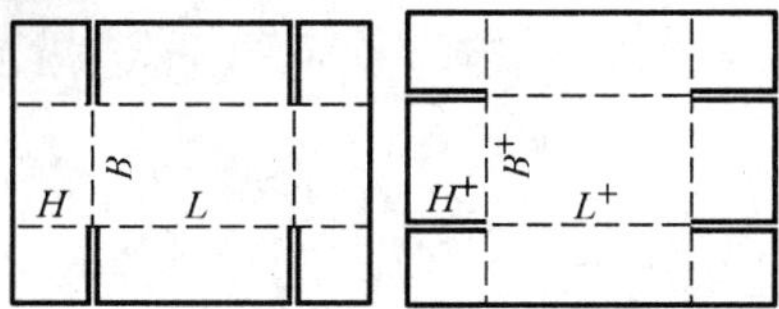

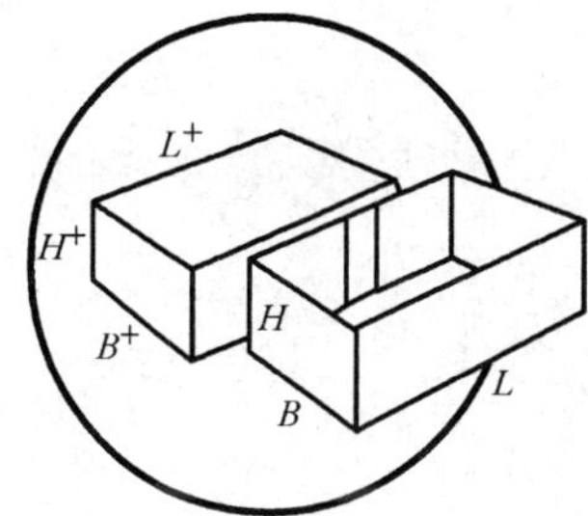

0306

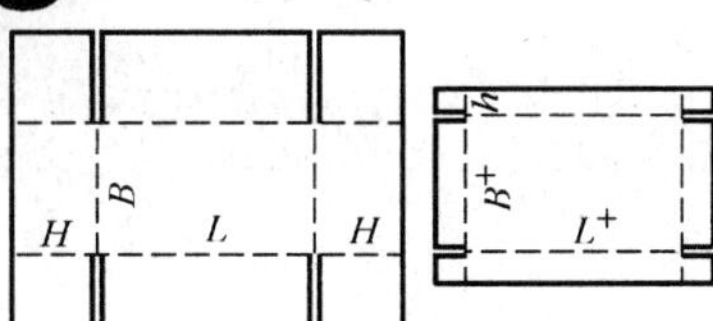

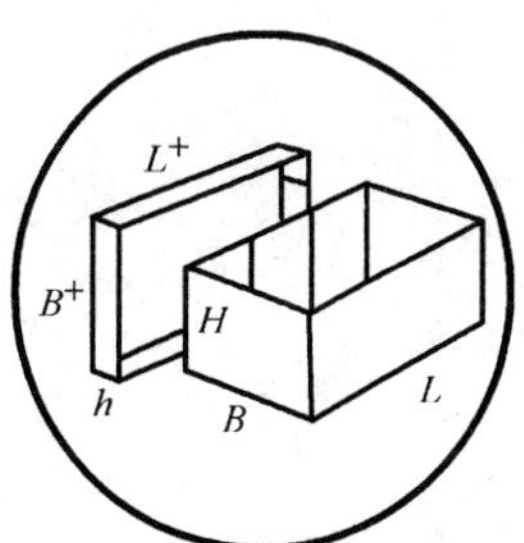

0310

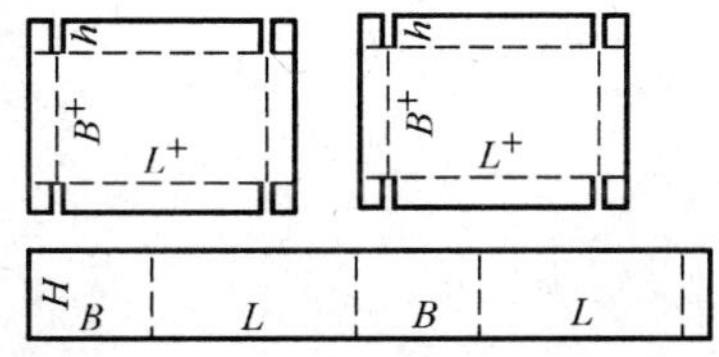

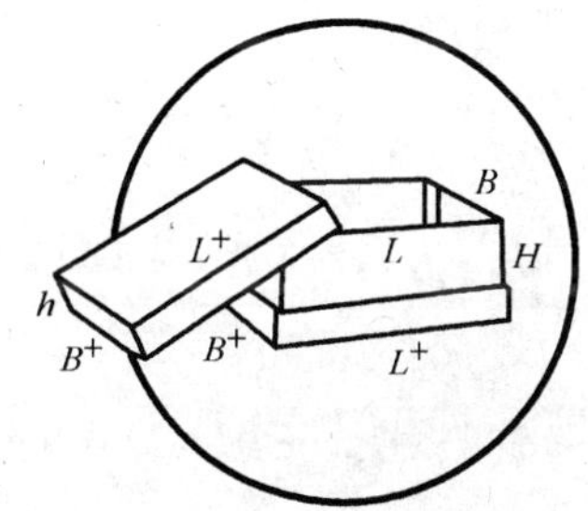

ICS 79.060
B 70

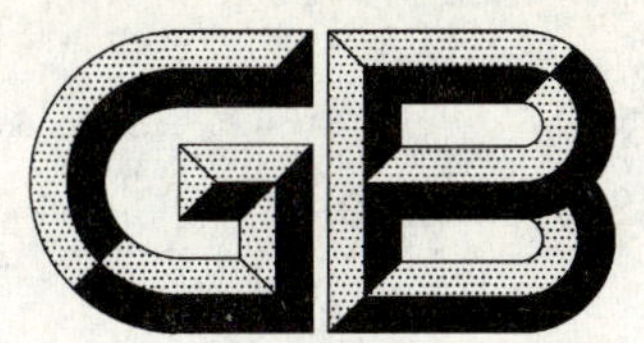

中华人民共和国国家标准

GB/T 23898—2009

木质平托盘用人造板

Wood-based panel for wooden flat pallets

2009-05-12 发布　　　　2009-11-01 实施

中华人民共和国国家质量监督检验检疫总局
中国国家标准化管理委员会　发布

前言

本标准的附录 A 为规范性附录。

本标准由国家林业局提出。

本标准由全国人造板标准化技术委员会归口。

本标准负责起草单位:南京林业大学。

本标准参加起草单位:耐帆包装工程(无锡)有限公司、宿迁市曙光木业有限公司、山东森信木业有限公司、河南友邦木业有限公司、上海木材工业研究所、常熟市虹桥包装材料有限公司、熊猫电子集团有限公司南京振华音响设备厂、德华集团控股股份有限公司、上海计量测试研究院。

本标准主要起草人:黄河浪、孙丰文、王建明、卢志刚、刘振山、陶伟根、陶新华、陈太银、韩效信、郝志安、胡宝红、吴正华、舒晓莲。

木质平托盘用人造板

1 范围

本标准规定了木质平托盘用人造板的术语和定义、分类、要求、试验方法、检验规则以及标志、包装、运输和贮存。

本标准适用于室内或室外条件下使用的木质平托盘。

2 规范性引用文件

下列文件中的条款通过本标准的引用而成为本标准的条款。凡是注日期的引用文件，其随后所有的修改单(不包括勘误的内容)或修订版均不适用于本标准，然而，鼓励根据本标准达成协议的各方研究是否可使用这些文件的最新版本。凡是不注日期的引用文件，其最新版本适用于本标准。

GB/T 2828.1—2003 计数抽样检验程序 第1部分：按接收质量限(AQL)检索的逐批检验抽样计划

GB/T 6682 分析实验室用水规格和试验方法

GB/T 9758(所有部分) 色漆和清漆 "可溶性"金属含量的测定

GB/T 17657 人造板及饰面人造板理化性能试验方法

GB 18584 室内装饰装修材料 木家具中有害物质限量

GB/T 19367 人造板的尺寸测定

3 术语和定义

下列术语和定义适用于本标准。

3.1

木质平托盘 wooden flat pallet

由胶合板、贴面刨花板、定向刨花板等人造板制成的没有上部构件的托盘。

3.2

铺板 deck

构成托盘面的水平板。

3.3

纵梁 stringer

位于单面铺板下或在两面铺板之间的梁。

3.4

垫块 block

位于单面铺板下或在两面铺板之间的矩形或圆形的短柱体。

4 分类

木质平托盘用人造板进行如下分类。

4.1 按用途分

——铺板用木质人造板；

——纵梁用木质人造板；

——垫块用木质人造板。

4.2 按板材种类分

——胶合板；

——其他人造板。

5 要求

5.1 材料

室内使用的木质平托盘用人造板应采用脲醛树脂胶粘剂或与其性能相近的胶粘剂；室外使用的木质平托盘用人造板应采用酚醛树脂胶粘剂或与其性能相近的胶粘剂。

5.2 规格尺寸

木质平托盘用人造板的规格尺寸应符合表1的规定。

表1 木质平托盘用人造板的规格尺寸

单位为毫米

宽 度	长 度	厚 度
915,1 220	915,1 220,1 830,2 135,2 440	9,12,14,15,18,22,75,90,100
注：特殊尺寸由供需双方协议。		

5.3 尺寸公差

5.3.1 木质平托盘用人造板长度和宽度规格尺寸公差为±3 mm。

5.3.2 木质平托盘用人造板厚度公差应符合表2的规定。

表2 木质平托盘用人造板的厚度公差

单位为毫米

公称厚度	每张板内的厚度允差	厚度的允差
9～13	≤2.0	±1.5
>13～18	≤3.0	±2.0
>18	≤4.0	±2.5

5.4 外观质量

用于制作铺板的木质平托盘用人造板，其外观质量应符合表3和表4的规定。

表3 木质平托盘用胶合板的外观质量

<table>
<tr><th colspan="3">检量项目</th><th>要 求</th></tr>
<tr><td>腐朽</td><td colspan="2">—</td><td>允许有不影响强度的初腐象征，但面积不超过板面积的1%</td></tr>
<tr><td>透胶、渗胶</td><td colspan="2">不超过板面积/%</td><td>5</td></tr>
<tr><td>板面污染</td><td colspan="2">不超过板面积/%</td><td>5</td></tr>
<tr><td>边角开胶</td><td colspan="2">同一胶层开胶总长度不超过/mm</td><td>5</td></tr>
<tr><td rowspan="2">表板叠离</td><td colspan="2">单个最大宽度/mm</td><td>6</td></tr>
<tr><td colspan="2">单个最大长度占板长/%</td><td>30</td></tr>
<tr><td rowspan="3">芯板叠离</td><td rowspan="2">紧贴表板的芯板叠离</td><td>单个最大宽度/mm</td><td>6</td></tr>
<tr><td>每米板宽内条数</td><td>4</td></tr>
<tr><td colspan="2">其他各层离缝的最大宽度/mm</td><td>—</td></tr>
</table>

表 3（续）

检量项目		要　求
补片、补条	制作适当且填补牢固的，每平方米板面上个数	不限
	累计面积不超过板面积/%	15
	单个最大长径/mm	400
	缝隙不得超过/mm	腻平允许
板边缺损	自公称幅面不得超过/mm	10

表 4　木质平托盘用其他人造板的外观质量

检量项目	要求
断痕、透裂	不允许
单个面积大于 $40\ mm^2$ 的胶斑、石蜡斑、油污斑等污染	不允许
边角残损	在公称尺寸内不允许

5.5　物理力学性能指标

5.5.1　木质平托盘用胶合板的物理力学性能指标应符合表 5 的规定。

表 5　木质平托盘用胶合板的物理力学性能指标

性　能		单位	铺板和纵梁 公称厚度范围/mm			垫　块
			9～13	>13～18	>18	
静曲强度	平行	MPa	≥30	≥26	≥24	—
	垂直		≥20	≥20	≥20	—
弹性模量	平行	MPa	≥5.50×10^3	≥5.50×10^3	≥4.50×10^3	—
	垂直		≥3.00×10^3	≥3.00×10^3	≥3.00×10^3	—
冲击韧性		kJ/m^2	≥25			
含水率		%	6～14			
胶合强度		MPa	≥0.70			

5.5.2　木质平托盘用其他人造板的物理力学性能指标应符合表 6 的规定。

表 6　木质平托盘用其他人造板的物理力学性能指标

性　能		单位	铺板和纵梁 公称厚度范围/mm			垫　块
			9～13	>13～18	>18	
静曲强度	纵向	MPa	≥22	≥20	≥18	—
	横向		≥11	≥10	≥9	—
弹性模量	纵向	MPa	≥3.50×10^3	≥3.50×10^3	≥3.50×10^3	—
	横向		≥1.40×10^3	≥1.40×10^3	≥1.40×10^3	—
握螺钉力	板面	N	≥1 100			
	板边		≥700			

表 6（续）

性　能		单　位	铺板和纵梁			垫　块
			公称厚度范围/mm			
			9～13	＞13～18	＞18	
冲击韧性		kJ/m²	≥20			
含水率		%	4～13			
2 h 吸水厚度膨胀率(室内)		%	≤8.0			
24 h 吸水厚度膨胀率(室外)		%	≤15.0			
内结合强度	室内	MPa	≥0.35	≥0.30	≥0.30	≥0.25
	室外		≥0.40	≥0.35	≥0.35	≥0.30

5.6　甲醛释放量

室内用木质平托盘用人造板的甲醛释放量限量应符合表 7 的规定。

表 7　木质托盘用人造板的甲醛释放量限量

产品名称	试验方法	限量标志	单　位	指　标
胶合板	干燥器法	E_1	mg/L	≤1.5
		E_2	mg/L	≤5.0
其他人造板	穿孔萃取法	E_1	mg/100 g	≤9.0
		E_2	mg/100 g	≤30.0

5.7　可溶性铅、镉、铬、汞限量

木质平托盘用人造板中可溶性铅、镉、铬、汞的含量应符合表 8 的规定。

表 8　木质平托盘用人造板中可溶性铅、镉、铬、汞限量要求　　单位为毫克每千克

项　目	限量值
可溶性铅	≤90
可溶性镉	≤75
可溶性铬	≤60
可溶性汞	≤60

6　试验方法

6.1　规格尺寸检验

6.1.2　长度和宽度的尺寸测定按 GB/T 19367 的规定进行。

6.1.3　厚度的尺寸测定按 GB/T 19367 的规定进行。

6.2　外观质量检验

按照木质平托盘用人造板的外观质量要求，采用目测和钢板尺、卡尺等检量工具进行逐项检验。

6.3　理化性能试验方法

6.3.1　取样和试件制取

6.3.1.1　样本应在存放 24 h 以上的产品中抽取。

6.3.1.2　试件在样本的任意部位截取。

6.3.1.3　试件尺寸和数量：试件尺寸和每张板上试件数量见表 9。

表 9 试件尺寸和每张板上试件数量

试验项目	试件尺寸/mm	刨花板/个	胶合板/个				
			三层	五层	七层	九层	十一层
胶合强度	100×25	—	12	12	18	24	36
静曲强度、弹性模量	长 20h+50，但不小于 200，宽 50	12	12				
握螺钉力	150×50	3	—				
冲击韧性	300×20	6	6				
含水率	100×100	6	6				
甲醛释放量(干燥器法)	150×50	—	20				
甲醛释放量(穿孔萃取法)	20×20	任意板边 5 cm 处锯制，总质量约 330 g	—				
吸水厚度膨胀率	50×50	6	—				
内结合强度	50×50	6	—				
可溶性铅、镉、铬、汞	50×50	10	10				
注：h 为试件的公称厚度。							

6.3.2 **胶合强度的测定**

按 GB/T 17657 的规定进行。

6.3.3 **内结合强度的测定**

按 GB/T 17657 的规定进行。

6.3.4 **吸水厚度膨胀率的测定**

按 GB/T 17657 的规定进行。

6.3.5 **静曲强度和弹性模量的测定**

按 GB/T 17657 的规定进行。

6.3.6 **握螺钉力的测定**

按 GB/T 17657 的规定进行。

6.3.7 **冲击韧性性能的测定**

按 GB/T 17657 的规定进行。

6.3.8 **含水率的测定**

按 GB/T 17657 的规定进行。

6.3.9 **甲醛释放量的测定**

甲醛释放量按 GB/T 17657 的规定进行。

6.3.10 **可溶性重金属的测定**

木质平托盘用人造板中可溶性重金属铅、镉、铬、汞的测定可按附录 A 的规定进行。

7 检验规则

7.1 检验分类

型式检验和出厂检验。

7.1.1 出厂检验项目包括：

a) 规格尺寸；

b) 外观质量；

c) 理化性能：木质平托盘用胶合板包括含水率、胶合强度、静曲强度、甲醛释放量，其他人造板包括含水率、吸水厚度膨胀率、内结合强度、静曲强度、甲醛释放量。

7.1.2 型式检验项目包括第5章中的全部项目。

7.1.3 有下列情况之一时，应进行型式检验：

——新产品投产、定型鉴定；

——正式生产后，结构、材料、工艺有较大改变；

——正常生产时，每年进行一次；

——产品停产半年以上，恢复生产时；

——国家质量监督部门要求进行时。

7.2 外观质量检验

外观质量的检验抽样采用GB/T 2828.1—2003中二次抽样方案，检查水平为Ⅱ，接收质量限(AQL)为4.0，见表10。

表10 外观质量抽样方案

单位为张

批量范围	样本	样本量	累计样本量	合格判定数	不合格判定数
≤150	第一	13	13	0	3
	第二	13	26	3	4
151～280	第一	20	20	1	3
	第二	20	40	4	5
281～500	第一	32	32	2	5
	第二	32	64	6	7
501～1 200	第一	50	50	3	6
	第二	50	100	9	10
1 201～3 200	第一	80	80	5	9
	第二	80	160	12	13
3 201～10 000	第一	125	125	7	11
	第二	125	250	18	19
注：超过10 000张按另一批处理。					

7.3 规格尺寸检验

厚度公差、长度公差和宽度公差检验抽样采用GB/T 2828.1—2003中的二次抽样方案，检查水平为Ⅰ，接收质量限(AQL)为4.0，抽样方案见表11。

表11 规格尺寸抽样方案

单位为张

批量范围	样本	样本量	累计样本量	合格判定数	不合格判定数
≤280	第一	8	8	0	2
	第二	8	16	1	2
281～500	第一	13	13	0	3
	第二	13	26	3	4

表 11（续）

单位为张

批量范围	样本	样本量	累计样本量	合格判定数	不合格判定数
501～1 200	第一	20	20	1	3
	第二	20	40	4	5
1 201～3 200	第一	32	32	2	5
	第二	32	64	6	7
3 201～10 000	第一	50	50	3	6
	第二	50	100	9	12
注：超过 10 000 张按另一批处理。					

7.4 理化性能检验

理化性能检验的抽样方案见表 12，初检样本检验结果有某项指标不合格时，允许进行复检一次，在同批产品中加倍抽取样品对不合格项进行复检，复检后全部合格，判为合格；若有一项不合格，判为不合格。

表 12 理化性能抽样方案

单位为张

提交检查批的成品板数量	初检抽样数	复检抽样数
≤1 000	3	6
≥1 001	6	12

7.5 判定规则

成品入库或成批拨交时，应进行外观质量、规格尺寸、理化性能检验。样品应从拨交批中按 7.2～7.4 抽样方案随机抽取。全部检验项目合格时，判定该批产品为合格批，否则为不合格。

8 标志、包装、运输和贮存

8.1 标志

每个包装贴上合格证，注明：品名、规格型号、厂名、厂址、电话、生产日期、生产批号、检验员工号、等级、产品标准号等。

8.2 包装

产品应按同一规格分别包装。

8.3 运输

运输过程中要防水、防潮、防曝晒。

8.4 贮存

应存放在干燥、通风的仓库或棚内，注意防潮、防晒。

附 录 A
(规范性附录)
可溶性重金属(铅、镉、铬、汞)的测定

A.1 原理

以0.07 mol/L盐酸溶液萃取人造板样品中的可溶性重金属,用火焰原子吸收光谱法测定萃取溶液中可溶性铅、镉、铬元素的含量,用氢化物发生原子吸收光谱法测定萃取溶液中可溶性汞元素的含量。

A.2 试剂

除特殊要求外,所用试剂至少为分析纯试剂,所用水符合GB/T 6682中三级水的要求。

A.2.1 盐酸溶液:0.07 mol/L。

A.2.2 盐酸溶液:2 mol/L。

A.2.3 硝酸溶液:1∶1(体积比)。

A.2.4 铅、镉、铬、汞标准溶液:浓度1 000 mg/L。

A.3 仪器

A.3.1 火焰原子吸收光谱仪:配备铅、镉、铬空心阴极灯,并装有可通入空气和乙炔的燃烧器。

A.3.2 原子吸收光谱仪:配备汞空心阴极灯,并能与氢化物发生器配套使用。

A.3.3 粉碎设备:粉碎机。

A.3.4 不锈钢金属筛:孔径0.2 mm、0.5 mm、0.9 mm。

A.3.5 天平:精度0.1 mg。

A.3.6 恒温振荡水槽:振荡频率60次/min、控温精度(37.0±1.0)℃。

A.3.7 酸度计:精度为±0.2 pH单位。

A.3.8 微孔滤膜:孔径0.45 μm。

A.3.9 容量瓶:25 mL、50 mL、100 mL、1 000 mL。

A.3.10 移液管:1 mL、2 mL、5 mL、10 mL、25 mL。

A.3.11 具塞锥形瓶:100 mL(需用1∶1硝酸溶液浸泡24 h,然后用水清洗并干燥)。

A.3.12 烧杯:50 mL(需用1∶1硝酸溶液浸泡24 h,然后用水清洗并干燥)。

A.4 试验步骤

A.4.1 样品的制备

从3块人造板试样中锯制10块试件,尺寸为50 mm×50 mm,分别在各试件的中部等量钻取适量样品,全部放入粉碎机中粉碎,粉碎后样品应全部通过0.9 mm孔径的不锈钢金属筛,其中0.5 mm孔径不锈钢金属筛通过量大于90%,0.20 mm孔径不锈钢金属筛通过量大于45%。将粉碎后试样充分均匀分为两份,一份用于水分测定,一份用于可溶性铅、镉、铬、汞测定。

A.4.2 试样含水率的测定

称取试样(A.4.1)5 g(精确至0.2 mg)均匀地分散于已恒重过的ϕ15 cm玻璃培养皿中并置于恒温干燥箱中,于(103±2)℃条件下干燥6 h,干燥后的试样应立即置于干燥器中冷却,待冷却至室温后称重,精确至0.2 mg。试样含水率按式(A.1)计算。

$$H = \frac{(m_0 - m_1)}{m_0} \times 100 \qquad \cdots\cdots(A.1)$$

式中：

H——粉碎后试样的含水率，%；

m_0——试样干燥前重量，单位为克(g)；

m_1——试样干燥后重量，单位为克(g)。

A.4.3 样品处理

按 GB 18584 的要求进行。

A.4.4 标准溶液的配制

用移液管分别吸取 10.0 mL、10.0 mL、10.0 mL 、1.0 mL 浓度为 1 000 mg/L 铅、镉、铬、汞标准溶液于 100 mL、100 mL、100 mL、1 000 mL 棕色容量瓶中，并用 0.07 mol/L 盐酸溶液稀释至刻度，即获得 100 mg/L、10 mg/L、10 mg/L、1.0 mg/L 铅、镉、铬、汞标准溶液。依此标准溶液配制测试用标准参比溶液。

A.4.5 测试

A.4.5.1 可溶性铅含量的测定按 GB/T 9758 进行。

A.4.5.2 可溶性镉含量的测定按 GB/T 9758 进行。

A.4.5.3 可溶性铬含量的测定按 GB/T 9758 进行。

A.4.5.4 可溶性汞含量的测定按 GB/T 9758 进行。

A.5 结果的计算

试样中可溶性铅、镉、铬、汞元素的含量，按式(A.2)计算。

$$C = \frac{(c - c_0)V \times F}{m(1 - H)} \qquad \cdots\cdots(A.2)$$

式中：

C——试样中可溶性铅、镉、铬、汞元素的含量，单位为毫克每千克(mg/kg)；

c_0——空白溶液(0.07 mol/L 盐酸溶液)的测试浓度，单位为微克每毫升(μg/mL)；

c——试验溶液的测试浓度，单位为微克每毫升(μg/mL)；

V——盐酸萃取溶液的体积，单位为毫升(mL)；

F——试验溶液的稀释倍数；

m——称取的试样量，单位为克(g)；

H——试样中含水率，%。

ICS 79.060.01
B 70

中华人民共和国国家标准

GB/T 23899—2009

实木复合地板生产综合能耗

Overall energy consumption for parquet production

2009-05-12 发布 2009-11-01 实施

中华人民共和国国家质量监督检验检疫总局
中国国家标准化管理委员会 发布

前　言

本标准的附录 A 为资料性附录。

本标准由国家林业局提出并归口。

本标准由黑龙江省木材采运研究所负责起草。

本标准参加起草单位：黑龙江省合江林业科学研究所、吉林森林工业集团金桥木业有限公司、广东盈彬木业有限公司、青岛达木木业有限公司。

本标准主要起草人：曹军、李琪、李宁宁、齐永峰、于长海、李晓东、王利杰。

实木复合地板生产综合能耗

1 范围

本标准规定了实木复合地板生产单位产量综合能耗等级指标和计算方法。

本标准适用于三层实木复合地板生产综合能耗(不包括锯材部分)和多层实木复合地板生产综合能耗(不包括基材部分)指标考核及其计算。

2 规范性引用文件

下列文件中的条款通过本标准的引用而成为本标准的条款。凡是注日期的引用文件,其随后所有的修改单(不包括勘误的内容)或修订版均不适用于本标准,然而,鼓励根据本标准达成协议的各方研究是否可使用这些文件的最新版本。凡是不注日期的引用文件,其最新版本适用于本标准。

GB/T 2589 综合能耗计算通则

GB/T 6422 企业能耗计量与测试导则

GB/T 15316 节能监测技术通则

GB 17167 用能单位能源计量器具配备和管理通则

3 术语和定义

下列术语和定义适用于本标准。

3.1

实木复合地板生产综合能耗 overall energy consumption for parquet production

在统计期内生产企业在实木复合地板生产中实际消耗的各种能源实物量,按规定的计算方法,分别折算为标准煤后的总和。

3.2

实木复合地板单位产量综合能耗 total energy consumption for parquet unit output production

实木复合地板生产在同一统计期内的综合能耗总量与合格实木复合地板产量的比值。

3.3

实木复合地板基本能耗 basic energy consumption of center density parquet prodution

实木复合地板生产时符合材质密度在 0.6 g/cm^3 以上树种所占比例为 50%～75%,地板长度为 600 mm～1 000 mm、宽度为 80 mm～100 mm、厚度为 15 mm～18 mm,素板加工能耗占直接生产能耗(除坯料干燥工序外)的比例为 50%～60%,车间应采暖(或降温)而未进行采暖(或降温)等基本条件的合格实木复合地板单位产量综合能耗。

3.4

素板 unlacquered parquet

表层没有任何涂饰的实木复合地板。

3.5

实木复合地板生产实际消耗的各种能源 various production energies of real consuming in the parquet

用于生产活动的各种能源(煤、汽油、柴油、蒸汽、电力、压缩空气、水等),它包括直接生产耗能和间接生产耗能。

3.5.1

直接生产　direct production

主要包括卸车、上料、拼接、层压、锯割、开榫、砂光、涂漆、包装、车间运输、堆垛和装车等生产工序。

3.5.2

间接生产　indirect production

包括辅助生产和附属生产。即包括除尘、生产设备维修、加工剩余物清理、生产车间取暖(或降温)和照明、锉锯等生产工序以及由板院、仓库及其他公共设施的取暖(或降温)和照明、厂内运输等与生产相关的耗能环节构成。

4　实木复合地板基本能耗分级指标

实木复合地板基本能耗分级指标见表1。

表1　实木复合地板基本能耗分级指标

分　级	优　秀	良　好	合　格
三层实木复合地板	$e_j \leqslant 2.00$	$2.00 < e_j \leqslant 5.00$	$5.00 < e_j \leqslant 12.00$
	$e_j' \leqslant 1.50$	$1.50 < e_j' \leqslant 3.00$	$3.00 < e_j' \leqslant 6.00$
多层实木复合地板	$e_{dj} \leqslant 2.00$	$2.00 < e_{dj} \leqslant 5.00$	$5.00 < e_{dj} \leqslant 12.00$
	$e_{dj}' \leqslant 1.50$	$1.50 < e_{dj}' \leqslant 3.00$	$3.00 < e_{dj}' \leqslant 6.00$

注：e_j——包含干燥工序能耗的三层实木复合地板基本能耗，kg标准煤/m^2；
e_j'——不包含干燥工序能耗的三层实木复合地板基本能耗，kg标准煤/m^2；
e_{dj}——包含干燥工序能耗的多层实木复合地板基本能耗，kg标准煤/m^2；
e_{dj}'——不包含干燥工序能耗的多层实木复合地板基本能耗，kg标准煤/m^2。

5　实木复合地板生产综合能耗的计算方法

5.1　实木复合地板生产综合能耗

实木复合地板生产综合能耗按式(1)或式(2)计算。

$$E = E_M + E_D + E_Y + E_Q \qquad \cdots\cdots (1)$$

式中：

E——实木复合地板生产综合能耗，单位为千克标准煤(kg标准煤)；

E_M——实木复合地板生产耗煤总量，单位为千克标准煤(kg标准煤)；

E_D——实木复合地板生产耗电总量，单位为千克标准煤(kg标准煤)；

E_Y——实木复合地板生产耗汽油、柴油总量，单位为千克标准煤(kg标准煤)；

E_Q——实木复合地板生产耗其他能源总量，单位为千克标准煤(kg标准煤)。

或

$$E = E_z + E_j \qquad \cdots\cdots (2)$$

式中：

E_z——直接生产综合能耗量，单位为千克标准煤(kg标准煤)；

E_j——间接生产综合能耗量，单位为千克标准煤(kg标准煤)。

5.2　实木复合地板单位产量综合能耗

5.2.1　不含坯料干燥工序的单位产量综合能耗按式(3)计算。

$$e = \frac{E}{M} \qquad \cdots\cdots (3)$$

式中：

e——不含坯料干燥工序时实木复合地板单位产量综合能耗，单位为千克标准煤每平方米（kg 标准煤/m^2）；

M——统计期内合格实木复合地板产量，单位为平方米（m^2）。

5.2.2 含坯料干燥工序的单位产量综合能耗按式(4)计算。

$$e_s = \frac{E'}{M} \quad \cdots\cdots\cdots\cdots(4)$$

式中：

e_s——含坯料干燥工序的单位产量综合能耗，单位为千克标准煤每平方米（kg 标准煤/m^2）；

E'——含坯料干燥工序的实木复合地板生产综合能耗，单位为千克标准煤（kg 标准煤）。

5.3 实木复合地板生产基本能耗

5.3.1 不含坯料干燥工序的基本能耗

5.3.1.1 包含采暖能耗的基本能耗按式(5)计算。

$$e = e_1 \times K_m \times K_l \times K_g \times K_t \times K_c \times K_k \times K_h + n_c \times e_3 \quad \cdots\cdots\cdots\cdots(5)$$

式中：

e_1——包含采暖能耗的基本能耗，单位为千克标准煤每平方米（kg 标准煤/m^2）；

n_c——采暖时间，单位为月；

e_3——月采暖能耗，单位为千克标准煤每平方米（kg 标准煤/m^2）；

K_m——材质（树种）密度修正系数；

K_l——面层材料修正系数；

K_g——基材结构修正系数；

K_t——表面涂饰修正系数；

K_c——长度修正系数；

K_k——宽度修正系数；

K_h——厚度修正系数。

5.3.1.2 包含降温能耗的基本能耗按式(6)计算。

$$e = e'_1 \times K_m \times K_l \times K_g \times K_t \times K_c \times K_k \times K_h + n_j \times e_4 \quad \cdots\cdots\cdots\cdots(6)$$

式中：

e'_1——包含降温能耗的基本能耗，单位为千克标准煤每平方米（kg 标准煤/m^2）；

n_j——降温时间，单位为月；

e_4——月降温能耗，单位为千克标准煤每平方米（kg 标准煤/m^2）。

5.3.2 含坯料干燥工序的基本能耗

5.3.2.1 含坯料干燥和采暖的基本能耗按式(7)计算。

$$e_s = e_2 \times K_m \times K_l \times K_g \times K_t \times K_c \times K_k \times K_h + n \times e_3 \quad \cdots\cdots\cdots\cdots(7)$$

式中：

e_2——含坯料干燥和采暖能耗的基本能耗量，单位为千克标准煤每平方米（kg 标准煤/m^2）。

5.3.2.2 含坯料干燥和降温能耗的基本能耗按式(8)计算。

$$e_s = e'_2 \times K_m \times K_l \times K_g \times K_t \times K_c \times K_k \times K_h + n \times e_4 \quad \cdots\cdots\cdots\cdots(8)$$

式中：

e'_2——含坯料干燥和降温能耗的基本能耗量，单位为千克标准煤每平方米（kg 标准煤/m^2）。

5.4 修正系数及修正值

5.4.1 面层材质（树种）密度修正系数 K_m 见表 2。

表 2 面层材质(树种)密度修正系数

密度在 0.6 g/cm³ 以上树种比例/%	<50	50～75	>75
K_m	0.92	1.00	1.08

5.4.2 按面层材料分类，生产能耗指标应进行修正，修正系数 K_l 见表 3。

表 3 面层材料修正系数

面层材料	实木拼板	单 板
K_l	1.05	1.00

5.4.3 按基材结构分类，生产能耗指标应进行修正，修正系数 K_g 见表 4。

表 4 基材结构修正系数

材料结构	三层结构	多层结构
K_g	1.03	1.00

5.4.4 按表面有无涂饰分类，生产能耗指标应进行修正，修正系数 K_t 见表 5。

表 5 表面涂饰修正系数

表面涂饰	有	无
K_t	1.00	0.80

5.4.5 长度修正系数 K_c 见表 6。

表 6 长度修正系数

长度/mm	<600	600～1 000	>1 000
K_c	1.02	1.00	0.98

5.4.6 宽度修正系数 K_k 见表 7。

表 7 宽度修正系数

宽度/mm	<90	90～120	>120
K_k	1.02	1.00	0.98

5.4.7 厚度修正系数 K_h 见表 8。

表 8 厚度修正系数

厚度/mm	<15	15～18	>18
K_h	0.98	1.00	1.02

5.4.8 按国家规定装设采暖设施的地区，生产能耗指标应进行修正，见表 9。

表 9 月采暖能耗

年产量/万 m²	<5	5～20	21～40	>40
月采暖能耗 e_3/(kg 标准煤/m²)	0.039	0.036	0.034	0.030

5.4.9 按国家规定装设降温装置的地区，生产能耗指标应进行修正，见表 10。

表 10 月降温能耗

年产量/万 m²	<5	5～20	21～40	>40
月降温能耗 e_4/(kg 标准煤/m²)	0.035	0.033	0.032	0.029

5.5 各种能源的综合计算

各种能源的综合计算，按 GB/T 2589 的规定执行。

5.6 各种能源折标准煤系数

各种能源折标准煤系数见附录A。

6 实木复合地板能耗量的计量

6.1 计量条件

a) 实木复合地板生产设备技术状况正常；

b) 安全保护设备齐全；

c) 工况稳定。

6.2 计量仪表

企业能源计量仪表应符合GB 17167的规定。

6.3 计量方法

测试方法应符合GB/T 15316和GB/T 6422的要求。

6.3.1 电能消耗量的计量

在生产车间安装经检验合格的电能表，计量用于直接生产所消耗的电能消耗总量。

6.3.2 汽油、柴油等燃油消耗量的计量

在油品库安装计量器具，按实际消耗量进行计量。

6.3.3 水消耗量的计量

在生产车间安装经检验合格的水表，计量用于直接生产所消耗的水量。

6.3.4 压缩空气消耗量的计量

按空压机实际消耗的电量计算。

6.3.5 原煤消耗量的计量

在煤被送入锅炉房前安装计量器具，按锅炉实际耗煤量计算。

6.3.6 辅助生产、附属生产系统能耗量

按实际情况计量后计入。

6.3.7 数据记录

对上述各项计量数据，要求每班记录一次，能源监测时记录时间不少于一周。

6.3.8 采暖能耗计量

6.3.8.1 具有独立采暖系统的实木复合地板生产厂(车间)按锅炉的实际消耗量计量。

6.3.8.2 不具有独立采暖系统的实木复合地板生产厂(车间)，应在厂(车间)采暖系统入口安装流量计，并测量入口及出口温度，每班至少记录三次，取平均值，综合考虑锅炉效率及热量损失后，按实际消耗能源量计量或按实际采暖面积进行分摊。

6.3.9 降温能耗计量

将所有降温设备统一安装电能表后，按实际电能消耗量计量。

附 录 A
（资料性附录）
各种能源折标准煤系数表

表 A.1 各种能源折标准煤系数表

能源名称	平均低位发热量	折标准煤系数
电	11 840 kJ/(kW·h)	0.404 0 kg 标准煤/(kW·h)
汽油	43 124 kJ/kg	1.471 4 kg 标准煤/kg
柴油	42 705 kJ/kg	1.457 1 kg 标准煤/kg
原煤	20 934 kJ/kg	0.714 3 kg 标准煤/kg
新鲜水	7 535 kJ/t	0.257 1 kg 标准煤/t
注：原煤采用实际测量的热值，再折算为标准煤，也可采用表列数值。		

ICS 19.100
J 04

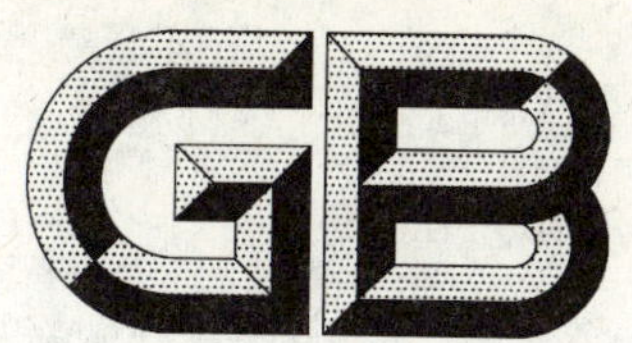

中华人民共和国国家标准

GB/T 23900—2009

无损检测　材料超声速度测量方法

Non-destructive testing—Practice for measuring ultrasonic velocity in materials

2009-05-26 发布　　2009-12-01 实施

中华人民共和国国家质量监督检验检疫总局
中国国家标准化管理委员会　发布

前　言

本标准修改采用 ASTM E494-05《材料超声速度测量方法》(英文版)。

本标准根据 ASTM E494-05 重新起草。

考虑到我国国情,在采用 ASTM E494-05 时,本标准做了一些修改。有关技术性差异如下:

——将规范性引用文件改为我国标准;

——删除 ASTM E494-05 的第 5 章;

——删除 ASTM E494-05 的第 9 章;

——删除 ASTM E494-05 的资料性附录 X1。

为便于使用,本标准还做了下列编辑性修改:

——“本方法”一词改为“本标准”;

——在第 2 章中插入 GB/T 1.1—2000 规定的引导语;

——按 GB/T 1.1—2000 规定的格式要求,对附录和部分章条重新做了编号。

本标准的附录 A、附录 B 和附录 C 为资料性附录。

本标准由全国无损检测标准化技术委员会(SAC/TC 56)提出并归口。

本标准起草单位:中国特种设备检测研究院。

本标准主要起草人:沈功田、吴彦。

无损检测 材料超声速度测量方法

1 范围

本标准规定了用A型脉冲反射式超声探伤设备测量材料中超声速度的方法。

本标准描述的是一种采用超声速度已知的参考材料(试块),通过比较的方法来测量被测材料中的超声速度。

本标准适用于厚度大于或等于5 mm的固体材料,且与超声波能量传播方向垂直的两个表面之间的平行度在±3°之间,以及与超声探头耦合的表面粗糙度优于3.2 μm。

用其他专门研制的超声仪器、辅助设备和专项技术可获得更精确的结果。附录A中列出了测量超声波速度的其他一些方法。

注:包括技术、仪器、材料种类和操作人员等因素的变化都将引起速度指示的变化,有时甚至会达到5%。上述因素综合到一起的影响结果预期会增加检测精度(可能在1%的公差范围以内)。

2 规范性引用文件

下列文件中的条款通过本标准的引用而成为本标准的条款。凡是注日期的引用文件,其随后所有的修改单(不包括勘误的内容)或修订版均不适用于本标准,然而,鼓励根据本标准达成协议的各方研究是否可使用这些文件的最新版本。凡是不注日期的引用文件,其最新版本适用于本标准。

GB/T 12604.1 无损检测 术语 超声检测(GB/T 12604.1—2005,ISO 5577:2000,Non-destructive testing—Ultrasonic inspection—Vocabulary,IDT)

JB/T 9214 A型脉冲反射式超声探伤系统工作性能测试方法

3 术语和定义

GB/T 12604.1确立的术语和定义适用于本标准。

4 概述

在固体中能够传播几个可能的振动模式。本标准涉及到两种传播速度,即纵波的速度(v_l)和横波的速度(v_s)。当试样在与波束垂直方向上的几何尺寸远大于波束面积和波长时,纵波速度不受试样几何形状的影响。横波的传播速度基本上不受试样几何尺寸的影响。本标准涉及的方法,仅适用于常规脉冲反射式超声探伤设备。

5 设备

5.1 测试仪器

任何超声仪器都是由时基线、发射(脉冲)装置、接受装置(回波放大器)以及A扫描显示电路组成的,能产生、接受并显示超声波电信号。仪器应能沿A扫描时基线以±0.5 mm的精度读出A_k、A_l、A_t、A_s(其定义见6.1.5和6.2.5)等几个位置。为了获得最佳的精度,宜采用尽可能高的频率,并至少能够显示2次,最好是5次清晰反射的回波。

5.2 探头

用于接触法检测的探头,应能产生并接收适当大小、类型和频率的超声波。直接接触纵波模式用来测量纵波速度,直接接触横波模式用来测量横波速度。

5.3 耦合剂

对于纵波速度测量，耦合剂应使用洁净的轻质油等材料；对于横波速度测量，应该采用树脂或固体粘结剂等高黏性的材料。对某些材料使用类聚丁烯、蜂蜜或其他高黏弹性的材料更有效。大多数液体中不能传播横波。对多孔渗水的材料，要求采用特殊的非液态耦合剂。耦合剂不得对材料本身有害。

5.4 试块

5.4.1 声速试块：能被声波穿透，且有适当的表面粗糙度、形状、厚度和平行面的，以及已知超声波速度的任何材料。试块的声速宜由其他一些更高精度的技术或与已知水的声速(参见 A.5、附录 B 和附录 C)相比较来确定。试块宜与被测材料具有相似的衰减系数。

5.4.2 水平线性测试，见 JB/T 9214。

6 测量规程

6.1 纵波速度

6.1.1 通过比较纵波在被测材料与在已知声速(v_k)的试块中的传播时间，来测量纵波速度(v_l)。

6.1.2 在每个试样(试块和被测材料)上各选择两个平行表面，测量其厚度，精度高于±0.02 mm 或 0.1%。

6.1.3 在每个试样上用探头测得一个信号模式(见图 1)，在可清晰分辨的条件下，尽可能使反射回波数多。两次测量的时基线(扫描线控制)必须设置成相同。

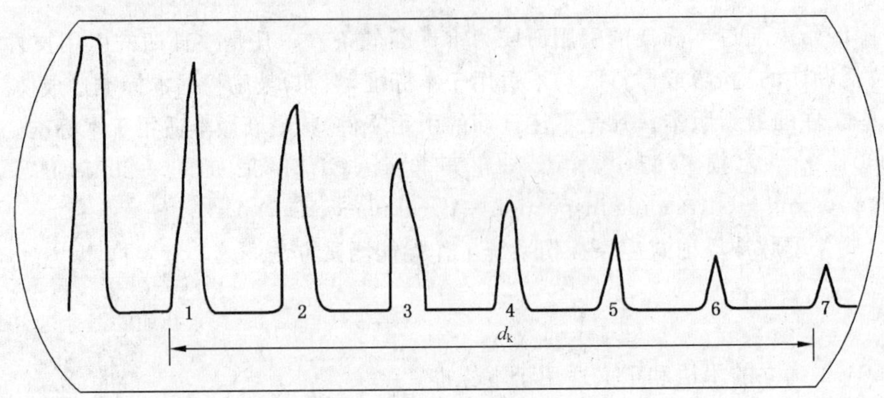

图 1 始波脉冲和 7 个反射回波

6.1.4 用刻度尺或卡尺分别测量试块和被测材料上第一个反射回波前沿和最后一个可清晰识别的反射回波前沿之间的时基线距离。为了获得更高的精度，可在第一个反射回波的前沿位置固定之后，调节放大器使最后一个反射回波与第一个反射回波的高度一致。这样能测量到更精确的时间或距离。随后再确定最后一个反射回波前沿的位置。在任意两个反射回波之间，信号传播声程为 2 倍的试样厚度。信号传播通过试样并返回到入射点称为一次完整路径。在图 1 中回波 1 和回波 7 之间信号通过了 6 次完整路径。计算在两个试样上从第一个反射回波到最后一个反射回波之间通过的完整路径次数。这个数字比反射回波的数目少 1。注意每次测量到的试样厚度、完整路径次数和从第一个到最后一个回波之间的距离不必相同。

6.1.5 按下式计算被测材料的声速值：

$$v_l = (A_k n_l t_l v_k)/(A_l n_k t_k) \qquad \cdots\cdots(1)$$

式中：

A_k——沿 A 扫描显示的时基线测量到试块从第一个到第 N 个反射回波之间的距离，单位为米(m)；

n_l——被测材料中完整路径的次数；

t_l——被测材料的厚度,单位为米(m);

v_k——试块中的声速,单位为米每秒(m/s);

A_l——沿 A 扫描显示的时基线测量到被测材料从第一个到第 N 个反射回波之间的距离,单位为米(m);

n_k——试块中完整路径的次数;

t_k——试块的厚度,单位为米(m)。

注:只要系统保持一致,在测量中采用什么单位并不重要。

6.2 横波速度

6.2.1 通过比较横波在已知声速(v_t)的试块和被测材料中的传播时间,来测量横波速度(v_s)。

6.2.2 在每个试样(试块和被测材料)上各选择两个平行表面,测量其厚度,精度高于±0.02 mm 或 0.1%。

6.2.3 在每个试样上用探头测得一个信号模式(见图 1),在可清晰分辨的条件下,尽可能使反射回波数多。两次测量的时基线(扫描线控制)必须设置相同。

6.2.4 用刻度尺或卡尺分别测量试块和被测材料上第一个反射回波前沿和最后一个可清晰识别的反射回波前沿之间的时基线距离。为了获得更高的精度,可在第一个反射回波的前沿位置固定之后,调节放大器使最后一个反射回波与第一个反射回波高度一致。这样能测量到更精确的时间或距离。这增加了衰减信号中的高频成分。随后再确定最后一个反射回波前沿的位置。计算在两个试样上从第一个反射回波到最后一个反射回波之间通过的完整路径次数。这个数字比回波数目少 1。注意每次测量到的试样厚度、完整路径次数和从第一个到最后一个反射回波之间的距离不必相同。

6.2.5 按下式计算被测材料的声速值:

$$v_s = (A_t n_s t_s v_t)/(A_s n_t t_t) \qquad (2)$$

式中:

A_t——沿 A 扫描显示的时基线测量到试块从第一个到第 N 个反射回波之间的距离,单位为米(m);

n_s——被测材料中完整路径的次数;

t_s——被测材料的厚度,单位为米(m);

v_t——试块中的横波速度,单位为米每秒(m/s);

A_s——沿 A 扫描显示的时基线测量到被测材料从第一个到第 N 个反射回波之间的距离,单位为米(m);

n_t——试块中完整路径的次数;

t_t——试块的厚度,单位为米(m)。

7 报告

声速测量报告中宜包括如下数据。

a) 纵波:

A_k=________ m;

n_l=________;

t_l=________ m;

v_k=________ m/s;

A_l=________ m;

n_k=________;

t_k=________ m;

v_l[用公式(1)]=________ m/s。

b) 横波:

A_t=________ m；

n_s=________；

t_s=________ m；

v_t=________ m/s；

A_s=________ m；

n_t=________；

t_t=________ m；

v_s[用公式(2)]=________ m/s。

c) 水平线性。

d) 测量频率。

e) 耦合剂。

f) 探头：

 1) 频率；

 2) 尺寸；

 3) 形状；

 4) 类型；

 5) 序列号。

g) 试块几何尺寸。

h) 仪器：

 1) 名称；

 2) 型号；

 3) 序列号；

 4) 相关控制设置。

附 录 A
（资料性附录）
材料超声速度测量的其他重要技术

A.1 引言

A.1.1 一些技术可以用来精确测量材料中的超声速度。这些技术大多需要用到专门研制或辅助性的仪器设备。

A.1.2 能自动测量声速或时间间隔或同时测量两者的仪器都可以买到。原本为其他测量而设计的仪器(如厚度计量器)也可用于声速测量。

A.1.3 已经引入了各种方法来解决对试块中波形的时间间隔或数目进行精确测量的问题。本附录不可能涵括所有这些技术。本附录对拥有更精密的仪器或能得到辅助仪器及希望得到更精确结果的情况来说是有用的。

A.1.4 本附录将包括一些只适合在实验室中使用的技术。只有在诸如实验室中才能达到的严格控制的条件下才能得到最精确的结果。测量过程可能会很缓慢且需要精心准备的试块。

A.2 专门搭建的超声设备

这类超声设备可提供更精确的超声波传播随时间变化的测量。

A.3 精密示波器

辅助的精密阴极射线示波器能用来观察回波模式。使用精密示波器的标准水平显示能测量出连续多次反射回波之间的传播时间。再按下式计算速度：

速度(m/s) = [2 厚度(m)]/[时间(s)] ……………………………（A.1）

A.4 电子时间标记

A.4.1 在基本的仪器显示器上可以用一个附件来为一个步骤显示一个或更多视频标记。这通常添加在标准回波模式上。标记可用标准控制器来移动。控制器可直接按 μs 读出时间。

A.4.2 在显示器上首先将第一个步骤与第一个反射回波相匹配，然后，如果有的话，将第二个标记与第二个反射回波相匹配。基于这两个标记的控制器读数，就能确定穿过试块一次完整路径所用的时间[计算公式见公式(A.1)]。

A.5 超声干涉计(速度比较仪)

A.5.1 对超声速度的测量可由比较脉冲在试块和在对比试块中传播路径的传播时间算出。液体(例如水)中的超声速度是已知的，因此试块中的声速能以大约 0.1%的精度确定。

A.5.2 实际上，试块中的反射回波与干涉计传播路径中传来的转变到干涉点上获得的反射回波是一致的。试块和干涉计液体中的超声速度与它们的长度成比例，且这两个量都必须精确测量。

A.5.3 一个常规探头用夹子夹在一个开放式水槽中的一侧，探头频率应满足试块的要求，衰减部分必须插入到干涉计探头和电缆之间，它可不受其他测试条件的影响而改变干涉计的回波高度。

A.5.4 一个反射器浸入盛装液体的水槽中，并安装在一个可调节的机械上以使之不倾斜。该机械装置能够不接触的迅速来回运动。通过一个轴可以作很好的调节。轴转动一整圈可使运动路径改变 1 mm。轴杆上的一格细分刻度代表 0.01 mm。

A.5.5 水槽中必须充满超声速度已知的液体。如在 20 ℃下，水的超声速度＝1 483.1 m/s。温度系数是 $\Delta v/\Delta t=+2.5\ \mathrm{m/(s\cdot ℃)}$。在水的情况下，对温度的检查是完全必要的(参见附录 C)。

A.5.6 也可以使用混合液体，例如，水和酒精(18%的质量百分比)的混合物，在室温下的温度系数是零。

A.5.7 按下式计算速度：

$$速度_{x}(\mathrm{m/s})=\frac{速度_{水}(\mathrm{m/s})\times 厚度_{x}(\mathrm{m})}{距离_{水中}(\mathrm{m})} \qquad \cdots\cdots(\mathrm{A.2})$$

A.6 穿过混凝土的脉冲速度

A.6.1 脉冲发生器以不小于每秒 50 次的速率产生 10 kHz～50 kHz 的重复脉冲。

A.6.2 将探头表面通过耦合介质按压在混凝土表面上。用水、油或其他黏性材料将混凝土湿润，可将探头振动膜与混凝土接触表面之间的空气除掉。通过排列闸门标识脉冲对应的接收波前，读标准化刻度盘或者计算传播和接收脉冲之间的计数波形周期数，可以测量出振动膜中心之间最短的直线路径长度和在 A 扫描显示器上的传播时间。

A.7 脉冲回波双晶探头方法

A.7.1 本方法使用的单探头包含两部分：一部分做发射器，另一部分做接收器。

A.7.2 既然超声速度测量主要是对基于试块厚度的时间的测量，且大多数厚度测量仪器用本方法成功地以高精度测量厚度，将这种速度测量方法引入实践是适当的。

注：用双晶探头方法，脉冲回波的传播时间是试块厚度的非线性函数，当此技术应用于速度测量时可能引起重大的误差。速度测量的误差可以用一个与被测试块声速和厚度相近的参考试块来消除。单探头系统通常更适合对速度进行精密测量。

A.7.3 推荐使用任何采用双晶探头方法且有标准化刻度的厚度测量仪，包括 A 扫描显示单元和仪表读出器单元。对于 A 扫描显示单元而言，因为刻度刻在显示器的内表面或对输出信号进行积分，视差问题就被解决了。对于仪表读出器单元或数字式读出单元而言，视差不是主要的问题。

A.7.4 大多数双晶探头厚度测量仪器利用第一个反射回波来进行读出的测量。因此测试范围通常是固定的并很好地标准化了。不必产生几个反射回波来求取平均传播时间。

A.7.5 因为第一个反射回波比后面任一个反射回波，如从显像管一端开始的第五个回波，更具有深度或时间上的代表性，所以具有弯曲表面的试块在测量上出现问题更少。在小直径管材中的误差可能比相当的平直试块更大。

A.7.6 步骤

A.7.6.1 在一个已知声速的钢制阶梯试块上校准仪器和探头。通过调节扫描延迟和范围控制，确保两个或更多的厚度(高和低)读数出现在正确的距离上(图 A.1)。

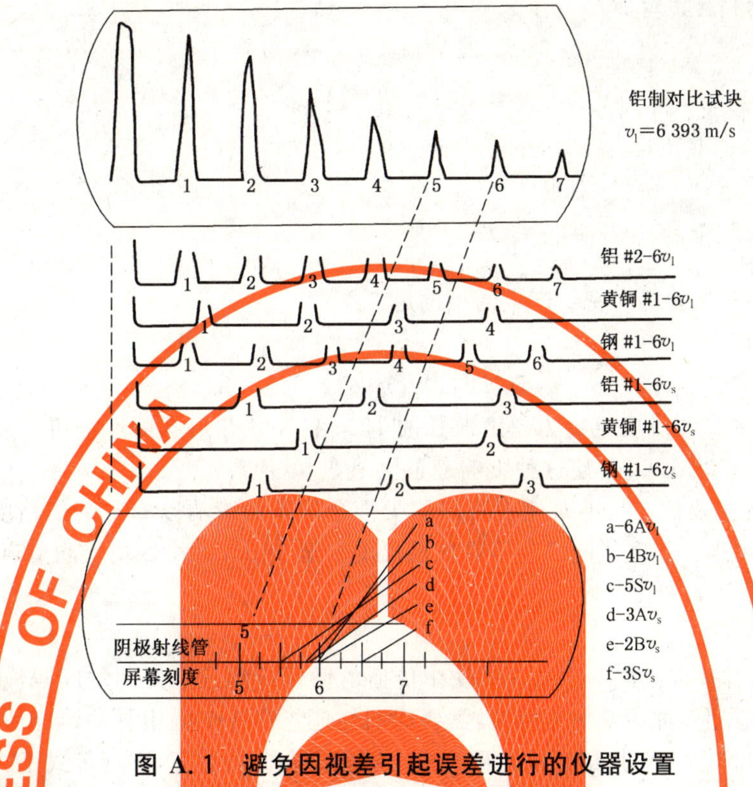

图 A.1 避免因视差引起误差进行的仪器设置

A.7.6.2 不改变仪器的扫描和范围控制测量未知速度试块的厚度。用卡尺或千分尺测量被测区域的实际厚度。

A.7.6.3 按下式计算未知速度：

$$v_x = v_{钢} \times \frac{实际厚度}{测量厚度} \qquad \cdots\cdots\cdots\cdots(A.3)$$

式中：

v_x——未知速度。

A.8 谐波法(零值法)

A.8.1 当只有几个回波能被利用时，用超声回波仪器测量壁厚将变得不准确，因为存在高吸收、腐蚀或不适宜的放射性几何结构。在这些情况下，可以将壁厚测量仪调到回波频率的谐波上(谐波法)来提高测量结果的精度。

A.8.2 到目前为止，干涉计方法已经用于精密测量声传播。在那些对最终精度不作高要求的场合下谐波法可代替复杂且费时的干涉法。在常规条件下，用所谓的“零值法”能获得 0.5%或更高的精度。

A.8.3 改进的方法利用了从探头发射经一长缓冲器杆后，进入有几个波长厚的试样的发射频率(rf)脉冲。缓冲器杆要足够长以便容纳整个 rf 脉冲，而脉冲也要足够长来占据试块中的三个循环行程。脉冲在试块里反射时会产生自干涉。当试块中的循环行程等于半波长的奇数倍时，会产生一个特征回波模式；偶数倍时则产生另一个模式。当 rf 频率变化时这两种模式会交替转变。相位与以 MHz 为单位的周期频率相对应。一种特征模式重复一次时，相位变化一个周期；两种模式之间是 1/2 相位周期。对应于频率的相位倒数是以 μs 为单位的延迟时间 t，对于厚度为 L 的试块，速度为：

$$v = 2L/t \qquad \cdots\cdots\cdots\cdots(A.4)$$

A.9 相位比较法

A.9.1 该方法是插入由不同循环行程数目组成的两个脉冲回波。如果用精确调整频率来严格控制回波相位，相位角的表达式可以写成：

$$\gamma-[(2LW_n)/v]=-2\pi n \quad\cdots\cdots(A.5)$$

式中：

v——传播速度；

W_n——共振频率(f_n)的 2π 倍；

L——厚度；

n——波数；

γ——因为在探头和试块之间密封产生的相位角。

因此，速度表示为：

$$v=(2Lf_n)/[n+(\gamma/2\pi)] \quad\cdots\cdots(A.6)$$

A.9.2 实验证明，只要试块厚度至少为超声波长的 100 倍，尺寸和形状的影响可以有效地减小到零。通常用高频(10 MHz～20 MHz)来使这种影响最小化。

A.9.3 相位比较法的主要优点是绝对速度可以不受耦合误差的影响以非常高的精度确定，因为探头的耦合影响可以评价出来。该方法同样使得在线性尺度小至 2 mm 的小试块上测量声速成为可能。

A.10 脉冲重叠法

A.10.1 该方法将 rf 脉冲以近似等于波在试块中传播的循环行程延迟时间的间隔应用于探头。为了观察刚好在最后一个应用脉冲后叠加的回波，需要周期性地忽略几个应用脉冲。当回波开始按信号之间的时间间隔 T 进行相位调节时，结果脉冲出现最大振幅。在此条件下，下列等式是成立的：

$$\delta=(T/p)-(L/f)[m/p-(\gamma/2\pi)] \quad\cdots\cdots(A.7)$$

式中：

δ——循环行程延迟时间；

f——脉冲的 rf 频率；

m——一个或为正或为负的整数；

γ——与在探头端面上反射的波关联的相位角；

p——一个整数(1,2,3…)。

既然 T 近似等于循环行程延迟时间 δ 的倍数，对于 $p=1$，应用脉冲对每个循环行程延迟出现一次。通常，在不同的探头共振频率 f 和 $0.9f_r$ 之间对 T 多次测量用来获得在 f_r 和另一个频率 f 之间 T 的差异。对应于 $n=0$，ΔT 的负值有最小的量级；除非试块有非常低的机械独立性，延迟时间由 $\delta=T+(\gamma/2\pi f)$ 给出。试块中的声速是 $v=2L/\delta$，其中 L 为试块的长度。

A.10.2 这种特殊方法的优点在于探头的耦合可以考虑进去，所以本方法可以很好地适用于在压力和温度变化的场合下进行测量。用该方法，探头和试块之间的耦合影响可忽略不计。理想条件下，这种方法的精度在 10^{-5} 之内，而 A.9 的相位比较法则在 10^{-4} 之内。按这种方法，可以向试块发送强信号，所以甚至当衰减非常高时，也能进行速度测量。

A.10.3 这两种技术的局限性除材料的多孔性外，预计还依赖于其他各种因素，例如晶粒大小和晶粒边界状况。

A.11 脉冲回波交迭相速度法

在本方法中，成对的回波在观测示波器上以等于两个回波之间传播时间倒数的频率驱动 x 轴来进行比较。按 A.10 中的 ΔT 法，在回波之间选择适当循环交迭的 rf，就能对超声相速度进行精确测量。修正因超声衍射产生的相位超前，并应用于各种不同的回波对之间的传播时间，可提高平均循环行程传播时间的精度。延迟时间可精确到 0.2 ns 甚至更高，在某些情况下可能低到 $5/10^6$。对弥散性材料，交迭经检波的高斯包络(铃曲面形 rf 脉冲，具有窄带宽)可获得群延迟，由此，可测量出群速度。对非弥散性材料(大部分固体),可用宽带数字脉冲来代替 rf 脉冲。

A.12 声共振法

A.12.1 动态声共振法,已发展成被认为是一种获得固体声速和弹性常量的标准方法。固体弯曲的、横断的和扭转的共振频率如已确定,从这些数值可计算出声速。

A.12.2 该方法的优点是在不丧失高精度的情况下测量便捷简单。用该方法可确定典型多孔渗水性聚合化合物的弹性模量。

A.12.3 该方法的缺点仅仅在于被测试块的尺寸局限性。当长度小于 76 mm 时,高弹性模量材料的扭转基本共振频率会超过 40 kHz,这要求采用特殊的仪器和试验技术以获得精确的结果。而且,所有三维(长度、宽度、厚度)在共振频率下的弹性模量计算中都要严格引用。从实用的角度看,要制作具有一致横截面尺寸的小试块相当困难。

A.12.4 另一个要考虑的问题是在方程式中与共振频率下弹性模量相关的形状修正因子。对于矩形试块,建议长度对横截面任一维度的比率不应小于 3∶1。当要求精度值在 0.1%以内时,这个比率最好不小于 6∶1。因此,很难确定大件试块的弹性模量。

A.12.5 声共振技术可在温度高达 3 000 ℃时进行测量。

A.13 瞬间接触压力耦合技术

由 Carnevale 和 Lynnworth 发明的瞬间接触压力耦合技术可测量从室温到超过 2 000 ℃的纵波和切变波的速度。该技术通过瞬间压力耦合穿过试块的 1 MHz 的纵波和切变波脉冲并测量其传播时间(如果衰减已确定,也可以测量振幅)。对纵波和切变波速度的测量精度约为 1%。试块是一个直径至少为 5 个波长且长度为几厘米的圆柱体。尺寸要求能轻易满足。因此,试块的制备和模具定型相对简单。瞬间接触法同样能用于测量管材的厚度、钢坯管中心线上的缺陷、高温下(典型的为 1 000 ℃)材料的内部温度和其他特性。

A.14 开槽杆和阶梯线技术

A.14.1 该技术可应用于典型的如直径 1 cm~3 cm、长几厘米的大试块,或直径小于等于 3 mm、长几厘米的小试块。从室温到感兴趣的最高温度都可以对试块做典型测试。

A.14.2 除非直径更小,大试块可视为一个延长的缓冲杆。直径的变化产生了第一个回波。自由端产生第二个回波。如果有适当的几何结构,纵波能在试块中发生部分模式转换,产生纵波和切变波,由此可以确定模量和泊松系数。通常热环境或在正常测试频率(近似 1 MHz~10 MHz)下缓冲器中的衰减会强加给缓冲器更高的温度限制。

A.14.3 小试块也可能是一个延长的引入线缓冲器,但对各种不同的试块通常使用一个给定的缓冲器(例如直径 1 mm、长 1 m 的钨线)。该技术对于长度小于 1 cm、直径远小于 1 mm 的纤维状和细丝状材料尤其方便。使用 Joule-Wiedemann 磁性探头,能发射中心频率近似为 0.1 MHz 的延伸和扭转脉冲并同时在缓冲器上不发生模式转换地进行非发散性传播。但由于它们的速度不同,在到达试块前,这些模式会清晰地分离。因此可以容易地确定速度、杨氏模量及剪切模量和泊松系数。在高温下,小缓冲器仅产生很少的一些热损耗。试块本身则迅速上升到熔炉的温度。在某些情况下,在循环条件和难熔金属线的熔点下,试块自身的电致发热可用来确定声速。

A.15 连续波(CW)相敏技术

A.15.1 基于 CW 的测量试块相位的系统由一个自锁放大器、一个输入探头和一个输出探头组成,它们的排列使波能传播通过试块。放大器包括一个为输入探头提供 CW 的频率源。当频率变化时,锁相放大器的相位计对每 180°相位改变记录零(清零)。因此每隔一个过零点就是相位 ϕ 的一个周期。相位周期图对应于以 MHz 为单位的频率。该曲线的斜率是以 μs 为单位的群延迟时间 t_g，由下式可以得到群速度：

$$v_g = L/t_g \qquad \cdots\cdots(A.8)$$

A.15.2 用此系统研究的理想试块是沿厚度方向进行测量的无边界金属板，或沿长度方向进行测量的细金属线（直径为 d）。在第一种情况下，侧壁效应不存在。在第二种情况下，侧壁效应仅产生第一个纵波模式，而且只要 λ 比 d 大得多，它就是非发散性的。外形比接近一致（如立方体，其比率就完全一致）的试块，结构中模式的多样性会造成材料参数的模糊。因此只能做定性的测量。但是也可以在同样形状和尺寸的试块上做对比性测量。

A.15.3 该方法对高衰减试块非常有用，因为它的回波观察不到，即对一种材料的试块，传播穿过一次会衰减 20 dB 甚至更大。因此相位随频率单调变化，此时读数是明确的。发散性和非发散性材料都能被测试。非发散性材料的 t_g 不随频率变动（即 ϕ 相对于频率变化的曲线的是一条直线），因而群速度就等于相速度。

A.16 测量材料声速的其他替代方法

A.16.1 本标准中的这种替代方法被视为一种有效的测量材料超声速度的方法，但需作如下规定：

a) 消除因视差带来的误差；

b) 使因不规范的扫查线性带来的误差最小化；

c) 对所有测量都使用一种模式速度作为对比试块的已知速度。

A.16.2 速度是单位时间传播通过的距离，所以时间（作为水平位移显示在超声脉冲回波仪器的显示屏上）等于距离除以速度。按下式距离除以速度，用纵波速度（v_1）已知、厚度为 T（超声波传播距离或长度 L）的试块材料中的多次反射来校准时间：

$$L_u/v_1 = \text{时间} \qquad \cdots\cdots(A.9)$$

在另一厚度 t 可被测得的材料上设置相同的时间，可不用时间做参考，用距离和速度的比值来测量速度：

$$L_u/v_1 = L_m/v_x \text{ 或 } v_x/v_1 = L_m/L_u \qquad \cdots\cdots(A.10)$$

既然这些都是比值，只要保持两个速度和两个长度是同样的单位，等式就可以简化成：

$$v_x = v_1 L_m/L_u \qquad \cdots\cdots(A.11)$$

式中：

v_x——被测试样中的速度（探头用于被测试样时是纵波或切变波速度）；

v_1——对比试块中的已知纵波速度（直束纵波探头所用标准时间）；

L_m——通过被测试样物理路径的测量长度；

L_u——同样时间路径下超声波通过对比试块的长度。

重新设置等式的常规术语，速度为：

$$v_x = v_1[nt/(NT + \text{读数})] \qquad \cdots\cdots(A.12)$$

式中：

n——被测试样发射回波的数目；

t——被测试样的厚度；

N——在 n 个反射回波之前的标准反射回波数目；

T——从第 N 个显示到第 n 个显示之间的以直接标准化距离单位表示的对比试块厚度。

此测量可按下列步骤进行。

A.16.2.1 用精度为±0.002 5 mm 的千分尺或卡尺测量对比试块的厚度 T 和被测试块的厚度 t。

A.16.2.2 在有刻度的比例尺（如钢制直角比例尺）的小刻度（如 1 mm 的分割线）上用铅笔芯磨擦一下。再用透明胶带从比例尺上把标准刻度提取出来。把复制的刻度带粘贴到如图 A.1 所示的仪器显示器屏幕的外罩上（使两个刻度重合起来以消除因比例尺的刻度显示和眼睛未对准引起的读数误差）。

A.16.2.3 把一直束探头连接到仪器上，探头的波模式决定了能测量哪种速度。例如，一个 γ 切割的石英，它的主要运动是平行于接触表面的面移动，它将产生一个直束切变波。用油或甘油（其他液体，如聚丁烯等，能对测量切变波提供更好的耦合）将探头耦合到被测试块上。用拟制（限幅、门槛）控制调节来产生最大的振幅，调节仪器控制使产生最多数目的清晰反射回波。测量应在不少于 2 个反射回波上进行，但也不需多于 10 个反射回波。5 个反射回波就能为速度测量提供很高的精度。如果扫查被调节到如图 A.2 所示的屏幕上方，用油脂笔在第 n 个显示的左边把扫查线标记为黑色。

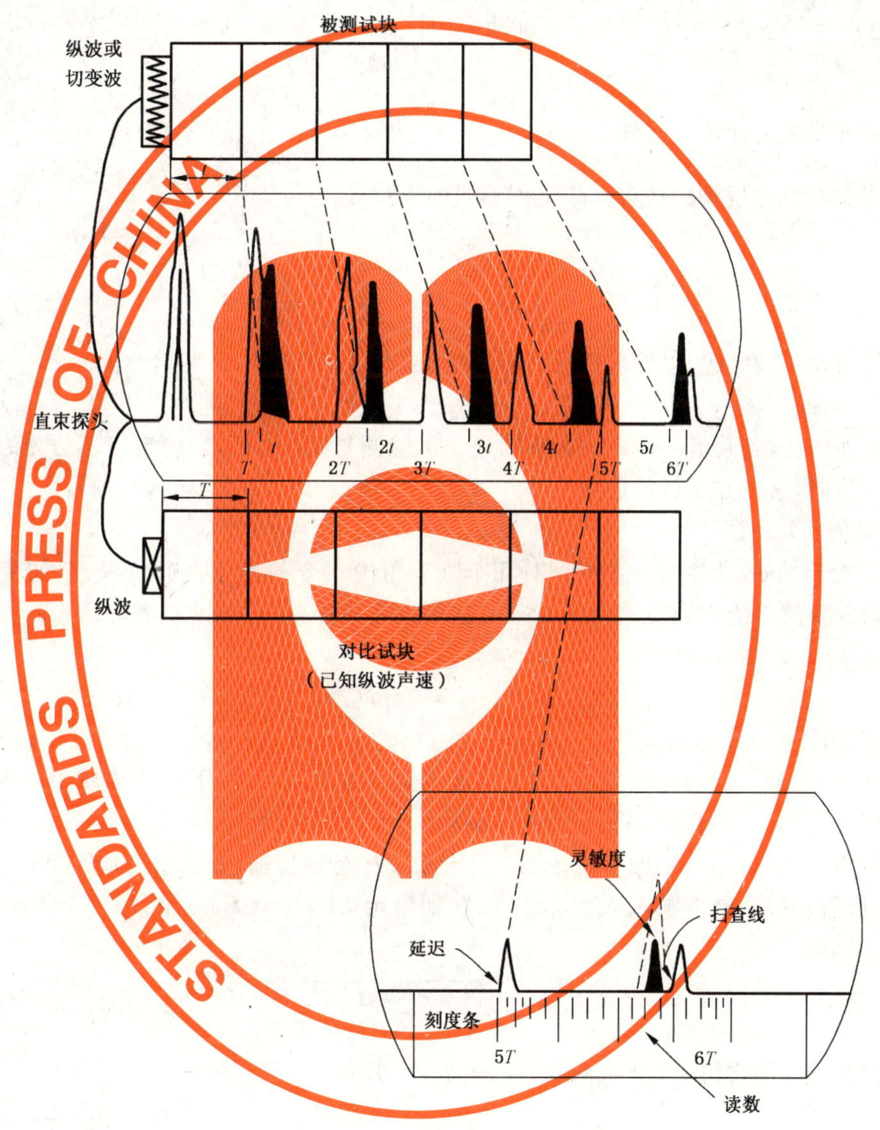

图 A.2 仪器读数设置

A.16.2.4 读出始脉冲和油脂笔标记之间反射回波的数目（N）。将第 N 个反射回波延迟到使其左边在比例尺上第一个整数刻度标记的位置上。扫描控制将第 $N+1$ 个反射回波的左边调节到离第 N 个反射回波的距离等于标准试样厚度（T）的位置（延迟和扫描必须反复调节 2～3 次使第 N 个回波的位置在比例尺的第一个偶数刻度标记上且第 N 个和第 $N+1$ 个反射回波之间在比例尺上的间距等于 T）。用油脂笔在屏幕上标记 N 和 $N+1$ 的振幅并用一条直线连接这两点。

A.16.2.5 将探头耦合到被测试块上。调节灵敏度（增益）将反射回波 n 的振幅设置到 N 和 $N+1$ 振幅连线上。读出从第一个偶数刻度标记到位于 n 反射回波左边的扫描线点之间的距离，这就是读数。

A.17 透射传播-脉冲回波法

A.17.1 透射传播技术适于试块表面不是理想的平面、平行及高衰减材料的情况。这种技术使用多于一个的探头，且不要求反射回波在一条线性时间轴上。

A.17.2 在透射传播方法中，如果能接收到从发射探头传来的脉冲，那么如果可以确定厚度就可以进行速度测量。

A.17.3 增加一个示波器，能获得更精确的时间读数。示波器可以观察输出脉冲，这些输出脉冲是能用作对脉冲在时间轴上进行定位的参考点脉冲中的扩展 rf 成分，时间轴已按参考标准进行适当的标准化了。

A.18 不依赖于厚度的速度计方法

A.18.1 大多数超声速度计方法都基于下列形式的方程式：

$$v = x/t \qquad \text{(A.13)}$$

式中：

v——速度；

x——超声行程长度(即，对透射传播，x=厚度，或对脉冲回波，x=两倍厚度)；

t——传播时间。

不同于这些方法，有其他一些方法无须知道 x 就能测量 v。因此，当确定 x 不方便时，例如，当只有一个表面能到达时，这些方法就很适用。

A.18.2 临界角反射率法

这种方法基于 Snell 法则。它涉及到对几个临界角中一个的测量，波型(纵波、切变波、瑞利波等)依赖于临界角。要测量的声速表示为 v_2，Snell 法则以在声速 v_1 已知的临界介质(通常为水)中初始入射角 θ_{1c}的形式给出 v_2 如下：

$$v_2 = v_1/\sin\theta_{1c} \qquad \text{(A.14)}$$

A.18.3 微分行程和微分角度法

A.18.3.1 本方法同样基于 Snell 法则，在不方便测量 x 或 θ_{1c}的情况下可考虑使用该方法。对两个不同的入射角应用两次 Snell 法则，将入射角表示为 θ_{1a} 和 θ_{1b}。考察在介质 2 中类似模式的两条折射线，它们将以折射角 θ_{2a} 和 θ_{2b} 沿不同的路径传播。在介质 2 中分别传播时间 t_p 和 t_q(t_p 和 t_q 是单程传播时间)后将发生折射。将介质 1 中的声速表示为 v_1，如果定义 $A=Cc\sin\theta_{1a}/v_1$ 和 $B=Cc\sin\theta_{1b}/v_1$，对于各向同性介质，可表示为：

$$v_2 = \sqrt{\frac{1-(t_p/t_q)^2}{B^2-A^2(t_p/t_q)^2}} \qquad \text{(A.15)}$$

作为一种特殊的简化情况，令 $\theta_{1a}=0$(垂直入射)。那么 $A=0$，且：

$$v_2 = (1/B)\sqrt{1-(t_p/t_q)^2} \qquad \text{(A.16)}$$

A.18.3.2 实际的困难来自直接测量 t_q。理论上可通过记录用回波对激光光束进行调制的时间来确定 t_q，其中激光实际上对试块的至少一个表面进行监控。当然，这只限制在透光的楔块和/或试块上使用，且是一种相对复杂的测量。

A.18.3.3 原则上，同样可用在垂直入射情况下测得的传播时间 t_p 和沿一对对称的“发射-接收”楔形探头之间试块表面的距离 $2W$ 来确定 v_2，这时探头之间的距离被调整到有最大的回波振幅出现。可以表示为：

$$\frac{v_2^2}{\sqrt{v_1^2-v_2^2\sin^2\theta_{1b}}} = \frac{W}{t_p\sin\theta_{1b}} \qquad \text{(A.17)}$$

如果楔块的 $\theta_{1b}=45°$，上式可简化为：

$$\frac{v_2^2}{\sqrt{2v_1^2 - v_2^2}} = \frac{W}{t_p} \qquad \cdots\cdots(\text{A.18})$$

对于一个特殊的楔块速度 v_1 和测得的 W 和 t_p，未知速度 v_2 可以用迭代计算来估算，或对表 A.1 中给出的表格用插值法求得。这种方法的精度通常比简单的速度计方法要高。它依赖于 v_1 和 v_2 的相对值及入射角。误差主要来源于对 W 测量的不确定性。

表 A.1　对于 45°入射角的 W/t_p 计算值

v_2/(m/s)	W/t_p/(m/s)			
	v_1=2 500 m/s	v_1=5 000 m/s	v_1=7 500 m/s	v_1=10 000 m/s
0	0	0	0	0
1 000	0.295	0.143	0.094 7	0.070 9
2 000	1.37	0.59	0.384	0.286
3 000	4.81	0.764	0.885	0.651
4 000	—	2.74	1.63	1.18
5 000	—	5.00	2.67	1.89
6 000	—	9.62	4.12	2.81
7 000	—	49.00	6.15	3.99
8 000	—	—	9.19	5.49
9 000	—	—	14.43	7.43
10 000	—	—	28.3	10.00

A.18.4　反射系数法

在本方法中，v_2 是由声压反射系数 R 推导出来的。在垂直入射的情况下可在已知特征阻抗为 Z_1 的第一种介质(液体或固体)和第二种介质之间的界面上测出 R。即对从介质 1 中传播到介质 2 上的波，测量 $R=-E_{耦合}/E_{自由}$，其中 E 分别是当两种介质耦合和不耦合情况下观察到的反射回波振幅。如果介质 2 的密度 ρ_2 已知或可测出，则速度 v_2 可由下式确定：

$$v_2 = (Z_1/\rho_2)(1+R)/(1-R) \qquad \cdots\cdots(\text{A.19})$$

A.18.5　速度比值法

在某些情况下，确定通过同样路径的两种速度的比值是有用的。当路径的长度 x 已知时，这常常比仅确定一个速度更容易做到。纵波和切变波的速度比简化成相应传播时间比的倒数，如下：

$$\frac{v_t}{v_l} = \frac{t_l}{t_t} \qquad \cdots\cdots(\text{A.20})$$

A.18.5.1　泊松系数 σ 可以写成下列比值的形式：

$$\sigma = \frac{1-2(v_t/v_l)^2}{2-2(v_t/v_l)^2} \qquad \cdots\cdots(\text{A.21})$$

A.18.5.2　反过来，速度比也可以用 σ 表示为如下形式：

$$\frac{v_t}{v_l} = \sqrt{\frac{1-2\sigma}{2(1-\sigma)}} \qquad \cdots\cdots(\text{A.22})$$

A.18.5.3　对于试块是直径小于波长的圆形金属导线或细杆的情况，不是传播纵波，而是传播扩展波，其速度为 $v_E=\sqrt{E/\rho}$，其中，E——杨氏模量，ρ——密度；还传播扭转波，其速度为 $v_T=\sqrt{G/\rho}$，其中 G——剪切模量。细杆速度比值如下：

$$\frac{v_T}{v_E} = 1/\sqrt{2(1+\sigma)} \qquad \cdots\cdots(\text{A.23})$$

附 录 B
（资料性附录）
工程材料中的声速

本附录中给出的数值是从不同的资料收集到的。因成分、处理和测试条件的变动影响，这些数值不是绝对精确的。通常对大部分实际应用场合，这些数据是足够精确的。

表 B.1 工程材料中的声速

材料	密度/(kg/m³)	纵波速度		切变波速度	
		m/s	×10³ in/s	m/s	×10³ in/s
铝	2 700	6 300	250	3 130	124
铍	1 850	12 400	488	8 650	340
铋	9 800	2 180	85	1 100	43
黄铜	8 100	4 370	173	2 100	83
青铜	8 860	3 530	139	2 230	88
镉	8 600	2 780	109	1 500	59
铌	8 580	4 950	194	2 180	85
铜	8 900	4 700	185	2 260	88
金	19 300	3 240	127	1 200	47
铪	11 300	3 860	152	2 180	82
英康镍合金	8 250	5 720	225	3 020	119
铁(电解)	7 900	5 960	235	3 220	128
铁(铸)	7 200	3 500～5 600	138～222	2 200～3 200	87～131
铅	11 400	2 160	85	700	27
铅锑合金	10 900	2 160	85	810	32
镁	1 740	5 740	227	3 080	122
蒙乃尔铜镍合金	8 830	6 020	237	2 720	107
镍	8 800	5 630	222	2 960	118
塑胶(丙烯酸树脂)	1 180	2 670	105	1 120	44
铂	21 450	3 960	155	1 670	65
熔凝石英	2 200	5 930	233	3 750	148
银	10 500	3 600	141	1 590	62
银镍合金	8 750	4 620	182	2 320	91
不锈钢(347)	7 910	5 790	226	3 100	122
不锈钢(410)	7 670	5 900	232	3 300	130
钢	7 700	5 900	232	3 230	127
锡	7 300	3 320	130	1 670	65
钛	4 540	6 240	245	3 215	126
钨	19 100	5 460	214	2 620	103
铀	18 700	3 370	133	1 930	76
锌	7 100	4 170	164	2 410	94
锆	6 490	4 310	169	1 960	77

表 B.2 一些陶瓷材料的密度和超声速度

材料	状态	密度/（kg/m³）	%理论值	纵波速度		横波速度	
				m/s	频率/MHz	m/s	频率/MHz
α金刚砂	烧结	3 190	99+	12 180	20	7 680	20
		3 100		11 182		7 510	
		3 000					
		2 900	90	11 020		6 950	
氧化铝	烧结	3 660	92	9 850	50	5 900	20
	锻压和烧结	3 700		10 200[a]		5 890[a]	
		3 700		9 970[b]		5 930[b,c]	
		3 700		9 970[b]		5 910[b,d]	
氧化锆	烧结	5 700	98	7 040	30	3 720	10
	加热老化	5 680		7 050		3 760	
氮化硅	HIP	3 200	99+	10 800	50	6 010	20
强化氮化硅	30% SIC 丝	3 200	99+	10 800	50	6 250	20
强化氮化硅	20% SIC 纤维	2 490	77	7 600[e]	5	4 700[e,f]	5
						4 300[e,g]	
$YBa_2Cu_3O_{7-X}$（超导体）	单相无织纹	5 940	93	5 120	20	3 040	5

a 波平行于锻压轴传播。
b 波垂直于锻压轴传播。
c 波平行于锻压轴振动。
d 波垂直于锻压轴振动。
e 波垂直于纤维轴传播。
f 波平行于纤维轴振动。
g 波垂直于纤维轴振动。

附 录 C
（资料性附录）
水中超声速度随温度的变化

表 C.1 水中超声速度随温度的变化

温度/℃	声速		温度/℃	声速	
	m/s	$\times 10^3$ in/s		m/s	$\times 10^3$ in/s
15.0	1 470.6	57.89	20.2	1 483.6	58.40
15.2	1 471.1	57.91	20.4	1 484.1	58.42
15.4	1 471.6	57.93	20.6	1 484.6	58.44
15.6	1 472.1	57.95	20.8	1 485.1	58.46
15.8	1 472.6	57.97	21.0	1 485.6	58.48
16.0	1 473.1	57.99	21.2	1 486.1	58.50
16.2	1 473.6	58.01	21.4	1 486.6	58.52
16.4	1 474.1	58.03	21.6	1 487.1	58.54
16.6	1 474.6	58.05	21.8	1 487.6	58.56
16.8	1 475.1	58.07	22.0	1 488.1	58.58
17.0	1 475.6	58.09	22.2	1 488.6	58.60
17.2	1 476.1	58.11	22.4	1 489.1	58.62
17.4	1 476.6	58.13	22.6	1 489.6	58.64
17.6	1 477.1	58.15	22.8	1 490.1	58.66
17.8	1 477.6	58.17	23.0	1 490.6	58.68
18.0	1 478.1	58.19	23.2	1 491.1	58.70
18.2	1 478.6	58.21	23.4	1 491.6	58.72
18.4	1 479.1	58.23	23.6	1 492.1	58.74
18.6	1 479.6	58.25	23.8	1 492.6	58.76
18.8	1 480.1	58.27	24.0	1 493.1	58.78
19.0	1 480.6	58.29	24.2	1 493.6	58.80
19.2	1 481.1	58.31	24.4	1 494.1	58.82
19.4	1 481.6	58.33	24.6	1 494.6	58.84
19.6	1 482.1	58.35	24.8	1 495.1	58.86
19.8	1 482.6	58.37	25.0	1 495.6	58.88
20.0	1 483.1	58.38	—	—	—

ICS 19.100
J 04

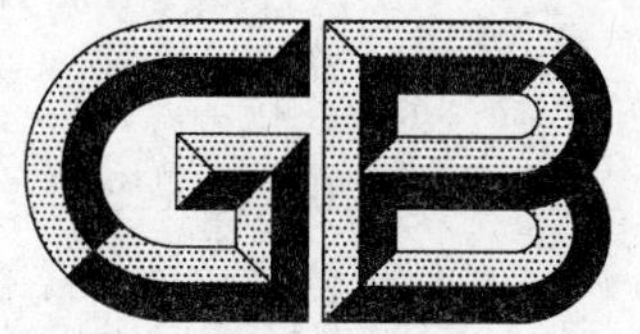

中华人民共和国国家标准

GB/T 23901.1—2009/ISO 19232-1:2004

无损检测　射线照相底片像质 第1部分:线型像质计 像质指数的测定

**Non-destructive testing—Image quality of radiographs—
Part 1:Image quality indicators (wire type)—
Determination of image quality value**

(ISO 19232-1:2004,IDT)

2009-05-26 发布　　2009-12-01 实施

中华人民共和国国家质量监督检验检疫总局
中国国家标准化管理委员会　发布

前 言

GB/T 23901《无损检测　射线照相底片像质》分为五个部分：

——第 1 部分:线型像质计　像质指数的测定；

——第 2 部分:阶梯孔型像质计　像质指数的测定；

——第 3 部分:黑色金属像质分类；

——第 4 部分:像质指数和像质表的实验评价；

——第 5 部分:双线型像质计　图像不清晰度的测定。

本部分为 GB/T 23901 的第 1 部分。

本部分等同采用 ISO 19232-1:2004《无损检测　射线照相底片像质　第 1 部分:线型像质计　像质指数的测定》(英文版)。

本部分等同翻译 ISO 19232-1:2004。

为便于使用,本部分做了下列编辑性修改：

——用小数点“.”代替作为小数点的逗号“,”；

——删除国际标准的前言和引言；

——用 GB/T 1.1—2000 规定的引导语代替国际标准中的引导语。

本部分由全国无损检测标准化技术委员会(SAC/TC 56)提出并归口。

本部分起草单位:上海电气核电设备有限公司、上海锅炉厂有限公司、上海材料研究所、上海市工程材料应用评价重点实验室、上海苏州美柯达探伤器材有限公司、浙江省缙云像质计厂。

本部分主要起草人:许遵言、金宇飞、宓中玉、李莉、赵成、柳章龙。

无损检测 射线照相底片像质 第1部分:线型像质计 像质指数的测定

1 范围

GB/T 23901的本部分规定了用于确定射线照相质量的器材和方法,其他器材见GB/T 23901.2和GB/T 23901.5。

2 规范性引用文件

下列文件中的条款通过GB/T 23901的本部分的引用而成为本部分的条款。凡是注日期的引用文件,其随后所有的修改单(不包括勘误的内容)或修订版均不适用于本部分,然而,鼓励根据本部分达成协议的各方研究是否可使用这些文件的最新版本。凡是不注日期的引用文件,其最新版本适用于本部分。

GB/T 19802 无损检测 工业射线照相观片灯 最低要求(GB/T 19802—2005,ISO 5580:1985,IDT)

GB/T 23901.2 无损检测 射线照相底片像质 第2部分:阶梯孔型像质计 像质指数的测定(GB/T 23901.2—2009,ISO 19232-2:2004,IDT)

GB/T 23901.4 无损检测 射线照相底片像质 第4部分:像质指数和像质表的实验评价(GB/T 23901.4—2009,ISO 19232-4:2004,IDT)

GB/T 23901.5 无损检测 射线照相底片像质 第5部分:双线型像质计 图像不清晰度的测定(GB/T 23901.5—2009,ISO 19232-5:2004,IDT)

ISO/IEC指南22 供应商的合格证明通则(ISO/IEC Guide 22,General criteria for supplier's declaration of conformity)

3 术语和定义

下列术语和定义适用于GB/T 23901的本部分。

3.1

图像质量 image quality

像质

射线照相图像的特征,它确定图像的细节程度。

3.2

像质计 image quality indicator

IQI

由一系列尺寸成等级的元件组成,可用来测量图像质量的器材。像质计元件通常是线或带孔的阶梯。

3.3

像质指数 image quality value

图像质量需要或达到的测量值,它等于表1给出的线号,并且是照相底片上能显示的最细的线。

4 线型像质计规范

4.1 像质计尺寸及选用

图 1 为线型像质计示意图。

单位为毫米

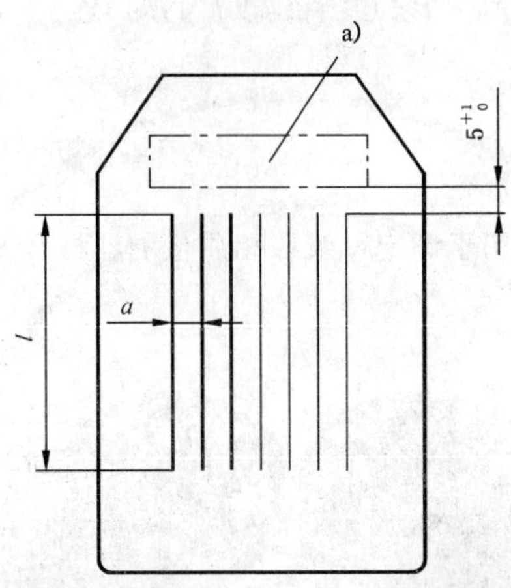

a)——像质计标记区域；

l——线的长度；

a——线中心间距。

图 1 线型像质计

像质计系统由 19 根不同线径构成的，具有相应公差和对应线编号(表 1)。这些线系列又被分成范围重叠的四组，每组由 7 根连续编号的线组成，即 W1～W7、W6～W12、W10～W16、W13～W19。像质计上的 7 根线互相平行布置，线的长度 L 分别为 10 mm、25 mm 或 50 mm。

表 1 线编号、尺寸和公差范围

单位为毫米

<table>
<tr><th colspan="4">像质计组类</th><th colspan="3">线</th><th rowspan="2">线中心间距</th></tr>
<tr><th>W1</th><th>W6</th><th>W10</th><th>W13</th><th>线编号</th><th>线标称直径</th><th>公差</th></tr>
<tr><td>×</td><td></td><td></td><td></td><td>W1</td><td>3.20</td><td rowspan="3">±0.03</td><td>9.6^{+1}_{0}</td></tr>
<tr><td>×</td><td></td><td></td><td></td><td>W2</td><td>2.50</td><td>7.5^{+1}_{0}</td></tr>
<tr><td>×</td><td></td><td></td><td></td><td>W3</td><td>2.00</td><td>6^{+1}_{0}</td></tr>
<tr><td>×</td><td></td><td></td><td></td><td>W4</td><td>1.60</td><td rowspan="5">±0.02</td><td rowspan="16">5^{+1}_{0}</td></tr>
<tr><td>×</td><td></td><td></td><td></td><td>W5</td><td>1.25</td></tr>
<tr><td>×</td><td>×</td><td></td><td></td><td>W6</td><td>1.00</td></tr>
<tr><td>×</td><td>×</td><td></td><td></td><td>W7</td><td>0.80</td></tr>
<tr><td></td><td>×</td><td></td><td></td><td>W8</td><td>0.63</td></tr>
<tr><td></td><td>×</td><td></td><td></td><td>W9</td><td>0.50</td><td rowspan="6">±0.01</td></tr>
<tr><td></td><td>×</td><td>×</td><td></td><td>W10</td><td>0.40</td></tr>
<tr><td></td><td>×</td><td>×</td><td></td><td>W11</td><td>0.32</td></tr>
<tr><td></td><td>×</td><td>×</td><td></td><td>W12</td><td>0.25</td></tr>
<tr><td></td><td></td><td>×</td><td>×</td><td>W13</td><td>0.20</td></tr>
<tr><td></td><td></td><td>×</td><td>×</td><td>W14</td><td>0.16</td></tr>
<tr><td></td><td></td><td>×</td><td>×</td><td>W15</td><td>0.125</td><td rowspan="5">±0.005</td></tr>
<tr><td></td><td></td><td>×</td><td>×</td><td>W16</td><td>0.100</td></tr>
<tr><td></td><td></td><td></td><td>×</td><td>W17</td><td>0.080</td></tr>
<tr><td></td><td></td><td></td><td>×</td><td>W18</td><td>0.063</td></tr>
<tr><td></td><td></td><td></td><td>×</td><td>W19</td><td>0.050</td></tr>
</table>

像质计标记应给出像质计标记、标准规定的最粗线的编号(如表1所示,例如:W10)、线材料的标记(例如:FE)和线长度(例如:25)。

例1:IQI GB/T 23901.1-W10 FE-25

整个像质计标记可简化为最粗线的编号和线材料。

例2:W10 FE

4.2 像质计材料

同组像质计线材料应相同并且应嵌入到一种有保护作用且又不影响像质指数的材料中。表2列出了常用的线材料。

4.3 像质计标记

用于像质计(见图1)的标记应包含以下信息:

a) 最粗线的线编号(1、6、10或13),位于最粗线的边上;

b) 代表线材料的标记,例如:FE;

c) GB标记,例如:10 FE GB。

当对射线照相底片进行观察时,标记图像不应产生眩光,推荐标记材料的吸收不超过最厚线的2倍。

4.4 合格证明

每个像质计都应附有一份符合ISO/IEC指南22或由具有资格的实验室颁发的完全符合GB/T 23901的本部分技术条件的合格证明。为了识别,制造商还应对像质计进行编号和标记。

5 像质计的应用

5.1 选用

选用像质计的原则应考虑被检的材料和期望或要求达到的像质指数。

线材料的吸收系数应尽可能接近被检材料的吸收系数。表2列出了部分像质计可应用的材料,其他一些没列出来的参见GB/T 23901.4。在此情况下,线材料应比被检物体具有低一等的吸收系数。如果两者之间吸收系数差别太大而导致上述方法不可行,则像质计应选用与被检材料相同的线材料。

表2 用于被选材料组别的像质计种类和线材料

像质计	线编号	线材料	适用被检材料
W1 CU W6 CU W10 CU W13 CU	W1～W7 W6～W12 W10～W16 W13～W19	铜	铜、锌、锡及其合金
W1 FE W6 FE W10 FE W13 FE	W1～W7 W6～W12 W10～W16 W13～W19	铁(低合金)	铁素体材料
W1 TI W6 TI W10 TI W13 TI	W1～W7 W6～W12 W10～W16 W13～W19	钛	钛及其合金
W1 AL W6 AL W10 AL W13 AL	W1～W7 W6～W12 W10～W16 W13～W19	铝	铝及其合金

5.2 像质计的放置

当进行射线照相时，像质计应置于被检工件的源侧而远离胶片。

如果以上方法不可行，则像质计可放置在被检工件的胶片侧，为了表明已采用了这种放置方法，像质计附近的铅字“F”影像应可见。

像质计应放置在工件厚度尽可能均匀的区域。

6 像质指数的确定

在确定像质指数时，观片条件应符合 GB/T 19802 的要求。在底片上能识别的最细线的编号即为像质指数。在底片密度均匀部位能够清晰地看到长度不小于 10 mm 的连续金属线影像时，则该线的图像是可接受的。

一般来说，每次射线检测都应确定像质指数以验证其是否达到所要求的照相质量。如果能采取措施保证在透照相似的被检工件和区域时，用相同的曝光和暗室处理技术并且所得的像质指数没有差别，则不需要对每张底片验证图像质量，图像质量的验证范围可由合同各方达成协议。

ICS 19.100
J 04

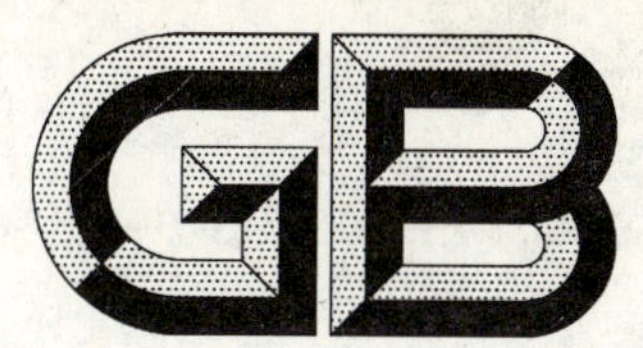

中华人民共和国国家标准

GB/T 23901.2—2009/ISO 19232-2:2004

无损检测　射线照相底片像质 第2部分:阶梯孔型像质计 像质指数的测定

Non-destructive testing—Image quality of radiographs—Part 2:Image quality indicators (step/hole type)—Determination of image quality value

(ISO 19232-2:2004,IDT)

2009-05-26 发布　　2009-12-01 实施

中华人民共和国国家质量监督检验检疫总局
中国国家标准化管理委员会　发布

前　言

GB/T 23901《无损检测　射线照相底片像质》分为五个部分：

——第1部分：线型像质计　像质指数的测定；

——第2部分：阶梯孔型像质计　像质指数的测定；

——第3部分：黑色金属像质分类；

——第4部分：像质指数和像质表的实验评价；

——第5部分：双线型像质计　图像不清晰度的测定。

本部分为GB/T 23901的第2部分。

本部分等同采用ISO 19232-2:2004《无损检测　射线照相底片像质　第2部分：阶梯孔型像质计　像质指数的测定》(英文版)。

本部分等同翻译ISO 19232-2:2004。

为便于使用，本部分做了下列编辑性修改：

——用小数点“.”代替作为小数点的逗号“,”；

——删除国际标准的前言和引言；

——用GB/T 1.1—2000规定的引导语代替国际标准中的引导语。

本部分由全国无损检测标准化技术委员会(SAC/TC 56)提出并归口。

本部分起草单位：上海电气核电设备有限公司、上海锅炉厂有限公司、上海材料研究所、上海市工程材料应用评价重点实验室、上海苏州美柯达探伤器材有限公司、浙江省缙云像质计厂。

本部分主要起草人：许遵言、金宇飞、宓中玉、李莉、赵成、柳章龙。

无损检测 射线照相底片像质 第2部分:阶梯孔型像质计 像质指数的测定

1 范围

GB/T 23901 的本部分规定了用于确定射线照相质量的器材和方法,其他器材见 GB/T 23901.1 和 GB/T 23901.5。

2 规范性引用文件

下列文件中的条款通过 GB/T 23901 的本部分的引用而成为本部分的条款。凡是注日期的引用文件,其随后所有的修改单(不包括勘误的内容)或修订版均不适用于本部分,然而,鼓励根据本部分达成协议的各方研究是否可使用这些文件的最新版本。凡是不注日期的引用文件,其最新版本适用于本部分。

GB/T 19802 无损检测 工业射线照相观片灯 最低要求(GB/T 19802—2005,ISO 5580:1985,IDT)

GB/T 23901.1 无损检测 射线照相底片像质 第1部分:线型像质计 像质指数的测定(GB/T 23901.1—2009,ISO 19232-1:2004,IDT)

GB/T 23901.4 无损检测 射线照相底片像质 第4部分:像质指数和像质表的实验评价(GB/T 23901.4—2009,ISO 19232-4:2004,IDT)

GB/T 23901.5 无损检测 射线照相底片像质 第5部分:双线型像质计 图像不清晰度的测定(GB/T 23901.5—2009,ISO 19232-5:2004,IDT)

ISO/IEC 指南 22 供应商的合格证明通则(ISO/IEC Guide 22, General criteria for supplier's declaration of conformity)

3 术语和定义

下列术语和定义适用于 GB/T 23901 的本部分。

3.1

图像质量 image quality

像质

射线照相图像的特征,它确定图像的细节程度(见 GB/T 23901.1)。

3.2

像质计 image quality indicator

IQI

由一系列不同厚度的阶梯和不同直径的孔排列组成的器材。孔径与阶梯厚度相对应(见图1)。

3.3

像质指数 image quality value

图像质量需要或达到的测量值,它是表1给出的且在照相底片上显示的最小孔的编号。

4 阶梯孔型像质计规范

4.1 像质计尺寸、制造和标记

4.1.1 尺寸

像质计系统由 18 块不同厚度和直径的阶梯/孔构成，它们在表 1 中规定，具有相应的误差和孔的编号。这些阶梯/孔又被划分为范围重叠的 4 组，每个组有 6 个连续的孔编号，即 H1～H6、H5～H10、H9～H14 和 H13～H18。

表 1 孔编号，孔径、阶梯厚度和像质计公差范围 单位为毫米

像质计范围				孔/阶梯		
H1	H5	H9	H13	孔编号	标称孔径和阶梯厚度	公差
×				H1	0.125	
×				H2	0.160	
×				H3	0.200	
×				H4	0.250	$^{+0.015}_{0}$
×	×			H5	0.320	
×	×			H6	0.400	
	×			H7	0.500	
	×			H8	0.630	
	×	×		H9	0.800	$^{+0.020}_{0}$
	×	×		H10	1.000	
		×		H11	1.250	
		×		H12	1.600	$^{+0.025}_{0}$
		×	[a]	H13	2.000	
		×	[a]	H14	2.500	
			[a]	H15	3.200	
			[a]	H16	4.000	$^{+0.030}_{0}$
			[a]	H17	5.000	
			[a]	H18	6.300	$^{+0.036}_{0}$

[a] 当合同双方达成一致时，这些编号可作为特别应用。

图 1 为一个阶梯孔型像质计。

单位为毫米

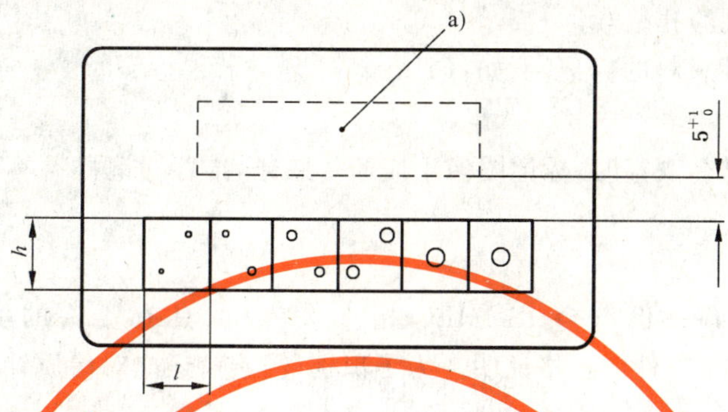

a)——像质计标记区域。

h=10 mm,对于像质计 H1、H5 和 H9;

h=15 mm,对于像质计 H13。

l=5 mm,对于像质计 H1;

l=7 mm,对于像质计 H5 和 H9;

l=15 mm,对于像质计 H13。

图 1 阶梯孔型像质计

4.1.2 制造

厚度小于 0.8 mm 的阶梯应含有两个相同直径的孔。厚度大于等于 0.8 mm 的阶梯应含有一个孔。孔中心距阶梯的边缘,或者距阶梯上第二个孔的边缘,其最小距离应为孔径加 1 mm。孔应垂直于表面,不应有倾斜边缘。

4.1.3 标记

像质计的标记应给出像质计标记、标准号、表 1 规定的最小孔径号(如 H5)以及代表像质计材料的标记(例如:FE)。

例 1:IQI GB/T 23901.2-H5 FE

4.2 像质计材料

像质计各部分应由相同的材料组成,并嵌入到一种有保护作用且又不影响像质指数的材料中,表 2 列出了商用像质计材料。

表 2 用于被选材料组别的像质计种类和材料

像质计标记	孔编号	像质计材料	适用被检材料
H1 CU	H1~H6	铜	铜、锌、锡及其合金
H6 CU	H5~H10		
H9 CU	H9~H14		
H13 CU	H13~H18		
H1 FE	H1~H6	铁(低合金)	铁素体材料
H5 FE	H5~H10		
H9 FE	H9~H14		
H13 FE	H13~H18		
H1 TI	H1~H6	钛	钛及其合金
H5 TI	H5~H10		
H9 TI	H9~H14		
H13 TI	H13~H18		
H1 AL	H1~H6	铝	铝及其合金
H6 AL	H5~H10		
H9 AL	H9~H14		
H13 AL	H13~H18		

4.3 像质计标记

用于像质计(见图1)的标记应包含以下信息:

a) 放在最小孔附近的孔编号;

b) 代表所用像质计材料的标记,例如:FE;

c) GB标记。

当对射线照相底片进行观察时,标记图像不应产生眩光,推荐标记材料的吸收不超过最大阶梯厚度的2倍。

4.4 合格证明

每个像质计都应附有一份符合ISO/IEC指南22或由具有资格的实验室颁发的完全符合GB/T 23901的本部分技术条件的合格证明。为了识别,制造商还应对像质计进行编号和标记。

5 像质计的应用

5.1 选用

像质计选用应考虑被检材料及其厚度。

像质计所用的材料应尽可能与被检试样相同,其他情形见GB/T 23901.4。

5.2 像质计的放置

当进行射线照相时,像质计应置于被检工件的源侧且远离胶片。

如果以上方法不可行,则像质计可放置在被检工件的胶片侧,为了表明已采用了这种放置方法,像质计附近的铅字"F"影像应可见。

像质计应放置在工件厚度尽可能均匀的区域。

6 像质指数的确定

在确定像质指数时,观片条件应符合GB/T 19802的要求。在底片上能识别的最小孔的编号即为像质指数。当同一阶梯上含有两个孔时,则两个孔都应在底片上可识别。

一般来说,每次射线检测都应确定像质指数以验证其是否达到所要求的照相质量。如果能采取措施保证在透照相似的被检工件和区域时,用相同的曝光和暗室处理技术并且所得的像质指数没有差别,则不需要对每张底片验证图像质量,图像质量的验证范围可由合同各方达成协议。

ICS 19.100
J 04

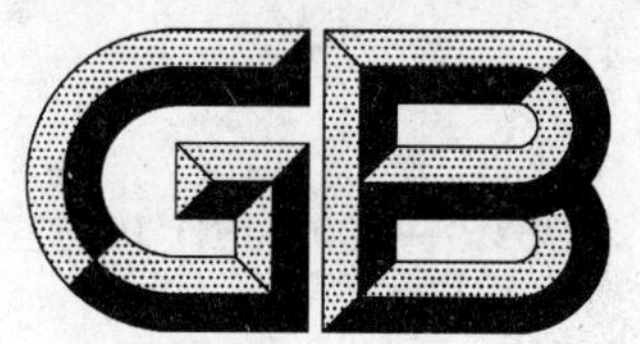

中华人民共和国国家标准

GB/T 23901.3—2009/ISO 19232-3:2004

无损检测　射线照相底片像质 第3部分:黑色金属像质分类

Non-destructive testing—Image quality of radiographs—
Part 3: Image quality classes for ferrous metals

(ISO 19232-3:2004,IDT)

2009-05-26 发布　　2009-12-01 实施

中华人民共和国国家质量监督检验检疫总局
中国国家标准化管理委员会　发布

前　言

GB/T 23901《无损检测　射线照相底片像质》分为五个部分：

——第1部分：线型像质计　像质指数的测定；

——第2部分：阶梯孔型像质计　像质指数的测定；

——第3部分：黑色金属像质分类；

——第4部分：像质指数和像质表的实验评价；

——第5部分：双线型像质计　图像不清晰度的测定。

本部分为GB/T 23901的第3部分。

本部分等同采用ISO 19232-3:2004《无损检测　射线照相底片像质　第3部分：黑色金属像质分类》(英文版)。

本部分等同翻译ISO 19232-3:2004。

为便于使用，本部分做了下列编辑性修改：

——用小数点“.”代替作为小数点的逗号“,”；

——删除国际标准的前言和引言；

——用GB/T 1.1—2000规定的引导语代替国际标准中的引导语。

本部分由全国无损检测标准化技术委员会(SAC/TC 56)提出并归口。

本部分起草单位：上海电气核电设备有限公司、上海锅炉厂有限公司、上海材料研究所、上海市工程材料应用评价重点实验室、上海苏州美柯达探伤器材有限公司、浙江省缙云像质计厂。

本部分主要起草人：许遵言、金宇飞、宓中玉、李莉、赵成、柳章龙。

无损检测　射线照相底片像质
第3部分:黑色金属像质分类

1　范围

GB/T 23901的本部分规定了最小的像质指数,以确保相同的射线照相质量。

本部分采用两种像质计,即GB/T 23901.1所述线型像质计和GB/T 23901.2所述阶梯孔型像质计,此外还采用了GB/T 19943所述两种射线透照方法。对于铁素体材料的两种射线透照方法,GB/T 19943对其相应像质指数都做了详细规定。

2　规范性引用文件

下列文件中的条款通过GB/T 23901的本部分的引用而成为本部分的条款。凡是注日期的引用文件,其随后所有的修改单(不包括勘误的内容)或修订版均不适用于本部分,然而,鼓励根据本部分达成协议的各方研究是否可使用这些文件的最新版本。凡是不注日期的引用文件,其最新版本适用于本部分。

GB/T 19348.1　无损检测　工业射线照相胶片　第1部分:工业射线照相胶片系统的分类(GB/T 19348.1—2003,ISO 11699-1:1998,IDT)

GB/T 19802　无损检测　工业射线照相观片灯　最低要求(GB/T 19802—2005,ISO 5580:1985,IDT)

GB/T 19943　无损检测　金属材料X和伽玛射线照相检测　基本规则(GB/T 19943—2005,ISO 5579:1998,IDT)

GB/T 23901.1　无损检测　射线照相底片像质　第1部分:线型像质计　像质指数的测定(GB/T 23901.1—2009,ISO 19232-1:2004,IDT)

GB/T 23901.2　无损检测　射线照相底片像质　第2部分:阶梯孔型像质计　像质指数的测定(GB/T 23901.2—2009,ISO 19232-2:2004,IDT)

GB/T 23901.4　无损检测　射线照相底片像质　第4部分:像质指数和像质表的实验评价(GB/T 23901.4—2009,ISO 19232-4:2004,IDT)

ISO 17636　焊缝无损检测　熔焊接头射线照相检测

3　术语和定义

下列术语和定义适用于GB/T 23901的本部分。

3.1

射线照相技术分级　classification of radiographic techniques

见GB/T 19943。

3.2

像质计　image quality indicator

IQI

见GB/T 23901.1和GB/T 23901.2。

3.3

像质指数　image quality value

见GB/T 23901.1和GB/T 23901.2。

3.4

像质表 image quality table

见 GB/T 23901.4。

4 像质等级

4.1 单壁射线照相

如果能满足 GB/T 19943 的要求，则可获得表 1～表 4 给出的像质等级：

——对于 A 类射线照相技术，像质等级为 A 级(见 GB/T 19943)；

——对于 B 类射线照相技术，像质等级为 B 级(见 GB/T 19943)。

表 1～表 4 给出的像质指数是用于像质计放在源侧的情况。如果像质计不能放在源侧，可放在胶片侧，在这种情况下不能使用表 1～表 4。

注：对非常规透照(例如：使用 Ir192 透照薄板工件)，可按规定获得不同的像质指数(见表 1～表 4 的脚注)。

单壁透照技术：像质计位于源侧

表 1 线型像质计

A 级像质	
标称厚度 t/mm	像质指数[a]
$t \leqslant 1.2$	W18
$1.2 < t \leqslant 2$	W17
$2 < t \leqslant 3.5$	W16
$3.5 < t \leqslant 5$	W15
$5 < t \leqslant 7$	W14
$7 < t \leqslant 10$	W13
$10 < t \leqslant 15$	W12
$15 < t \leqslant 25$	W11
$25 < t \leqslant 32$	W10
$32 < t \leqslant 40$	W9
$40 < t \leqslant 55$	W8
$55 < t \leqslant 85$	W7
$85 < t \leqslant 150$	W6
$150 < t \leqslant 250$	W5
$t > 250$	W4

[a] 当使用 Ir192 时，所得像质指数比上述值偏低，现修正如下：

10 mm$< t \leqslant$24 mm：所得像质指数减 2；

24 mm$< t \leqslant$30 mm：所得像质指数减 1。

表 2 阶梯孔型像质计

A 级像质	
标称厚度 t/ mm	像质指数[a]
$t≤2$	H3
$2<t≤3.5$	H4
$3.5<t≤6$	H5
$6<t≤10$	H6
$10<t≤15$	H7
$15<t≤24$	H8
$24<t≤30$	H9
$30<t≤40$	H10
$40<t≤60$	H11
$60<t≤100$	H12
$100<t≤150$	H13
$150<t≤200$	H14
$200<t≤250$	H15
$250<t≤320$	H16
$320<t≤400$	H17
$t>400$	H18
[a] 当使用 Ir192 时，所得像质指数比上述值偏低，现修正如下： 10 mm<t ≤24 mm：所得像质指数加 2； 24 mm<t ≤30 mm：所得像质指数加 1。	

单壁透照技术：像质计位于源侧

表 3 线型像质计

B 级像质	
标称厚度 t/ mm	像质指数[a]
$t≤1.5$	W19
$1.5<t≤2.5$	W18
$2.5<t≤4$	W17
$4<t≤6$	W16
$6<t≤8$	W15
$8<t≤12$	W14
$12<t≤20$	W13
$20<t≤30$	W12
$30<t≤35$	W11
$35<t≤45$	W10
$45<t≤65$	W9
$65<t≤120$	W8
$120<t≤200$	W7
$200<t≤350$	W6
$t>350$	W5
[a] 当使用 Ir192 时，所得像质指数比上述值偏低，现修正如下： 12 mm<t ≤40 mm：所得像质指数减 1。	

表 4 阶梯孔型像质计

B级像质	
标称厚度 t/mm	像质指数[a]
t≤2.5	H2
2.5<t≤4	H3
4<t≤8	H4
8<t≤12	H5
12<t≤20	H6
20<t≤30	H7
30<t≤40	H8
40<t≤60	H9
60<t≤80	H10
80<t≤100	H11
100<t≤150	H12
150<t≤200	H13
200<t≤250	H14

[a] 当使用 Ir192 时，所得像质指数比上述值偏低，现修正如下：

12 mm<t ≤40 mm：所得像质指数加 1。

4.2 双壁射线照相

如果满足 GB/T 19943 的要求，则可获得表 5～表 12 给出的像质等级：

——对于 A 类射线照相技术，像质等级为 A 级(见 GB/T 19943)；

——对于 B 类射线照相技术，像质等级为 B 级(见 GB/T 19943)。

注：对非常规透照(例如：使用 Ir192 透照薄板工件)，可按规定获得不同的像质指数(见表 6、表 8、表 10 和表 12 的脚汴)。

当采用双壁射线照相技术时，透照厚度“w”为 2 倍工件壁厚“t”。

表 5～表 8 所示的像质指数适用于 A 级和 B 级像质等级的双壁双影透照方法。像质计放在工件的源侧。

表 9～表 12 所示的像质指数适用于 A 级和 B 级像质等级的双壁单影透照方法。像质计放在被透照工件的胶片侧。

表 9～表 12 所示的像质指数也可用于像质计放在胶片侧时 A 级和 B 级像质等级的双壁双影透照方法，这属于椭圆成像的情况，如 ISO 17636。

双壁透照技术，双壁成像：像质计位于源侧

表 5　线型像质计

A 级像质	
标称厚度 w/mm	像质指数
$w \leqslant 1.2$	W18
$1.2 < w \leqslant 2$	W17
$2 < w \leqslant 3.5$	W16
$3.5 < w \leqslant 5$	W15
$5 < w \leqslant 7$	W14
$7 < w \leqslant 12$	W13
$12 < w \leqslant 18$	W12
$18 < w \leqslant 30$	W11
$30 < w \leqslant 40$	W10
$40 < w \leqslant 50$	W9
$50 < w \leqslant 60$	W8
$60 < w \leqslant 85$	W7
$85 < w \leqslant 120$	W6
$120 < w \leqslant 220$	W5
$220 < w \leqslant 380$	W4
$w > 380$	W3

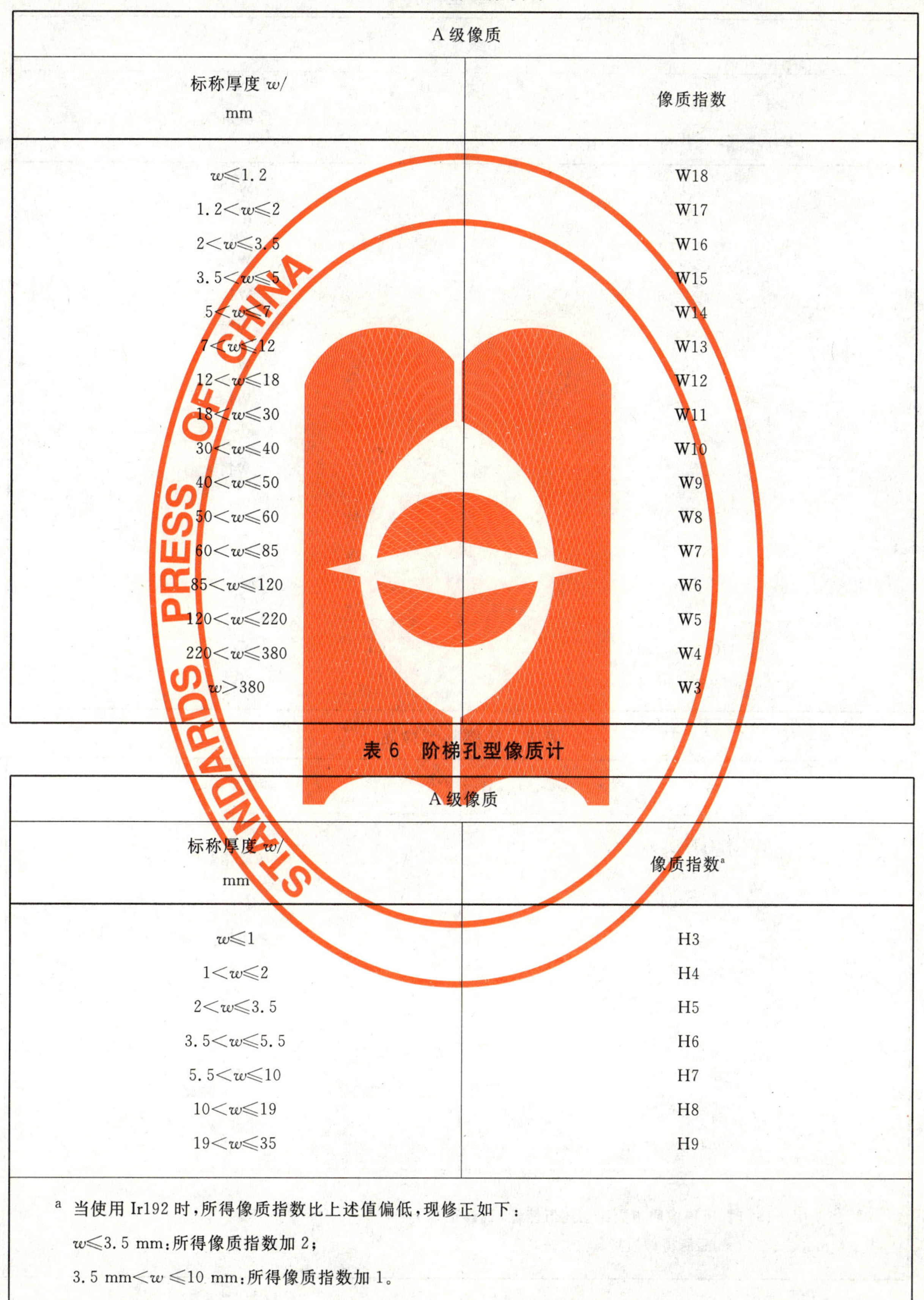

表 6　阶梯孔型像质计

A 级像质	
标称厚度 w/mm	像质指数[a]
$w \leqslant 1$	H3
$1 < w \leqslant 2$	H4
$2 < w \leqslant 3.5$	H5
$3.5 < w \leqslant 5.5$	H6
$5.5 < w \leqslant 10$	H7
$10 < w \leqslant 19$	H8
$19 < w \leqslant 35$	H9

[a] 当使用 Ir192 时，所得像质指数比上述值偏低，现修正如下：
$w \leqslant 3.5$ mm：所得像质指数加 2；
3.5 mm $< w \leqslant 10$ mm：所得像质指数加 1。

双壁透照技术,双壁成像:像质计位于源侧

表7　线型像质计

B级像质	
标称厚度 w/mm	像质指数
$w \leqslant 1.5$	W19
$1.5 < w \leqslant 2.5$	W18
$2.5 < w \leqslant 4$	W17
$4 < w \leqslant 6$	W16
$6 < w \leqslant 8$	W15
$8 < w \leqslant 15$	W14
$15 < w \leqslant 25$	W13
$25 < w \leqslant 38$	W12
$38 < w \leqslant 45$	W11
$45 < w \leqslant 55$	W10
$55 < w \leqslant 70$	W9
$70 < w \leqslant 100$	W8
$100 < w \leqslant 170$	W7
$170 < w \leqslant 250$	W6
$w > 250$	W5

表8　阶梯孔型像质计

B级像质	
标称厚度 w/mm	像质指数[a]
$w \leqslant 1$	H2
$1 < w \leqslant 2.5$	H3
$2.5 < w \leqslant 4$	H4
$4 < w \leqslant 6$	H5
$6 < w \leqslant 11$	H6
$11 < w \leqslant 20$	H7
$20 < w \leqslant 35$	H8

[a] 当使用Ir192时,所得像质指数比上述值偏低,现修正如下:

4 mm$< w \leqslant$11 mm:所得像质指数加1。

双壁透照技术,单壁或双壁成像:像质计位于胶片侧

表 9　线型像质计

A 级像质	
标称厚度 w/mm	像质指数
$w \leqslant 1.2$	W18
$1.2 < w \leqslant 2$	W17
$2 < w \leqslant 3.5$	W16
$3.5 < w \leqslant 5$	W15
$5 < w \leqslant 10$	W14
$10 < w \leqslant 15$	W13
$15 < w \leqslant 22$	W12
$22 < w \leqslant 38$	W11
$38 < w \leqslant 48$	W10
$48 < w \leqslant 60$	W9
$60 < w \leqslant 85$	W8
$85 < w \leqslant 125$	W7
$125 < w \leqslant 225$	W6
$225 < w \leqslant 375$	W5
$w > 375$	W4

表 10　阶梯孔型像质计

A 级像质	
标称厚度 w/mm	像质指数[a]
$w \leqslant 2$	H3
$2 < w \leqslant 5$	H4
$5 < w \leqslant 9$	H5
$9 < w \leqslant 14$	H6
$14 < w \leqslant 22$	H7
$22 < w \leqslant 36$	H8
$36 < w \leqslant 50$	H9
$50 < w \leqslant 80$	H10

[a] 当使用 Ir192 时,所得像质指数比上述值偏低,现修正如下:

5 mm$< w \leqslant$9 mm:所得像质指数加 2;

9 mm$< w \leqslant$22 mm:所得像质指数加 1。

双壁透照技术，单壁或双壁成像：像质计位于胶片侧

表 11　线型像质计

B级像质	
标称厚度 w/mm	像质指数
$w \leqslant 1.5$	W19
$1.5 < w \leqslant 2.5$	W18
$2.5 < w \leqslant 4$	W17
$4 < w \leqslant 6$	W16
$6 < w \leqslant 12$	W15
$12 < w \leqslant 18$	W14
$18 < w \leqslant 30$	W13
$30 < w \leqslant 45$	W12
$45 < w \leqslant 55$	W11
$55 < w \leqslant 70$	W10
$70 < w \leqslant 100$	W9
$100 < w \leqslant 180$	W8
$180 < w \leqslant 300$	W7
$w > 300$	W6

表 12　阶梯孔型像质计

B级像质	
标称厚度 w/mm	像质指数[a]
$w \leqslant 2.5$	H2
$2.5 < w \leqslant 5.5$	H3
$5.5 < w \leqslant 9.5$	H4
$9.5 < w \leqslant 15$	H5
$15 < w \leqslant 24$	H6
$24 < w \leqslant 40$	H7
$40 < w \leqslant 60$	H8
$60 < w \leqslant 80$	H9

[a] 当使用Ir192时，所得像质指数比上述值偏低，现修正如下：

5.5 mm $< w \leqslant$ 9.5 mm：所得像质指数加2；

9.5 mm $< w \leqslant$ 24 mm：所得像质指数加1。

5　像质计的放置

为了确定像质，当进行射线照相时，像质计应放在被检工件的源侧。如果以上方法不可行，则像质计可放在被检工件的胶片侧，为了表明已采用了这种放置方法，像质计附近的铅字“F”影像应可见。

像质计应放置在被检工件上厚度尽可能均匀的区域。

特殊放置方法按应用标准规定。

6 像质指数的确定

在确定像质指数时，观片条件应符合 GB/T 19802 的要求。

对于线型像质计，在底片上能识别的最细线的编号即为像质指数。在底片密度均匀部位能清晰地看到长度不小于 10 mm 的连续金属线影像时，则认为是可接受的。

对于阶梯孔型像质计，在底片上能识别的最小孔的编号即为像质指数。当同一阶梯上含有两孔时，则两孔都应在底片上可识别。

一般来说，每次射线检测都应确定像质指数以验证其是否达到所要求的像质。如果能采取措施保证在透照相似的被检工件和区域时，用相同的曝光和暗室处理技术并且所得的像质指数没有差别，则不需要对每张底片验证图像质量，图像质量的验证范围可由合同各方达成协议。

ICS 19.100
J 04

中华人民共和国国家标准

GB/T 23901.4—2009/ISO 19232-4:2004

无损检测　射线照相底片像质 第4部分:像质指数和像质表的实验评价

Non-destructive testing—Image quality of radiographs—Part 4:Experimental evaluation of image quality values and image quality tables

(ISO 19232-4:2004,IDT)

2009-05-26 发布　　2009-12-01 实施

中华人民共和国国家质量监督检验检疫总局
中国国家标准化管理委员会　发布

前 言

GB/T 23901《无损检测　射线照相底片像质》分为五个部分：

——第1部分：线型像质计　像质指数的测定；

——第2部分：阶梯孔型像质计　像质指数的测定；

——第3部分：黑色金属像质分类；

——第4部分：像质指数和像质表的实验评价；

——第5部分：双线型像质计　图像不清晰度的测定。

本部分为GB/T 23901的第4部分。

本部分等同采用ISO 19232-4:2004《无损检测　射线照相底片像质　第4部分：像质指数和像质表的实验评价》(英文版)。

本部分等同翻译ISO 19232-4:2004。

为便于使用，本部分做了下列编辑性修改：

——用小数点“.”代替作为小数点的逗号“,”；

——删除国际标准的前言和引言；

——用GB/T 1.1—2000规定的引导语代替国际标准中的引导语。

本部分由全国无损检测标准化技术委员会(SAC/TC 56)提出并归口。

本部分起草单位：上海电气核电设备有限公司、上海锅炉厂有限公司、上海材料研究所、上海市工程材料应用评价重点实验室、上海苏州美柯达探伤器材有限公司、浙江省缙云像质计厂。

本部分主要起草人：许遵言、金宇飞、宓中玉、李莉、赵成、柳章龙。

无损检测　射线照相底片像质
第4部分:像质指数和像质表的实验评价

1　范围

GB/T 23901的本部分规定了像质指数和像质表的确定方法。

如果GB/T 23901.3要求的像质计不适用,例如,因为像质计材料的吸收系数与被检材料的吸收系数相差超过30%,则必须做曝光实验以确定可接受的像质指数。由曝光实验取得的像质指数适用于相同透照条件下所有工件的曝光。

2　规范性引用文件

下列文件中的条款通过GB/T 23901的本部分的引用而成为本部分的条款。凡是注日期的引用文件,其随后所有的修改单(不包括勘误的内容)或修订版均不适用于本部分,然而,鼓励根据本部分达成协议的各方研究是否可使用这些文件的最新版本。凡是不注日期的引用文件,其最新版本适用于本部分。

GB/T 23901.1　无损检测　射线照相底片像质　第1部分:线型像质计　像质指数的测定(GB/T 23901.1—2009,ISO 19232-1:2004,IDT)

GB/T 23901.2　无损检测　射线照相底片像质　第2部分:阶梯孔型像质计　像质指数的测定(GB/T 23901.2—2009,ISO 19232-2:2004,IDT)

GB/T 23901.3　无损检测　射线照相底片像质　第3部分:黑色金属像质分类(GB/T 23901.3—2009,ISO 19232-3:2004,IDT)

3　术语和定义

下列术语和定义适用于GB/T 23901的本部分。

3.1

像质计　image quality indicator

IQI

见GB/T 23901.1和GB/T 23901.2。

3.2

照相质量　image quality

见GB/T 23901.1和GB/T 23901.2。

3.3

像质指数　image quality value

见GB/T 23901.1和GB/T 23901.2。

3.4

像质表　image quality table

与透照壁厚相对应的所达到的像质指数(见第4章)。

4　像质指数的实验评定

对于像质指数的实验评定,应按规定要求在随后的检验中使用相同的透照条件和像质计。

在规定条件下应做两次曝光实验。如果从两次曝光中得到的像质指数相同,则这个指数可接受为所要求的像质指数。如果从两次曝光中得到的像质指数不同,则应重复曝光实验。

5 像质表的确定

如果对材料相同但壁厚不同的部件进行射线照相,则应制作像质表。根据第4章,图1给出了不同透照厚度下相应的像质指数的一个示例。实验指数下的阶梯曲线给出了像质指数和相应透照阶梯厚度的像质指数表,见表1所示。

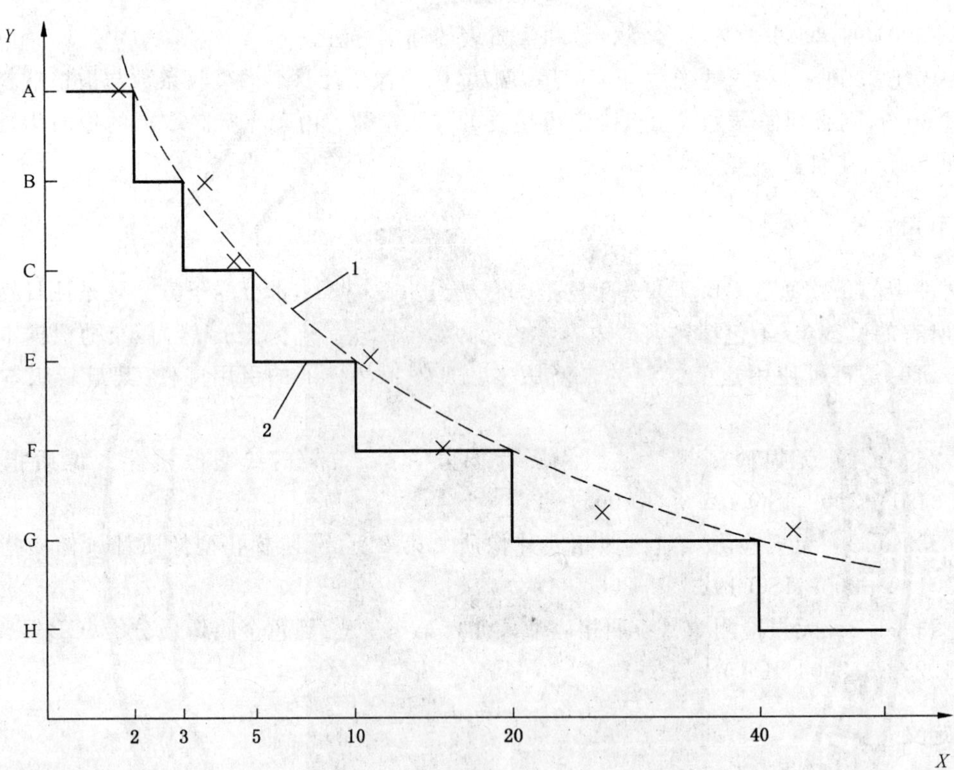

X——透照厚度; Y——像质指数。

1——实验曲线; 2——阶梯曲线。

×——按第4章确定像质指数,材料:例如钢。

图1 像质表制作示例

表1 像质表示例

透照厚度 w/mm	像质指数
$w \leqslant 2$	A
$2 < w \leqslant 3$	B
$3 < w \leqslant 5$	C
$5 < w \leqslant 10$	D
$10 < w \leqslant 20$	E
$20 < w \leqslant 40$	F
$w > 40$	G

ICS 19.100
J 04

中华人民共和国国家标准

GB/T 23901.5—2009/ISO 19232-5:2004

无损检测　射线照相底片像质 第5部分:双线型像质计 图像不清晰度的测定

Non-destructive testing—Image quality of radiographs—Part 5: Image quality indicators (duplex wire type)—Determination of image unsharpness value

(ISO 19232-5:2004,IDT)

2009-05-26 发布　　2009-12-01 实施

中华人民共和国国家质量监督检验检疫总局
中国国家标准化管理委员会　发布

前　言

GB/T 23901《无损检测　射线照相底片像质》分为五个部分：

——第1部分：线型像质计　像质指数的测定；

——第2部分：阶梯孔型像质计　像质指数的测定；

——第3部分：黑色金属像质分类；

——第4部分：像质指数和像质表的实验评价；

——第5部分：双线型像质计　图像不清晰度的测定。

本部分为GB/T 23901的第5部分。

本部分等同采用ISO 19232-5:2004《无损检测　射线照相底片像质　第5部分：双线型像质计　图像不清晰度的测定》(英文版)。

本部分等同翻译ISO 19232-5:2004。

为便于使用，本部分做了下列编辑性修改：

——用小数点“.”代替作为小数点的逗号“,”；

——删除国际标准的前言和引言；

——用GB/T 1.1—2000规定的引导语代替国际标准中的引导语。

本部分由全国无损检测标准化技术委员会(SAC/TC 56)提出并归口。

本部分起草单位：上海电气核电设备有限公司、上海锅炉厂有限公司、上海材料研究所、上海市工程材料应用评价重点实验室、上海苏州美柯达探伤器材有限公司、浙江省缙云像质计厂。

本部分主要起草人：许遵言、金宇飞、宓中玉、李莉、赵成、柳章龙。

无损检测 射线照相底片像质
第5部分:双线型像质计
图像不清晰度的测定

1 范围

GB/T 23901的本部分规定了确定射线照相和实时射线透照系统几何不清晰度的方法。

2 规范性引用文件

下列文件中的条款通过GB/T 23901的本部分的引用而成为本部分的条款。凡是注日期的引用文件,其随后所有的修改单(不包括勘误的内容)或修订版均不适用于本部分,然而,鼓励根据本部分达成协议的各方研究是否可使用这些文件的最新版本。凡是不注日期的引用文件,其最新版本适用于本部分。

GB/T 19943 无损检测 金属材料X和伽玛射线照相检测 基本规则(GB/T 19943—2005,ISO 5579:1998,IDT)

GB/T 23901.1 无损检测 射线照相底片像质 第1部分:线型像质计 像质指数的测定(GB/T 23901.1—2009,ISO 19232-1:2004,IDT)

GB/T 23901.2 无损检测 射线照相底片像质 第2部分:阶梯孔型像质计 像质指数的测定(GB/T 23901.2—2009,ISO 19232-2:2004,IDT)

3 术语和定义

下列术语和定义适用于GB/T 23901的本部分。

3.1

双线型像质计 duplex wire image quality indicator

线对的一种排列,如图1所示。

3.2

图像不清晰度 image unsharpness

可识别的最粗线的编号(见第5章)。

相应的不清晰度见表1。

4 双线型像质计的规范

4.1 尺寸、制造和标记

4.1.1 设计和材料

双线型像质计由放置于刚性透明塑料盒中的13个线对组成,每个线对包含两条圆形截面的线。1D~3D线对是钨,其他线对是铂。

像质计尺寸应符合图1要求。

4.1.2 制造

线的直径和间距如表1所示。

4.1.3 标记

双线型像质计(见图1)的标记应有以下信息:GB/T 23901.5。

4.2 合格证明

对每个双线型像质计，制造商都应提供其合格证明。

5 双线型像质计的使用

双线型像质计应与线型或阶梯孔型像质计一起使用。双线型像质计应置于被检物体的源侧，并且尽可能地靠近射线束轴线且与轴线垂直。

应借助4倍放大镜观察双线型像质计影像。最大线对，其影像正好是两双线间距可以识别极限下的两独立线过渡到单线的影像，此时被认为是可辨别的极限值。图像不清晰度 U 可由 $2d$ 表示，其中 d 是线的宽度和线的间隔距离(见图1和表1)。

注：双线型像质计不能代替线型或阶梯孔型像质计，因为它仅仅反映不清晰度。

单位为毫米

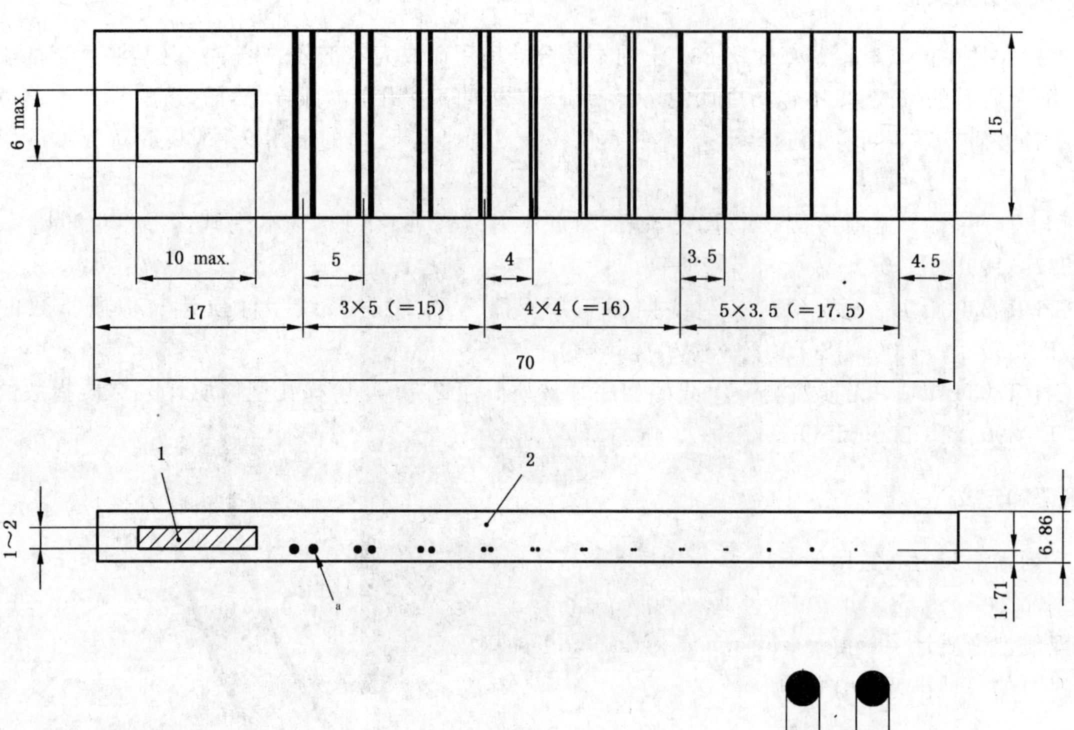

1——铅标记 GB/T 23901.5；

2——硬塑料盒。

a 线径(d)，等于两线的间距。

图1 双线型像质计

表1 线对编号，对应的图像不清晰度和线径

单位为毫米

线对编号 (D代表双线)	对应的 不清晰度	线径和间距 d	线径和间距的公差
13D	0.10	0.050	±0.005
12D	0.13	0.063	
11D	0.16	0.080	
10D	0.20	0.100	
9D	0.26	0.130	

表 1（续）

单位为毫米

线对编号 （D代表双线）	对应的 不清晰度	线径和间距 *d*	线径和间距的公差
8D	0.32	0.160	±0.01
7D	0.40	0.200	
6D	0.50	0.250	
5D	0.64	0.320	
4D	0.80	0.400	
3D	1.00	0.500	±0.02
2D	1.26	0.630	
1D	1.60	0.800	

ICS 19.100
J 04

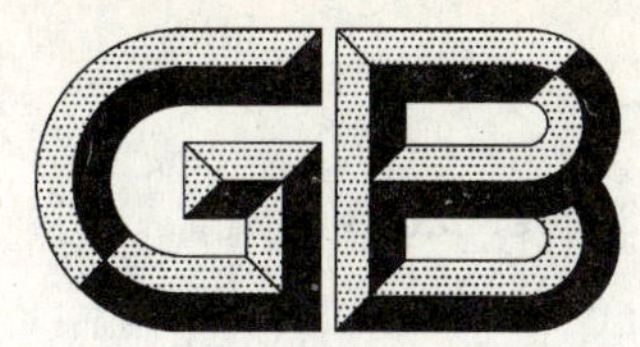

中华人民共和国国家标准

GB/T 23902—2009

无损检测 超声检测 超声衍射声时技术检测和评价方法

Non-destructive testing—Ultrasonic examination—Time-of-flight diffraction technique as a method for detection and sizing of discontinuities

2009-05-26 发布 2009-12-01 实施

中华人民共和国国家质量监督检验检疫总局
中国国家标准化管理委员会 发布

前　言

本标准修改采用 ENV 583-6:2000《无损检测　超声检测　第 6 部分:超声衍射声时技术检测和评价方法》(英文版)。

本标准根据 ENV 583-6:2000 重新起草。

考虑到我国国情,在采用 ENV 583-6:2000 时,本标准做了一些修改。有关技术性差异如下:

——将规范性引用文件 EN 473 改为 GB/T 9445,EN 583-1 改为 GB/T 5616,EN 12668-1、EN 12668-2和 EN 12668-3 改为 JB/T 9214;

——将规范性引用文件 EN 583-1(见第 4 章和第 13 章)、EN 583-2(见表 1)中的引用内容直接翻译;

——删除了部分术语、定义和符号,增补了 GB/T 12604.1 和 GB/T 20737。

为便于使用,本标准还做了下列编辑性修改:

——"本欧洲暂行标准"一词改为"本标准";

——删除欧洲标准的前言;

——部分条号按 GB/T 1.1—2000 规定做修改。

本标准的附录 A 为规范性附录。

本标准由全国无损检测标准化技术委员会(SAC/TC 56)提出并归口。

本标准起草单位:硕德(北京)科技有限公司、江苏省特种设备安全监督检验研究院、北京时代之峰科技有限公司、常州超声电子有限公司、山东济宁模具厂、上海苏州美柯达探伤器材有限公司、上海材料研究所。

本标准主要起草人:香勇、强天鹏、彭雪莲、彭波、潘振新、魏忠瑞、金宇飞。

无损检测　超声检测
超声衍射声时技术检测和评价方法

1　范围

本标准规定了超声衍射声时技术的方法总则。

本标准适用于碳素钢和低合金钢制件中不连续的检测和定量。本标准也适用于其他类型材料，前提是使用衍射声时技术时要充分考虑材料的几何和声学特性以及检测的灵敏度。

本标准适用于材料中的不连续检测和GB/T 5616中所包含的应用，也包括其中提到的焊缝。选择此方法的原因在于其明确的超声探头位置和扫查方向。

除非在引用文件中另有规定，否则本标准是可适用的最低要求。

除非另有明确声明，否则本标准适用于表1中规定的产品等级：

——1级，没有限制；

——2级和3级，有关限制见第9章；

——4级和5级，产品的检查将要求有专用的工艺规程，第9章中有类似说明。

表1　产品等级

等级	特征	探头面纵向截面	探头面横向截面
1	具有两个平行表面 （如：盘和片）	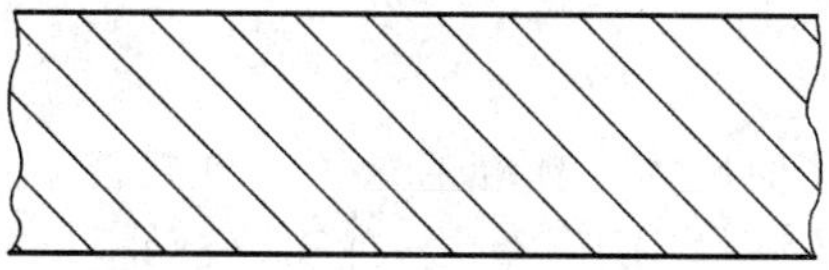	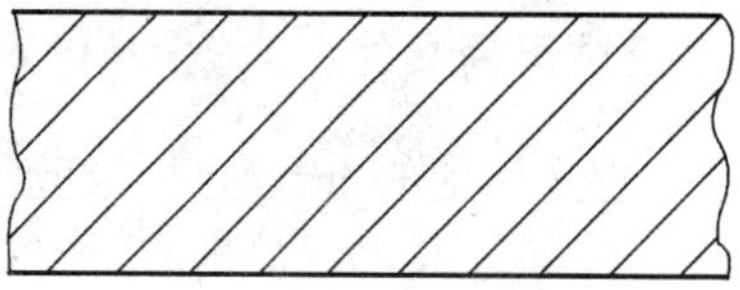
2	具有平行、共轴曲面 （如：管）	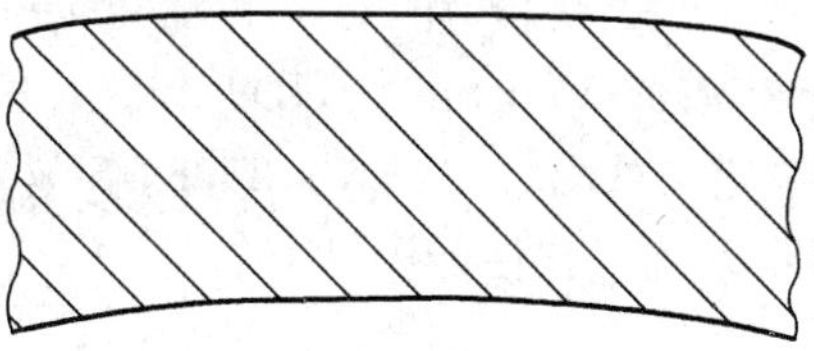	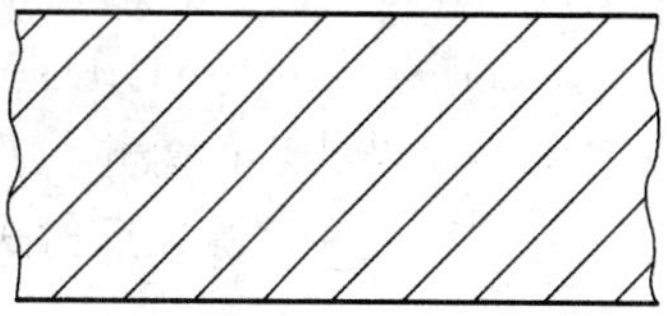
3	多个方向均为曲面 （如：碟形封头）	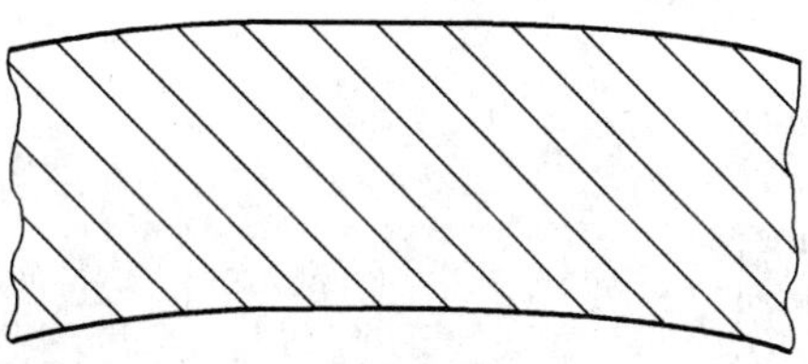	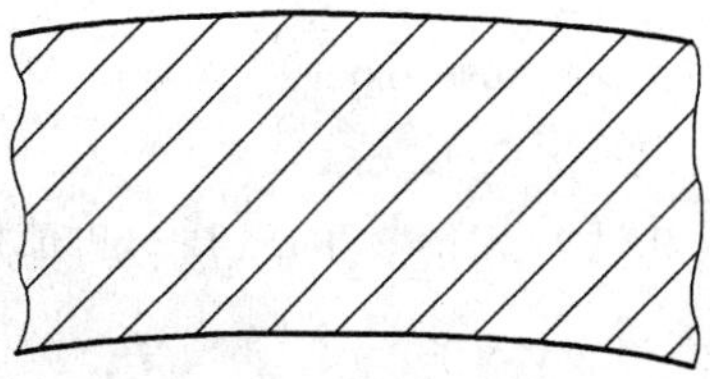

表 1（续）

等级	特征	探头面纵向截面	探头面横向截面
4	横截面是实心圆（如：棒和饼）	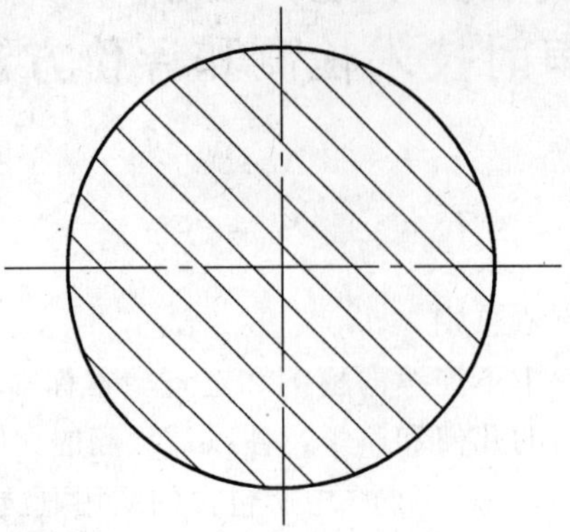	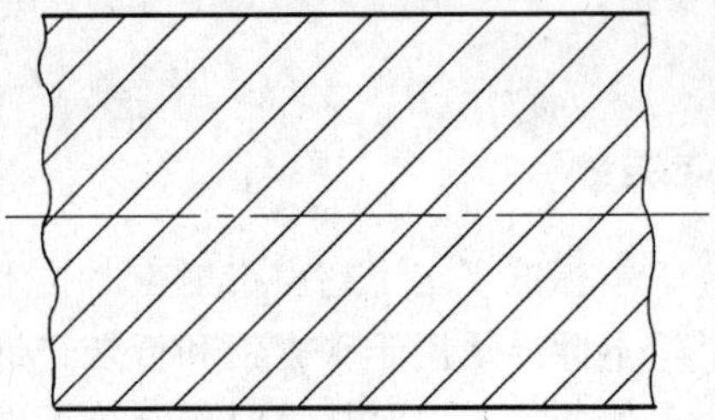
5	复杂形状（如：管口、管座）	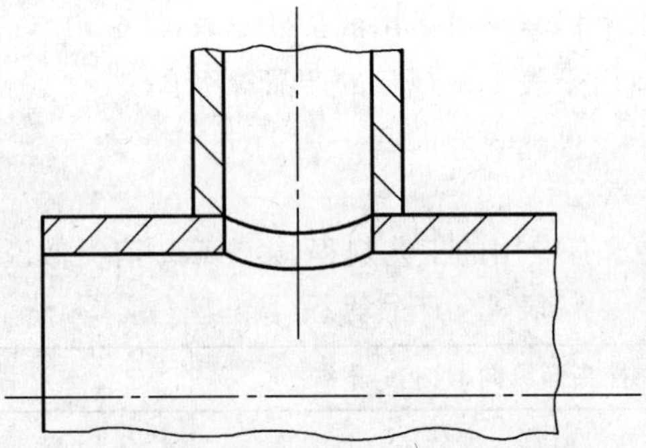	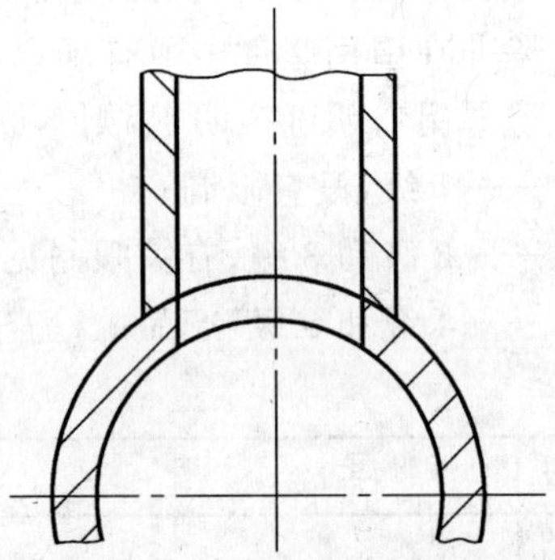

2 规范性引用文件

下列文件中的条款通过本标准的引用而成为本标准的条款。凡是注日期的引用文件，其随后所有的修改单(不包括勘误的内容)或修订版均不适用于本标准，然而，鼓励根据本标准达成协议的各方研究是否可使用这些文件的最新版本。凡是不注日期的引用文件，其最新版本适用于本标准。

GB/T 5616 无损检测 应用导则

GB/T 9445 无损检测 人员资格鉴定与认证(GB/T 9445—2008，ISO 9712:2005，IDT)

GB/T 12604.1 无损检测 术语 超声检测(GB/T 12604.1—2005，ISO 5577:2000，Non-destructive testing—Ultrasonic inspection—Vocabulary，IDT)

GB/T 20737 无损检测 通用术语和定义(GB/T 20737—2006，ISO/TS 18173:2005，IDT)

JB/T 9214 A型脉冲反射式超声探伤系统工作性能测试方法

3 术语和定义

GB/T 12604.1 和 GB/T 20737 确立的以及下列术语和定义适用于本标准。

3.1

盲区 dead zone

D_{ds}

由于声源信号干涉，指示可能模糊的区域。

3.2

背面盲区 back wall dead zone

D_{dw}

由于背面回波的存在，信号可能模糊的另一盲区。

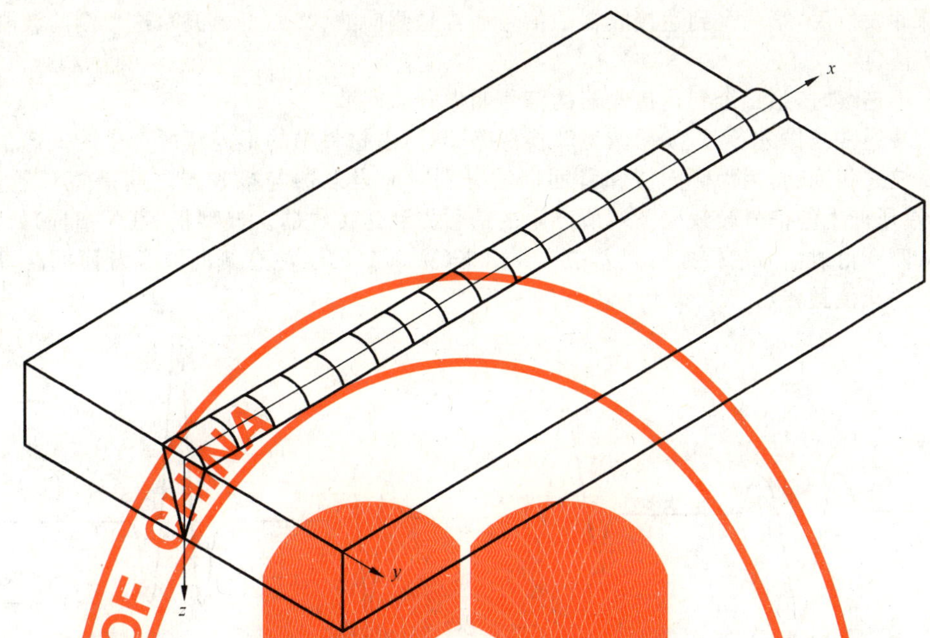

x——平行于扫查面和预定义参考线的坐标(这条参考线宜与焊缝相一致,坐标轴的起点可定义为与检查工件相一致);

y——平行于扫查面,垂直于预定义的参考线的坐标;

z——垂直于扫查面的坐标。

图1 坐标定义

4 概述

4.1 技术原理

TOFD技术依赖于超声波与不连续端点的相互作用。这种相互作用导致产生一个覆盖大角度范围的衍射波,对衍射波的探测可用于确定缺欠的存在。所记录的信号传播时间可测量缺欠的高度,从而能够对缺欠定量。缺欠尺寸往往由衍射信号的传播时间决定。信号幅度不用于缺欠定量评估。

TOFD技术的基本组成包括一对相距一定间距的超声发射器与接收器(见图2)。由于超声波的衍射与缺欠取向无关,因此通常使用宽角度声束的纵波探头。这样就可一次扫查完成对一定空间的检查。然而,单次扫查中可检查的空间的大小是有限制的(见7.2)。

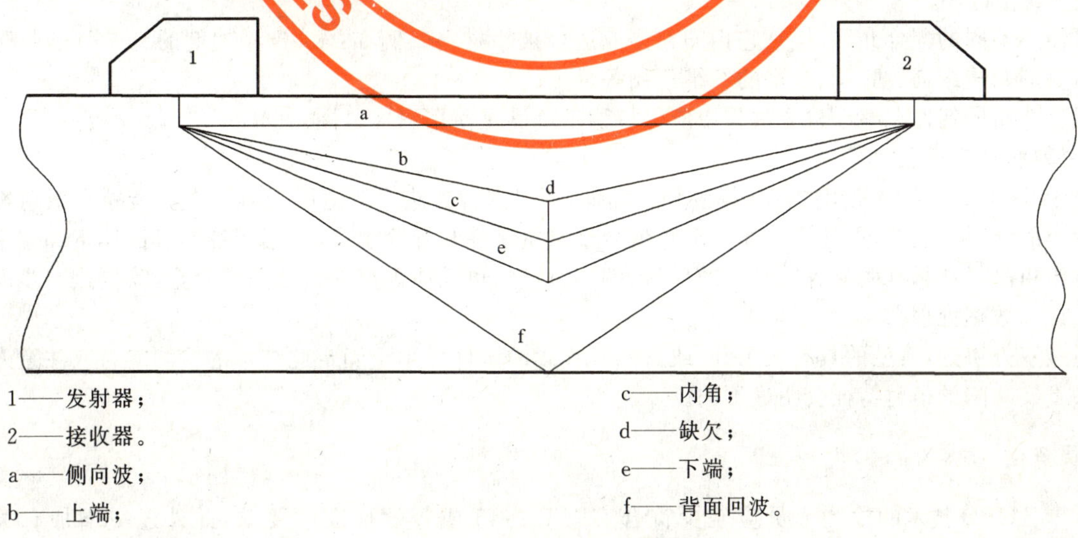

1——发射器;

2——接收器。

a——侧向波;

b——上端;

c——内角;

d——缺欠;

e——下端;

f——背面回波。

图2 TOFD的基本结构

一个声脉冲发射后，第一个到达接收器的信号通常是侧向波（又称直通波），这个侧向波刚好从测试试件近表面传播。

当不存在不连续时，第二个到达接收器的信号叫做背面回波。

这两个信号通常被作为参考，如果波型转换忽略不计，由材料中的不连续所产生的任何信号将在侧向波与背面回波之间到达，因为侧向波和背面回波分别对应发射器与接收器之间最短和最长的路径。同理，缺欠上端所产生的信号较缺欠下端所产生的信号先到达接收器。典型指示（A 扫描）如图 3 所示。缺欠高度可从两个衍射信号的传播时间差中推算出来（见 8.1.5）。注意侧向波和背面回波以及缺欠上下端回波之间的相位翻转。

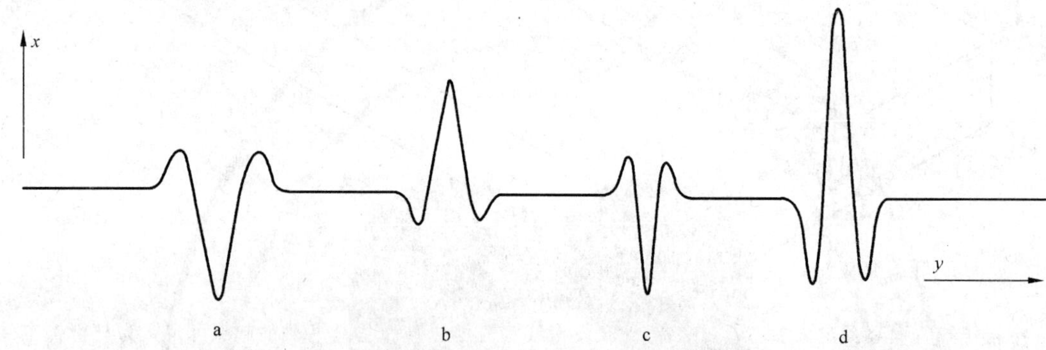

x——幅度；

y——时间。

a——侧向波；

b——上端；

c——下端；

d——背面回波。

图 3　内部缺欠的 A 扫描示意图

缺欠可能接近试件的上下表面或分布于整个试件的厚度内，通过扫查两个表面将提高整体精确性，尤其对于近表面的伤。

4.2　表面条件和耦合要求

所有扫查面应清除污物、氧化皮、焊渣等，并保证平整光滑以便超声耦合。另外，在检测前应消除工件表面状况可能造成的解释误差。

由于衍射信号本身比较弱，恶劣的表面条件导致的信号质量进一步下降，这将严重影响检测的可靠性。

可使用不同的耦合介质，但是它们的类型应适合被检材料。例如：水、含添加剂的水（润湿剂、防冻剂或防腐剂）、连结剂、油、脂、含水的纤维素糊等。

耦合介质的特性在整个检查过程中应保持稳定并满足使用温度范围。

4.3　材料和加工类型

由于 TOFD 技术中使用的信号幅度相对偏低，所以这种方法一般适用于对超声波衰减和散射影响相对较小的材料。通常，可适用于非合金和低合金碳钢制件和焊缝中，也可用于细晶奥氏体钢和铝中。

对于粗晶材料和有明显各向异性的材料，例如：铸铁、奥氏体焊接材料和高镍合金，需要进一步的有效性确认和数据处理。

通过双方协定，典型的具有人工和/或自然不连续的试件可用于确定此技术的检测能力。注意人工缺陷和真实缺陷的衍射特征会明显不同。

5　人员资格

从事 TOFD 技术的检测人员应至少符合 GB/T 9445 或等效标准的要求，此外还应增加有关用 TOFD 技术检测各等级产品的培训和考试，培训和考试应按指定的书面实施细则进行。

6 设备要求

6.1 超声设备和显示

用于 TOFD 技术的超声设备，应至少满足如下要求：

——接收器带宽应至少在探头标称频率－6 dB 带宽的 0.5～2 倍范围内，除非特殊材料和产品等级要求更大带宽，可使用相适应的带通滤波器。

——发射脉冲可以是单极性或双极性，脉冲上升时间不应超出标称探头频率对应周期的 0.25 倍。

——应以至少标称探头频率 4 倍的采样率对未检波信号进行数字化。

——对于常规应用，超声设备和扫查机构(见 6.3)组合后的信号获取和数字化速度，应满足 1 mm 至少 1 次 A 扫描。数据获取和扫查机构运动应同步。

——选择时基线的合适部分对其中的 A 扫描进行数字化，并提供一个位置和长度可编程的窗口。窗口的起点应在距发射脉冲 0 ～200 μs 间可编程，长度应在距发射脉冲 5 μs～100 μs 间可编程。这样就可选择合适的信号(如 4.1 中描述的侧向波或爬波、背面回波信号、一个或多个波型转换信号)数字化和显示。

——数字化的 A 扫描线宜以与幅度相对应的灰度或单色阶显示，邻近相连就形成一个 B 扫描。图 4和图 5 分别为非平行和平行扫查的典型 B 扫描。灰度或单色的色级宜至少为 64 级。

——为了存档，设备应能将所有 A 扫描或 B 扫描(视情况而定)存储在磁性或光学储存媒介中(例如硬盘、软盘、磁带或光盘)。为输出报告，设备应能对 A 扫描或 B 扫描(视情况而定)进行硬拷贝。

——设备宜具备信号均值处理的能力。

获得典型 TOFD 信号需要的较高的增益设置，因此可能用到前置放大器，该放大器在所关注的频率范围内宜具有平坦的频率响应，并且放置在尽可能靠近接收探头的位置。

对不连续进行基本和高级分析所需的附加要求见第 8 章。

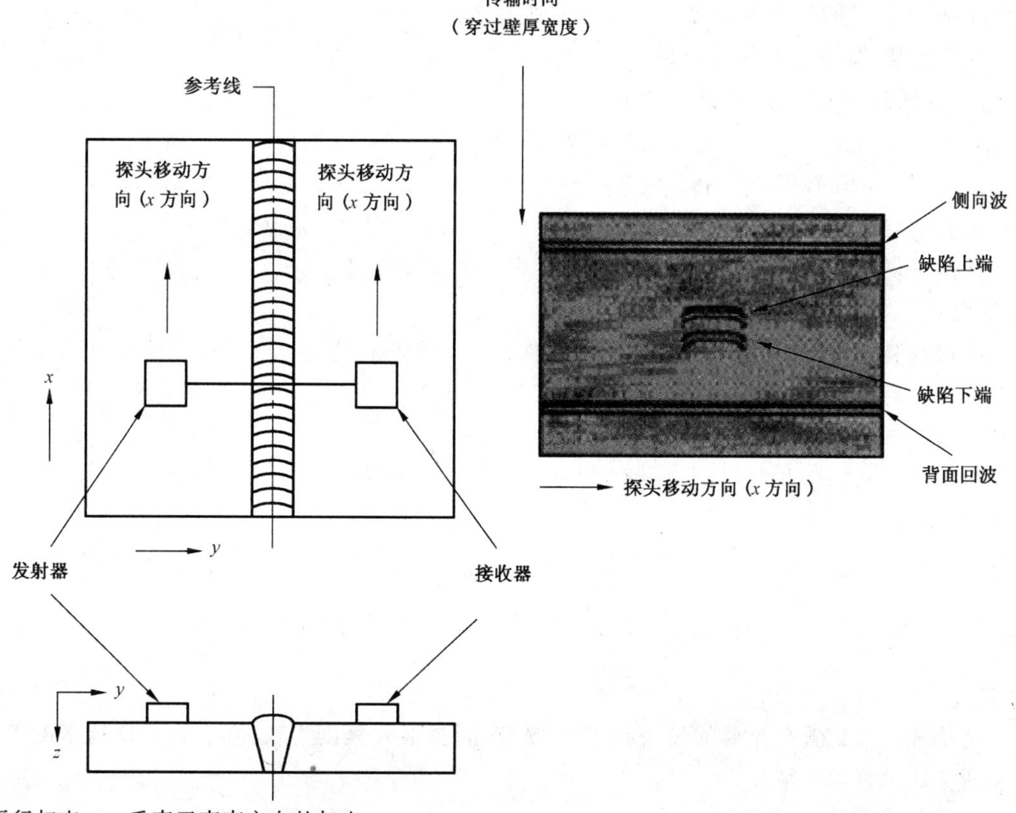

非平行扫查——垂直于声束方向的扫查。

图 4 非平行扫查，左图是探头移动的典型方向，右图是相应的 B 扫描显示

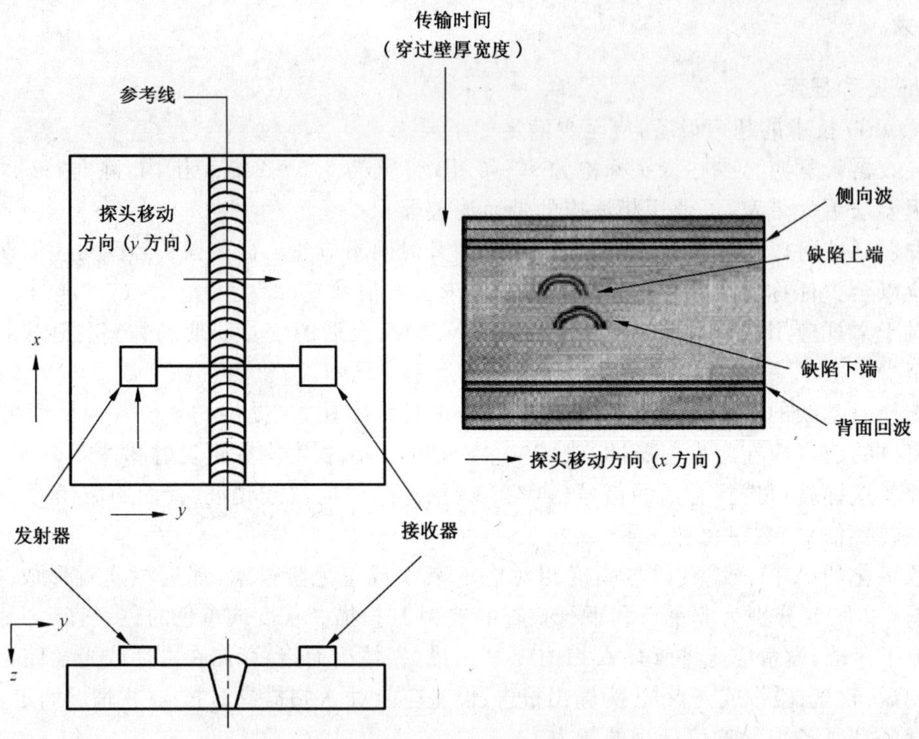

平行扫查——平行于声束方向的扫查。

图 5 平行扫查，左图是探头移动的典型方向，右图是相应的 B 扫描显示

6.2 超声探头

用于 TOFD 技术的超声探头应至少符合下列要求：

——探头数量：2（发射器和接收器）；

——类型：任意合适的探头（见 7.2）；

——波型模式：通常用纵波；横波探头的使用比较复杂，但特殊情况下也可商定使用；

——两个探头应具有相同的中心频率，公差±20%；频率：探头频率的选择见 7.2；

——侧向波与背面回波的脉冲长度不应超过两个周期，以峰值的 10%测量；

——脉冲重复频率应保证连续发射脉冲的声信号间无干扰产生。

6.3 扫查装置

应使用扫查装置，使得两探头入射点间距离保持不变和平行排列。

扫查装置的另一个功能是为超声设备提供探头位置信息，以生成与位置有关的 B 扫描显示。探头位置信息可通过例如增量型磁或光学编码器、电位计获得。

TOFD 应用中的扫查装置可用马达或手动驱动，扫查装置应具有一个合适的导向装置（钢鼓、钢带、自动跟踪系统、导向轮等）。

参考线（例如：焊缝的中心线）中心的导向精度宜保持在探头间距±10%的公差范围内。

7 设备设置规程

7.1 概述

探头选择和探头配置是重要的设备设置参数，它们在很大程度上决定着 TOFD 技术的整体精度、信噪比和所关注的覆盖区域。

设置规程的目的是为了确保：

——足够的系统增益和信噪比，以便发现所关注的衍射信号；

——可接受的分辨力和对所关注区域的足够覆盖；

——系统动态范围的有效使用。

7.2 探头选择与探头间隔

7.2.1 探头选择

本条规定了 TOFD 技术中典型探头布置，以便对薄和厚工件都能很好的检测。注意：这些布置不是强制的，为满足某一规范而提出的具体要求宜给予检查确认。

对于不大于 70 mm 厚的钢，可使用一对探头。其中对于 30 mm～70 mm 厚的钢，需要在同时具有足够分辨力和覆盖区域的前提下，方可使用一对探头。表 2 在 3 个不同的壁厚范围，列出了推荐的探头选择参数，以获得足够的分辨力和覆盖区域。

表 2 对于不大于 70 mm 厚钢的探头选择推荐参数

壁厚/mm	中心频率/MHz	晶片大小/mm	标称探头角度
<10	10～15	2～6	50°～70°
10～30	5～10	2～6	50°～60°
30～70	2～5	6～12	45°～60°

对于厚度大于 70 mm 的钢，壁厚应分为若干检查区，每个区覆盖一个不同的深度区域，表 3 列出了推荐的中心频率、晶片大小和标称探头角度，以达到对 70 mm～300 mm 厚的材料检测所需足够分辨力和覆盖区域。这些分区的检查可同时或单独进行。

表 3 对于 70 mm～300 mm 厚钢的探头选择推荐参数

深度区域/mm	中心频率/MHz	晶片大小/mm	标称探头角度
0～30	5～10	2～6	50°～70°
30～100	2～5	6～12	45°～60°
100～300	1～3	10～25	45°～60°

7.2.2 探头间隔

最大衍射效率在内角大约是 120°时出现。探头放置的位置宜满足能够使(想象中的)声束中心线在不连续可能出现的深度区内以大约这个角度相交。

偏离这个角度大于 -30°或 45°，可能导致衍射回波变弱，除非能证明其检测能力，否则不宜使用。

7.3 时窗设置

理论上，时窗记录宜至少比侧向波到达的时间早开始 1 μs，并且宜至少延伸到第一个背面回波。因为波型转换可用于缺陷的识别，所以建议时窗也包括第一个背面回波波型转换信号到达的时间。

作为最低要求，时窗应至少覆盖关注的深度区域，见表 2 和表 3。

用一个较小的时窗也是适当的(例如：为了提高定量精度)，但很有必要验证缺欠的可检测能力，可用典型伤或附录 A 中的衍射人工缺陷验证。

7.4 灵敏度设置

应设置探头间隔和时窗，以便后续检测。

设置灵敏度的目的是为了确保不连续信号幅度在数字转换器的范围内，并且确保限制噪声是声学噪声而不是电噪声。

设备设置(包括电噪声抑制和系统增益)调节到：侧向波到达之前的电噪声，其比在侧向波到达之后的时基线区域内的电噪声，在幅度上至少低 6 dB。后者宜设置在幅度范围的 5%左右。

现在可使用典型伤或附录 A 中的衍射人工缺陷，来检查灵敏度设置。得到的结果可证明降低增益设置是否正确或给出信噪比不足的警告。

7.5 扫查分辨力设置

探头位移 1 mm，记录一个 A 扫描。

7.6 扫查速度设置

扫查速度的选择应与 7.3、7.4 和 7.5 中的要求一致。

7.7 系统性能检查

建议在检测前后通过记录并比较一组有限数量的典型 A 扫描来检查系统性能，见 JB/T 9214。

8 数据解释与分析

8.1 不连续的基本分析

8.1.1 概述

报告和验收准则应在检测前由合同各方达成一致。

用 TOFD 检测出的不连续应至少给出下列特征：

——不连续的位置（x 坐标，必要情况下还需给出 y 坐标）；

——不连续的长度（Δx）；

——不连续的深度（z）和高度（Δz）；

——不连续的类型，限于“上表面开口”，“下表面开口”或“内部”。

8.1.2 不连续的特征

8.1.2.1 概述

为了描述缺欠的特征，缺欠端点衍射的相位应按如下进行判定：

——与侧向波有相同表观相位的信号，应认为是由缺欠的下端所产生的；

——与背面回波有相同表观相位的信号，应认为是由缺欠的上端或由不可测量高度的缺欠所产生的。

如果信噪比不足，难以检测出信号的相位，则这些识别无效。

8.1.2.2 上表面开口缺欠

有下端衍射、侧向波中断或弱化的指示，应认为是上表面开口缺欠。

有时能观察到侧向波向传播时间延长方向的轻微移动。

8.1.2.3 下表面开口不连续

有上端衍射且背面回波向传播时间延长方向移动或者背面回波中断（检查耦合损失）的指示，应认为是下表面开口缺欠。

8.1.2.4 内部不连续

既有上端衍射又有下端衍射的指示，应认为是内部缺欠。

无侧向波或背面回波指示，只有明显上端衍射的指示，应认为是无高度的缺欠。但是注意，可能因为侧向波或背面回波的指示非常弱，而导致缺欠被错误地解释。如果不确定，应采取适当措施，进行多次 TOFD 扫查（见 8.2.1）或使用其他技术。

如果要求进一步的特征描述，应按 8.2。

如果对缺陷的解释存有疑问，应保留对其最坏可能性的解释，直到解释被验证。

8.1.3 缺欠位置的评定

通常，如果假设缺欠位于两个探头中间的 x、z 平面和穿过两个探头中心线的 y、z 平面的交点处，这样得到的缺欠位置是足够准确的。

缺欠指示的传播时间，也可用来评定它的位置。理论上，相同传播时间的面是一个以超声探头入射点为圆心的椭圆面。只有通过至少 2 次扫查才能精确确定衍射体位置（见 8.2.1）。

如果要求更加精确地评定缺欠的位置和/或方向，必须进行多次 TOFD 扫查（非平行和/或平行）。

8.1.4 缺欠长度的评定

评定一个缺欠的长度，应通过移动探头进行一次非平行扫查直接获得。与所有超声技术一样，由于超声声束宽度有限，记录可能被延长，导致保守评定缺欠长度。

缺欠长度明显小于探头晶片大小 1.5 倍的指示，会因为太小而无法用常规 TOFD 规程来定量其长度，但可通过附加算法来确定其缺欠长度(见 8.2.2)。

8.1.5 缺欠深度和高度的评定

假设超声能量在探头的入射点进入和离开试件，缺欠位于两个探头的中间位置上(见 8.1.3)，缺欠深度就可通过下式得出：

$$d=\left[\frac{1}{4}(ct)^2-S^2\right]^{\frac{1}{2}} \qquad \cdots\cdots(1)$$

式中：

c——声速；

t——从发射到接收的传播时间；

d——缺欠顶端距扫查面的深度；

S——两探头入射点间距离的一半。

应减去超声信号在超声探头内的传播时间，再计算深度。否则，将导致计算出的深度出现严重误差。

为了避免由于探头延迟的评定而引起的误差，如有可能，应由侧向波与衍射波传播时间差 Δt 来计算深度 d，因而：

$$d=\frac{1}{2}\left[(c\Delta t)^2+4c\Delta tS\right]^{\frac{1}{2}} \qquad \cdots\cdots(2)$$

8.1.5.1 上表面开口不连续

上表面开口缺欠的高度是由上表面和下端衍射信号深度的距离决定的。

8.1.5.2 下表面开口不连续

下表面开口缺欠的高度是由上端衍射信号的深度和下表面间的距离决定的。

8.1.5.3 内部缺欠

内部缺欠的高度是由上端衍射和下端衍射的深度差来决定的。

8.2 不连续的详细分析

经过基本的 TOFD 扫查检测后的不连续可进行详细的缺欠分析。

另外，可考虑使用其他无损检测技术，以达到一个更加详细的特征描述。

详细分析缺欠的动机可能是：

——更加精确评定缺欠长度、深度和高度；

——评定缺欠方向；

——详细评定缺欠类型。

详细的缺欠分析包括采用不同的探头角度、频率和/或探头间隔来进行附加扫查。平行扫查也可进行。详细分析也包括应用计算机算法来分析数据。

8.2.1 附加的扫查

8.2.1.1 以较低检测频率的扫查

如果信噪比很低以至于不能详细分析缺欠时，甚至多次平均也不行，可用较低检测频率扫查。通常，这种扫查会增大盲区和降低分辨力。应优化设备设置参数(见第 6 章和第 7 章)。

8.2.1.2 以较高检测频率的扫查

为了提高分辨力、提高定量精度和减小盲区，可用较高检测频率扫查，这是以增加晶粒噪声从而降低信噪比为代价。应优化设备设置参数(见第 6 章和第 7 章)。

8.2.1.3 减小探头角度的扫查

为了提高分辨力、提高定量精度和减少盲区,可减小探头角度或减小探头间距扫查,这是以减小试件声穿透体积为代价。应优化设备设置参数(见第6章和第7章)。

8.2.1.4 不同探头偏移的扫查

为了获得缺欠的横向位置(y 方向)和/或缺欠方向,可进行不同探头间距(偏移)的平行扫查或非平行扫查。应优化设备设置参数(见第6章和第7章)。

应检查:扫查中观察到的信号的相位关系应与初始扫查一致。

对于某个端点衍射信号(轨迹曲线),相同传播时间的面是一个椭圆面。如果只考虑穿过两个探头 y、z 平面,则这个恒定声程的椭圆,可用下式表达:

$$ct = [d^2 + (S-y)^2]^{\frac{1}{2}} + [d^2 + (S+y)^2]^{\frac{1}{2}} \quad \cdots\cdots(3)$$

由上式可知,衍射体距探头间中心平面的不同偏移(也就是不同的 y 值),将导致端点衍射的传播时间不同,因此缺欠端点的表观深度将随着不同探头位置的扫查而发生变化。

缺欠端点的横向位置(y 方向)可直接由平行扫查中最小表观深度位置确定。需要在不同的 x 坐标上做多次相邻的平行扫查,以确定缺欠真实最小深度的位置。

一旦缺欠的两个端点的位置和深度已知,则缺欠方向就可由穿过两个缺欠端点的轴线来确定。

原则上,只要透声区覆盖足够的体积,两次偏移量不同的非平行扫查足以对缺欠深度、长度和方向精确确定。

然而,从两次非平行扫查中不能直接确定缺欠端点的位置,需要附加的软件(见8.2.2)绘制轨迹曲线。

附加的平行扫查也可用于检测近表面缺欠,近表面缺欠由于接近侧向波或背面回波而很难探测。每次扫查中缺欠的表观深度都会发生变化,而附加的平行扫查能够区别出侧向波或背面回波从而解决这个问题。

8.2.2 附加的运算

计算机算法对于分析 TOFD 扫查中记录下的数据是很有用。

例如:

——曲线拟合叠加图可用于精确确定缺欠长度(参见8.1.4);

——为了发现缺欠指示可去掉侧向波和/或背面回波以免干扰造成模糊(见10.2),如果表面粗糙不平,宜验证该技术的有效性;

——线性算法可将整个B扫描线性化,以精确确定缺欠的深度或高度;

——建模算法能够描绘轨迹曲线和分析波型转换信号,从而进一步识别缺欠位置、深度和方向(需要对物理原理和建模软件有深入的了解)。

用于数据分析的算法条款应在检测前在合同中达成一致。

9 复杂几何形状的检测和定量

对于2级产品,如果两个探头间的表面是平的或近似为平的,就没有更多限制。否则,对于2级和所有3级产品,考虑到产品的曲率,需要改进检测工艺规程和解释方法。

对于4级和5级产品,将使用特殊的数据处理技术和提供特殊的实施条件。

这些情况下,适合使用计算机算法进行数据分析。

为了确定缺欠检测性能,这些情况下强烈建议使用含有自然伤或人工缺陷的典型试件。

10 技术的局限性

10.1 概述

本章认为 TOFD 技术的局限性既适用于基本的 TOFD 检测,也适用于 TOFD 定量。本章规定了正常情况下可达到的精度限制，并且探讨了盲区对检测性能的影响。技术的整体可靠性是由许多起作用的因素决定的，整体误差将不低于本章中讨论的积累误差，这一点很重要。

严重倾斜或扭曲的缺陷，例如在非平行扫查中的横向裂纹，很难检测出来，这种情形建议进行详细的试验验证。另外，一些不严重的伤，例如点伤，看上去更像更严重的缺陷，例如裂纹。再次建议在适当时机，对 TOFD 技术辨别小裂纹的能力进行试验验证。性能验证可使检测更加精确或被其他证明文件引用。

10.2 精度和分辨力

10.2.1 概述

宜区别精度和分辨力。精度是确定反射体或衍射体位置能力的程度。分辨力是对区别邻近衍射体能力的程度。

TOFD 测量的精度受定时误差、声速误差、探头间隔误差和横向位置指示误差影响。通常，横向位置指示误差对整体精度起主要作用。

10.2.2 横向位置误差

如 8.1.3 所述，缺欠指示的横向位置通常被假设为两个探头的中间。事实上缺欠指示将位于一个椭圆上[公式(3)]，由横向位置误差(δy)造成的深度误差(δd)可由下式计算：

$$\delta d = (c^2t^2 - 4S^2)^{\frac{1}{2}}(\delta y^2/c^2t^2)/[(0.25 - \delta y^2/c^2t^2)]^{\frac{1}{2}} \quad \cdots\cdots(4)$$

原则上，声束的下边缘决定着 δy。如果波束下边缘无可靠的数据可用，将使用 $\delta y = S$。

10.2.3 定时误差

由定时误差(δt，侧向波与第二个超声信号间的传播时间差)造成的缺欠指示深度的精度限制，可通过下式评估：

$$\delta d = c\delta t(d^2 + S^2)^{\frac{1}{2}}/2d \quad \cdots\cdots(5)$$

式中：

δd——深度 d 的误差。

使用较窄脉冲和/或较高频率可降低定时误差。

10.2.4 声速误差

由于声速误差(δc)造成的缺欠指示深度的精度限制，如下式所示：

$$\delta d = \delta c[d^2 + S^2 - S(d^2 + S^2)^{\frac{1}{2}}]/cd \quad \cdots\cdots(6)$$

该误差随着探头间距的减小而减小。已知壁厚的情况下，可通过测量背面回波的延迟时间来单独校准声速，能大大降低声速误差。

10.2.5 探头间距误差

两个入射点间距离的误差(δS)会造成深度测量的误差，深度误差 δd 可通过下式计算：

$$\delta d = \delta S[(d^2 + S^2)^{\frac{1}{2}} - S]/d \quad \cdots\cdots(7)$$

宜注意探头间距误差是由探头间距离测量误差和入射点校准误差引起的。

当探头间距小于试件厚度的 2 倍，入射点不再被认为是一个固定的点，而是深度的函数。既然这样，如果需要精确定量，将借助于典型试件进行深度测量校准。

10.2.6 空间分辨力

空间分辨力(R)是深度的一个函数，并且可通过下式计算：

$$R = [c^2(t_d + t_p)^2/4 - S^2]^{\frac{1}{2}} - d \quad \cdots\cdots(8)$$

式中：

t_p——最大幅度值的 10%对应的声脉冲长度(时间)；

t_d——在深度 d 的传播时间。

分辨力随着深度的增加而增加，并且能通过改变探头间距或声脉冲长度而得到提高。

10.3 盲区

由于侧向波的存在，在扫查面附近造成一个盲区(D_{ds})。在盲区中，侧向波和缺欠指示之间的互相干扰造成指示模糊。盲区深度通过下式表达：

$$D_{ds}=(c^2t_p^2/4+Sct_p)^{\frac{1}{2}} \quad \cdots\cdots(9)$$

由于背面回波的存在，在背面附近造成一个盲区(D_{dw})，背面盲区的深度可通过下式表达：

$$D_{dw}=[c^2(t_w+t_p)^2/4-S^2]^{\frac{1}{2}}-W \quad \cdots\cdots(10)$$

式中：

t_w——背面回波的传播时间；

W——壁厚。

通过改变探头间距或使用窄脉冲探头能够减小这两个盲区。

11 无数据记录的 TOFD 检测

在手动 TOFD 中，直接通过 A 扫描进行解释，并用未检波的信号显示。

这种形式 TOFD 技术宜仅用于简单几何形状的各等级产品中，并且设备设置以符合 7.2、7.3 和 7.4 的要求。

通常，无数据记录的 TOFD 检测不能像有数据记录那样进行详细研究，更难以检测相位变化、传输时间的微小变化和靠近侧向波的缺陷回波。

12 检测工艺规程

TOFD 检测工艺规程应符合 GB/T 5616 中的要求。

具体应用条件和 TOFD 技术的应用，取决于被检产品的类型和具体要求，并且以书面形式加以描述。

13 检测报告

TOFD 检测报告应至少包含以下内容：

——委托单位；

——被检工件：名称、编号、规格、材质；

——检测地点；

——被检工件状态：热处理状态、表面状态；

——检测设备：包括仪器、探头、耦合剂等；

——检测所依据的相关文件和标准；

——检测人员和责任人员的姓名、资格和签字；

——检测日期；

——检测结果及评定；

——工艺偏差。

另外，TOFD 检测报告还应包含下列内容：

——试件或参考试块的描述，若有使用时；

——探头类型、频率、角度、间距和相对于参考线(如焊缝中心线)的位置；

——所绘制图像(硬拷贝)至少包含检测到的缺欠指示所在的区域，设备设置细节和检测灵敏度设置方法。

此外，检测期间所有原始记录数据，应储存在一个磁性或光学存储介质中，例如：硬盘、软盘、磁带或光盘，作为以后的参考。

附 录 A
（规范性附录）
参考试块

参考试块是用来正确调整系统灵敏度和形成足够的空间覆盖。

参考试块的最低要求如下：

a） 宜使用与被检工件类似的材料制成(例如声速、晶粒噪声和表面条件)；

b） 壁厚应等于或大于被检工件的标称壁厚；

c） 扫查面的宽度和长度应足够探头在参考衍射体上方的移动。

测量应基于参考衍射体产生的衍射信号，参考衍射体有如下两种：

a） 参考试块扫查面上开口的机加工槽口；

b） 直径至少是检测用探头标称频率 2 倍波长的横孔，此孔宜切至扫查面，以防止横孔顶端的直接反射，见图 A.1。

参考衍射体宜在被检工件标称厚度的大约 10％、25％、75％和 90％处。

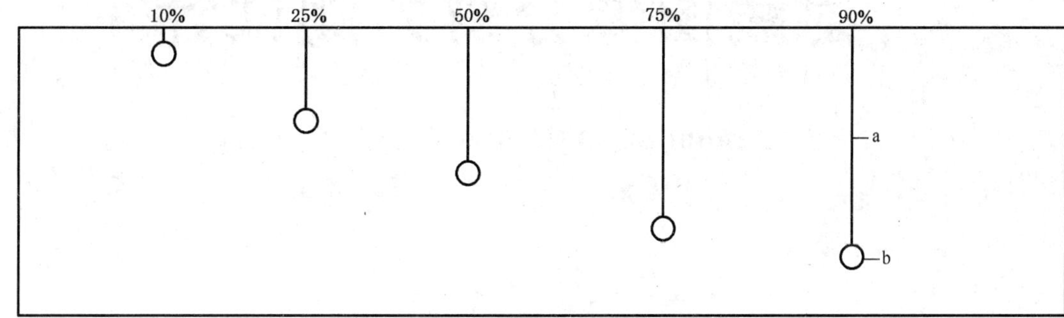

a——槽口；

b——横孔。

图 A.1 采用与扫查面切通的横孔作为参考衍射体的参考试块简图

ICS 19.100
J 04

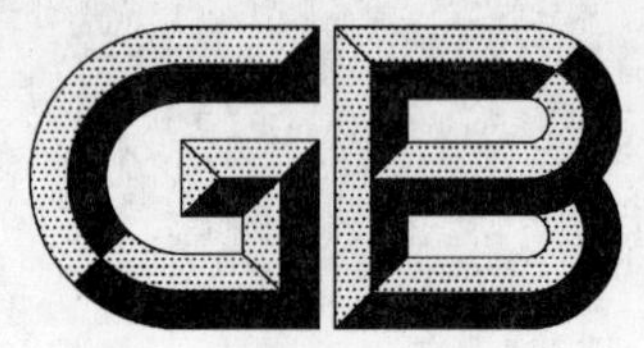

中华人民共和国国家标准

GB/T 23903—2009

射线图像分辨力测试计

Resolution indicators for ray image

2009-05-26 发布　　2009-12-01 实施

中华人民共和国国家质量监督检验检疫总局
中国国家标准化管理委员会　发布

前　言

本标准的附录 A 为资料性附录。

本标准由全国无损检测标准化技术委员会(SAC/TC 56)提出并归口。

本标准起草单位:广东盈泉钢制品有限公司、南京宁达影像图文有限公司、军事医学科学院放射医学研究所、北京博创科技发展有限公司、上海材料研究所。

本标准主要起草人:曾祥照、郝宁、张建、刘海宽、金宇飞。

引　言

射线检测系统分辨力和射线检测图像分辨力以及射线照相底片分辨力是考核成像系统质量和图像成像质量以及照相底片质量的重要指标,也是射线检测设备和检测图像质量验收的重要依据,需要用质量检测器具对其进行客观的测量,这个器具便是射线成像用分辨力测试计。它能起到客观描述图像分辨力的作用,直观地反映图像的分辨力性能指标,是成像检测质量控制系统的重要器具。分辨力测试计不仅可用于射线常规检测,也可以用于射线数字成像检测、工业 CT、医用 CT、医用 X 光诊断设备及图像质量的检测。

用分辨力测试计可测定 X 射线成像系统的可视分辨力、增感屏-胶片系统的分辨力、图像传输系统的分辨力,也可测试成像系统的调制传递函数(MTF)。

标准中分辨力测试计的线对数列和结构形式为推荐性和提示性,可根据实际使用的需要选择相应的结构和形式。

射线图像分辨力测试计

1 范围

本标准规定了射线图像分辨力测试计的分类、技术要求和检验方法。

本标准适用于由铅合金或与其密度相当的金属制成的分辨力测试计。

本标准适用于分辨力测试计的型式检验和出厂检验。本标准也可作为用户订货的验收依据。

2 规范性引用文件

下列文件中的条款通过本标准的引用而成为本标准的条款。凡是注日期的引用文件,其随后所有的修改单(不包括勘误的内容)或修订版均不适用于本标准,然而,鼓励根据本标准达成协议的各方研究是否可使用这些文件的最新版本。凡是不注日期的引用文件,其最新版本适用于本标准。

GB/T 1470 铅及铅锑合金板

GB/T 12604.2 无损检测 术语 射线照相检测(GB/T 12604.2—2005,ISO 5576:1997,Non-destructive testing—Industrial X-ray and gamma-ray radiology—Vocabulary,IDT)

GB/T 19001 质量管理体系 要求(GB/T 19001—2008,ISO 9001:2008,IDT)

GB/T 27025 检测和校准实验室能力的通用要求(GB/T 27025—2008,ISO/IEC 17025:2005,IDT)

3 术语和定义

GB/T 12604.2 确立的以及下列术语和定义适用于本标准。

3.1

线条 line

分辨力测试计中的规定长度和宽度的金属线,通常由铅、钽或钨等重金属制成。

3.2

线对 line pair

由一根线条和与其宽度相等的相邻间距(空间)组成。

3.3

线对密度 density of line pair

线对宽度方向上单位长度内的线对总数,单位为 LP/mm。

3.4

线对束 fagot of line pair

由 n 根长度和宽度相同的线条和与其宽度相同的位于线条间的 $n-1$ 个间距(空间)组成。

4 分类

本标准所适用的分辨力测试计型式可按如下分类。

a) 按线对束排列规律可分为:
   1) 等差排列;
   2) 等比排列。
b) 按线对束排列可分为:
   1) 平行排列;

2） 非平行排列。

5 技术要求

5.1 概述

分辨力测试计由金属线对束和金属吸收体构成。金属线对束是在表1中选取若干连续线对束。金属吸收体应放置在最小线对密度的线对束一侧。

所选用的包覆材料宜是非吸收性的；采用双面包覆，其中一面应是透明的。包覆材料的厚度不大于1.5 mm即可。

附录A给出了若干种型式的分辨力测试计示意图。

5.2 金属材料

一种型式分辨力测试计内含的金属吸收体和全部金属线条应为同一金属材料，厚度通常为0.035 mm～0.10 mm，化学成分应符合如下要求：

a） 铅及铅锑合金应符合GB/T 1470的要求；

b） 钽、钨及其他金属由合同各方约定。

5.3 尺寸

5.3.1 表1给出了分辨力测试计所有线对束的线对密度值。

表1 线对尺寸

排列规律	线对束的线对密度/（LP/mm）
D=0.1	0.1、0.2、0.3、0.4、0.5、0.6、0.7、0.8、0.9、1.0、1.1、1.2、1.3、1.4、1.5、1.6、1.7、1.8、1.9、2.0
D=0.2	1.0、1.2、1.4、1.6、1.8、2.0、2.2、2.4、2.6、2.8、3.0、3.2、3.4、3.6、3.8、4.0、4.2、4.4、4.6、4.8、5.0
D=0.5	1.0、1.5、2.0、2.5、3.0、3.5、4.0、4.5、5.0、5.5、6.0、6.5、7.0、7.5、8.0、8.5、9.0、9.5、10.0
Q=1.25	0.5、0.63、0.8、1.0、1.25、1.6、2.0、2.5、3.2、4.0、5.0
Q=1.12	1.0、1.1、1.25、1.4、1.55、1.7、1.9、2.1、2.3、2.6、2.9、3.2、3.6、4.0、4.5、5.0
Q=1.12	2.0、2.24、2.5、2.8、3.15、3.55、4.0、4.5、5.0、5.6、6.3、7.1、8.0、9.0、10.0
允许偏差：（0.1～2.8）LP/mm为5%；（3.0～5.0）LP/mm为8%；（5.6～10.0）LP/mm为10%。	
注：D——公差；Q——公比；$\sqrt[10]{10}\approx1.25$，$\sqrt[20]{10}\approx1.12$。	

5.3.2 相邻线对束的间距不小于2.5 mm。

5.3.3 金属吸收体和线对的长度不小于15 mm。

5.4 标识

分辨力测试计的标识包括本标准的代号、每一线对束的线对密度和单位，标识的位置宜在金属吸收体上，参见附录A。

标识（包括小数点）能在射线图像上清晰显示。

6 检验方法

6.1 化学成分

应在每批金属线中，任选一处抽取样品，并根据不同的材料采用适当的化学方法测定。

出厂检验可在分辨力测试计加工之前进行。

6.2 金属材料厚度

应采用准确度优于±0.001 mm的适当方法测定。

出厂检验应在每批金属的当中和近两端共三处，抽取样品进行测定。

出厂检验可在分辨力测试计成型前进行。

6.3 尺寸

6.3.1 线对密度的测定方法：采用准确度优于±0.005 mm高倍读数显微放大镜，逐组测量线对束线条和间距的宽度，将该组线对束内的所有线条和间距的宽度值相加求平均值，此平均值两倍的倒数即为该线对束的线对密度。

6.3.2 相邻线对束的间距、金属吸收体和线对的长度应采用准确度优于±0.1 mm的适当方法测定。

6.4 标识

目视检验。

7 检验规则

7.1 组批规则

7.1.1 金属

每批由批重不超过500 kg和同一牌号、同一炉号材料在同样状态下以同一工艺制成的材料数量组成。

7.1.2 分辨力测试计

每批由每件分辨力测试计单独组成。

7.2 检验分类

7.2.1 型式检验

下列之一情况时，宜进行型式检验：

a) 新生产、转产或停产后复产时；
b) 材料或工艺改变时；
c) 合同约定时；
d) 上次型式检验已超过24个月时。

分辨力测试计的型式检验应由取得GB/T 27025认可的具有分辨力测试计型式检验检测项目的实验室进行[1)]。型式检验实验室应出具一份执行本标准的检验报告。

7.2.2 出厂检验

分辨力测试计的制造商应对每批(每件)分辨力测试计产品进行出厂检验，并出具一份执行本标准的检验证书。

出厂检验应由质量体系予以限定和保证。该体系宜符合GB/T 19001的要求。

7.3 检验项目

分辨力测试计的检验项目见表2。

表2 分辨力测试计的检验项目

序号	检验项目	检验分类	检验方法依据章条	技术要求依据章条
1	金属化学成分	型式	6.1	5.2
2	金属材料厚度	型式和出厂	6.2	5.2
3	线对密度	型式和出厂	6.3.1	5.3.1
4	线对束间距	型式和出厂	6.3.2	5.3.2
5	吸收体和线对的长度	型式和出厂	6.3.2	5.3.3
6	标识	型式和出厂	6.4	5.4

1) 相关的实验室名录可以从全国无损检测标准化技术委员会秘书处获得(http://www.chinandt.org.cn)。

8 标记

8.1 总则

应在每件分辨力测试计产品上印有标准化项目标记。

8.2 标记格式

分辨力测试计标准化项目标记的格式可以是如下任一种：

a) “分辨力测试计 GB/T 23903-金属符号-厚度-排列规律-最小线对密度-最大线对密度”；

b) “GB/T 23903-金属符号-厚度-排列规律-最小线对密度-最大线对密度”；

c) “分辨力测试计-金属符号-厚度-排列规律-最小线对密度-最大线对密度”。

标记中各要素的含义如下：

金属符号——分辨力测试计种类，用英文字母表示，即：铅为 Pb、钽为 Ta、钨为 W；

厚度——金属的厚度，用数字表示，单位为 mm(省略不标注)；

排列规律——系列线对束的排列规律，用英文字母和数字表示，D 为按等差排列，其后数字为公差值，Q 为按等比排列，其后数字为公比值；

最小线对密度——系列线对束中线对密度的最小值，用数字表示，单位为 LP/mm(省略不标注)；

最大线对密度——系列线对束中线对密度的最大值，用数字表示，单位为 LP/mm(省略不标注)。

8.3 示例

以符合 GB/T 23903，铅的厚度为 0.05 mm，线对束按公差 D=0.2 等差排列，最小线对密度为 1.6 LP/mm，最大线对密度为 2.8 LP/mm 的分辨力测试计产品为例，其标记为：

分辨力测试计 GB/T 23903-Pb-0.05-D0.2-1.6-2.8

标记中各要素的含义如下：

Pb——铅；

0.05——铅的厚度为 0.05 mm；

D0.2——线对束按公差 D=0.2 等差排列；

1.6——最小线对密度为 1.6 LP/mm；

2.8——最大线对密度为 2.8 LP/mm。

9 标志和标签

9.1 分辨力测试计的标志或标签应至少包含：

a) 制造商名称、商标或识别标志、详细地址；

b) 产品名称、型号和规格、产品标准编号、产地；

c) 可追溯的产品编号。

9.2 标志或标签应出现在包装上。

10 包装、运输和贮存

10.1 制造商应在包装上说明运输和贮存的要求，以避免分辨力测试计受损。

10.2 产品交付时的随行文件应包含：

a) 产品合格证；

b) 产品使用说明书；

c) 型式检验报告(合同约定时)；

d) 出厂检验证书。

附 录 A
（资料性附录）
分辨力测试计结构型式示例

A.1 平行排列型式

A.1.1 等差数列排列型式

单位为毫米

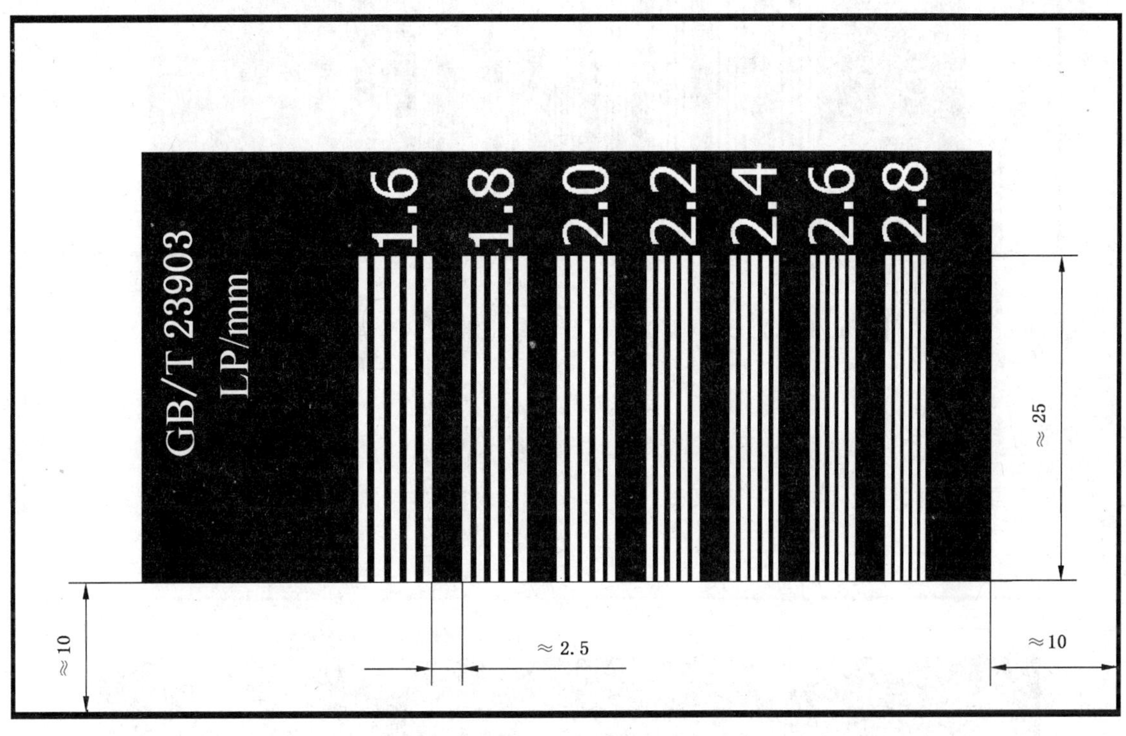

图 A.1 （1.6～2.8）LP/mm 等差数列型式分辨力测试计

A.1.2 等比数列排列型式

单位为毫米

图 A.2 （1.0～5.0）LP/mm 等比数列型式分辨力测试计

单位为毫米

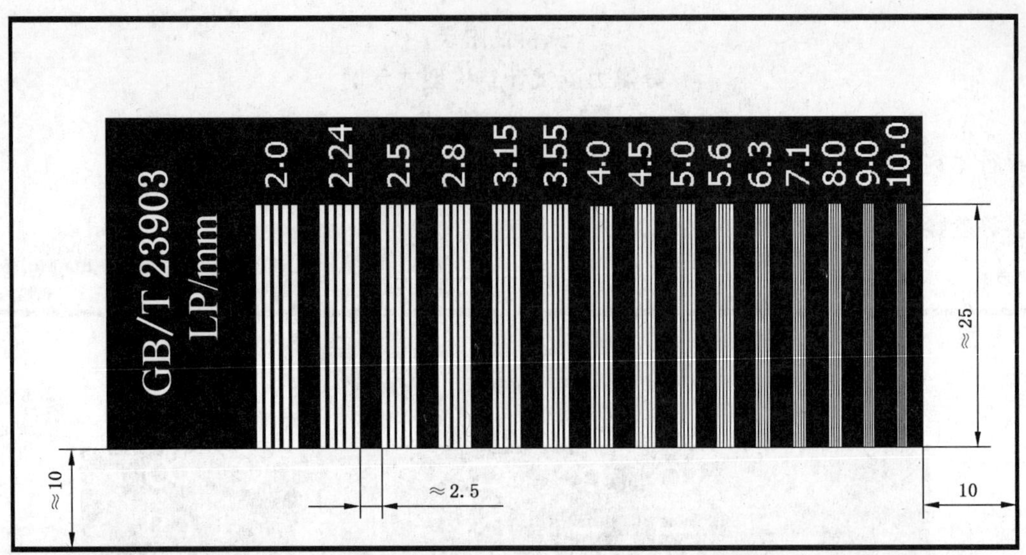

图 A.3 (2.0～10.0)LP/mm 等比数列型分辨力测试计

A.2 非平行排列型式

A.2.1 扇形结构型式

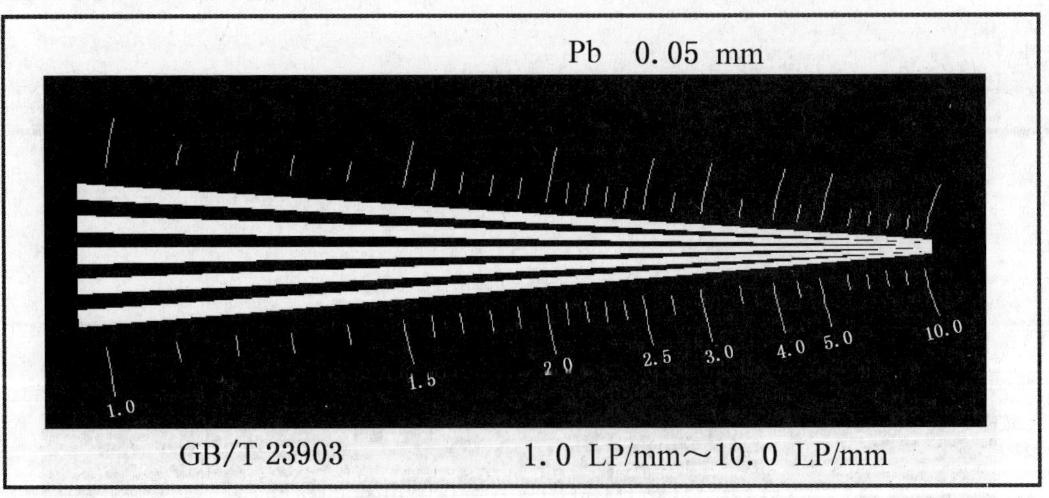

图 A.4 (1.0～10.0)LP/mm 扇形结构分辨力测试计

A.2.2 星形结构型式

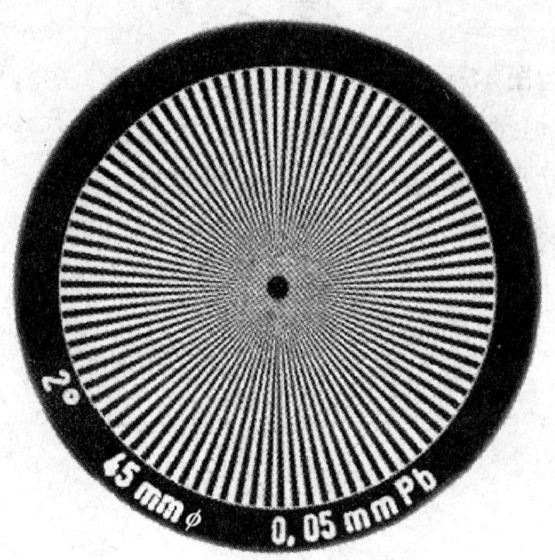

图 A.5 星形结构分辨力测试计

A.3 其他结构型式

按本标准设计。

参 考 文 献

[1] GB/T 191 包装储运图示标志(GB/T 191—2008,ISO 780:1997,MOD).
[2] GB/T 1958 产品几何量技术规范(GPS) 形状和位置公差 检测规定.
[3] GB/T 4103(所有部分) 铅及铅合金化学分析方法.
[4] GB/T 6388 运输包装收发货标志.
[5] GB/T 9969 工业产品使用说明书 总则.
[6] GB/T 14436 工业产品保证文件 总则.

ICS 19.100
J 04

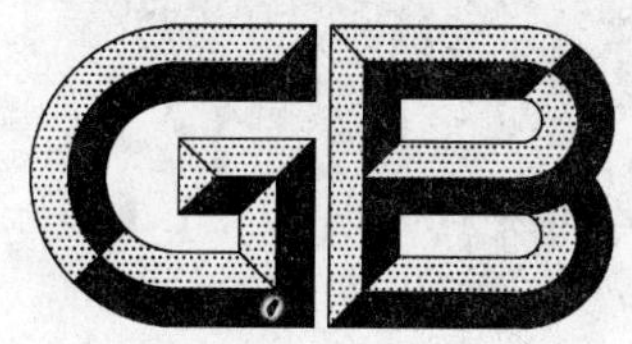

中华人民共和国国家标准

GB/T 23904—2009

无损检测　超声表面波检测方法

Non-destructive testing—Test method for ultrasonic testing by surface wave

2009-05-26 发布　　2009-12-01 实施

中华人民共和国国家质量监督检验检疫总局
中国国家标准化管理委员会　发布

前言

本标准的附录A为规范性附录。

本标准由全国无损检测标准化技术委员会(SAC/TC 56)提出并归口。

本标准起草单位:上海宝钢工业检测公司、上海宝钢股份有限公司、上海上材工程材料检测有限公司、上海市工程材料应用评价重点实验室。

本标准主要起草人:蒋盛、罗云东、邵志航、于宝虹、杜国华、李莉。

无损检测 超声表面波检测方法

1 范围

本标准规定了接触式脉冲反射超声表面波检测通用方法，用以检测表面缺欠。

本标准适用于检测表面粗糙度小于 $Ra=3.2\ \mu m$、厚度大于 10 mm 的工件，周向检测圆柱形工件的曲率半径不小于 80 mm。

2 规范性引用文件

下列文件中的条款通过本标准的引用而成为本标准的条款。凡是注日期的引用文件，其随后所有的修改单(不包括勘误的内容)或修订版均不适用于本标准，然而，鼓励根据本标准达成协议的各方研究是否可使用这些文件的最新版本。凡是不注日期的引用文件，其最新版本适用于本标准。

GB/T 5616 无损检测 应用导则

GB/T 9445 无损检测 人员资格鉴定与认证(GB/T 9445—2008，ISO 9712:2005，IDT)

GB/T 11343 无损检测 接触式超声斜射检测方法

GB/T 12604.1 无损检测 术语 超声检测(GB/T 12604.1—2005，ISO 5577:2000，Non-destructive testing—Ultrasonic inspection—Vocabulary，IDT)

GB/T 20737 无损检测 通用术语和定义(GB/T 20737—2006，ISO/TS 18173:2005，IDT)

GB/T 23905 无损检测 超声检测用试块

JB/T 9214 A型脉冲反射式超声探伤系统工作性能测试方法

3 术语和定义

GB/T 12604.1 和 GB/T 20737 确立的术语和定义适用于本标准。

4 人员资格

从事表面波检测的人员，应按 GB/T 9445 或等效标准、法规的要求取得相应无损检测资格并经表面波检测实践培训。

5 检测系统

5.1 仪器

采用 A 型脉冲反射式超声检测仪，其工作频率范围为 0.5 MHz～10 MHz，仪器至少在荧光屏满刻度的 80% 范围内呈线性显示。检测仪应具有 80 dB 以上的连续可调增益，步进级每挡不大于 2 dB，其精度为任意相邻 12 dB 的误差在 ±1 dB 以内，最大累计误差不超过 1 dB。水平线性误差不大于 1%，垂直线性误差不大于 5%。

5.2 探头

符合本标准的探头为：

——能在检测面上折射形成表面波的探头；

——晶片面积不应大于 500 mm^2，且矩形晶片的任一边长不宜大于 25 mm；

——频率范围为 1 MHz～5 MHz；

——主声束偏移声轴方向不应大于 2°。

5.3 系统性能

在达到被检工件的最大检测声程时，有效系统灵敏度余量不应小于 10 dB。仪器和探头组合的实测频率与探头标称频率之间的误差不应超过±10%。

仪器的时基线性（水平线性）、幅度线性（垂直线性）应定期校验。仪器和表面波探头（斜楔和换能器）的组合分辨力必须在其每次使用前进行测试。系统性能测试方法应按 JB/T 9214 进行。

5.4 耦合剂

可选用机油或化学浆糊（羧甲基纤维素水溶液）等作为耦合剂，自动检测时也可采用水作为耦合剂。

6 检测原理

采用接触式斜入射超声检测技术，在检测面上形成超声表面波，对被检表面进行检测，见GB/T 11343。

7 检测准备

7.1 检测工艺规程

当合同各方有要求时，则在检测之前，应准备好书面的检测工艺规程。编制检测工艺规程，应符合 GB/T 5616。

7.2 检测时机及抽检比例

在采用表面波检测时，检测时机及抽检比例应按产品标准及有关技术文件要求进行确定。无相应标准及规定时，则由合同各方约定。

7.3 探头扫查路径的确定

探头扫查路径是表面波探头检测时扫查移动的线路，应确保工件的整个被检表面均能被探头发出的表面波所覆盖。

7.4 表面清理

应清除整个被检表面上的锈蚀、飞溅、覆盖层和油污等影响表面波传播的杂物。

8 检测灵敏度

8.1 直角棱边法

当被检工件具有直角棱边时，优先选择工件完好部位，将探头放置在距直角棱边 100 mm 处（见图 1），并使表面波主声束垂直于工件直角棱边。转动探头，使棱边反射回波幅度达到最大，然后将此回波调节到满屏的 80%波高，以此作为基准灵敏度。

也可采用相同材料、相同工艺制作且具有直角棱边的模拟试件进行基准灵敏度调节。

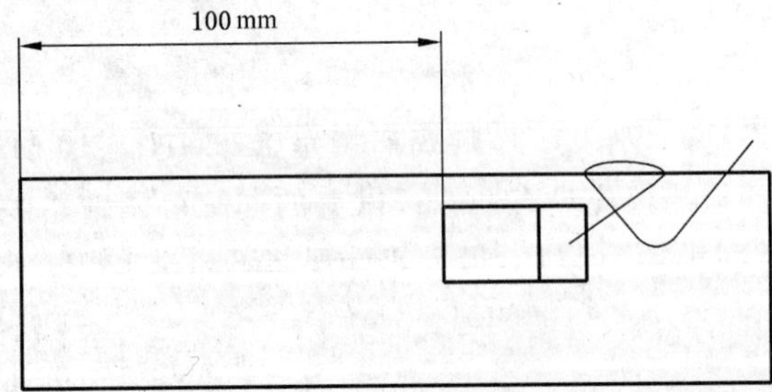

图 1 直角棱边法示意图

8.2 对比试块法

根据所使用的表面波探头频率，按表 1 推荐的参数，在附录 A 所述的对比试块上选择相应线槽，将探头放置在距线槽 100 mm 处，并使表面波主声束垂直于线槽。转动探头，使线槽反射回波幅度达到最大，然后将此最大幅度的线槽反射回波调节到满屏的 80%波高，以此作为基准灵敏度。

表 1 对比试块法的推荐参数

线槽编号	L4	L3	L2	L1
频率/MHz	1	2～2.5	4	5

8.3 水平距离-波幅曲线的绘制

应按所用探头和仪器组成的检测系统，通过在工件直角棱边或试块线槽的实测数据来绘制水平距离-波幅曲线。

按 8.1 或 8.2 所得的 80%波高为第一点，然后将探头至少放置于三个不同距离处，分别测得各距离处的最大波高。将不同距离处的最大波高点连成一平滑曲线，即为表面波水平距离-波幅曲线(见图 2)。且最远点所测得的最大波高不应低于满屏的 10%。

采用对比试块法时，当检测距离大于试块长度时，可按照距离增加 1 倍，波高降低 3 dB 处理。

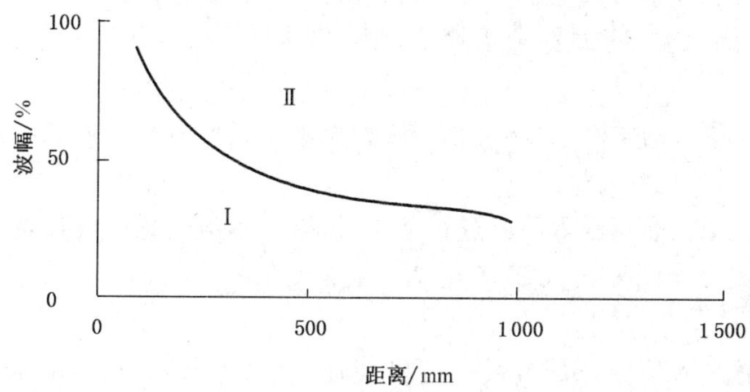

图 2 水平距离-波幅曲线

8.4 检测灵敏度

采用直角棱边法绘制好距离波幅曲线后，增益 12 dB 后作为检测灵敏度。

采用对比试块法绘制好距离波幅曲线后，增益(2～4)dB 的耦合补偿后作为检测灵敏度。

9 检测

9.1 扫查方式

除另有规定，扫查路径一般需要沿被检工件表面两个相互垂直方向进行，且探头呈 10°～15°转动(见图 3)。

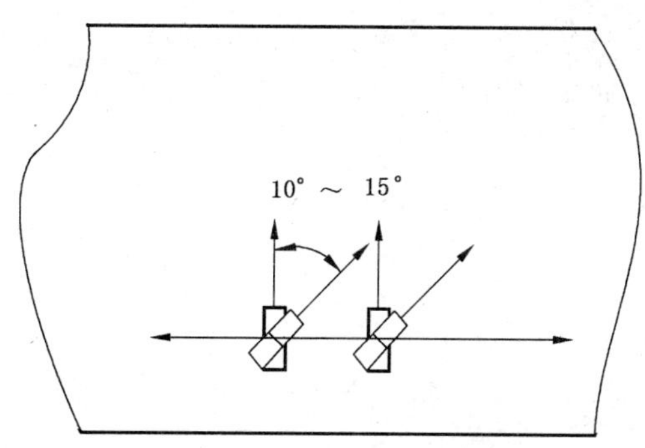

图 3 探头扫查示意图

9.2 扫查速度

手动检测的扫查速度不宜超过 150 mm/s。

9.3 扫查覆盖率

检测时，为确保表面波声束能扫查到工件的整个被检区域，注意扫查覆盖区应包含每次探头扫查路径所覆盖的部分。

10 记录和评定

10.1 概述

通常，除能确认表面波是由表面杂质、油污、水滴或工件端面等引起的反射波之外，其他达到或超过距离-波幅曲线位于Ⅱ区的反射波均应作为缺欠信号处理。位于Ⅰ区的反射波信号应注意其是否由裂纹等危害性缺欠引起。

10.2 缺欠的定量

10.2.1 当需要对表面波检出的缺欠进行超声波定量时，应当在扫描路径上移动并转动探头，找到缺欠最大反射信号，然后降低增益，将回波高度降低到距离-波幅曲线，记录高出的 dB 差值，定量表示为“DAC+ΔdB”。

10.2.2 如果需要确定缺欠的实际长度，可采用磁粉检测或其他有效的方法测其长度。

10.3 缺欠的记录

需要时，可采用图示法、照相法等手段进行记录，记录内容应包括缺欠位置、走向、与距离-波幅曲线的 dB 差值、长度及缺欠分布图等。

10.4 缺欠的评定

在检测中应注意超声波信号是否由裂纹性缺欠所形成，如不能判断，应辅以其他检测方法作综合判定。

11 检测报告

检测报告应包括以下内容：

a) 委托单位；

b) 被检工件：名称、编号、规格、材质、热处理状态、表面状态；

c) 检测设备，包括仪器、探头、耦合剂等；

d) 检测工艺规程；

e) 缺欠记录及工件附图；

f) 检测结果及评定、验收条件；

g) 检测人员和责任人员签字；

h) 检测日期。

附　录　A
（规范性附录）
对 比 试 块

对比试块的厚度应大于10倍波长，其形状和尺寸见图A.1和表A.1。除形状和尺寸外，对比试块的其余技术要求应符合GB/T 23905。

如果采用对比试块方法时，应由供需双方约定选择合适的线槽。

单位为毫米

图A.1　SWB-1对比试块

表A.1　SWB-1试块线槽尺寸

线槽编号	L1	L2	L3	L4
深度/mm	0.2	0.4	0.8	1.2
长度/mm	10			

ICS 19.100
J 04

中华人民共和国国家标准

GB/T 23905—2009

无损检测　超声检测用试块

Non-destructive testing—Blocks for ultrasonic testing

2009-05-26 发布　　2009-12-01 实施

中华人民共和国国家质量监督检验检疫总局
中国国家标准化管理委员会
发布

前　言

本标准的附录 A 和附录 B 为资料性附录。

本标准由全国无损检测标准化技术委员会(SAC/TC 56)提出并归口。

本标准起草单位:山东济宁模具厂(济宁瑞祥模具有限责任公司)、上海材料研究所、上海市工程材料应用评价重点实验室、上海苏州美柯达探伤器材有限公司、上海上材电磁设备有限公司、上海泛亚无损检测技术有限公司。

本标准主要起草人:魏忠瑞、金宇飞、宓中玉、李莉、赵成、熊蜀冰。

无损检测　超声检测用试块

1　范围

本标准规定了超声检测用试块(简称超声试块)的分类、技术要求和检验方法。

本标准适用于超声试块的型式检验和出厂检验。本标准也可作为用户订货的验收依据。

本标准适用于钢质试块,其他材料试块可参照使用。

2　规范性引用文件

下列文件中的条款通过本标准的引用而成为本标准的条款。凡是注日期的引用文件,其随后所有的修改单(不包括勘误的内容)或修订版均不适用于本标准,然而,鼓励根据本标准达成协议的各方研究是否可使用这些文件的最新版本。凡是不注日期的引用文件,其最新版本适用于本标准。

GB/T 699—1999　优质碳素结构钢

GB/T 12604.1　无损检测　术语　超声检测(GB/T 12604.1—2005,ISO 5577:2000,Non-destructive testing—Ultrasonic inspection—Vocabulary,IDT)

GB/T 19001　质量管理体系　要求(GB/T 19001—2008,ISO 9001:2008,IDT)

GB/T 27025　检测和校准实验室能力的通用要求(GB/T 27025—2008,ISO/IEC 17025:2005,IDT)

GB/T 23900　无损检测　材料超声速度测量方法

GB/T 23908　无损检测　接触式超声脉冲回波直射检测方法

GB/T 23912　无损检测　液浸式超声纵波脉冲反射检测方法

3　术语和定义

GB/T 12604.1 确立的以及下列术语和定义适用于本标准。

3.1

槽口　groove;notch

试块表面开口的人工不连续,其断面形状有矩形、U 形和 V 形(见图 1)。

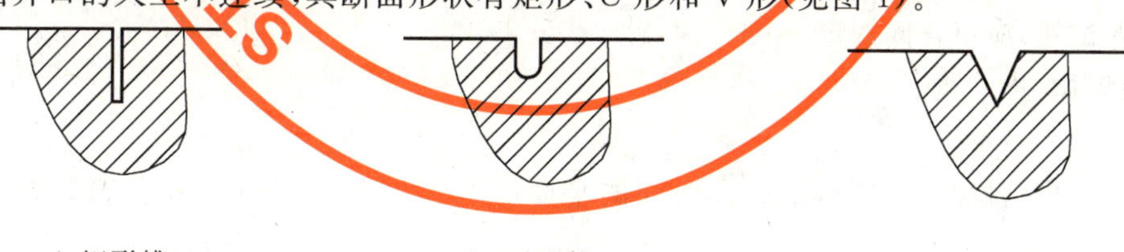

a) 矩形槽口　　b) U 形槽口　　c) V 形槽口

图 1　槽口的断面形状

4　分类

超声试块可按如下进行分类。

a)　按使用功能,超声试块可分为:

——标准试块(或校准试块);

——参考试块(或对比试块)。

注:按 GB/T 12604.1—2005 的定义,标准试块(或校准试块)是指具有规定的化学成分、表面粗糙度、热处理及几何形状的材料块,可用以评定和校准超声检测设备;参考试块(或对比试块)是指与受检件(被检工

件)或材料化学成分相似,含有意义明确参考反射体的试块。它们用以调节超声检测设备的幅度和/或时间分度,以将所检出的不连续信号与已知反射体所产生的信号相比较。

b) 按参考反射体形状,超声试块可分为:

——平底孔试块;

——横孔试块;

——槽口试块。

注:其他参考反射体形状的超声试块暂未包括。

5 技术要求

5.1 材料

5.1.1 概述

用于制作标准试块的钢材,应选用电炉或平炉熔炼的优质碳素结构钢(如:20 号钢或 45 号钢),化学成分应符合 GB/T 699—1999 的要求,晶粒度(7～8)级。

用于制作标准试块的钢材,经锻压成型后再作正火处理,使材质均匀而不存在声各向异性。

用于制作参考试块的材料,应选用与相应被检工件或材料化学成分相同或相似的材料,且其声学特性应与被检工件或材料相同或接近。

5.1.2 声速

对于标准试块,型式检验所得试块材料的声速值应作为标称值。出厂检验允许与标称值偏差±1%。

对于参考试块,试块材料的声速值应与相应被检工件或材料相同或接近,两者的误差不应大于±1%。

5.1.3 声衰减

对于标准试块,室温下超声纵波在试块材料中的声衰减系数不应大于:

——采用 5 MHz 时为 5 dB/m;

——采用 10 MHz 时为 20 dB/m。

对于参考试块,超声纵波在试块材料中的声衰减系数应与相应被检工件或材料相同或接近。

5.1.4 缺陷

对于标准试块,采用超声纵波直射技术检测时,不应出现大于在距检测面 20 mm 处的 ϕ2 mm 平底孔反射回波幅度 1/4 的缺陷回波。

对于参考试块,应由合同约定。

5.2 参考反射体

5.2.1 平底孔

平底孔底面应与检测面平行,平底孔底面的平面度不应大于±0.03 mm 和表面粗糙度不应大于 Ra=3.2 μm。

平底孔孔径的允许公差为±0.05 mm。

5.2.2 横孔

横孔圆柱面(或轴线)应与检测面平行,误差不应大于±0.03 mm,表面粗糙度不应大于 Ra=3.2 μm。

横孔孔径和/或长度的允许公差为±0.05 mm。

5.2.3 槽口

纵向槽口应与试块轴线平行,如果是圆柱状试块,槽口中心面还应与试块轴线重合。横向槽口应与试块轴线垂直。

U 形槽口和矩形槽口的两侧面应互相平行,且与试块表面垂直,槽底应与两侧面垂直。若无特别要求,V 形槽口两侧面的夹角通常为 45°或 60°。

槽底和侧面的平面度不应大于±0.03 mm,表面粗糙度不应大于 $Ra=3.2$ μm。

槽深的允许公差为±0.05 mm。

注:其他参考反射体,由合同各方协议约定。

5.3 表面粗糙度

对于标准试块,表面粗糙度不应大于 $Ra=1.6$ μm;非检测面的表面粗糙度不应大于 $Ra=3.2$ μm。

对于参考试块,表面粗糙度不应大于相应被检工件或材料的表面粗糙度。

5.4 外形尺寸

试块长度、宽度、厚度以及其他外形尺寸的允许公差为±0.05 mm。

5.5 刻度线深度

刻度线深度不应影响试块的正常使用,即不应产生干扰反射,其深度宜控制在(0.1±0.05)mm。

5.6 刻度线位置

刻度线位置的允许公差为±0.05 mm。

6 检验方法

6.1 化学成分和晶粒度

应采用适当的方法测定。

6.2 声速

应按 GB/T 23900 中推荐的方法测定。

出厂检验可在试块参考反射体加工之前进行。

6.3 声衰减

应采用适当的方法测定,如多次回波技术。

出厂检验可在试块参考反射体加工之前进行。

6.4 缺陷

应按 GB/T 23908 或 GB/T 23912 中推荐的方法测定。

出厂检验可在试块参考反射体加工之前进行。

6.5 参考反射体的平面度、平行度和垂直度

应采用适当的方法测定。对于平底孔,宜采用塑料复制件技术。

6.6 V 形槽两侧面夹角

应采用适当的方法测定。

6.7 表面粗糙度

应采用适当的方法测定。

6.8 几何尺寸

试块的孔径、外形尺寸、刻度线深度和刻度线位置应采用准确度优于±0.01 mm 的适当方法测定。

7 检验规则

7.1 组批规则

每批由每件试块单独组成。

7.2 检验分类

7.2.1 型式检验

下列之一情况时,宜进行型式检验:

a) 新生产、转产或停产后复产时;

b) 材料或工艺改变时;

c) 合同约定时；

d) 上次型式检验已超过 24 个月时。

试块的型式检验宜由取得 GB/T 27025 认可的具有超声试块型式检验检测项目的实验室进行[1]。型式检验实验室应出具一份执行本标准的检验报告。

7.2.2 出厂检验(或批量检验)

超声试块的制造商应对每件超声试块产品进行出厂检验,并出具一份执行本标准的检验证书。

出厂检验应由质量体系予以限定和保证。该体系宜符合 GB/T 19001 的要求。

7.3 检验项目

试块的型式和/或出厂检验项目见表 1。

表 1 试块的检验项目

序号	检验项目	检验分类	检验方法依据章条	技术要求依据章条
1	化学成分	型式	6.1	5.1.1
2	晶粒度	型式	6.1	5.1.1
3	声速	型式和出厂	6.2	5.1.2
4	声衰减	型式和出厂	6.3	5.1.3
5	缺陷	型式和出厂	6.4	5.1.4
6	平底孔底面平面度(仅对平底孔试块)	型式和出厂	6.5	5.2.1
7	平底孔孔径(仅对平底孔试块)	型式和出厂	6.8	5.2.1
8	横孔圆柱面或轴线与检测面的平行度(仅对横孔试块)	型式和出厂	6.5	5.2.2
9	横孔孔径、长度(仅对横孔试块)	型式和出厂	6.8	5.2.2
10	槽与试块轴线的平行度或垂直度(仅对槽口试块)	型式和出厂	6.5	5.2.3
11	U形或矩形槽口槽底与槽侧面的垂直度(仅对槽口试块)	型式和出厂	6.5	5.2.3
12	V形槽口两侧面的夹角(仅对槽口试块)	型式和出厂	6.6	5.2.3
13	槽底和侧面的平面度(仅对槽口试块)	型式和出厂	6.5	5.2.3
14	表面粗糙度	型式和出厂	6.7	5.2、5.3
15	试块的外形尺寸	型式和出厂	6.8	5.4
16	刻度线深度	型式	6.8	5.5
17	刻度线位置	型式和出厂	6.8	5.6

8 标记

8.1 总则

每件试块产品上应刻有永久性的标准化项目标记。

试块上的永久性标记不应影响试块的使用性能(见 5.5)。

8.2 标记格式

试块上标准化项目标记的格式可以是如下任一种：

a) “超声试块 GB/T 23905-试块类型符号/材料牌号”；

b) “GB/T 23905-试块类型符号/材料牌号”；

1) 相关的实验室名录可以从全国无损检测标准化技术委员会秘书处获得(http://www.chinandt.org.cn)。

c) “超声试块-试块类型符号/材料牌号”；

d) “试块类型符号/材料牌号”。

标记中各要素的含义如下：

试块类型符号——由英文字母、短横、数字组成，如附录A和附录B中所给出的；

材料牌号——由英文字母和/或数字组成。

8.3 示例

以符合GB/T 23905，材料为20号优质碳素结构钢(GB/T 699—1999)，CSK-ⅠA试块产品为例，其标记可以为：

超声试块 GB/T 23905-CSK-ⅠA/20

或

CSK-ⅠA/20

标记中各要素的含义如下：

CSK-ⅠA——CSK-ⅠA型试块；

20——20号优质碳素结构钢。

9 标志和标签

9.1 试块的标志或标签应至少包含：

a) 制造商名称、商标或识别标志、详细地址；

b) 产品名称、型号和规格、产品标准编号、产地；

c) 可追溯的产品编号。

9.2 标志或标签应出现在包装上。标志(9.1)的部分内容也可刻在试块产品上，但不应影响试块的使用性能(见5.5)。

10 包装、运输和贮存

10.1 试块经防锈处理后，宜用硬盒包装，以防止试块生锈和损伤。

10.2 制造商应在包装上说明运输和贮存的要求，以避免试块受损。

10.3 产品交付时的随行文件应包含：

a) 产品合格证；

b) 产品使用说明书(合同约定时)[2)]；

c) 型式检验报告(合同约定时)；

d) 出厂检验证书。

2) 通常，超声试块的使用方法是由具体的应用标准规定的，故超声试块制造商提供的产品使用说明书，可以是具体的应用标准，也可以是与试块使用相关的应用标准编号。

附 录 A
（资料性附录）
标准试块举例

A.1 概述

常用的标准试块有（并未包括全部标准试块）：

——CSK-ⅠA试块；

——CSK-ⅠB试块（或CSK-1B试块，或CSK-ZB试块）。

A.2 CSK-ⅠA试块

A.2.1 材料

20号优质碳素结构钢（GB/T 699—1999），晶粒度（7～8）级。

A.2.2 形状和尺寸

CSK-ⅠA试块的形状和尺寸见图A.1。

单位为毫米

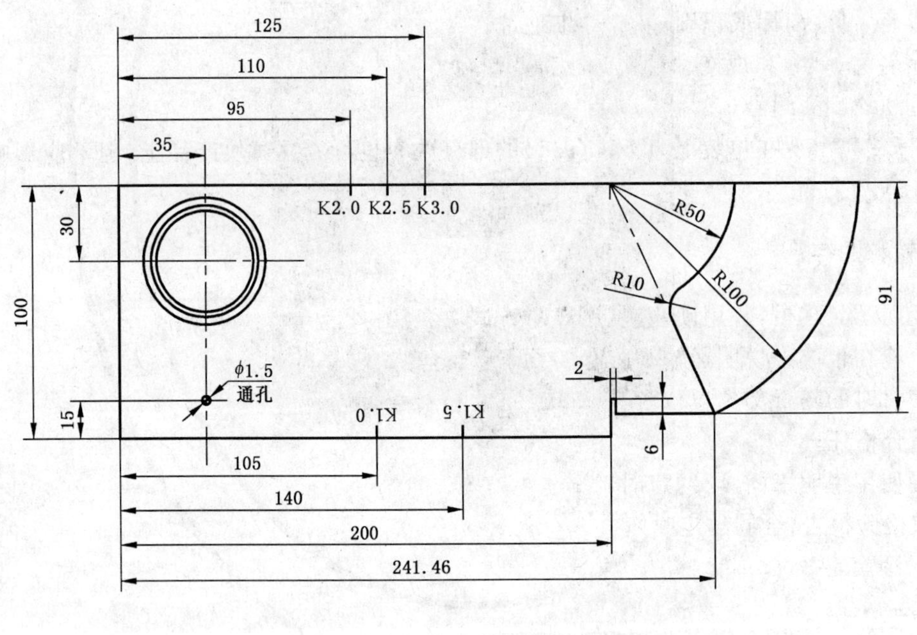

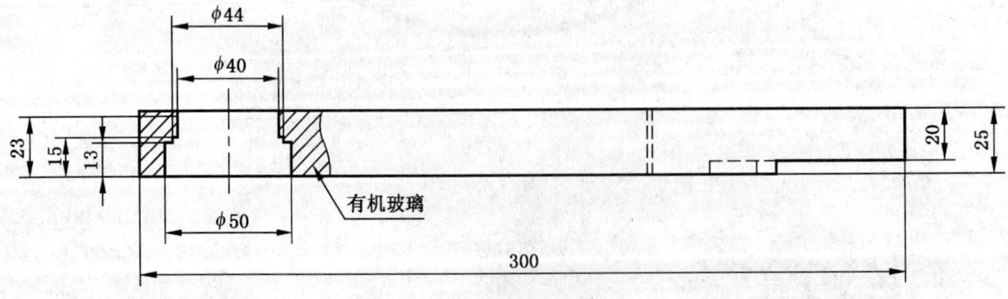

图A.1 CSK-ⅠA试块

A.3 CSK-ⅠB 试块(或 CSK-1B 试块,或 CSK-ZB 试块)

A.3.1 材料

20 号优质碳素结构钢(GB/T 699—1999),晶粒度(7～8)级。

A.3.2 形状和尺寸

CSK-ⅠB 试块的形状和尺寸见图 A.2 和表 A.1。

单位为毫米

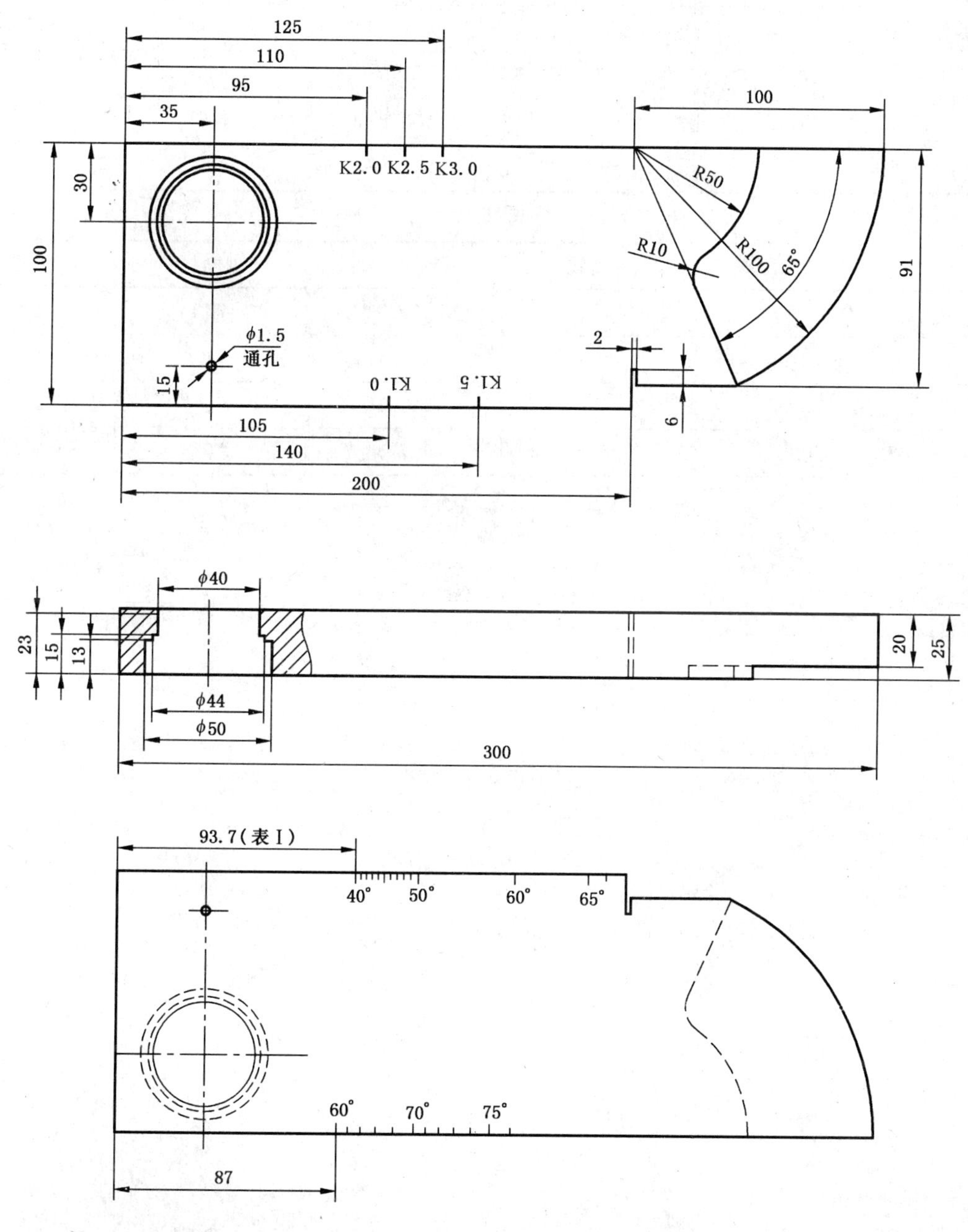

图 A.2 CSK-ⅠB 试块

表 A.1 CSK-ⅠB 试块刻度线位置

表 Ⅰ

单位为毫米

刻度线	距右端距离	刻度线	距右端距离	刻度线	距右端距离
40°	93.7	49°	115.5	58°	147.0
41°	95.9	50°	118.4	59°	151.5
42°	98.0	51°	121.4	60°	156.2
43°	100.3	52°	124.6	61°	161.2
44°	102.6	53°	127.9	62°	166.7
45°	105.0	54°	131.3	63°	172.4
46°	107.5	55°	135.0	64°	178.5
47°	110.1	56°	138.8	65°	185.1
48°	112.7	57°	142.8	66°	192.2

表 Ⅱ

单位为毫米

刻度线	距右端距离	刻度线	距右端距离	刻度线	距右端距离
60°	87.0	68°	109.3	73°	133.1
62°	91.4	70°	117.4	74°	139.6
64°	96.5	71°	122.1	75°	147.0
66°	102.4	72°	127.3	76°	155.3

附 录 B
（资料性附录）
参考试块举例

B.1 概述

常用的参考试块有（并未包括全部参考试块）：

——CS-1 试块；

——CS-2 试块（纵波直探头试块）；

——CS-3 试块（纵波双晶直探头试块）；

——CS-4 试块（曲面对比试块）；

——RB-1 试块；

——RB-2 试块；

——RB-3 试块。

B.2 CS-1 试块

CS-1 试块的形状和尺寸见图 B.1 和表 B.1。

单位为毫米

图 B.1 CS-1 试块

表 B.1 CS-1 试块平底孔尺寸和位置

单位为毫米

试块编号	1	2	3	4	5	6	7	8	9	10	11	12	13	14	15
全长（L）	75	100	125	175	225	75	100	125	175	225	75	100	125	175	225
直径（D）	40	45	50	60	70	40	45	50	60	70	40	45	50	60	70
平底孔离探测面距离（h）	50	75	100	150	200	50	75	100	150	200	50	75	100	150	200
孔深（H）	25					25					25				
孔径（d）	2					3					4				

B.3 CS-2 试块

CS-2 试块的形状和尺寸见图 B.2 和表 B.2。

单位为毫米

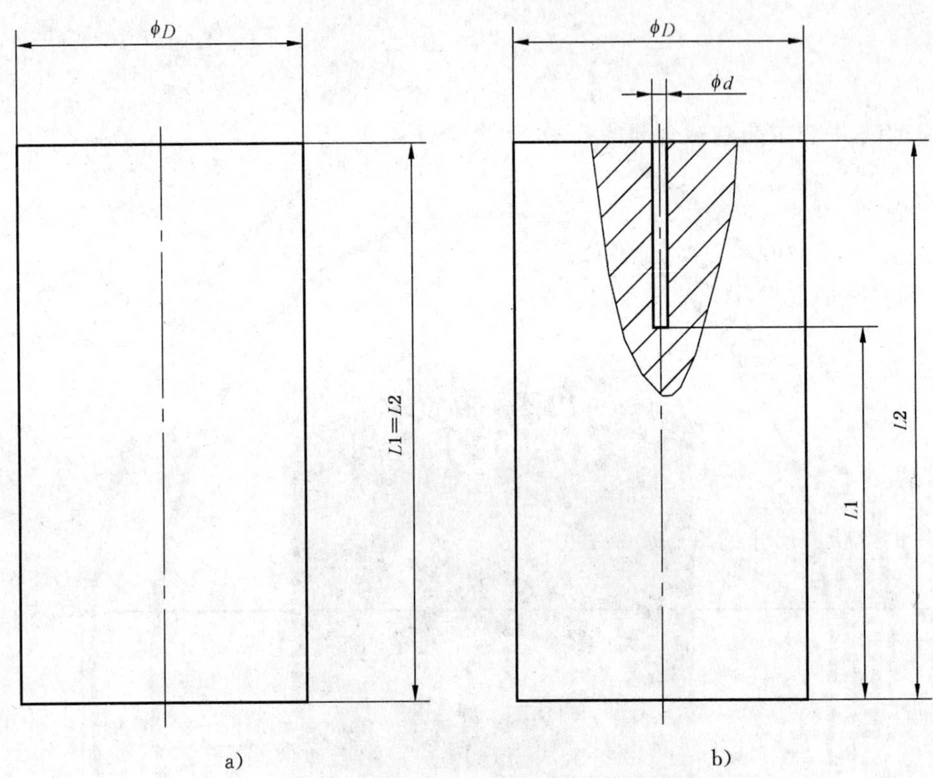

图 B.2 CS-2 试块

表 B.2 CS-2 试块平底孔尺寸和位置

试块编号	试块规格	d/mm	L1/mm	L2/mm	D/mm	参考图	试块编号	试块规格	d/mm	L1/mm	L2/mm	D/mm	参考图
1	25/0	0	25	25	≥35	a)	14	75/2	2	75	100	≥60	b)
2	25/2	2	25	50	≥35	b)	15	75/3	3	75	100	≥60	b)
3	25/3	3	25	50	≥35	b)	16	75/4	4	75	100	≥60	b)
4	25/4	4	25	50	≥35	b)	17	75/6	6	75	100	≥60	b)
5	25/6	6	25	50	≥35	b)	18	75/8	8	75	100	≥60	b)
6	25/8	8	25	50	≥35	b)	19	100/0	0	100	100	≥70	a)
7	50/0	0	50	50	≥50	a)	20	100/2	2	100	125	≥70	b)
8	50/2	2	50	75	≥50	b)	21	100/3	3	100	125	≥70	b)
9	50/3	3	50	75	≥50	b)	22	100/4	4	100	125	≥70	b)
10	50/4	4	50	75	≥50	b)	23	100/6	6	100	125	≥70	b)
11	50/6	6	50	75	≥50	b)	24	100/8	8	100	125	≥70	b)
12	50/8	8	50	75	≥50	b)	25	125/0	0	125	125	≥80	a)
13	75/0	0	75	75	≥60	a)	26	125/2	2	125	150	≥80	b)

表 B.2（续）

试块编号	试块规格	d/mm	L1/mm	L2/mm	D/mm	参考图	试块编号	试块规格	d/mm	L1/mm	L2/mm	D/mm	参考图
27	125/3	3	125	150	≥80	b)	47	250/6	6	250	275	≥110	b)
28	125/4	4	125	150	≥80	b)	48	250/8	8	250	275	≥110	b)
29	125/6	6	125	150	≥80	b)	49	300/0	0	300	300	≥120	a)
30	125/8	8	125	150	≥80	b)	50	300/2	2	300	325	≥120	b)
31	150/0	0	150	150	≥85	a)	51	300/3	3	300	325	≥120	b)
32	150/2	2	150	175	≥85	b)	52	300/4	4	300	325	≥120	b)
33	150/3	3	150	175	≥85	b)	53	300/6	6	300	325	≥120	b)
34	150/4	4	150	175	≥85	b)	54	300/8	8	300	325	≥120	b)
35	150/6	6	150	175	≥85	b)	55	400/0	0	400	400	≥140	a)
36	150/8	8	150	175	≥85	b)	56	400/2	2	400	425	≥140	b)
37	200/0	0	200	200	≥100	a)	57	400/3	3	400	425	≥140	b)
38	200/2	2	200	225	≥100	b)	58	400/4	4	400	425	≥140	b)
39	200/3	3	200	225	≥100	b)	59	400/6	6	400	425	≥140	b)
40	200/4	4	200	225	≥100	b)	60	400/8	8	400	425	≥140	b)
41	200/6	6	200	225	≥100	b)	61	500/0	0	500	500	≥155	a)
42	200/8	8	200	225	≥100	b)	62	500/2	2	500	525	≥155	b)
43	250/0	0	250	250	≥110	a)	63	500/3	3	500	525	≥155	b)
44	250/2	2	250	275	≥110	b)	64	500/4	4	500	525	≥155	b)
45	250/3	3	250	275	≥110	b)	65	500/6	6	500	525	≥155	b)
46	250/4	4	250	275	≥110	b)	66	500/8	8	500	525	≥155	b)

B.4 CS-3 试块

CS-3 试块的形状和尺寸见图 B.3 和表 B.3。

单位为毫米

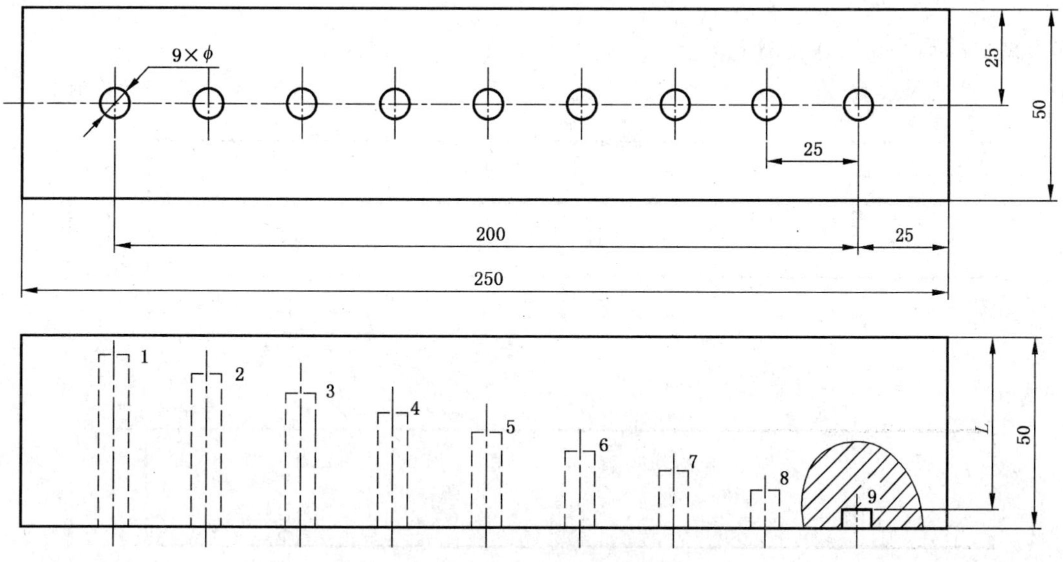

9×ϕ
25
50
25
200
25
250
1
2
3
4
5
6
7
8
9
L
50

图 B.3 CS-3 试块

表 B.3　CS-3 试块横孔尺寸和位置

单位为毫米

试块编号	试块规格（孔径）	检测距离 L								
		1	2	3	4	5	6	7	8	9
1	$\phi 2$	5	10	15	20	25	30	35	40	45
2	$\phi 3$									
3	$\phi 4$									
4	$\phi 6$									

B.5　CS-4 试块

CS-4 试块的形状和尺寸见图 B.4。

单位为毫米

R 为工件曲率半径的 0.9～1.5 倍

75

85

85

图 B.4　CS-4 试块

B.6　RB-1 试块

RB-1 试块的形状和尺寸见图 B.5。

单位为毫米

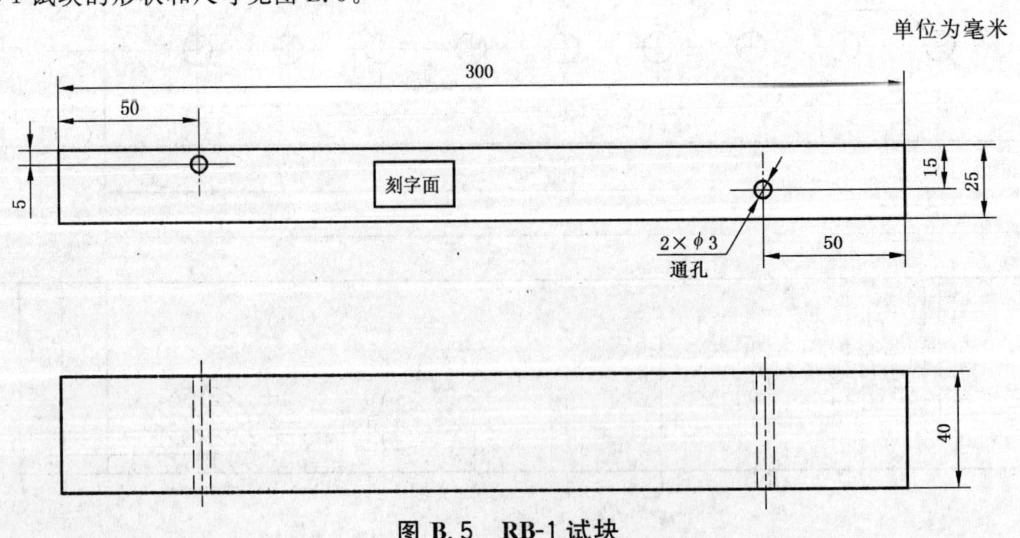

图 B.5　RB-1 试块

B.7 RB-2 试块

RB-2 试块的形状和尺寸见图 B.6。

单位为毫米

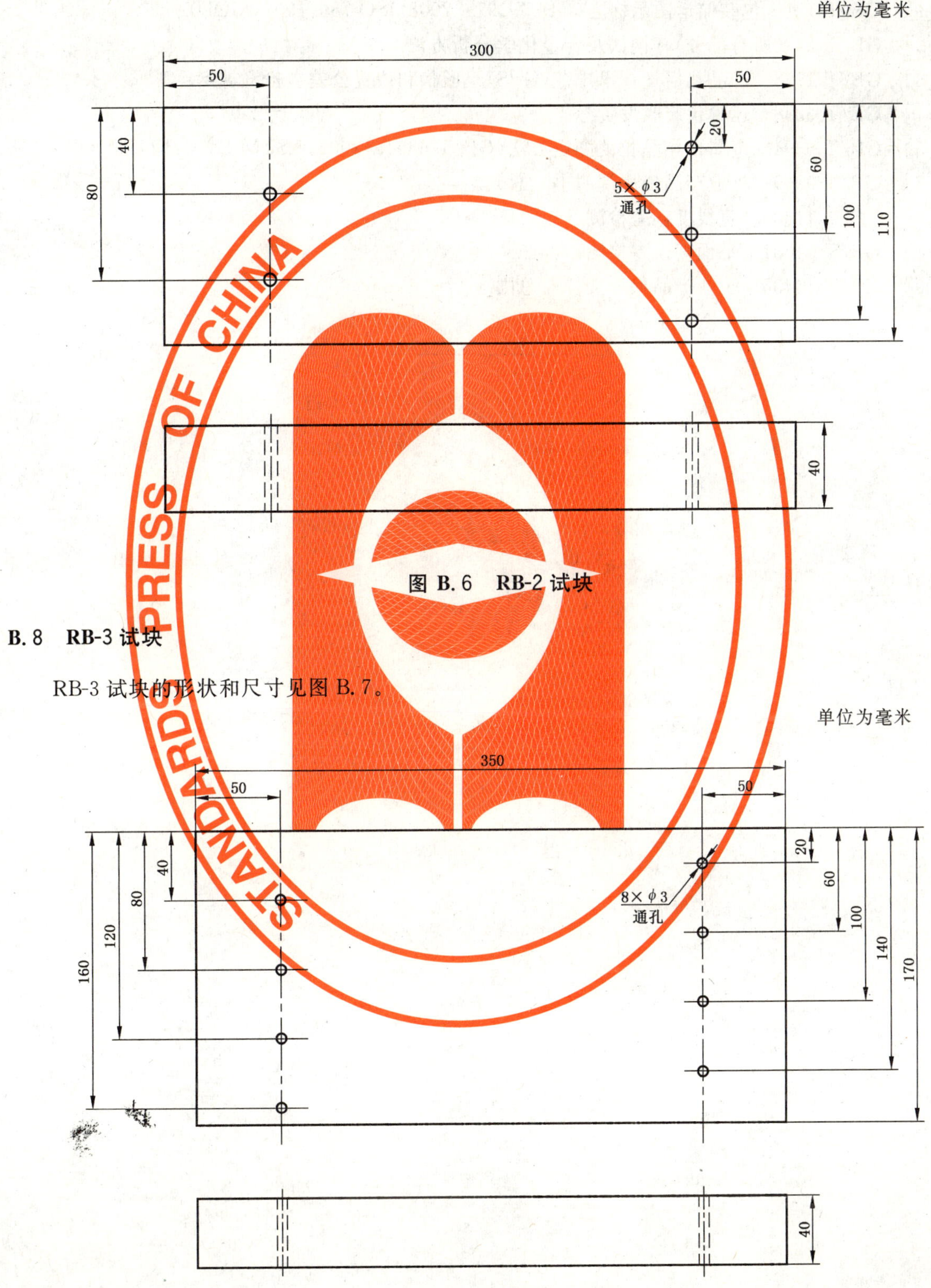

图 B.6 RB-2 试块

B.8 RB-3 试块

RB-3 试块的形状和尺寸见图 B.7。

单位为毫米

图 B.7 RB-3 试块

参 考 文 献

[1] GB/T 191 包装储运图示标志(GB/T 191—2008,ISO 780:1997,MOD).

[2] GB/T 223(所有部分) 钢铁及合金化学分析方法.

[3] GB/T 1958 产品几何量技术规范(GPS) 形状和位置公差 检测规定.

[4] GB/T 6388 运输包装收发货标志.

[5] GB/T 6394 金属平均晶粒度测定方法(GB/T 6394—2002,ASTM E112:1996,MOD).

[6] GB/T 9969 工业产品使用说明书 总则.

[7] GB/T 11336 直线度误差检测.

[8] GB/T 11337 平面度误差检测.

[9] GB/T 14436 工业产品保证文件 总则.

ICS 19.100
J 04

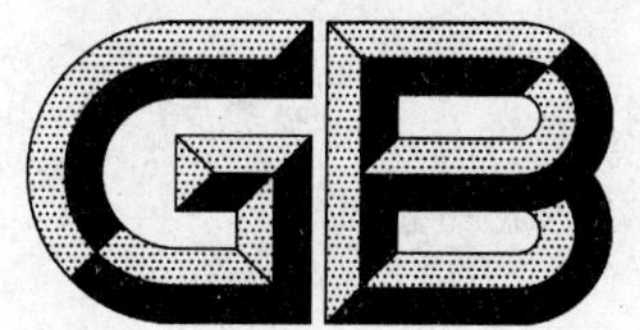

中华人民共和国国家标准

GB/T 23906—2009

无损检测　磁粉检测用环形试块

Non-destructive testing—Rings for magnetic particle testing

2009-05-26 发布　　　　2009-12-01 实施

中华人民共和国国家质量监督检验检疫总局
中国国家标准化管理委员会　发布

前　言

本标准由全国无损检测标准化技术委员会(SAC/TC 56)提出并归口。

本标准起草单位:上海材料研究所、航空工业第一集团公司西安飞机工业集团有限责任公司、上海市工程材料应用评价重点实验室、上海苏州美柯达探伤器材有限公司、上海上材电磁设备有限公司、上海泛亚无损检测技术有限公司、上海上材工程材料检测有限公司。

本标准主要起草人:金宇飞、宓中玉、宋志哲、穆武强、李莉、赵成、熊蜀冰。

无损检测　磁粉检测用环形试块

1　范围

本标准规定了磁粉检测用环形试块(或试块)的分类、技术要求和检验方法。

本标准适用于环形试块的型式检验和出厂检验。本标准也可作为用户订货的验收依据。

2　规范性引用文件

下列文件中的条款通过本标准的引用而成为本标准的条款。凡是注日期的引用文件,其随后所有的修改单(不包括勘误的内容)或修订版均不适用于本标准,然而,鼓励根据本标准达成协议的各方研究是否可使用这些文件的最新版本。凡是不注日期的引用文件,其最新版本适用于本标准。

GB/T 699—1999　优质碳素结构钢

GB/T 1299—2000　合金工具钢

GB/T 12604.5　无损检测　术语　磁粉检测

GB/T 19001　质量管理体系　要求(GB/T 19001—2008,ISO 9001:2008,IDT)

GB/T 27025　检测和校准实验室能力的通用要求(GB/T 27025—2008,ISO/IEC 17025:2005,IDT)

3　术语和定义

GB/T 12604.5 确立的术语和定义适用于本标准。

4　分类

本标准所适用的环形试块应按如下进行分类:

a)　B 型试块(或直流环形试块);

b)　E 型试块(或交流环形试块)。

5　技术要求

5.1　B 型试块

5.1.1　形状和尺寸

B 型试块为环形,其形状和尺寸见图 1。

5.1.2　材料

B 型试块的材料应采用经退火处理的 9CrWMn 钢锻件,化学成分应符合 GB/T 1299—2000 的规定,晶粒度不低于 4 级,硬度应达到(90～95)HRB。

5.1.3　表面粗糙度

B 型试块表面(除内圆表面外)的粗糙度不应大于 $Ra=3.2\ \mu m$。

单位为毫米

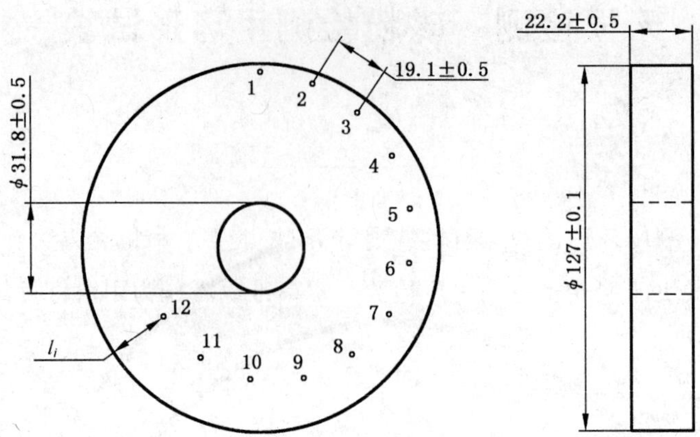

i	l_i
1	1.78
2	3.56
3	5.33
4	7.11
5	8.89
6	10.67
7	12.45
8	14.22
9	16.00
10	17.78
11	19.56
12	21.34

1～12——通孔，孔径为(1.78±0.08)mm。

l_i 的允许公差为±0.08 mm。

图 1　B 型试块

5.2　E 型试块

5.2.1　形状和尺寸

E 型试块为环形，其形状和尺寸见图 2。

E 型试块还包括绝缘衬套和导电芯棒，试块与绝缘衬套、绝缘衬套与导电芯棒之间应紧密配合且无间隙。

5.2.2　材料

E 型试块的材料应采用经退火处理的 10 钢锻件，化学成分应符合 GB/T 699—1999 的规定，晶粒度不低于 4 级。

绝缘衬套的材料应采用耐热、耐油、抗变形的非金属材料，如：酚醛胶木。

导电芯棒的材料应采用导电良好的金属材料，如：紫铜。

5.2.3　表面粗糙度

E 型试块表面(除内圆表面外)的粗糙度不应大于 $Ra=3.2\ \mu m$。

单位为毫米

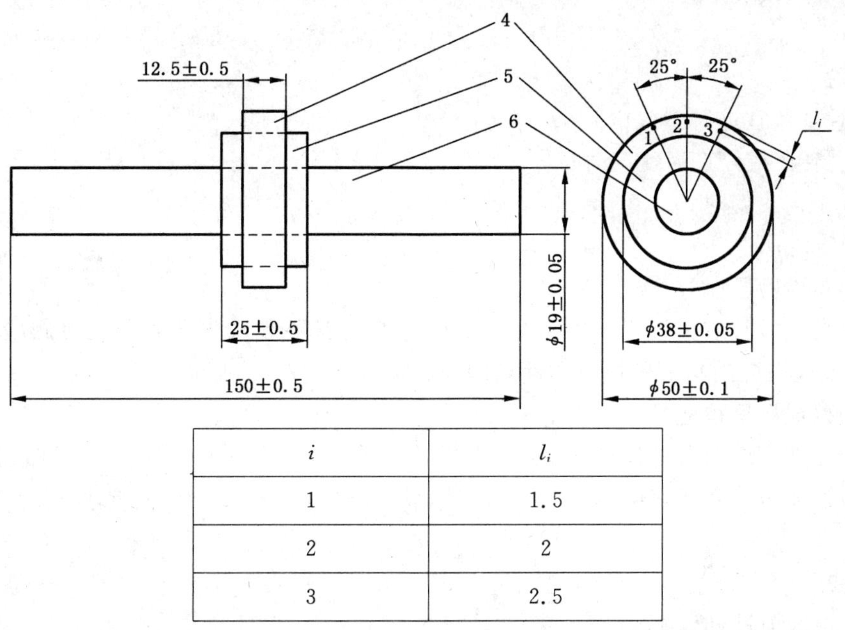

i	l_i
1	1.5
2	2
3	2.5

1～3——通孔，孔径为($1^{+0.08}_{-0.05}$)mm；

4——E 型试块；

5——绝缘衬套；

6——导电芯棒。

l_i 的允许公差为±0.05 mm。

通孔夹角的允许公差为±0.5°，各圆心允许公差为±0.5 mm。

图 2　E 型试块

6　检验方法

6.1　化学成分和晶粒度

应采用适当的方法测定。

6.2　硬度和表面粗糙度

应采用适当的方法测定。

6.3　通孔夹角(两个面)

应采用准确度优于±0.1°的适当方法测定。

6.4　尺寸

6.4.1　通孔直径，通孔中心至外环边缘距离(两个面)，应采用准确度优于±0.01 mm 的适当方法测定。

6.4.2　相邻两通孔中心之间距离(两个面)，试块外径、内径和厚度，绝缘衬套外径、内径和厚度，导电芯棒直径和长度，应采用准确度优于±0.1 mm 的适当方法测定。

6.4.3　(试块与绝缘衬套、绝缘衬套与导电芯棒)紧密性，试块与导电芯棒之间的同心度，应采用适当的方法测定。

7　检验规则

7.1　组批规则

7.1.1　材料

每批由同一炉号、同一热处理(退火或未退火)状态的材料数量组成。

7.1.2　**试块**

每批由每件环形试块单独组成。

7.2　**检验分类**

7.2.1　**型式检验**

下列之一情况时，宜进行型式检验：

a)　新生产、转产或停产后复产时；

b)　材料或工艺改变时；

c)　合同约定时；

d)　上次型式检验已超过24个月时。

环形试块的型式检验应由取得GB/T 27025认可的具有环形试块型式检验检测项目的实验室进行[1)]。型式检验实验室应出具一份执行本标准的检验报告。

7.2.2　**出厂检验(或批量检验)**

环形试块的制造商应对每件环形试块产品进行出厂检验，并出具一份执行本标准的检验证书。

出厂检验应由质量体系予以限定和保证。该体系宜符合GB/T 19001的要求。

7.3　**检验项目**

7.3.1　**B型试块**

B型试块的检验项目见表1。

表1　B型试块的检验项目

序号	检验项目	检验分类	检验方法依据章条	技术要求依据章条
1	化学成分	型式	6.1	5.1.2
2	晶粒度	型式	6.1	5.1.2
3	硬度	型式	6.2	5.1.2
4	表面粗糙度	型式和出厂	6.2	5.1.3
5	通孔直径	型式和出厂	6.4.1	5.1.1
6	通孔中心至外环边缘距离(两个面)	型式和出厂	6.4.1	5.1.1
7	相邻两通孔中心之间距离(两个面)	型式和出厂	6.4.2	5.1.1
8	试块外径	型式和出厂	6.4.2	5.1.1
9	试块内径	型式和出厂	6.4.2	5.1.1
10	试块厚度	型式和出厂	6.4.2	5.1.1

7.3.2　**E型试块**

E型试块的检验项目见表2。

表2　E型试块的检验项目

序号	检验项目	检验分类	检验方法依据章条	技术要求依据章条
1	化学成分	型式	6.1	5.2.2
2	晶粒度	型式	6.1	5.2.2
3	表面粗糙度	型式和出厂	6.2	5.2.3
4	通孔夹角(两个面)	型式和出厂	6.3	5.2.1
5	通孔直径	型式和出厂	6.4.1	5.2.1

1)　相关的实验室名录可以从全国无损检测标准化技术委员会秘书处获得(http://www.chinandt.org.cn)。

表 2（续）

序号	检验项目	检验分类	检验方法依据章条	技术要求依据章条
6	通孔中心至外环边缘距离(两个面)	型式和出厂	6.4.1	5.2.1
7	试块外径	型式和出厂	6.4.2	5.2.1
8	试块内径	型式和出厂	6.4.2	5.2.1
9	试块厚度	型式和出厂	6.4.2	5.2.1
10	绝缘衬套外径	型式和出厂	6.4.2	5.2.1
11	绝缘衬套内径	型式和出厂	6.4.2	5.2.1
12	绝缘衬套厚度	型式和出厂	6.4.2	5.2.1
13	导电芯棒直径	型式和出厂	6.4.2	5.2.1
14	导电芯棒长度	型式和出厂	6.4.2	5.2.1
15	(试块与绝缘衬套、绝缘衬套与导电芯棒)紧密性	型式和出厂	6.4.3	5.2.1
16	试块与导电芯棒之间的同心度	型式和出厂	6.4.3	5.2.1

8 标记

8.1 总则

每件环形试块产品上应刻有永久性的标准化项目标记。

试块上的永久性标记不应影响试块的使用性能。

8.2 标记格式

环形试块标准化项目标记的格式可以是如下任一种：

a) “环形试块 GB/T 23906-试块类型符号”；

b) “GB/T 23906-试块类型符号”；

c) “环形试块-试块类型符号”。

标记中各要素的含义如下：

试块类型符号——用大写英文字母表示，即：B 型试块为 B、E 型试块为 E。

8.3 示例

以符合 GB/T 23906，B 型试块产品为例，其标记可以为：

环形试块 GB/T 23906-B

标记中各要素的含义如下：

B——B 型试块。

9 标志和标签

9.1 环形试块的标志或标签应至少包含：

a) 制造商名称、商标或识别标志、详细地址；

b) 产品名称、型号和规格、产品标准编号、产地；

c) 可追溯的产品编号。

9.2 标志或标签应出现在包装上。

10 包装、运输和贮存

10.1 环形试块经防锈处理后，每件宜单独用硬盒包装，以防止试块生锈和损伤。

10.2 制造商应在包装上说明运输和贮存的要求，以避免环形试块受损。

10.3 产品交付时的随行文件应包含：

a) 产品合格证；

b) 产品使用说明书；

c) 型式检验报告(合同约定时)；

d) 出厂检验证书(合同约定时)。

参 考 文 献

[1] GB/T 191 包装储运图示标志(GB/T 191—2008,ISO 780:1997,MOD).
[2] GB/T 223(所有部分) 钢铁及合金化学分析方法.
[3] GB/T 230(所有部分) 金属洛氏硬度试验方法[ISO 6508(所有部分),MOD].
[4] GB/T 1031 产品几何技术规范(GPS) 表面结构 轮廓法 表面粗糙度参数及其数值.
[5] GB/T 1958 产品几何量技术规范(GPS) 形状和位置公差 检测规定.
[6] GB/T 3177 光滑工件尺寸的检验.
[7] GB/T 6388 运输包装收发货标志.
[8] GB/T 6394 金属平均晶粒度测定方法(GB/T 6394—2002,ASTM E112:1996,MOD).
[9] GB/T 9969 工业产品使用说明书 总则.
[10] GB/T 14436 工业产品保证文件 总则.

ICS 19.100
J 04

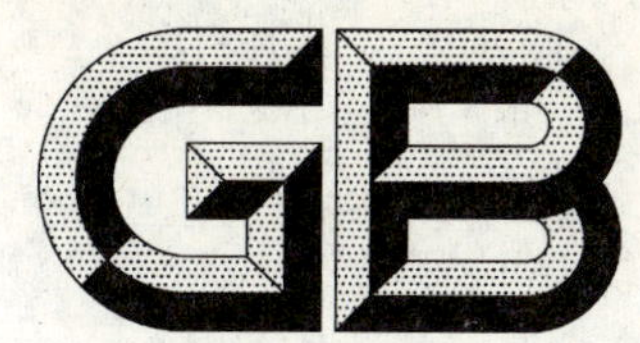

中华人民共和国国家标准

GB/T 23907—2009

无损检测　磁粉检测用试片

Non-destructive testing—Shims for magnetic particle testing

2009-05-26 发布　　　　2009-12-01 实施

中华人民共和国国家质量监督检验检疫总局
中国国家标准化管理委员会　发布

前　言

本标准由全国无损检测标准化技术委员会(SAC/TC 56)提出并归口。

本标准起草单位:上海材料研究所、上海市工程材料应用评价重点实验室、上海苏州美柯达探伤器材有限公司、上海上材电磁设备有限公司、上海泛亚无损检测技术有限公司、上海上材工程材料检测有限公司。

本标准主要起草人:金宇飞、宓中玉、周九九、李莉、赵成、熊蜀冰。

无损检测 磁粉检测用试片

1 范围

本标准规定了磁粉检测用试片(或称灵敏度试片)的分类、技术要求和检验方法。

本标准适用于试片的型式检验和出厂检验。本标准也可作为用户订货的验收依据。

2 规范性引用文件

下列文件中的条款通过本标准的引用而成为本标准的条款。凡是注日期的引用文件,其随后所有的修改单(不包括勘误的内容)或修订版均不适用于本标准,然而,鼓励根据本标准达成协议的各方研究是否可使用这些文件的最新版本。凡是不注日期的引用文件,其最新版本适用于本标准。

GB/T 6983 电磁纯铁

GB/T 12604.5 无损检测 术语 磁粉检测

GB/T 19001 质量管理体系 要求(GB/T 19001—2008,ISO 9001:2008,IDT)

GB/T 27025 检测和校准实验室能力的通用要求(GB/T 27025—2008,ISO/IEC 17025:2005,IDT)

3 术语和定义

GB/T 12604.5 确立的术语和定义适用于本标准。

4 分类

本标准所适用的试片可按如下进行分类。

a) 按产品类型分:
   1) A 型;
   2) C 型;
   3) D 型。
b) 按热处理状态分:
   1) 经退火处理;
   2) 未经退火处理。
c) 按灵敏度等级分:
   1) 高灵敏度;
   2) 中灵敏度;
   3) 低灵敏度。

注 1:按灵敏度等级进行分类,仅适宜于相同热处理状态的试片。

注 2:通常,同一类型和灵敏度等级的试片,未经退火处理的比经退火处理的灵敏度高约 1 倍。

5 技术要求

5.1 材料

试片的材料应采用符合 GB/T 6983 规定的 DT4A 超高纯低碳纯铁,经轧制而成的薄片。

用于加工试片的材料,包括经退火处理和未经退火处理两种。

5.2 形状和尺寸

5.2.1 A 型和 D 型试片的形状见图 1,尺寸见表 1。

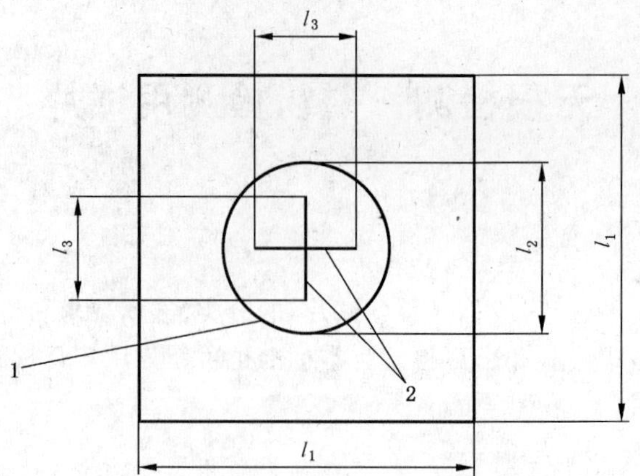

l_1——试片边长；

l_2——圆形人工槽直径；

l_3——十字人工槽长度。

1——圆形人工槽；

2——十字人工槽。

圆形人工槽的圆心和十字人工槽的交点均应在试片的中心。

十字人工槽的两直线应成直角相交，并分别与试片的两条边平行。

图 1 A 型和 D 型试片

表 1 A 型和 D 型试片的尺寸

名　　称		A 型试片的尺寸		D 型试片的尺寸
试片厚度 l_0/μm		100±10	50±5	50±5
试片边长 l_1/mm		20±1	20±1	10±0.5
圆形人工槽直径 l_2/mm		10±0.5	10±0.5	5±0.3
十字人工槽长度 l_3/mm		6±0.3	6±0.3	3±0.2
人工槽深度 l_4/μm	高灵敏度	15±2.0	7±1.0	7±1.0
	中灵敏度	30±4.0	15±2.0	15±2.0
	低灵敏度	60±8.0	30±4.0	30±4.0
人工槽宽度 l_5/μm		60～180		

5.2.2 C 型试片的形状见图 2，尺寸见表 2。

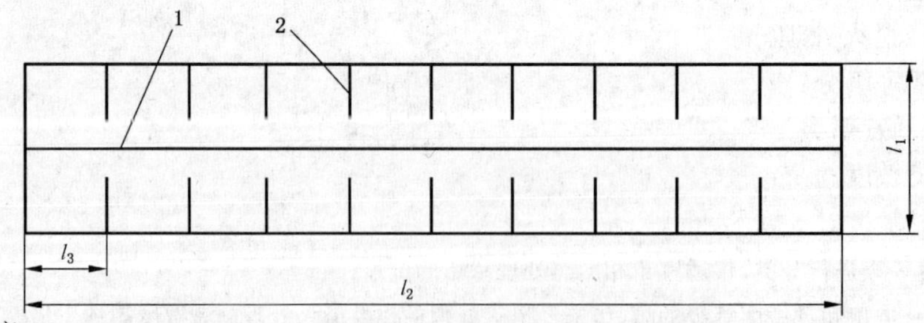

l_1——试片长度；

l_2——试片宽度；

l_3——分割线间隔。

1——直线人工槽；

2——分割线。

人工槽为直线，位于试片正中，其长度等于试片宽度，并与试片的宽度方向平行。

沿分割线可以容易地剪切和分割试片。

图 2 C 型试片

表 2　C 型试片的尺寸

名　称		C 型试片的尺寸
试片厚度 $l_0/\mu m$		50±5
试片长度 l_1/mm		10±0.5
试片宽度 l_2/mm		50±0.5
分割线间隔 l_3/mm		5±0.5
人工槽深度 $l_4/\mu m$	高灵敏度	8±1.0
	中灵敏度	15±2.0
	低灵敏度	30±4.0
人工槽宽度 $l_5/\mu m$		60～180

5.3　**表面**

5.3.1　试片的表面粗糙度 $Ra=0.8\ \mu m$。

5.3.2　试片表面应光亮，无划伤、点蚀坑、锈斑、毛刺、折痕或明显的变形。

6　检验方法

6.1　**化学成分**

应采用适当的方法测定。

6.2　**尺寸**

6.2.1　试片厚度，人工槽深度、宽度，应采用准确度优于±1 μm(0.001 mm)的适当方法测定。

6.2.2　试片边长或长度、宽度，圆形人工槽直径，十字人工槽长度，分割线间隔，应采用准确度优于±0.1 mm 的适当方法测定。

6.3　**表面粗糙度**

应采用适当的方法测定。

6.4　**表面外观**

用肉眼在白光下进行检查。

7　检验规则

7.1　**组批规则**

7.1.1　**材料**

每批由同一炉号、同一轧制状态、同一厚度、同一热处理(退火或未退火)状态的材料数量组成。

7.1.2　**试片**

每批由每件试片单独组成。

7.2　**检验分类**

7.2.1　**型式检验**

下列之一情况时，宜进行型式检验：

a)　新生产、转产或停产后复产时；

b)　材料或工艺改变时；

c)　合同约定时；

d)　上次型式检验已超过 24 个月时。

试片的型式检验应由取得 GB/T 27025 认可的具有试片型式检验检测项目的实验室进行[1)]。型式检验实验室应出具一份执行本标准的检验报告。

7.2.2 出厂检验(或批量检验)

试片的制造商应对每件试片产品进行出厂检验,并出具一份执行本标准的检验证书。

出厂检验应由质量体系予以限定和保证。该体系宜符合 GB/T 19001 的要求。

7.3 检验项目

7.3.1 A 型和 D 型试片

A 型和 D 型试片的检验项目见表 3。

表 3 A 型和 D 型试片的检验项目

序　号	检　验　项　目	检　验　分　类	检验方法依据章条	技术要求依据章条
1	化学成分	型式	6.1	5.1
2	试片厚度	型式和出厂	6.2.1	5.2.1
3	试片边长	型式和出厂	6.2.2	5.2.1
4	圆形人工槽直径	型式和出厂	6.2.2	5.2.1
5	十字人工槽长度	型式和出厂	6.2.2	5.2.1
6	人工槽深度	型式和出厂	6.2.1	5.2.1
7	人工槽宽度	型式和出厂	6.2.1	5.2.1
8	表面粗糙度	型式和出厂	6.3	5.3.1
9	表面外观	型式和出厂	6.4	5.3.2

7.3.2 C 型试片

C 型试片的检验项目见表 4。

表 4 C 型试片的检验项目

序　号	检　验　项　目	检　验　分　类	检验方法依据章条	技术要求依据章条
1	化学成分	型式	6.1	5.1
2	试片厚度	型式和出厂	6.2.1	5.2.2
3	试片长度	型式和出厂	6.2.2	5.2.2
4	试片宽度	型式和出厂	6.2.2	5.2.2
5	分割线间隔	型式和出厂	6.2.2	5.2.2
6	人工槽深度	型式和出厂	6.2.1	5.2.2
7	人工槽宽度	型式和出厂	6.2.1	5.2.2
8	表面粗糙度	型式和出厂	6.3	5.3.1
9	表面外观	型式和出厂	6.4	5.3.2

8 标记

8.1 总则

应在每件试片产品上刻有永久性的标准化项目标记。

试片上的永久性标记不应影响试片的使用性能。

---

1) 相关的实验室名录可以从全国无损检测标准化技术委员会秘书处获得(http://www.chinandt.org.cn)。

8.2 标记格式

试片标准化项目标记的格式为：

“试片类型符号和热处理状态符号-人工槽深度/试片厚度”。

标记中各要素的含义如下：

试片类型符号——用大写英文字母表示，即：A 型为 A，C 型为 C，D 型为 D；

热处理状态符号——用阿拉伯数字表示，即：经退火处理的为 1 或空缺，未经退火处理的为 2；

人工槽深度——用阿拉伯数字表示，数值见表 1 和表 2，单位为 μm（省略不标注）；

试片厚度——用阿拉伯数字表示，数值见表 1 和表 2，单位为 μm（省略不标注）。

8.3 示例

8.3.1 以符合 GB/T 23907，经退火处理，人工槽深度为 15 μm，试片厚度为 50 μm，A 型试片产品为例，其标记为：

A1-15/50

或

A-15/50

标记中各要素的含义如下：

A——A 型试片；

1（或空缺）——经退火处理；

15——人工槽深度为 15 μm；

50——试片厚度为 50 μm。

8.3.2 以符合 GB/T 23907，未经退火处理，人工槽深度为 60 μm，试片厚度为 100 μm，A 型试片产品为例，其标记为：

A2-60/100

标记中各要素的含义如下：

A——A 型试片；

2——未经退火处理；

60——人工槽深度为 60 μm；

100——试片厚度为 100 μm。

8.3.3 以符合 GB/T 23907，经退火处理，人工槽深度为 8 μm，试片厚度为 50 μm，C 型试片产品为例，其标记为：

C1-8/50

标记中各要素的含义如下：

C——C 型试片；

1——经退火处理；

8——人工槽深度为 8 μm；

50——试片厚度为 50 μm。

9 标志和标签

9.1 试片的标志或标签应至少包含：

a） 制造商名称、商标或识别标志、详细地址；

b） 产品名称、型号和规格、产品标准编号、产地；

c） 可追溯的产品编号。

9.2 标志或标签应出现在包装上。

10 包装、运输和贮存

10.1 试片经防锈处理后，宜使用硬盒包装，以防止试片生锈和损伤。

10.2 制造商应在包装上说明运输和贮存的要求，以避免试片受损。

10.3 产品交付时的随行文件应包含：

a) 产品合格证；

b) 产品使用说明书；

c) 型式检验报告(合同约定时)；

d) 出厂检验证书(合同约定时)。

参 考 文 献

[1] GB/T 191 包装储运图示标志(GB/T 191—2008,ISO 780:1997,MOD).

[2] GB/T 223(所有部分) 钢铁及合金化学分析方法.

[3] GB/T 1031 产品几何技术规范(GPS) 表面结构 轮廓法 表面粗糙度参数及其数值.

[4] GB/T 1958 产品几何量技术规范(GPS) 形状和位置公差 检测规定.

[5] GB/T 3177 光滑工件尺寸的检验.

[6] GB/T 6388 运输包装收发货标志.

[7] GB/T 9969 工业产品使用说明书 总则.

[8] GB/T 14436 工业产品保证文件 总则.

ICS 19.100
J 04

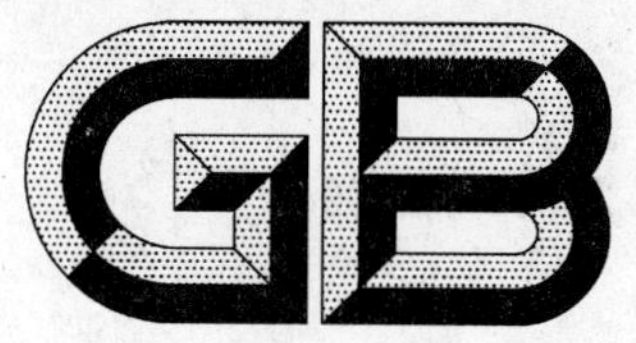

中华人民共和国国家标准

GB/T 23908—2009

无损检测
接触式超声脉冲回波直射检测方法

Non-destructive testing—
Practice for ultrasonic pulse-echo straight-beam testing by the contact method

2009-05-26 发布　　2009-12-01 实施

中华人民共和国国家质量监督检验检疫总局
中国国家标准化管理委员会　发布

前　言

本标准修改采用 ASTM E114-95(2001)《接触式超声脉冲回波直射检测方法》(英文版)。

本标准根据 ASTM E114-95 重新起草。

考虑到我国国情,在采用 ASTM E114-95 时,本标准做了一些修改。有关技术性差异如下:

——将规范性引用文件 ASTM E543 改为我国标准 GB/T 5616;

——将规范性引用文件 SNT-TC-1A、ANSI/ASNT CP-189、NAS-410 改为我国标准 GB/T 9445;

——将规范性引用文件 ASTM E1316 改为我国标准 GB/T 12604.1 和 GB/T 20737;

——将规范性引用文件 ASTM E317 改为我国标准 JB/T 9214;

——删除 ASTM E114-95 的 1.3、1.4、表 1 和第 12 章。

为便于使用,本标准还做了下列编辑性修改:

——"本方法"一词改为"本标准";

——用国际单位制的数值代替英制单位的数值;

——在第 2 章中插入 GB/T 1.1—2000 规定的引导语;

——按 GB/T 1.1—2000 规定的格式要求,对第 1 章、第 2 章、第 4 章、第 6 章、第 9 章、第 10 章和第 11 章中的部分条号做了修改。

本标准由全国无损检测标准化技术委员会(SAC/TC 56)提出并归口。

本标准起草单位:上海苏州美柯达探伤器材有限公司、上海材料研究所、上海市工程材料应用评价重点实验室、常州超声电子有限公司、山东济宁模具厂、上海上材电磁设备有限公司、上海泛亚无损检测技术有限公司、上海上材工程材料检测有限公司、VESTAS 风力技术(中国)有限公司上海分公司。

本标准主要起草人:桂根生、金宇飞、李莉、潘振新、魏忠瑞、宓中玉、赵成、熊蜀冰、顾家农。

无损检测 接触式超声脉冲回波直射检测方法

1 范围

本标准规定了探头和被检材料直接接触的直探头纵波脉冲反射式超声检测方法。

本标准适用于制订检测工艺规程。

2 规范性引用文件

下列文件中的条款通过本标准的引用而成为本标准的条款。凡是注日期的引用文件，其随后所有的修改单(不包括勘误的内容)或修订版均不适用于本标准，然而，鼓励根据本标准达成协议的各方研究是否可使用这些文件的最新版本。凡是不注日期的引用文件，其最新版本适用于本标准。

GB/T 5616 无损检测 应用导则

GB/T 9445 无损检测 人员资格鉴定与认证(GB/T 9445—2008,ISO 9712:2005,IDT)

GB/T 12604.1 无损检测 术语 超声检测(GB/T 12604.1—2005,ISO 5577:2000,Non-destructive testing—Ultrasonic inspection—Vocabulary,IDT)

GB/T 20737 无损检测 通用术语和定义(GB/T 20737—2006,ISO/TS 18173:2005,IDT)

JB/T 9214 A型脉冲反射式超声探伤系统工作性能测试方法

3 术语和定义

GB/T 12604.1和GB/T 20737确立的术语和定义适用于本标准。

4 概述

4.1 机构要求

按本标准实施检测的机构或单位，应符合GB/T 5616或等效标准、法规的相关要求。

4.2 人员资格

按本标准实施检测的人员，应按GB/T 9445或合同各方同意的体系进行资格鉴定与认证，并由雇主或其代理进行职位专业培训和操作授权。

4.3 检测内容

检测内容应在各方的协议中明确规定。

4.4 检测时机

检测时机应在各方的协议中明确规定。

4.5 评定准则

评定超声信号和工件验收的准则，应在各方的协议中明确规定。

5 意义和用途

5.1 一系列电脉冲施加到压电晶片(换能器)上，从而转换成一标称频率脉冲波形式的机械能。换能器固定在一壳体中，以便波能透过适宜的耐磨保护膜和耦合剂而进入材料中。换能器、壳体、耐磨膜和电气接插件等就组成了探头。

5.2 脉冲能量传播到材料中,以垂直于接触面的方向传播,在平行或接近平行接触面的不连续或边界面(底面)处反射回到探头。回到探头的回波,又从机械能转换成电能,并通过接收器放大。放大了的回波(信号)通常以 A 扫描方式指示,即在系统的分辨能力范围内,可将脉冲能量的往复声程在水平时基线上指示,同时,通过各个反射面,包括通过不连续反射面放大了的回波将同步施加在垂直偏转板上。通过调整扫描范围旋钮,就可将指示信号和材料中的反射体与始脉冲的信号间的距离压缩或拉开,这样就建立起了不连续的距离和指示信号间的比例关系。通过比较不连续信号与参考反射体间的回波幅度大小,可估算不连续尺寸。超过声束尺寸的不连续,可通过当不连续信号出现时在检测面上移动探头的距离来确定。

注:当使用这两种方法的任何一种来确定不连续尺寸的时候,只能通过不连续反射到探头的能量确定面积。

5.3 脉冲回波直射法可达到如下目的:

a) 通过比较来自试件与参考试块上的波幅,来确定视在的不连续尺寸;

注:因为真正的尺寸受不连续的方位、成分和几何形状以及仪器设备的限制,所以才强调术语"视在"。

b) 通过校准 A 扫描的水平比例,来确定不连续的深度;

c) 通过比较材料声衰减或声速变化,来确定材料的特性;

d) 当几何形状和材料确定时,来确定两个透声材料间的粘合和不粘合(或熔合和未熔合)的程度。

6 设备

6.1 仪器

超声检测仪应能够产生、接收并放大高频电脉冲,其频率和能量足以进行有效的检测,并提供适宜的读出方式。

6.2 探头

超声探头应能在材料中,以给定的频率和必需的能量发射和接收超声波,以此来探测不连续。典型的探头尺寸通常在直径 3.2 mm~28.6 mm 之间,更大或更小的尺寸用于特殊的检测。为方便使用,探头可固定在专用的探头靴内。特殊探头有独立的压电晶片分别作发射晶片和接收晶片,以利于改善近表面检测的分辨力。

6.3 耦合剂

为提高超声波的透入能力,在探头面与检测面间通常需要一种液体或半液体状的耦合剂。典型的耦合剂包括水、化学浆糊、油和油脂。可使用防锈剂或润湿剂,或两者都用。必须选择对产品和工艺无害的耦合剂。校验时用的耦合剂和超声检测现场用的耦合剂宜相同。在接触式超声检测过程中,探头和被检材料间的耦合层必须保持适当的厚度和接触面积。探头和被检工件之间的耦合不足,将会减少有效的接触面积,而耦合层过厚也会减少穿透能量。耦合情况将影响检测灵敏度。

a) 为与被检材料表面状况相适应,宜选择黏度适当的耦合剂。粗糙表面的检测通常需要高黏度的耦合剂。材料表面的温度能改变耦合剂的黏度。

b) 在其他条件不变的情况下,随着温度的提升,宜使用阻热的耦合材料,如硅油、凝胶体或油脂等。甚至有必要使用与表面间歇接触的探头或辅助冷却的探头,以避免温度的变化导致探头超声波特性的变化。在较高的温度时,可使用由无机盐或有机热塑材料、高温延迟材料组成的某些耦合剂,以及高温时不会损坏的探头。

c) 自动检测需要连续的大面积耦合,或发现检测面的粗糙度有明显变化的区域,液体间隙法耦合非常有利于检测。在这种情况下,探头不和检测面直接接触,有大约 0.5 mm 的间隙充满耦合剂。液流流过探头下的间隙。液流提供出耦合通道,并且在检测面是热的情况下有助于冷却探头。

d) 另一种直接接触耦合的方式是轮式探头。探头以要求的角度固定在轴上,并在充满液体有伸缩性(塑性)的轮胎上旋转。因为弹性的轮胎材料以旋转的方式和检测面非常贴合地接触,所以最少量的耦合就能使超声波透过检测面。

6.4 参考试块

当使用底面回波高度作为参考时，工件本身就可作为很好的基准。为进一步得到定量的信息，可使用人工反射体（不连续）作为基准反射体，或使用特定的探头和材料，用已知反射体尺寸的距离-波幅曲线来校准。这些人工反射体可是平底孔、横孔或槽口。在工件或其他适宜的结构体调校过程中，可使用已知的不连续作为参考基准反复调校。参考基准的表面粗糙度应和被检工件的表面粗糙度相似（否则要进行校准，见 7.3）参考基准的材料和产品材料应有相似的声学特性（在声速和材质衰减方面）。检测人员应把所选的参考基准作为信号比较的基础。

7 设备校准

7.1 若要获得定量的信息，宜按 JB/T 9214 或经合同各方认可的其他规程，对垂直线性或水平线性或两者同时进行验证。可接受的线性性能，可由合同各方协商一致。

7.2 检测前，按产品技术条件校准检测系统。

7.3 工件表面粗糙度和参考试块不一致，或工件和参考试块的声学特性不一致，两者的误差宜做衰减修正以补偿。衰减修正的方法是：测算标准（或参考）试块与工件材料中同一反射体（如底面反射）信号的差值，以此修正误差。

7.4 宜注意，当检测比有效声束直径小的不连续时，近场内的检测灵敏度可能会变化无常。在需要进行精确检测的场合，可考虑用带有适宜延迟块的探头或采用其他的方法，比如在工件的两面进行检测。当进行远声场检测时，建议用相应的参考试块对被检材料进行声衰减补偿。补偿可采用电学的方法，使用多个深度的参考反射体，在 A 扫描指示仪器的面板上画衰减曲线，或利用已知反射体的 DAC（距离-波幅曲线）关系图进行补偿。近声场检测和远声场检测时，都宜进行衰减补偿。

7.5 在检测材料内平行于检测面的不连续时，除非另有规定，在 A 扫描指示屏上应有始脉冲以及至少一次反射底波指示。底面反射波的总次数取决于设备、材料的几何形状和材料类型、希望获得的信息以及检测人员的习惯。当被检工件上下表面的粗糙度和平行度，与标准试块近似相同时，在工件扫查过程中，底波波幅降低，意味着材质衰减的增加或不连续处有声散射。检测非平行表面的工件时，指示屏上时基线的调校要用到标准试块，扫描范围应超过被检工件的最大厚度（声程）范围。

7.6 如果被检工件几何形状和材料允许，对于粘合和不粘合（熔合和未熔合）的检测，宜使用和被检工件类似的包含粘合（熔合）和不粘合（未熔合）的参考试块。

7.7 为确保超声检测系统校准后不发生改变，所使用的参考试块宜进行定期校验。作为最低要求，当检测人员变换、探头更换、装上新电池时、操作设备更换新电源时或对操作方法有怀疑时，应至少进行一次校验。

8 检测工艺规程

8.1 概述

当超声检测在进行探测或定量不连续，或两者兼有时，如果反射体不垂直于超声波波束，可检测到回波幅度降低，这种变化取决于反射体的面积、反射体是曲面还是平面的、是平滑的还是粗糙的，或许有多个反射面。当探头接近和离开低波幅指示区域时，反射体的特性还可能会引起指示外表深度的快速移动。这些反射体产生的另一个结果是，当不连续正好位于探头和底面之间时，底面回波会降低。这种可探测到的反射体，由于前述现象使之不能仅凭信号波幅的高低来评判不连续的大小，而要根据探头和不连续特性进行专门的修正。

8.2 检测面

检测面应均匀和无浮锈、油漆以及诸如凹坑、疤痕、焊接飞溅或污物等不连续，无其他影响检测结果的外来物。只要是表现出均匀的衰减特性，那些紧密附着的油漆、铁锈或涂层，在检测时是不需要去除的。检测面必须确保在规定的灵敏度下能进行超声检测。为有利于检测，若有必要，检测面也可用打磨、喷砂、采用钢丝刷、刮刀或其他的方法做检测前准备。也可检测凹面或凸面的曲面工件,但参考试块和工件在探头穿透面积的不同所导致的声衰减,宜在检测系统校准时予以补偿(曲率补偿)。如有条件,参考试块和被检工件宜有同样的几何形状。

8.3 探头

根据被检材料的声学特性、工件几何形状和希望检出的不连续最小大小和类型,来选择尺寸和频率适宜的探头。所选的频率越高,分辨力也越高,但穿透能力降低。反之,使用的频率越低,穿透能力越强,但分辨力降低。检测仪器和材料特性是使用高频的制约因素。在检测中,灵敏度水平的降低是选择低频的制约因素。适用于具体应用的各种类型的直探头很容易从市场得到。在选择探头的尺寸、类型和频率时,宜考虑上述各方面的因素。当使用有延迟块材料的探头时,校准和检测时的表面温度差宜控制在 14 ℃之内,以避免发生较大的衰减和声速变化。

注:为获得最佳的分辨力和良好的声束指向性,宜采用满足要求的最大直径和最高频率的探头。

8.4 扫查

根据被检工件的几何形状、应用和要求,扫查可采用连续扫查或间隙扫查。对于连续扫查,必须在相同的检测灵敏度下使探头能对被检区域作 100%覆盖。调节扫描速度或仪器重复频率或两者同时调节,使之能按技术条件检测出最小的不连续,并能启动仪器的记录和报警功能。

手动扫查——手持探头使之在工件表面移动。

自动扫查——探头由适宜的固定装置夹持,并且使工件移动,或是工件静止而探头按某预定的轨迹做机械运动。在自动扫查时,为确保适当的检测灵敏度,应采用电子或目视的方法监视探头和工件之间的耦合情况。

8.5 评定

在参考试块和工件的相对灵敏度保持相同的情况下,对指示进行评定。移动探头,使不连续的反射回波幅度达到最大,再对该超声回波指示进行评定。对大于声束尺寸的不连续的边缘用图标示出来。在被检工件表面画图的推荐方法是:用半波高度法确定大于声束直径的不连续在工件表面上的视在尺寸(即由探头看到的反射面)。将探头置于不连续的最大回波处,然后将探头朝一个方向移动,直到回波信号很快降低至 A 扫描指示的基准线。然后重新把探头移到回波高度降到一半的位置,该点也是回波快速降低至基准线的位置。在这一点,探头中心宜和不连续的边缘接近一致。在另一个方向,重复上述过程,直至在检测面上确定整个不连续的轮廓。为绘出更为准确的不连续图形,可使用其他频率和尺寸的探头。当信号幅值降到最大回波高度的一半或更低,并且能以低水平幅度保持很长的移动距离(比如大于探头直径的一半时)的不连续,宜进行特殊考虑。

注:对于圆形检测面,使用该方法时必须考虑其几何形状。

9 检测数据记录

宜至少记录以下数据以便将来每次检测时的参考:

a) 工件号;
b) 操作人员的姓名和级别(如果是取证的话);
c) 仪器种类、制造单位、型号及其编号;
d) 配置,包括耦合剂、电缆(探头线)型号和长度、手动/自动扫查;
e) 探头,包括类型、尺寸、频率、专用靴;
f) 参考试块(校验数据要求检测结果有重显性);
g) 技术条件规定的指示信息,或检测结果(不连续的数量、分级、位置);对于粘合/不粘合(熔合/未熔合)检测,报告中宜反映未粘合(未熔合)或粘合(熔合)的情况。

10 结果解释

检测结果的解释以及应如何记录，宜由合同各方事先达成协议。超过材料技术条件、设计图纸或定货单等规定的拒收水平信号的所有不连续应予拒收，除非根据机械零件图纸确定，此拒收的不连续将在下道加工过程中消除。

11 报告

报告应包括合同各方协议规定的信息。

ICS 19.100
J 04

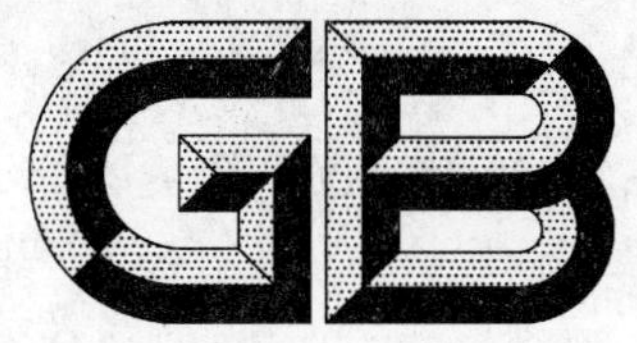

中华人民共和国国家标准

GB/T 23909.1—2009

无损检测　射线透视检测
第1部分：成像性能的定量测量

Non-destructive testing—Radioscopic testing—
Part 1: Quantitative measurement of imaging properties

2009-05-26 发布　　2009-12-01 实施

中华人民共和国国家质量监督检验检疫总局
中国国家标准化管理委员会　发布

前　言

GB/T 23909《无损检测　射线透视检测》分为三个部分：

——第1部分：成像性能的定量测量；

——第2部分：成像装置长期稳定性的校验；

——第3部分：金属材料X和伽玛射线透视检测总则。

本部分为GB/T 23909的第1部分。

本部分修改采用EN 13068-1：1999《无损检测　射线透视检测　第1部分：成像性能的定量测量》(英文版)。

本部分根据EN 13068-1：1999重新起草。

考虑到我国国情，在采用EN 13068-1：1999时，本部分做了一些修改。有关技术性差异如下：

——删除第2章，并将规范性引用文件EN 29241-2和EN 29241-3移至参考文献。

为便于使用，本部分还做了下列编辑性修改：

——删除欧洲标准的前言；

——用小数点“.”代替作为小数点的逗号“,”；

——删除第2章后，其他章条号依次变更。

本部分的附录A为资料性附录。

本部分由全国无损检测标准化技术委员会(SAC/TC 56)提出并归口。

本部分起草单位：山东山大奥太电气有限公司、上海英华检测科技有限公司、广东盈泉钢制品有限公司、上海材料研究所、通用电气检测科技有限公司、上海艾因蒂克实业有限公司。

本部分主要起草人：孔凡琴、张光先、陈仁富、曾祥照、李博、章怡明、张瑞。

无损检测 射线透视检测
第1部分:成像性能的定量测量

1 范围

GB/T 23909的本部分规定的规程能够应用在提供电子信号显示单元或者图像自动分析系统的所有射线透视系统上。通过对被认可的测量样本的响应来对该射线透视系统进行分析。测量工作宜在装备完善的实验室里进行。

可以从测量结果中得到成像系统的成像性能。

本部分不包括动态下的成像性能。

2 射线透视系统

射线透视系统包括射线源、处理系统、准直器、滤光板和成像装置。

成像设备包括X或伽玛射线转换装置,把衰减的射线转换成数字或光学显示的输出信号S(见图1)。图像处理器可以是成像设备的一部分。在目视评定的情况下,它包括显示单元。在全自动图像评定系统中,显示单元不是系统的一部分。

1——射线源;

2——工件;

3——射线转换装置;

4——输出信号;

5——图像处理器;

6——显示单元。

图1 射线透视系统的典型布置

为了规定成像设备的成像性能,使用了信息论和射线透视检测的术语和参数。表1中的参数定义了成像设备的图像质量。

表1 图像质量参数

图像质量参数	定 义	说 明	要 点
固有不清晰度U_i	$U_i = s_c \times t_r$ $t_r = t_{90\%-ESF} - t_{10\%-ESF}$ 并且过量曝光≤10%	固有不清晰度与源于强度阶梯函数的边扩展函数ESF的上升时间t_r成正比	小物体细节的分辨限制
空间调制传递函数MTF	$\mathrm{MTF}(f_x) = \frac{1}{\int_{-\infty}^{+\infty}\mathrm{LSF}(x)\mathrm{d}x}\left\lvert\int_{-\infty}^{+\infty}\mathrm{LSF}(x)\times e^{2\pi j(xf_x)}\mathrm{d}x\right\rvert$ $\mathrm{LSF}(x) = \frac{\mathrm{dESF}(x)}{\mathrm{d}x}$	微分空间边扩展函数ESF,进行傅立叶变换后的幅值谱 LSF:线扩展函数	物体尺寸对比度传递函数; 图像清晰度的函数描述

表 1（续）

图像质量参数	定　义	说　明	要　点
对比率 C_0	$C_0=S_0/S_{Pb}$	无屏蔽的平均幅值 S_0 与前屏进行 10% 屏蔽后的平均幅值 S_{Pb} 之比	在射线源足够远情况下，射线透视系统内的对比度减少干扰效应
对比灵敏度 C_s	$C_s=\frac{\Delta W_{min}}{W}\times 100\%$ $SNR(\Delta W_{min})\geqslant 2$	穿过的最小厚度变化 ΔW_{min} 与总厚度 W 之比 $SNR(\Delta W_{min})\geqslant 2$	厚度变化对信号传输的限制，是厚度的函数
厚度范围 ΔW_0	$\Delta W_0=W_{max}-W_{min}$ 当 SNR=2 时，$W_{max}=W$ 当 $S=S_{max}$ 时，$W_{min}=W$	提供有用视频信号的厚度差异	在图像内能够观察到的最大厚度范围
微分和积分变换变形 $V_{d,i}$	$V_{d,i}=\left(\frac{S_{i,d}}{S_c}-1\right)\times 100\%$	与显示刻度 $S_{i,d}$ 与中心显示刻度 S_c 相关的直径比值	几何变形
微分和积分图像均匀度 $H_{d,i}$	$H_d=\frac{S_{max}}{S_{RMS-SN}}$ $H_i=\frac{S(x,y)}{S_{max}}$	最大视频信号幅值 S_{max} 与空间噪声均方根 S_{RMS-SN} 的比值； 局部视频信号幅值 $S(x,y)$ 与探测器输入屏上强度均匀的局部区域的 S_{max} 之比	对比在局部空间和整体空间传递的变化（阴影）

在图像质量参数的描述中，使用了信噪比（SNR）术语。SNR 是实际的局部范围信号 ΔS 和噪声信号起伏的均方根值 S_{RMS} 的比值（见图 2）。

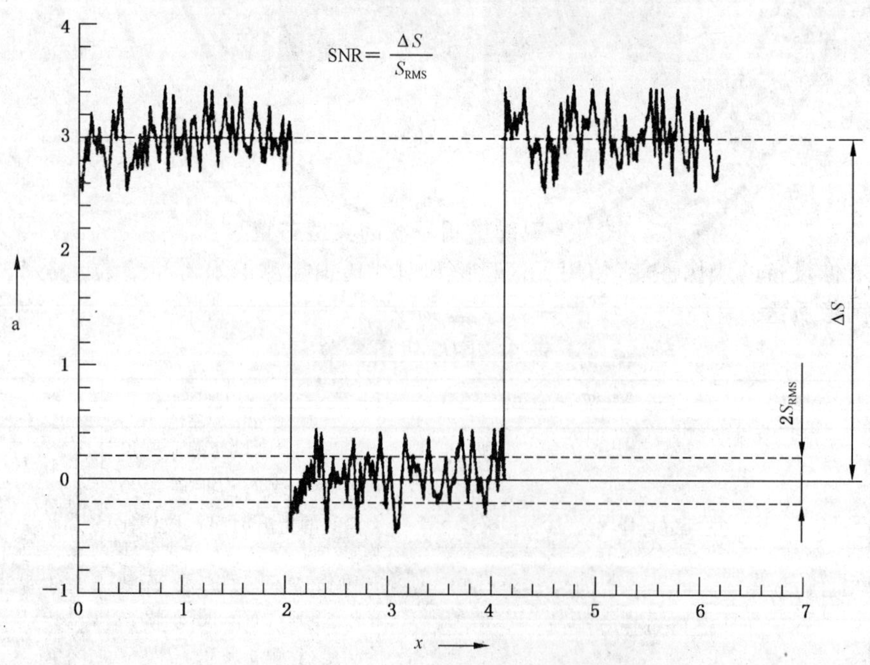

a——信号。

图 2　输出信号 S 的 ΔS 和 S_{RMS}

3 图像质量参数的测量

3.1 基本原则

3.1.1 转换装置

对转换装置进行测量的原理是把测试计的射线衰减作为输入信号，用适当的测量装置（见图 1），测量系统对线性原始输出信号的响应。所有的测量都应在成像装置上进行。

图 3 显示了所有测量的基本设置。射线滤光板应放在射线管的前面。应使用准直器减少射线散射。所有的测试计应放在转换装置探测器输入屏的前方。它们产生的射线衰减作为输入信号。测量装置应与最终的输出信号连接，以测量总系统的响应。

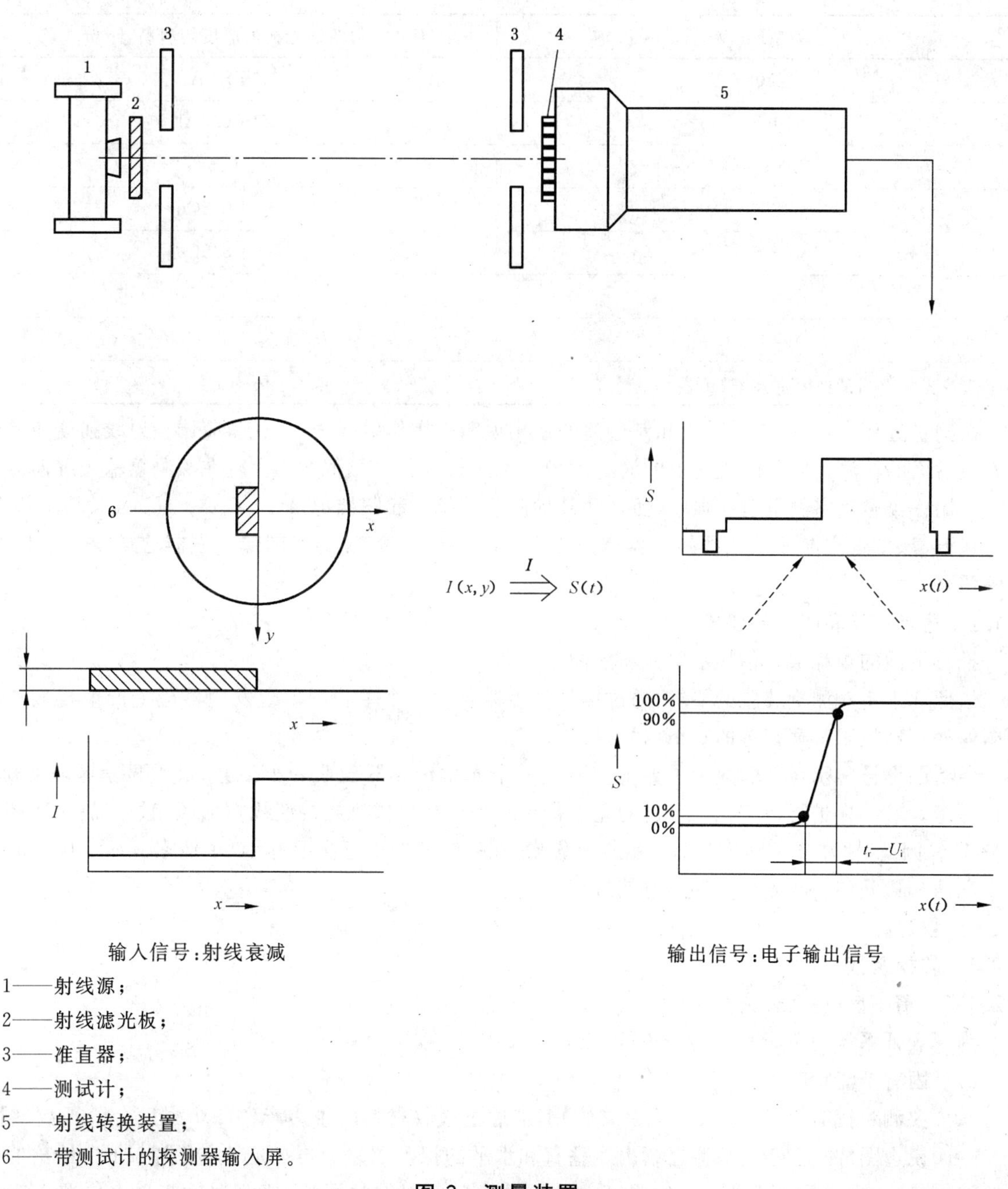

1——射线源；

2——射线滤光板；

3——准直器；

4——测试计；

5——射线转换装置；

6——带测试计的探测器输入屏。

图 3 测量装置

对视频信号，测量装置应至少满足下列要求：

——幅值分辨力≥10 bit；

——时间分辨力≥10 bit=1 024 采样点；

——带宽≥50 MHz；

——最小采样频率≥100 MHz；

——信号平均功能。

由于图像质量参数依赖于射线能量和质量，测量应在射线透视系统允许的能量范围的低、中、高段进行，该系统应有固定的X射线装置。为了保证清晰的射线质量，应使用表2所示的射线滤光板。应调整管电流，使转换装置输入面上的剂量率为 0.01 mGy/min、0.1 mGy/min、1.0 mGy/min 或 10 mGy/min。

表2　系统测量用的射线滤波

管电压/kV	射线滤光板的厚度与材料[a]/mm
50	7±0.5Al
100	22±0.5Al
150	7±0.5Cu
200	12±0.5Cu
300	15±0.5Cu
400	25±0.5Cu
>400	35±0.5Cu

[a] 滤光板材料的纯度宜高于99%。

在测量过程中，应按操作手册和制造商的使用说明书操作射线透视系统，应调整射线强度使得射线滤光板后面的探测器屏中间位置上的输出信号 S 显示最大信号幅值 S_{max}。应在探测器输入屏前方中间位置上用一个电离室测量射线强度，而且和其他测量结果一起归档记录。

在测量之前，宜保证X射线探测器充分使用一段时间(例如X射线图像增强器已经经受了1 Gy射线辐照)。

3.1.2　显示单元和图像处理器

推荐下面的规程来评估显示单元和图像处理器。

依照3.1.1对测量装置的要求，通过信号发生器产生一个条状图形。发生器应能产生与显示单元和图像处理器极限带宽相等的竖条信号。

条状图形被显示在图像显示单元上。通过一个光学传感器截取一小部分(最大显示区域的10%)进行评定。对结果进行数字化。合适的光学传感器是TV摄像机或线性线扫描照相机。放大比例应至少是10。因此，要在TV监控器上显示1个像素，在帧缓冲器里至少要有10个像素。显示单元的像素频率和照相机间的拍频效应能够通过信号积分补偿。

3.2　测量过程

3.2.1　转换装置

3.2.1.1　清晰度(空间分辨力)

为了表征系统的清晰度，应测量下述三个图像质量参数：

a)　固有不清晰度

要测量固有不清晰度 U_i[见公式(2)]，应通过吸收材料的锐边产生一个强度台阶函数(图4)。锐边图像应位于与探测器读出线垂直和水平的探测器输入屏中心上，根据3.1中给出的被选值，应通过管电流调整射线强度。为了减少散射射线的影响，探测器输入屏上应覆盖吸收材料，由此，只有大约10%的探测器输入屏被辐照。

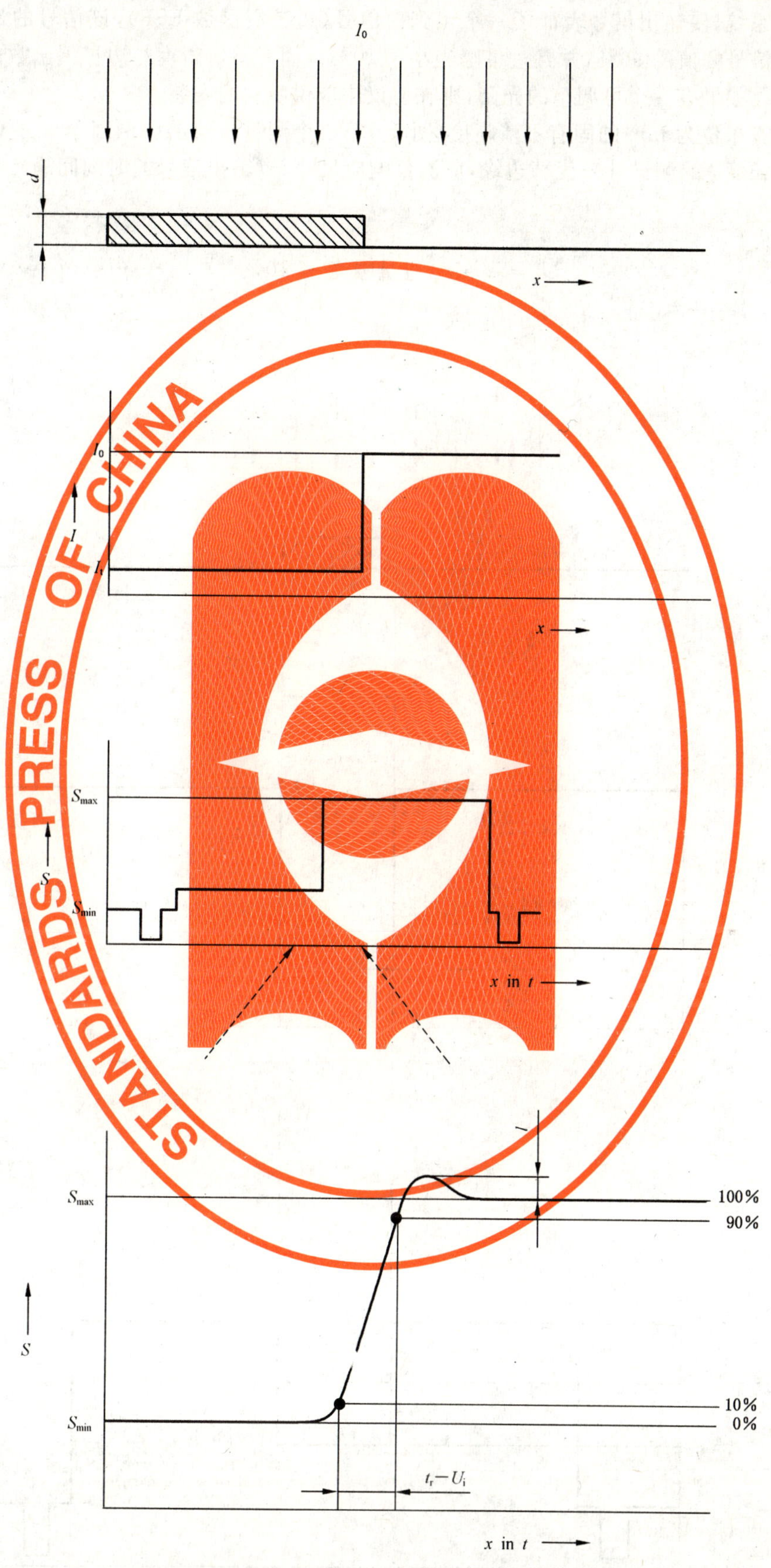

1——过量曝光。

图 4　固有不清晰度的测量

应调整系统，使输出信号表征了一个黑到白信号（边扩展函数 ESF），该信号的最小幅值是最大电子信号幅值的 90%，并且过量曝光小于 10%。固有不清晰度与边扩展函数的上升时间 t_r 成比例。如果有一个可调整的光阑，则在协议中应说明它的安装。

为了计算单位为 mm 的固有不清晰度（图 5），第二个测量将给出比例因子 s_c 的值。应使用一个已知长度 l 的测试计来代替边缘，应测量响应尺寸 x_l（输出信号的时间间隔）［见公式(1)］。

$$s_c = \frac{l}{x_l} \quad \cdots\cdots (1)$$

$$U_i = s_c \cdot t_r\text{，过量曝光} \leqslant 10\% \quad \cdots\cdots (2)$$

$t_r = t_{90\% \times ESF} - t_{10\% \times ESF}$

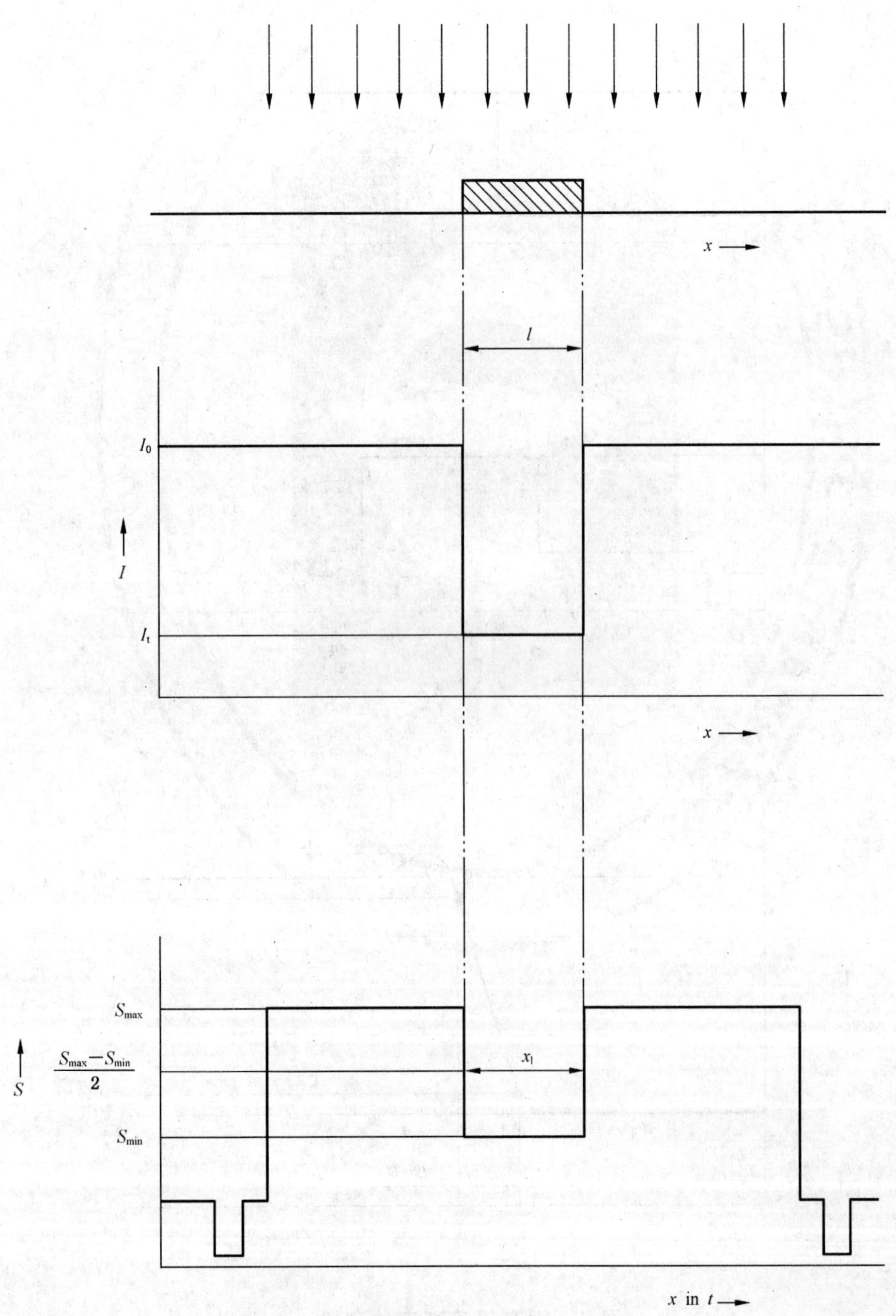

图 5 s_c 的测量

b) 空间调制传递函数 MTF

计算 MTF 的起点是上一步固有不清晰度测量中的边扩展函数(图 6)。应对边扩展函数进行高分辨力的数字化,保存在计算机里。数字化过程中应考虑到采样定理。应对 ESF 进行数字微分以得到线扩展函数 LSF。对 LSF 进行傅里叶变换,通过它的幅值谱会得到 MTF。对于普通的 MTF 曲线,空间频率 $f=0$ Lp/mm 处的调制度 m 应归一化到 $m=1$。如果可能,可以由数字图像处理系统获得的原始灰度值来决定垂直 MTF。

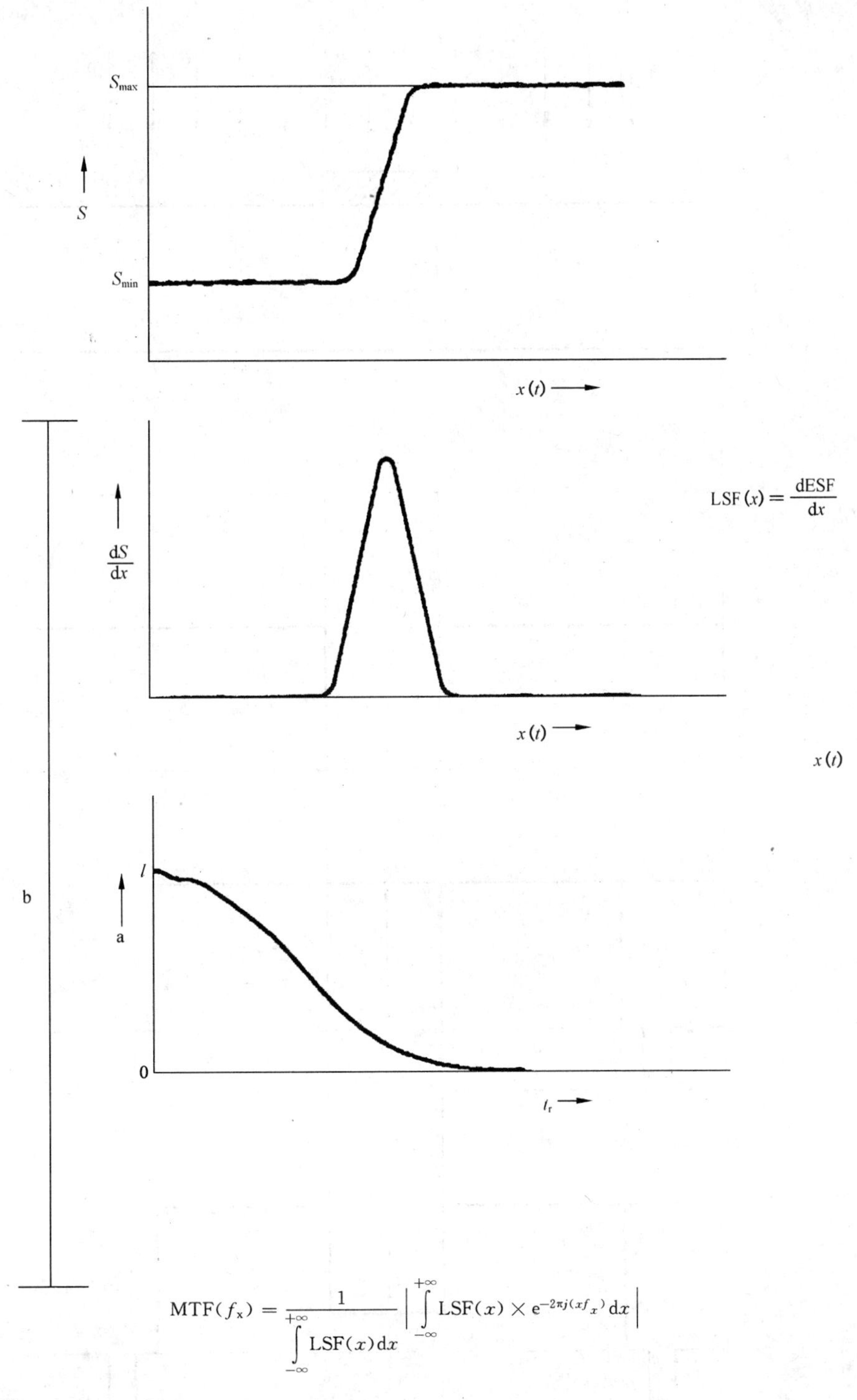

a——调制度 m;

b——数字评估。

图 6 空间调制传递函数的测量

c) 低空间频率的对比率

要测量对比率 C_0。首先，应使用相同的射线辐照探测器输入屏，这些射线没有任何屏蔽（图 7）。应测量探测器输入屏中间的平均信号幅值 S_0。然后，应在探测器输入屏 10% 的区域中心放置屏蔽板，应测量屏蔽板后电子信号的平均幅值 S_{Pb}。屏蔽板对射线的吸收应通过一个因子减少射线强度。

$$C_0 = S_0 / S_{Pb} \tag{3}$$

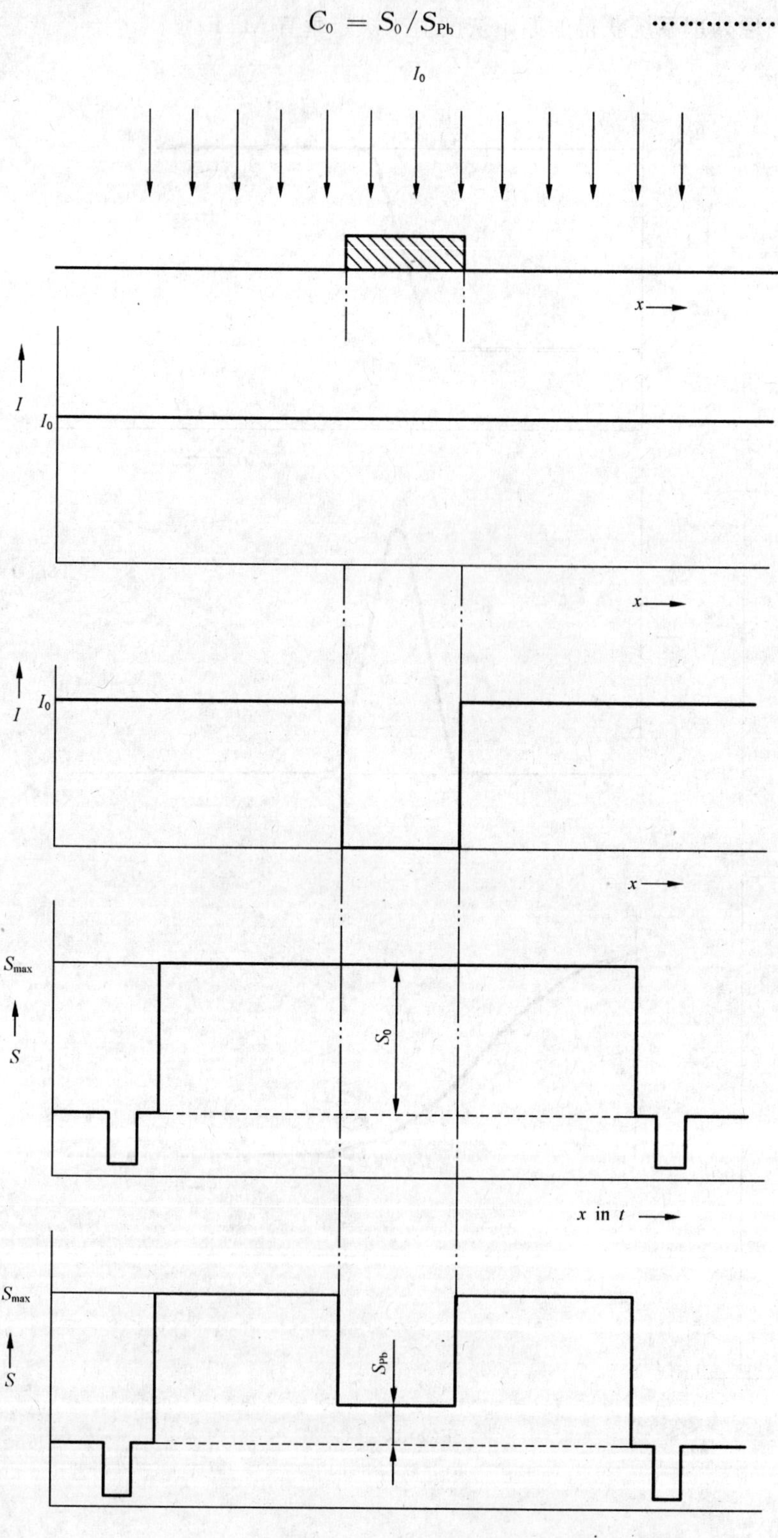

图 7 低空间频率的对比度的测量

3.2.1.2 对比度

每幅图像的曝光时间、积分图像的数量，以及剂量率都应在协议中说明。射线透视系统的对比度特性通过下列图像质量参数描述。

a) 对比灵敏度

为了产生对比度渐减的射线衰减，应把厚度为 d，面向射线源面带一个阶梯边缘的钢盘置于探测器输入屏前面(图 8)。阶梯边缘应置于探测器信号读出阵列方向，且应位于探测器输入屏的中心。在输出信号中，应测量每一个阶梯边缘的信噪比 SNR。SNR≥2 的最薄阶梯应被看作最小可检测的厚度变化 ΔW_{min}。

$$S = \Delta W_{min}/W \qquad (4)$$

为了减少量子噪声的影响，应对信号进行平均。

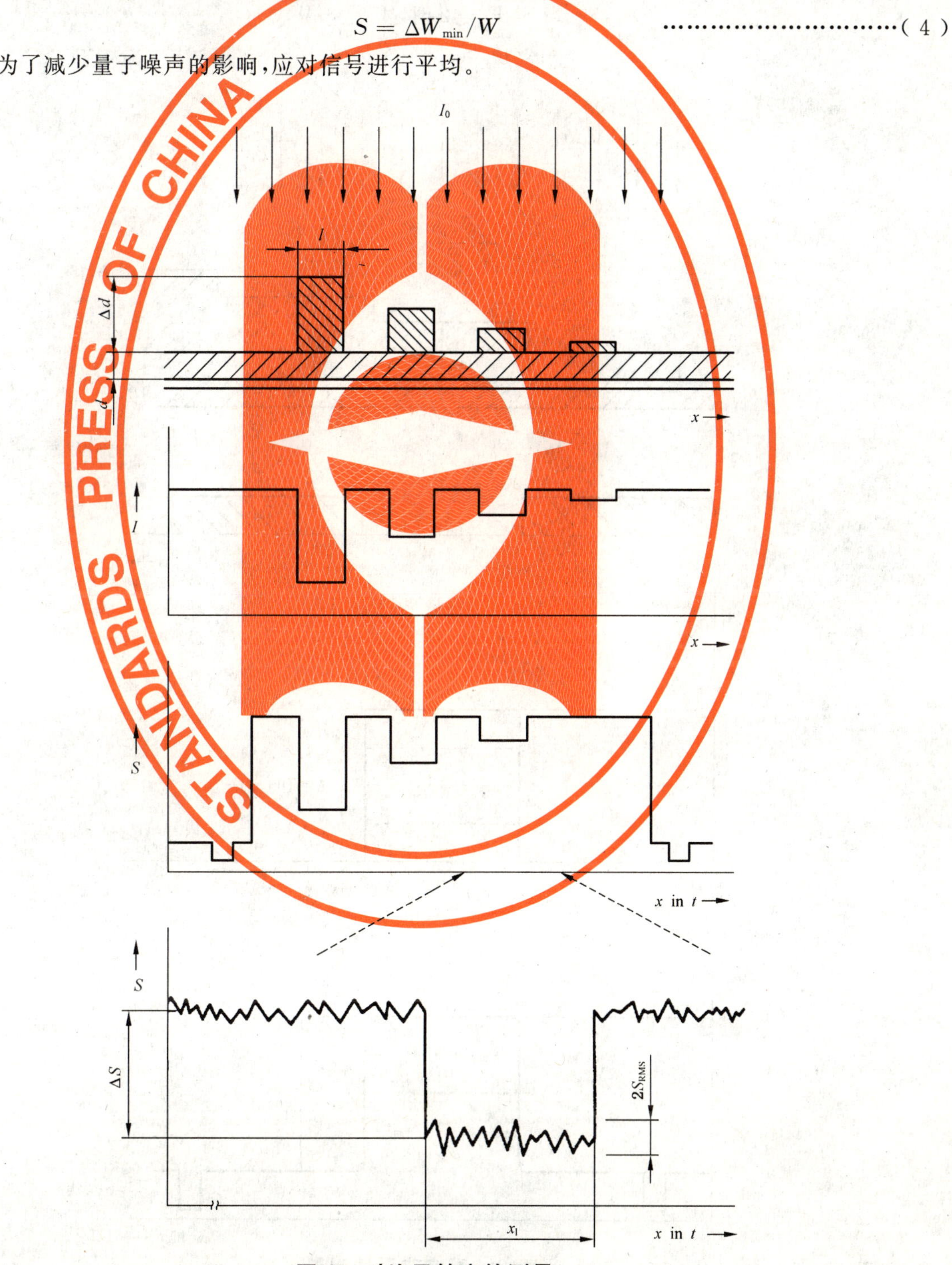

图 8 对比灵敏度的测量

b) 厚度范围

在测量时,首先应定义和确定射线参数如能量和管电流。为了减少散射影响,应只有一小部分前屏(大约10%)被辐照。探测器输入屏的前方,应放置类似阶梯的测试计,阶梯高约1 mm(图9)。输出信号幅值最大对应的最薄阶梯 W_{min} 应是测量的起点。应沿阶梯厚度逐渐增加的方向逐步摆放测试计进行测量。

应测量每一个阶梯的信号幅值,直到SNR≥2。为了减少光子噪声的影响,应对信号进行平均。最小厚度 W_{min} 和最大厚度 W_{max} 之间的差为厚度范围 ΔW_0[公式(5)]。

$$\Delta W_0 = W_{max} - W_{min} \quad \cdots\cdots (5)$$

$$当\ SNR = 2\ 时, W_{max} = W \quad \cdots\cdots (6)$$

$$当\ S = S_{max}\ 时, W_{min} = W \quad \cdots\cdots (7)$$

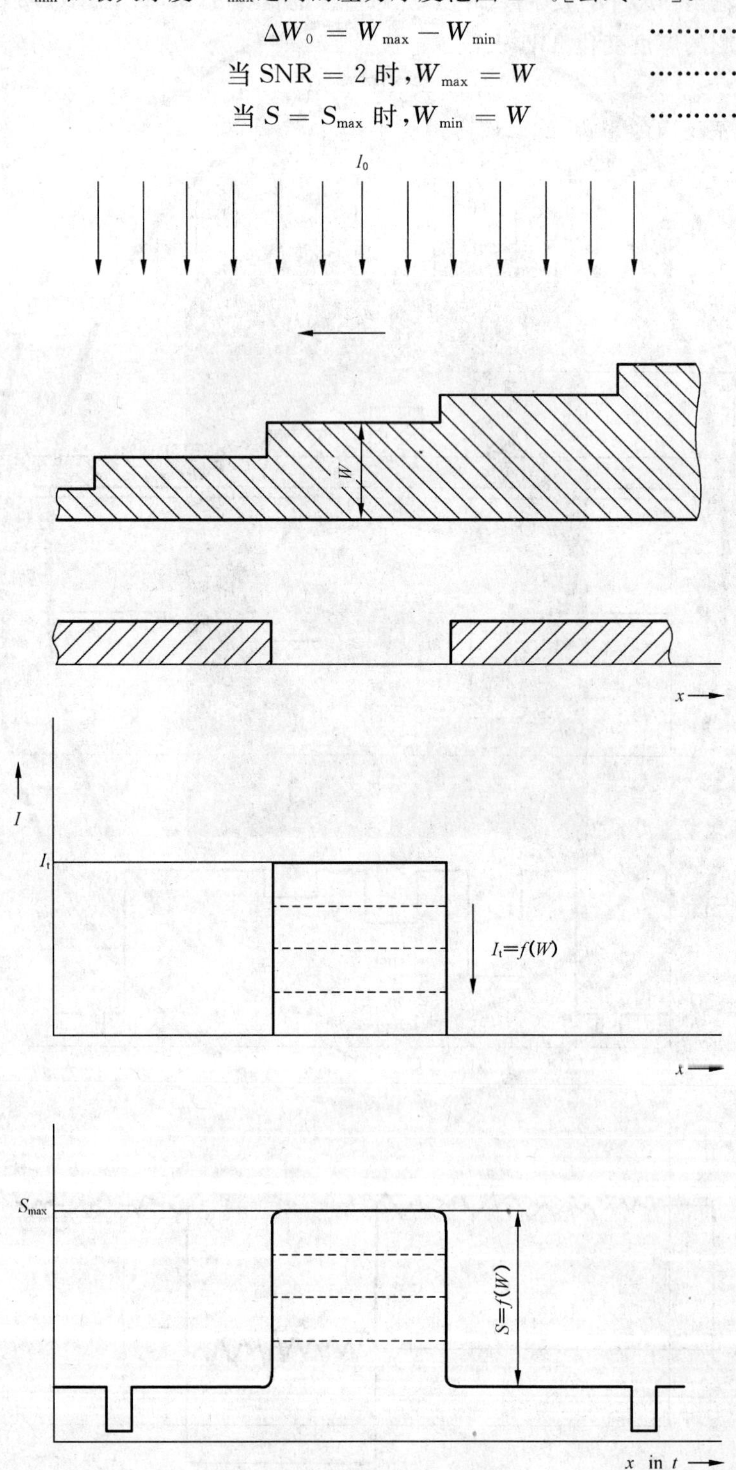

图9 厚度范围的测量

3.2.1.3 **线性**

为了表征系统线性特征，应测量下列图像质量参数。

a) 微分和积分变形

为了测量微分和积分变形 V_d 和 V_i，吸收材料的标记应置于探测器输入屏的前方以产生测量长度。测量应在整个探测器输入屏直径和所有图像角上对应探测器的中心读出行上进行。首先，中心刻度因子 s_c 应在探测器输入屏 x_0 的中心上测量(图 5)。

为了计算距探测器输入屏中心为 r 的某点的局部刻度因子 S_l[公式(8)]，应把长度为 l 的测试计放在此点上，测量响应尺寸 x_l'(输出信号的时间间隔)(图 10)。

$$S_l = \frac{l}{x_l'} \tag{8}$$

然后，计算在这个点上的微分变形，以%表示[公式(9)]：

$$V_d = \left(\frac{S_l}{S_c}\right) \times 100\% \tag{9}$$

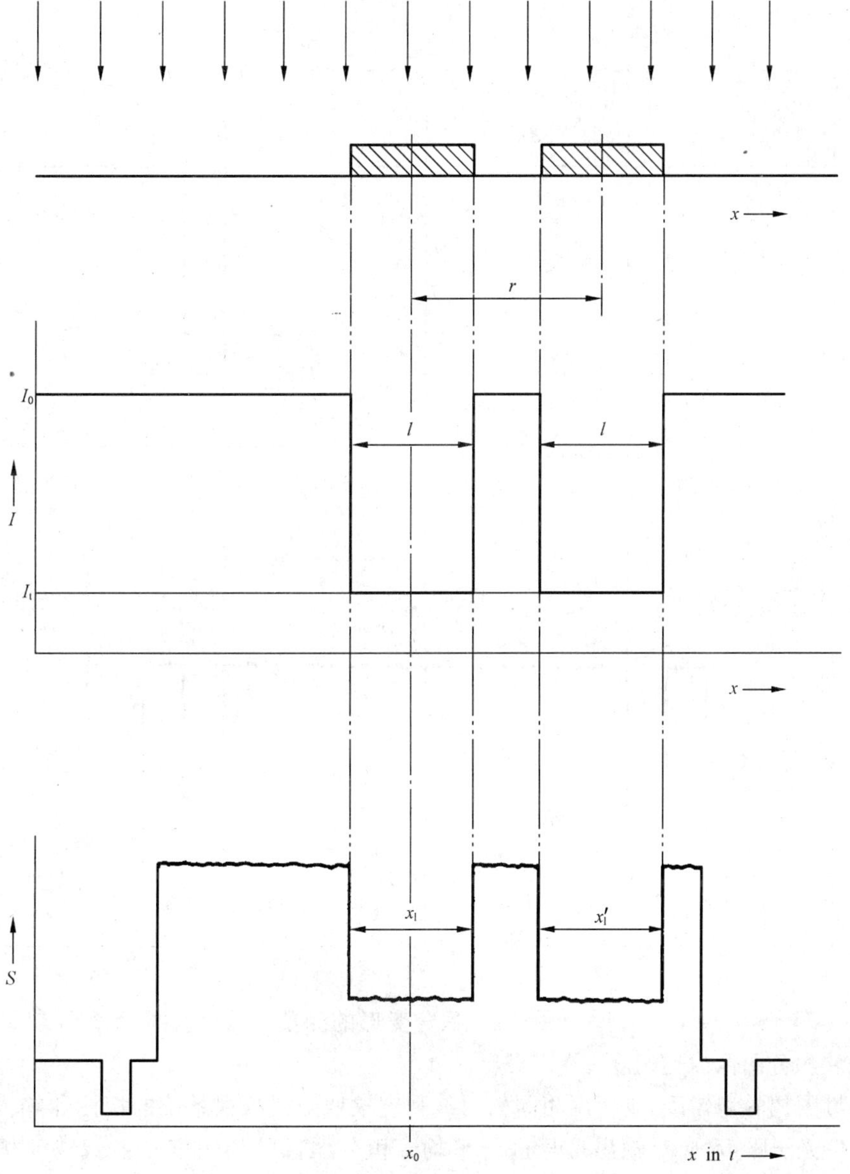

图 10 微分变形的测量

要计算依赖于探测器输入屏直径的刻度因子 S_d[公式(10)],应在探测器输入屏的前面放置一个测量长度 l_d(如图 11),并应测量响应尺寸(输出信号的时间间隔)x_d。

$$S_d = \frac{l_d}{x_d} \tag{10}$$

然后,计算这个直径的积分变形,以%表示[公式(11)]:

$$V_i = \left(\frac{S_d}{S_c}\right) \times 100\% \tag{11}$$

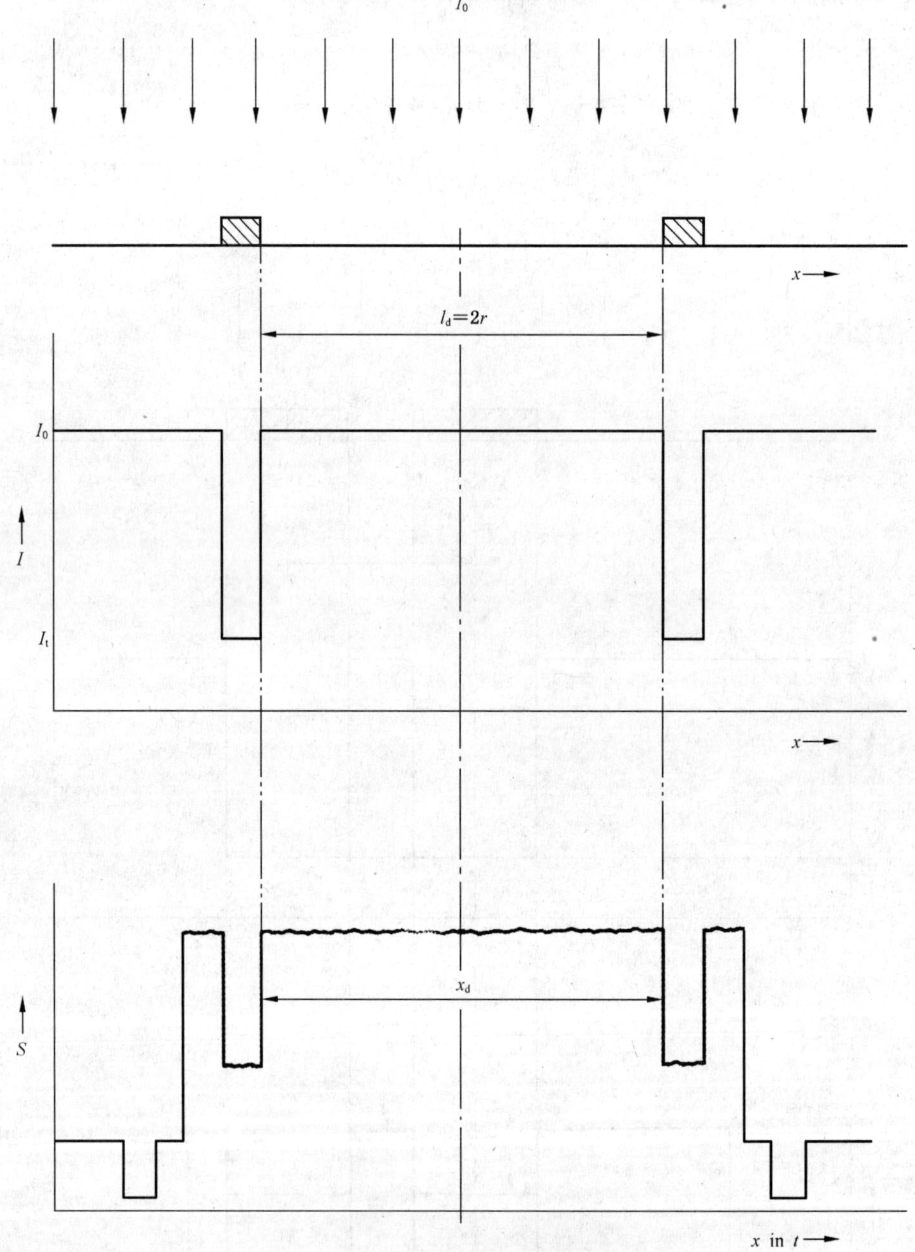

图 11 积分变形的测量

b) 微分和积分图像的均匀度

要测量图像的均匀度,应使用相同的射线强度辐照射线透视系统的探测器输入屏(图 12)。为了减少光子噪声,应对输出信号进行平均。积分图像的均匀度 $H_i(x,y)$是图像内信号幅值 $S(x,y)$和最大幅值 S_{max}的比值,用%表示[公式(12)]:

$$H_i(x,y) = \frac{S(x,y)}{S_{max}} \times 100\% \qquad (12)$$

微分图像的均匀度 H_d 应围绕着点(x,y)，在一个局部区域内(大约探测器输入屏尺寸的1%)用电子信号的最大幅值除以空间噪声的均方根值来计算[公式(13)]：

$$H_d = \frac{S_{max}}{S_{RMS}} \qquad (13)$$

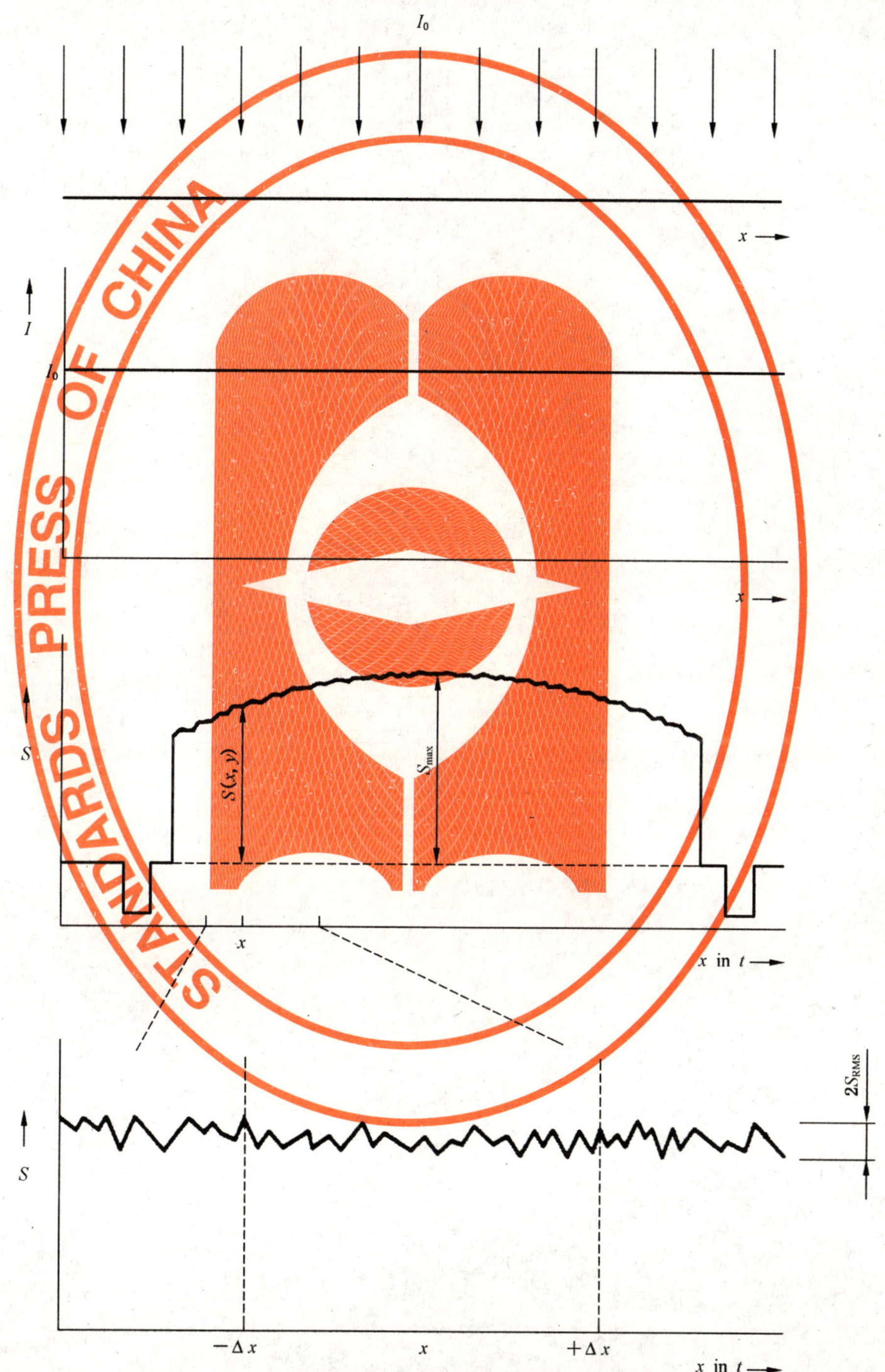

图 12 微分和积分图像均匀度的测量

3.2.2 显示单元和图像处理器

显示单元的图像质量和图像处理器的测量宜采用适当方法进行。

3.3 结果的表达

结果宜根据附录A建议的测量报告形式进行记录。正规的报告包括对所研究系统的简短描述，以及用于测量的测量装置。归档的测量值包括GB/T 23909的本部分所规定的如清晰度、对比度、图像变形和均匀度等。作为厚度函数的对比度率值、MTF和均匀度等宜采用图示表示。

附　录　A
（资料性附录）
测量报告示例

系统名称：	
系统组件转换装置：	
图像处理器：	
显示单元：	
试验条件 射线源焦点、类型：	
最大管电压：　　kV	剂量率：　　mGy/min
最大管电流：　　mA	焦点直径：　　mm
距离	
源到第一准直器：　　mm	源到转换屏：　　mm
源到第二准直器：　　mm	源到物体：　　mm
滤光板的材料和厚度：	
材料和厚度：	
材料和厚度：	
测试计的类型：	
测量装置的类型：	
积分图像的数量：	
分辨力	
b）时间：	
每幅图像的曝光时间：　　s	
输入窗口的尺寸	
水平：　　mm	
垂直：　　mm	
光阑设置：	
清晰度控制：	
边缘宽度 t_r：	
表示比例 l： x_l： s_c：	

<table>
<tr><td colspan="2">固有不清晰度 U_i
垂直：
水平：</td><td colspan="2"></td></tr>
<tr><td colspan="2">对比率
在低空间频率：$C_0=$
作为厚度函数的对比度曲线和关联的 MTF 曲线</td><td colspan="2"></td></tr>
<tr><td colspan="4">图像变形</td></tr>
<tr><td>No.</td><td>中心距离</td><td>微分变形</td><td>积分变形</td></tr>
<tr><td>1</td><td></td><td></td><td></td></tr>
<tr><td>2</td><td></td><td></td><td></td></tr>
<tr><td>3</td><td></td><td></td><td></td></tr>
<tr><td colspan="2">日期：</td><td colspan="2">签名：</td></tr>
</table>

参 考 文 献

[1] EN 29241-2, Ergonomic requirements for offfice work with visual display terminals (VDTs)—Part 2: Guidance on task requirements(ISO 9241-2:1992).

[2] EN 29241-3, Ergonomic requirements for offfice work with visual display terminals (VDTs)—Part 3: Visual display requirements(ISO 9241-3:1992).

ICS 19.100
J 04

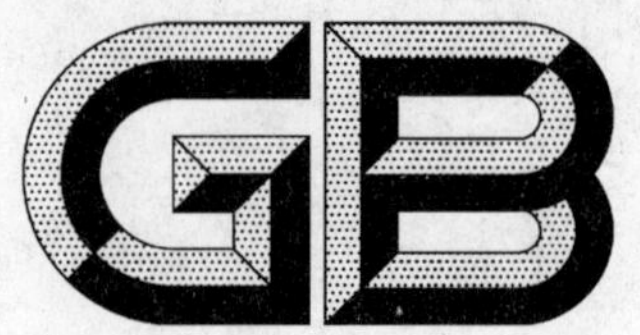

中华人民共和国国家标准

GB/T 23909.2—2009

无损检测　射线透视检测
第2部分:成像装置长期稳定性的校验

Non-destructive testing—Radioscopic testing—
Part 2:Check of long term stability of imaging devices

2009-05-26 发布　　2009-12-01 实施

中华人民共和国国家质量监督检验检疫总局
中国国家标准化管理委员会　发布

前 言

GB/T 23909《无损检测 射线透视检测》分为三个部分：

——第1部分：成像性能的定量测量；

——第2部分：成像装置长期稳定性的校验；

——第3部分：金属材料X和伽玛射线透视检测总则。

本部分为GB/T 23909的第2部分。

本部分修改采用EN 13068-2：1999《无损检测 射线透视检测 第2部分：成像装置长期稳定性的校验》(英文版)。

本部分根据EN 13068-2：1999重新起草。

考虑到我国国情，在采用EN 13068-2：1999时，本部分做了一些修改。有关技术性差异如下：

——将规范性引用文件改为我国标准。

本部分由全国无损检测标准化技术委员会(SAC/TC 56)提出并归口。

本部分起草单位：山东山大奥太电气有限公司、上海英华检测科技有限公司、广东盈泉钢制品有限公司、上海材料研究所、通用电气检测科技有限公司、上海艾因蒂克实业有限公司。

本部分主要起草人：孔凡琴、张光先、陈仁富、曾祥照、李博、章怡明、张瑞。

引　言

GB/T 23909 的本部分给出了在操作过程中控制成像装置质量的大纲。GB/T 23909.1 给出了定量测量的参考。GB/T 23909.3 和其他部分将和特定的应用有关,例如焊缝检测、铸件检测等。

操作新的透视系统之前,生产者和系统的使用者宜规定质量控制规程以确保射线透视系统稳定、可靠的性能。规程宜包括 GB/T 23909 的各部分、在显示单元上定义感兴趣区域(ROI)、像质计(IQI)的放置,以及其他可获得良好检测可重复性的相关参数。

另外,测试的频率和系统退化的可接受程度宜根据 NDT 规范和系统的使用手册加以规定。

无损检测　射线透视检测
第2部分:成像装置长期稳定性的校验

1　范围

GB/T 23909的本部分为现场校验射线透视设备提供指导,在射线透视系统上,图像是显示在包含图像处理的显示单元上。使用的射线源可以是X射线和伽玛射线。

本部分建立了测试射线透视系统的规则,以保证稳定的校验质量。测试宜是系统操作者可容易完成的。测试是基于规定的像质计的输入信号。对系统响应的测试宜在相同的设备上完成。

本部分适用于带图像处理计算机的装置,也适用于简单的显示单元。

2　规范性引用文件

下列文件中的条款通过GB/T 23909的本部分的引用而成为本部分的条款。凡是注日期的引用文件,其随后所有的修改单(不包括勘误的内容)或修订版均不适用于本部分,然而,鼓励根据本部分达成协议的各方研究是否可使用这些文件的最新版本。凡是不注日期的引用文件,其最新版本适用于本部分。

GB/T 23901.1　无损检测　射线照相底片像质　第1部分:线型像质计　像质指数的测定(GB/T 23901.1—2009,ISO 19232-1:2004,IDT)

GB/T 23901.2　无损检测　射线照相底片像质　第2部分:阶梯孔型像质计　像质指数的测定(GB/T 23901.2—2009,ISO 19232-2:2004,IDT)

GB/T 23901.5　无损检测　射线照相底片像质　第5部分:双线型像质计　图像不清晰度的测定(GB/T 23901.5—2009,ISO 19232-5:2004,IDT)

GB/T 23909.1　无损检测　射线透视检测　第1部分:成像性能的定量测量(GB/T 23909.1—2009,EN 13068-1:1999,MOD)

3　自然缺陷的比较

为了对实际系统的性能和最初的性能进行比较,自然缺陷作为唯一的质量控制,只测试它并不充分。

宜通过系统的成像以及识别某个零件典型缺陷和临界缺陷的能力来测试射线透视系统的性能。除了标准的像质计,可以使用那些带最小和最难识别自然缺陷的样品作为整个系统性能的日常质量控制。

4　用像质计控制图像质量

4.1　概述

射线透视图像的质量基本上由清晰度、对比度和线性度决定。

在GB/T 23909.1中描述的参数依赖于射线源、成像系统和试样的布置。为了控制质量,应在操作中定期检测射线透视装置的所有性能来考核这些参数,并且在通常的操作中应使用同样的操作装置。可使用像质计。

对所有的试样,如果可能的话,像质计必须放置在试样朝向射线源的那一面。

对特定的试样,如果还存在GB/T 23909的其他部分,在质量控制中应予使用。

4.2 试验规程

4.2.1 常规布置

要得到控制系统长期稳定性的可重复结果，为测试定义标准布置是必要的。图1中显示了一个例子，为了再现，它的细节应记录归档。文档应包含射线源的数据，如射线管的类型、管电压和管电流设置，X射线滤光板，以及其他的会影响到图像质量的细节。若使用准直器，则应被描述。在检测时，像质计应放置在试样面向射线源面上。它们产生确定的衰减信号作为输入信号。性能测试应在与操作条件相同的设备和参数设置上进行。

在测试过程中，应按操作手册和制造商的使用说明书操作射线透视系统。

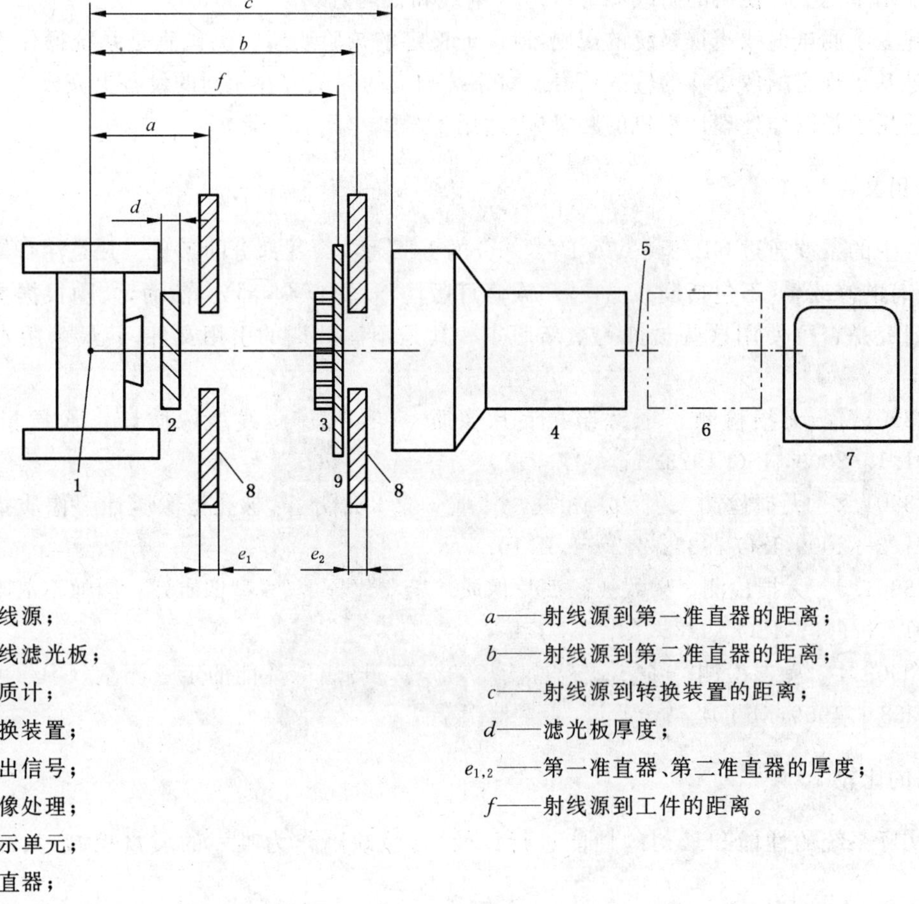

1——射线源；
2——射线滤光板；
3——像质计；
4——转换装置；
5——输出信号；
6——图像处理；
7——显示单元；
8——准直器；
9——工件。

a——射线源到第一准直器的距离；
b——射线源到第二准直器的距离；
c——射线源到转换装置的距离；
d——滤光板厚度；
$e_{1,2}$——第一准直器、第二准直器的厚度；
f——射线源到工件的距离。

图1 典型布置

4.2.2 显示单元

射线透视中的显示单元应按制造商的使用说明书正确调整亮度和对比度。对于带帧缓冲器的系统，为了调整显示单元，宜装载数字测试表以调整显示单元。针对此目的的测试表可从标准视频技术中获得。

这些设置不应更改直到下一个测试。

4.3 测试规程

4.3.1 不清晰度的校验

系统不清晰度的降质主要是由透镜、信号探测器和转换屏老化造成的。为了测试，实际工作过程中只记录总系统不清晰度。

总系统不清晰度应采用符合GB/T 23901.5规定的双线型像质计来校验，测试时，像质计应置于试样贴近射线源的面。试样应刨平,在厚度和材料上与典型试样相当。

不清晰度是有位置性的。应定义一个视觉的感兴趣区域(ROI),在 ROI 上,图像质量将实现由特殊检测问题给出的清晰度标准。不清晰度应在整个 ROI 上满足这些条件。

应在探测器读出线的方向水平和垂直放置像质计来测量不清晰度。

对于带图像处理计算机的系统,应评估穿过像质计的轮廓,轮廓与图 2 是相似的。为了和以后的测量进行比较。调制深度最接近 20%的双线号数,以及自身调制深度的数值都应被估计和记录归档,并且第一个不能被分辨的线对应记录到归档文件中。

需要的总不清晰度依赖于设备使用的射线能量。为了再现,设置参数应记录归档。

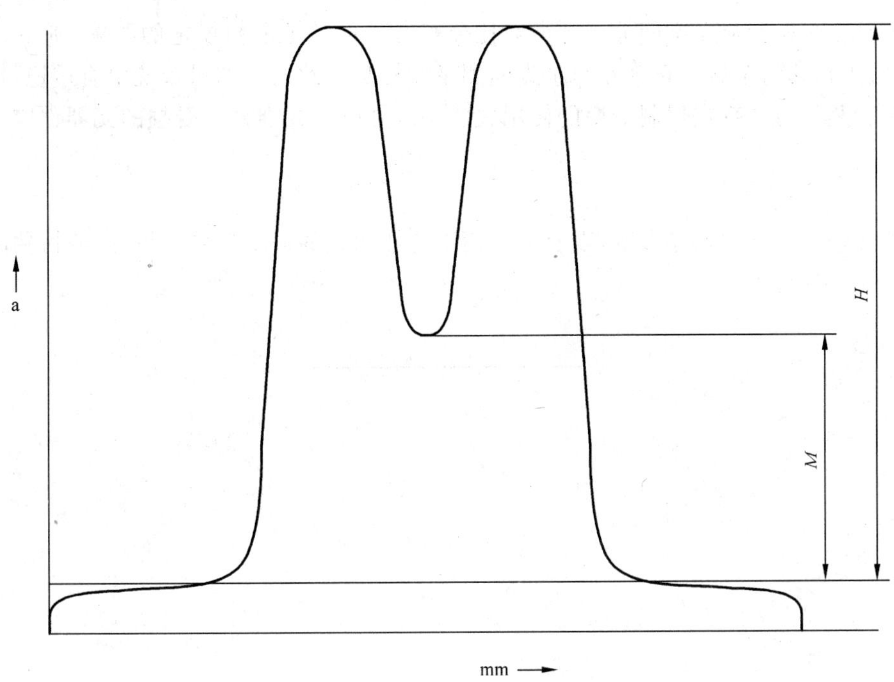

a——输出信号。

调制深度(%)$=\frac{H-M}{H}\times 100$

图 2 穿过双线的强度轮廓

4.3.2 对比灵敏度的校验

为了测量对比灵敏度和壁厚范围,可使用根据 GB/T 23909.1 的规定,制造与校验样品材料相同的阶梯边缘。另外,为了符合标准射线照相的要求,必须按 GB/T 23901.1 和 GB/T 23902.2 的规定放置像质计。如果要对系统积分,可通过递归滤波器或者图像积分降低噪声。算法类型和相关参数应记录归档以确保正确再现。

相应的射线照相像质计的检测能力可作为关于信噪比的图像质量指示。如果它集成到检测系统中,则宜使用图像处理计算机来测量。

4.3.3 均匀度的校验

在成像系统的寿命期内,由于屏蔽或者发光屏、光学系统、照相系统的灼热等原因,系统的均匀度会有所降质。局部的不均匀可以被排除在评估区域之外,而且没有任何相关性。然而,在感兴趣区域内,那些干扰均匀度的因素可能会严重恶化图像,进而恶化图像的评估。在 ROI 的不同区域放置用于测量对比灵敏度和空间分辨力的像质计来进行图像的不均匀度控制。像质计的位置和类型应记录归档。

图像不均匀度随时间的变化性能是在图像处理系统上,对比实际的图像和一幅存放一定时间的图像,通过图像相减或对比强度轮廓进行比较。

在成像系统的寿命期间，可能会出现额外的暗点或亮点，这些点应在显示单元上标记或者通过图像处理系统测量并存储它们的 x、y 地址。

在进行尺寸测量时，图像系统的线性度必须经过适当的校验。

4.3.4 检测移动工件的系统

射线透视设备能用于检测动态物体。运动会产生额外的不清晰度，这种不清晰度依赖于运动速度。为了更好地再现和消除这种影响，系统性能宜在工件不移动时进行测量。图像传感器会在工件图像上留下余辉。当检测运动工件时，这些余辉变得可见并且会影响到图像质量，应考虑到这种影响。

5 设备故障识别

如果长期稳定性校验显示空间分辨力或对比分辨力不再满足最初规定的要求，则不得不分析系统组件。首先，宜确认几何布置是正确且与早先的测量文档是一致的。如果系统中有透镜，推荐首先测试它们的聚焦是否是好的。宜按照制造商的使用说明书测试电子元器件。受损的元器件应予更换。

6 文档

测量文档应包含所有的操作参数，以及一份用于传递测试的设备清单。另外，应评估图像在显示单元上的可视化显示性能。

ICS 19.100
J 04

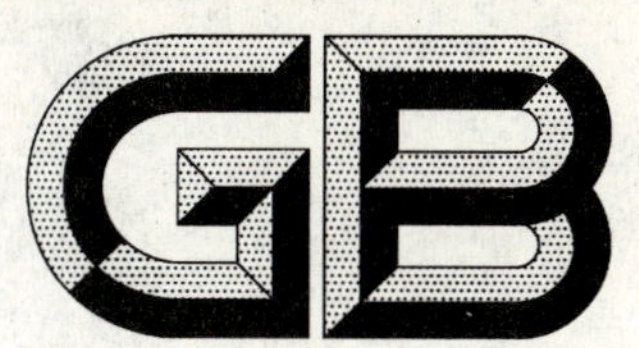

中华人民共和国国家标准

GB/T 23909.3—2009

无损检测　射线透视检测　第3部分：金属材料X和伽玛射线透视检测总则

Non-destructive testing—Radioscopic testing—Part 3: General principles of radioscopic testing of metallic materials by X- and gamma rays

2009-05-26 发布　　　　2009-12-01 实施

中华人民共和国国家质量监督检验检疫总局
中国国家标准化管理委员会　发布

前　言

GB/T 23909《无损检测　射线透视检测》分为三个部分：

——第1部分：成像性能的定量测量；

——第2部分：成像装置长期稳定性的校验；

——第3部分：金属材料X和伽玛射线透视检测总则。

本部分为GB/T 23909的第3部分。

本部分修改采用EN 13068-3:2001《无损检测　射线透视检测　第3部分：金属材料X和伽玛射线透视检测总则》(英文版)。

本部分根据EN 13068-3:2001重新起草。

考虑到我国国情，在采用EN 13068-3:2001时，本部分做了一些修改。有关技术性差异如下：

——删除规范性引用文件EN 12544-1、EN 12544-2和EN 12544-3；

——将其余规范性引用文件改为我国标准。

本部分由全国无损检测标准化技术委员会(SAC/TC 56)提出并归口。

本部分起草单位：山东山大奥太电气有限公司、上海英华检测科技有限公司、广东盈泉钢制品有限公司、上海材料研究所、通用电气检测科技有限公司、上海艾因蒂克实业有限公司。

本部分主要起草人：孔凡琴、张光先、陈仁富、曾祥照、李博、章怡明、张瑞。

引　言

GB/T 23909的本部分规定了对工件进行射线透视检测的基本技术，以及对工件进行经济的重复检测。这些技术是建立在工件检测的公认准则和基本理论的基础上。

本部分的目标是定义一个尽可能接近射线照相标准的射线透视技术。由于特殊的差异，有一些基本偏差。

1） 在对图像增强器系统和胶片技术进行有限固有不清晰度比较时，需要仔细处理像质计。因此，每一次测量时都需要额外介绍双线型像质计的使用。最大允许不清晰度要由工件厚度来定义，也要计算允许的几何不清晰度。由于技术和经济的原因，表4和表5中的较小厚度允许等于符合标准的双倍不清晰度。使用较低的最大管电压来加强对比度，以满足最小线型像质计值，且会对空间分辨力的限制产生一个补偿。因为线型像质计对检测小细节是比较传统的，所以没有定义任何阶梯孔型像质计值。

2） 通过对比度增强来补偿有限空间分辨力，要求在应用中必须使用图像积分。因而，对于金属材料，表5定义的图像质量是基于已进行积分的射线透视检测图像。实时检测会有益于基于动态检测原理的定向结构的识别，并且宜经常被应用作为系统和位置优化的第一步。射线透视对轻合金检测的广泛应用，证明了表4中对应用领域的特殊限制是正确的。表中SA级检测能通过实时射线透视完成，SB级检测只需要附加图像积分。使用者可以依靠检测问题来决定是否应用表4或表5。

无损检测 射线透视检测 第3部分:金属材料X和伽玛射线透视检测总则

1 范围

GB/T 23909 的本部分规定了使用射线透视技术,对金属材料和制品实施以探伤为目的的工业 X 和伽玛射线透视的通用规则。

本部分不涉及不连续的验收准则。

2 规范性引用文件

下列文件中的条款通过 GB/T 23909 的本部分的引用而成为本部分的条款。凡是注日期的引用文件,其随后所有的修改单(不包括勘误的内容)或修订版均不适用于本部分,然而,鼓励根据本部分达成协议的各方研究是否可使用这些文件的最新版本。凡是不注日期的引用文件,其最新版本适用于本部分。

GB/T 3323 金属熔化焊焊接接头射线照相(GB/T 3323—2005,EN 1435:1997,MOD)

GB/T 5677 铸钢件射线照相检测(GB/T 5677—2007,ISO 4993:1987,IDT)

GB/T 9445 无损检测 人员资格鉴定与认证(GB/T 9445—2008,ISO 9712:2005,IDT)

GB/T 23901.1 无损检测 射线照相底片像质 第1部分:线型像质计 像质指数的测定(GB/T 23901.1—2009,ISO 19232-1:2004,IDT)

GB/T 23901.3 无损检测 射线照相底片像质 第3部分:黑色金属像质分类(GB/T 23901.3—2009,ISO 19232-3:2004,IDT)

GB/T 23901.5 无损检测 射线照相底片像质 第5部分:双线型像质计 图像不清晰度的测定(GB/T 23901.5—2009,ISO 19232-5:2004,IDT)

GB/T 23909.1 无损检测 射线透视检测 第1部分:成像性能的定量测量(GB/T 23909.1—2009,EN 13068-1:1999,MOD)

GB/T 23909.2 无损检测 射线透视检测 第2部分:成像装置长期稳定性的校验(GB/T 23909.2—2009,EN 13068-2:1999,MOD)

3 术语和定义

下列术语和定义适用于 GB/T 23909 的本部分。

3.1

标称厚度 nominal thickness

t

被检范围内材料的标称厚度。

不必考虑制造公差。

3.2

穿透厚度 penetrated thickness

W

以标称厚度为基础算出的射线束方向上材料的厚度。

3.3

源尺寸　source size

d

射线源的尺寸,或 X 射线管的焦点尺寸。

3.4

焦点至探测器距离　focus to detector distance

FDD

射线束方向上测出的射线源至探测器之间的距离。

3.5

焦点至工件距离　focus to object distance

FOD

沿射线束中心线测出的射线源至射线源一侧的被检工件之间的距离。

3.6

有关空间分辨力的术语(见附录 A)

几何不清晰度　geometric unsharpness

U_g

固有(屏)不清晰度　inherent (screen) unsharpness

U_i

总不清晰度　total unsharpness

U_t

3.7

系统参数(见附录 A)

几何放大比　geometric magnification

M

3.8

闪烁　blooming

光过照射或在高强度对比度区域形成条纹。

4　射线透视检测

4.1　射线透视技术级别

射线透视技术分为两级:

SA 级:基本技术;

SB 级:优化技术。

当 SA 级技术的灵敏度不够时,则使用 SB 级技术。

经合同各方同意,可采用比 SB 级技术更优的,包含所有适当检测参数和提高了射线透视系统最低要求的技术规范。

射线透视技术的选择,应征得合同各方同意。

4.2　射线透视检测系统的最低要求

用于射线透视检测的设备,根据测试系统质量要求可以不同。三类射线透视测试系统被定义。GB/T 23909 的本部分定义了应用于特殊目的最小系统类别。

分类的标准是固有探测器不清晰度以及与 GB/T 23909.1(见表 1)一致的,在没有几何放大下测得的变形和均匀性。应在 100 kV 下通过 6 mm 钢盘测量这些值。此外,为了长期稳定性,必须校验固有不清晰度。应按 GB/T 23909.1 和 GB/T 23909.2 进行测量。

表 1 射线透视检测系统的最低要求

参数	系统分类		
	SC1	SC2	SC3
固有探测器不清晰度 U_i 优于	0.4 mm	0.5 mm	0.6 mm
变形 $V_{d,i}$ 优于	5%	10%	20%
均匀度 $H_{d,i}$ 优于	10%	20%	30%

这些特征应在信噪比优于 50、变形和均匀度在 75% 的图像域上测量。

不能满足系统类别 SC1～SC3 的系统不符合本部分。

5 概述

5.1 电离辐射的防护

警示：人体任何部位受到 X 射线或伽玛射线照射都可能严重损害健康。无论在何处使用 X 射线设备或放射源，均应遵循相应的法规要求。只要使用电离辐射，就应严格遵循地方、国家或国际的安全防护规定。

5.2 表面准备和制造阶段

通常，表面不需做准备，若表面缺欠或覆盖层有可能使不连续难以检出时，则该表面就应打磨光滑，或该覆盖层应予去除。

5.3 射线透视图像的标识

如果记录归档是必需的，应在被检工件的每一部分附有清楚的标识。标识的图像应出现在射线透视图像的任何感兴趣区域之外，并且应保证这一部位被明确标识。在必需存档的文件中，应保证每一个图像被清晰标示。

另外，可以通过电子手段插入一个记号或参考码到图像、图像头或参数文件里来完成射线透视图像的标识。这个参考码应作为射线透视图像的一部分来存储。

5.4 标记

为使每个射线透视图像准确定位，必要时，被检工件上应打上永久性标记。

若材料的特性和/或其使用条件不允许打上永久性标记，可将位置准确记录在草图上。

5.5 图像的重叠

一个区域用两个或多个图像/视频帧检测时，为确保射线透视检测到整个被检范围，它们应充分重叠。为此，可在工件表面上放置用于验证的高密度材料的标记，使标记显示在每个图像上。

5.6 人员资格

应由有资格和能力的人员来实施射线透视检测，推荐按 GB/T 9445 或等效标准来认证取得该资格。

6 射线透视图像的推荐技术

6.1 检测布置

任何情况，检测布置都应通过制定的应用标准来决定。

6.2 射线透视成像设备

系统的成像性能应符合 GB/T 23909.1 和 GB/T 23909.2。

6.3 射线束的对准

射线束应指向被检区域的中心，并垂直于工件表面，除非能证明某些检测的最佳显示可用其他射线方向获得。在后一种情况下，允许采用合适的射线束方向。

经合同各方同意，也可选用其他射线透视检测方法。其他检测的布置，可参照相关检测标准进行。

6.4 滤光片和准直器的使用

为了减少散射线和闪烁的影响,直接射线应尽可能的被准直到处于检测状态下的部分。散射线应通过准直器、滤光板和屏蔽来减少。

6.5 管电压的选择

要得到好的探伤灵敏度,X射线管电压宜尽可能低。管电压的最大值对应于表2给出的铝和轻合金的穿透厚度,以及表3中的钢。

表2 铝和轻合金的最大X射线管电压

穿透厚度/ mm	最大X射线管电压/ kV
5	45
10	50
15	55
25	65
35	75
45	85
55	95
70	110
85	125
100	140
120	160

表3 钢的最大X射线管电压

穿透厚度/ mm	最大X射线管电压/ kV
1.2～2.0	90
2.0～3.5	100
3.5～5.0	110
5.0～7.0	120
7.0～10	135
10～15	160
15～25	210
25～32	265
32～40	315
40～55	390
55～85	450

如果使用微焦点设备,使用一个稍微高的管电压是必须的。应增加几何放大比达到需要的像质计灵敏度(见表4和表5)。但是宜注意的是过高的管电压会损失缺陷检测灵敏度。

通过合同双方同意,可按GB/T 3323和GB/T 5677使用伽玛射线源。

6.6 图像数据的采样

图像被看作由光子流引起统计变化的电子信号。在电视屏幕的可视化显示中,它在图像上显示为光子噪声。可通过增加成像输入屏的光子数,或对图像信号积分降低噪声。

应对图像进行积分或平均直到达到需要的图像质量,及直至无法提高图像质量为止。

应使用像质计(IQIs)来控制图像质量。推荐使用 GB/T 23901.1 和 GB/T 23901.5 定义的像质计。

按 GB/T 23901.1 的线型像质计和按 GB/T 23901.5 的双线型像质计,作为穿透厚度的函数,不同的应用中,最小要求的可见线在表 4 和表 5 中给出。

像质计应被固定在被检工件靠近射线源面上(当焦点尺寸大于固有探测器不清晰度)或物体朝向探测器面上近似 45°的角度(当焦点尺寸小于固有探测器不清晰度时)。另外,在相同的检测系统条件下,像质计线和双线应可见。

表 4 铝和轻合金的系统性能

检测级别	SA		SB	
系统类别	SC3		SC2	
像质计	线号	双线号	线号	双线号
穿透厚度	—	—	—	—
5 mm	W12	8D	W16	10D
10 mm	W11	7D	W14	9D
15 mm	W10	7D	W13	9D
25 mm	W9	7D	W12	9D
35 mm	W8	7D	W10	9D
45 mm	W7	7D	W9	9D
55 mm	W6	7D	W9	9D
70 mm	W5	7D	W8	9D
85 mm	W5	7D	W8	9D
100 mm	W5	7D	W8	9D
120 mm	W4	7D	W7	9D

注:对轻合金检测,SA 级别是基于实时连续检测,这种检测覆盖了,尤其是覆盖了标准小焦点 X 射线管(0.1 mm、…、1 mm 焦点尺寸)。

SB 级别是基于为了获得更高几何分辨力和对比度灵敏度的非连续检测。

表 5 金属材料检测 SA 级和 SB 级的系统性能(不包含铝和轻合金)

检测级别	SA		SB		测试类别
系统类别	SC3		SC2		系统类别
像质计	线号	双线号	线号	双线号	像质计
穿透厚度/mm	—	—	—	—	穿透厚度/mm
1.2~2.0	W17	11D	W19	13D	~1.5[a]
2.0~3.5	W16	10D	W18	12D	1.5~2.5[a]
3.5~5.0	W15	9D	W17	11D	2.5~4.0[a]
5.0~7.0	W14	8D	W16	10D	4.0~6.0[a]

表 5（续）

检测级别	SA		SB		测试类别
系统类别	SC3		SC2		系统类别
像质计	线号	双线号	线号	双线号	像质计
穿透厚度/mm	—	—	—	—	穿透厚度/mm
7.0～10	W13	7D	W15	9D	6.0～8.0
10～15	W12	7D	W14	9D	8.0～12
15～25	W11	7D	W13	9D	12～20
25～32	W10	7D	W12	9D	20～30
32～40	W9	7D	W11	9D	30～35
40～55	W8	7D	W10	9D	35～45
55～85	W7	6D	W9	9D	45～65

[a] 在 SB 级别中，达到需要的几何放大比是困难的。在合同双方的协议下，当厚度范围达到 6.0 mm，要求的双线号可能会减少一个。

表 5 中的 SA 级别和 SB 级别是基于 GB/T 23901.3。

注：人眼已经有接近 0.2 s 的积分时间。单个视频帧的图像质量会比电视屏上的图像质量差。

6.7 图像存储和处理

检测完后，图像应作为原始数据在外部存储器上存储。设备应适于长期存储以满足测试文档的要求。

为了加强缺陷的可识别性或自动评价，射线透视图像能得到进一步数字图像处理。为了图像质量测试，只允许图像积分、对比度和亮度调整。

合同双方必须达成协议，是否应存档原始数据、仅处理过的图像或两种同时存档。

6.8 图像观察条件

应在较暗室内的监控器上评估射线透视图像。

7 检测报告

若有必要，应对每个射线透视图像或成组图像编写检测报告，给出所使用的检测技术以及其他有助于较好理解结果的特殊情况等信息。

报告格式和内容宜在特定的应用标准中规定或由合同各方商定。如果检测仅按 GB/T 23909 的本部分进行，则检测报告应至少包括下列内容：

a） 检测公司名称；

b） 唯一的报告编号；

c） 工件；

d） 材料；

e） 制造阶段；

f） 标称厚度；

g） 射线透视技术、级别和系统级别；

h） 标记系统（若有使用）；

i） 所使用的射线源、设备及其型号和焦点尺寸；

j） 管电压和管电流或源活度；

k） 射线束的对准（如果没有标称物）；

l）所使用的滤光片和准直器；

m）所使用的积分时间、焦点至探测器距离和放大比；

n）像质计类型和位置；

o）像质计类型和读数；

p）图像处理规范（若有使用）；

q）存储数据的数据格式和文件名；

r）与本部分的一致性；

s）与商定标准的任何偏差；

t）责任人姓名、资格和签名；

u）检测日期和报告日期。

附 录 A
（资料性附录）
检测布置 几何不清晰度和几何放大比之间的关系

图 A.1 显示了 X 射线投影的放大。

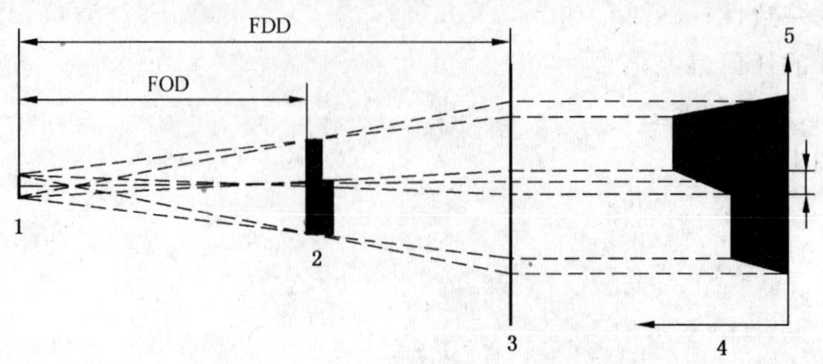

1——焦点；
2——试样；
3——探测器；
4——强度；
5——位置。

图 A.1 X 射线投影的放大

几何不清晰度 U_g 通过焦点到探测器的距离 FDD、射线源到物体间的距离 FOD，以及射线源焦点尺寸 d 来计算：

$$U_g = d \times (\text{FDD} - \text{FOD})/\text{FOD} \qquad \cdots\cdots(\text{A.1})$$

或：

$$U_g = d \times (\text{FDD}/\text{FOD} - 1) \qquad \cdots\cdots(\text{A.2})$$

几何放大比 M=FDD/FOD：

$$U_g = d \times (M - 1) \qquad \cdots\cdots(\text{A.3})$$

可观察到的最小不连续受两种类型的不清晰度控制，几何不清晰度 U_g 和固有探测器不清晰度 U_i。两者共同规定着射线透视系统的不清晰度 U_t。它等于几何不清晰度和固有不清晰度平方和的平方根：

$$U_t = \sqrt{U_g^2 + U_i^2} \qquad \cdots\cdots(\text{A.4})$$

如果使用了光学几何放大比 M_{opt}，则可得到系统的理论最小不清晰度 U_t（对于 $d \geqslant 0.1$ mm）：

$$M_{opt} = 1 + (U_i/d)^2 \qquad \cdots\cdots(\text{A.5})$$

任何偏离理论 M_{opt} 值都会增加系统不清晰度。

ICS 19.100
J 04

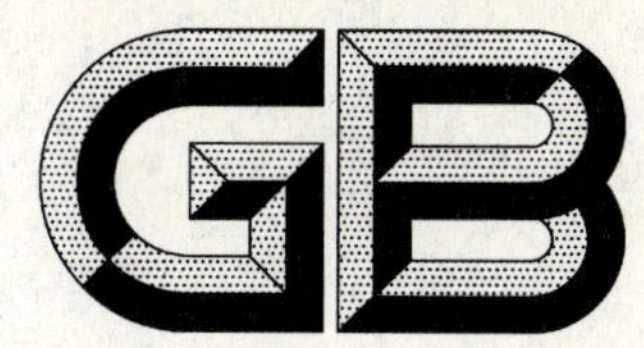

中华人民共和国国家标准

GB/T 23910—2009

无损检测　射线照相检测用金属增感屏

Non-destructive testing—Metal intensifying screens for radiographic testing

2009-05-26 发布　　　　2009-12-01 实施

中华人民共和国国家质量监督检验检疫总局
中国国家标准化管理委员会　发布

前言

本标准由全国无损检测标准化技术委员会(SAC/TC 56)提出并归口。

本标准起草单位:上海材料研究所、浙江省缙云像质计厂、上海市工程材料应用评价重点实验室、上海苏州美柯达探伤器材有限公司、上海上材电磁设备有限公司、上海泛亚无损检测技术有限公司、上海上材工程材料检测有限公司。

本标准主要起草人:金宇飞、宓中玉、周九九、柳章龙、李莉、赵成、熊蜀冰。

无损检测　射线照相检测用金属增感屏

1　范围

本标准规定了工业射线照相检测用金属增感屏的分类、技术要求和检验方法。

本标准适用于由铅、钢、铜、钽、钨等金属制成的增感屏，其他金属制成的增感屏也可参照本标准。

本标准适用于金属增感屏的型式检验和出厂检验。本标准也可作为用户订货的验收依据。

2　规范性引用文件

下列文件中的条款通过本标准的引用而成为本标准的条款。凡是注日期的引用文件，其随后所有的修改单(不包括勘误的内容)或修订版均不适用于本标准，然而，鼓励根据本标准达成协议的各方研究是否可使用这些文件的最新版本。凡是不注日期的引用文件，其最新版本适用于本标准。

GB/T12604.2　无损检测　术语　射线照相检测(GB/T 12604.2—2005，ISO 5576:1997，Non-destructive testing—Industrial X-ray and gamma-ray radiology—Vocabulary，IDT)

GB/T 19001　质量管理体系　要求(GB/T 19001—2008，ISO 9001:2008，IDT)

GB/T 19943　无损检测　金属材料X和伽玛射线照相检测　基本规则(GB/T 19943—2005，ISO 5579:1998，IDT)

GB/T 27025　检测和校准实验室能力的通用要求(GB/T 27025—2008，ISO/IEC 17025:2005，IDT)

3　术语和定义

GB/T 12604.2确立的术语和定义适用于本标准。

4　分类

本标准所适用的金属增感屏按金属材料的不同分为如下几类：

a)　铅屏；

b)　钢屏；

c)　铜屏；

d)　钽屏；

e)　钨屏。

注：本标准分类的金属增感屏与GB/T 19943的要求是一致的。

5　技术要求

5.1　概述

金属增感屏通常由紧密粘接的金属和衬纸构成。

金属的材料可以是铅、钢、铜、钽或钨等重金属。

衬纸的材料可以是纸质的、塑料的或其他适宜的非金属材料。

5.2　金属的化学成分

由合同约定。

5.3　厚度

金属增感屏的厚度应满足相应的工业射线照相检测标准(如GB/T 19943)的要求。

金属增感屏的厚度主要是指金属的厚度，衬纸的厚度只要不大于 1 mm 即可。

除另有合同约定外，金属增感屏的金属厚度应符合表 1。

表 1　金属的厚度

金属名称	标称厚度/ mm	允许偏差/ mm
铅	0.01 0.02	±0.002
	0.03 0.05	±0.005
	0.1	±0.01
	0.15 0.2	±0.02
	0.3 0.5	±0.05
	0.7 1.0	±0.1
	1.5 2.0	±0.2
钢、铜、钽、钨	0.3 0.5	±0.05
	0.7 1.0	±0.1
	1.5 2.0	±0.2

5.4　尺寸

由合同约定。

5.5　表面

金属增感屏(包括金属和衬纸)的表面应光滑、清洁和平整。

金属的表面不应有肉眼可辨的孔洞、划痕、擦伤、皱纹、油污、氧化等。

6　检验方法

6.1　化学成分

应根据不同的材料，采用适当的化学分析方法测定。

6.2　厚度

应采用准确度优于± 0.001 mm 的适当方法测定。

出厂检验应在每批金属的当中和近两端共三处，抽取样品进行测定。出厂检验可在金属增感屏加工之前进行。

6.3　尺寸

6.3.1　型式检验应采用准确度优于±0.1 mm 的适当方法测定。

6.3.2 出厂检验应在每批金属增感屏产品中抽取10%的产品，采用准确度优于±0.1 mm的适当方法测定；其余的产品可用准确度优于±1 mm的适当方法测定。

6.4 表面

用肉眼在白光下进行检查。

7 检验规则

7.1 组批规则

7.1.1 金属

每批由批重不超过500 kg和同一牌号、同一炉号材料在同样状态下以同一工艺制成的材料数量组成。

7.1.2 金属增感屏

每批由以同批金属为原料和在同一加工条件下制成的产品数量组成。

7.2 检验分类

7.2.1 型式检验

下列之一情况时，宜进行型式检验：

a) 新生产、转产或停产后复产时；

b) 材料或工艺改变时；

c) 合同约定时；

d) 上次型式检验已超过6个月时。

金属增感屏的型式检验应由取得GB/T 27025认可的具有金属增感屏型式检验检测项目的实验室进行[1)]。型式检验实验室应出具一份执行本标准的检验报告。

7.2.2 出厂检验(或批量检验)

金属增感屏的制造商应对每批金属增感屏产品进行出厂检验，并出具一份执行本标准的检验证书。出厂检验应由质量体系予以限定和保证。该体系宜符合GB/T 19001的要求。

7.3 检验项目

金属增感屏的检验项目见表2。

表2 金属增感屏的检验项目

序号	检验项目	检验分类	检验方法依据章条	技术要求依据章条
1	化学成分	型式	6.1	5.2
2	厚度	型式和出厂	6.2	5.3
3	尺寸	型式和出厂	6.3	5.4
4	表面	型式和出厂	6.4	5.5

8 标记

8.1 总则

应在每张金属增感屏产品上印有标准化项目标记。

8.2 标记格式

金属增感屏标准化项目标记的格式可以是如下任一种：

a) “金属增感屏 GB/T 23910-金属符号-厚度-尺寸”；

b) “GB/T 23910-金属符号-厚度-尺寸”；

1) 相关的实验室名录可以从全国无损检测标准化技术委员会秘书处获得(http://www.chinandt.org.cn)。

c) “金属增感屏-金属符号-厚度-尺寸”；

d) “金属符号-厚度-尺寸”。

标记中各要素的含义如下：

金属符号——金属增感屏种类，用英文字母表示，即：铅屏为 Pb，钢屏为 Fe，铜屏为 Cu，钽屏为 Ta，钨屏为 W；

厚度——金属的厚度，用数字表示，单位为 mm（省略不标注）；

尺寸——增感屏尺寸，用数字×数字表示，单位为 mm（省略不标注）。

8.3 示例

以符合 GB/T 23910，铅的厚度为 0.03 mm，尺寸为 300 mm×400 mm 的金属增感屏产品为例，其标记为：

金属增感屏 GB/T 23910-Pb-0.03-300×400

标记中各要素的含义如下：

Pb——铅屏；

0.03——铅的厚度为 0.03 mm；

300×400——增感屏尺寸为 300 mm×400 mm。

9 标志和标签

9.1 金属增感屏的标志或标签应至少包含：

a) 制造商名称、商标或识别标志、详细地址；

b) 产品名称、型号和规格、产品标准编号、产地；

c) 可追溯的产品编号或批号。

9.2 标志或标签应出现在包装上。

10 包装、运输和贮存

10.1 金属增感屏可单独 1 张包装，也可以相同规格的 10、25、50 或 100 张包装。

10.2 制造商应在包装上说明运输和贮存的要求，以避免增感屏受损。

10.3 产品交付时的随行文件应包含：

a) 产品合格证；

b) 产品使用说明书；

c) 型式检验报告（合同约定时）；

d) 出厂检验证书（合同约定时）。

参 考 文 献

[1] GB/T 191 包装储运图示标志(GB/T 191—2008,ISO 780:1997,MOD).
[2] GB/T 223(所有部分) 钢铁及合金化学分析方法.
[3] GB/T 1958 产品几何量技术规范(GPS) 形状和位置公差 检测规定.
[4] GB/T 3177 光滑工件尺寸的检验.
[5] GB/T 4103(所有部分) 铅及铅合金化学分析方法.
[6] GB/T 4324(所有部分) 钨化学分析方法.
[7] GB/T 5121(所有部分) 铜及铜合金化学分析方法.
[8] GB/T 6388 运输包装收发货标志.
[9] GB/T 9969 工业产品使用说明书 总则.
[10] GB/T 14436 工业产品保证文件 总则.
[11] GB/T 15076(所有部分) 钽铌化学分析方法.

ICS 19.100
J 04

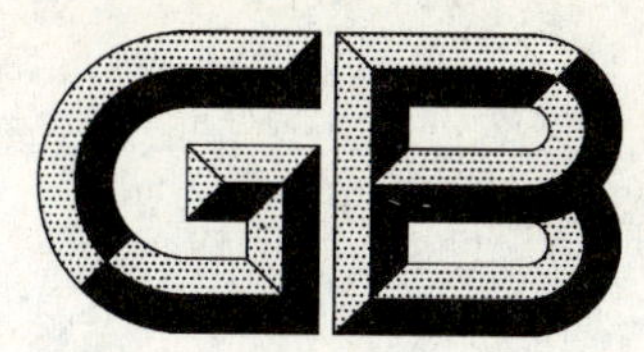

中华人民共和国国家标准

GB/T 23911—2009

无损检测 渗透检测用试块

Non-destructive testing—Blocks for penetrant testing

2009-05-26 发布

2009-12-01 实施

中华人民共和国国家质量监督检验检疫总局
中国国家标准化管理委员会 发布

前　言

本标准由全国无损检测标准化技术委员会(SAC/TC 56)提出并归口。

本标准起草单位:上海材料研究所、上海苏州美柯达探伤器材有限公司、贵州云马飞机制造厂、上海市工程材料应用评价重点实验室、上海上材电磁设备有限公司、上海泛亚无损检测技术有限公司、上海上材工程材料检测有限公司。

本标准主要起草人:金宇飞、王海峰、应荣福、李莉、宓中玉、赵成、熊蜀冰。

无损检测　渗透检测用试块

1　范围

本标准规定了渗透检测用试块(或渗透试块)的分类、技术要求和检验方法。

本标准适用于渗透试块的型式检验和出厂检验。本标准也可作为用户订货的验收依据。

注：本标准适用的渗透试块未包括 GB/T 18851.3 中的 1 型和 2 型试块。

2　规范性引用文件

下列文件中的条款通过本标准的引用而成为本标准的条款。凡是注日期的引用文件，其随后所有的修改单(不包括勘误的内容)或修订版均不适用于本标准，然而，鼓励根据本标准达成协议的各方研究是否可使用这些文件的最新版本。凡是不注日期的引用文件，其最新版本适用于本标准。

GB/T 3190　变形铝及铝合金化学成分(GB/T 3190—2008，ISO 209:2007，Aluminium and aluminium alloy—Chemical composition，MOD)

GB/T 4237　不锈钢热轧钢板和钢带

GB/T 5231　加工铜及铜合金化学成分和产品形状

GB/T 12604.3　无损检测　术语　渗透检测(GB/T 12604.3—2005，ISO 12706:2000，IDT)

GB/T 19001　质量管理体系　要求(GB/T 19001—2008，ISO 9001:2008，IDT)

GB/T 27025　检测和校准实验室能力的通用要求(GB/T 27025—2008，ISO/IEC 17025:2005，IDT)

JB/T 7523　无损检测　渗透检测用材料

3　术语和定义

GB/T 12604.3 确立的术语和定义适用于本标准。

4　分类

本标准所适用的渗透试块应按如下进行分类：

a)　A 型试块(铝合金淬火裂纹参考试块)；

b)　B 型试块(镀铬辐射裂纹参考试块)；

c)　C 型试块(镀镍铬横裂纹参考试块)。

5　技术要求

5.1　A 型试块

5.1.1　形状和尺寸

A 型试块的形状和尺寸见图 1。

5.1.2　材料

A 型试块的材料应采用 LY12 或类似的铝合金板材，其化学成分应符合 GB/T 3190 的规定。

5.1.3　制作要求

将铝合金板材加工成如图 1 所示之形状和尺寸，试块的长度取向应与板材轧制方向一致。

将试块的一面加工成表面粗糙度为 $Ra = 1.2\ \mu m \sim 2.5\ \mu m$。

将 $Ra = 1.2\ \mu m \sim 2.5\ \mu m$ 的一面中间部位用喷灯或其他适宜方法进行局部加热，使其达到一定温度后进行淬火处理，使之产生淬火裂纹。

为方便使用，应将试块按图1所示分割成两块或两部分。分割为两部分时，分割槽口可为矩形，也可为60°V形。在分割成两块或两部分的试块上分别标上A和B。

试块的A、B两表面上，应有无规则分布的宽度在3 μm以下、3 μm～5 μm和大于5 μm的开口裂纹，其中应至少有2条宽度不大于3 μm的开口裂纹。在单个表面上的裂纹总数不应少于4条。

试块的A、B两表面上的裂纹分布应大致相似。

单位为毫米

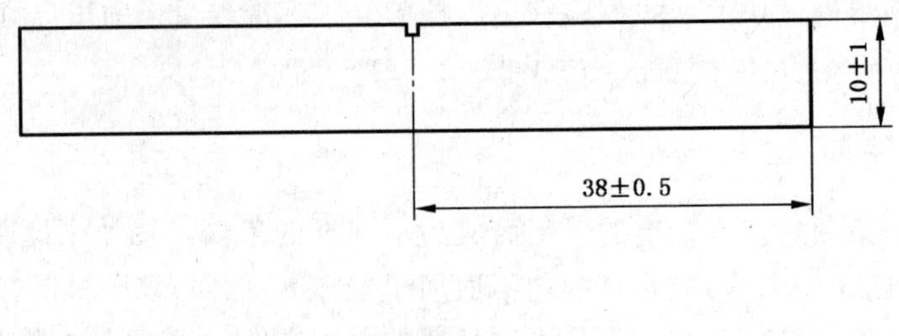

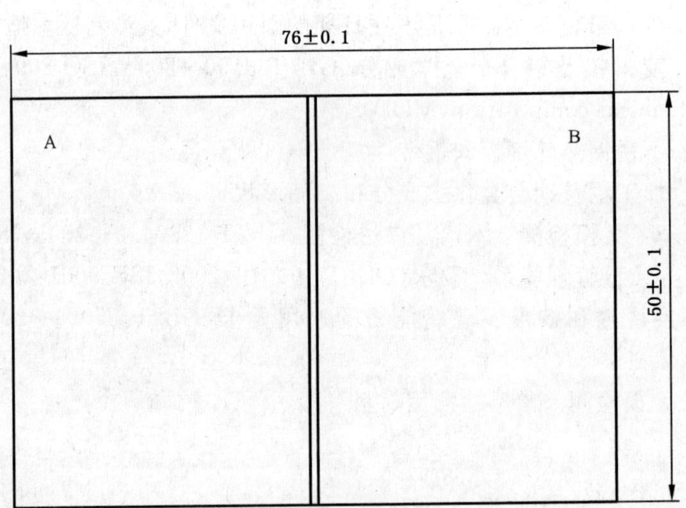

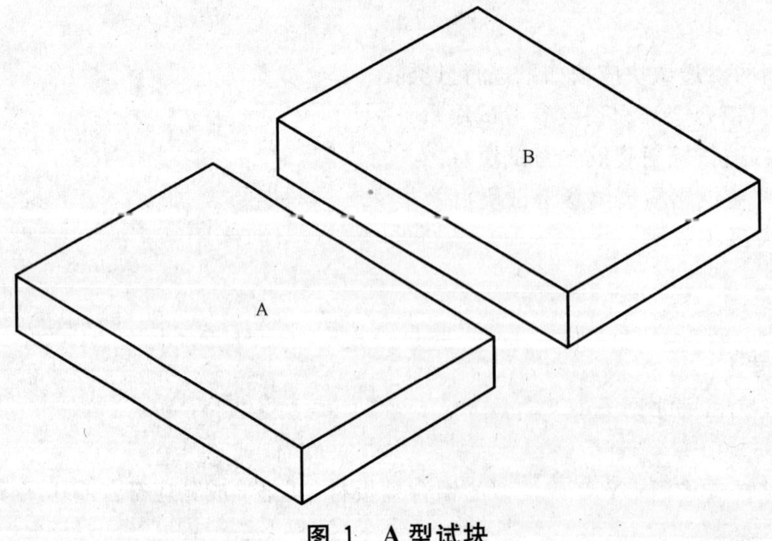

图1 A型试块

5.2 B型试块

5.2.1 形状和尺寸

B型试块有两块，分别为五点式和三点式，其形状和尺寸分别见图2和图3。

5.2.2 材料

B型试块的材料应采用 1Cr18Ni9Ti 或 Cr17Ni2 或类似的不锈钢板材，其化学成分应符合 GB/T 4237 的规定。

5.2.3 五点式B型试块的制作要求

将不锈钢板材加工成如图2所示之形状和尺寸。试块的一面分为两个区域。

在尺寸为 152 mm×57 mm 的区域喷砂，使该区域的表面粗糙度 $Ra=1.2\ \mu m\sim2.5\ \mu m$。

在尺寸为 152 mm×45 mm 的区域镀铬，镀铬层厚度不大于 150 μm，表面粗糙度 $Ra=0.63\ \mu m\sim1.25\ \mu m$；在此镀铬层背面的中心线上，选相距 25 mm 的5个适当点位，用布氏硬度计施加不同负荷(依次从大至小)，使镀铬层面上形成从大至小、肉眼不易见的五个辐射状裂纹区，裂纹区长径见表1。

表1 五点式B型试块表面的裂纹区长径

裂纹区次序	1	2	3	4	5
裂纹区长径/mm	5.5～6.3	3.7～4.5	2.7～3.5	1.6～2.4	0.8～1.6

在靠近试块最大裂纹区一端的中间，钻有一悬挂用的 φ6 mm 通孔(见图2)。

单位为毫米

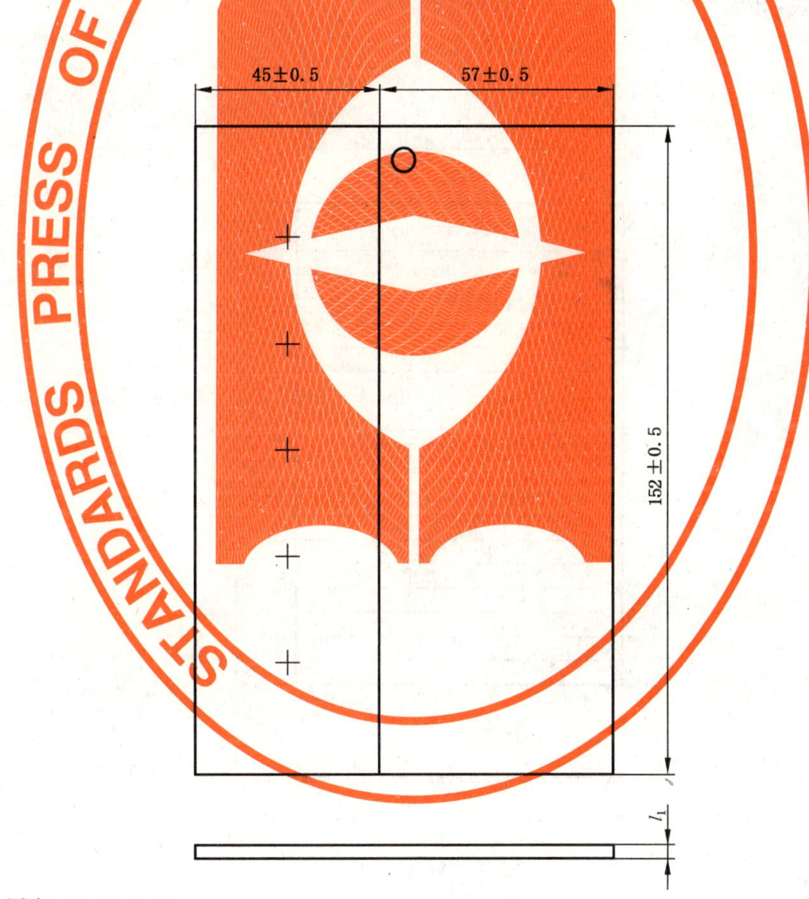

l_1——试块厚度，(2.5±0.5)mm。

图2 五点式B型试块

5.2.4 三点式B型试块的制作要求

将不锈钢板材加工成如图3所示之形状和尺寸。

在试块的一面镀铬，镀铬层厚度不大于 150 μm。

在镀铬层背面中央，选相距约 25 mm 的3个点位(见图3)，以 φ12 mm 钢球，用布氏硬度计依次施加 12 500 N、10 000 N 和 7 500 N 的负荷，使镀铬层面上形成从大至小、裂纹区长径差别明显、肉眼不易见的三个辐射状裂纹区。

单位为毫米

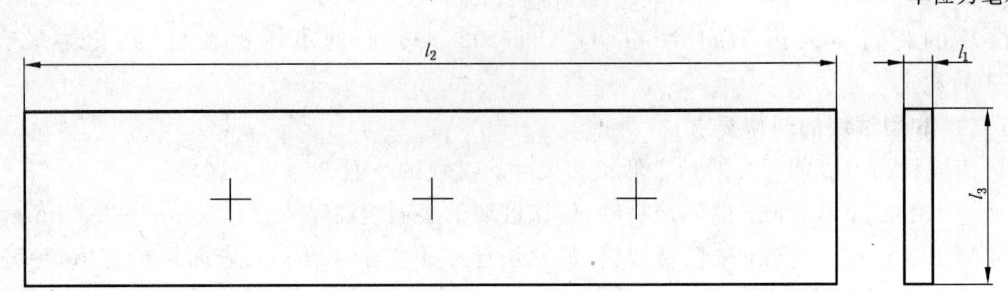

l_1——试块厚度,(3～4)mm;

l_2——试块长度,(100～130)mm;

l_3——试块宽度,(30～40)mm。

图 3 三点式 B 型试块

5.3 C 型试块

5.3.1 形状和尺寸

C 型试块有三块,其形状和尺寸均相同,见图 4。

单位为毫米

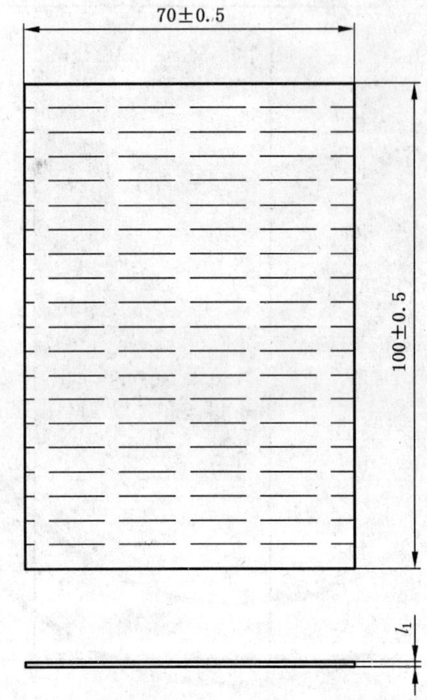

l_1——试块厚度,(1±0.2)mm。

图 4 C 型试块

5.3.2 材料

C 型试块的材料应采用黄铜板材,也可采用 1Cr18Ni9Ti 或 Cr17Ni2 或类似的不锈钢板材,其化学成分应符合 GB/T 5231 或 GB/T 4237 的规定。

5.3.3 制作要求

将黄铜板材或不锈钢板材加工成如图 4 所示之形状和尺寸。分别在三块试块的一面镀镍,厚度分别为 10 μm～13 μm、20 μm～30 μm 和 40 μm～50 μm;然后再镀铬,厚度约 1 μm。

将试块拉伸或弯曲(镀面向外),使镀层表面产生裂纹,经过弯曲的试块须整平。试块表面上的裂纹深度与镀层的厚度一致,裂纹尺寸见表 2。

表 2 C 型试块表面裂纹的尺寸

C 型试块编号	裂纹深度/μm	裂纹宽度/μm
1	40～50	4～5
2	20～30	2～3
3	10～13	1～1.3

6 检验方法

6.1 化学成分

应根据不同的材料，采用适当的化学分析方法测定。

6.2 表面粗糙度

应采用适当的方法测定。

6.3 尺寸

6.3.1 覆盖层厚度、裂纹深度和宽度，应采用准确度优于±1 μm(0.001 mm)的适当方法测定。

6.3.2 裂纹区长径、试块外形尺寸，应采用准确度优于±0.1 mm 的适当方法测定。

7 检验规则

7.1 组批规则

7.1.1 材料

每批由同一炉号、同一热处理状态的材料数量组成。

7.1.2 试块

每批由每件渗透试块单独组成。

7.2 检验分类

7.2.1 型式检验

下列之一情况时，宜进行型式检验：

a) 新生产、转产或停产后复产时；

b) 材料或工艺改变时；

c) 合同约定时；

d) 上次型式检验已超过 24 个月时。

试块的型式检验应由取得 GB/T 27025 认可的具有渗透试块型式检验检测项目的实验室进行[1)]。型式检验实验室应出具一份执行本标准的检验报告。

7.2.2 出厂检验(或批量检验)

渗透试块的制造商应对每批渗透试块产品进行出厂检验，并出具一份执行本标准的检验证书。

出厂检验应由质量体系予以限定和保证。该体系宜符合 GB/T 19001 的要求。

7.3 检验项目

7.3.1 A 型试块

A 型试块的检验项目见表 3。

---

1) 相关的实验室名录可以从全国无损检测标准化技术委员会秘书处获得(http://www.chinandt.org.cn)。

表 3 A 型试块的检验项目

序　号	检验项目	检验分类	检验方法依据章条	技术要求依据章条
1	化学成分	型式	6.1	5.1.2
2	表面粗糙度	型式和出厂	6.2	5.1.3
3	表面裂纹宽度	型式和出厂	6.3.1	5.1.3
4	试块外形尺寸	型式和出厂	6.3.2	5.1.1

7.3.2 **B 型试块**

7.3.2.1 **五点式 B 型试块**

五点式 B 型试块的检验项目见表 4。

表 4 五点式 B 型试块的检验项目

序　号	检验项目	检验分类	检验方法依据章条	技术要求依据章条
1	化学成分	型式	6.1	5.2.2
2	表面粗糙度	型式和出厂	6.2	5.2.3
3	镀铬层厚度	型式	6.3.1	5.2.3
4	表面裂纹区长径	型式和出厂	6.3.2	5.2.3
5	试块外形尺寸	型式和出厂	6.3.2	5.2.1

7.3.2.2 **三点式 B 型试块**

三点式 B 型试块的检验项目见表 5。

表 5 三点式 B 型试块的检验项目

序　号	检验项目	检验分类	检验方法依据章条	技术要求依据章条
1	化学成分	型式	6.1	5.2.2
2	镀铬层厚度	型式	6.3.1	5.2.4
3	表面裂纹区长径	型式和出厂	6.3.2	5.2.4
4	试块外形尺寸	型式和出厂	6.3.2	5.2.1

7.3.3 **C 型试块**

C 型试块的检验项目见表 6。

表 6 C 型试块的检验项目

<table>
<tr><th>序　号</th><th>检验项目</th><th>检验分类</th><th>检验方法依据章条</th><th>技术要求依据章条</th></tr>
<tr><td>1</td><td>化学成分</td><td>型式</td><td>6.1</td><td>5.3.2</td></tr>
<tr><td>2</td><td>镀镍层和镀铬层厚度</td><td>型式</td><td rowspan="2">6.3.1</td><td rowspan="2">5.3.3</td></tr>
<tr><td>3</td><td>表面裂纹深度和宽度</td><td>型式和出厂</td></tr>
<tr><td>4</td><td>试块外形尺寸</td><td>型式和出厂</td><td>6.3.2</td><td>5.3.1</td></tr>
</table>

8 标记

8.1 总则

每件渗透试块产品上应刻有永久性的标准化项目标记。

试块上的永久性标记不应影响试块的使用性能。

注：标记宜刻在无表面裂纹的一面。

8.2 标记格式

渗透试块标准化项目标记的格式可以是如下任一种：

a) “渗透试块 GB/T 23911-试块类型符号和编号”；

b) “GB/T 23911-试块类型符号和编号”；

c) “渗透试块-试块类型符号和编号”。

标记中各要素的含义如下：

试块类型符号和编号——用大写英文字母加数字表示，即：A 型试块为 A，五点式 B 型试块为 B5，三点式 B 型试块为 B3，1 号 C 型试块为 C1，2 号 C 型试块为 C2，3 号 C 型试块为 C3。

8.3 示例

以符合 GB/T 23911，五点式 B 型试块产品为例，其标记可以为：

渗透试块　GB/T 23911-B5

标记中各要素的含义如下：

B5——五点式 B 型试块。

9 标志和标签

9.1 渗透试块的标志或标签应至少包含：

a) 制造商名称、商标或识别标志、详细地址；

b) 产品名称、型号和规格、产品标准编号、产地；

c) 可追溯的产品编号。

9.2 标志或标签应出现在包装上。

9.3 可追溯的产品编号还应刻在试块上，但不应影响试块的使用性能(见 8.1)。

10 包装、运输和贮存

10.1 渗透试块经防锈处理后，每件宜单独用硬盒包装，以防止试块生锈和损伤。

10.2 制造商应在包装上说明运输和贮存的要求，以避免渗透试块受损。

10.3 产品交付时的随行文件应包含：

a) 产品合格证，包括该产品第一次用高灵敏度荧光或着色渗透材料(见 JB/T 7523)进行渗透检测所得到的试块表面裂纹显示的照片或其他有效复制件；

b) 产品使用说明书；

c) 型式检验报告(合同约定时)；

d) 出厂检验证书(合同约定时)。

参考文献

[1] GB/T 191 包装储运图示标志(GB/T 191—2008,ISO 780:1997,MOD).

[2] GB/T 223(所有部分) 钢铁及合金化学分析方法.

[3] GB/T 1031 产品几何技术规范(GPS) 表面结构 轮廓法 表面粗糙度参数及其数值.

[4] GB/T 1958 产品几何量技术规范(GPS) 形状和位置公差 检测规定.

[5] GB/T 3177 光滑工件尺寸的检验.

[6] GB/T 5121(所有部分) 铜及铜合金化学分析方法.

[7] GB/T 6388 运输包装收发货标志.

[8] GB/T 9969 工业产品使用说明书 总则.

[9] GB/T 11374 热喷涂涂层厚度的无损测量方法(GB/T 11374—1989,neq ISO 2064:1980).

[10] GB/T 13744 磁性和非磁性基体上镍电镀层厚度的测量(GB/T 13744—1992,idt ISO 2361:1982).

[11] GB/T 14436 工业产品保证文件 总则.

[12] GB/T 16921 金属覆盖层 覆盖层厚度测量 X射线光谱方法(GB/T 16921—2005,ISO 3497:2000,IDT).

[13] GB/T 18851.3 无损检测 渗透检测 第3部分:参考试块(GB/T 18851.3—2008,ISO 3452-3:1998,IDT).

[14] GB/T 20975(所有部分) 铝及铝合金化学分析方法.

ICS 19.100
J 04

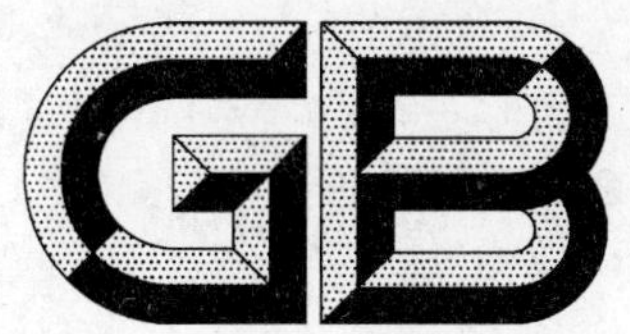

中华人民共和国国家标准

GB/T 23912—2009

无损检测 液浸式超声纵波脉冲反射检测方法

Non-destructive testing—Practice for immersed ultrasonic testing by the reflection method using pulsed longitudinal waves

2009-05-26 发布　　2009-12-01 实施

中华人民共和国国家质量监督检验检疫总局
中国国家标准化管理委员会 发布

前　言

本标准修改采用 ASTM E214-01《液浸式超声纵波脉冲反射检测方法》(英文版)。

本标准根据 ASTM E214-01 重新起草。

考虑到我国国情,在采用 ASTM E214-01 时,本标准做了一些修改。有关技术性差异如下:

——增加规范性引用文件 GB/T 5616;

——将规范性引用文件 ANST SNT-TC-1A、ASNT CP-189、NAS-410、MIL-STD-410 改为我国标准 GB/T 9445;

——将规范性引用文件 ASTM E1316 改为我国标准 GB/T 12604.1 和 GB/T 20737;

——将规范性引用文件 ASTM E127 和 ASTM E428 改为我国标准 GB/T 23905;

——删除规范性引用文件 ASTM E1001;

——增加机构要求(见 4.3);

——删除 ASTM E214-01 的 1.2、10.2、10.3 和第 11 章。

为便于使用,本标准还做了下列编辑性修改:

——“本方法”一词改为“本标准”;

——在第 2 章中插入 GB/T 1.1—2000 规定的引导语;

——按 GB/T 1.1—2000 规定的格式要求,对第 1 章、第 2 章、第 5 章、第 7 章、第 8 章、第 9 章和第 10 章中的部分条号做了修改。

本标准由全国无损检测标准化技术委员会(SAC/TC 56)提出并归口。

本标准起草单位:上海苏州美柯达探伤器材有限公司、上海材料研究所、上海市工程材料应用评价重点实验室、常州超声电子有限公司、山东济宁模具厂、上海上材电磁设备有限公司、上海泛亚无损检测技术有限公司、上海上材工程材料检测有限公司、VESTAS 风力技术(中国)有限公司上海分公司。

本标准主要起草人:桂根生、金宇飞、李莉、潘振新、魏忠瑞、宓中玉、赵成、熊蜀冰、顾家农。

无损检测
液浸式超声纵波脉冲反射检测方法

1 范围

本标准规定了使用发射和接收超声脉冲纵波的仪器，并采用液体作为耦合剂以及通过浸没或喷液的技术，来探测材料中不连续的超声检测方法。

本标准适用于能以适当频率传导声波，检测时又能浸没在液体耦合剂中的材料，或能在探头和被检材料间通过控制耦合液柱或液流来进行检测的材料。

2 规范性引用文件

下列文件中的条款通过本标准的引用而成为本标准的条款。凡是注日期的引用文件，其随后所有的修改单(不包括勘误的内容)或修订版均不适用于本标准，然而，鼓励根据本标准达成协议的各方研究是否可使用这些文件的最新版本。凡是不注日期的引用文件，其最新版本适用于本标准。

GB/T 5616 无损检测 应用导则

GB/T 9445 无损检测 人员资格鉴定与认证(GB/T 9445—2008,ISO 9712:2005,IDT)

GB/T 12604.1 无损检测 术语 超声检测(GB/T 12604.1—2005,ISO 5577:2000,Non-destructive testing—Ultrasonic inspection—vocabulary,IDT)

GB/T 20737 无损检测 通用术语和定义(GB/T 20737—2006,ISO/TS 18173:2005,IDT)

GB/T 23905 无损检测 超声检测用试块

3 术语和定义

GB/T 12604.1 和 GB/T 20737 确立的术语和定义适用于本标准。

4 概述

4.1 人员资格

按本标准实施检测的人员，应按 GB/T 9445 或合同各方同意的体系进行资格鉴定与认证，并由雇主或其代理进行职位专业培训和操作授权。

4.2 书面检测工艺规程

按本标准实施超声检测，应编制详细的书面检测工艺规程(见 GB/T 5616)。书面检测工艺规程宜包含本标准的各项内容，以确保检测实施的一致性和检测结果的可重复性。有关书面检测工艺规程编写和批准的特别要求，宜在合同各方的协议中明确。

4.3 机构要求

按本标准实施检测的机构或单位，应符合 GB/T 5616 或等效标准、法规的相关要求。

5 设备

5.1 电子设备

电子设备应能产生、接收和显示所需频率和能量的电脉冲，并以 A 扫描方式显示。

注：其他的显示方式，如 B 扫描和 C 扫描，都可使用，但本标准未涉及。

在检测现场，应使用稳压器、温度计和湿度计等适当器具，以确保电子设备稳定工作。

5.2 液浸探头

应使用在适当频率和能量范围的、电脉冲与声振动可互相转换的、可液浸的换能器。换能器应具备发射和接收超声波到浸没在液体中试样的能力。

5.3 耦合剂

应使用液体耦合剂，譬如水、油或甘油等，能够将超声振动从换能器传播到被检材料中去。耦合剂中可添加防锈剂、软化剂和润湿剂等物质。经添加的耦合剂液体不宜损害试件或容器的表面状况，宜润湿被检材料以提供良好紧密的接触。耦合剂可加热到适宜的工作温度，但必须除掉其中的气泡。

5.4 操纵装置

探管和探头的支架，有利于操纵换能器角度，以便最佳地反应内部不连续。操纵器与探头的最大允许偏差，宜满足规定的超声检测灵敏度。

5.5 辅助设备

应使用声束形状准直器，以及带有用于连接浸没在液体中传导电脉冲的电子设备电缆线的探管和同轴电缆。

5.6 参考试块

为了校准超声检测中许多可变的因素，有必要使用参考试块，以利于设置仪器参数、校验工艺和评定不连续。参考试块，用于校准仪器，以及评价来自被检材料中不连续和参考反射体产生的指示。参考试块中诸如声衰减、噪音水平、表面状态和声速等超声特性，宜和被检材料相似(见 GB/T 23905)。参考试块的材料特性和参考反射体的尺寸和类型，宜在合同中确定。

6 设备校准

6.1 超声检测系统宜按产品说明书中规定的参考试块进行校准。可使用规定的参考反射体类型和给定的详细工艺规程，来选择设置。

6.2 如果使用参考试块，其超声特性，如衰减、噪音水平和声速宜与被检材料相似，或宜于适当修正。理想的参考试块，宜与被检试块有同样的几何形状和超声特性，包括截面厚度、表面曲率和粗糙度。

6.3 在表面粗糙度和曲率等表面状况类似的情况下，宜通过比较被检材料和参考试块的未满屏的一次底波反射情况，来评价材料的超声特性。试件和参考试块的上、下表面粗糙度和平行度接近相同时，底波的任何降低都表明被检材料衰减增加，或声波在被检材料中的吸收或散射导致的传播能量的损失增加。此时，宜对超声特性的误差进行补偿修正。

6.4 宜调整探头和工件的距离，以适合于所用探头的尺寸、类型和频率。探头和工件的间距，宜调整使得多次反射波或底波不会落在感兴趣区域内。探头和工件的耦合层距离应保持足够的精确度，以防止扫查过程中检测灵敏度发生变化。

6.5 校准的周期验证，应在全速扫查速度或更高的情况下进行。降低灵敏度的指示可能导致缺陷漏检，因此应对自上次校准合格后的全部被检试件，重新进行检测。

7 检测工艺规程

7.1 检测面

表面应当均匀，无疏松氧化皮、机加工或打磨的碎屑，无凹坑或擦伤之类的不连续或外来物。如果是钢，不必除去光洁而致密的氧化皮。表面必须能满足在规定的灵敏度下进行超声检测。

7.2 检测频率

在考虑被检材料的厚度和需检出的最小不连续，以及被检材料的声衰减之后，选择一个适当的检测频率。理论上，频率越高，可检出的不连续越小，但是衰减增加。噪声电平和表面状态等可能成为采用高频率的制约因素。

7.3 扫查

7.3.1 手动扫查时，应使用一个专门的导向装置，保持探头和工件的距离和几何位置关系恒定。机械扫查时，可将探头装在一探管上，将其固定在操纵器或固定装置上，并采用某种机械传动方法，使之在被检工件上方移动。也可让工件相对于一个固定的探头移动。可采用连续扫查或间歇扫查方式，对工件技术条件和设计图所要求的区域进行检测。连续扫查时，在规定的检测灵敏度和检测距离，探头必须有100%的覆盖。确保扫查有足够覆盖的典型方法是，要求有10%有效声束宽度的重叠，或要求在两次连续扫查路径上能检测出最小拒收波幅值的参考反射体来。适当选择扫查速度，以确保检出技术条件规定的最小不连续，并使记录或报警装置有足够的时间响应。

7.3.2 调节探头的角度操纵器和/或位置转换装置，当来自反射体的超声指示达到最大值后，再开始评定指示。采用手动扫查或其他非刚性连接的操纵器进行扫查时，宜按第5章小心地保持探头至工件的耦合层距离。

7.3.3 根据声束能否充分穿透被检体积，来确定被检材料的扫查方式。根据评定参考试块和被检材料之间在声衰减、声速和几何学方面的超声指示的相似性，来确定参考试块的适用性。考虑扫查过程中参考试块与被检工件或材料之间在衰减方面的明显差异，并在解释时对不同情况产生的反射回波幅度进行修正。

8 检测数据记录

每次检测的如下数据宜做记录：

a) 日期和工件编号；

b) 所使用的专用检测工艺规程；

c) 检测人员；

d) 仪器类型、制造单位、型号和序列号；

e) 检测频率、仪器设置；

f) 探头类型、有效声束尺寸、准直器、电缆长度、调谐网络、水声程、检测步进尺寸、探头运动速度；

g) 参考试块的标识；

h) 参考试块中已知尺寸的人工反射体的响应波幅，以及被检材料和试块底面反射波幅的比较；

i) 检测结果(不连续的数量、级别和位置)。

9 结果解释

根据给定的检测工艺规程，可探测出内部和表面开口不连续。根据指示的波幅、长度、深度、位置或类型等全部特性，做出验收或拒收的结论。宜确定指示是相关的，还是非相关的，然后按客户提供的验收准则来判断其可否验收。

10 报告

报告宜参照本标准和材料供应商认可的有关检测参数编写。

ICS 47.020.80
U 25

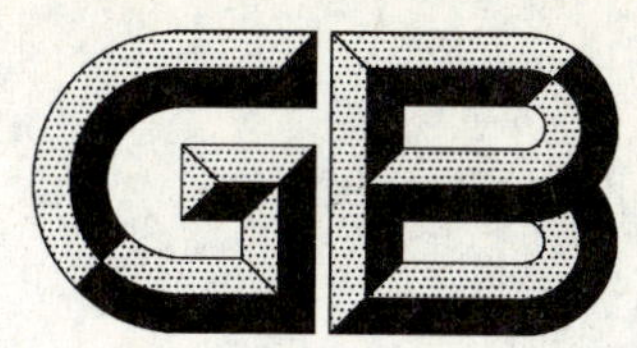

中华人民共和国国家标准

GB/T 23913.1—2009

复合岩棉板耐火舱室 第1部分:衬板、隔板和转角板

Fire-resisting compartment of composite rock wool panel—Part 1:Lining panel,partition panel and corner panel

2009-06-04 发布 2010-01-01 实施

中华人民共和国国家质量监督检验检疫总局
中国国家标准化管理委员会 发布

前　言

GB/T 23913《复合岩棉板耐火舱室》分为六个部分：

——第1部分：衬板、隔板和转角板；

——第2部分：天花板；

——第3部分：防火门；

——第4部分：构架件；

——第5部分：塑料装饰件；

——第6部分：安装节点。

本部分为GB/T 23913的第1部分。

本部分由中国船舶工业集团公司提出。

本部分由全国船舶舾装标准化技术委员会内装分技术委员会归口。

本部分起草单位：江西朝阳机械厂、中国船舶工业综合技术经济研究院。

本部分主要起草人：李德全、梅志兵、陈丽、张美玲。

复合岩棉板耐火舱室
第1部分：衬板、隔板和转角板

1 范围

GB/T 23913 的本部分规定了复合岩棉板耐火舱室中衬板、隔板和转角板的分类和标记、要求、试验方法、检验规则等。

本部分适用于船舶和海洋工程建筑物上具有耐火分隔要求的舱室和生活模块中衬板、隔板和转角板的设计、制造和验收。

2 规范性引用文件

下列文件中的条款通过 GB/T 23913 的本部分的引用而成为本部分的条款。凡是注日期的引用文件，其随后所有的修改单(不包括勘误的内容)或修订版均不适用于本部分，然而，鼓励根据本部分达成协议的各方研究是否可使用这些文件的最新版本。凡是不注日期的引用文件，其最新版本适用于本部分。

GB/T 191 包装储运图示标志(GB/T 191—2008,ISO 780:1997,MOD)

GB/T 708—2006 冷轧钢板和钢带的尺寸、外形、重量及允许偏差(ISO 16162:2000,Continuously cold-rolled steel sheet products—Dimensional and shape tolerances,NEQ)

GB/T 2518—2008 连续热镀锌钢板及钢带

GB/T 3280—2007 不锈钢冷轧钢板和钢带

GB/T 19889.3—2005 声学 建筑和建筑构件隔声测量 第3部分：建筑构件空气声隔声的实验室测量(ISO 140-3:1995,IDT)

CB/T 3830—1998 船用岩棉及其制品

国际海事组织(IMO) 国际耐火试验程序应用规则(FTP)附件1(FTPC)第1部分/IMO. A799(19)经修正的船用结构材料不燃性试验方法的建议案

国际海事组织(IMO) 国际耐火试验程序应用规则(FTP)附件1(FTPC)第3部分/IMO. A754(18)关于“A”、“B”和“F”级分隔耐火试验程序的建议案

国际海事组织(IMO) 国际耐火试验程序应用规则(FTP)附件1(FTPC)第5部分/IMO. A653(16)关于舱壁、天花板饰面材料表面燃烧性的耐火试验程序的修正建议

UI SC126(针对 SOLAS Ⅱ-2 章中 5.3、6.2 和 6.3，货船的防火材料性能要求的解释)

UI SC127(针对 SOLAS Ⅱ-2 章中 6.2，对材料表面的油漆、清漆和其他饰面涂料的烟气及毒性物质限制要求的解释)的第二修订版(Rev. 2)

3 术语和定义

下列术语和定义适用于 GB/T 23913 的本部分。

3.1

衬板 lining panel

在钢壁处，因装饰或隔音需要而设置的复合岩棉板。

3.2

隔板　partition panel

在无钢围壁处，用于房间之间或房间与走廊之间分隔的复合岩棉板。

3.3

转角板　corner panel

用于衬板、隔板转角处连接用的复合岩棉板。

4　分类和标记

4.1　分类

4.1.1　衬板、隔板按用途分为常规板、卫生板、防潮板、电缆板、加强板、隔声板和高隔声板。

4.1.2　转角板按结构型式分为L形转角板和T形转角板。

4.1.3　衬板、隔板按典型组装结构分为A型和C型两种。A型结构分为雌口型式、雄头型式和平端型式；C型结构分为单耳型式、双耳型式和平端型式。

4.2　结构

4.2.1　基本结构

衬板、隔板的基本结构见图1。

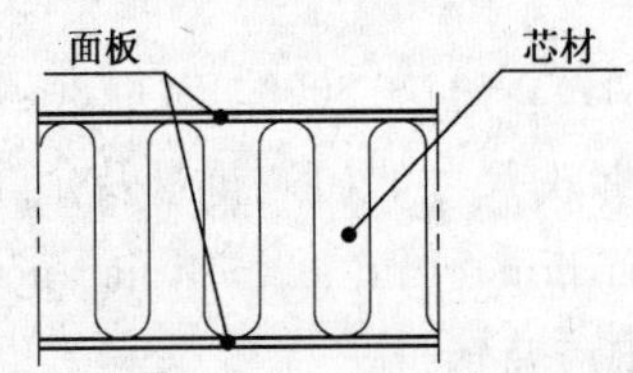

图1　衬板、隔板的基本结构

4.2.2　典型接口型式

衬板、隔板的典型接口型式见表1。

表1　典型接口型式

名称	接口型式	名称	接口型式
雌雄接口	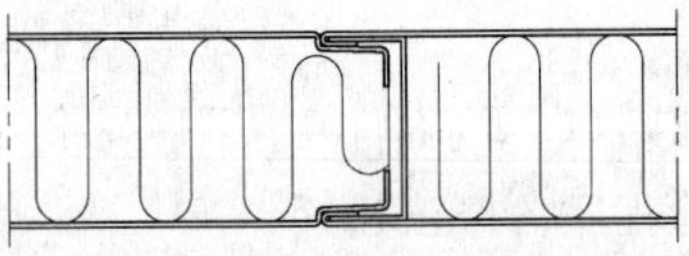	双面双耳接口	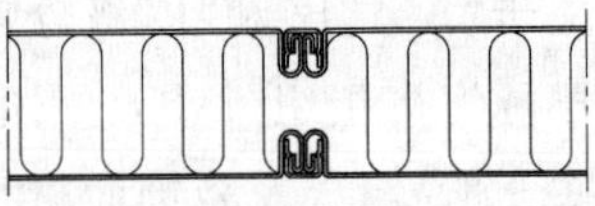
双雌接口		单面单耳接口	

4.2.3　典型结构型式

衬板、隔板和转角板的典型结构型式和基本尺寸见表2和表3，表中代号说明见4.5。

表 2　衬板、隔板典型结构型式和基本尺寸

名称	代号	结构型式	名称	代号	结构型式
雌雄衬板/隔板	LFMN PFMN	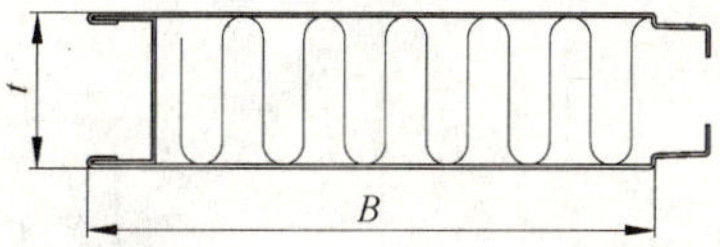 l B	双面双耳衬板/隔板	LDDN PDDN	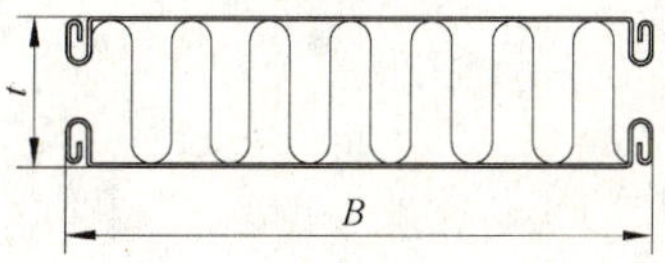 l B
双雌衬板/隔板	LFFN PFFN	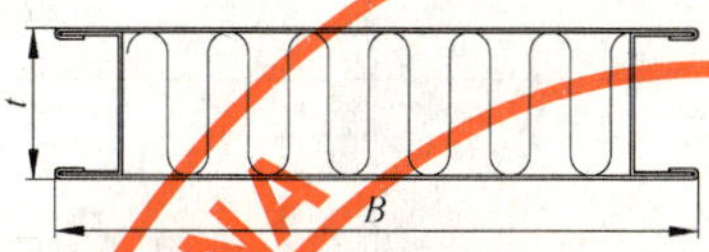 l B	单面双耳衬板	LSSN	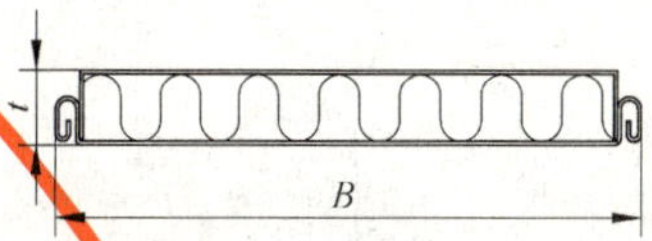 l B
卫生隔板	PFFW	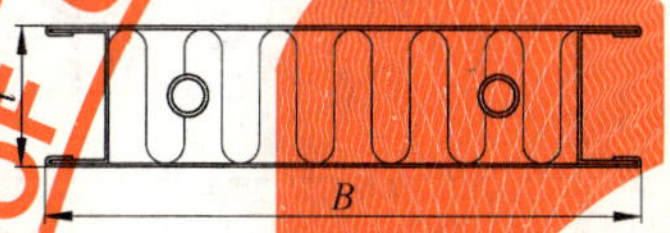 l B	单面端头衬板	LESN	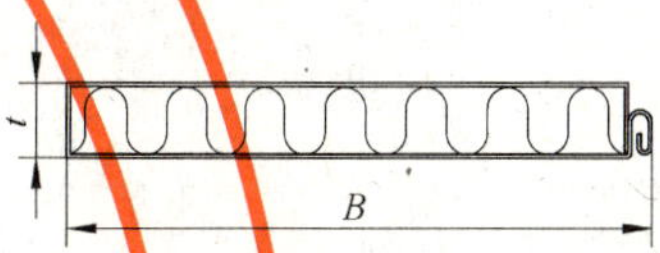 l B
电缆隔板	PFMC	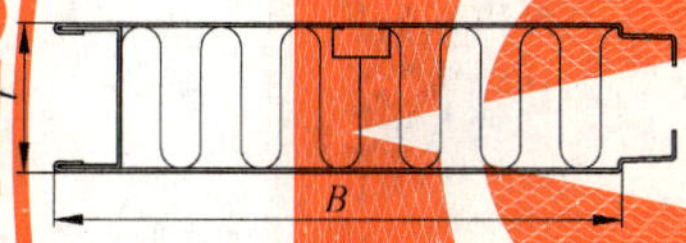 l B	双面端头衬板/隔板	LEDN PEDN	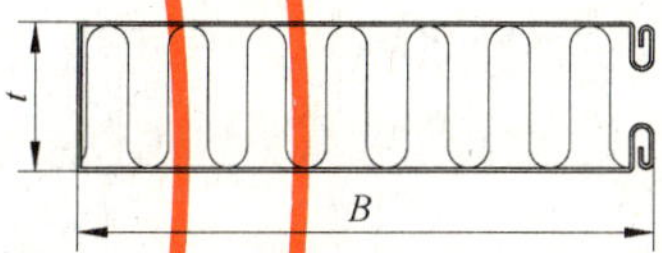 l B
加强衬板/隔板	LFFR PFFR	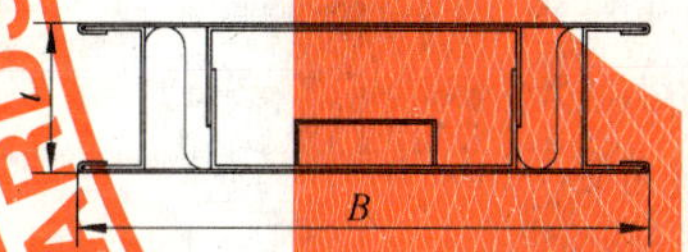 l B	单耳加强衬板	LSSR	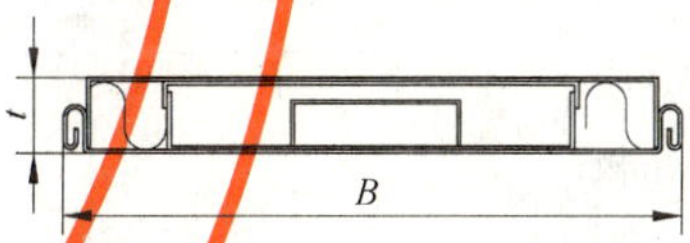 l B
双面衬板/隔板	LFDN PFDN	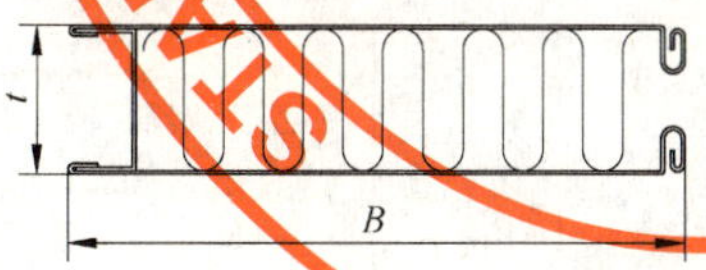 l B	双耳加强衬板/隔板	LDDR PDDR	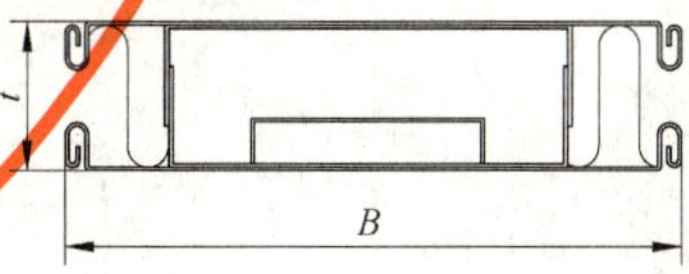 l B
隔声隔板	P**S	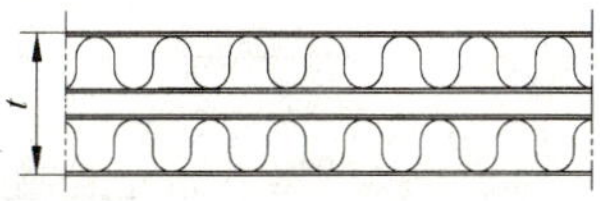 l	双耳卫生隔板	PDDW	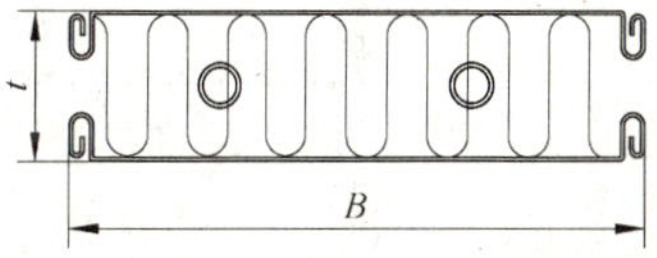 l B
高隔声隔板	P**H	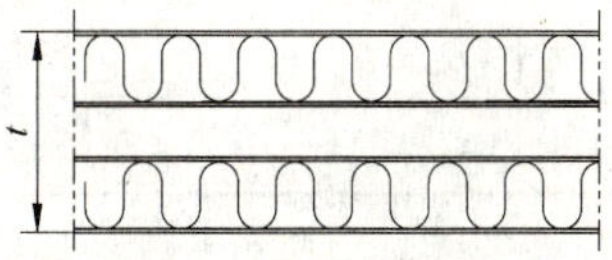 l	防潮衬板/隔板	L**D P**D	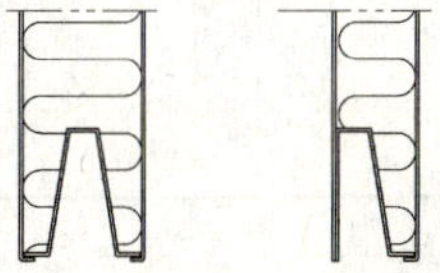

表 3　转角板典型结构型式和基本尺寸

名称	代号	结构型式	名称	代号	结构型式
LA 转角板	JLAA	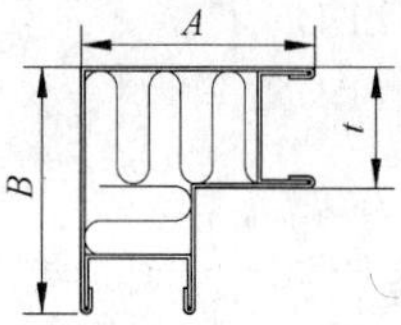	LG 转角板	JLAG	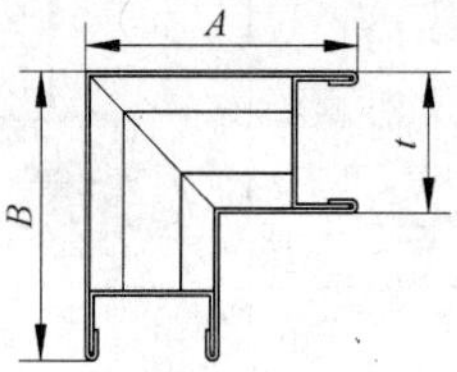
LB 转角板	JLCB	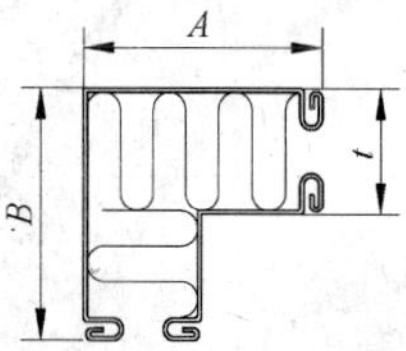	LH 转角板	JLAH	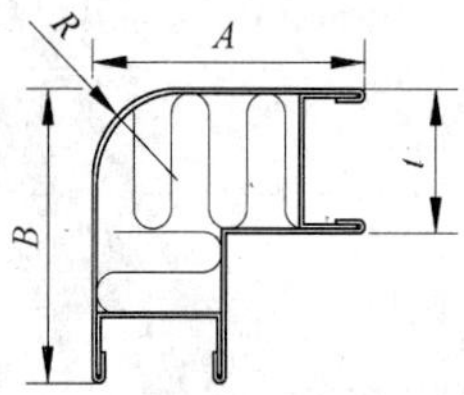
LC 转角板	JLMC	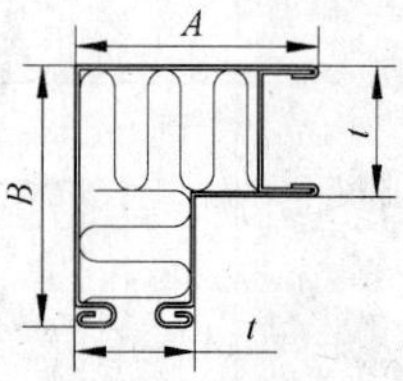	TA 转角板	JTAA	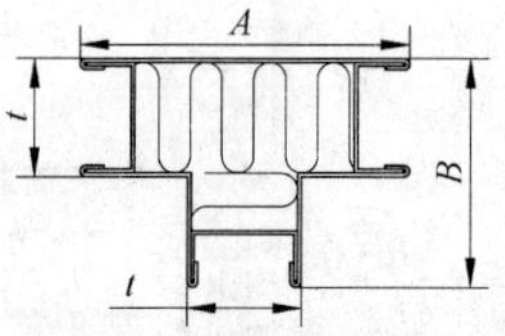
LD 转角板	JLAD	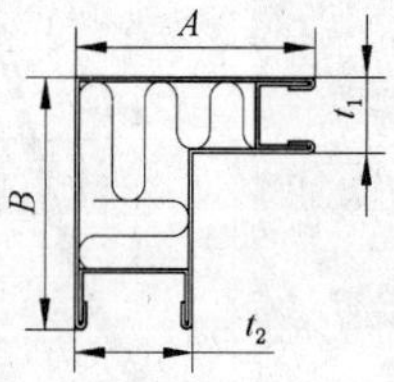	TB 转角板	JTAB	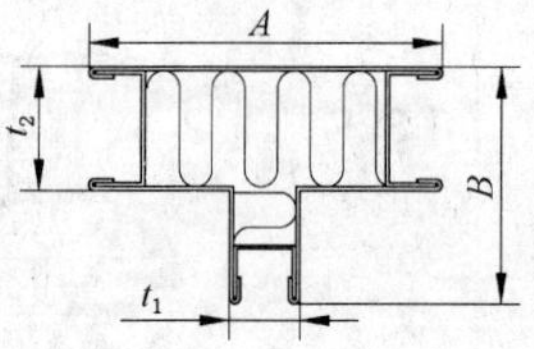
LE 转角板	JLCE	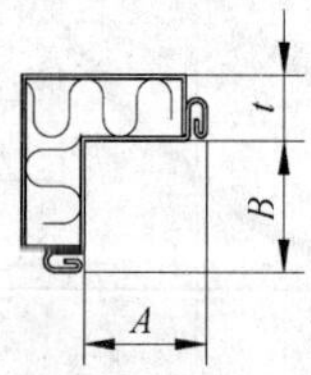	TC 转角板	JTCC	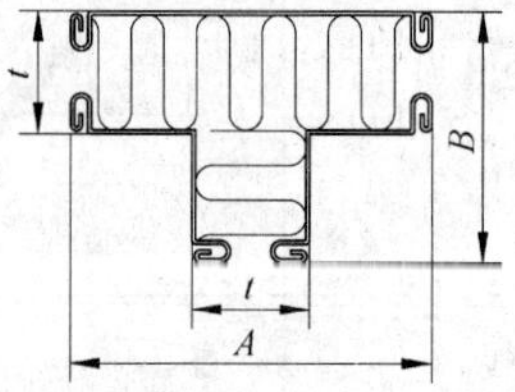
LF 转角板	JLCF	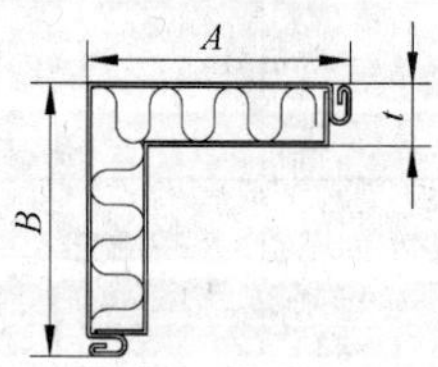	TD 转角板	JTCD	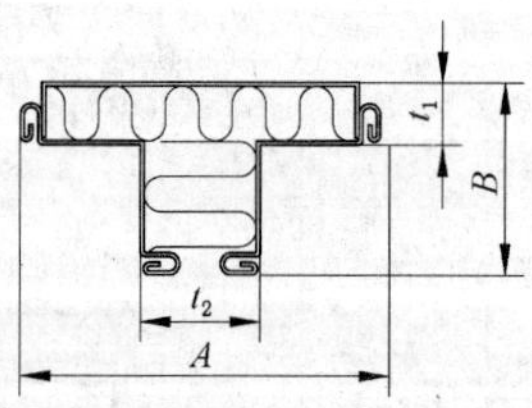

4.3　规格

衬板、隔板的规格见表 4。转角板的名义宽度为 2 000 mm～3 000 mm。

表 4　衬板、隔板的规格

单位为毫米

	规格
厚度 t	25、30、50、75、100
名义长度 L	2 000～3 000
名义宽度 B	50、100、150、200、250、300、350、400、450、500、550、600、650、700、750

4.4　重量

衬板、隔板和转角板的理论重量见表 5 和表 6。

表 5　衬板、隔板的理论重量

<table>
<tr><th rowspan="3">代号</th><th rowspan="3">厚度
t/
mm</th><th colspan="13">宽度 B/mm</th></tr>
<tr><th>50</th><th>100</th><th>150</th><th>200</th><th>250</th><th>300</th><th>350</th><th>400</th><th>450</th><th>500</th><th>550</th><th>600</th><th>750</th></tr>
<tr><th colspan="13">重量/(kg/m²)</th></tr>
<tr><td>PFMN</td><td>50</td><td>31.6</td><td>24.4</td><td>21.9</td><td>20.7</td><td>19.9</td><td>19.6</td><td>19.1</td><td>18.9</td><td>18.6</td><td>18.5</td><td>18.4</td><td>18.3</td><td rowspan="6">—</td></tr>
<tr><td>LFMN</td><td>30</td><td>27.9</td><td>20.6</td><td>18.4</td><td>17.3</td><td>16.6</td><td>16.3</td><td>15.9</td><td>15.7</td><td>15.5</td><td>15.4</td><td>15.2</td><td>15.1</td></tr>
<tr><td>PFFN</td><td>50</td><td>31.2</td><td>24.0</td><td>20.6</td><td>20.5</td><td>19.8</td><td>19.3</td><td>18.9</td><td>18.8</td><td>18.5</td><td>18.4</td><td>18.3</td><td>18.2</td></tr>
<tr><td>LFFN</td><td>30</td><td>27.8</td><td>20.6</td><td>18.3</td><td>17.3</td><td>16.6</td><td>16.2</td><td>15.8</td><td>15.6</td><td>15.4</td><td>15.3</td><td>15.2</td><td>15.1</td></tr>
<tr><td>PFFW</td><td>50</td><td colspan="8" rowspan="4">—</td><td colspan="2">—</td><td>28.5</td><td>28.4</td></tr>
<tr><td>PFMC</td><td>50</td><td>21.2</td><td>21.1</td><td>20.9</td><td>20.8</td></tr>
<tr><td>PFFR</td><td>50</td><td colspan="4" rowspan="2">—</td><td>33.9</td></tr>
<tr><td>LFFR</td><td>30</td><td>29.5</td></tr>
<tr><td>L/PFDN</td><td>50</td><td rowspan="5">—</td><td>22.9</td><td>20.9</td><td>19.9</td><td>19.4</td><td>18.9</td><td>18.7</td><td>18.5</td><td>18.3</td><td>18.2</td><td>18.1</td><td>17.9</td><td rowspan="5">—</td></tr>
<tr><td>L/PDDN</td><td>50</td><td>22.1</td><td>20.3</td><td>19.5</td><td>19.0</td><td>18.7</td><td>18.5</td><td>18.3</td><td>18.2</td><td>18.0</td><td>17.9</td><td>17.8</td></tr>
<tr><td>LSSN</td><td>25</td><td>17.1</td><td>15.6</td><td>15.2</td><td>14.8</td><td>14.5</td><td>14.4</td><td>14.2</td><td>14.1</td><td>14.0</td><td>13.9</td><td>13.9</td></tr>
<tr><td>LESN</td><td>25</td><td>15.9</td><td>15.1</td><td>14.7</td><td>14.4</td><td>14.2</td><td>14.1</td><td>14.0</td><td>13.9</td><td>13.8</td><td>13.7</td><td>13.6</td></tr>
<tr><td>L/PEDN</td><td>50</td><td>20.4</td><td>19.3</td><td>18.8</td><td>18.4</td><td>18.2</td><td>18.0</td><td>17.9</td><td>17.8</td><td>17.7</td><td>17.6</td><td>17.5</td></tr>
<tr><td>LSSR</td><td>25</td><td colspan="12" rowspan="2">—</td><td>25.8</td></tr>
<tr><td>L/PDDR</td><td>50</td><td>34.1</td></tr>
<tr><td>L/PDDW</td><td>50</td><td colspan="10">—</td><td>28.1</td><td>28.0</td><td>—</td></tr>
<tr><td colspan="15">注：本表重量根据板厚为 50 mm，面板为 0.6 mm 钢板，芯材密度为 150 kg/m³ 计算。</td></tr>
</table>

表 6　转角板的理论重量

代号	JLAA	JLCB	JLMC	JLAD	JLCE	JLCF	JLAG	JLAH	JTAA	JTAB	JTCC	JTCD
重量/(kg/m)	3.0	3.0	3.0	3.0	3.1	2.9	3.0	3.0	4.4	4.0	3.8	3.2
注：本表重量根据 $A=B=100$ mm，$t=50$ mm，$t_1=30$ mm，$t_2=50$ mm，$R=50$ mm，面板为 0.6 mm 钢板，芯材密度为 150 kg/m³ 计算。												

4.5　标记

4.5.1　型号表示方法

4.5.1.1　衬板、隔板的型号表示方法如下：

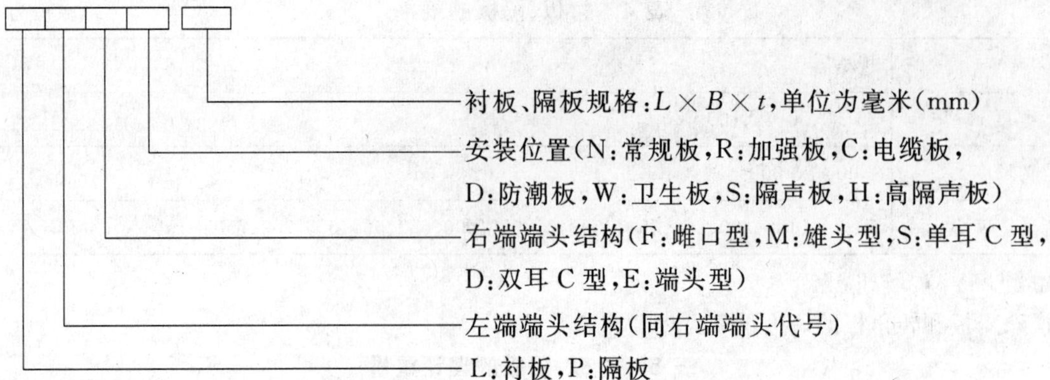

4.5.1.2 转角板的型号表示方法如下：

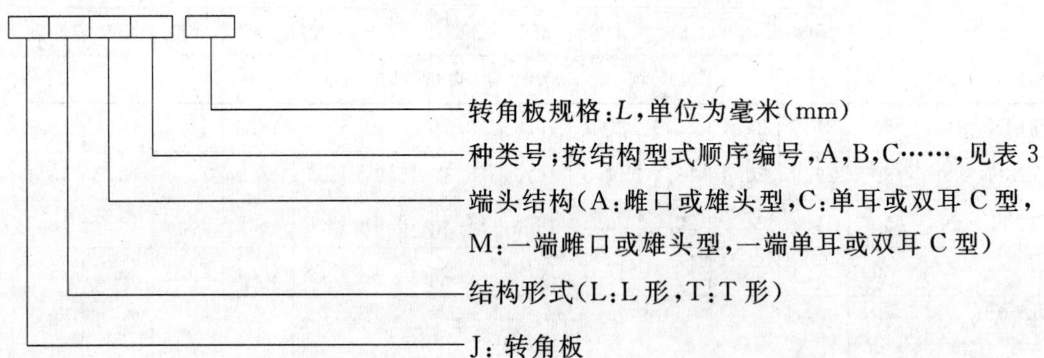

4.5.2 标记示例

长度为2 100 mm，宽度为550 mm，厚度为50 mm，左右端头结构均为雌口型的常规衬板标记为：

衬板 GB/T 23913.1—2009 LFFN 2 100×550×50

长度为2 100 mm，端头结构为雌口型的L形转角板标记为：

转角板 GB/T 23913.1—2009 JLAA 2 100

5 要求

5.1 材料

5.1.1 衬板、隔板和转角板主要零件的材料见表7。

5.1.2 芯材应符合IMO FTPC第1部分IMO A.799(19)规定的有关船用结构材料不燃性的要求。

5.1.3 胶粘剂应符合IMO FTPC第5部分IMO A.653(16)规定的有关舱壁、天花板饰面材料表面燃烧性的要求。

5.1.4 饰面材料应符合UI SC126和UI SC127(Rev.2)的要求。

表7 衬板、隔板和转角板的材料

零件名称	材料			标准号
面板	镀锌钢板、不锈钢板、铝板			GB/T 2518—2004 GB/T 3280—1992 GB/T 708—2006
	饰面钢板	基材	镀锌钢板、不锈钢板、铝板	
		饰面材料	PVC、PE、PET、油漆	—
芯材	岩棉			CB/T 3830—1998

5.2 公差

衬板、隔板和转角板的尺寸公差、形位公差、重量公差和组合平面度公差应符合表8的要求。

表 8 衬板、隔板和转角板的公差

公差名称	公差值
长度/mm	±3
宽度/mm	±1
厚度/mm	±1
平面度/(mm/m^2)	1.5
对角线长度差/(mm/m)	1.5
边直线度/(mm/m)	1
错位/mm	1
重量/(kg/m^2)	±10%
组合平面度公差/(mm/m^2)	3
注：组合平面度指产品组合三条及以上接缝的板面的平面度。	

5.3 制造

5.3.1 岩棉的铺设应充实，无间隙，衬板、隔板和转角板的两端不应有岩棉疏松现象。

5.3.2 衬板、隔板的两端 100 mm 内不应脱胶，且每块板的脱胶面积累计不应大于板面积的 5%，单处脱胶面积不应大于板面积的 2%。

5.3.3 保护膜应粘贴无松动、易剥离、易清洁。

5.4 外观

衬板、隔板和转角板的表面应无污迹，无视觉色差，不应有折痕及凹坑。

5.5 性能

5.5.1 剥离强度

面板使用饰面钢板的衬板、隔板和转角板的剥离强度应符合下列要求：

a) 面板基材与饰面材料应具有 30 N 以上剥离力；

b) 饰面钢板经弯曲时，饰面材料与基材应不分离，不产生裂纹和碎裂；

c) 饰面钢板深冲 6 mm 后，饰面材料与基材不应发生剥离。

5.5.2 耐火

衬板、隔板的耐火级别应不低于表 9 的规定。

表 9 衬板、隔板的耐火级别

厚度 t/mm	耐火级别
50	B-15
30、25	B-0

5.5.3 冲击

衬板、隔板经受重量为 30 kg 的沙袋冲击后，变形应不大于表 10 的规定。

表 10 衬板、隔板的冲击性能

沙袋下落高度 m	受力中心位置 h	衬板、隔板厚度 t		
		50	30	25
		变形值		
1	800	—	≤6	≤8
1.5	1 250	≤2	≤11	≤13
2	1 650	≤15	≤24	≤25

5.5.4 隔声

衬板、隔板的隔声性能见表11。

表11 衬板、隔板的隔声性能

	衬板、隔板厚度 t/mm	隔声值 R_W/dB
高隔声隔板	70	≥42
隔声隔板	50	≥40
衬板、隔板	50	≥33
衬板	30	≥30
	25	≥28

6 试验方法

6.1 材料

用检查材料的材质证明书及相关证书的方法检验衬板、隔板和转角板的材料。结果应符合5.1的要求。

6.2 公差

用卷尺和钢直尺测量衬板、隔板和转角板的尺寸公差和形位公差，用磅秤称重。将衬板、隔板组合成最小尺寸宽3 040 mm、高2 500 mm的试样后竖起，用卷尺和钢直尺测量组合平面度公差。结果应符合5.2的要求。

6.3 制造和外观

用卷尺和钢直尺结合目测及手摸的方法检验衬板、隔板和转角板的制造质量及外观质量。结果应符合5.3和5.4的要求。

6.4 性能

6.4.1 剥离强度

在面板为饰面钢板的衬板、隔板和转角板上取规格为150 mm×20 mm的饰面钢板做为试样，试验方法见表12。

表12 饰面钢板的试验

试验项目	试验方法	试验结果
剥离试验	试样沿长度方向剥离20 mm，再固定试件另一端，对饰面材料进行180°剥离	符合5.5.1a)的要求
弯曲试验	试样沿长度方向90°弯曲6次，180°弯曲1次	符合5.5.1b)的要求
变形试验	用直径20 mm的钢球压入试样6 mm深	符合5.5.1c)的要求

6.4.2 耐火

衬板、隔板组合成最小尺寸为宽3 040 mm、高2 500 mm的试样，按IMO FTPC第3部分IMO A.754(18)规定的标准耐火试验程序要求进行耐火试验。结果应符合5.5.2的要求。

6.4.3 冲击

6.4.3.1 试验装置

衬板、隔板冲击试验试样尺寸为2 500 mm×1 800 mm。衬板、隔板的冲击试验装置见图2。固定架见图3。冲击用沙袋为直径为200 mm，高度不小于700 mm的圆筒开口布袋，重量为30 kg。

单位为毫米

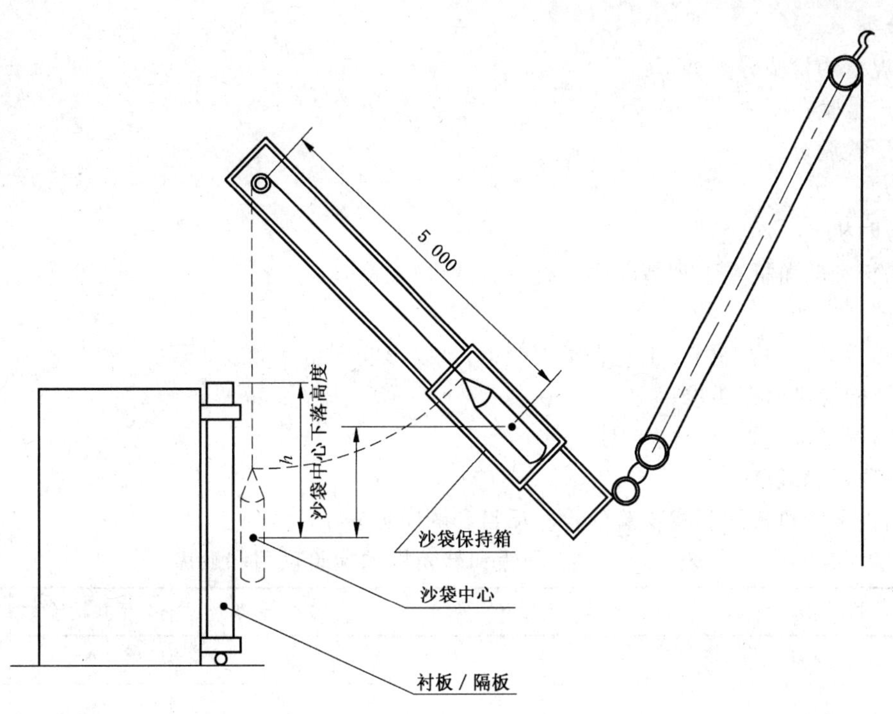

图 2 试验装置

单位为毫米

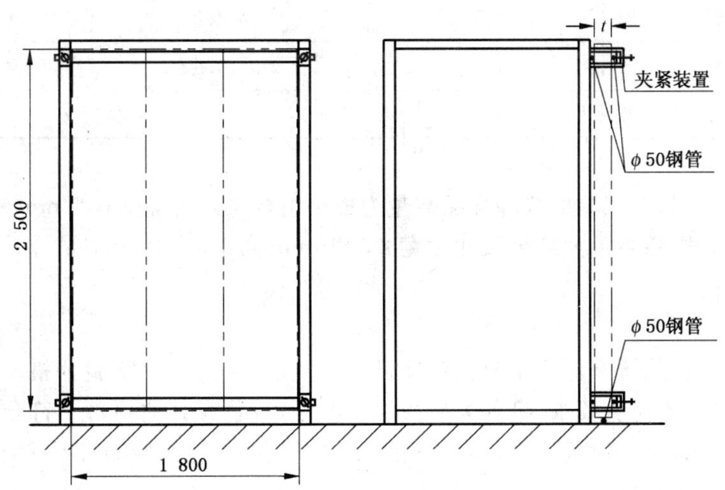

图 3 固定架

6.4.3.2 试验步骤

把衬板、隔板固定在固定架上，然后用沙袋冲击衬板、隔板。沙袋中心下落高度分别为 1 m、1.5 m、2 m 时各冲击一次。分别测量每次冲击后衬板、隔板变形值。结果应符合 5.5.3 的要求。

6.4.4 隔声

衬板、隔板组合成最小尺寸为宽 3 040 mm、高 2 500 mm 的试样，试验按 GB/T 19889.3—2005 中的第 5 章和第 6 章的规定进行。结果应符合 5.5.4 的要求。

7 检验规则

7.1 检验分类

本标准规定的检验分类如下：

a) 型式检验；

b) 出厂检验。

7.2 型式检验

7.2.1 检验时机

衬板、隔板和转角板有下列情况之一时，应进行型式检验：

a) 新产品投产；

b) 产品设计、结构、材料、工艺有重大变动，足以影响产品性能或质量；

c) 主管检验机构有要求；

d) 试验标准改变。

7.2.2 检验项目和顺序

衬板、隔板和转角板的型式检验的检验项目和顺序见表13。

表13 衬板、隔板和转角板的检验项目和顺序

序号	检验项目	要求的章条号	试验方法的章条号	型式检验	出厂检验
1	材料	5.1	6.1	●	●
2	公差	5.2	6.2	●	●
3	制造和外观	5.3、5.4	6.3	●	●
4	剥离强度	5.5.1	6.4.1	●	—
5	耐火	5.5.2	6.4.2	●	—
6	冲击	5.5.3	6.4.3	●	—
7	隔声	5.5.4	6.4.4	●	—
注：●为必检项目；—为不检项目。					

7.2.3 检验样品数量

衬板、隔板的耐火、隔声试验的检验样品数量为最小组合尺寸为宽3 040 mm、高2 500 mm的试样一件，冲击试验的检验样品数量为组合尺寸为宽2 500 mm、高1 800 mm的试样一件，其他检验项目的检验样品数量为三件。

7.2.4 判定规则

衬板、隔板和转角板的所有样品全部检验项目符合要求，判为型式检验合格。若材料、耐火试验和隔声试验中任一项检验不符合要求，则判为型式检验不合格；若有其他项目不符合要求，允许加倍取样复验。若复验符合要求，仍判衬板、隔板和转角板型式检验合格；若复验仍有不符合要求的项目，则判为衬板、隔板和转角板型式检验不合格。

7.3 出厂检验

7.3.1 检验项目

衬板、隔板和转角板出厂检验的检验项目和顺序见表13。

7.3.2 检验样品数量

衬板、隔板和转角板的材料和组合平面度公差每个生产批为一个检验批，按批次检验。组合平面度公差的检验样品数量为每批一件。其他检验项目应逐个产品进行。

7.3.3 判定规则

全部检验项目符合要求的衬板、隔板和转角板，判定出厂检验合格。若材料不符合要求，则判定该批衬板、隔板和转角板出厂检验不合格；其他项目的检验，若有不符合要求的衬板、隔板和转角板，允许返修后进行复验。若复验符合要求，仍判衬板、隔板和转角板出厂检验合格；若复验仍不符合要求，则判该衬板、隔板和转角板出厂检验不合格。

8 标志、包装、运输、贮存

8.1 标志

衬板、隔板和转角板上应标示下列内容：

a) 制造厂名称或商标；

b) 产品标记；

c) 制造日期；

d) 耐火级别；

e) 检验合格印章。

8.2 包装

8.2.1 包装箱上应有“防潮”，“小心轻放”及“向上”字样和标志，其图形应符合 GB/T 191 的规定。

8.2.2 包装架应大于衬板、隔板和转角板堆放的最大外形尺寸，应能用铲车或吊车装卸。

8.2.3 置于箱内的衬板、隔板和转角板相互间不应发生窜动。

8.2.4 包装箱内应有装箱清单及产品检验合格证和船级社认可证书。

8.3 贮存

8.3.1 衬板、隔板和转角板应放置在通风、干燥的室内，不应与酸、碱、盐类物质接触并防止雨水侵入。

8.3.2 衬板、隔板和转角板不应直接接触地面，应垫以木质垫板。

8.3.3 衬板、隔板堆放高度应小于 1 650 mm。

8.4 运输

8.4.1 运输车厢内应无油类及各种酸、碱、盐类物质，以免污染和腐蚀产品。

8.4.2 敞车运输时，应有防雨措施。

ICS 47.020.80
U 25

中华人民共和国国家标准

GB/T 23913.2—2009

复合岩棉板耐火舱室
第2部分：天花板

Fire-resisting compartment of composite rock wool panel—
Part 2:Ceiling panel

2009-06-04 发布 2010-01-01 实施

中华人民共和国国家质量监督检验检疫总局
中国国家标准化管理委员会 发布

前　言

GB/T 23913《复合岩棉板耐火舱室》分为六个部分：

——第1部分：衬板、隔板和转角板；

——第2部分：天花板；

——第3部分：防火门；

——第4部分：构架件；

——第5部分：塑料装饰件；

——第6部分：安装节点。

本部分为GB/T 23913的第2部分。

本部分由中国船舶工业集团公司提出。

本部分由全国船舶舾装标准化技术委员会内装分技术委员会归口。

本部分起草单位：江西朝阳机械厂、中国船舶工业综合技术经济研究院。

本部分主要起草人：李德全、梅志兵、陈丽、张美玲。

复合岩棉板耐火舱室
第2部分:天花板

1 范围

GB/T 23913 的本部分规定了复合岩棉板耐火舱室中天花板的分类和标记、要求、试验方法和检验规则等。

本部分适用于船舶和海洋工程建筑物上具有耐火分隔要求的舱室和生活模块中天花板的设计、制造和验收。

2 规范性引用文件

下列文件中的条款通过 GB/T 23913 的本部分的引用而成为本部分的条款。凡是注日期的引用文件,其随后所有的修改单(不包括勘误的内容)或修订版均不适用于本部分,然而,鼓励根据本部分达成协议的各方研究是否可使用这些文件的最新版本。凡是不注日期的引用文件,其最新版本适用于本部分。

GB/T 191 包装储运图示标志(GB/T 191—2008,ISO 780:1997,MOD)

GB/T 708—2006 冷轧钢板和钢带的尺寸、外形、重量及允许偏差(ISO 16162:2000,Continuously cold-rolled steel sheet products—Dimensional and shape tolerances,NEQ)

GB/T 2518—2008 连续热镀锌钢板及钢带

GB/T 3280—2007 不锈钢冷轧钢板和钢带

GB/T 19889.3—2005 声学 建筑和建筑构件隔声测量 第3部分:建筑构件空气声隔声的实验室测量(ISO 140-3:1995,IDT)

GB/T 3830—1998 船用岩棉及其制品

国际海事组织(IMO) 国际耐火试验程序应用规则(FTP)附件1(FTPC) 第1部分 IMO.A799(19)经修正的船用结构材料不燃性试验方法的建议案

国际海事组织(IMO) 国际耐火试验程序应用规则(FTP)附件1(FTPC) 第3部分 IMO.A754(18)关于"A"、"B"和"F"级分隔耐火试验程序的建议案

国际海事组织(IMO) 国际耐火试验程序应用规则(FTP)附件1(FTPC) 第5部分 IMO.A653(16)关于舱壁、天花板饰面材料表面燃烧性的耐火试验程序的修正建议

UI SC126(针对 SOLAS Ⅱ-2章中5.3、6.2和6.3,货船的防火材料性能要求的解释)

UI SC127(针对 SOLAS Ⅱ-2章中6.2,对材料表面的油漆、清漆和其他饰面涂料的烟气及毒性物质限制要求的解释)的第二修订版(Rev.2)

3 术语和定义

下列术语和定义适用于 GB/T 23913 的本部分。

3.1

天花板 ceiling panel

舱室或生活模块内部顶上因装饰或隔音需要而设置的复合岩棉板。

4 分类和标记

4.1 分类

4.1.1 天花板按典型组装结构分为 A 型、D 型和 F 型三种。

4.1.2 天花板按安装位置分为常规板和端头板。

4.2 结构

4.2.1 基本结构

A 型天花板的基本结构见图 1,D 型和 F 型天花板的基本结构见图 2。

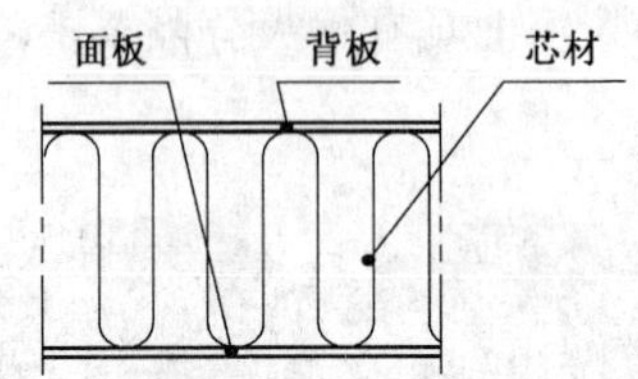

图 1 A 型天花板的基本结构

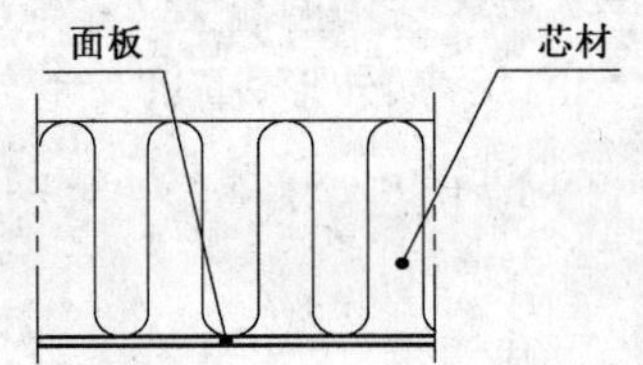

图 2 D 型、F 型天花板的基本结构

4.2.2 典型接口型式

天花板的典型接口型式见表 1。

表 1 典型接口型式

名称	接口型式	名称	接口型式
A 型天花板接口	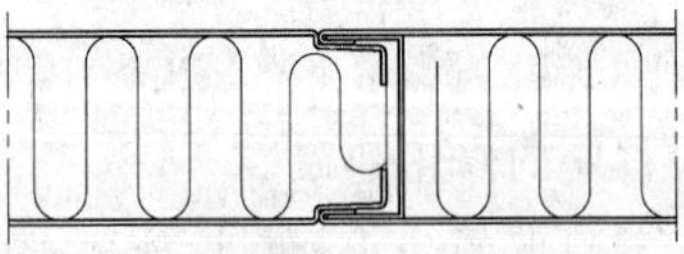	D 型天花板接口	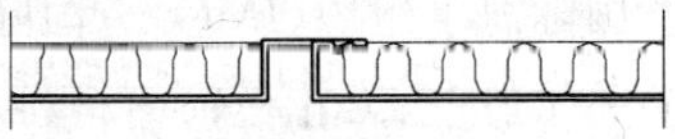
—	—	F 型天花板接口	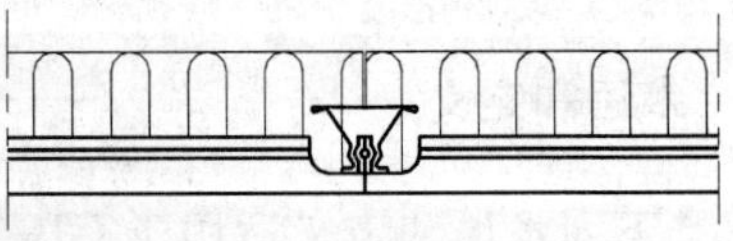

4.2.3 典型结构型式

天花板的典型结构型式和基本尺寸见表 2,表中代号说明见 4.5。

表 2　天花板的典型结构型式和基本尺寸　　单位为毫米

名称	代号	结构型式	名称	代号	结构型式
A 型天花板	CAON	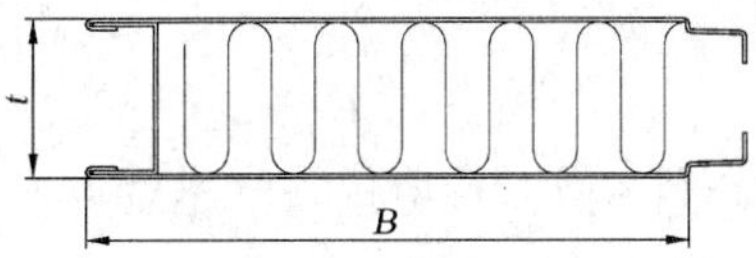	D 型天花板	CDON	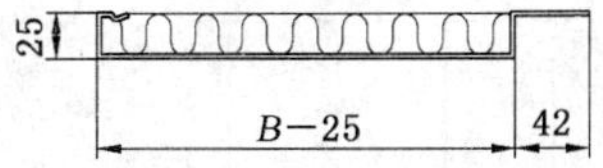
端头天花板	CAOE	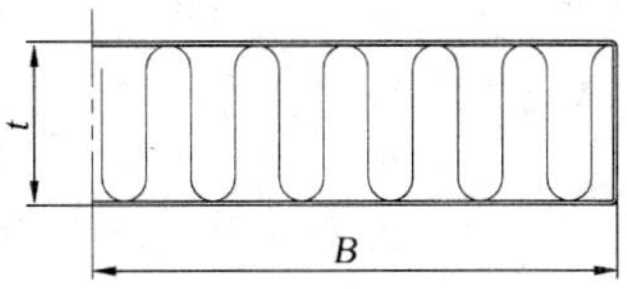	F 型天花板	CFON	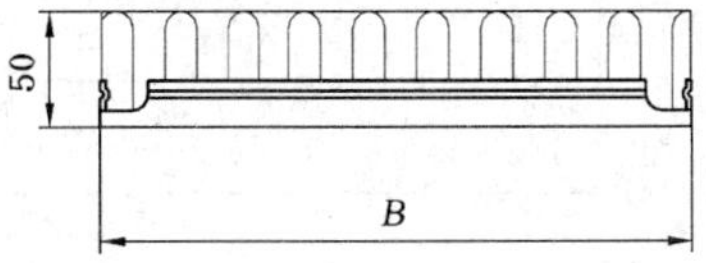

4.3　规格

天花板的规格见表 3。

表 3　天花板的规格　　单位为毫米

厚度 t	长度 L			名义宽度 B	
	A 型	D 型	F 型	A 型	D 型
25、30、40、50	1 100～3 000	1 100～4 000	100、150、180、300、400、500、600、800	200、250、300、350、400、450、500、550、600、650	300
注：F 型名义宽度 B 与长度 L 相等。					

4.4　重量

天花板的理论重量见表 4。

表 4　天花板的理论重量

代号	厚度 t/mm	宽度 B/mm													
		100	150	180	200	250	300	350	400	450	500	550	600	650	800
		重量/(kg/m²)													
CAON CAOE	50				20.7	19.9	19.6	19.2	18.9	18.7	18.5	18.4	18.4	18.4	—
	40				19.4	18.3	18.1	17.6	17.4	17.2	17.1	16.9	16.9	16.9	
	30				17.3	16.6	16.3	15.9	15.7	15.5	15.4	15.2	15.2	15.2	
CDON	25	—					8.5	—							
CDOE							8.4								
CFON	50	15.7	13.1	12.4	—		10.9	—	10.6	—	10.6	—	9.5	—	9.5
CFOE		15.7	13.1	12.4			10.9		10.6		10.6		9.5		9.5
注：本表重量根据面板为 0.6 mm 钢板，芯材密度 A 型按 150 kg/m³ 计算，D 型、F 型按 80 kg/m³ 计算。															

4.5 标记示例

4.5.1 型号表示方法

天花板的型号表示方法如下：

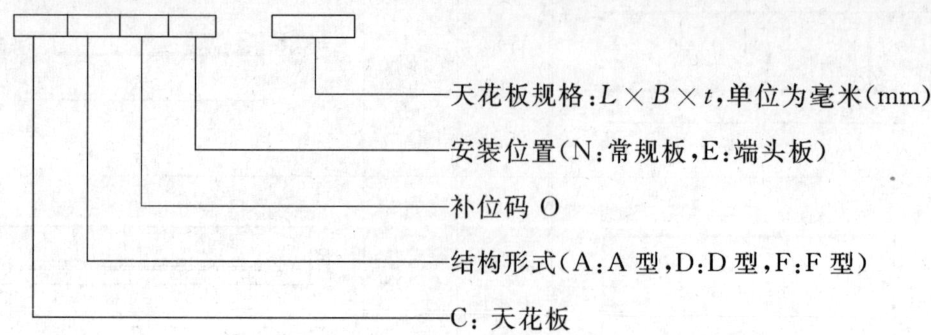

4.5.2 标记示例

长度为 2 100 mm，宽度为 550 mm，厚度为 50 mm 的 A 型端头天花板标记为：

天花板 GB/T 23913.2—2009　CAOE　2 100×550×50

5 要求

5.1 材料

5.1.1 天花板主要零件的材料见表 5。

5.1.2 芯材应符合 IMO FTPC 第 1 部分 IMO. A799(19)规定的有关船用结构材料不燃性的要求。

5.1.3 胶粘剂应符合 IMO FTPC 第 5 部分 IMO. A653(16)规定的有关舱壁、天花板饰面材料表面燃烧性的要求。

5.1.4 饰面材料应符合 UI SC126 和 UI SC127(Rev. 2)的要求。

表 5 天花板的材料

零件名称	材　料			标准号
面板	镀锌钢板、不锈钢板、铝板			GB/T 2518—2008 GB/T 3280—2007 GB/T 708—2006
	饰面钢板	基材	镀锌钢板、不锈钢板、铝板	
		饰面材料	PVC、PE、PET、油漆	—
芯材	岩棉			CB/T 3830—1998

5.2 公差

天花板的尺寸公差、形位公差和重量公差见表 6。

表 6 天花板的尺寸公差、形位公差和重量公差

公差名称	公差值
长度/mm	±3
宽度/mm	±1
厚度/mm	±1
平面度/(mm/m^2)	1.5
对角线长度差/(mm/m)	1.5
下垂度/(mm/m^2)	2.0
边直线度/(mm/m)	1

表 6（续）

公差名称	公差值
错位/mm	1
重量/(kg/m^2)	±10%
组合平面度公差/(mm/m^2)	3

5.3 制造

5.3.1 岩棉的铺设应充实、无间隙，天花板的两端不应有岩棉疏松现象。

5.3.2 A 型天花板的两端 100 mm 内不应脱胶，且每块板的脱胶面积累计不应大于板面积的 5%，单处脱胶面积不应大于板面积的 2%。

5.3.3 保护膜应粘贴无松动、易剥离、易清洁。

5.4 外观

天花板的表面应无污迹，无视觉色差，不应有折痕及凹坑。

5.5 性能

5.5.1 剥离强度

面板使用饰面钢板的天花板的剥离强度应符合下列要求：

a) 面板基材与饰面材料应具有 30 N 以上剥离力；

b) 饰面钢板经弯曲时，饰面材料与基材应不分离，不产生裂纹和碎裂；

c) 饰面钢板深冲 6 mm 后，饰面材料与基材不应发生剥离。

5.5.2 耐火

天花板的耐火级别应不低于表 7 规定。

表 7 天花板的耐火级别

厚度 t/mm	耐火级别
50、40	B-15
30、25	B-0

5.5.3 隔声

天花板的隔声值不低于 25 dB。

6 试验方法

6.1 材料

用检查材料的材质证明书及相关证书的方法检验天花板的材料。结果应符合 5.1 的要求。

6.2 公差

用卷尺和钢直尺测量天花板的尺寸公差和形位公差，用磅秤称重。将天花板组合成最小尺寸长 3 040 mm、宽 2 440 mm 的试样，用卷尺和钢直尺测量组合平面度公差。结果应符合 5.2 的要求。

6.3 制造和外观

用卷尺和钢直尺结合目测及手摸的方法检验天花板的制造质量及外观质量。结果应符合 5.3 和 5.4 的要求。

6.4 性能

6.4.1 剥离强度

在面板为饰面钢板的天花板上取规格为 150 mm×20 mm 的饰面钢板做为试样，试验方法及见表 8。

表 8 饰面钢板的试验

试验项目	试验方法	试验结果
剥离试验	试样沿长度方向剥离 20 mm，再固定试件另一端，对饰面材料进行 180°剥离	符合 5.5.1a)的要求
弯曲试验	试样沿长度方向 90°弯曲 6 次，180°弯曲 1 次	符合 5.5.1b)的要求
变形试验	用直径 20 mm 的钢球压入试样 6 mm 深	符合 5.5.1c)的要求

6.4.2 耐火

天花板组合成最小尺寸为长 3 040 mm、宽 2 440 mm 的试样，按 IMO FTPC 第 3 部分 IMO. A754(18)规定的标准耐火试验程序要求进行耐火试验。结果应符合 5.5.2 的要求。

6.4.3 隔声

天花板组合成最小尺寸为长 3 040 mm、宽 2 440 mm 的试样，试验按 GB/T 19889.3—2005 中的第 5 章和第 6 章的规定进行。结果应符合 5.5.3 的要求。

7 检验规则

7.1 检验分类

本标准规定的检验分类如下：

a) 型式检验；

b) 出厂检验。

7.2 型式检验

7.2.1 检验时机

天花板有下列情况之一时，应进行型式检验：

a) 新产品投产；

b) 产品设计、结构、材料、工艺有重大变化，足以影响产品性能或质量；

c) 主管检验机构要求；

d) 试验标准改变。

7.2.2 检验项目和顺序

天花板型式检验的检验项目和顺序见表 9。

表 9 天花板的检验项目和顺序

序号	检验项目	要求的章条号	试验方法的章条号	型式检验	出厂检验
1	材料	5.1	6.1	●	●
2	公差	5.2	6.2	●	●
3	制造和外观	5.3、5.4	6.3	●	●
4	剥离强度	5.5.1	6.4.1	●	—
5	耐火	5.5.2	6.4.2	●	—
6	隔声	5.5.3	6.4.3	●	—
注：● 为必检项目；—为不检项目。					

7.2.3 检验样品数量

天花板的耐火、隔声试验的检验样品数量为最小组合尺寸为长 3 040 mm、宽 2 440 mm 的试样一件，其他检验项目为三件。

7.2.4 判定规则

天花板所有样品全部检验项目符合要求，判为型式检验合格。若材料、耐火和隔声试验中任一项检验不符合要求，则判天花板型式检验不合格；若有其他项目不符合要求，允许加倍取样复验。若复验符合要求，仍判天花板型式检验合格；若复验仍有不符合要求的项目，则判天花板型式检验不合格。

7.3 出厂检验

7.3.1 检验项目和顺序

天花板出厂检验的检验项目和顺序见表9。

7.3.2 检验样品数量

天花板的材料每个生产批为一个检验批，按批次检验，其他检验项目应逐个产品进行。

7.3.3 判定规则

全部检验项目符合要求的天花板，判定出厂检验合格。若材料不符合要求，则判定该批天花板出厂检验不合格；其他项目的检验，若有不符合要求的天花板，允许返修后进行复验。若复验符合要求，仍判天花板出厂检验合格；若复验仍不符合要求，则判该天花板出厂检验不合格。

8 标志、包装、运输、贮存

8.1 标志

天花板上应标示下列内容：

a) 制造厂名或商标；

b) 产品标记；

c) 制造日期；

d) 耐火级别；

e) 检验合格印章。

8.2 包装

8.2.1 包装箱上应有"防潮"，"小心轻放"及"向上"字样和标志，其图形应符合GB/T 191的规定。

8.2.2 包装架应大于天花板堆放的最大外形尺寸，应能用铲车或吊车装卸。

8.2.3 置于箱内的天花板应保证其相互间不发生窜动。

8.2.4 包装箱内应有装箱清单及产品检验合格证和船级社认可证书。

8.3 贮存

8.3.1 天花板应放置在通风、干燥的室内，不应与酸、碱、盐类物质接触并防止雨水侵入。

8.3.2 天花板不应直接接触地面，应垫以木质垫板。

8.3.3 天花板堆放高度应小于1 650 mm。

8.4 运输

8.4.1 运输车厢内应无油类及各种酸、碱、盐类物质，以免污染和腐蚀产品。

8.4.2 敞车运输时，应有防雨措施。

ICS 47.020.80
U 25

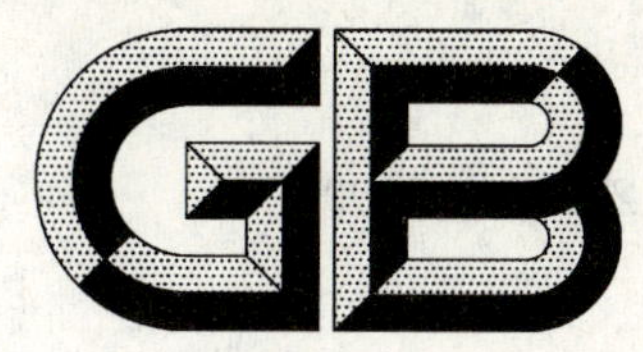

中华人民共和国国家标准

GB/T 23913.3—2009

复合岩棉板耐火舱室
第3部分：防火门

Fire-resisting compartment of composite rock wool panel—Part 3：Fire door

2009-06-04 发布　　2010-01-01 实施

中华人民共和国国家质量监督检验检疫总局
中国国家标准化管理委员会　发布

前　言

GB/T 23913《复合岩棉板耐火舱室》分为六个部分：

——第1部分：衬板、隔板和转角板；

——第2部分：天花板；

——第3部分：防火门；

——第4部分：构架件；

——第5部分：塑料装饰件；

——第6部分：安装节点。

本部分为GB/T 23913的第3部分。

本部分的附录A为资料性附录。

本部分由中国船舶工业集团公司提出。

本部分由全国船舶舾装标准化技术委员会内装分技术委员会归口。

本部分起草单位：江西朝阳机械厂、中国船舶工业综合技术经济研究院。

本部分主要起草人：李德全、梅志兵、陈丽、张美玲。

复合岩棉板耐火舱室　第3部分：防火门

1　范围

GB/T 23913 的本部分规定了复合岩棉板耐火舱室中防火门的分类和标记、要求、试验方法、检验规则等。

本部分适用于船舶和海洋工程建筑物上具有耐火分隔要求的舱室和生活模块中防火门的设计、制造和验收。

2　规范性引用文件

下列文件中的条款通过 GB/T 23913 的本部分的引用而成为本部分的条款。凡是注日期的引用文件，其随后所有的修改单（不包括勘误的内容）或修订版均不适用于本部分，然而，鼓励根据本部分达成协议的各方研究是否可使用这些文件的最新版本。凡是不注日期的引用文件，其最新版本适用于本部分。

GB/T 700—2006　碳素结构钢（ISO 630:1995，Structural steels—Plates，wide flats，bars，sections and profiles，NEQ）

GB/T 706—2008　热轧型钢

GB/T 708—2006　冷轧钢板和钢带的尺寸、外形、重量及允许偏差（ISO 16162:2000，Continuously cold-rolled steel sheet products—Dimensional and shape tolerances，NEQ）

GB/T 1720—1979　漆膜附着力测定法

GB/T 2518—2008　连续热镀锌钢板及钢带

GB/T 3003—2006　耐火材料　陶瓷纤维及制品

GB/T 3280—2007　不锈钢冷轧钢板和钢带

GB/T 4237—2007　不锈钢热轧钢板和钢带

GB/T 11874　船用门和窗开启方向和符号标志（GB/T 11874—1989，neq ISO/R 1226:1970）

CB/T 3830—1998　船用岩棉及其制品

中国船级社　海上移动平台入级与建造规范　2005

国际海事组织（IMO）　国际海上人命安全公约　2004 综合文本

国际海事组织（IMO）　国际耐火试验程序应用规则　（FTP）附件 1（FTPC）　第 1 部分/IMO. A799(19)　经修正的船用结构材料不燃性试验方法的建议案

国际海事组织（IMO）　国际耐火试验程序应用规则　（FTP）附件 1（FTPC）　第 3 部分/IMO. A754(18)　关于“A”、“B”和“F”级分隔耐火试验程序的建议案

国际海事组织（IMO）　国际耐火试验程序应用规则　（FTP）附件 1（FTPC）　第 5 部分/IMO. A653(16)　关于舱壁、天花板饰面材料表面燃烧性的耐火试验程序的修正建议

UI SC126（针对 SOLAS Ⅱ-2 章中 5.3，6.2，6.3，货船的防火材料性能要求的解释）

UI SC127[针对 SOLAS Ⅱ-2 章中 6.2，对材料表面的油漆、清漆和其他饰面涂料的烟气及毒性物质限制要求的解释的第二修订版（Rev. 2）]

3　术语和定义

国际海事组织（IMO）《国际海上人命安全公约》2004 综合文本和中国船级社《海上移动平台入级与建造规范》2005 中确立的“A”、“B”和“H”级耐火分隔等级的术语和定义适用于 GB/T 23913 的本部分。

4 分类和标记

4.1 分类

4.1.1 防火门按结构分为单扇防火门和双扇防火门。

4.1.2 防火门按防火级别分为 A 级、B 级和 H 级防火门。

4.2 典型结构型式和主要参数

防火门的典型结构型式及主要参数见表 1 及图 1～图 31。

表 1 防火门典型结构型式及主要参数

单位为毫米

名称	代号	防火级别	附件	通孔尺寸		门框深度 D	门扇厚度 t	门框型式	安装要求
				高 H_c	宽 W_c				
单扇防火门	H120	H-120	W	≤2 200	≤1 300	65～440	50～80	C1	安装在钢壁上
	H60	H-60							
	A60	A-60	W、P、E、EV				43～45	A1、A2、A3、A4、A5、A6、Z	安装在钢壁或复合岩棉板与钢壁组合的衬板上
	A30	A-30							
	A15	A-15					38～40		
	A0	A A-0							
	B15	B-15	W、V、E、EV	≤2 100	≤1 000			B1、B2、B3、B4、B5、B6、Z	
	B0	B-0							
	IB15	B-15						S K	安装在复合岩棉板上
	IB0	B-0				50			
	FB15	B-15	—						
	FB0	B-0							
双扇防火门	DA60	A-60	W、P、E、EV	≤2 100	≤2 100	65～440	43～45	A1、A2、A3、A4、A5、A6、Z	安装在钢壁或复合岩棉板与钢壁组合的衬板上
	DA30	A-30							
	DA15	A-15					38～40		
	DA0	A-0							
	DB15	B-15	W、V、E、EV					B1、B2、B3、B4、B5、B6、Z	
	DB0	B-0							
	DIB15	B-15	W、V、E、EV			50		S、K	安装在复合岩棉板上
	DIB0	B-0							

注 1：表中符号说明：A、B、H——防火级别； V——通风栅；
I——舱室内门； E——逃生口；
D——双扇防火门； EV——带通风栅的逃生口；
F——风道防火门； W——观察窗；
P——消防口。

注 2：门框型式符号说明见 4.3。

注 3：表中附件均为可选件。

单位为毫米

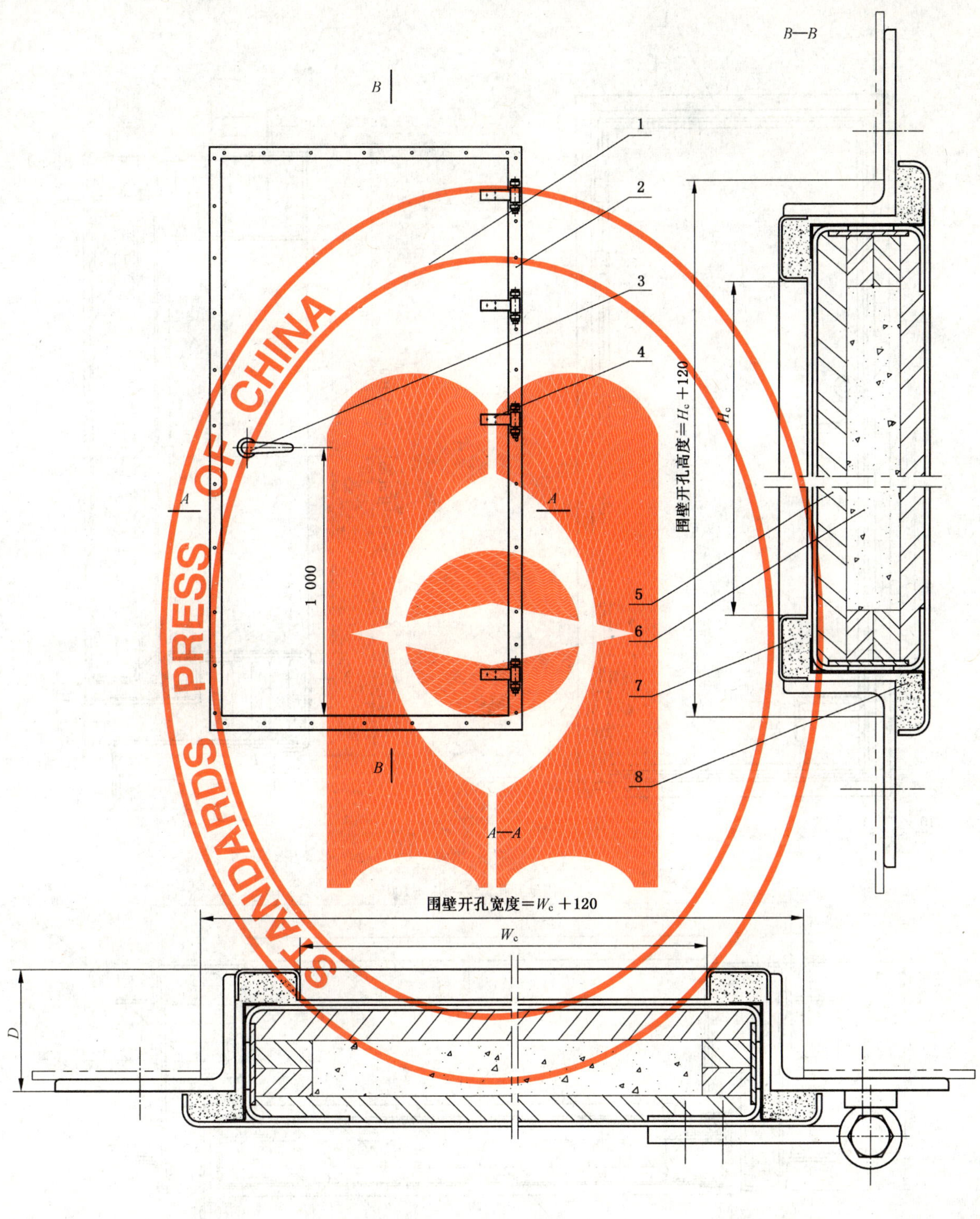

1——门扇；
2——门框；
3——防火门锁；
4——铰链；
5——防火芯材；
6——防火芯材；
7——密封条；
8——密封条。

图 1 H60、H120 级防火门

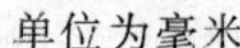

单位为毫米

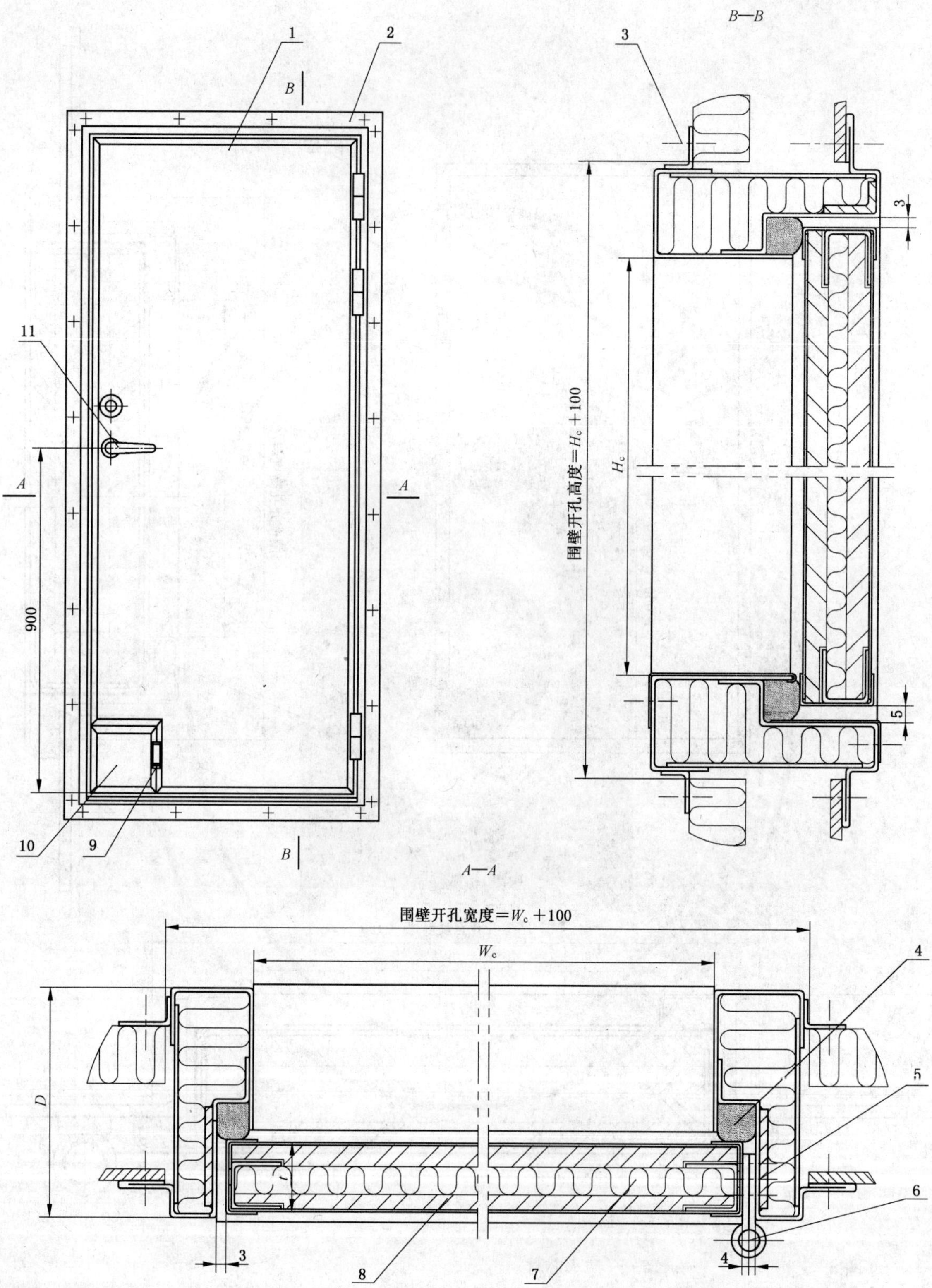

1——门扇；
2——门框；
3——自攻螺钉；
4——密封条；
5——螺钉；
6——铰链；
7——防火芯材；
8——防火芯材；
9——弹簧铰链；
10——消防口；
11——防火门锁。

图 2　A-60 级防火门

单位为毫米

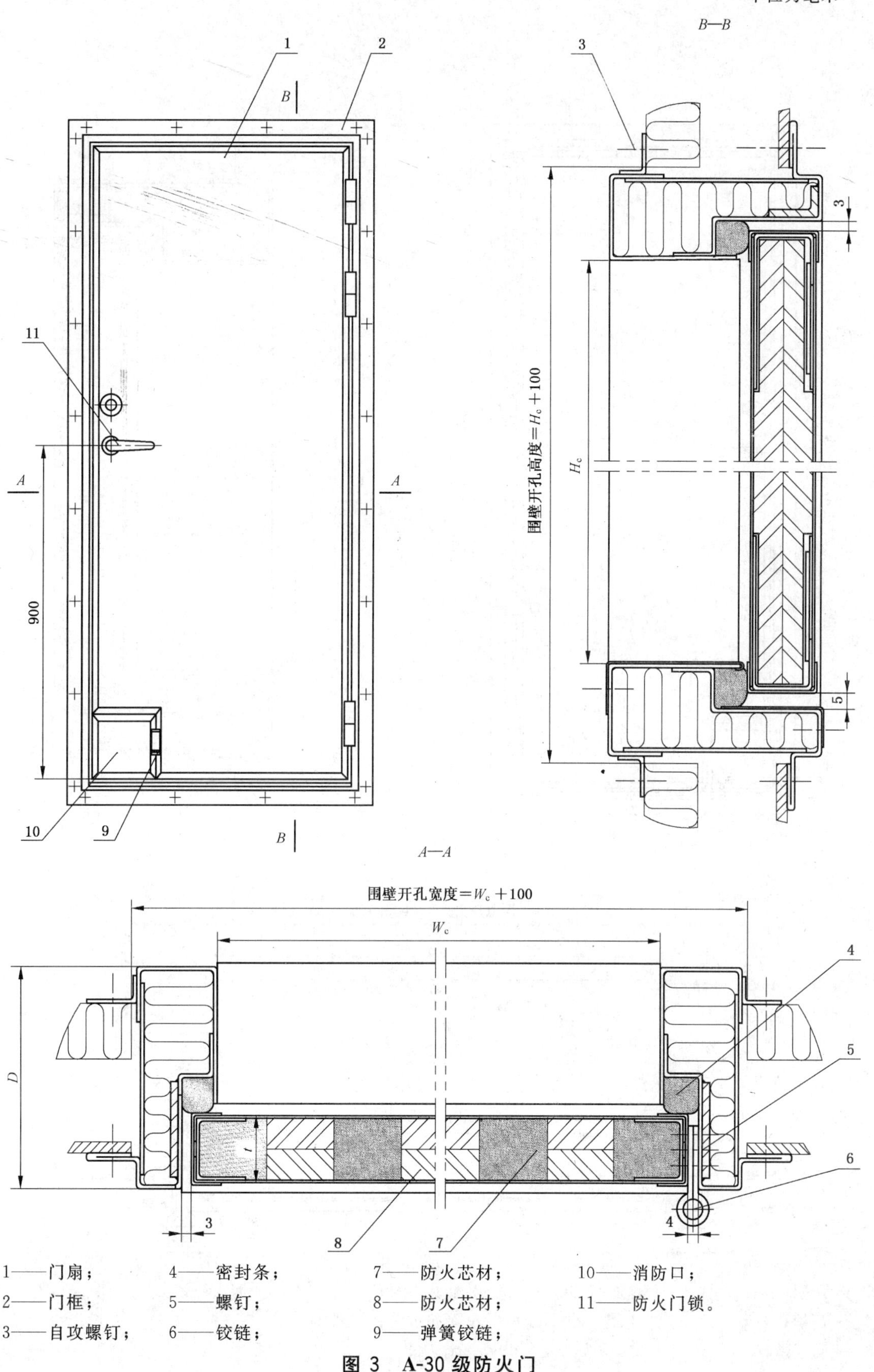

1——门扇；　4——密封条；　7——防火芯材；　10——消防口；

2——门框；　5——螺钉；　8——防火芯材；　11——防火门锁。

3——自攻螺钉；　6——铰链；　9——弹簧铰链；

图 3　A-30 级防火门

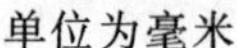

单位为毫米

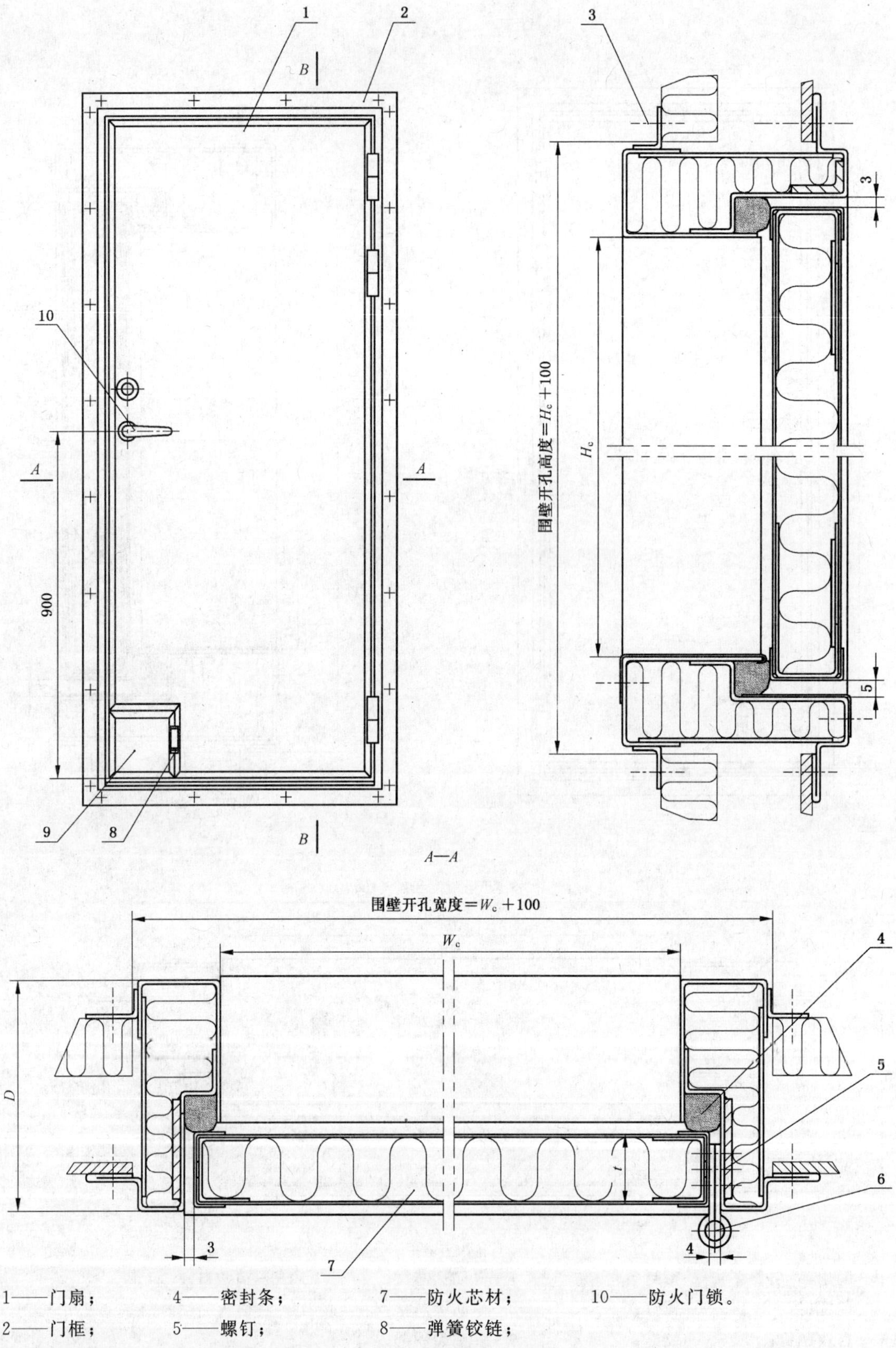
B—B
1
2
3
4
5
6
7
8
9
10
B
A
A—A
900
围壁开孔高度＝Hc＋100
Hc
围壁开孔宽度＝Wc＋100
Wc
D
t
3
5
4

1——门扇；　4——密封条；　7——防火芯材；　10——防火门锁。

2——门框；　5——螺钉；　8——弹簧铰链；

3——自攻螺钉；　6——铰链；　9——消防口；

图 4　A-15 级防火门

单位为毫米

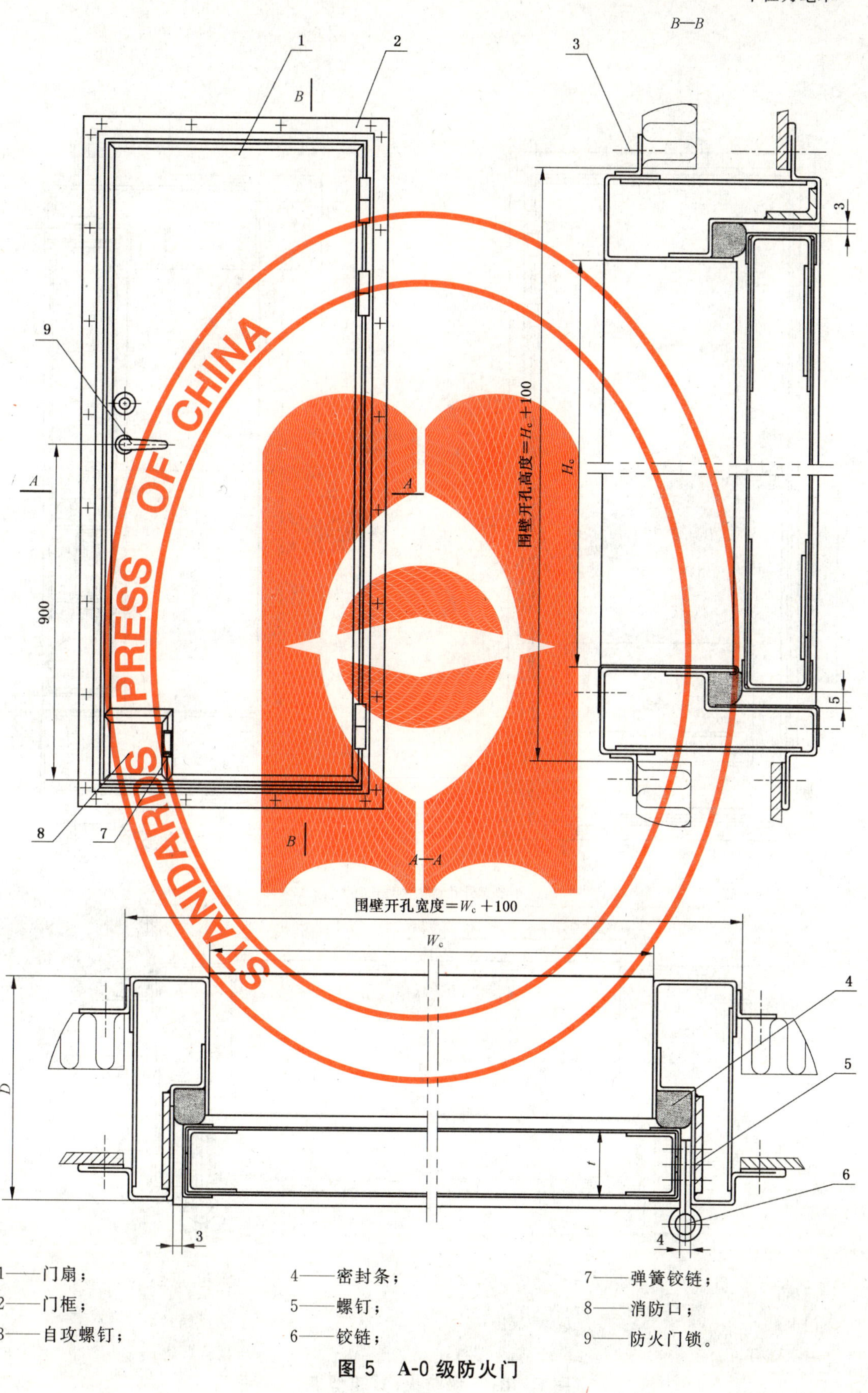

1——门扇；
2——门框；
3——自攻螺钉；
4——密封条；
5——螺钉；
6——铰链；
7——弹簧铰链；
8——消防口；
9——防火门锁。

图 5　A-0 级防火门

单位为毫米

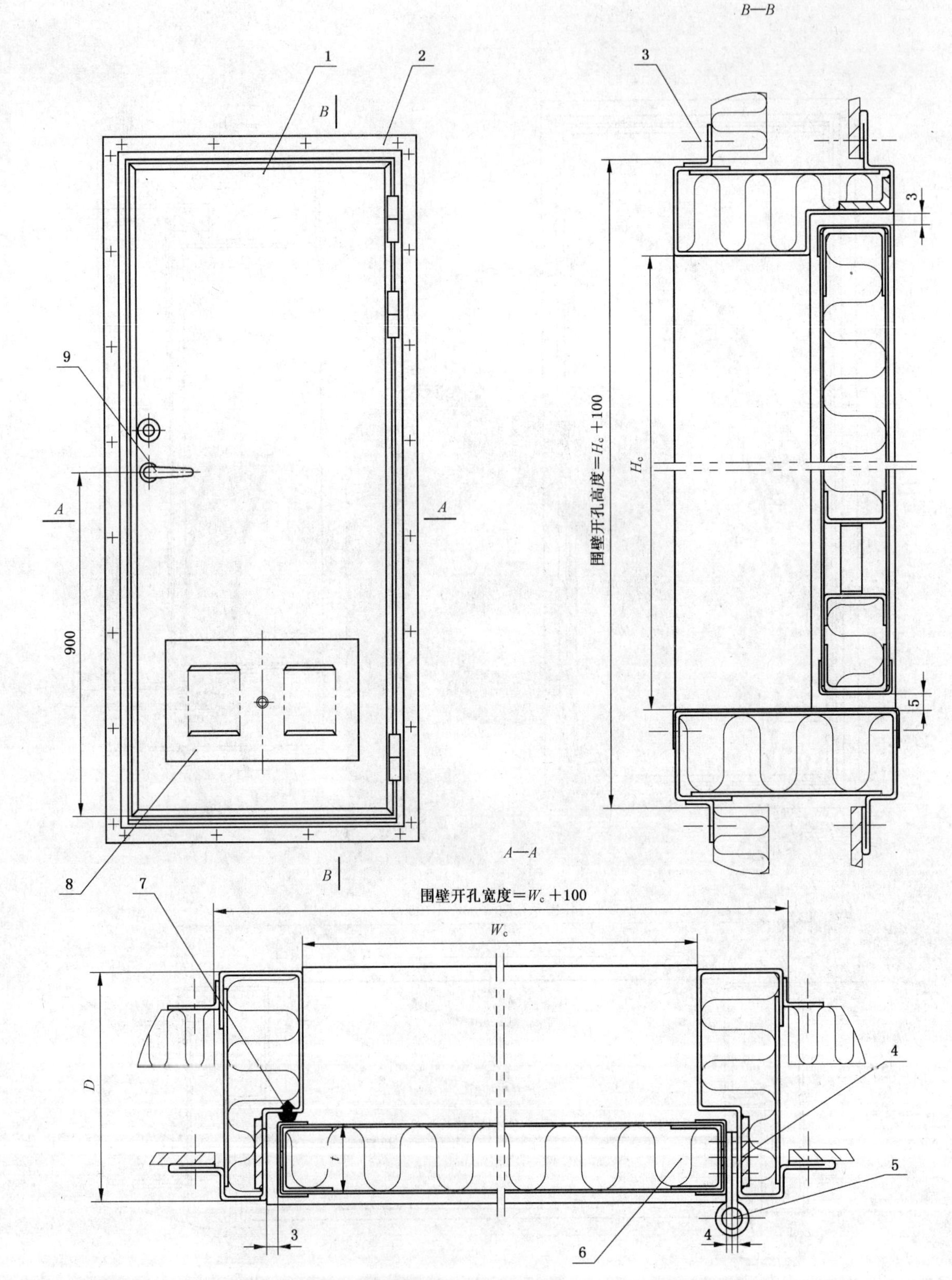

1——门扇；
2——门框；
3——自攻螺钉；
4——螺钉；
5——铰链；
6——防火芯材；
7——门垫；
8——通风栅；
9——防火门锁。

图 6　**B-15** 级防火门(箱型框)

单位为毫米

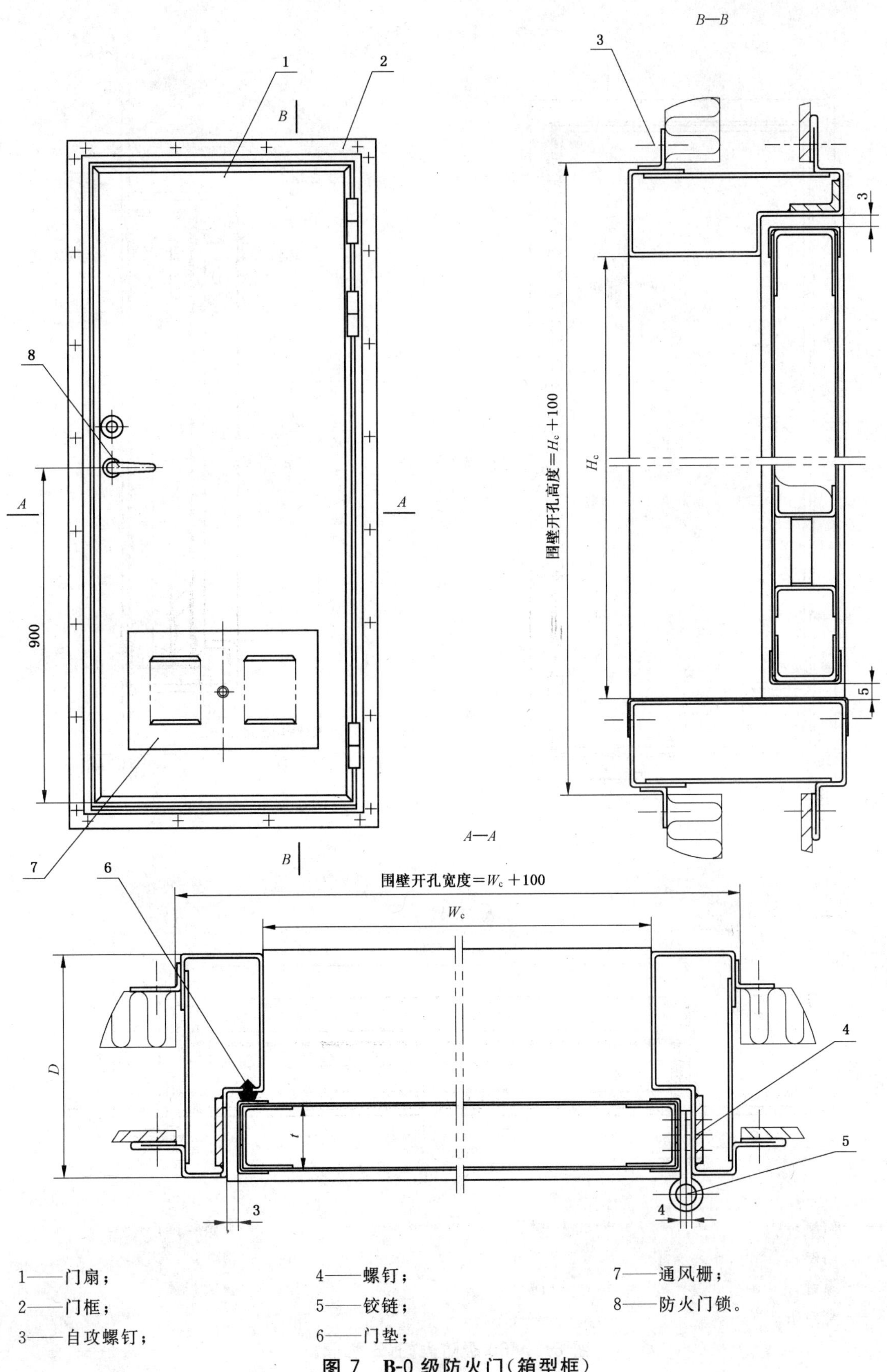

1——门扇；
2——门框；
3——自攻螺钉；
4——螺钉；
5——铰链；
6——门垫；
7——通风栅；
8——防火门锁。

图 7 B-0 级防火门(箱型框)

单位为毫米

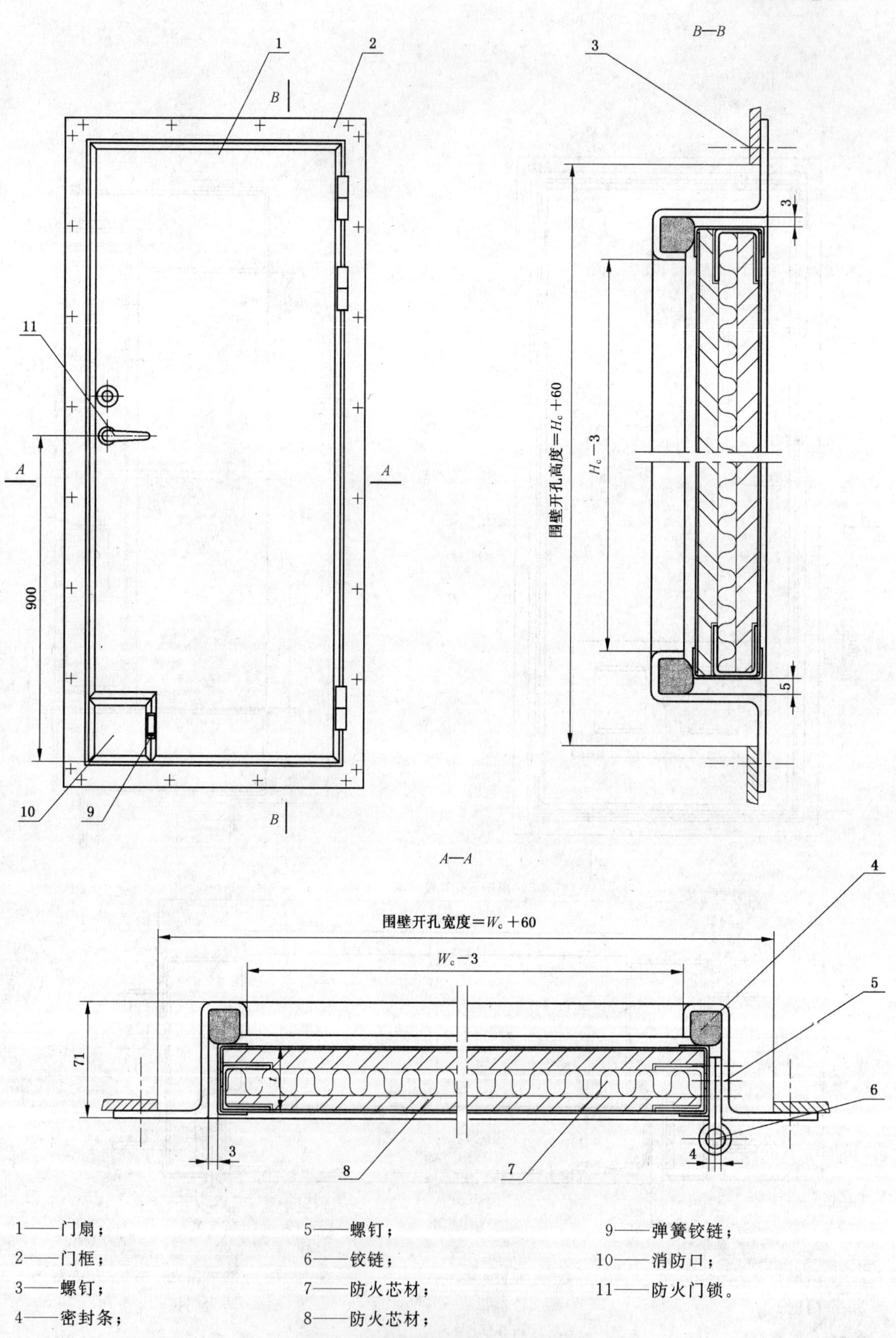

1——门扇；
2——门框；
3——螺钉；
4——密封条；
5——螺钉；
6——铰链；
7——防火芯材；
8——防火芯材；
9——弹簧铰链；
10——消防口；
11——防火门锁。

图 8　A-60 级防火门(Z 型框)

单位为毫米

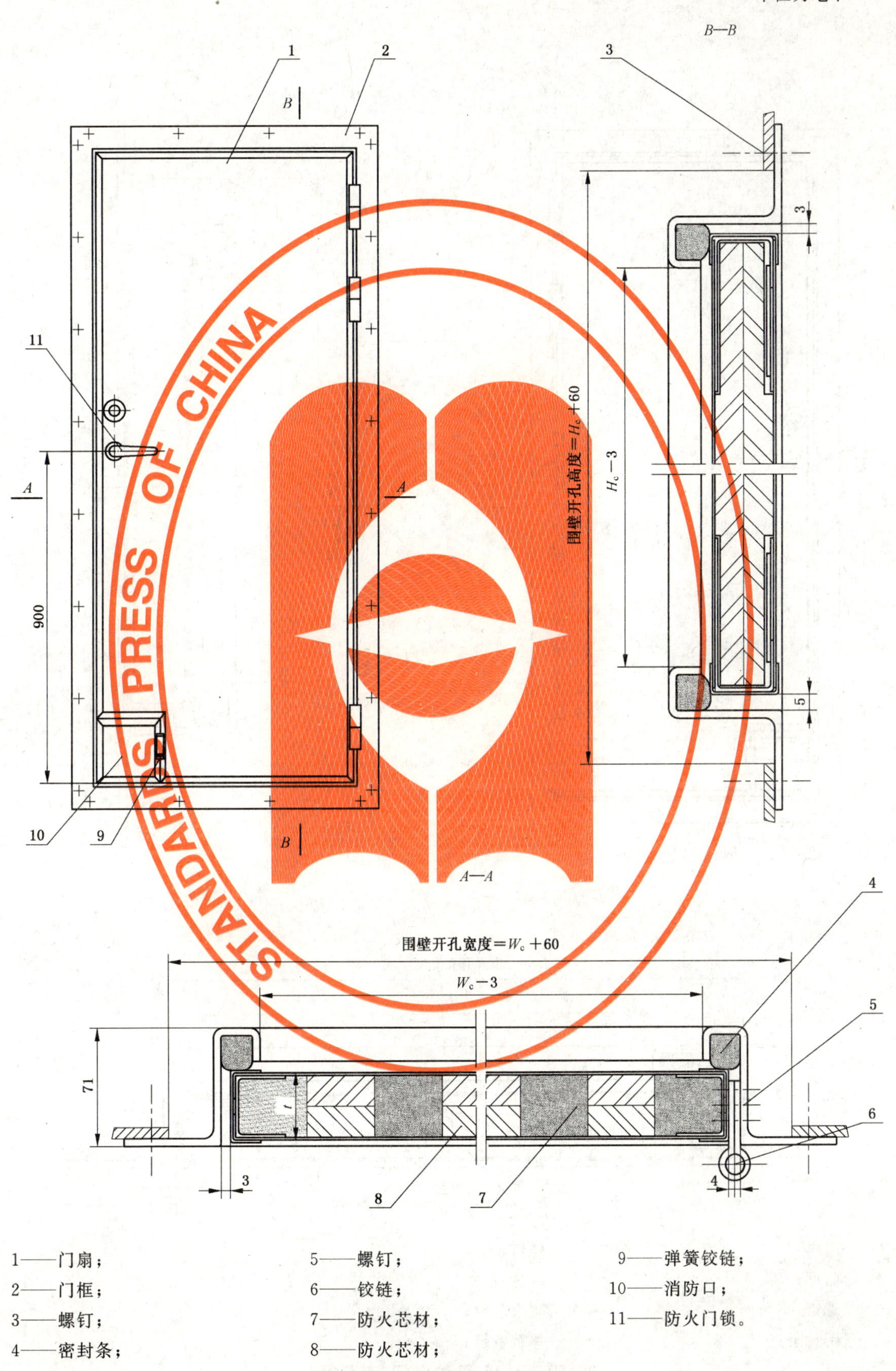

1——门扇；
2——门框；
3——螺钉；
4——密封条；
5——螺钉；
6——铰链；
7——防火芯材；
8——防火芯材；
9——弹簧铰链；
10——消防口；
11——防火门锁。

图 9　A-30 级防火门(Z 型框)

单位为毫米

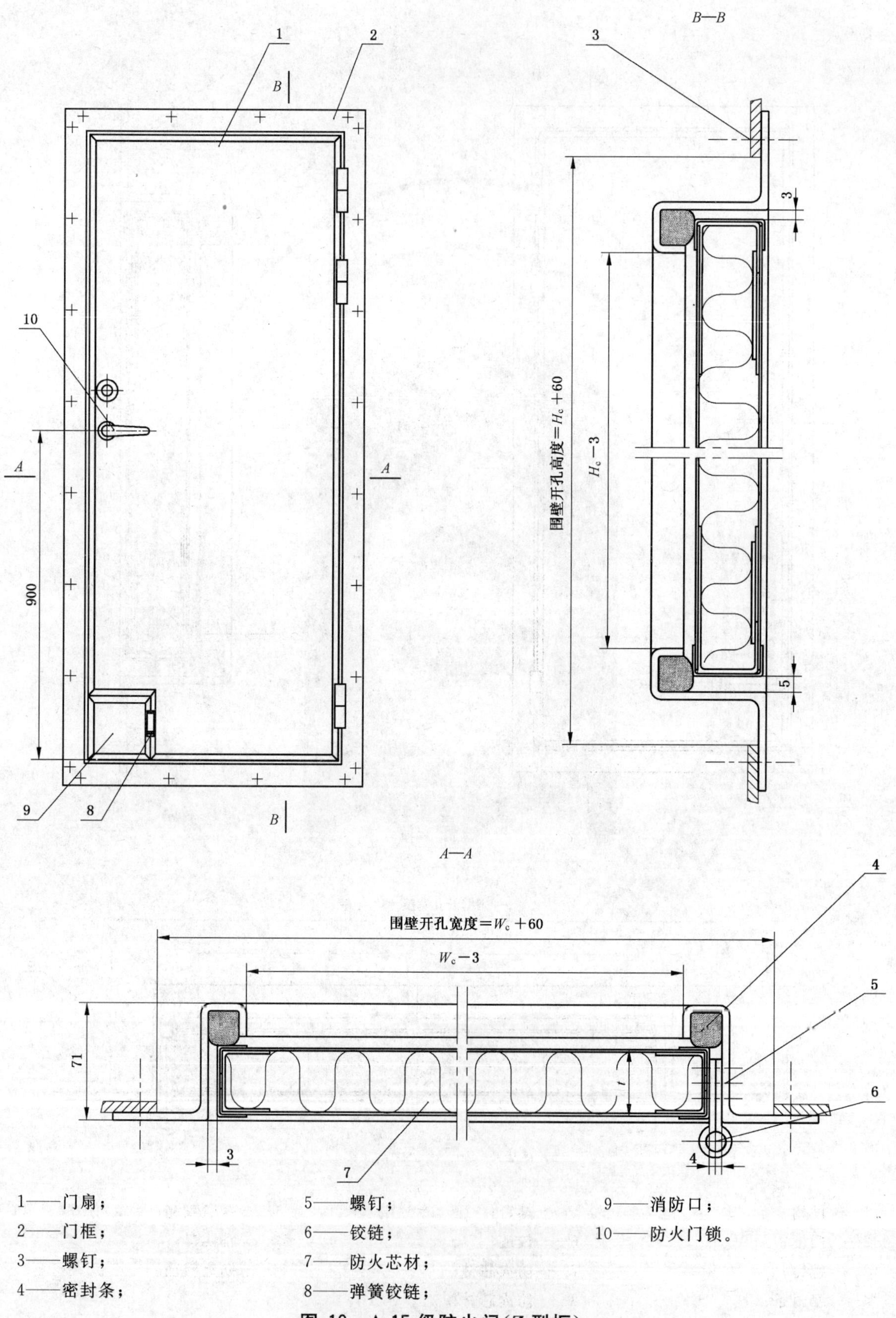

1——门扇；
2——门框；
3——螺钉；
4——密封条；
5——螺钉；
6——铰链；
7——防火芯材；
8——弹簧铰链；
9——消防口；
10——防火门锁。

图 10　A-15 级防火门(Z 型框)

单位为毫米

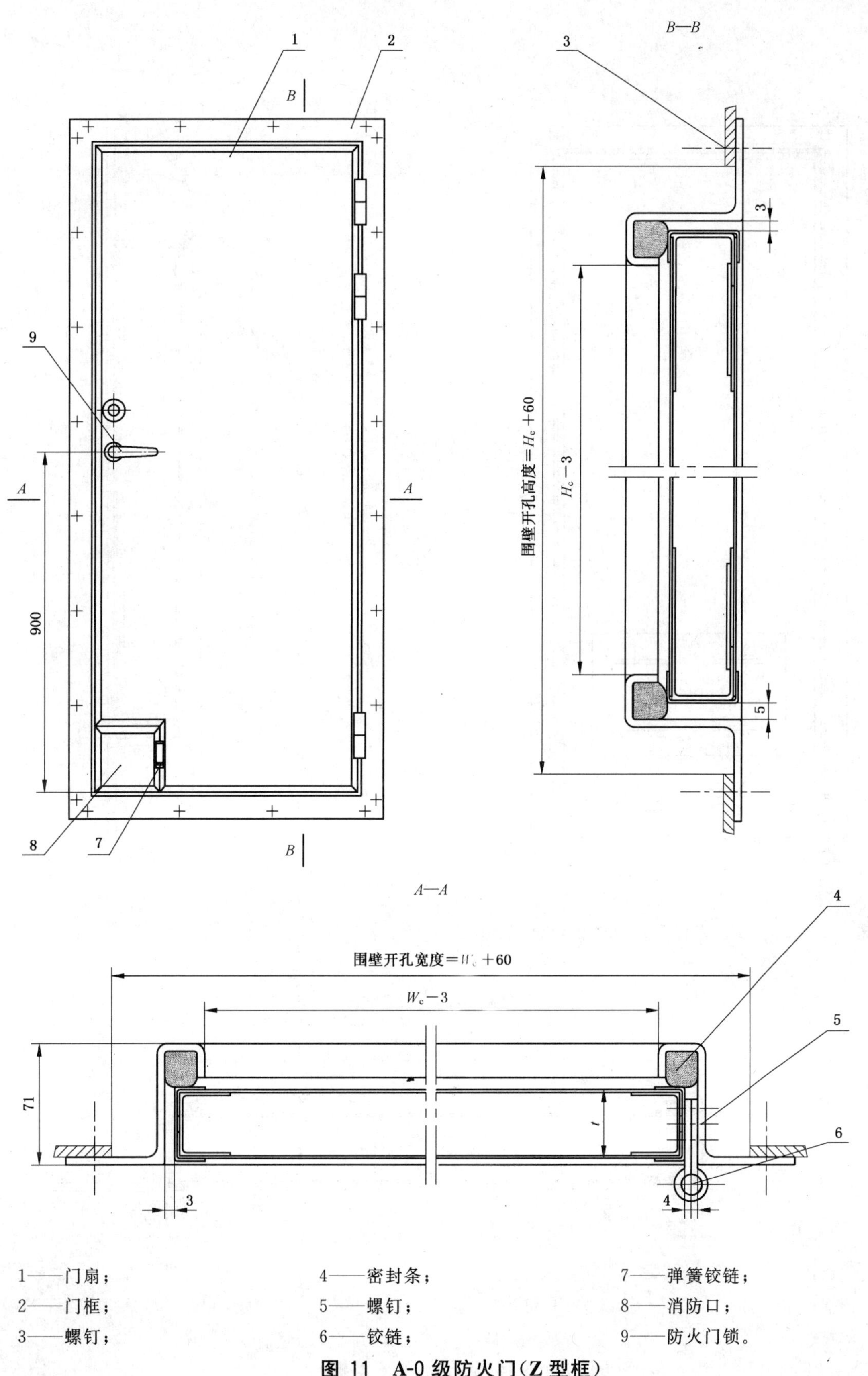

1——门扇；
2——门框；
3——螺钉；
4——密封条；
5——螺钉；
6——铰链；
7——弹簧铰链；
8——消防口；
9——防火门锁。

图 11　A-0 级防火门(Z 型框)

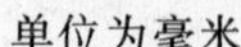

单位为毫米

B—B
1
2
3
B
9
A
A
900
8
围壁开孔高度＝H_c＋50
H_c
3
5
A—A
7
围壁开孔宽度＝W_c＋50
W_c
4
46
t
5
3
4
6

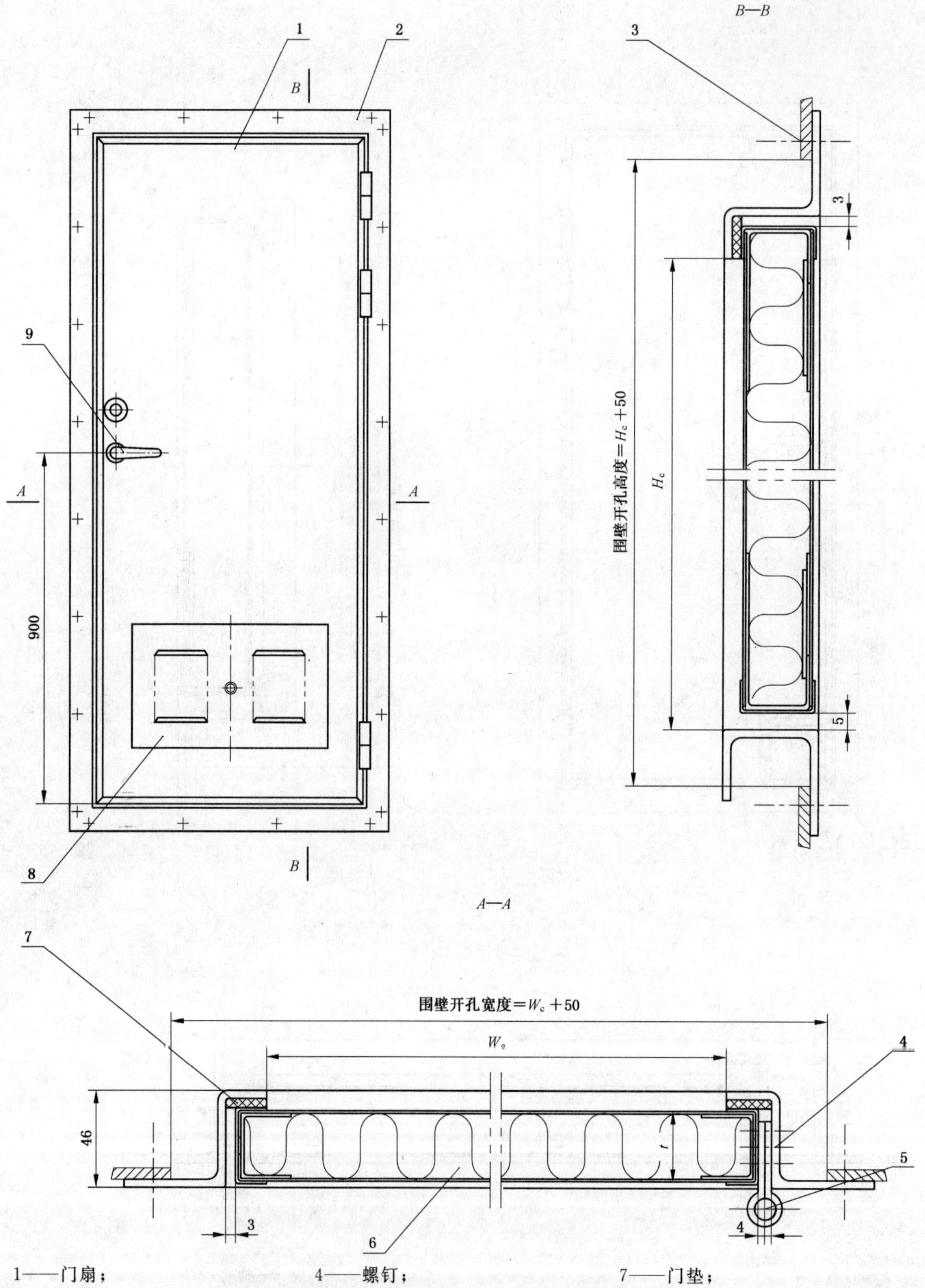

1——门扇；
2——门框；
3——螺钉；
4——螺钉；
5——铰链；
6——防火芯材；
7——门垫；
8——通风栅；
9——防火门锁。

图 12　B-15 级防火门(Z 型框)

单位为毫米

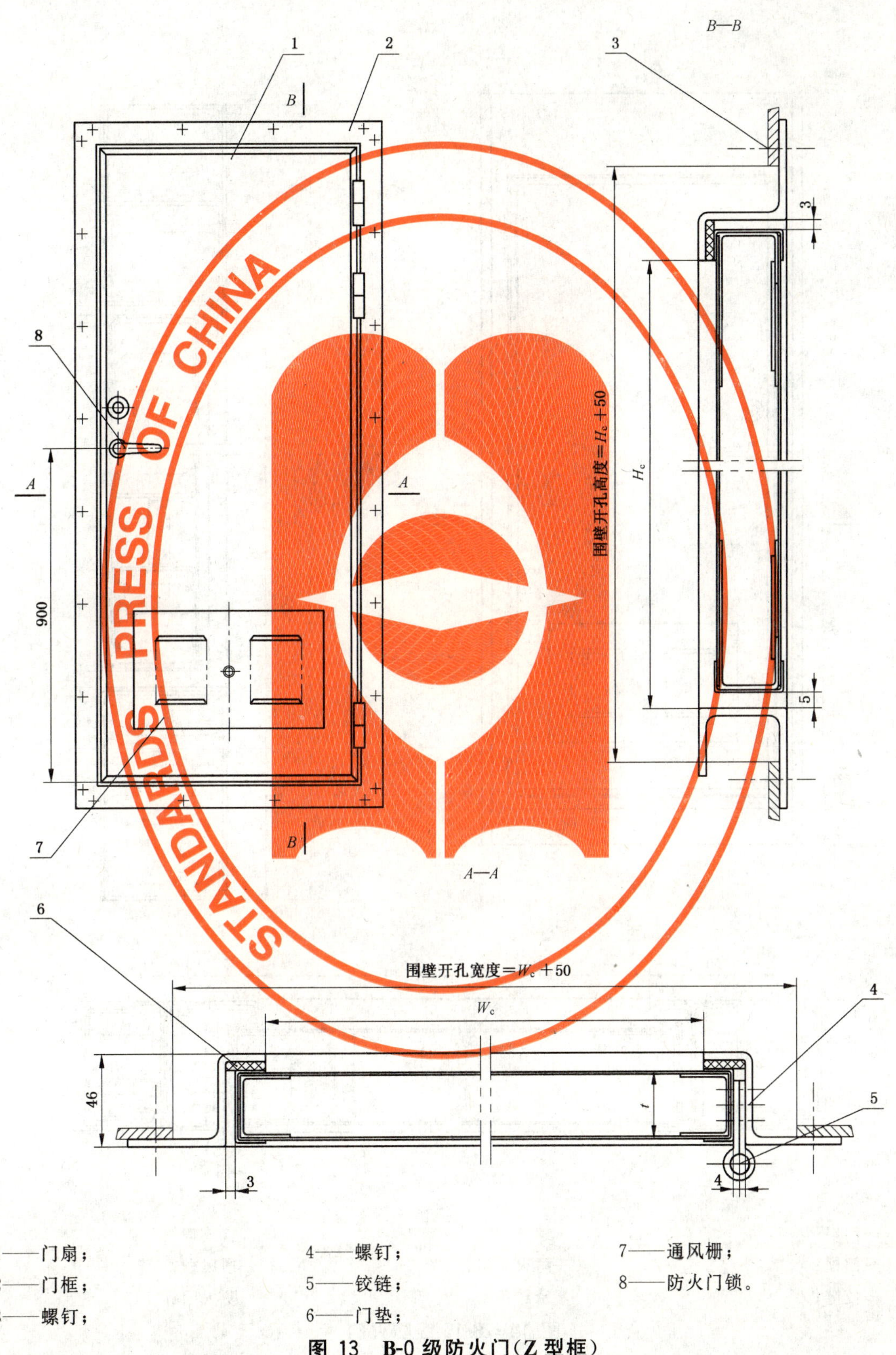

1——门扇；
2——门框；
3——螺钉；
4——螺钉；
5——铰链；
6——门垫；
7——通风栅；
8——防火门锁。

图 13　B-0 级防火门(Z 型框)

单位为毫米

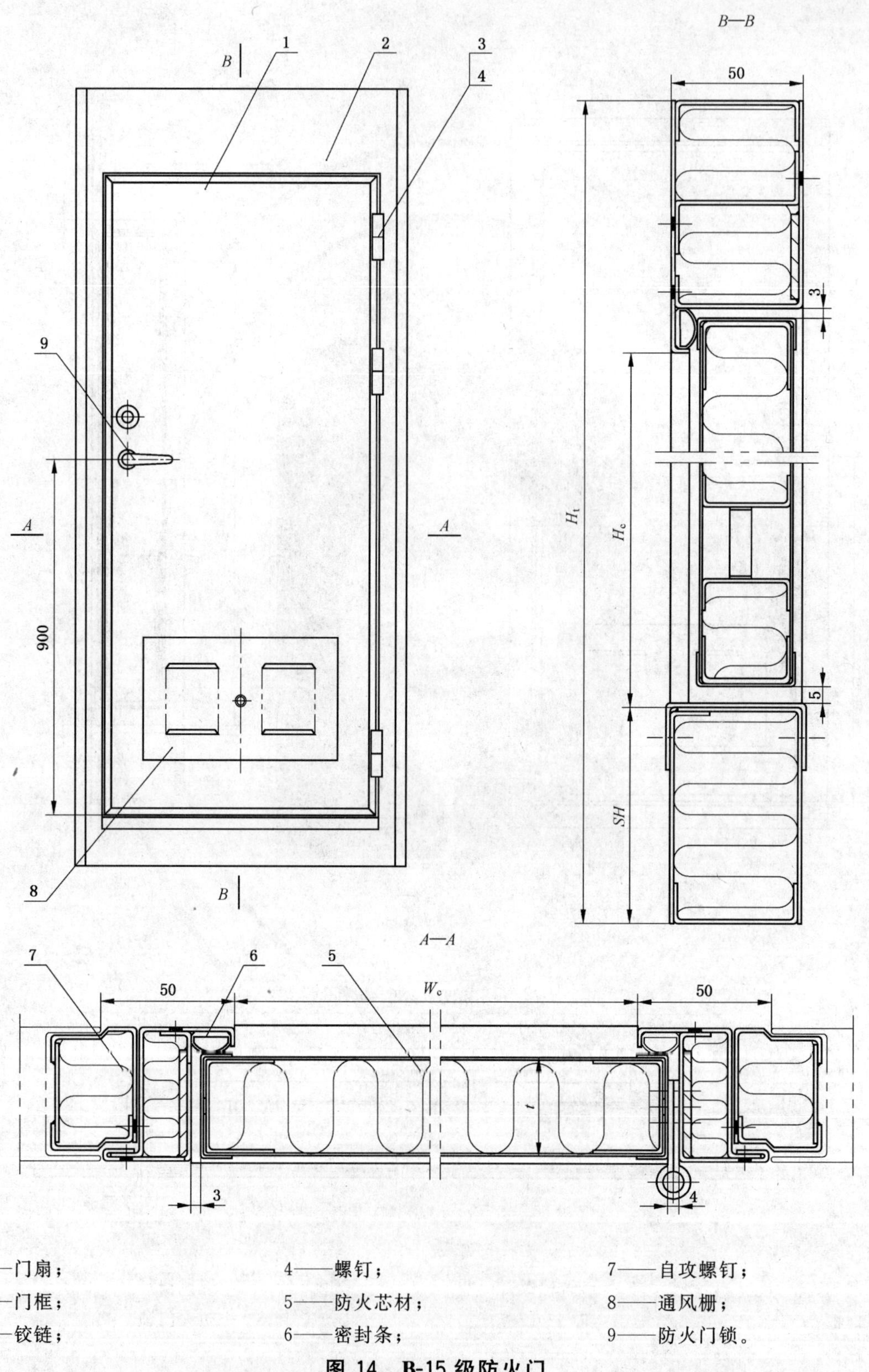

1——门扇；
2——门框；
3——铰链；
4——螺钉；
5——防火芯材；
6——密封条；
7——自攻螺钉；
8——通风栅；
9——防火门锁。

图 14　B-15 级防火门

单位为毫米

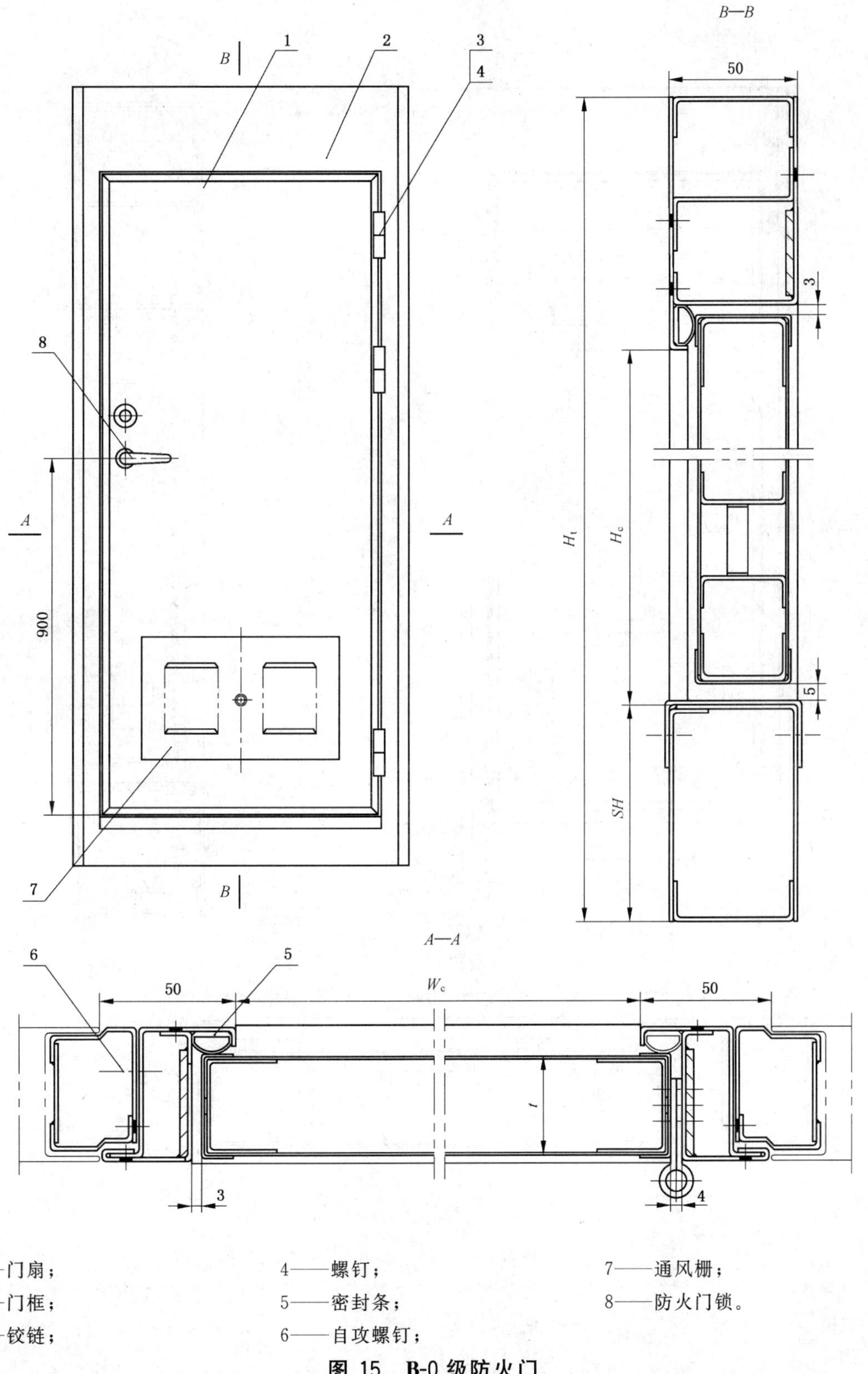

1——门扇；
2——门框；
3——铰链；
4——螺钉；
5——密封条；
6——自攻螺钉；
7——通风栅；
8——防火门锁。

图 15 **B-0** 级防火门

单位为毫米

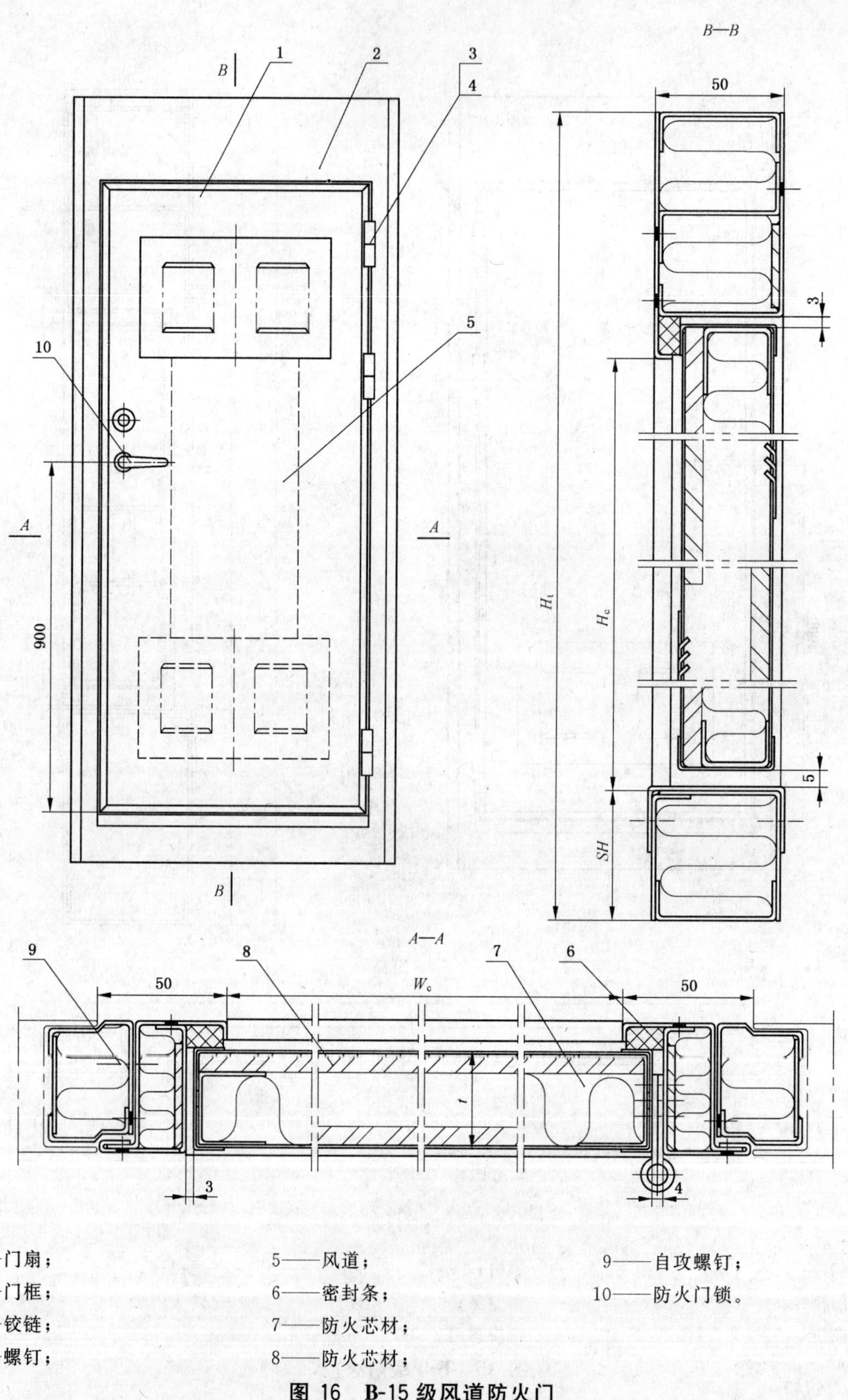

1——门扇；
2——门框；
3——铰链；
4——螺钉；
5——风道；
6——密封条；
7——防火芯材；
8——防火芯材；
9——自攻螺钉；
10——防火门锁。

图 16　B-15 级风道防火门

单位为毫米

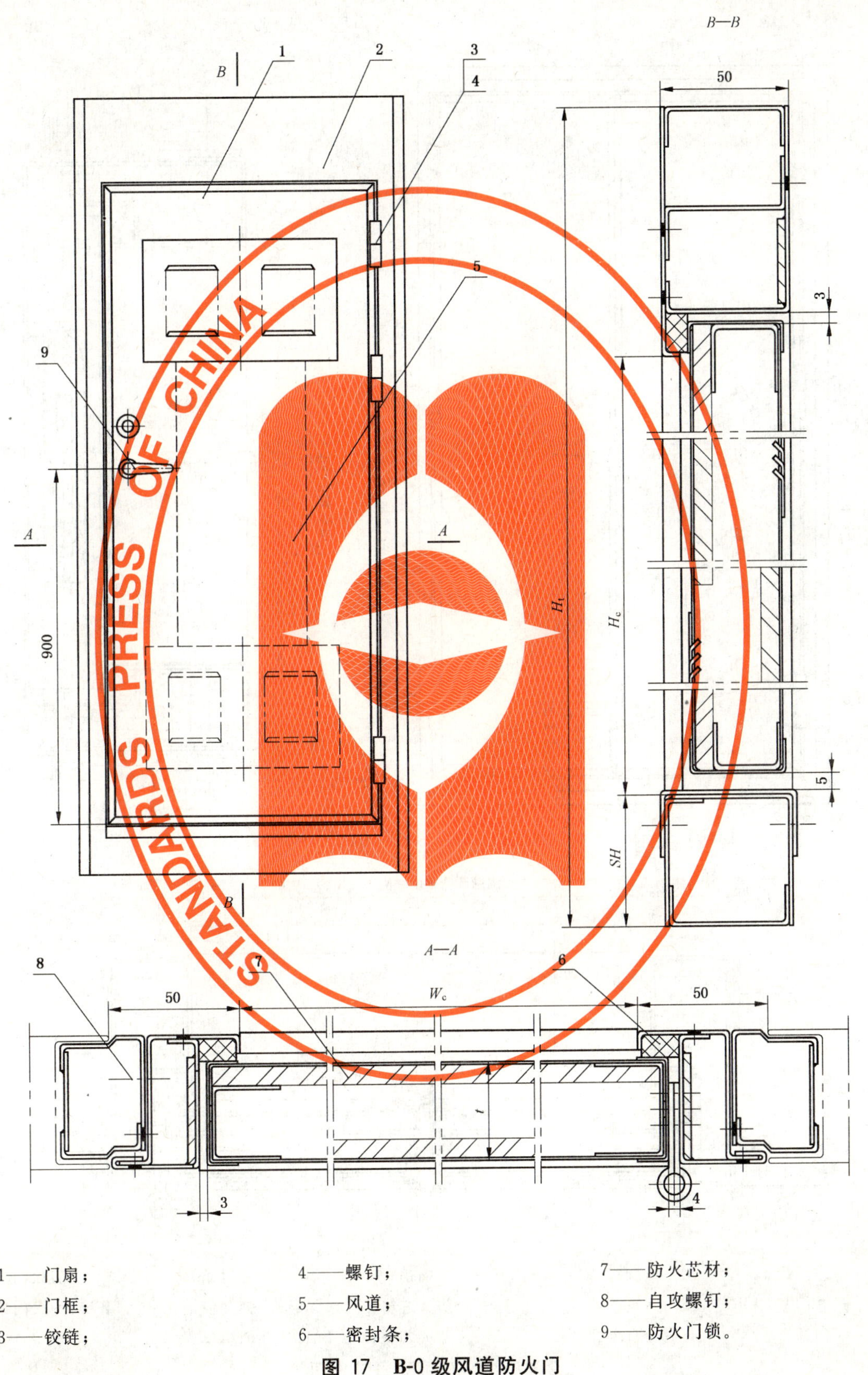

1——门扇；
2——门框；
3——铰链；
4——螺钉；
5——风道；
6——密封条；
7——防火芯材；
8——自攻螺钉；
9——防火门锁。

图 17　B-0 级风道防火门

单位为毫米

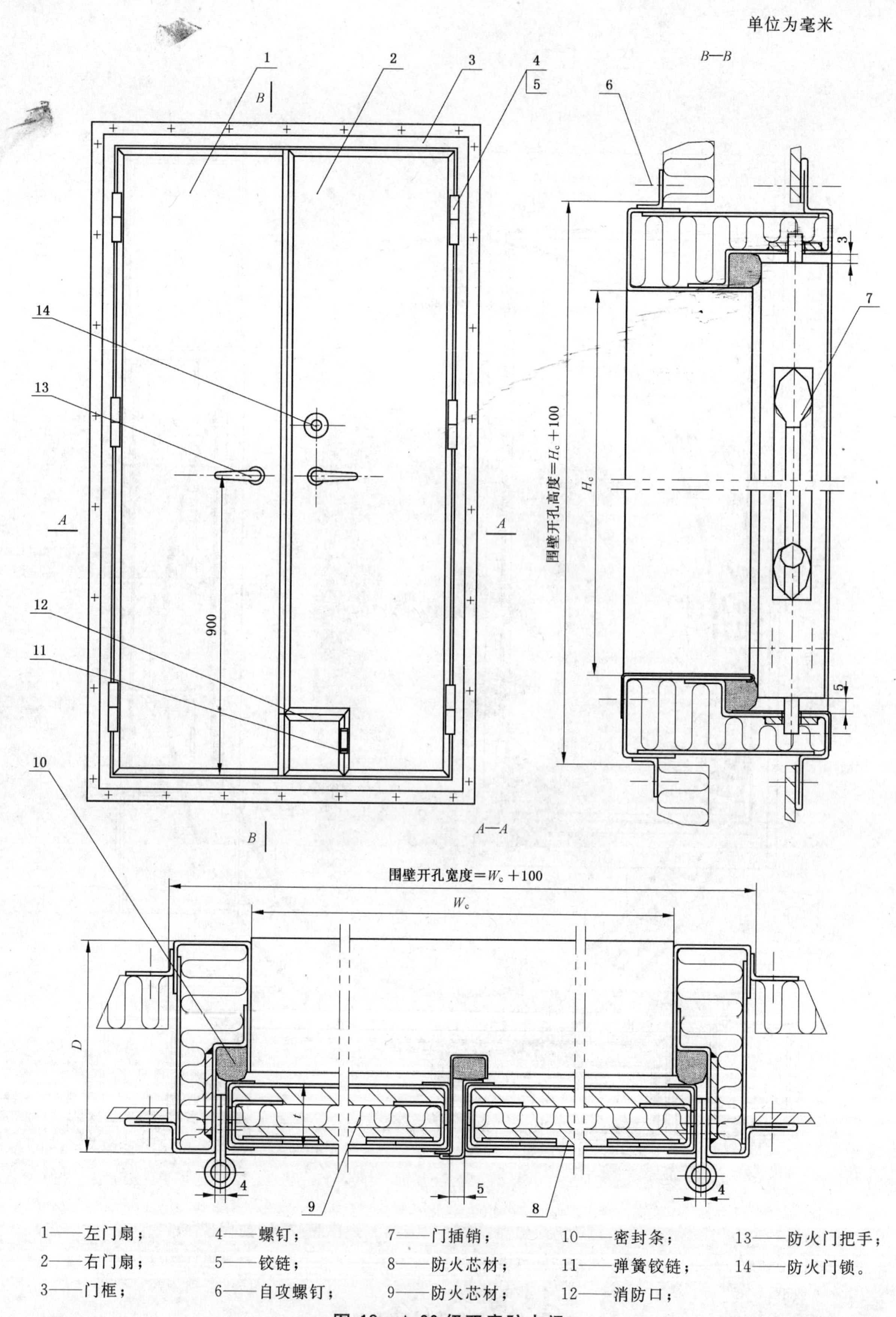

1——左门扇；
2——右门扇；
3——门框；
4——螺钉；
5——铰链；
6——自攻螺钉；
7——门插销；
8——防火芯材；
9——防火芯材；
10——密封条；
11——弹簧铰链；
12——消防口；
13——防火门把手；
14——防火门锁。

图 18 A-60 级双扇防火门

单位为毫米

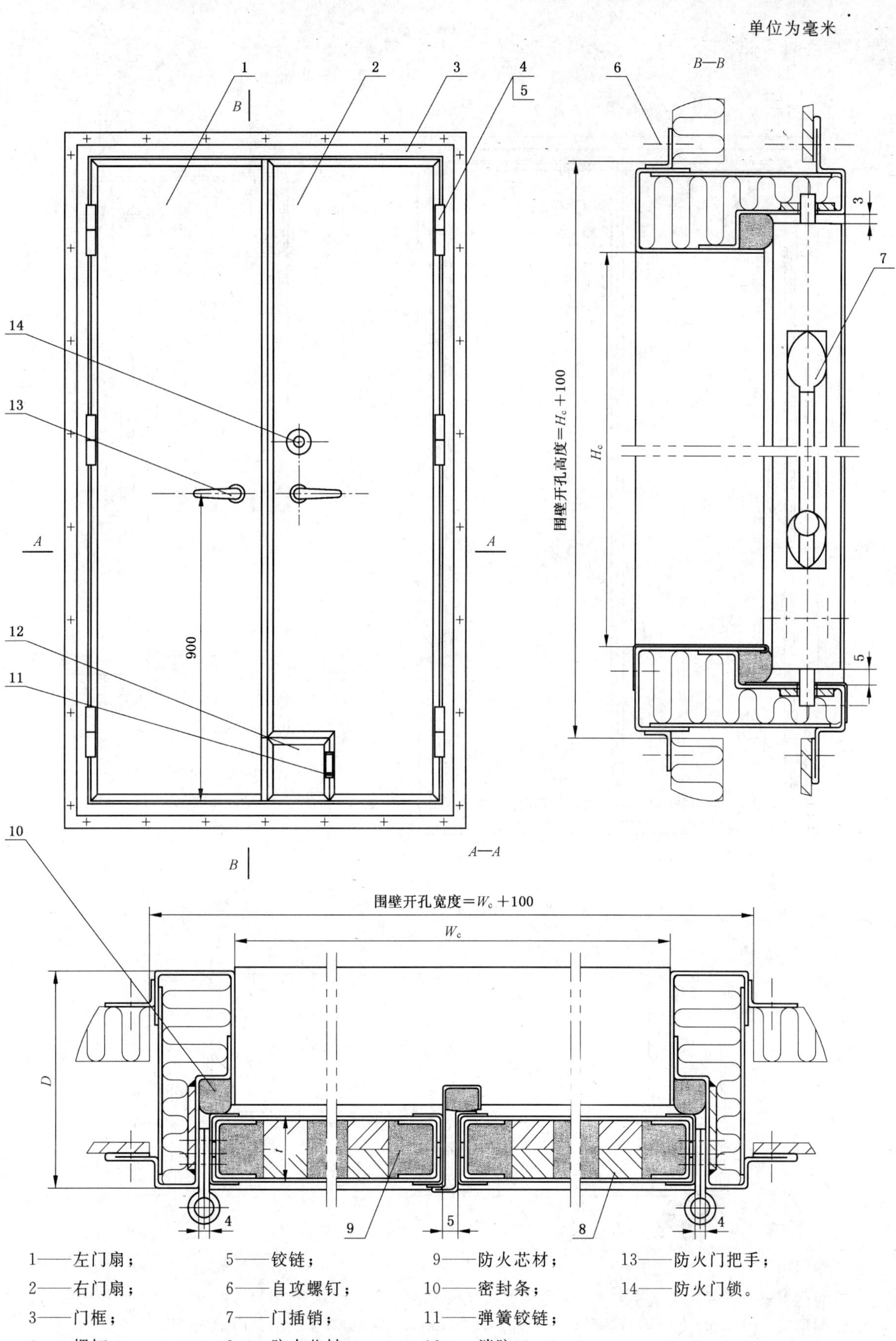

1——左门扇；　　5——铰链；　　9——防火芯材；　　13——防火门把手；

2——右门扇；　　6——自攻螺钉；　　10——密封条；　　14——防火门锁。

3——门框；　　7——门插销；　　11——弹簧铰链；

4——螺钉；　　8——防火芯材；　　12——消防口；

图 19　A-30 级双扇防火门

单位为毫米

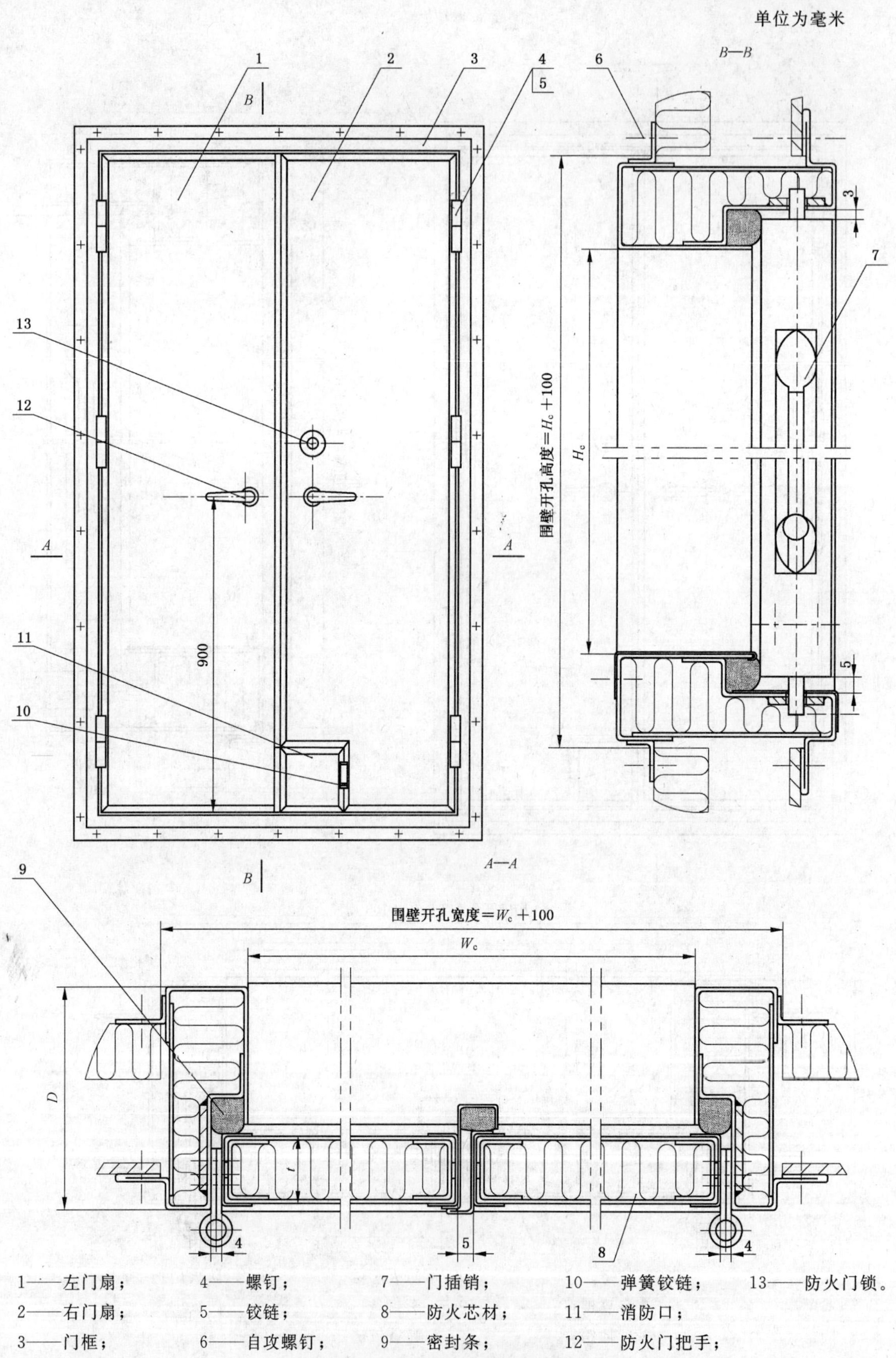

1——左门扇；　4——螺钉；　7——门插销；　10——弹簧铰链；　13——防火门锁。

2——右门扇；　5——铰链；　8——防火芯材；　11——消防口；

3——门框；　6——自攻螺钉；　9——密封条；　12——防火门把手；

图 20　A-15 级双扇防火门

单位为毫米

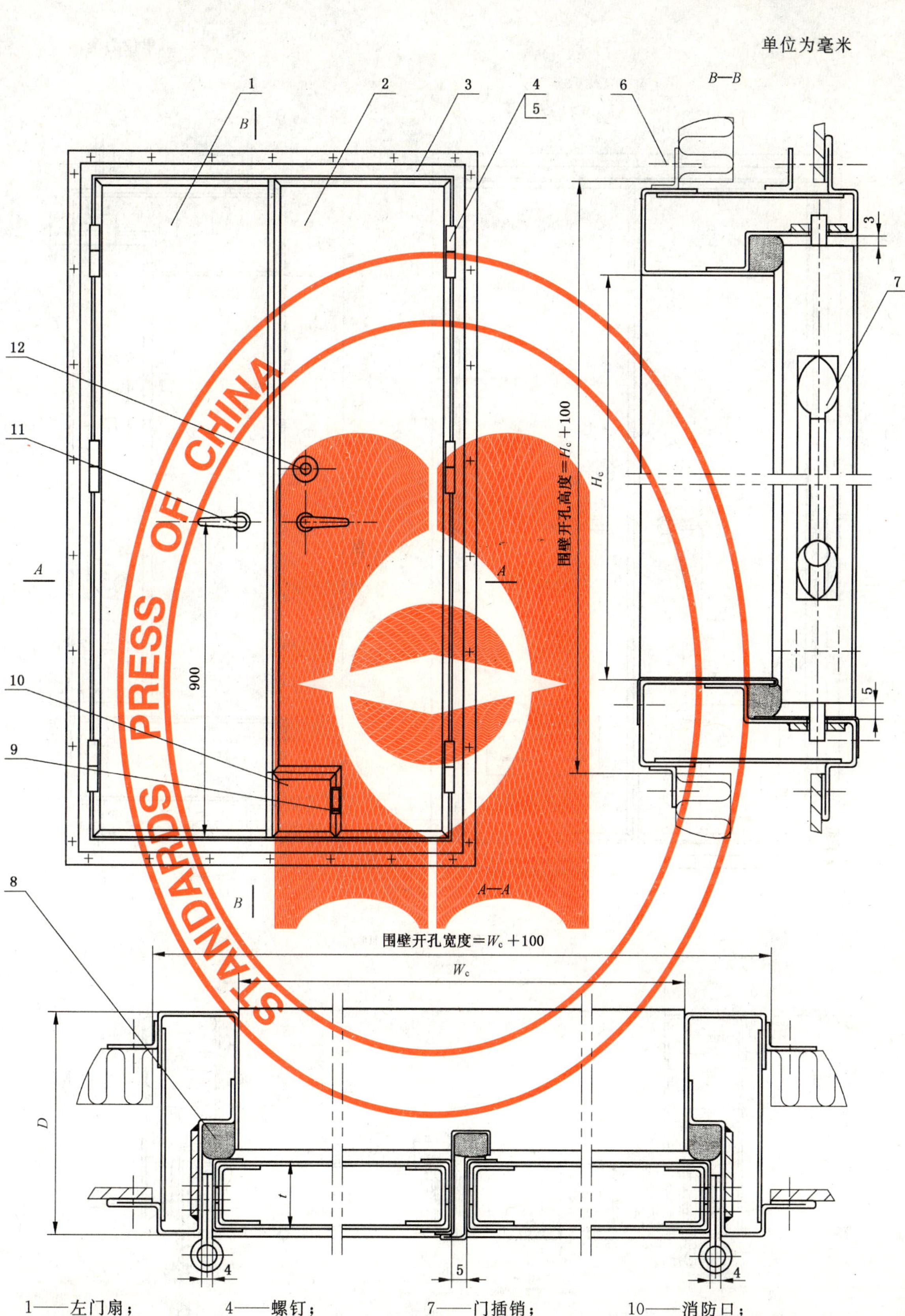

1——左门扇；
2——右门扇；
3——门框；
4——螺钉；
5——铰链；
6——自攻螺钉；
7——门插销；
8——密封条；
9——弹簧铰链；
10——消防口；
11——防火门把手；
12——防火门锁。

图 21 A-0 级双扇防火门

单位为毫米

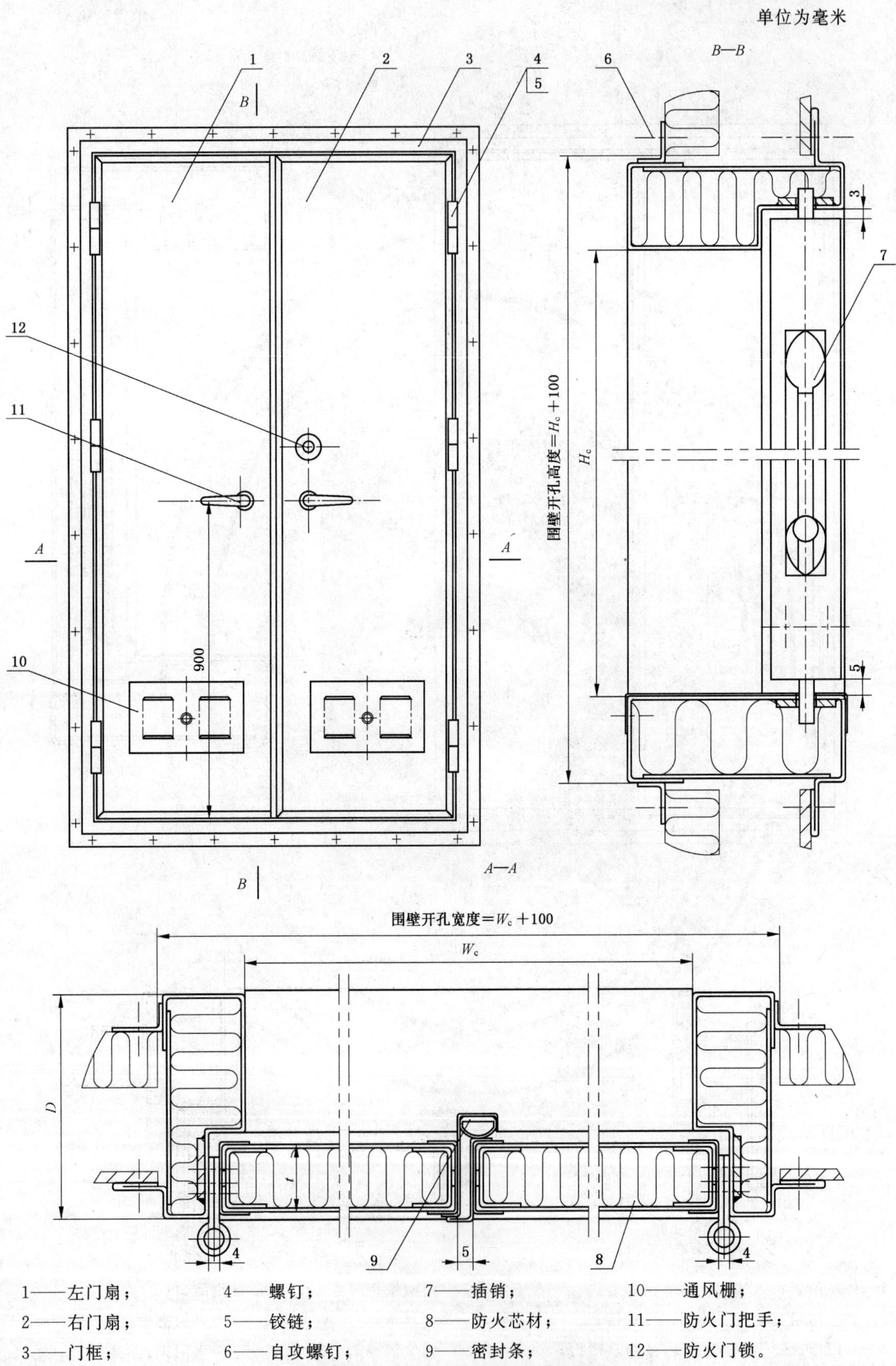

1——左门扇；
2——右门扇；
3——门框；
4——螺钉；
5——铰链；
6——自攻螺钉；
7——插销；
8——防火芯材；
9——密封条；
10——通风栅；
11——防火门把手；
12——防火门锁。

图 22 B-15 级双扇防火门(箱形框)

单位为毫米

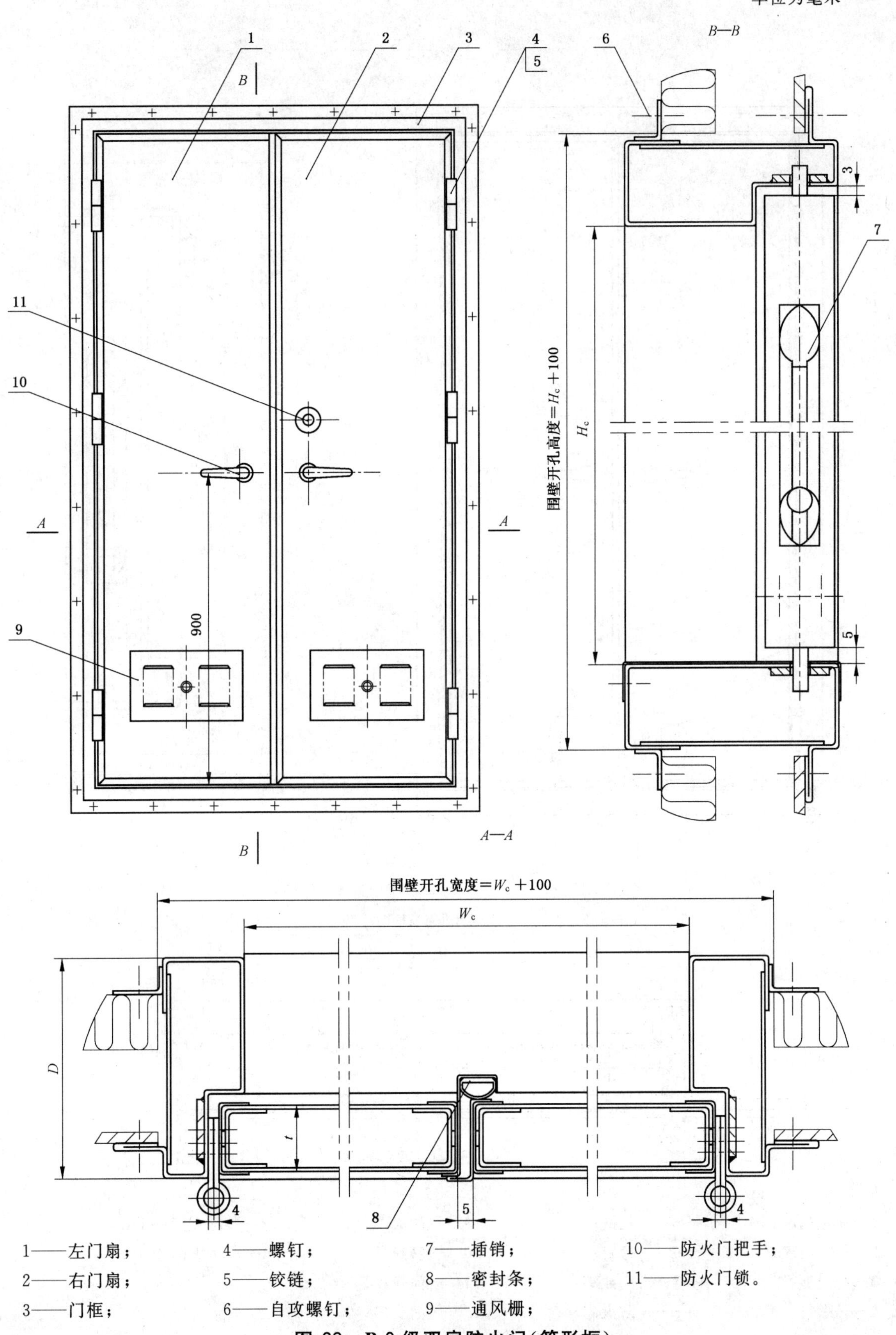

1——左门扇；
2——右门扇；
3——门框；
4——螺钉；
5——铰链；
6——自攻螺钉；
7——插销；
8——密封条；
9——通风栅；
10——防火门把手；
11——防火门锁。

图 23　B-0 级双扇防火门(箱形框)

单位为毫米

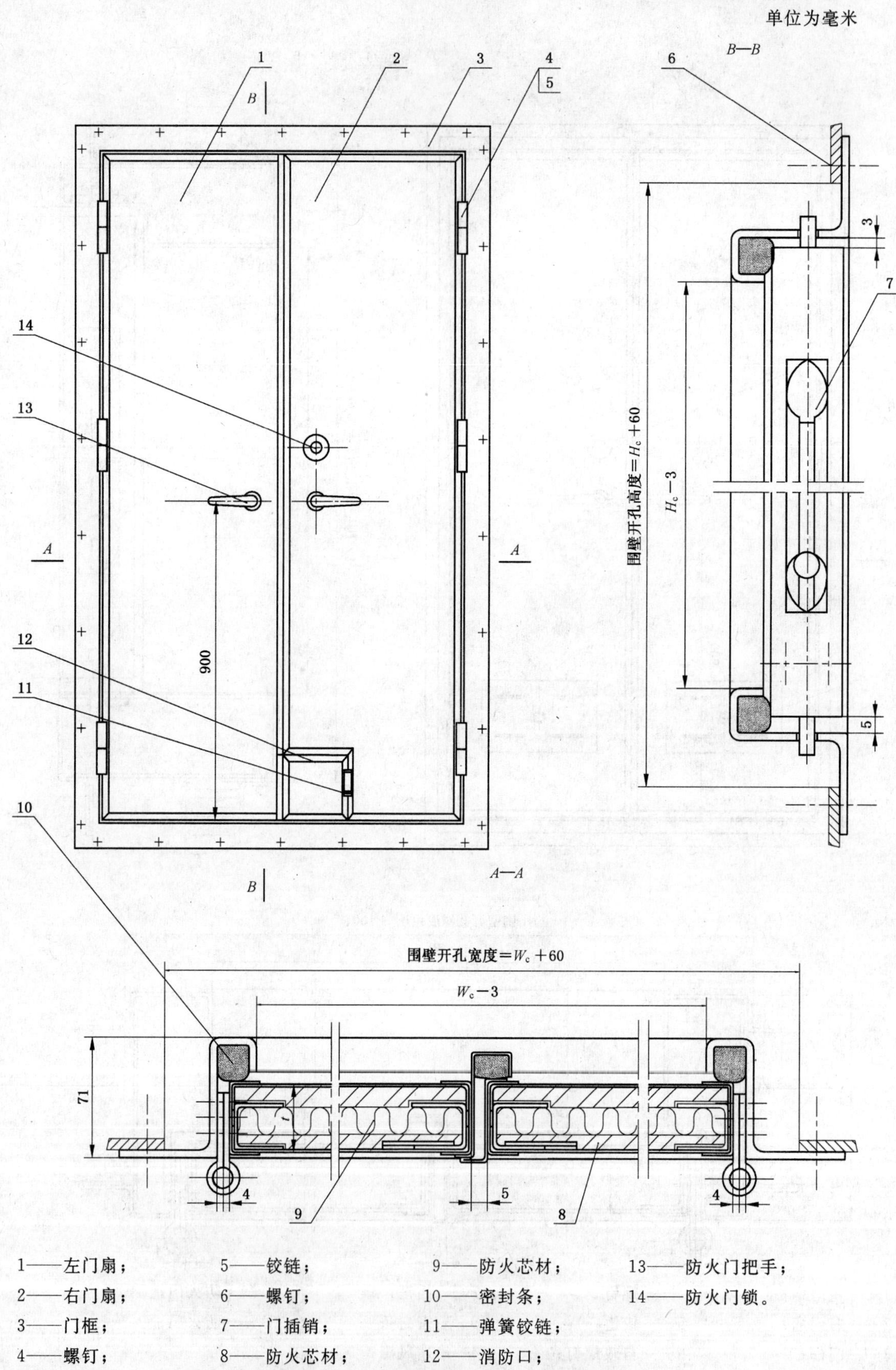

1——左门扇；
2——右门扇；
3——门框；
4——螺钉；
5——铰链；
6——螺钉；
7——门插销；
8——防火芯材；
9——防火芯材；
10——密封条；
11——弹簧铰链；
12——消防口；
13——防火门把手；
14——防火门锁。

图 24　A-60 级双扇防火门(Z 型框)

单位为毫米

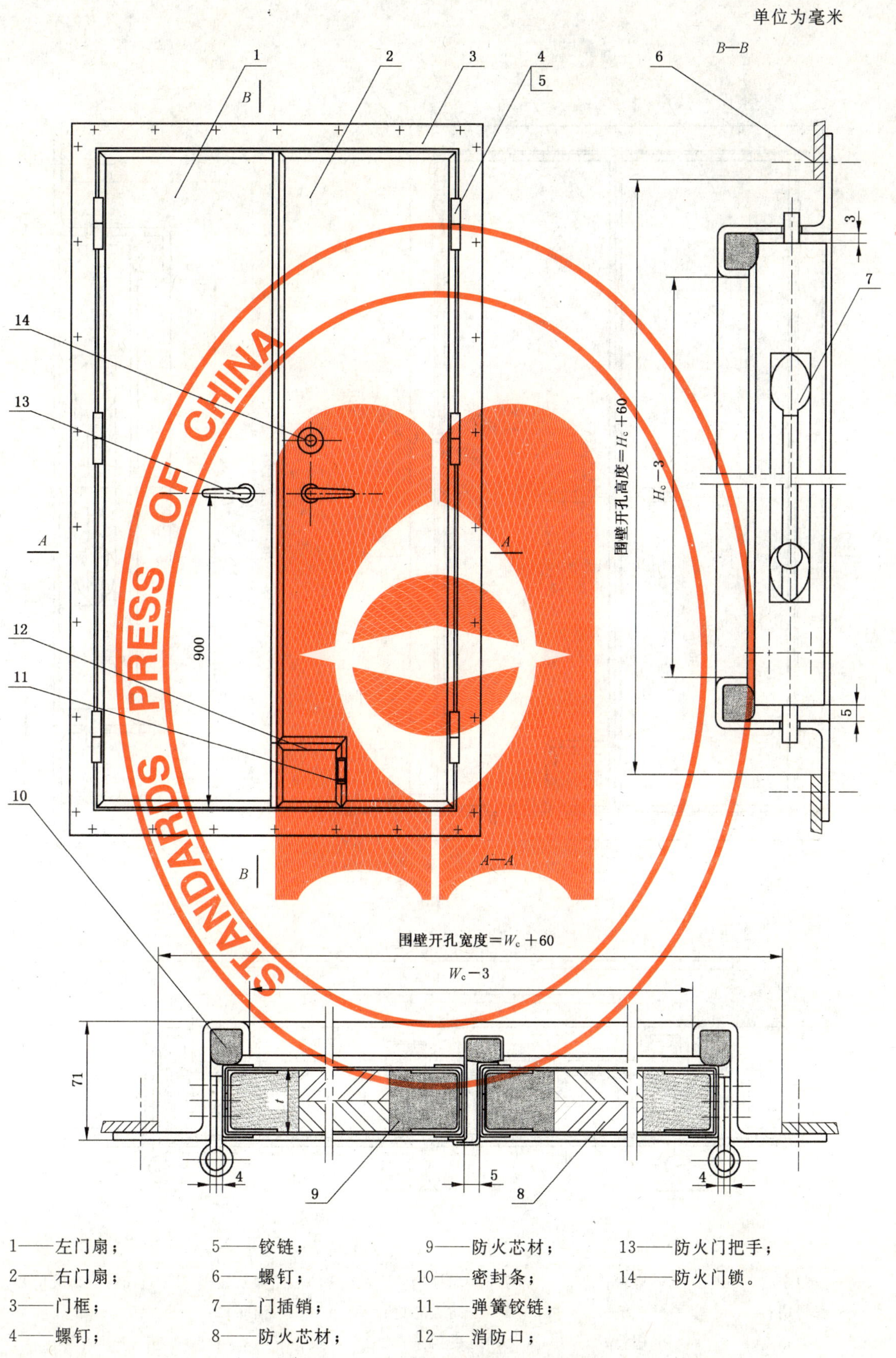

1——左门扇；
2——右门扇；
3——门框；
4——螺钉；
5——铰链；
6——螺钉；
7——门插销；
8——防火芯材；
9——防火芯材；
10——密封条；
11——弹簧铰链；
12——消防口；
13——防火门把手；
14——防火门锁。

图 25　A-30 级双扇防火门(Z 型框)

单位为毫米

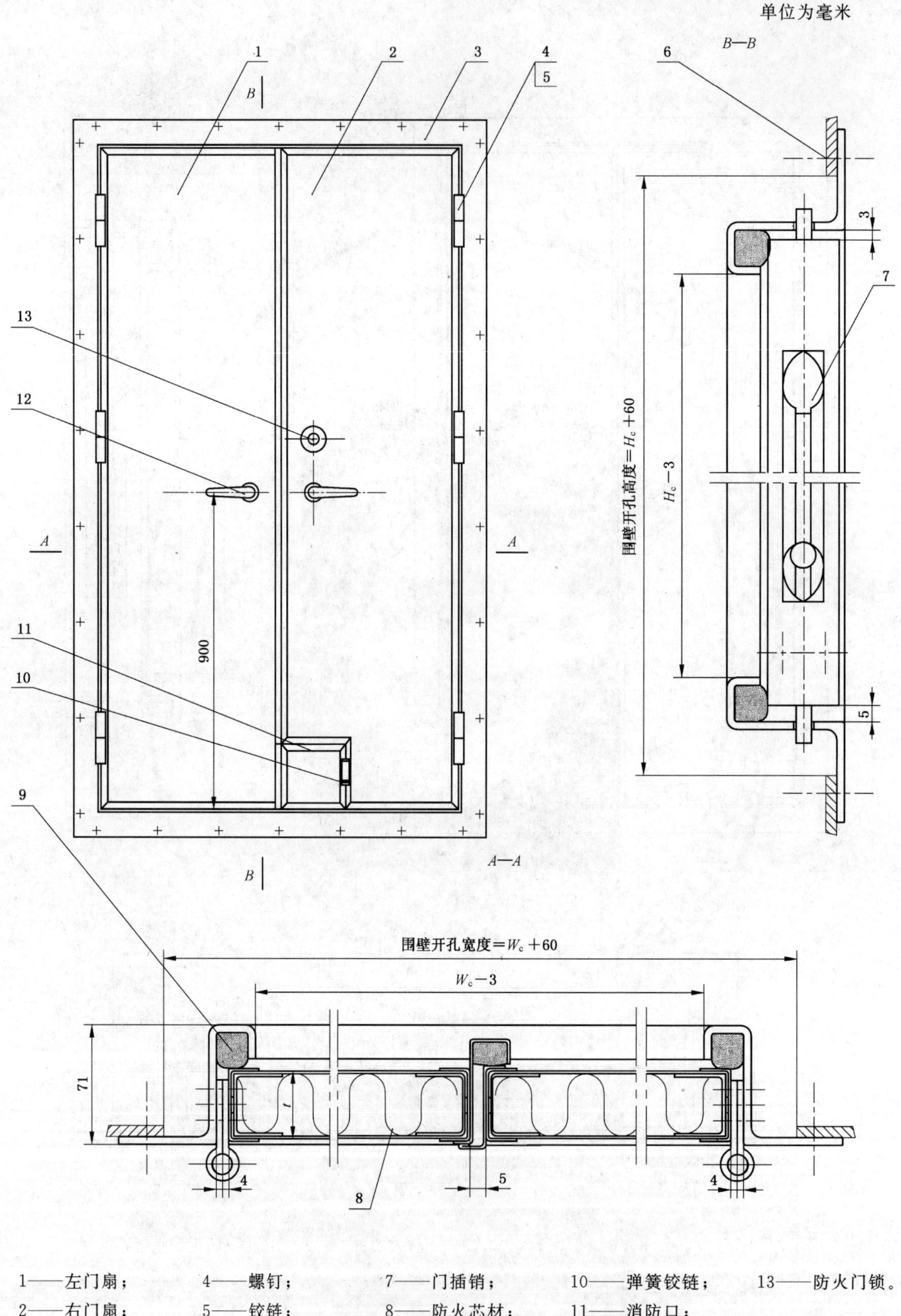

1——左门扇；
2——右门扇；
3——门框；
4——螺钉；
5——铰链；
6——螺钉；
7——门插销；
8——防火芯材；
9——密封条；
10——弹簧铰链；
11——消防口；
12——防火门把手；
13——防火门锁。

图 26 A-15 级双扇防火门(Z 型框)

单位为毫米

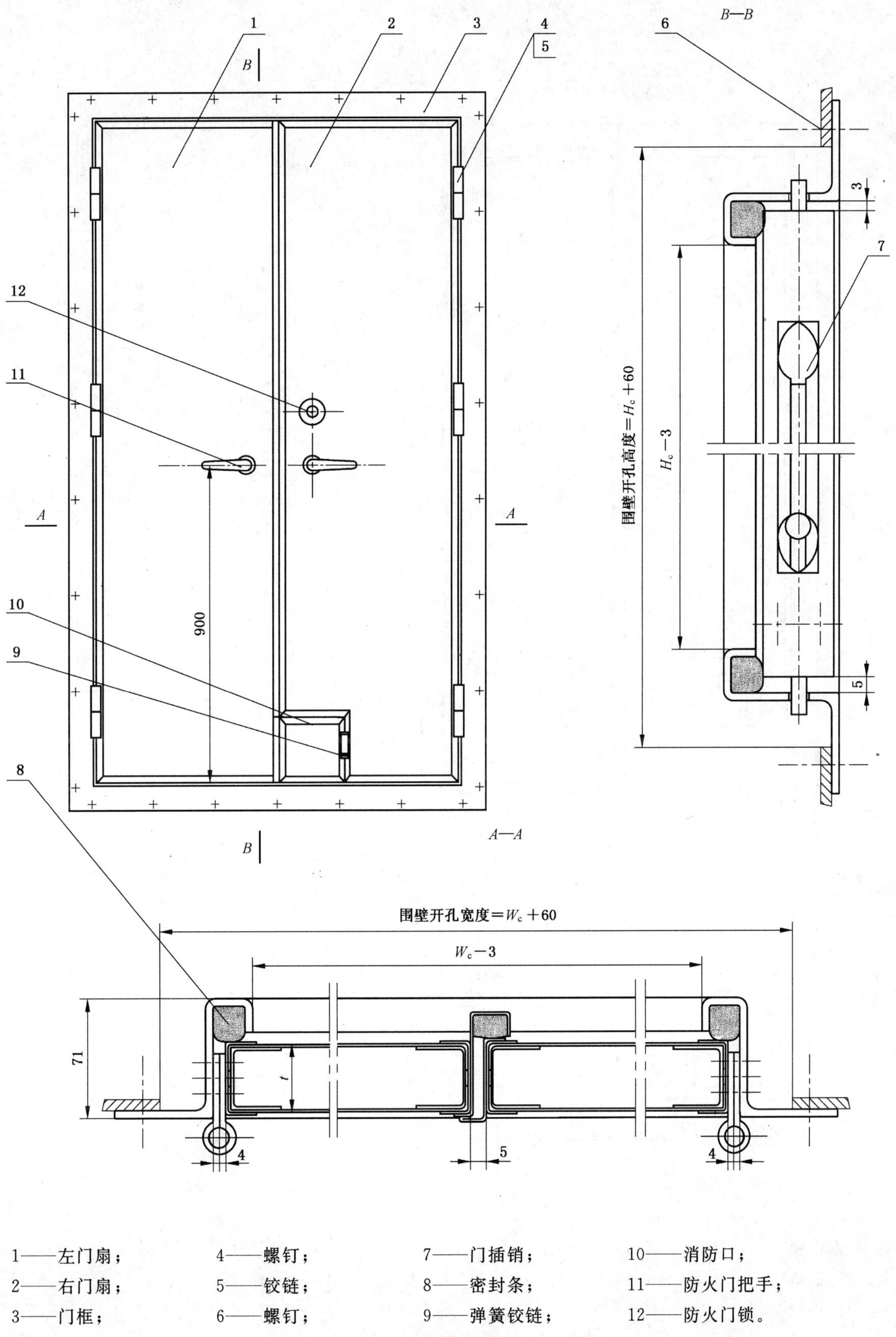

1——左门扇；　4——螺钉；　7——门插销；　10——消防口；

2——右门扇；　5——铰链；　8——密封条；　11——防火门把手；

3——门框；　6——螺钉；　9——弹簧铰链；　12——防火门锁。

图 27　A-0 级双扇防火门(Z 型框)

单位为毫米

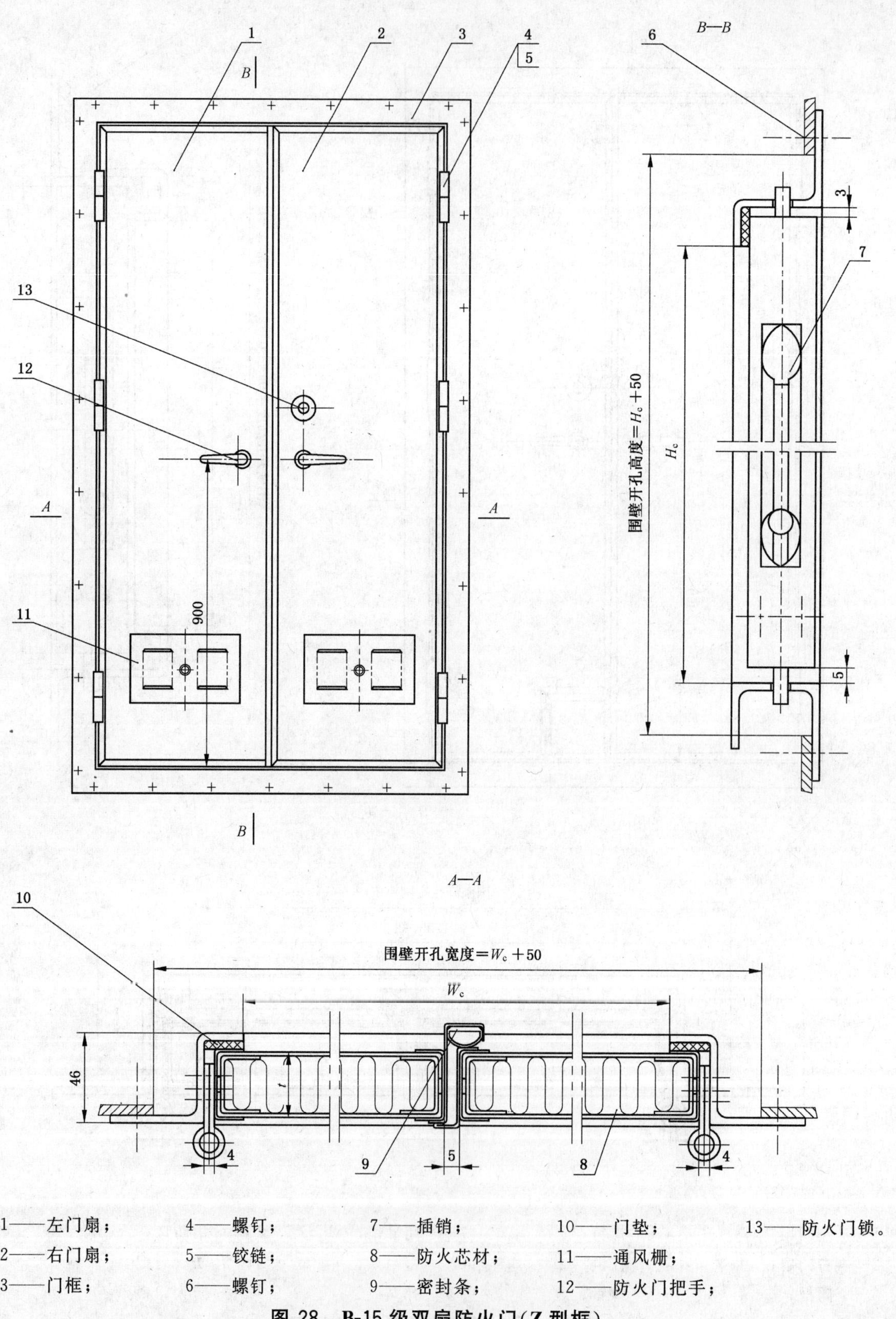

1——左门扇；
2——右门扇；
3——门框；
4——螺钉；
5——铰链；
6——螺钉；
7——插销；
8——防火芯材；
9——密封条；
10——门垫；
11——通风栅；
12——防火门把手；
13——防火门锁。

图 28　B-15 级双扇防火门(Z 型框)

单位为毫米

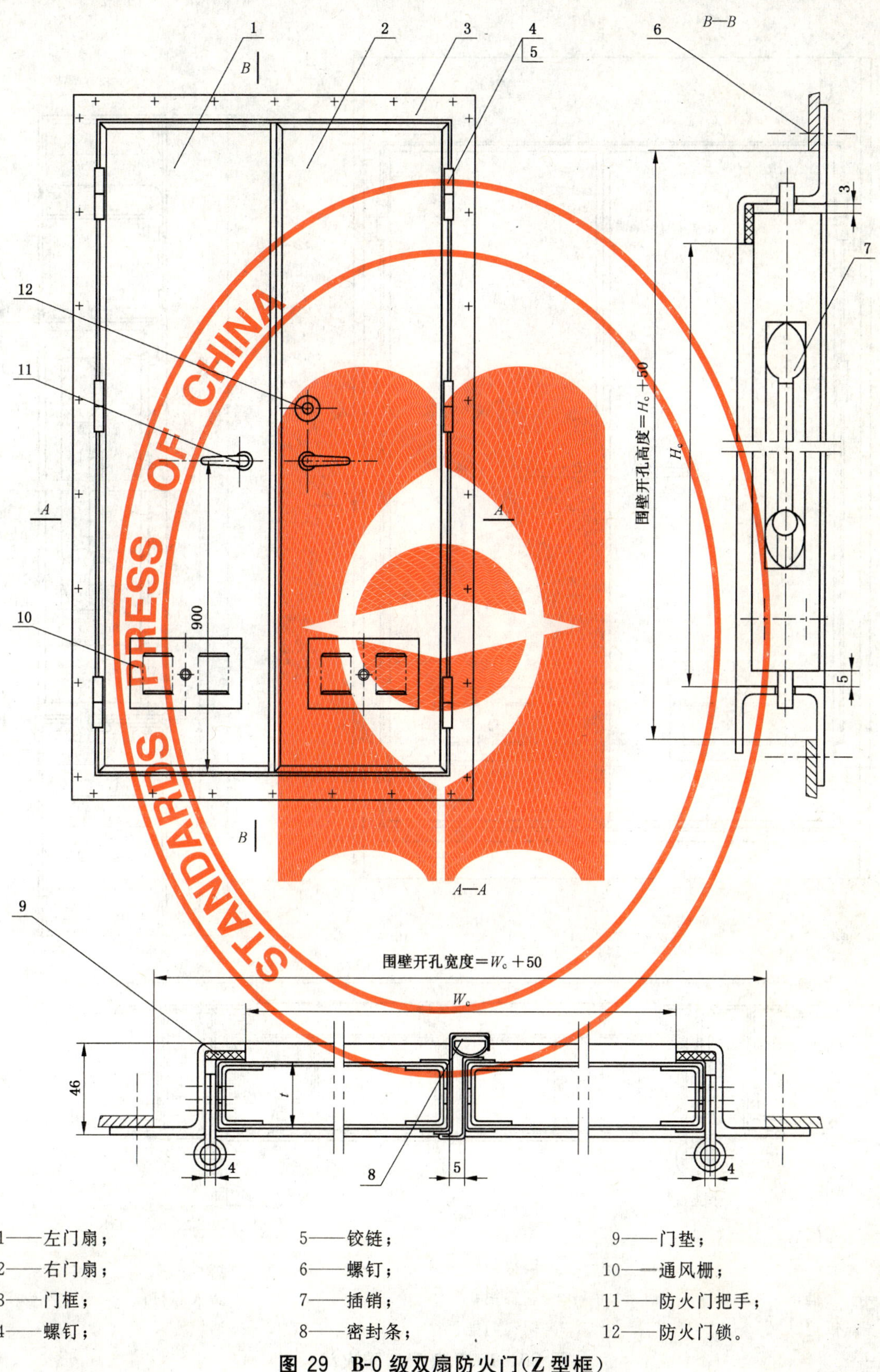

1——左门扇；
2——右门扇；
3——门框；
4——螺钉；
5——铰链；
6——螺钉；
7——插销；
8——密封条；
9——门垫；
10——通风栅；
11——防火门把手；
12——防火门锁。

图 29 B-0 级双扇防火门(Z 型框)

单位为毫米

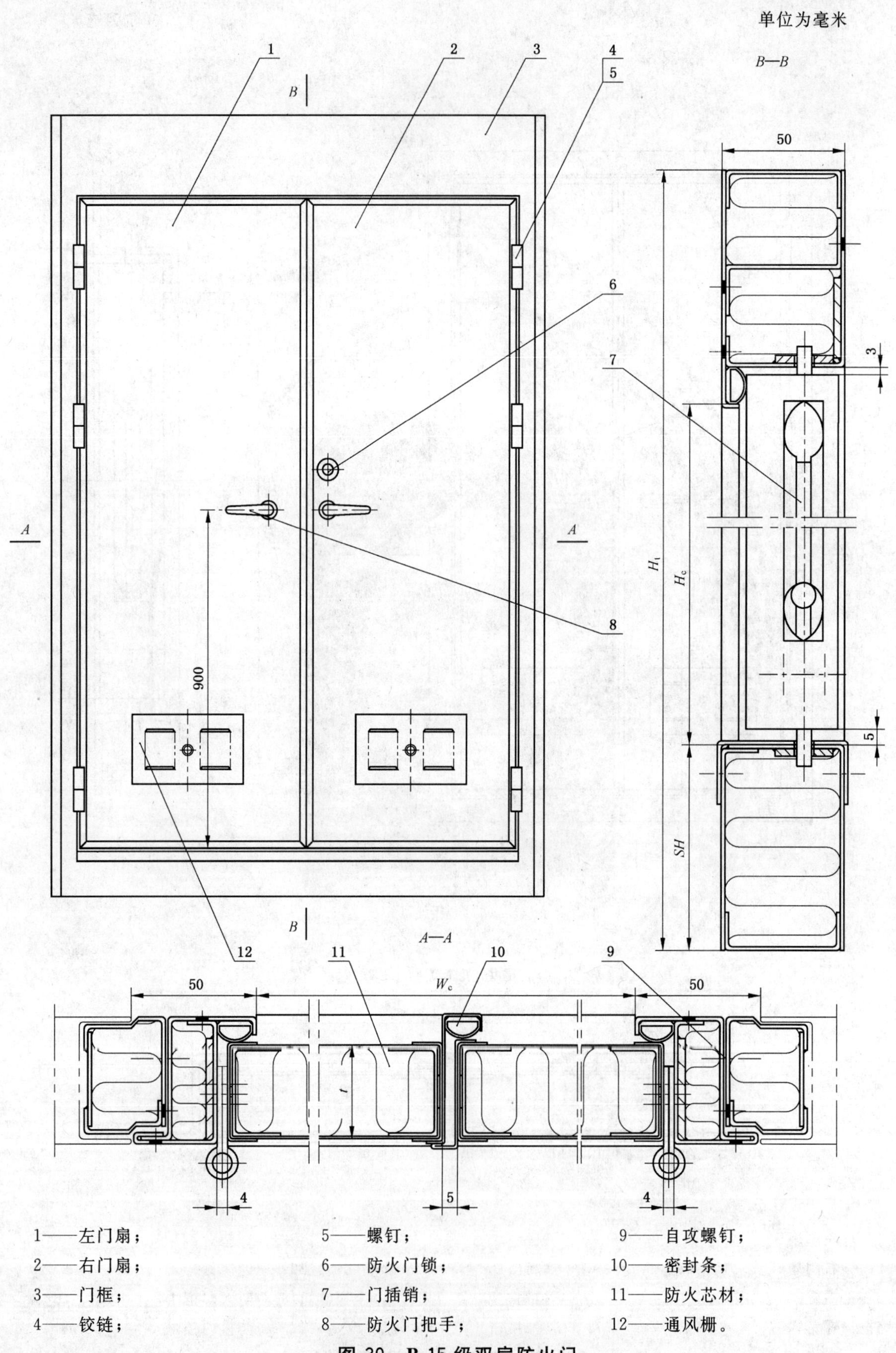

1——左门扇；
2——右门扇；
3——门框；
4——铰链；
5——螺钉；
6——防火门锁；
7——门插销；
8——防火门把手；
9——自攻螺钉；
10——密封条；
11——防火芯材；
12——通风栅。

图 30 B-15 级双扇防火门

单位为毫米

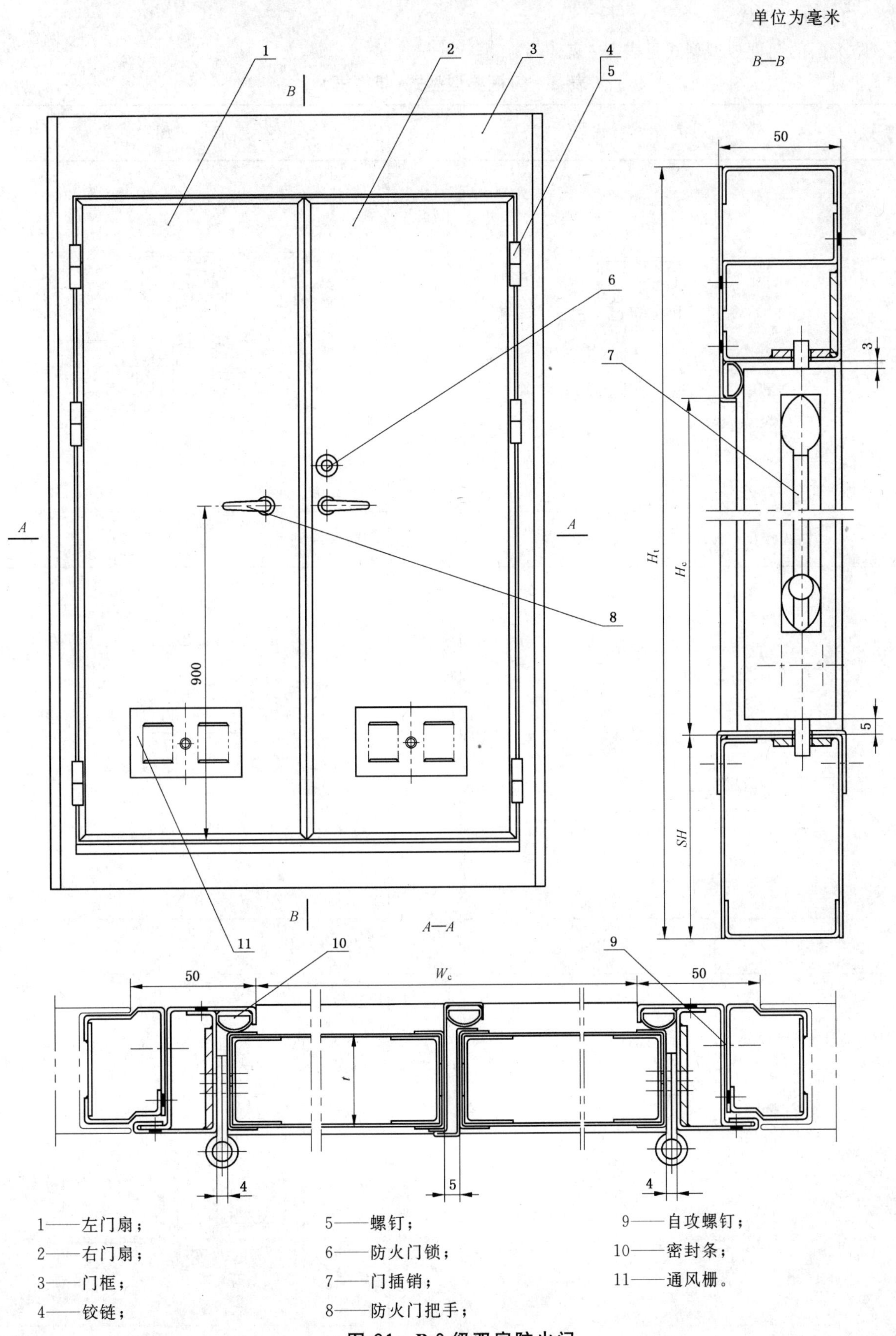

1——左门扇；
2——右门扇；
3——门框；
4——铰链；
5——螺钉；
6——防火门锁；
7——门插销；
8——防火门把手；
9——自攻螺钉；
10——密封条；
11——通风栅。

图 31 B-0 级双扇防火门

4.3 门框典型型式

防火门的门框典型型式见表 2～表 4。

表 2 门框典型型式(箱型框)

型式	简图		型式	简图	
B1	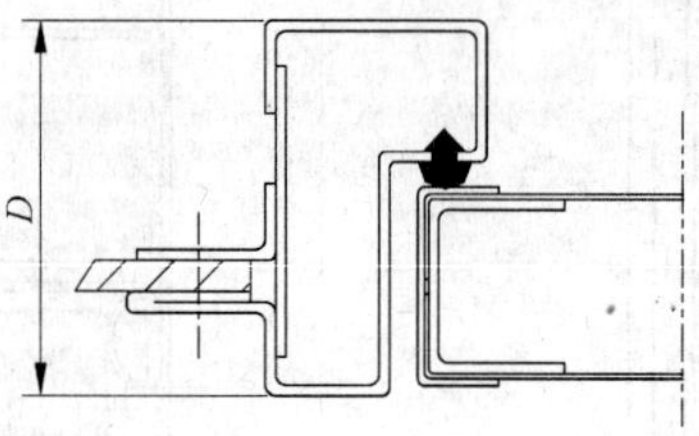 室外 D		A1	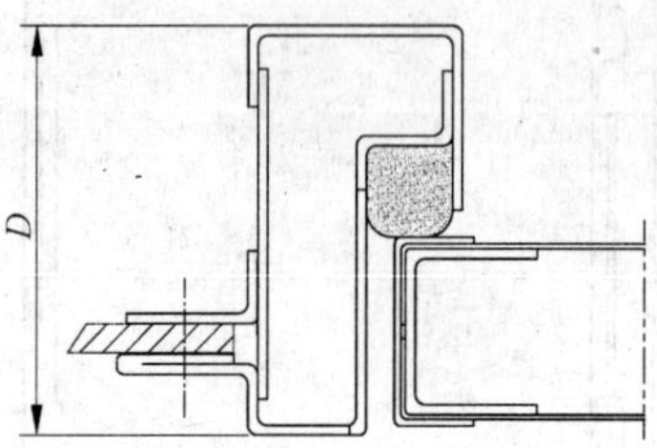 室外 D	
	防火级别	B 级		防火级别	A 级
B3	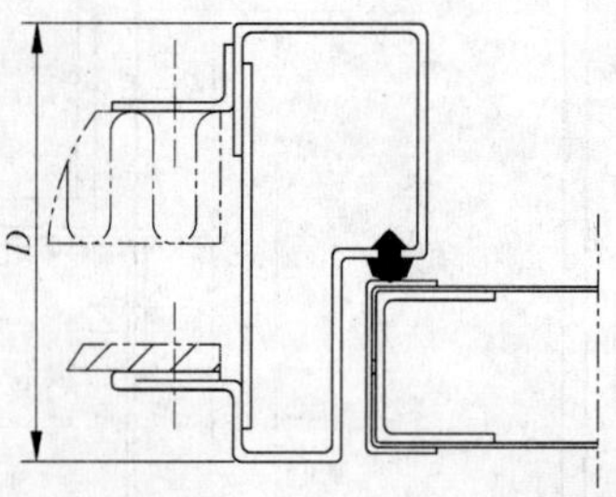 室外 D		A3	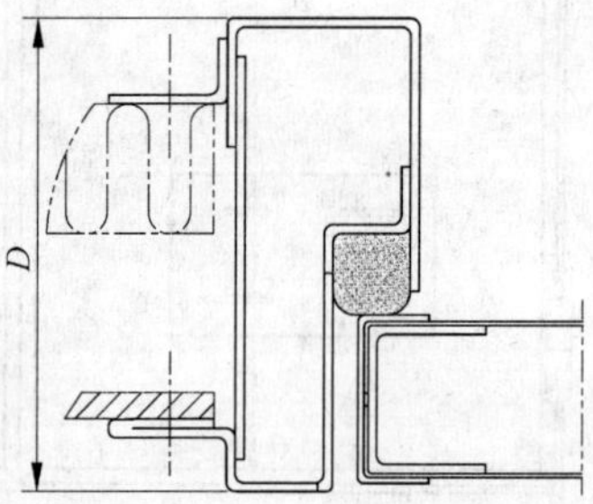 室外 D	
	防火级别	B 级		防火级别	A 级
B5	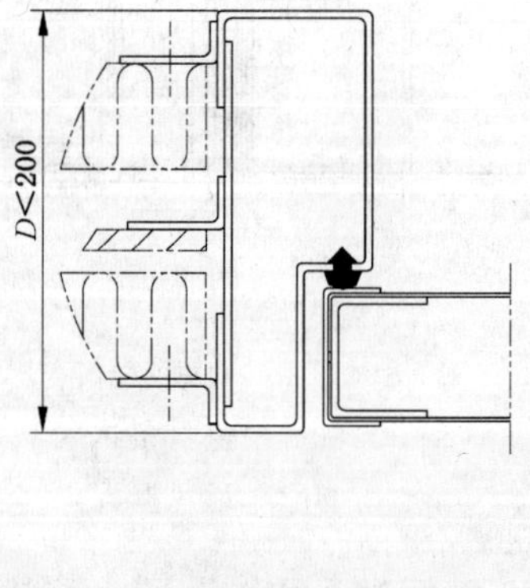 $D<200$		A5	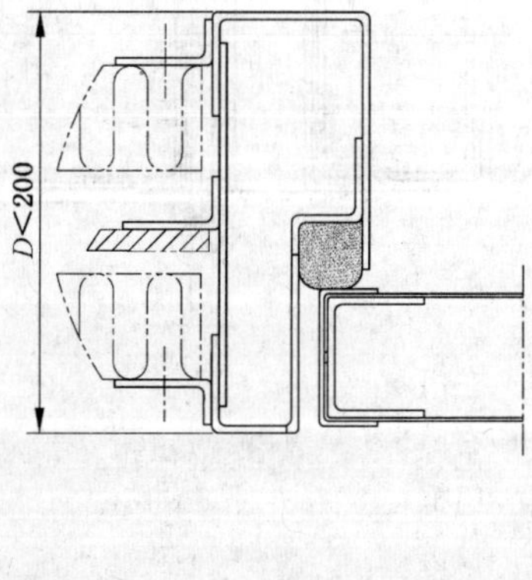 $D<200$	
	防火级别	B 级		防火级别	A 级

表 2（续）

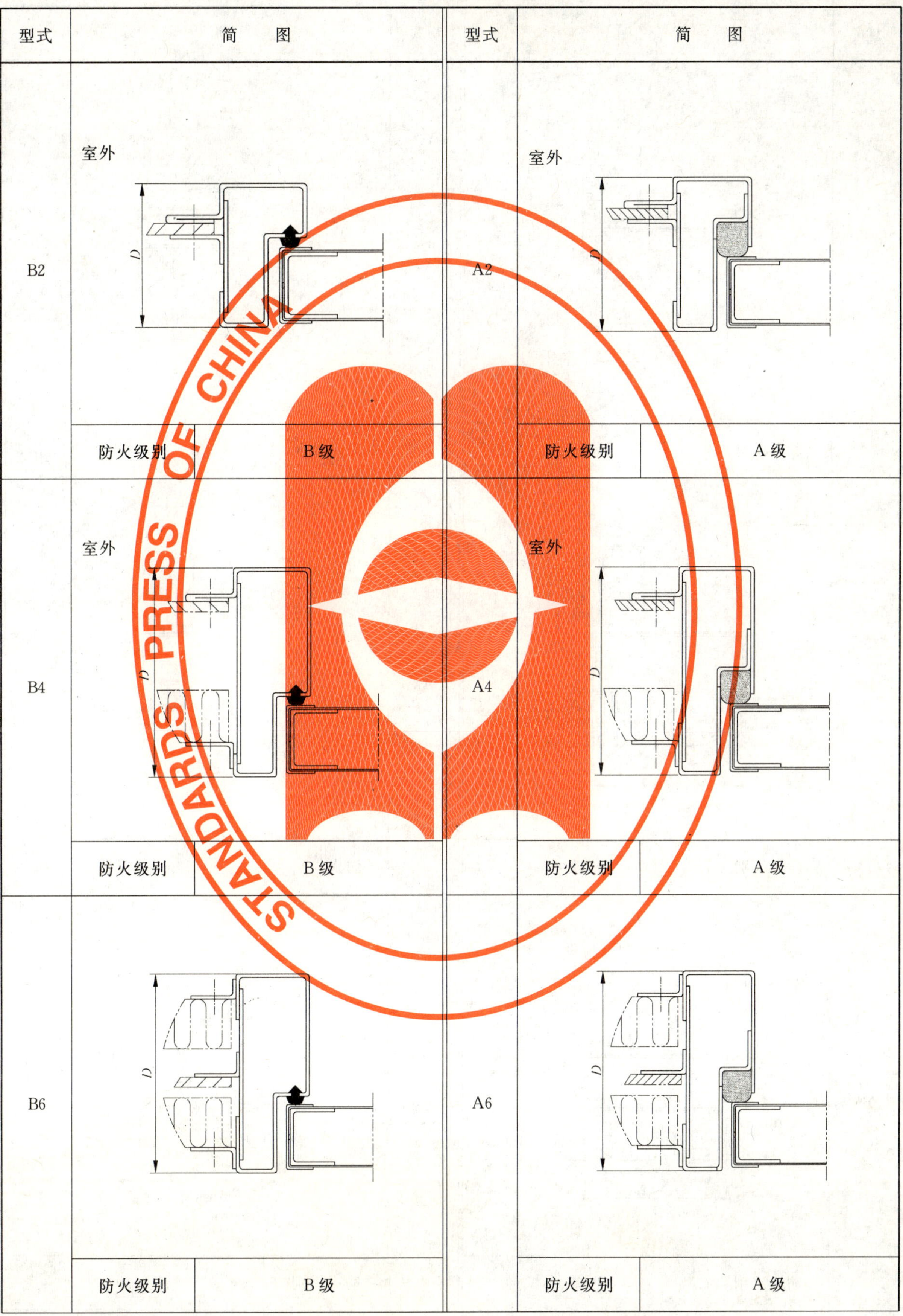

型式	简图		型式	简图	
B2	室外 D		A2	室外 D	
	防火级别	B级		防火级别	A级
B4	室外 D		A4	室外 D	
	防火级别	B级		防火级别	A级
B6	D		A6	D	
	防火级别	B级		防火级别	A级

表 2（续）

型式	简图		型式	简图	
B1	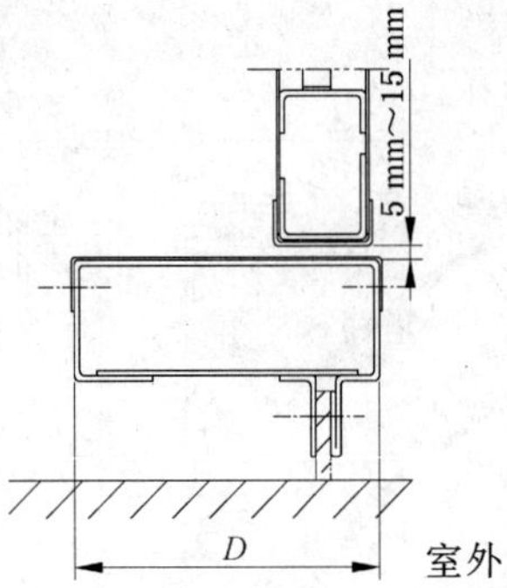 5 mm～15 mm *D* 室外		A1	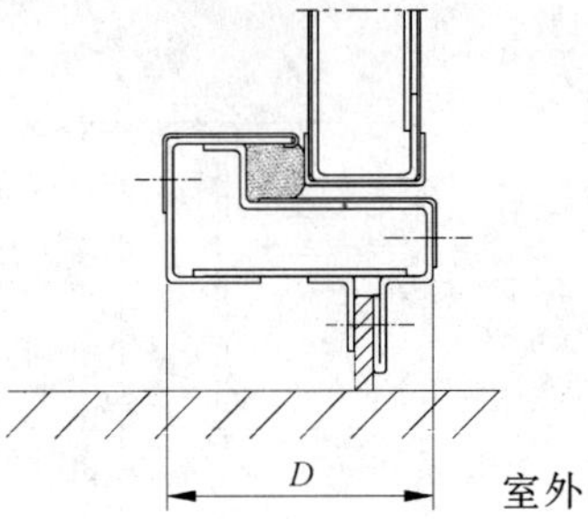 *D* 室外	
	防火级别	B 级		防火级别	A 级
B3	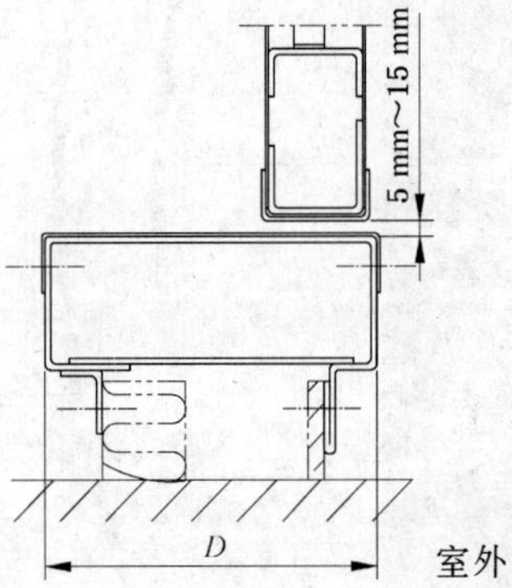 5 mm～15 mm *D* 室外		A3	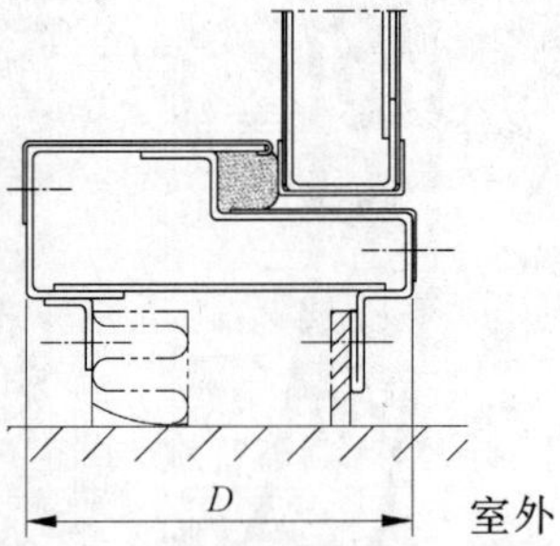 *D* 室外	
	防火级别	B 级		防火级别	A 级
B5	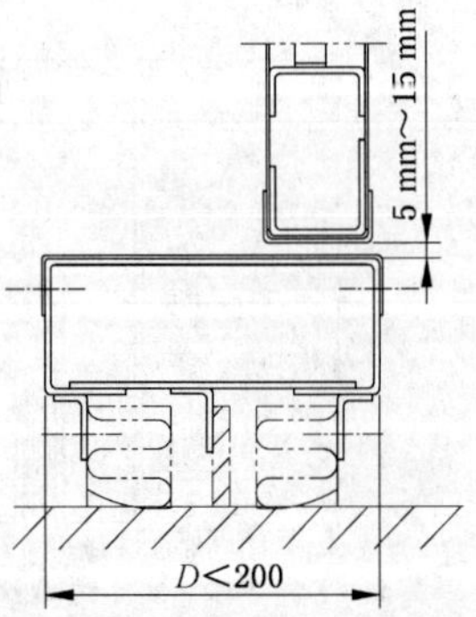 5 mm～15 mm *D*<200		A5	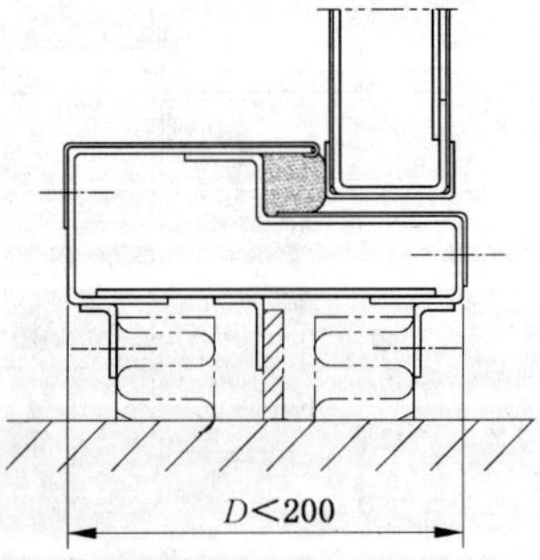 *D*<200	
	防火级别	B 级		防火级别	A 级

表 2（续）

型式	简图	型式	简图
B2 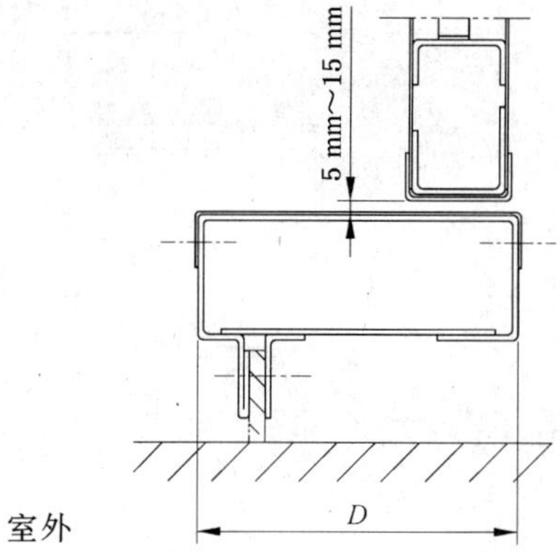 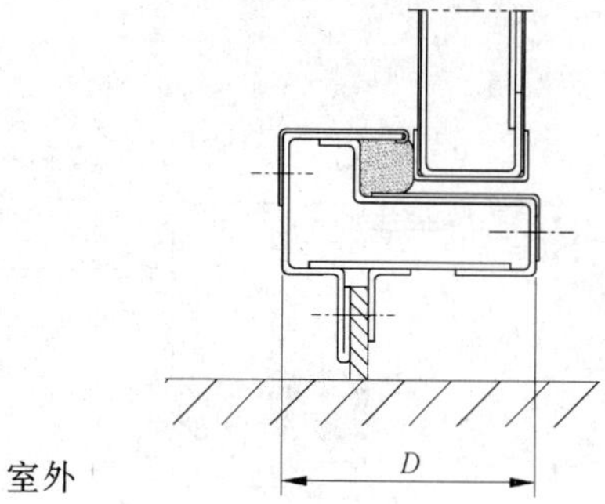	5 mm~15 mm 室外 D	A2	室外 D
	防火级别：B 级		防火级别：A 级
B4 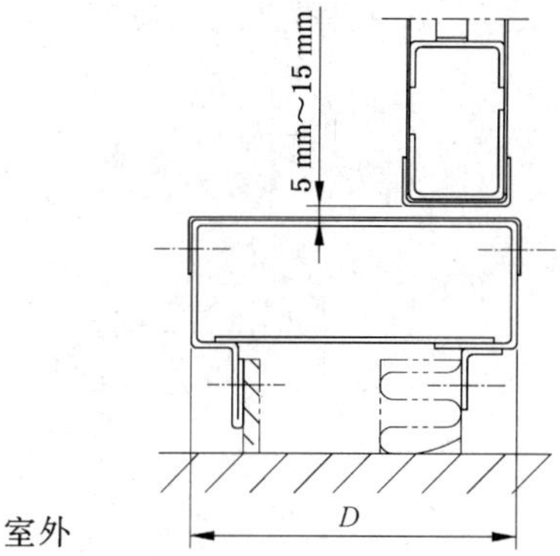 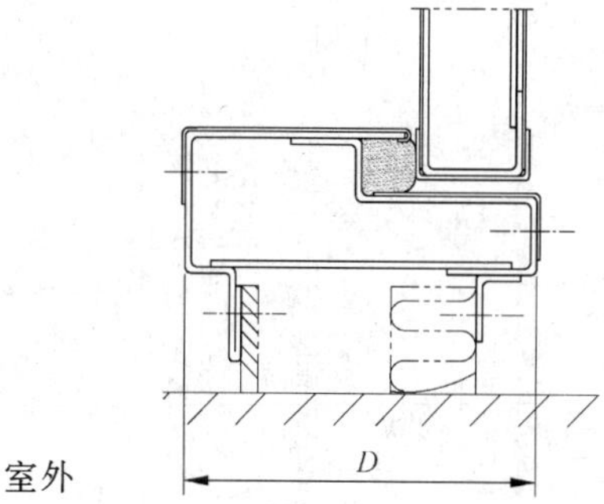	5 mm~15 mm 室外 D	A4	室外 D
	防火级别：B 级		防火级别：A 级
B6 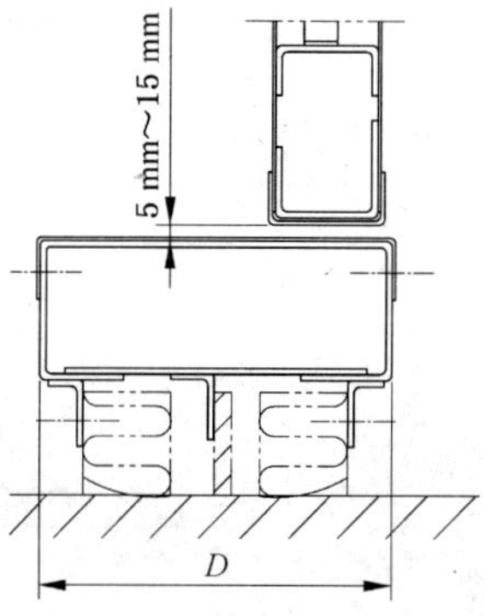 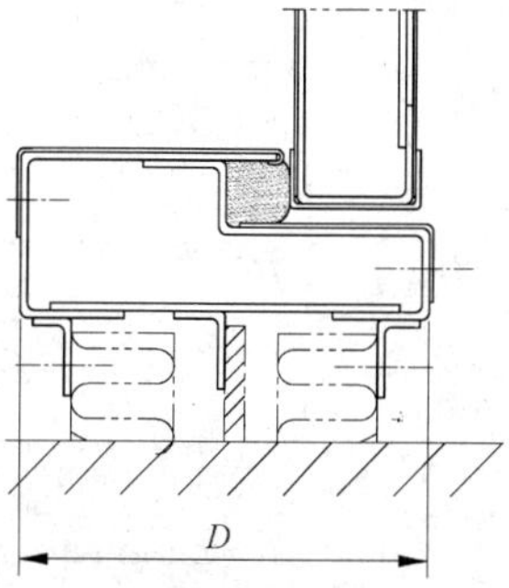	5 mm~15 mm D	A6	D
	防火级别：B 级		防火级别：A 级

表 3 门框典型型式(S、K 型框)

单位为毫米

型式	简图		型式	简图	
	左右框材			上框材	
S1 S2	50 50		S1 S2 K1 K2	50	
	防火级别	B级		防火级别	B级
	左右框材			下框材	
K1 K2	室外 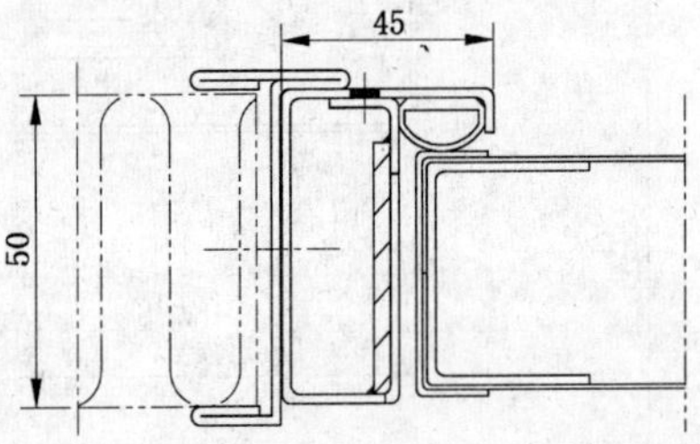 45 50		S2 K2	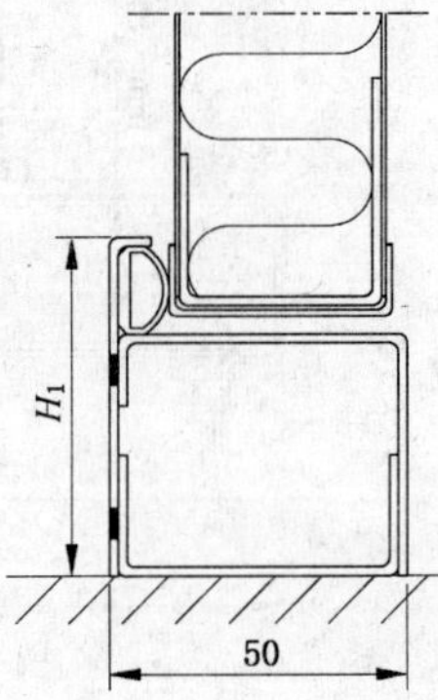 H_1 50	
	防火级别	B级		防火级别	B级
	下框材			下框材	
S1 K1	H_1 50		S1	5～15	
	防火级别	B级		防火级别	B级

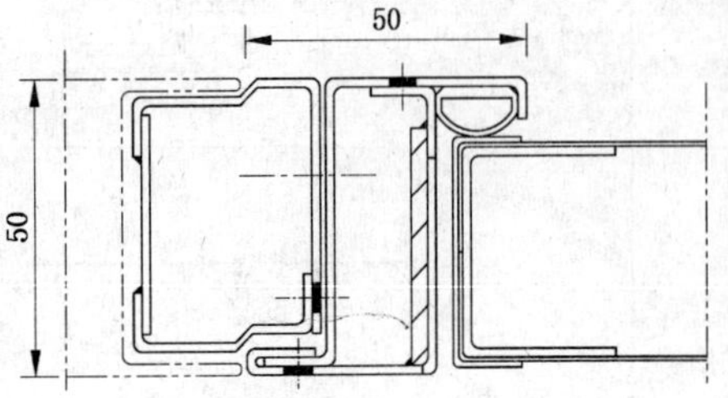

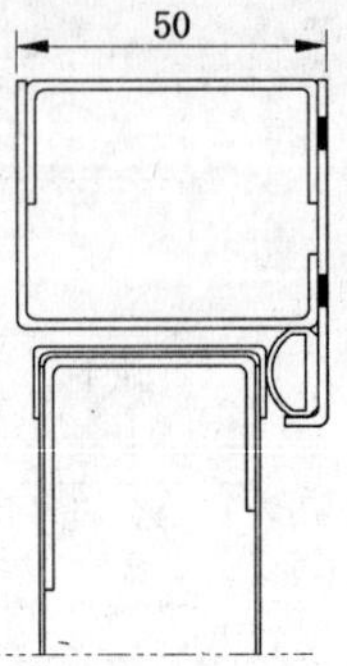

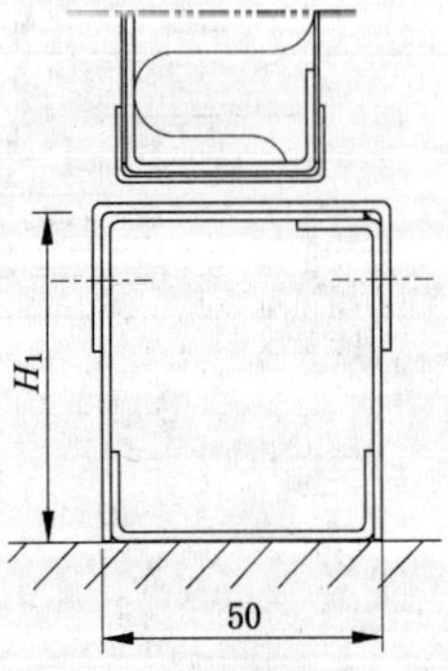

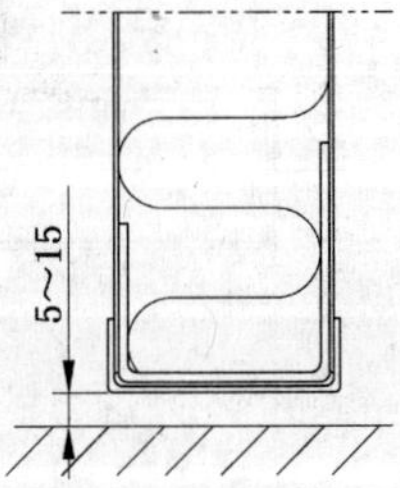

表 4　门框典型型式(Z 型框)

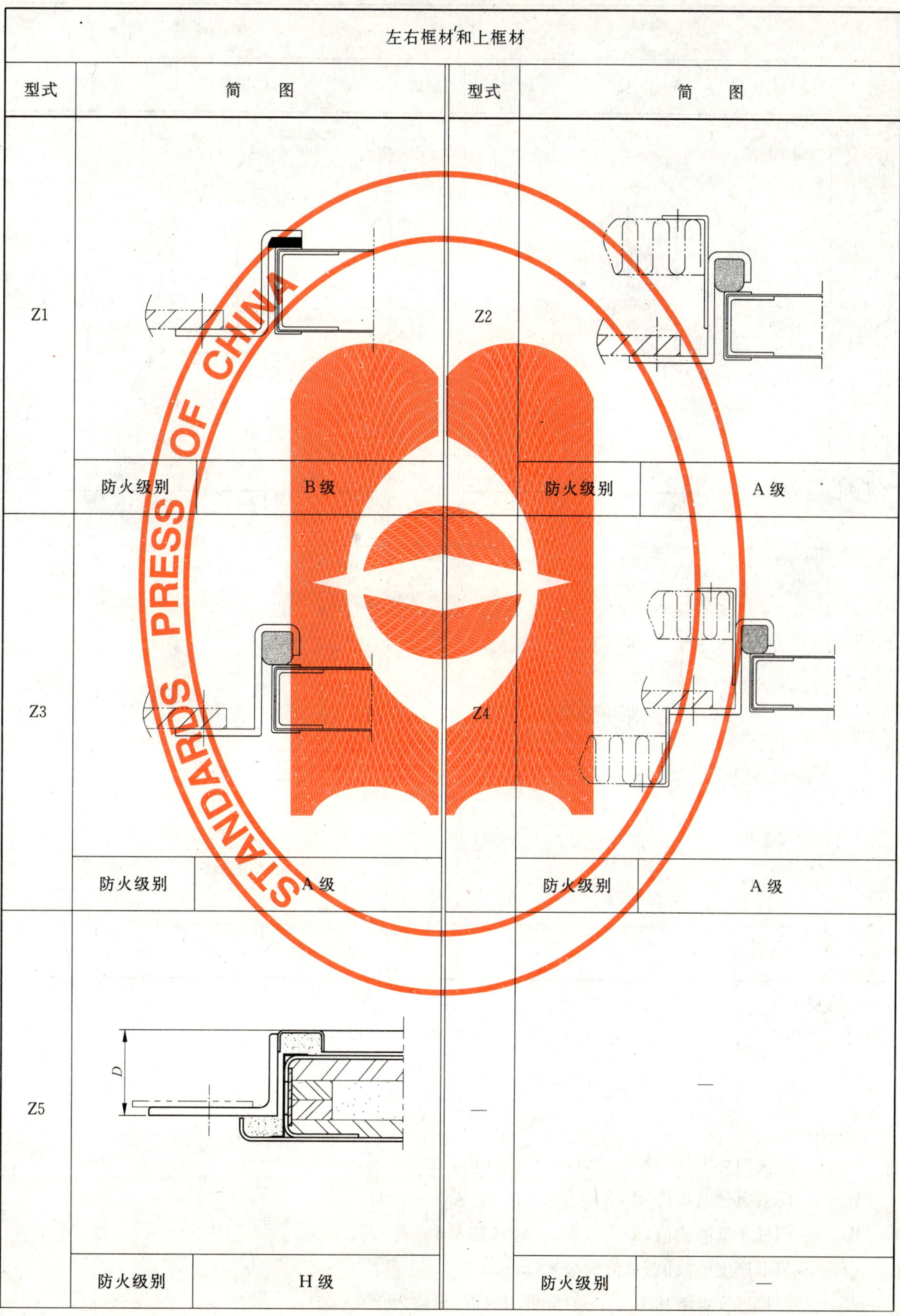

左右框材和上框材					
型式	简　图		型式	简　图	
Z1			Z2		
	防火级别	B 级		防火级别	A 级
Z3			Z4		
	防火级别	A 级		防火级别	A 级
Z5			—	—	
	防火级别	H 级		防火级别	—

表 4（续）

下框材					
型式	简图		型式	简图	
Z1			Z1	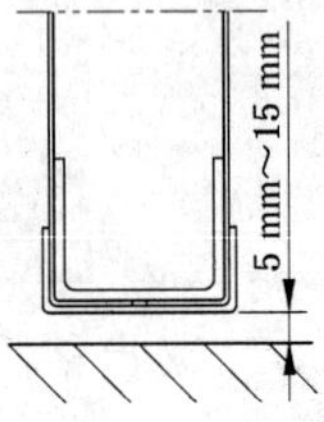 5 mm～15 mm	
	防火级别	B级		防火级别	B级
Z2 Z3 Z4			Z5		
	防火级别	A级		防火级别	H级

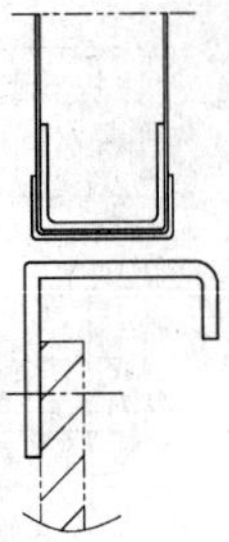

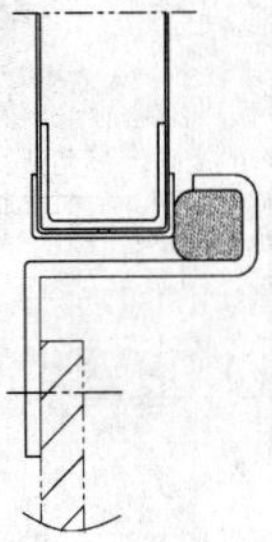

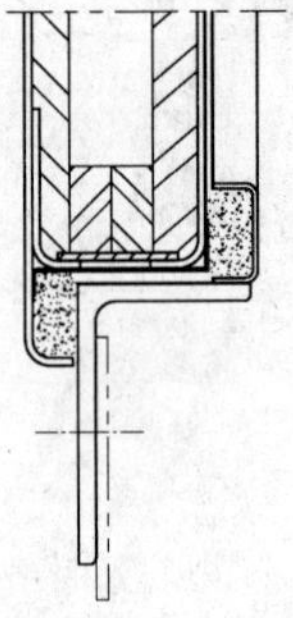

4.4 **重量**

4.4.1 典型箱型框防火门的重量（H级防火门除外）按公式(1)计算：

$$W = W_1 + W_2 + \left(\frac{D-90}{10}\right) \times K_1 \qquad \cdots\cdots(1)$$

式中：

W——防火门总重量的数值，单位为千克(kg)；

W_1——门扇重量的数值，单位为千克(kg)（见表6～表9）；

W_2——门框重量的数值，单位为千克(kg)（见表6～表9）；

D——门框厚度的数值，单位为毫米(mm)；

K_1——门框厚度每增加10 mm的重量的数值，单位为千克(kg)。

H 级防火门重量按公式(2)计算：

$$W = W_1 + W_2 \quad \cdots\cdots(2)$$

式中：

W——防火门总重量的数值，单位为千克(kg)；

W_1——门扇重量的数值，单位为千克(kg)(见表 5)；

W_2——门框重量的数值，单位为千克(kg)(见表 5)。

4.4.2 S 型、K 型框防火门的重量按公式(3)计算：

$$W = W_1 + W_2 + \left(\frac{H_t - 2\,040}{50}\right) \times K \quad \cdots\cdots(3)$$

式中：

W——防火门总重量的数值，单位为千克(kg)；

W_1——门扇重量的数值，单位为千克(kg)(见表 10)；

W_2——门框重量的数值，单位为千克(kg)(见表 10)；

H_t——门框高度的数值，单位为毫米(mm)；

K——门框高度每增加 50 mm 的重量的数值，单位为千克(kg)。

4.4.3 Z 型框防火门的重量按公式(4)计算：

$$W = W_1 + W_2 \quad \cdots\cdots(4)$$

式中：

W——防火门总重量的数值，单位为千克(kg)；

W_1——门扇重量的数值，单位为千克(kg)(见表 6～表 9)；

W_2——门框重量的数值，A 级框重量为$(H_c + W_c + 0.2)\text{m} \times 3.23$，B 级框重量为$(H_c + W_c + 0.2)\text{m} \times 2.48$，单位为千克(kg)。

4.4.4 防火门的通孔尺寸和理论重量见表 5～表 10。表中未注明重量按公式(1)～公式(4)计算。

表 5 H 级防火门通孔尺寸和理论重量

通孔尺寸/mm		重量/kg		
高 H_c	宽 W_c	门扇 W_1	门框 W_2	合计
1 800	700	139.2	71.3	210.5
	800	153.4	74.2	227.6
	900	167.6	77.0	244.6
2 000	1 000	200.1	85.6	285.7
	1 200	231.6	91.3	322.9
	1 300	247.5	94.1	341.6
2 200	1 000	218.2	91.3	309.5
	1 200	252.5	97.0	349.5
	1 300	260.1	99.8	359.9

表 6　A60、A30 型防火门通孔尺寸和理论重量

通孔尺寸/mm		重量/kg			
高 H_c	宽 W_c	门扇 W_1		门框 W_2	K_1
		A-60	A-30		
1 600	600	52.6	48.1	22.2	1.02
	650	56.4	50.7	22.6	1.04
	700	60.2	53.4	23.0	1.06
	750	64.0	56.0	23.4	1.08
1 650	600	54.0	49.3	22.6	1.04
	650	57.3	52.0	23.0	1.06
	700	61.8	54.7	23.4	1.07
	750	65.7	57.5	23.8	1.09
	800	69.6	60.2	24.6	1.13
	900	77.4	65.5	25.4	1.17
1 700	600	55.4	50.5	23.0	1.06
	650	59.4	53.3	23.4	1.07
	700	63.4	56.1	23.9	1.09
	750	67.4	58.9	24.3	1.11
	800	71.4	61.6	25.1	1.15
	900	79.4	67.2	25.9	1.19
1 750	600	56.8	51.8	23.5	1.07
	650	60.9	54.6	23.9	1.09
	700	65.0	57.4	24.3	1.11
	750	69.1	60.3	25.1	1.13
	800	73.2	63.1	25.9	1.17
	900	81.4	68.8	26.3	1.21
1 800	650	63.4	55.9	24.4	1.11
	700	67.4	58.8	24.8	1.13
	750	71.8	61.7	25.2	1.15
	800	76.0	64.7	25.9	1.17
	900	84.4	70.4	26.4	1.21
2 000	1 000	100.8	80.1	29.4	1.27
	1 200	118.0	94.4	31.4	1.35
	1 300	122.3	97.9	32.3	1.38
2 200	1 000	108.8	84.9	31.4	1.35
	1 200	126.4	98.6	33.3	1.44
	1 300	130.9	102.1	34.3	1.48
注：门框重量以厚度 D=90 mm 计。					

表 7 A15、A0 型防火门通孔尺寸和理论重量

通孔尺寸/mm		重量/kg					
高 H_c	宽 W_c	门扇 W_1		门框 W_2		K_1	
		A-15	A-0	A-15	A-0	A-15	A-0
1 600	600	46.7	38.0	22.4	20.4	1.02	0.69
	650	49.3	40.2	22.8	20.8	1.04	0.70
	700	51.8	42.3	23.2	21.2	1.06	0.71
	750	54.4	44.4	23.6	21.6	1.08	0.73
	800	57.0	46.4	24.0	22.0	1.10	0.74
1 650	600	47.9	39.0	22.8	20.8	1.04	0.70
	650	50.5	41.2	23.2	21.2	1.06	0.71
	700	53.1	43.3	23.6	21.6	1.08	0.73
	750	55.8	45.4	24.0	22.0	1.10	0.74
	800	58.4	47.5	24.4	22.4	1.12	0.75
	900	63.7	51.8	25.2	23.2	1.16	0.77
1 700	600	49.1	39.9	23.2	21.2	1.06	0.71
	650	51.8	42.1	23.6	21.6	1.08	0.73
	700	54.5	44.3	24.0	22.0	1.10	0.74
	750	57.2	46.5	24.4	22.4	1.12	0.75
	800	59.9	48.6	24.8	22.8	1.14	0.76
	900	65.2	53.0	25.6	23.6	1.18	0.78
1 750	600	50.3	40.9	23.6	21.6	1.08	0.73
	650	53.0	43.1	24.0	22.0	1.10	0.74
	700	55.8	45.3	24.4	22.4	1.12	0.75
	750	58.5	47.5	24.8	22.8	1.14	0.76
	800	61.3	49.7	25.2	23.2	1.16	0.77
	900	66.8	54.2	26.0	24.0	1.20	0.79
1 800	650	54.3	44.1	24.4	22.4	1.12	0.75
	700	57.1	46.3	24.8	22.8	1.14	0.76
	750	59.9	48.6	25.2	23.2	1.16	0.77
	800	62.7	50.9	25.6	23.6	1.18	0.78
	900	68.4	55.4	26.4	24.6	1.21	0.80
2 000	1 000	74.1	63.6	29.4	27.3	1.31	0.86
	1 200	86.4	73.8	31.4	29.1	1.34	0.89
	1 300	92.3	78.6	32.3	30.0	1.37	0.90
2 200	1 000	86.0	74.4	31.4	29.1	1.35	0.89
	1 200	94.3	80.4	33.3	30.9	1.42	0.91
	1 300	99.7	84.7	34.3	31.8	1.48	0.92

注：门框重量以厚度 D=90 mm 计。

表 8 B15、B0 型防火门通孔尺寸和理论重量

通孔尺寸/mm		重量/kg					
高 H_c	宽 W_c	门扇 W_1		门框 W_2		K_1	
		B-15	B-0	B-15	B-0	B-15	B-0
1 600	600	39.8	38.0	28.2	16.2	1.01	0.68
	650	42.4	40.2	18.5	16.5	1.03	0.70
	700	44.9	42.3	18.9	16.8	1.05	0.71
	750	47.4	44.4	19.2	17.1	1.07	0.72
	800	49.9	46.4	19.6	17.4	1.09	0.73
1 650	600	40.8	39.0	18.5	16.5	1.03	0.70
	650	43.4	41.2	18.9	16.8	1.05	0.71
	700	46.0	43.3	19.2	17.1	1.07	0.72
	750	48.6	45.4	19.6	17.4	1.08	0.73
	800	51.1	47.5	20.0	17.8	1.10	0.74
	900	56.1	51.8	20.7	18.4	1.12	0.76
1 700	600	41.7	39.9	18.9	16.8	1.05	0.71
	650	44.4	42.1	19.2	17.1	1.07	0.72
	700	47.0	44.3	19.6	17.4	1.08	0.73
	750	49.7	46.5	20.0	17.8	1.10	0.74
	800	52.4	48.6	20.3	18.1	1.12	0.76
	900	57.8	53.0	20.9	18.7	1.16	0.78
1 750	600	42.7	40.9	19.2	17.1	1.07	0.72
	650	45.4	43.1	19.6	17.4	1.08	0.73
	700	48.1	45.3	20.0	17.8	1.10	0.74
	750	50.8	47.5	20.3	18.1	1.12	0.76
	800	53.5	49.4	20.7	18.4	1.14	0.77
	900	59.0	54.2	21.3	19.0	1.18	0.79
1 800	650	46.4	44.1	20.0	17.8	1.10	0.74
	700	49.2	46.3	20.3	18.1	1.12	0.76
	750	52.0	48.6	20.7	18.4	1.14	0.77
	800	54.7	50.9	21.0	18.7	1.16	0.78
	900	60.8	55.4	21.6	19.3	1.20	0.80
2 100	800	61.9	53.0	23.2	20.1	1.27	0.84
	900	69.7	59.8	24.0	21.4	1.30	0.86
	1 000	77.5	66.5	24.8	22.1	1.32	0.88
注：门框重量以厚度 D=90 mm 计。							

表 9　DB15、DB0 型防火门通孔尺寸和理论重量

通孔尺寸/mm		重量/kg					
高 H_c	宽 W_c	门扇 W_1		门框 W_2		K_1	
		DB15	DB0	DB15	DB0	DB15	DB0
1 700	1 100	74.4	71.2	30.5	28.5	1.51	1.01
	1 200	81.0	77.5	31.5	29.3	1.55	1.03
	1 300	87.6	83.8	32.3	30.2	1.59	1.05
	1 400	94.2	90.2	33.2	31.1	1.63	1.07
	1 500	101.2	96.5	34.1	31.9	1.67	1.09
	1 600	107.8	102.8	35.0	32.7	1.71	1.11
1 750	1 100	76.2	73.0	31.0	29.0	1.53	1.02
	1 200	83.0	79.5	31.9	29.8	1.57	1.04
	1 300	89.7	85.9	32.8	30.7	1.61	1.06
	1 400	96.5	92.4	33.7	31.6	1.65	1.08
	1 500	103.3	98.9	34.6	32.4	1.69	1.10
	1 600	110.1	105.4	35.5	33.2	1.73	1.12
1 800	1 100	78.0	74.8	31.5	29.4	1.55	1.03
	1 200	85.0	81.2	32.4	30.2	1.59	1.05
	1 300	92.1	88.2	33.3	31.3	1.63	1.07
	1 400	99.1	94.9	34.2	32.0	1.67	1.09
	1 500	106.2	101.6	35.1	32.8	1.71	1.11
	1 600	113.2	108.3	36.0	33.6	1.75	1.13
1 900	1 100	79.8	76.6	32.0	29.9	1.57	1.04
	1 200	87.3	83.5	32.9	30.7	1.61	1.06
	1 300	94.2	90.4	33.8	31.5	1.65	1.08
	1 400	101.4	97.3	34.7	32.3	1.69	1.10
	1 500	108.6	104.2	35.6	33.1	1.73	1.12
	1 600	115.8	111.1	36.5	33.9	1.77	1.14
2 100	1 200	93.6	89.3	34.3	31.6	1.84	1.34
	1 400	99.9	92.6	36.5	33.9	1.88	1.38
	1 600	106.2	99.9	38.4	35.5	1.92	1.42
	1 800	112.5	108.7	40.5	37.4	2.03	1.57
	2 100	122.3	115.3	43.6	40.3	2.09	1.61
注：门框重量以厚度 D=90 mm 计。							

表 10 IB15 型防火门通孔尺寸和理论重量

通孔尺寸/mm		门框高度 H_t/mm	门槛高度 H_1/mm	重量/kg		
高 H_c	宽 W_c			门扇 W_1	门框 W_2	K
1 600	600	2 040～2 440	50～300	38.8	20.9	2.59
	650			41.4	22.1	2.67
	700			43.9	23.3	2.75
	750			46.4	24.5	2.83
1 650	600			39.8	19.8	2.67
	650			42.4	20.9	2.75
	700			45.0	21.9	2.83
	750			47.6	23.0	2.91
	800			50.1	24.1	2.99
1 700	600			40.7	18.6	2.75
	650			43.4	19.6	2.83
	700			46.0	20.6	2.91
	750			48.7	21.6	2.99
	800			51.3	22.6	3.07
1 750	600			41.7	17.5	2.83
	650			44.4	18.4	2.91
	700			47.1	19.3	2.99
	750			49.8	20.2	3.07
	800			52.5	21.2	3.15
1 800	650			45.4	16.3	2.99
	700			46.0	17.1	3.07
	750			48.2	18.8	3.15
	800			53.7	20.6	3.23
2 100	800			60.9	16.3	3.54
	900			68.7	18.7	3.57
	1 000			70.5	19.9	3.61

注：门框重量以高度 H_t=2 440 mm 计。

4.5 开启方向

防火门开启方向的定义和符号按 GB/T 11874 的规定。

4.6 标记

4.6.1 型号表示方法

防火门的型号表示方法如下：

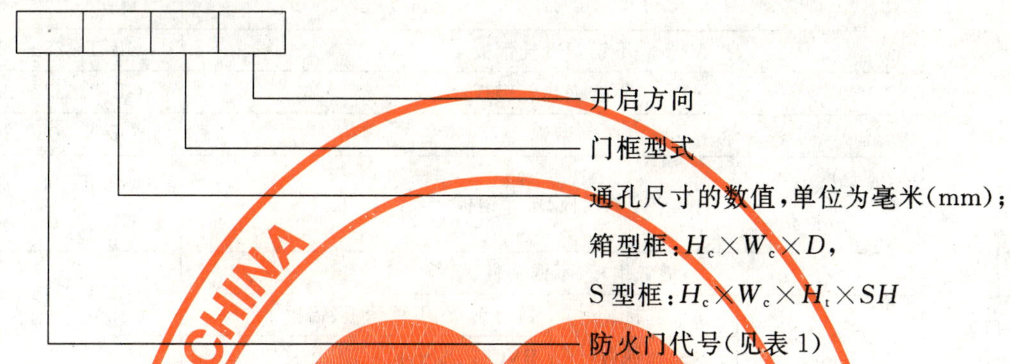

4.6.2 标记示例

示例 1：耐火级别为 A-15 级，通孔尺寸为 1 750 mm×700 mm，门框深度为 140 mm，门框型式为 A1，逆时针方向向外开启的单扇防火门标记为：

防火门 GB/T 23913.3—2009 A15 1 750×700×140 A1 5.1(RO)

示例 2：耐火级别为 B-15 级，通孔尺寸为 1 700 mm×700 mm，门框型式为 S1 型，门框高度为 2 140 mm，门槛高度 100 mm，顺时针方向向内开启带逃生口的单扇防火门标记为：

防火门 GB/T 23913.3—2009 IB15 1 700×700×2 140×100 S1 6.0(RI)

示例 3：耐火级别为 B-0 级，通孔尺寸为 1 800 mm×1 200 mm，门框深度为 200 mm，门框型式为 B2，内开启带通风栅的双扇防火门标记为：

防火门 GB/T 23913.3—2009 DB0 1 800×1 200×200 B2 5.0 6.0(I)

5 要求

5.1 材料

5.1.1 防火门主要零件的材料见表 11。

5.1.2 芯材应符合 IMO FTPC 第 1 部分 IMO A.799(19)规定的有关船用结构材料不燃性的要求。

5.1.3 胶粘剂应符合 IMO FTPC 第 5 部分 IMO A.653(16)规定的有关舱壁、天花板饰面材料表面燃烧性的要求。

5.1.4 饰面材料应符合 UI SC126 和 UI SC127(Rev.2)的要求。

5.2 公差

防火门的尺寸公差和形位公差应符合表 12 要求。重量公差范围为±10%。

5.3 外观

5.3.1 防火门表面不应有划伤和擦伤。

5.3.2 门框或门板上的涂漆表面不应有色差。

5.3.3 防火门表面不应有铁屑、毛刺、油斑和其他污迹，装配连接处不应有外溢的胶粘剂。

5.3.4 门上附件表面应无划痕。

5.4 防锈

5.4.1 门框、门扇及其构件的内表面均应涂防锈底漆两道。

5.4.2 防火门表面涂层厚度为 35 μm～50 μm，涂层附着力应达到 GB/T 1720—1979 规定的三级以上。

表 11 防火门的主要零件材料

<table>
<tr><td rowspan="2">零部件名称</td><td colspan="4">材　　料</td></tr>
<tr><td colspan="3">名　　称</td><td>标准号</td></tr>
<tr><td rowspan="4">门框</td><td colspan="3">冷轧钢板</td><td>GB/T 708—2006
GB/T 700—2006</td></tr>
<tr><td colspan="3">不锈钢冷轧钢板</td><td>GB/T 3280—2007</td></tr>
<tr><td colspan="3">不锈钢热轧钢板</td><td>GB/T 4237—2007</td></tr>
<tr><td colspan="3">型钢</td><td>GB/T 706—2008</td></tr>
<tr><td rowspan="5">门扇
通风栅
逃生口</td><td colspan="3">冷轧钢板、彩涂钢板</td><td>GB/T 708—2006
GB/T 700—2006</td></tr>
<tr><td colspan="3">镀锌钢板、不锈钢板、铝板</td><td rowspan="2">GB/T 2518—2008</td></tr>
<tr><td rowspan="2">饰面钢板</td><td>基材</td><td>镀锌钢板、不锈钢板、铝板</td></tr>
<tr><td>饰面钢板</td><td>PVC、PE、PET、油漆</td><td>—</td></tr>
<tr><td colspan="3">不锈钢热轧钢板</td><td rowspan="2">GB/T 4237—2007</td></tr>
<tr><td>铰链
插销
把手及锁
踏脚包板</td><td colspan="3">不锈钢热轧钢板</td></tr>
<tr><td rowspan="4">芯材</td><td colspan="3">岩棉</td><td>CB/T 3830—1998</td></tr>
<tr><td colspan="3">硅酸钙板</td><td rowspan="2">—</td></tr>
<tr><td colspan="3">无机防火板</td></tr>
<tr><td colspan="3">硅酸铝棉</td><td>GB/T 3003—2006</td></tr>
<tr><td rowspan="3">密封条</td><td colspan="3">硅酸铝绳</td><td rowspan="3">—</td></tr>
<tr><td colspan="3">防火膨胀条</td></tr>
<tr><td colspan="3">橡胶密封条</td></tr>
</table>

表 12 防火门的尺寸公差和形位公差

单位为毫米

<table>
<tr><td rowspan="2">对角线长度差</td><td colspan="2">门框</td><td rowspan="2">1.5</td></tr>
<tr><td colspan="2">门扇</td></tr>
<tr><td rowspan="2">厚度</td><td colspan="2">门框</td><td>±1.5</td></tr>
<tr><td colspan="2">门扇</td><td>−1.5</td></tr>
<tr><td>门框与门扇间隙</td><td colspan="3">锁边=3　铰链边=4　上嵌=3　下嵌=5</td></tr>
<tr><td rowspan="4">任一直线直线度</td><td rowspan="2">门框</td><td><1 600</td><td>1.5</td></tr>
<tr><td>≥1 600</td><td>2.0</td></tr>
<tr><td rowspan="2">门扇</td><td><1 600</td><td>1.5</td></tr>
<tr><td>≥1 600</td><td rowspan="2">2.0</td></tr>
<tr><td rowspan="4">垂直度</td><td rowspan="2">门框</td><td><1 600</td></tr>
<tr><td>≥1 600</td><td>2.5</td></tr>
<tr><td rowspan="2">门扇</td><td><1 600</td><td>1.5</td></tr>
<tr><td>≥1 600</td><td>2.5</td></tr>
</table>

5.5 性能

5.5.1 剥离强度

面板使用饰面钢板的防火门的剥离强度应符合下列要求：

a) 面板基材与饰面材料应具有 30 N 以上剥离力；

b) 饰面钢板经弯曲时，饰面材料与基材应不分离，不产生裂纹和碎裂；

c) 饰面钢板深冲 6 mm 后，饰面材料与基材不应发生剥离。

5.5.2 耐火

防火门应符合相应的耐火级别要求。

5.5.3 隔声

防火门隔声性能要求参见附录 A。

6 试验方法

6.1 材料

用检查材料的材质证明书及相关证书的方法检验防火门的材料。结果应符合 5.1 的要求。

6.2 公差

用卷尺和钢直尺及塞尺测量防火门的尺寸公差和形位公差，用磅秤称重。结果应符合 5.2 的要求。

6.3 外观

用目测及手摸的方法检验防火门的外观质量。结果应符合 5.3 的要求。

6.4 防锈

6.4.1 用漆膜测厚仪测量防火门的涂层厚度。结果应符合 5.4.2 的要求。

6.4.2 防火门的漆膜附着力测定应按 GB/T 1720—1979 规定的方法进行检验。结果应符合 5.4.2 的要求。

6.5 性能

6.5.1 剥离强度

在面板为饰面钢板的防火门面板上取规格为 150 mm×20 mm 的饰面钢板做为试样，试验方法及要求见表 13。

表 13 饰面钢板的剥离强度试验

试验项目	试 验 方 法	试验结果
剥离试验	试样沿长度方向剥离 20 mm，再固定试件另一端，对饰面材料进行 180°剥离	符合 5.5.1a)的要求
弯曲试验	试样沿长度方向 90°弯曲 6 次，180°弯曲 1 次	符合 5.5.1b)的要求
变形试验	用直径 20 mm 的钢球压入试样 6 mm 深	符合 5.5.1c)的要求

6.5.2 耐火

按国际海事组织(IMO)FTPC 第 3 部分 IMO A.754(18)规定的标准耐火试验程序要求对防火门进行耐火试验。结果应符合 5.5.2 的要求。

6.5.3 隔声

防火门隔声性能试验方法参见附录 A。结果应符合 5.5.3 的要求。

7 检测规则

7.1 检验分类

本部分规定的检验分类如下：

a) 型式检验；

b) 出厂检验。

7.2 型式检验

7.2.1 检验时机

防火门有下列情况之一时，应进行型式检验：

a) 新产品投产或老产品转厂生产；

b) 产品设计、结构、材料、工艺有重大变动，足以影响产品性能或质量；

c) 产品长期停产，恢复正常生产；

d) 主管检验机关要求；

e) 试验标准改变。

7.2.2 检验项目和顺序

防火门型式检验的检验项目和顺序见表 14。

表 14 防火门的检验项目和顺序

序号	检验项目	要求的章条号	试验方法的章条号	型式检验	出厂检验
1	材料	5.1	6.1	●	●
2	公差	5.2	6.2	●	●
3	外观	5.3	6.3	●	●
4	防锈	5.4	6.4	●	—
5	剥离强度	5.5.1	6.5.1	●	—
6	耐火	5.5.2	6.5.2	●	—
7	隔声	5.5.3	6.5.3	●	—
注：●为必检项目；—为不检项目。					

7.2.3 检验样品数量

防火门耐火、隔声试验的样品数量为最大规格的试样一件，其他检验项目为三件。

7.2.4 判定规则

防火门所有样品全部检验项目符合要求，判为型式检验合格。若材料、耐火试验和隔声试验中任一项检验不符合要求，判为型式检验不合格；若有其他项目不符合要求，允许加倍取样复验。若复验符合要求，仍判防火门型式检验合格；若复验仍有不符合要求的项目，则判防火门型式检验不合格。

7.3 出厂检验

7.3.1 检验项目和顺序

防火门出厂检验的检验项目和顺序见表 14。

7.3.2 检验样品数量

防火门的材料每个生产批为一个检验批，按批次检验，其他检验项目应逐个产品进行。

7.3.3 判定规则

全部检验项目符合要求的防火门判定出厂检验合格。若材料不符合要求，则判定该批防火门出厂检验不合格；其他项目的检验，若有不符合要求的防火门，允许返修后进行复验。若复验符合要求，仍判防火门出厂检验合格；若复验仍不符合要求，则判该防火门出厂检验不合格。

8 标志、包装、运输和贮存

8.1 标志

防火门上应在门扇铰链安装侧距门扇上边缘约 300 mm 处安装铭牌。铭牌上应标示下列内容：

a) 制造厂名称和商标；

b) 产品名称;

c) 产品型号和标记;

d) 制造日期和编号;

e) 检验合格章和船检认可标记。

8.2 包装

8.2.1 防火门应使用无腐蚀作用的材料进行包装。

8.2.2 包装箱应有足够强度,并有防潮措施。

8.2.3 包装架应大于防火门堆放的最大外形尺寸,应能用铲车或吊车装卸。

8.2.4 置于箱内的防火门相互间应不发生窜动。

8.2.5 包装箱内应有装箱清单及产品检验合格证。

8.3 贮存

8.3.1 防火门应放置在通风、干燥的地方,不应与酸、碱、盐类物质接触并防止雨水浸入。

8.3.2 防火门不应直接接触地面,应垫高 100 mm 以上。

8.3.3 防火门堆放高度应小于 1 600 mm。

8.4 运输

装运防火门的运输工具,应有防雨措施并保持清洁无污物。

附　录　A
（资料性附录）
防火门的隔声性能要求和试验方法

A.1　隔声性能

防火门隔声性能要求见表 A.1。

表 A.1　防火门隔声性能

<table>
<tr><th>型号</th><th>耐火级别</th><th>密封条</th><th>隔声量 R_w/dB</th><th>备　注</th></tr>
<tr><td rowspan="2">A60</td><td rowspan="2">A-60</td><td>防火膨胀条</td><td>36.0</td><td rowspan="4">双扇，带窗</td></tr>
<tr><td>硅酸铝绳</td><td>27.0</td></tr>
<tr><td rowspan="4">A15</td><td rowspan="4">A-15</td><td>防火膨胀条</td><td>29.0</td></tr>
<tr><td rowspan="2">硅酸铝绳</td><td>24.0</td></tr>
<tr><td>25.0</td><td rowspan="2">双扇</td></tr>
<tr><td>防火膨胀条</td><td>31.0</td></tr>
<tr><td>A15</td><td>A-15</td><td>防火膨胀条、硅酸铝绳</td><td>17.0</td><td>带逃生口防火门</td></tr>
<tr><td>B15</td><td>B-15</td><td>防火膨胀条、硅酸铝绳</td><td>26.0</td><td>风道防火门</td></tr>
</table>

A.2　试验方法

防火门的隔声试验分别按 GB/T 19889.3—2005 中的第 5 章和第 6 章的规定进行。结果应符合表 A.1 的要求。

参 考 文 献

[1] GB/T 19889.3—2005 声学 建筑和建筑构件隔声测量 第3部分:建筑构件空气声隔声的实验室测量(ISO 140-3:1995,IDT).

ICS 47.020.80
U 25

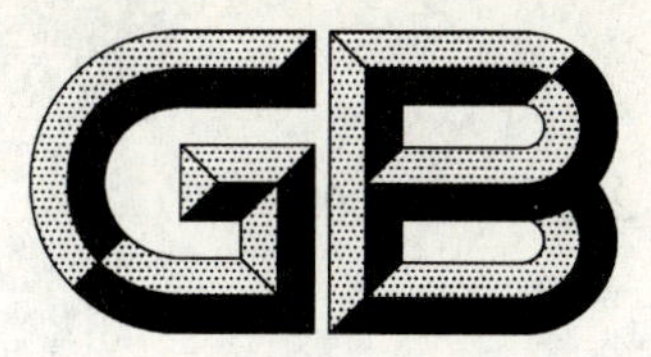

中华人民共和国国家标准

GB/T 23913.4—2009

复合岩棉板耐火舱室 第4部分：构架件

Fire-resisting compartment of composite rock wool panel—Part 4: Profile

2009-06-04 发布　　2010-01-01 实施

中华人民共和国国家质量监督检验检疫总局
中国国家标准化管理委员会　发布

前　言

GB/T 23913《复合岩棉板耐火舱室》分为六个部分：

——第1部分：衬板、隔板和转角板；

——第2部分：天花板；

——第3部分：防火门；

——第4部分：构架件；

——第5部分：塑料装饰件；

——第6部分：安装节点。

本部分为GB/T 23913的第4部分。

本部分由中国船舶工业集团公司提出。

本部分由全国船舶舾装标准化技术委员会内装分技术委员会归口。

本部分起草单位：江西朝阳机械厂、中国船舶工业综合技术经济研究院。

本部分主要起草人：李德全、梅志兵、陈丽、张美玲。

复合岩棉板耐火舱室
第4部分:构架件

1 范围

GB/T 23913的本部分规定了复合岩棉板耐火舱室中构架件的分类和标记、要求、试验方法、检验规则等。

本部分适用于船舶和海洋工程建筑物上具有耐火分隔要求的舱室和生活模块中构架件的设计、制造和验收。

2 规范性引用文件

下列文件中的条款通过GB/T 23913的本部分的引用而成为本部分的条款。凡是注日期的引用文件,其随后所有的修改单(不包括勘误的内容)或修订版均不适用于本部分,然而,鼓励根据本部分达成协议的各方研究是否可使用这些文件的最新版本。凡是不注日期的引用文件,其最新版本适用于本部分。

GB/T 700—2006 碳素结构钢(ISO 630:1995,Structural steels—Plates,wide flats,bars,sections and profiles,NEQ)

GB/T 708—2006 冷轧钢板和钢带的尺寸、外形、重量及允许偏差(ISO 16162:2000,Continuously cold-rolled steel sheet products—Dimensional and shape tolerances,NEQ)

GB/T 2518—2008 连续热镀锌钢板及钢带

3 分类和标记

3.1 分类

构架件按用途分为下列三种类型:

a) A——固定件;

b) B——连接件;

c) C——包覆件。

3.2 规格

构架件的一般规格系列见表1。

表1 构架件规格

单位为毫米

适用板厚 t	长度 L		高度 h
	顶型材、底型材	包覆件、连接件	垫铁
50、30、25	3 000	根据舱室尺寸定	根据甲板敷料定
注:表中未说明构架件的规格尺寸均由供需双方协调确定。			

3.3 结构型式和基本尺寸

构架件的典型结构型式和基本尺寸见表2,表中未列的构架件的型式和规格等技术指标由供需双方协商确定。

3.4 重量

构架件的理论重量见表3。

3.5 标记

3.5.1 型号表示方法

构架件的型号表示方法如下：

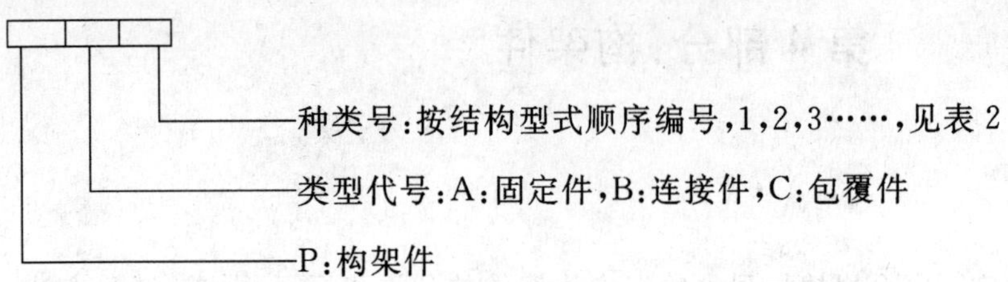

3.5.2 标记示例

构架件顶型材的标记为：

构架件 GB/T 23913.4—2009 PA1

表 2 构架件典型结构型式和基本尺寸

单位为毫米

名称	型号	型式简图	型号	型式简图	型号	型式简图
顶型材	PA1		PA2		PA3	
单边顶型材	PA4		PA5		PA6	
钢壁顶型材	PA7		PA8		PA9	
底型材	PA10					
L形底型材	PA11					
角钢	PA12					
圆钢	PA13					

表 2（续）

单位为毫米

名称	型号	型式简图	型号	型式简图	型号	型式简图
切角角钢	PA14	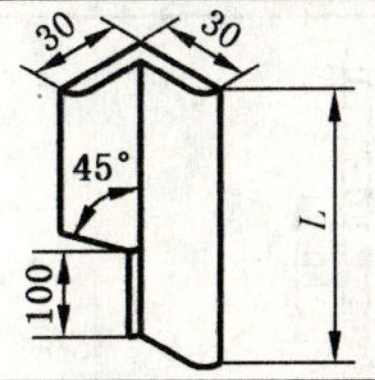				
垫铁	PA15	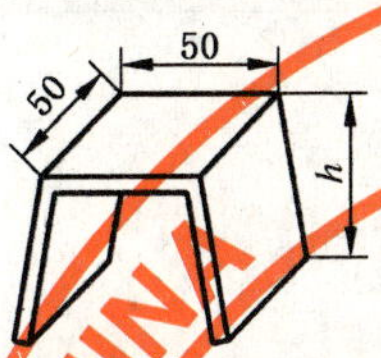				
N 形固定件	PA16					
h 形固定件	PA17	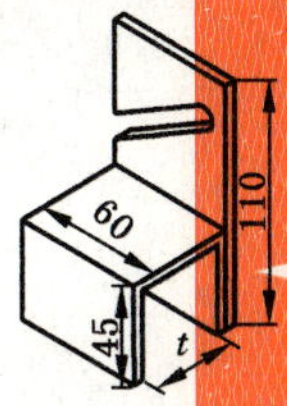				
吊挂梁	PA18	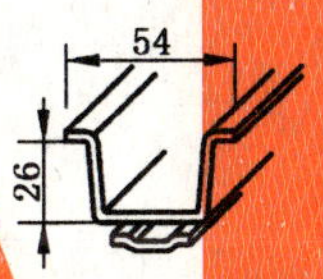				
接长梁	PA19	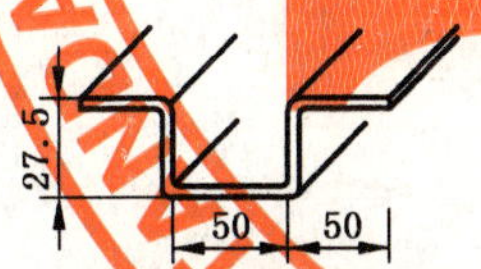				
双耳中间梁	PA20					
中间梁吊挂	PA21	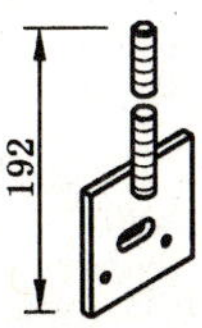				
吊顶插件	PA22	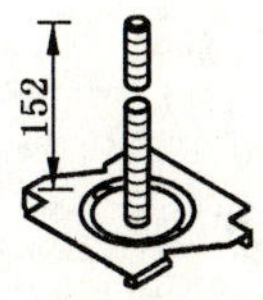				

表 2（续）

单位为毫米

名称	型号	型式简图	型号	型式简图	型号	型式简图
螺杆	PA23	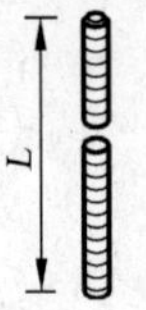	PA24	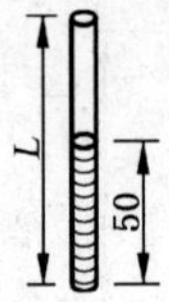	—	
定位套管	PA25	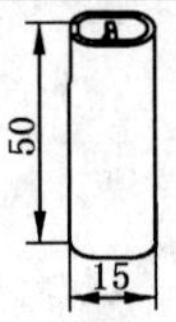	—			
活动转架	PA26	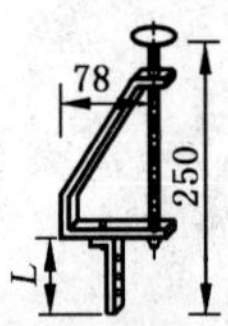				
中间梁	PA27	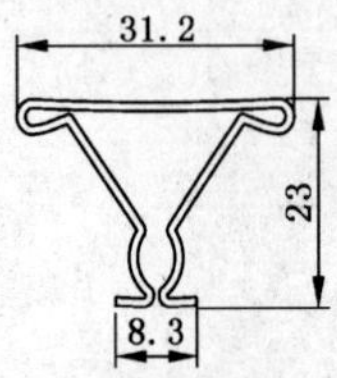				
吊顶型材	PB1	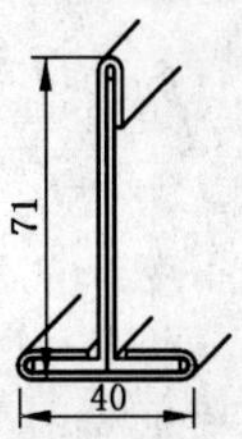				
斜角吊顶型材	PB2	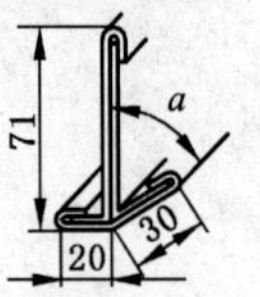				
L形吊顶型材	PB3	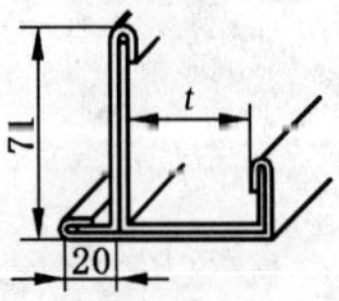				
吊顶型材连接	PB4	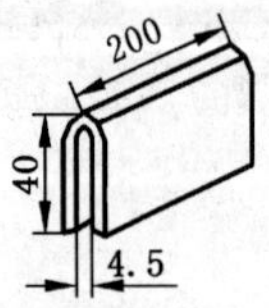				
N形适配件	PB5	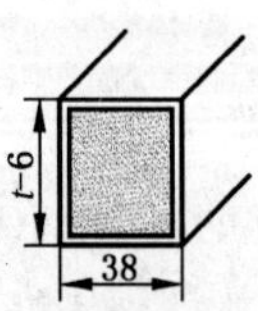				

表 2（续）

单位为毫米

名称	型号	型式简图	型号	型式简图	型号	型式简图
M 形适配件	PB6	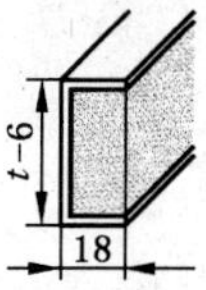	—			
K 形适配件	PB7	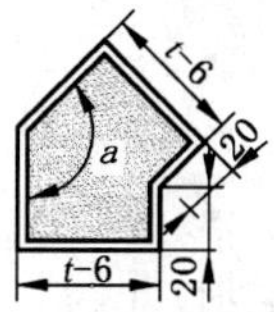				
L 形适配件	PB8	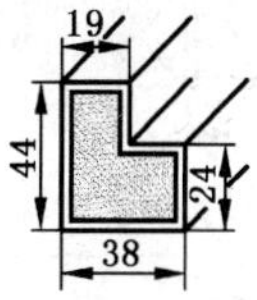				
H 形材	PB9	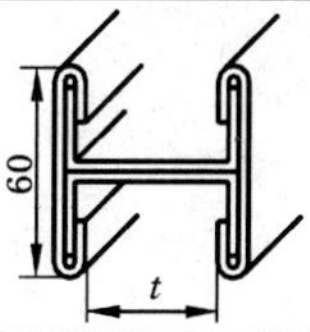				
嵌条	PB10	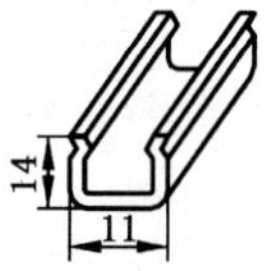				
U 形包边	PC1		PC2	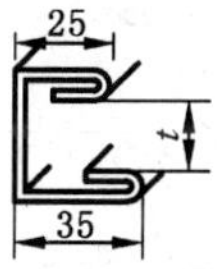	—	
内包角 A	PC3	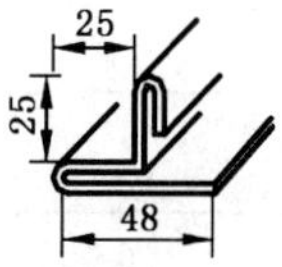	—			
内包角 B	PC4	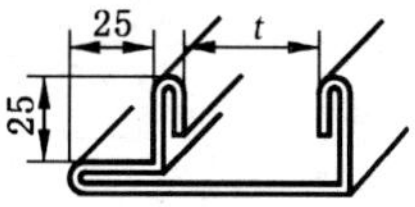				
内包角 C	PC5	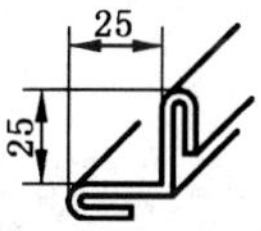				
外包角 A	PC6	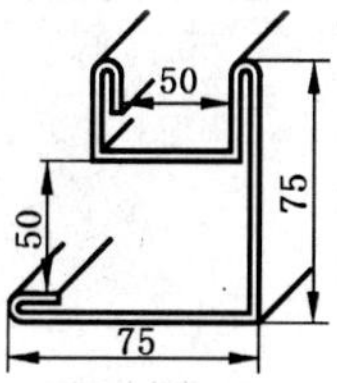	PC7	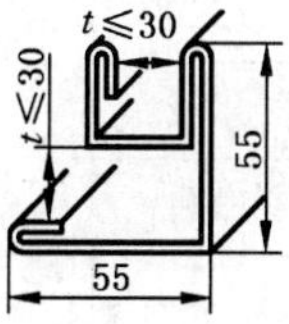	—	

表 2（续）

单位为毫米

名称	型号	型式简图	型号	型式简图	型号	型式简图
外包角 C	PC8	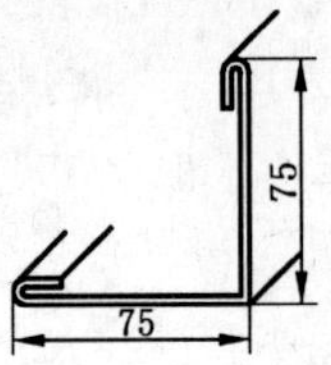	—			
外包角 D	PC9	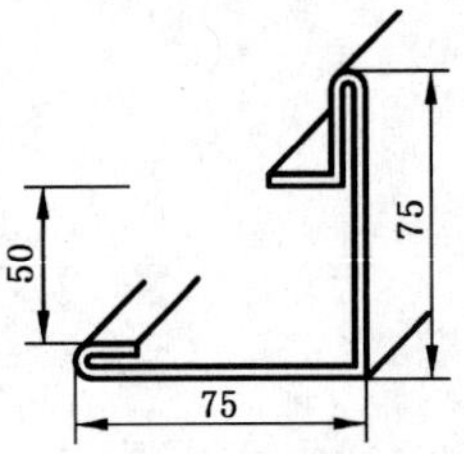	PC10	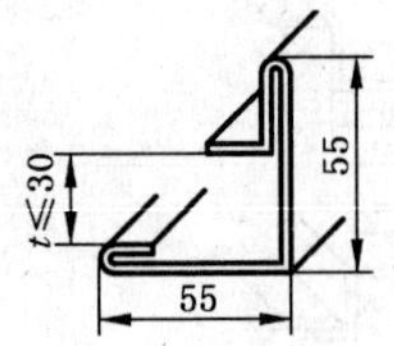	PC11	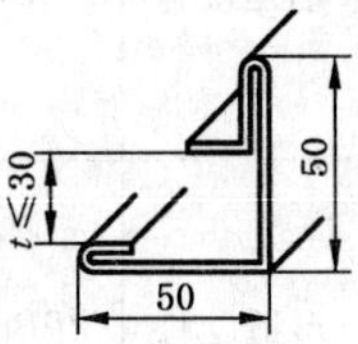
包柱型材	PC12	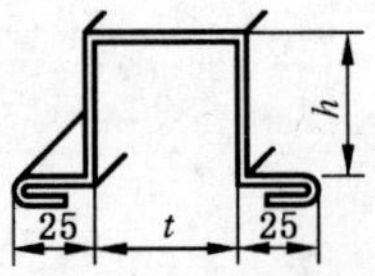	—			
一字覆盖材	PC13	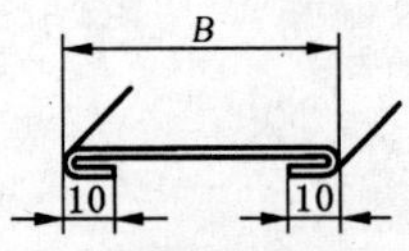				
加强件	PC14	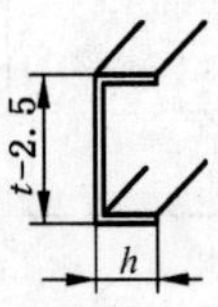				

表 3　构架件理论重量

型号	适用板厚 t/mm 50	30	25		型号	适用板厚 t/mm 50	30	25	
	重量/(kg/m)					重量/(kg/m)			
PA1	1.62	1.43	1.35	—	PA8	—			1.17
PA2	1.45	1.31	1.25	—	PA9				0.85
PA3	1.62	—			PA10	0.68	0.49	0.33	—
PA4	1.46	1.27	1.20	—	PA11	0.60	0.44	0.40	
PA5	1.37	1.23	0.72		PA12	—			1.27
PA6	1.62	1.45	1.41		PA14				1.27
PA7	—			0.63	PA18				0.81

表 3（续）

型号	适用板厚 t/mm				型号	适用板厚 t/mm			
	50	30	25			50	30	25	
	重量/(kg/m)					重量/(kg/m)			
PA19	—			0.19	PC1	0.56	0.47	0.45	—
PA20				1.50	PC2	—	0.47	0.45	—
PA21				0.09	PC3	—			0.51
PA25				0.03	PC4	0.82	0.73	0.70	—
PA27				0.31	PC5	—			0.33
PB1				5.89	PC6	1.24	—		
PB2				6.32	PC7	—	0.96	0.88	—
PB3	8.05	7.20	6.98	—	PC8	—			0.80
PB4	—			0.48	PC9	0.94	—		
PB5	1.21	0.81	—		PC10	—	0.75	0.73	—
PB6	0.46	0.32			PC11	—	0.73	0.71	
PB7	1.30	1.00			PC12	0.59	0.61	0.70	
PB8	—			0.97	PC13	—			0.33
PB9	2.67	2.30	2.20	—	PC14	0.25	0.27	0.36	—
PB10	—			1.60	—				

注：本表中 PA1～PA9、PA18～PA21、PA25 的重量根据材料为 1.2 mm 厚钢板计算；PA10、PA11 根据材料为 1.0 mm 厚钢板计算；PA12、PA14 根据材料为 3.0 mm 厚钢板计算；PA27 根据材料为 0.4 mm 厚钢板计算；PB1～PB10、PC1～PC14 根据材料为 0.6 mm 厚钢板计算。

4 要求

4.1 材料

构架件的材料见表 4。

4.2 尺寸公差

构架件的尺寸公差见表 5。

4.3 外观

4.3.1 构架件表面应无尖角、毛刺。

4.3.2 构架件的材料为饰面钢板时，饰面钢板的表面不应有划伤。

4.3.3 构架件的材料为钢板时，表面应做防锈处理。

表 4 构架件材料

构架件型号	材料名称	标准号
PA1、PA4、PA7、PB4	镀锌钢板	GB/T 2518—2008
PA10、PA11、PA18、PA20		

表 4（续）

<table>
<tr><th>构架件型号</th><th>材料名称</th><th>标准号</th></tr>
<tr><td>PA25、PA26、PA27</td><td rowspan="2">镀锌钢板</td><td rowspan="6">GB/T 2518—2008</td></tr>
<tr><td>PC14</td></tr>
<tr><td>PA2、PA5、PA8、PA19</td><td rowspan="3">饰面钢板</td></tr>
<tr><td>PA3、PA6、PA9</td></tr>
<tr><td>PB5、PB6、PB7、PB8、PB10
PC1、PC2、PC3、PC4、PC5
PC6、PC7、PC8、PC9、PC10
PC11、PC12、PC13</td></tr>
<tr><td>PB1、PB2、PB3、PB9</td><td>镀锌钢板/饰面钢板</td></tr>
<tr><td>PA13、PA21、PA22、PA23、PA24</td><td>钢</td><td>GB/T 700—2006</td></tr>
<tr><td>PA12、PA14、PA15</td><td rowspan="2">钢板</td><td rowspan="2">GB/T 708—2006</td></tr>
<tr><td>PA16、PA17、PA18</td></tr>
</table>

表 5　构架件的尺寸公差

单位为毫米

类　型	公　差
长度 L	±3
高度 h	+2
厚度 t	+1

5　试验方法

5.1　材料

用检查材料的材质证明书的方法检验构架件的材料。结果应符合 4.1 的要求。

5.2　公差

用卷尺和卡尺测量构架件的尺寸公差。结果应符合 4.2 的要求。

5.3　外观

用目测结合手摸的方法检验构架件的外观质量。结果应符合 4.3 的要求。

6　检验规则

6.1　检验分类

本标准规定的检验分类如下：

a)　型式检验；

b)　出厂检验。

6.2　型式检验

6.2.1　检验时机

构架件有下列情况之一时，应进行型式检验：

a)　新产品投产；

b)　产品设计、结构、材料、工艺有重大变化，足以影响产品性能或质量；

c)　主管检验机构有要求。

6.2.2 **检验项目和顺序**

构架件型式检验的检验项目和顺序见表6。

表6 构架件的检验项目和顺序

序号	检验项目	要求的章条号	试验方法的章条号	型式检验	出厂检验
1	材料	4.1	5.1	●	●
2	公差	4.2	5.2	●	—
3	外观	4.3	5.3	●	●
注：● 为必检项目；—为不检项目。					

6.2.3 **检验样品数量**

构架件的型式检验样品数量为三件。

6.2.4 **判定规则**

构架件所有样品全部检验项目符合要求，判为型式检验合格。若材料检验不符合要求，判构架件型式检验不合格；若其他项目不符合要求，允许加倍取样复验。若复验符合要求，仍判构架件型式检验合格；若复验仍有不符合要求的项目，则判构架件型式检验不合格。

6.3 出厂检验

6.3.1 **检验项目和顺序**

构架件出厂检验的检验项目和顺序见表6。

6.3.2 **检验样品数量**

构架件的材料每个生产批为一个检验批，按批次检验。其他项目为逐件检验。

6.3.3 **判定规则**

构架件全部检验项目符合要求，判为出厂检验合格。若材料厂检验不符合要求，则判该批构架件出厂检验不合格。若外观质量不符合要求，则判该构架件出厂检验不合格。

7 标志、包装、贮存

7.1 标志

构架件上应标示下列内容：

a） 制造厂名称或商标；

b） 产品名称；

c） 产品标记；

d） 制造日期；

e） 检验合格印章。

7.2 包装

长度大于500 mm的构架件应成捆包装，其他构架件放在包装箱里包装。装箱的构架件应有装箱清单及产品检验合格证。

7.3 贮存

构架件应室内存放。

ICS 47.020.80
U 25

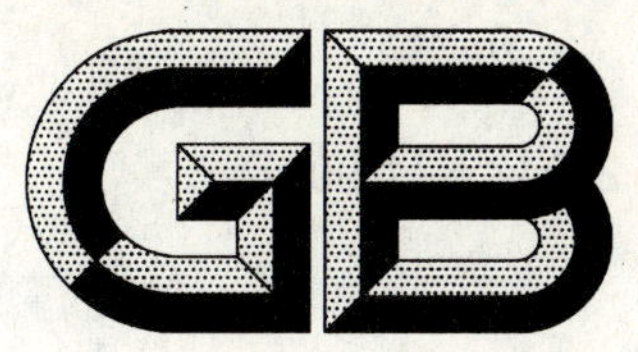

中华人民共和国国家标准

GB/T 23913.5—2009

复合岩棉板耐火舱室 第5部分:塑料装饰件

Fire-resisting compartment of composite rock wool panel—Part 5: Plastic decoration parts

2009-06-04 发布　　2010-01-01 实施

中华人民共和国国家质量监督检验检疫总局
中国国家标准化管理委员会　发布

前　言

GB/T 23913《复合岩棉板耐火舱室》分为六个部分：

——第 1 部分：衬板、隔板和转角板；

——第 2 部分：天花板；

——第 3 部分：防火门；

——第 4 部分：构架件；

——第 5 部分：塑料装饰件；

——第 6 部分：安装节点。

本部分为 GB/T 21913 的第 5 部分。

本部分由中国船舶工业集团公司提出。

本部分由全国船舶舾装标准化技术委员会内装分技术委员会归口。

本部分起草单位：江西朝阳机械厂、中国船舶工业综合技术经济研究院。

本部分主要起草人：李德全、梅志兵、陈丽、张美玲。

复合岩棉板耐火舱室
第5部分:塑料装饰件

1 范围

GB/T 23913的本部分规定了复合岩棉板耐火舱室中塑料装饰件的型式、要求、试验方法和检验规则等。

本部分适用于船舶和海洋工程建筑物上具有耐火分隔要求的舱室和生活模块中塑料装饰件的设计、制造和验收。

2 规范性引用文件

下列文件中的条款通过GB/T 23913的本部分的引用而成为本部分的条款。凡是注日期的引用文件,其随后所有的修改单(不包括勘误的内容)或修订版均不适用于本部分,然而,鼓励根据本部分达成协议的各方研究是否可使用这些文件的最新版本。凡是不注日期的引用文件,其最新版本适用于本部分。

GB/T 1033.1 塑料 非泡沫塑料密度的测定 第1部分:浸渍法、液体比重瓶法和滴定法(GB/T 1033.1—2008,ISO 1183-1:2004,IDT)

GB/T 4454—1996 硬质聚氯乙烯层压板材

GB/T 6388 运输包装收发货标志

QB/T 1650—1992 硬质聚氯乙烯泡沫塑料板材

3 分类和标记

3.1 分类

塑料装饰件按照用途分为踢脚板和天花板嵌条两种。

3.2 结构和基本尺寸

塑料装饰件的典型结构和基本尺寸见表1。

3.3 标记

3.3.1 型号表示方法

塑料装饰件的型号表示方法如下:

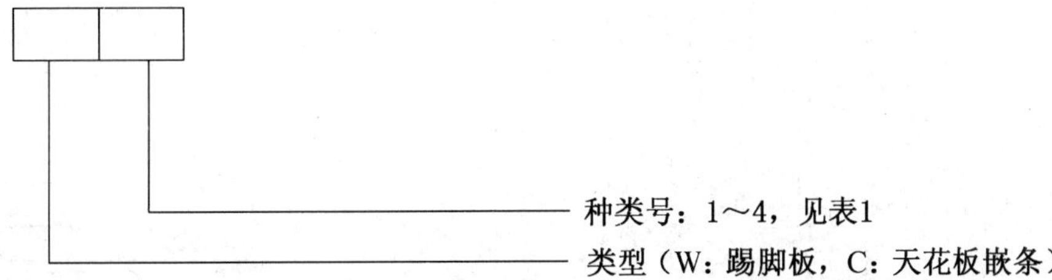

3.3.2 标记示例

示例1:1型踢脚板标记为:

塑料装饰件 GB/T 23913.5—2009 W1

示例2:1型天花板嵌条标记为:

塑料装饰件 GB/T 23913.5—2009 C1

表 1　塑料装饰件的典型结构和基本尺寸

单位为毫米

型号	简　图	型号	简　图
W1	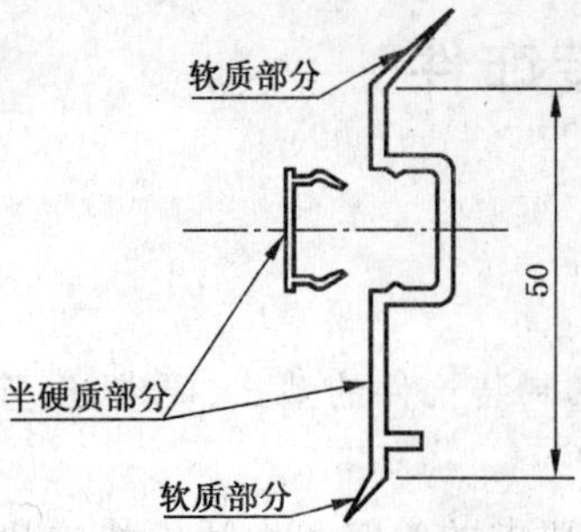 软质部分 50 半硬质部分 软质部分	C1	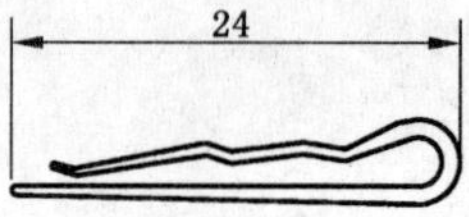 24
W2	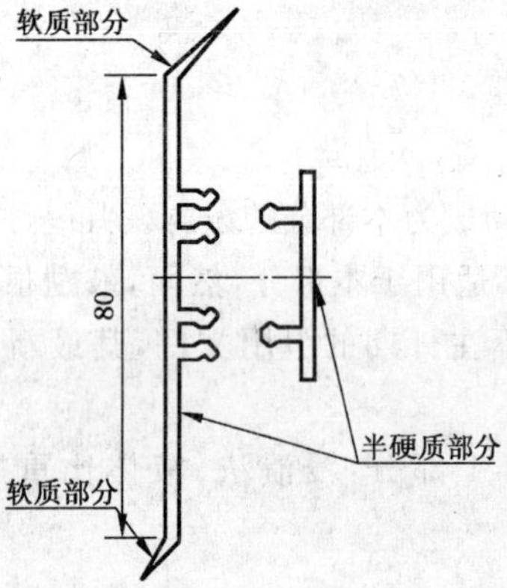 软质部分 80 半硬质部分 软质部分	C2	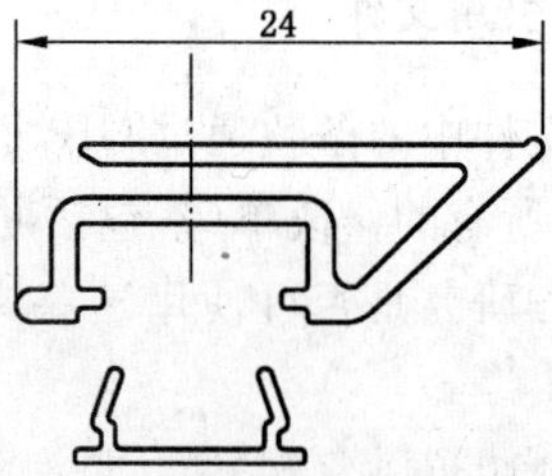 24
W3	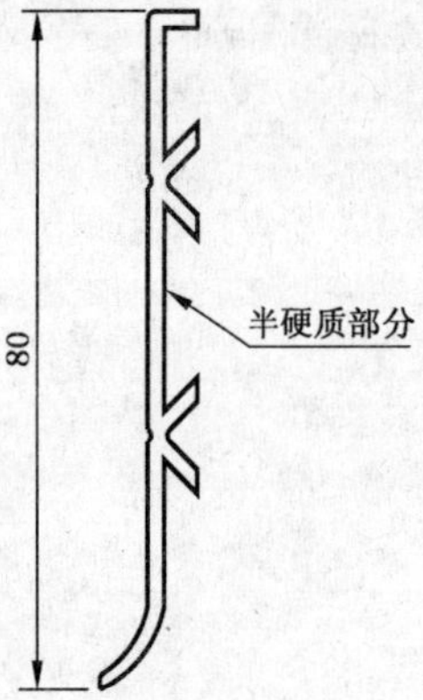 80 半硬质部分	C3	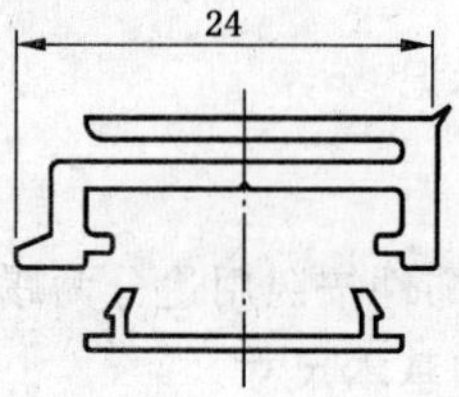 24
W4	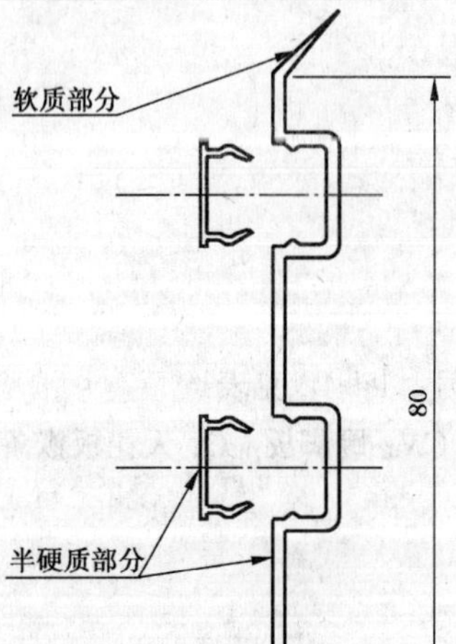 软质部分 80 半硬质部分 软质部分	C4	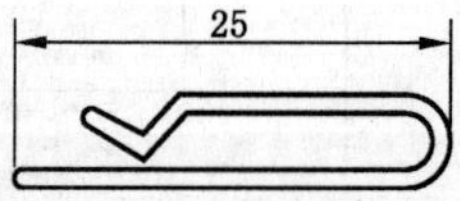 25

4 要求

4.1 材料

塑料装饰件的基材采用聚氯乙烯树脂或其他等效材料。

4.2 外观

塑料装饰件表面不应有色差，不应有裂缝、气泡和未分散的辅料。踢脚板半硬质部分和软质部分之间允许有轻微色差，但半硬质部分和软质部分交界处应成一直线，不应有流挂现象。

4.3 性能

塑料装饰件的理化性能见表2。

表2 塑料装饰件的理化性能

项目		性能
密度/(kg/m^3)		1 200～1 500
拉伸强度(纵、横向)/MPa		≥38
140 ℃加热尺寸变化率	纵向/%	≤6
	横向/%	≤4
耐低温性		−30 ℃时不龟裂
自熄性		离开火源即熄灭，不阴燃，不蔓延

5 试验方法

5.1 材料

用检查材质证明书的方法检验塑料装饰件的材料。结果应符合4.1的要求。

5.2 外观

在自然光线下目测并结合手摸的方法检验塑料装饰件的外观质量。结果应符合4.2的要求。

5.3 性能

5.3.1 塑料装饰件的密度按GB/T 1033.1规定的方法进行检验。结果应符合4.3的要求。

5.3.2 塑料装饰件的拉伸强度按GB/T 4454—1996中5.3.4规定的方法进行检验。结果应符合4.3的要求。

5.3.3 塑料装饰件的140 ℃加热尺寸变化率按GB/T 4454—1996中5.3.7规定的方法进行检验。结果应符合4.3的要求。

5.3.4 塑料装饰件的耐低温性按QB/T 1650—1992中5.4.12规定的方法进行检验。结果应符合4.3的要求。

5.3.5 塑料装饰件的自熄性按QB/T 1650—1992中5.3.9规定的方法进行检验。结果应符合4.3的要求。

6 检验规则

6.1 检验分类

本标准规定的检验分类如下：

a) 型式检验；

b) 出厂检验。

6.2 型式检验

6.2.1 检验时机

塑料装饰件有下列情况之一时，应进行型式检验：

a) 新产品投产；

b) 产品设计、结构、材料、工艺有重大变动，足以影响产品性能或质量；

c) 主管检验机关的要求；

d) 试验标准改变。

6.2.2 检验项目和顺序

塑料装饰件型式检验的检验项目和顺序见表3。

表3 塑料装饰件的检验项目和顺序

序号	检验项目	要求的章条号	试验方法的章条号	型式检验	出厂检验
1	材料	4.1	5.1	●	●
2	外观	4.2	5.2	●	●
3	密度(t/m^3)	4.3	5.3.1	●	—
4	拉伸强度(纵、横向)(MPa)	4.3	5.3.2	●	—
5	140 ℃加热尺寸变化率	4.3	5.3.3	●	—
6	耐低温性	4.3	5.3.4	●	—
7	自熄性	4.3	5.3.5	●	—
注：●为必检项目；—为不检项目。					

6.2.3 检验样品数量

塑料装饰件型式检验样品数量为三件。

6.2.4 判定规则

塑料装饰件所有样品全部检验项目符合要求，判为型式检验合格。若材料不符合要求，判塑料装饰件型式检验不合格；若有其他项目不符合要求，允许加倍取样复验。若复验符合要求，仍判塑料装饰件型式检验合格；若复验仍有不符合要求的项目，则判塑料装饰件型式检验不合格。

6.3 出厂检验

6.3.1 检验项目

塑料装饰件出厂检验的检验项目和顺序见表3。

6.3.2 检验样品数量

塑料装饰件的材料每个生产批为一个检验批，按批次检验，其他检验项目应逐个产品进行。

6.3.3 判定规则

塑料装饰件全部检验项目符合要求，判为出厂检验合格。若材料不符合要求，判该批塑料装饰件出厂检验不合格。若外观不符合要求，判该塑料装饰件出厂检验不合格。

7 标志、包装、运输、贮存

7.1 标志

7.1.1 塑料装饰件上应标示下列内容：

a) 制造厂名称或商标；

b) 产品标记；

c) 制造日期；

d) 检验合格印章。

7.1.2 塑料装饰件包装标志应符合GB/T 6388的要求。

7.2 包装

塑料装饰件应整齐叠放、捆扎无松动后包装,不应暴露在包装之外。

7.3 贮存

塑料装饰件应贮存在低于40 ℃的仓库里。

7.4 运输

塑料装饰件运输过程中应防止日晒,装卸时轻拿轻放。

ICS 47.020.80
U 25

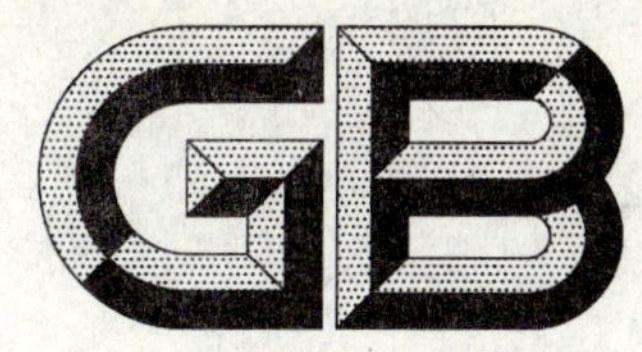

中华人民共和国国家标准

GB/T 23913.6—2009

复合岩棉板耐火舱室 第6部分:安装节点

Fire-resisting compartment of composite rock wool panel—Part 6:Detail of installation

2009-06-04 发布 2010-01-01 实施

中华人民共和国国家质量监督检验检疫总局
中国国家标准化管理委员会 发布

前　言

GB/T 23913《复合岩棉板耐火舱室》分为六个部分：

——第1部分：衬板、隔板和转角板；

——第2部分：天花板；

——第3部分：防火门；

——第4部分：构架件；

——第5部分：塑料装饰件；

——第6部分：安装节点。

本部分为GB/T 23913的第6部分。

本部分由中国船舶工业集团公司提出。

本部分由全国船舶舾装标准化技术委员会内装分技术委员会归口。

本部分起草单位：江西朝阳机械厂、中国船舶工业综合技术经济研究院。

本部分主要起草人：李德全、梅志兵、陈丽、张美玲。

复合岩棉板耐火舱室
第6部分：安装节点

1 范围

GB/T 23913的本部分规定了复合岩棉板耐火舱室的安装节点的典型型式。

本部分适用于船舶和海洋工程建筑物上具有耐火分隔要求的舱室和生活模块的安装节点的设计、制造和验收。

2 分类

2.1 分类

安装节点分为A、B、C、D四类：

a) A——衬板/隔板与衬板/隔板；

b) B——天花板与天花板；

c) C——天花板与衬板/隔板；

d) D——衬板/隔板与甲板。

2.2 节点型式

2.2.1 衬板/隔板与衬板/隔板的典型安装节点见表1。

2.2.2 天花板与天花板的典型安装节点见表2。

2.2.3 天花板与衬板/隔板的典型安装节点见表3。

2.2.4 衬板/隔板与甲板的典型安装节点见表4。

2.2.5 未列入的安装节点由供需双方协商确定。

表1 衬板/隔板与衬板/隔板的典型安装节点

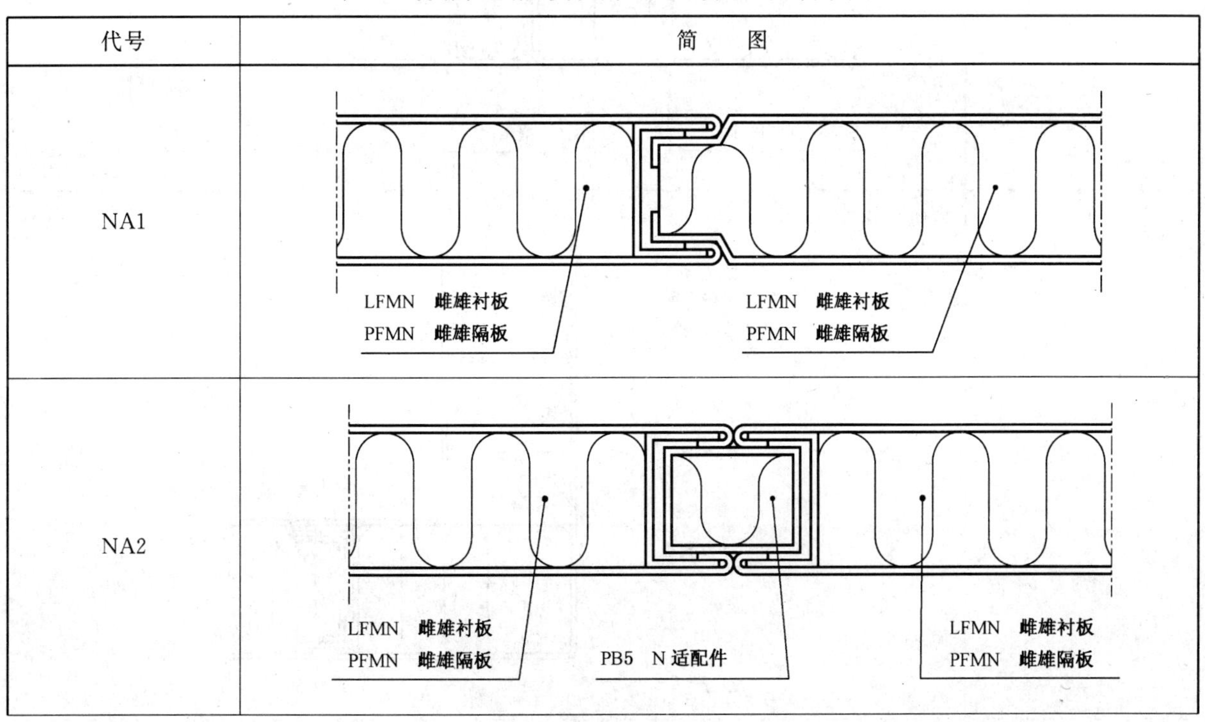

代号	简图
NA1	LFMN **雌雄衬板** PFMN **雌雄隔板** LFMN **雌雄衬板** PFMN **雌雄隔板**
NA2	LFMN **雌雄衬板** PFMN **雌雄隔板** PB5 N适配件 LFMN **雌雄衬板** PFMN **雌雄隔板**

表 1（续）

代号	简图
NA3	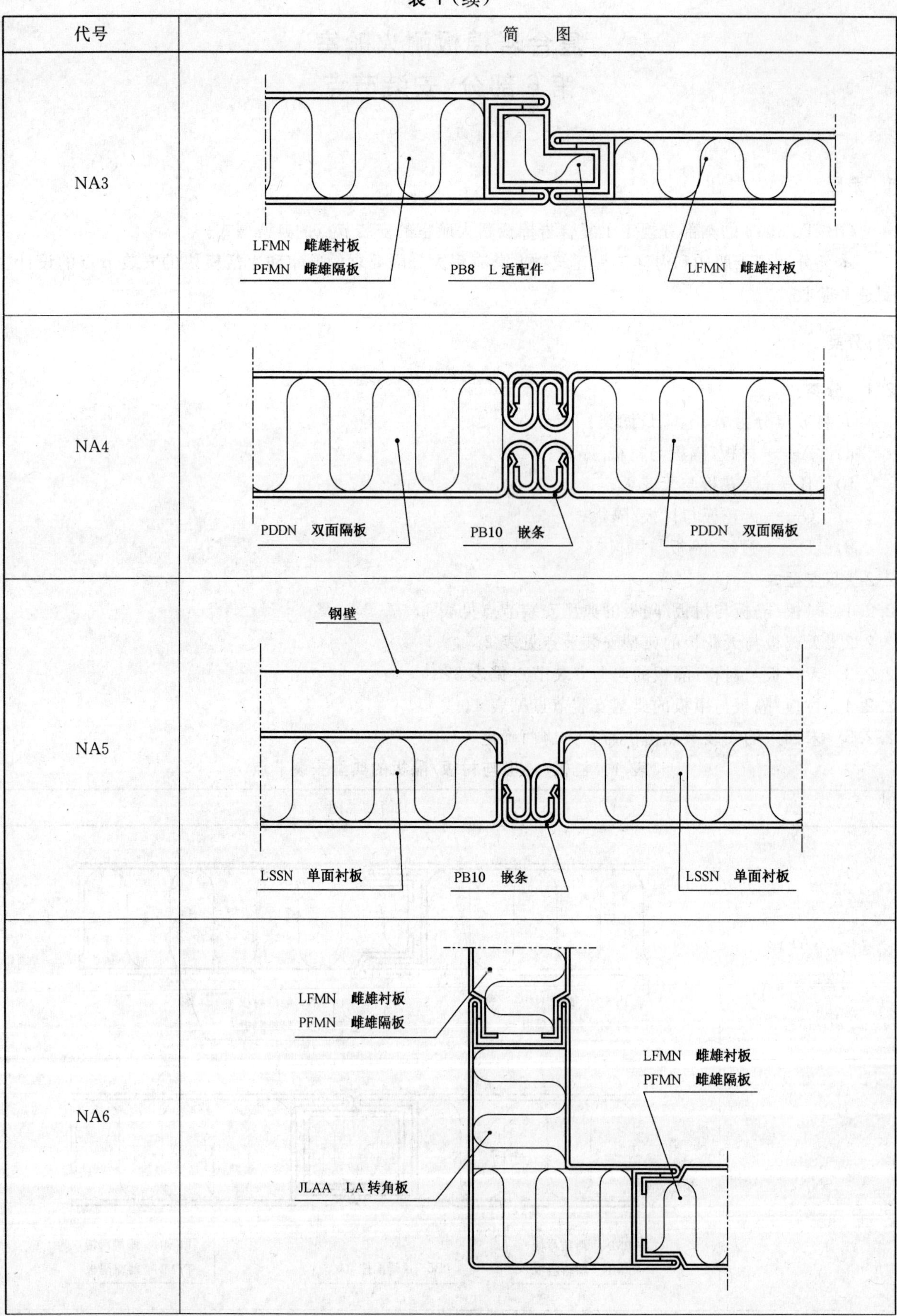 LFMN 雌雄衬板 PFMN 雌雄隔板 PB8 L 适配件 LFMN 雌雄衬板
NA4	PDDN 双面隔板 PB10 嵌条 PDDN 双面隔板
NA5	钢壁 LSSN 单面衬板 PB10 嵌条 LSSN 单面衬板
NA6	LFMN 雌雄衬板 PFMN 雌雄隔板 LFMN 雌雄衬板 PFMN 雌雄隔板 JLAA LA 转角板

表 1（续）

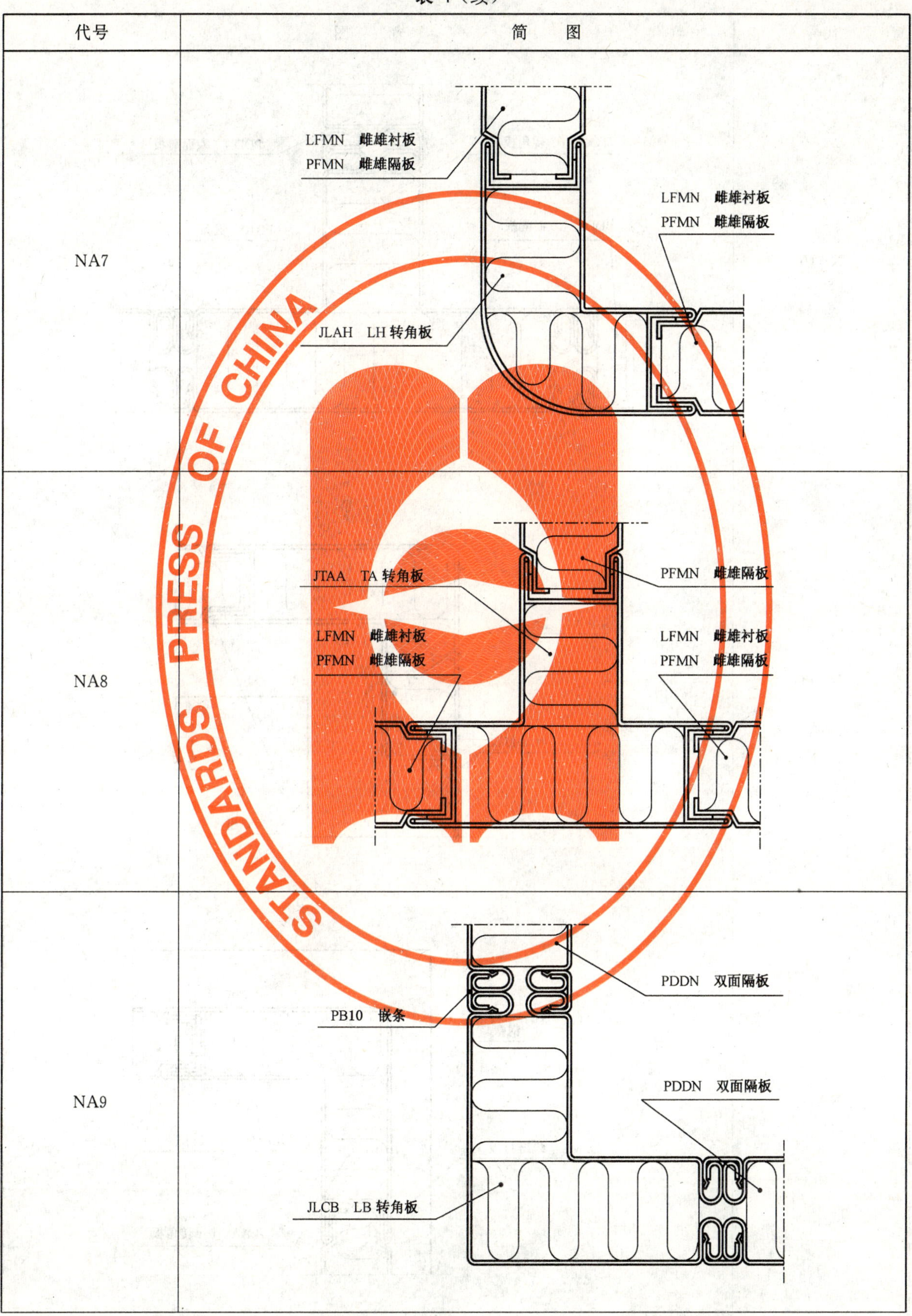

代号	简　图
NA7	
NA8	
NA9	

表 1（续）

代号
简　图
NA10
JTCC　TC 转角板
PDDN　双面隔板
PDDN　双面隔板
PB10　嵌条
NA11
JLAA　LA 转角板
LFMN　雌雄衬板
LFMN　雌雄衬板
钢壁
NA12
钢壁
LFMN　雌雄衬板
LFMN　雌雄衬板
JLAA　LA 转角板

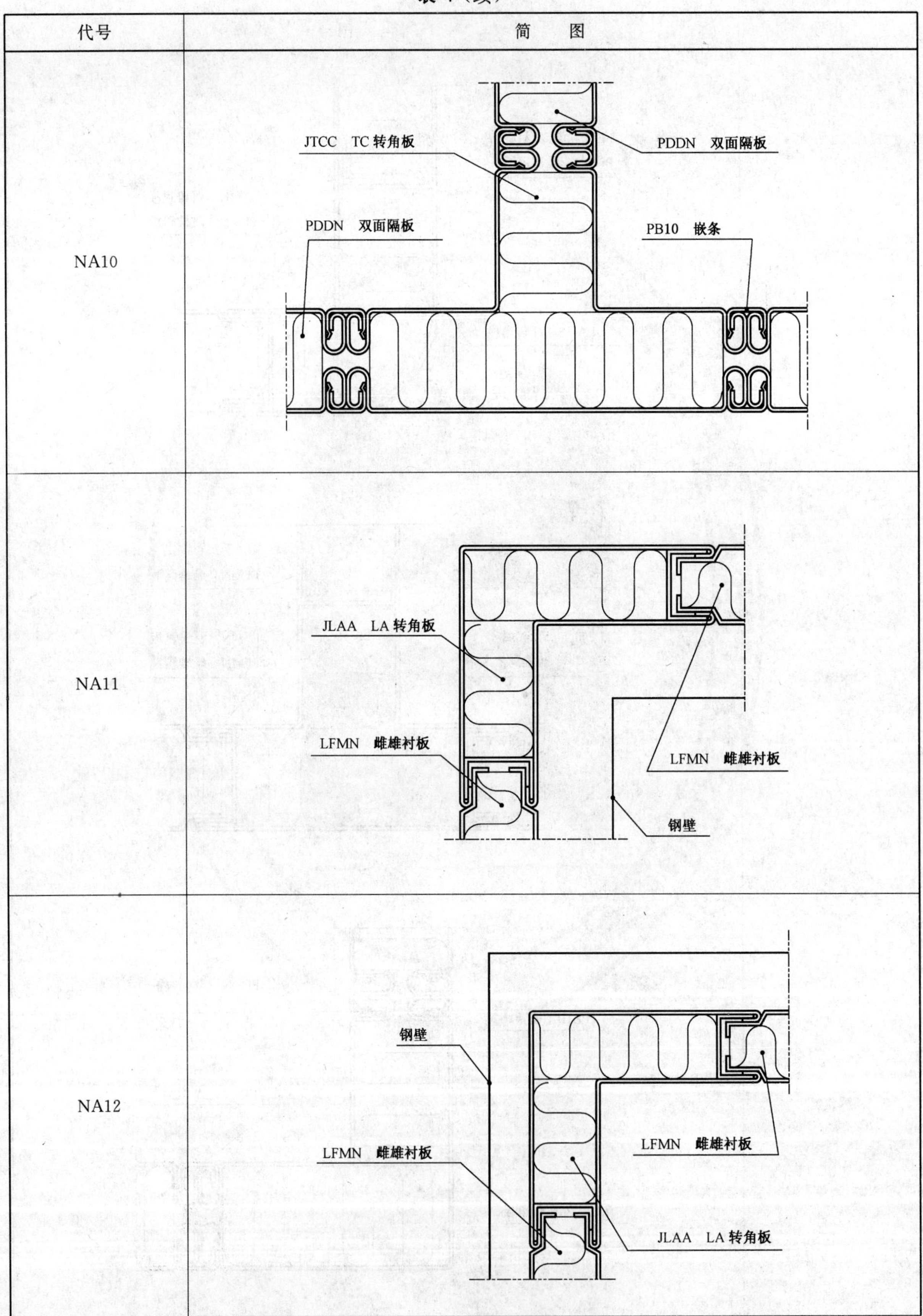

表 1（续）

代号
简　图
NA13
JLCF　LF 转角板
PB10　嵌条
LSSN　单面衬板
钢壁
NA14
JLCE　LE 转角板
钢壁
LSSN　单面衬板
PB10　嵌条
NA15
PC9　外包角 D
PC14　加强件
PFMN　雌雄隔板
PDDN　双面隔板
PFMN　雌雄隔板
PDDN　双面隔板
PC3　内包角 A

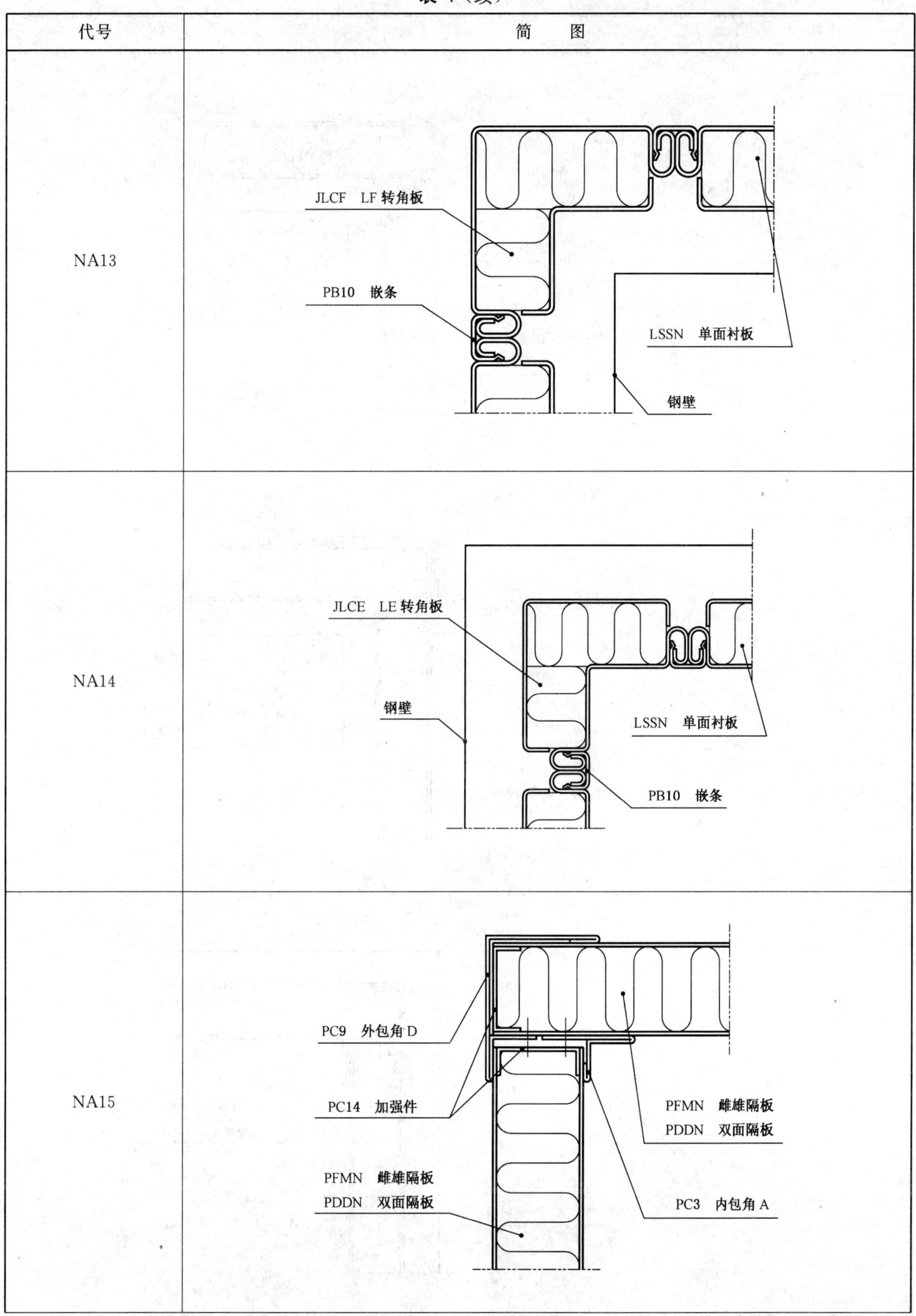

表 1（续）

代号
简　图
NA16
PC7　外包角 A
PC14　加强件
LFMN　雌雄衬板
LSSN　单面衬板
LFMN　雌雄衬板
LSSN　单面衬板
钢壁
NA17
PC8　外包角 C
PC14　加强件
LFMN　雌雄衬板
LSSN　单面衬板
LFMN　雌雄衬板
LSSN　单面衬板
钢壁
NA18
钢壁
PC14　加强件
LFMN　雌雄衬板
LSSN　单面衬板
LFMN　雌雄衬板
LSSN　单面衬板
PC2　U 型包边

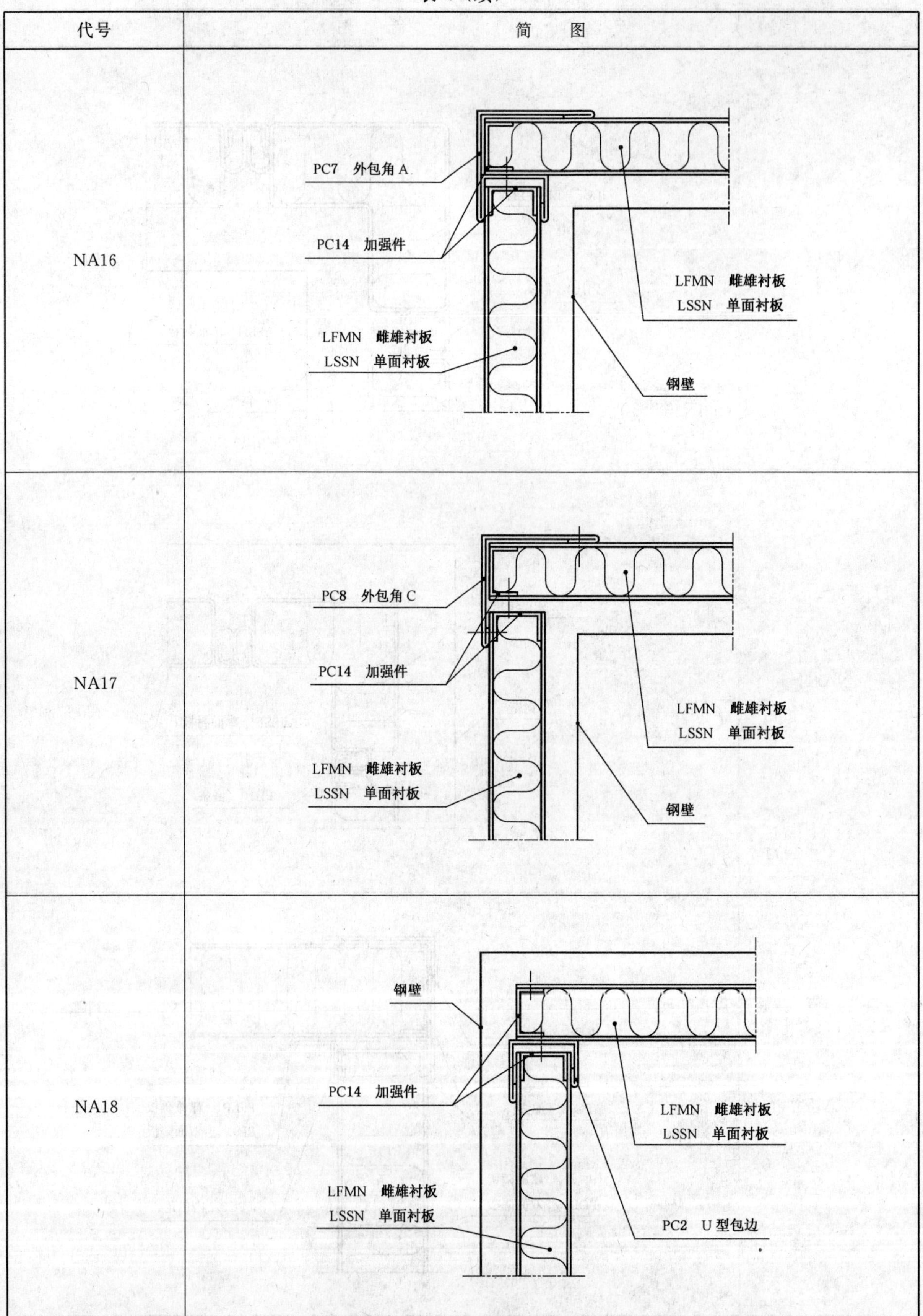

表 1（续）

代号
简　图
NA19
钢壁
PC14　加强件
LFMN　雌雄衬板
LSSN　单面衬板
LFMN　雌雄衬板
LSSN　单面衬板
PC4　内包角 B
NA20
钢壁
PC14　加强件
LFMN　雌雄衬板
LSSN　单面衬板
LFMN　雌雄衬板
LSSN　单面衬板
PC5　内包角 C
NA21
LFMN　雌雄衬板
LSSN　单面衬板
LFMN　雌雄衬板
LSSN　单面衬板
PC3　内包角 A
PC14　加强件
PFMN　雌雄隔板
PDDN　双面隔板

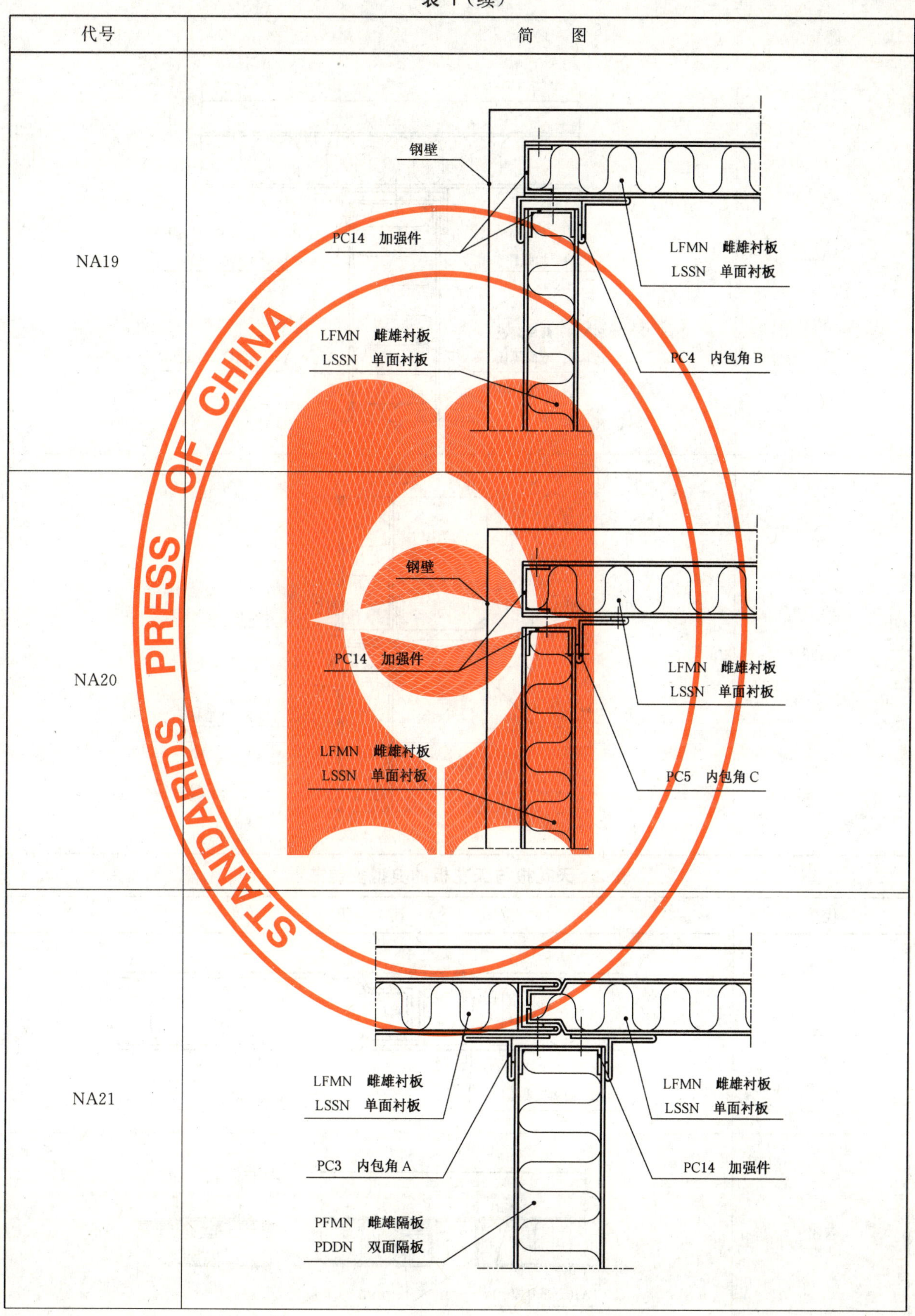

表 1（续）

代号	简　图
NA22	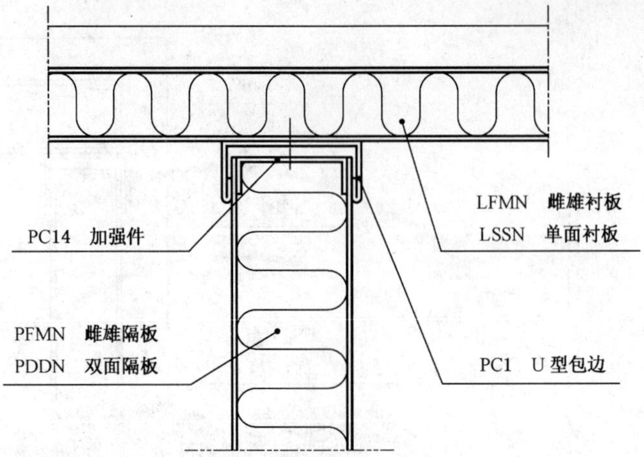 LFMN　雌雄衬板 LSSN　单面衬板 PC14　加强件 PFMN　雌雄隔板 PDDN　双面隔板 PC1　U型包边
NA23	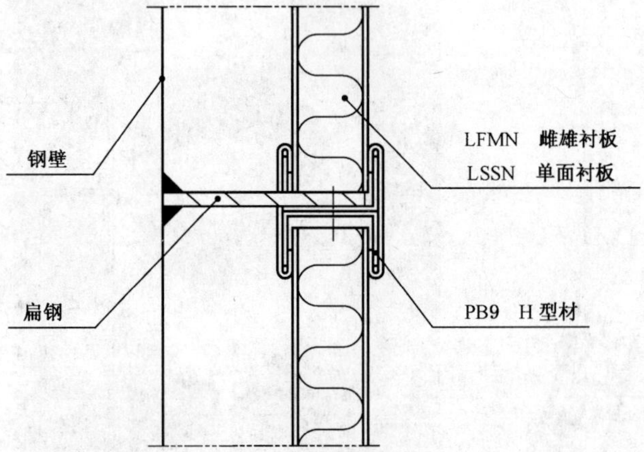 LFMN　雌雄衬板 LSSN　单面衬板 钢壁 扁钢 PB9　H型材

表 2　天花板与天花板的典型安装节点

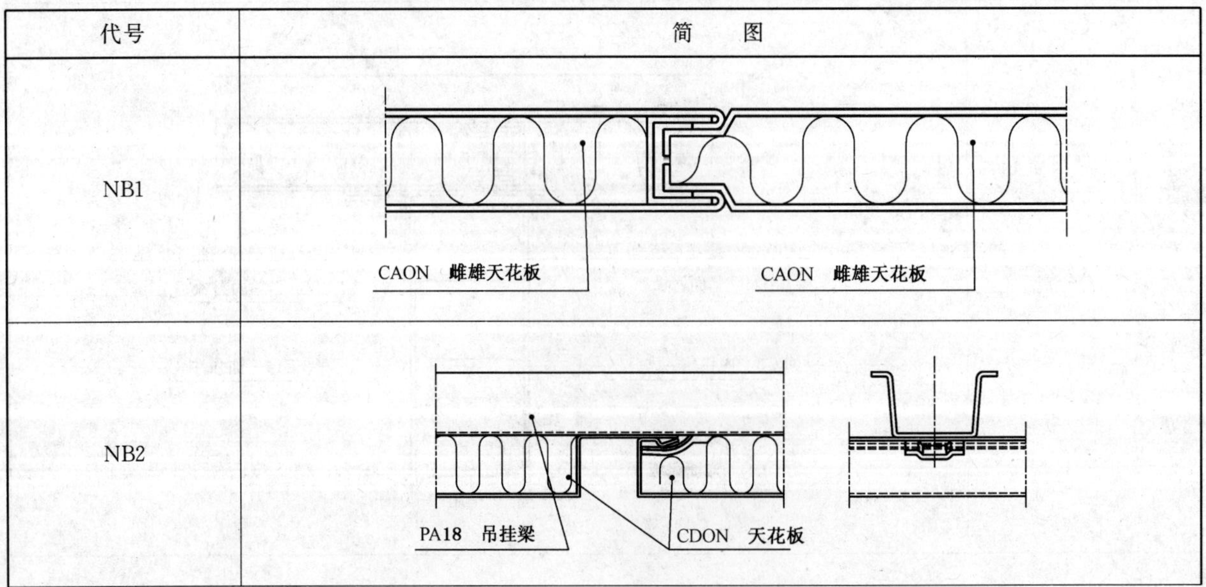

表 2（续）

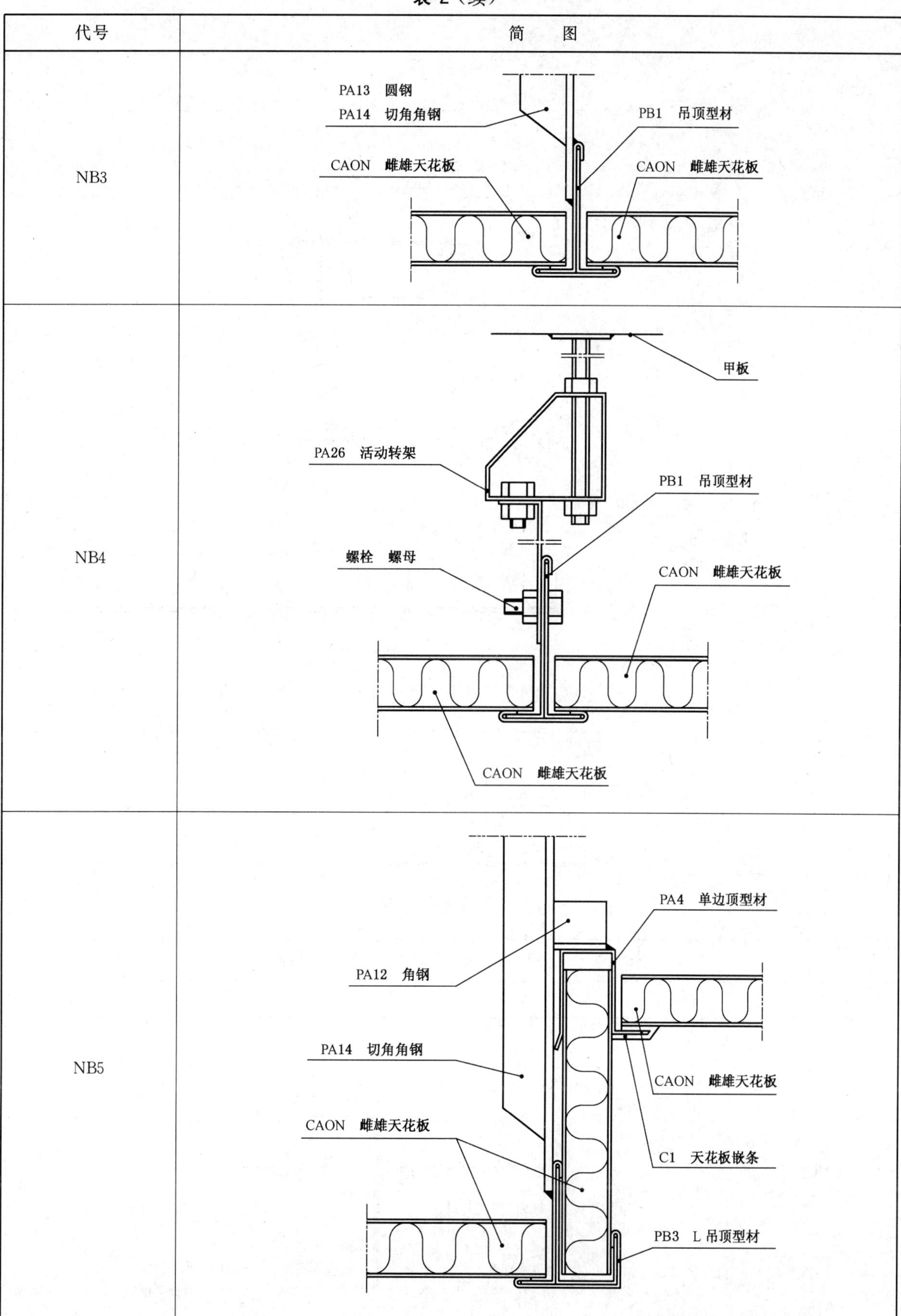

代号	简图
NB3	
NB4	
NB5	

表 2（续）

代号	简　图
NB6	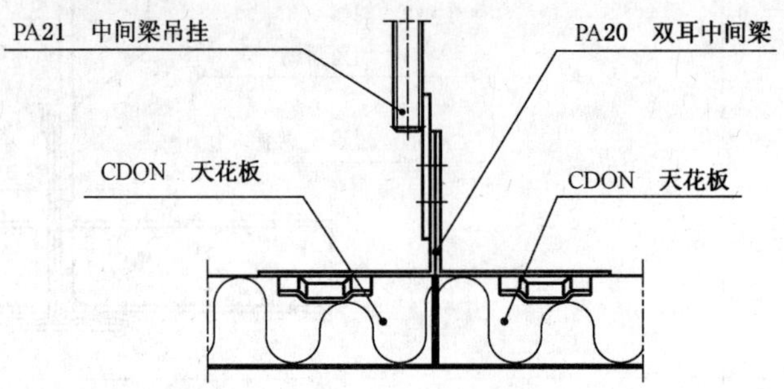 PA21　中间梁吊挂 PA20　双耳中间梁 CDON　天花板 CDON　天花板
NB7	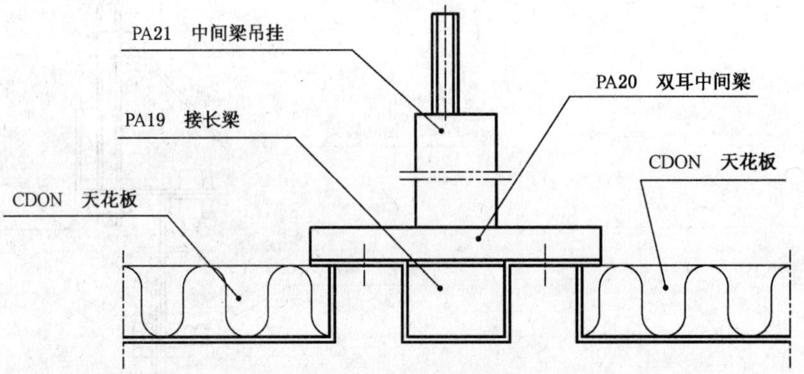 PA21　中间梁吊挂 PA20　双耳中间梁 PA19　接长梁 CDON　天花板 CDON　天花板
NB8	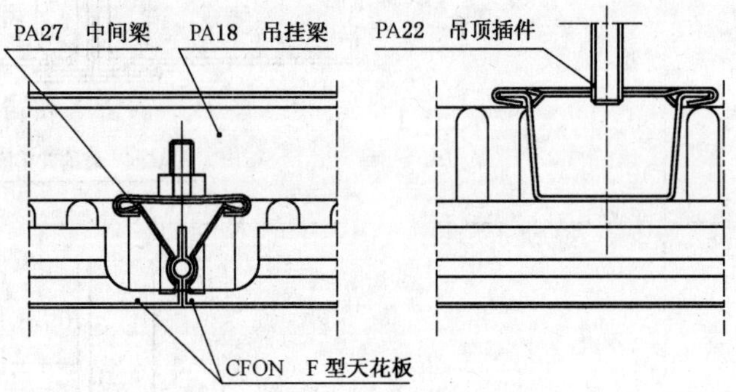 PA27　中间梁 PA18　吊挂梁 PA22　吊顶插件 CFON　F 型天花板

表 3　天花板与衬板/隔板的典型安装节点

代号	简　图
NC1	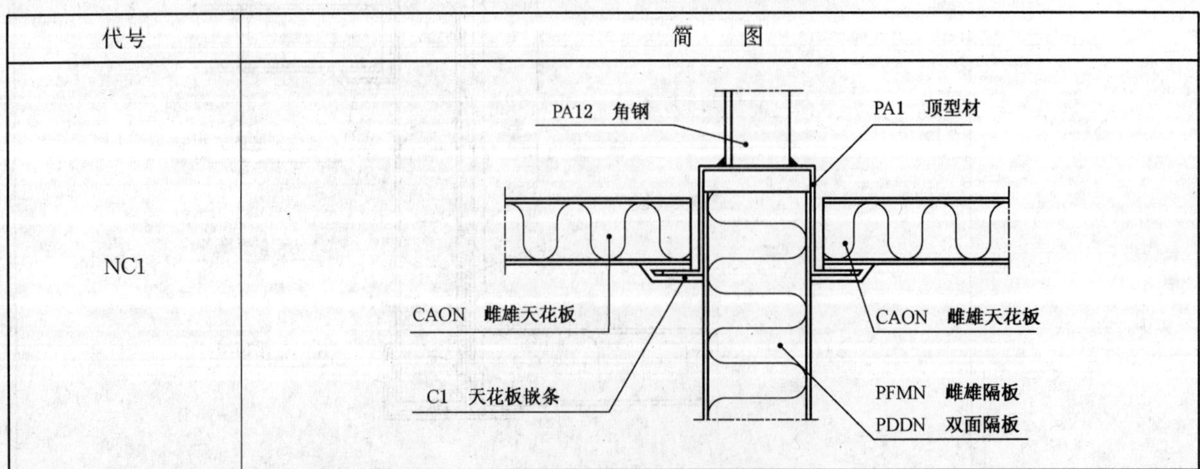

表 3（续）

代号
简 图
NC2
PA12 角钢
PA10 底型材
PA7 钢壁顶型材
CAON 雌雄天花板
PFMN 雌雄隔板
PDDN 双面隔板
C1 天花板嵌条
NC3
PA24 螺杆
PA16 固定件
螺母
PA1 顶型材
CAON 雌雄天花板
PFMN 雌雄隔板
PDDN 双面隔板
C1 天花板嵌条
NC4
PA12 角钢
PA2 顶型材
PA18 吊挂梁
CDON 天花板
PFMN 雌雄隔板
PDDN 双面隔板

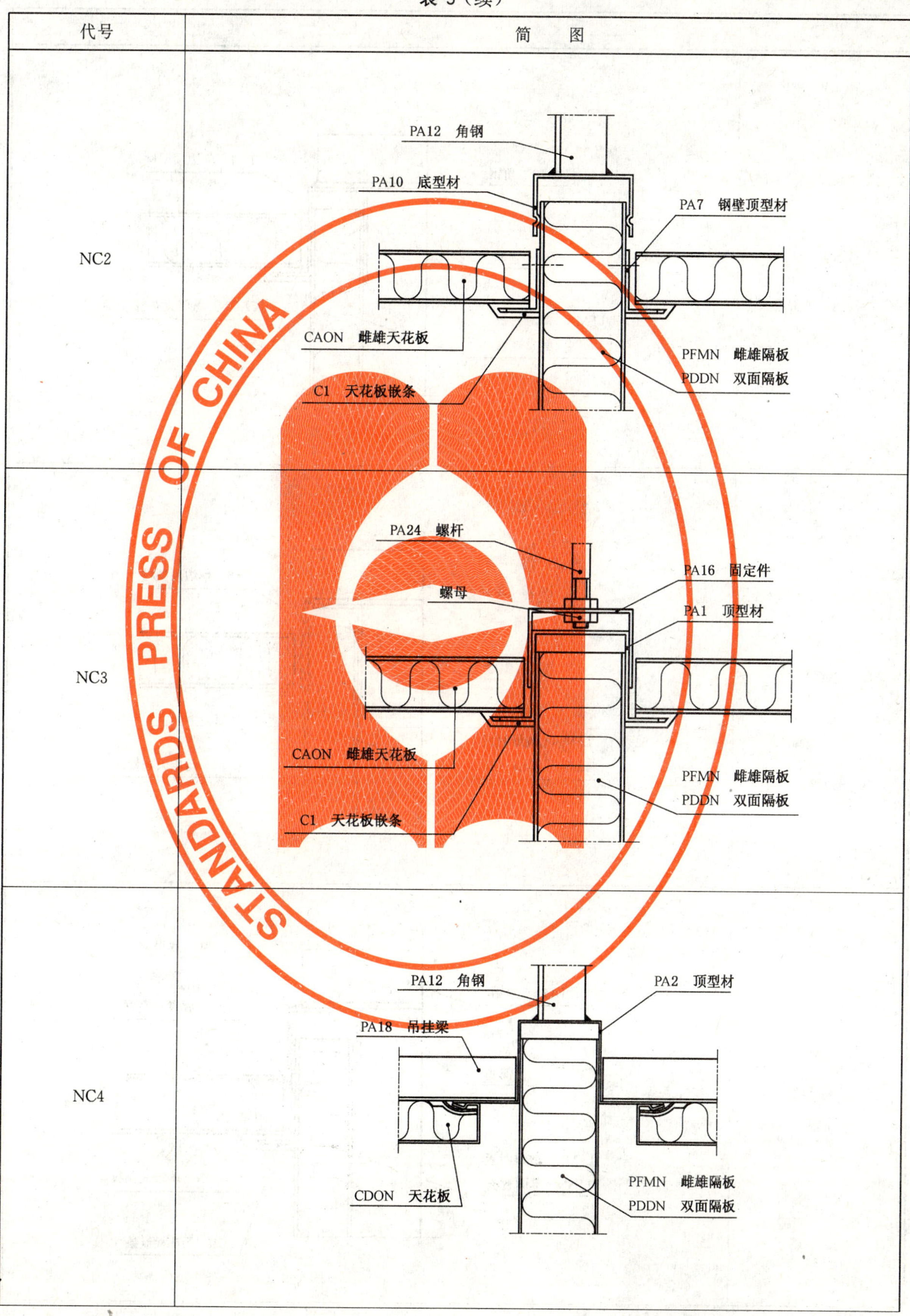

表 3(续)

代号
简　图
NC5
PA12　角钢
PA4　单边顶型材
钢壁
CAON　雌雄天花板
LFMN　雌雄衬板
LSSN　单面衬板
C1　天花板嵌条
NC6
PA12　角钢
PA6　单边顶型材
钢壁
LFMN　雌雄衬板
LSSN　单面衬板
CAON　雌雄天花板
NC7
PA10　底型材
PA12　角钢
PA7　钢壁顶型材
钢壁
CAON　雌雄天花板
LFMN　雌雄衬板
LSSN　单面衬板
C1　天花板嵌条

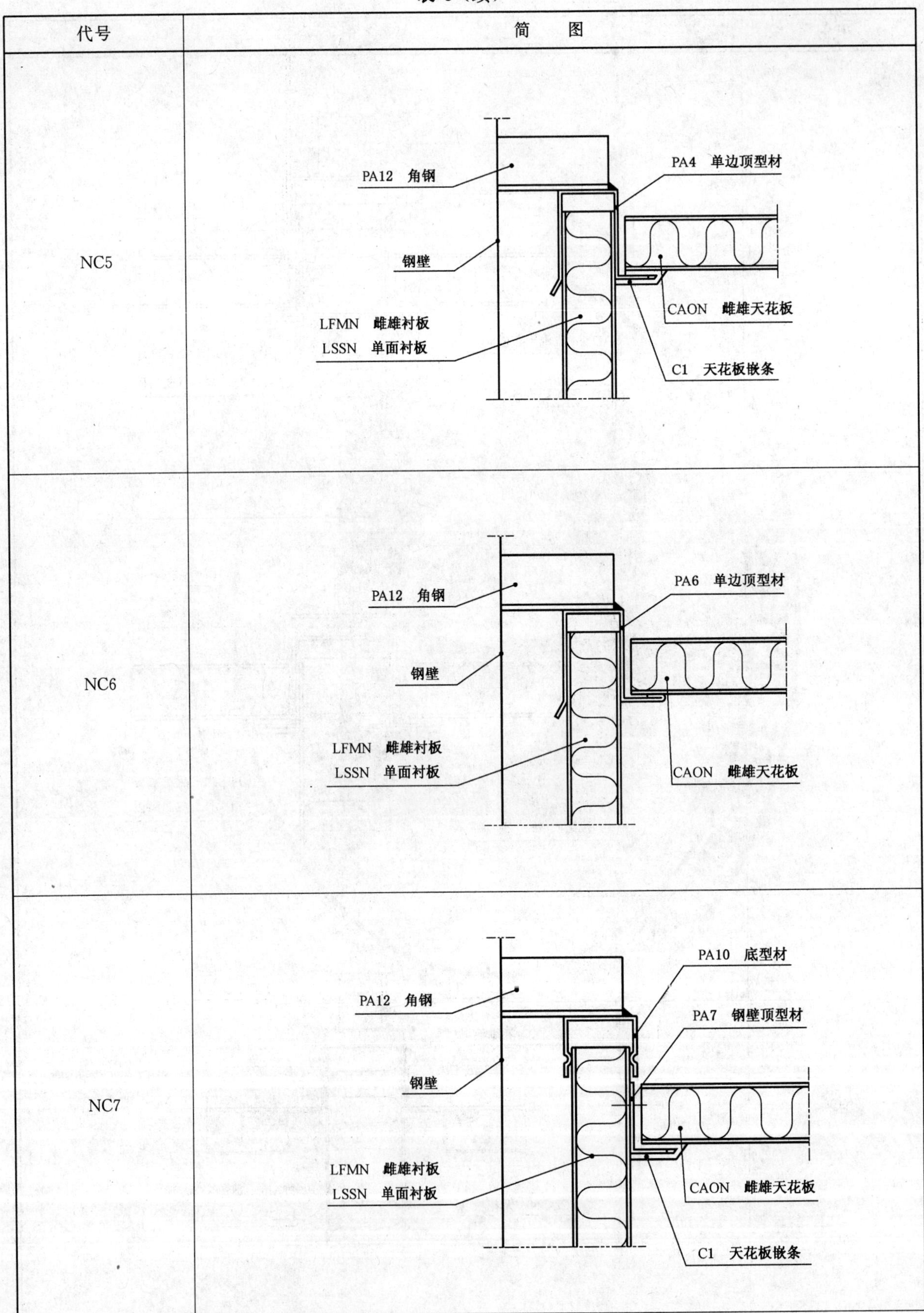

表 3（续）

代号
简 图
NC8
PA24 螺杆
螺母
PA17 h固定件
钢壁
LFMN 雌雄衬板
LSSN 单面衬板
PA4 单边顶型材
CAON 雌雄天花板
C1 天花板嵌条
NC9
PA12 角钢
钢壁
LFMN 雌雄衬板
LSSN 单面衬板
PA5 单边顶型材
PA18 吊挂梁
CDON 天花板
NC10
PA12 角钢
钢壁
LFMN 雌雄衬板
LSSN 单面衬板
PA5 单边顶型材
PA18 吊挂梁
CDOE 端头天花板

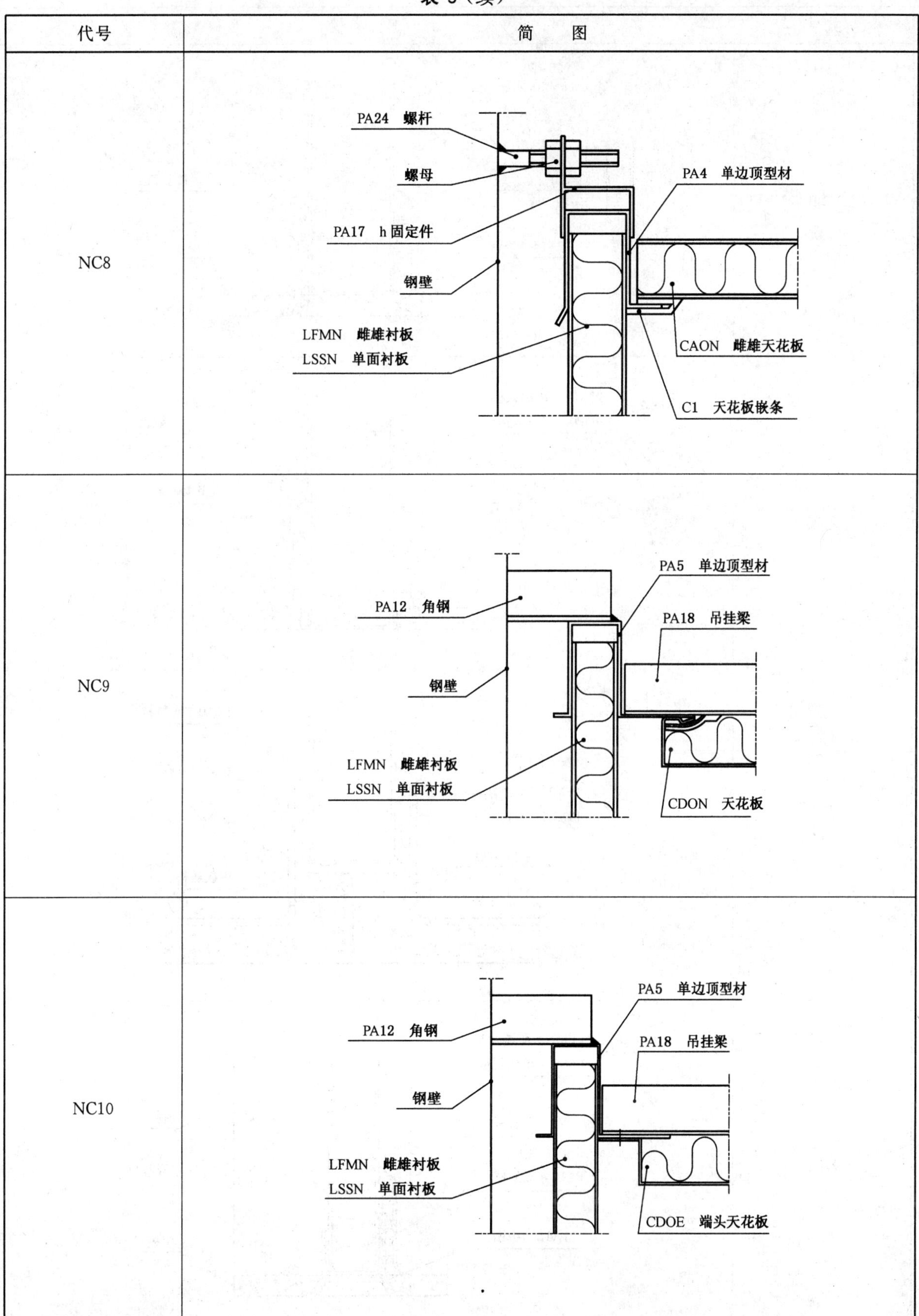

表 4 衬板/隔板与甲板的典型安装节点

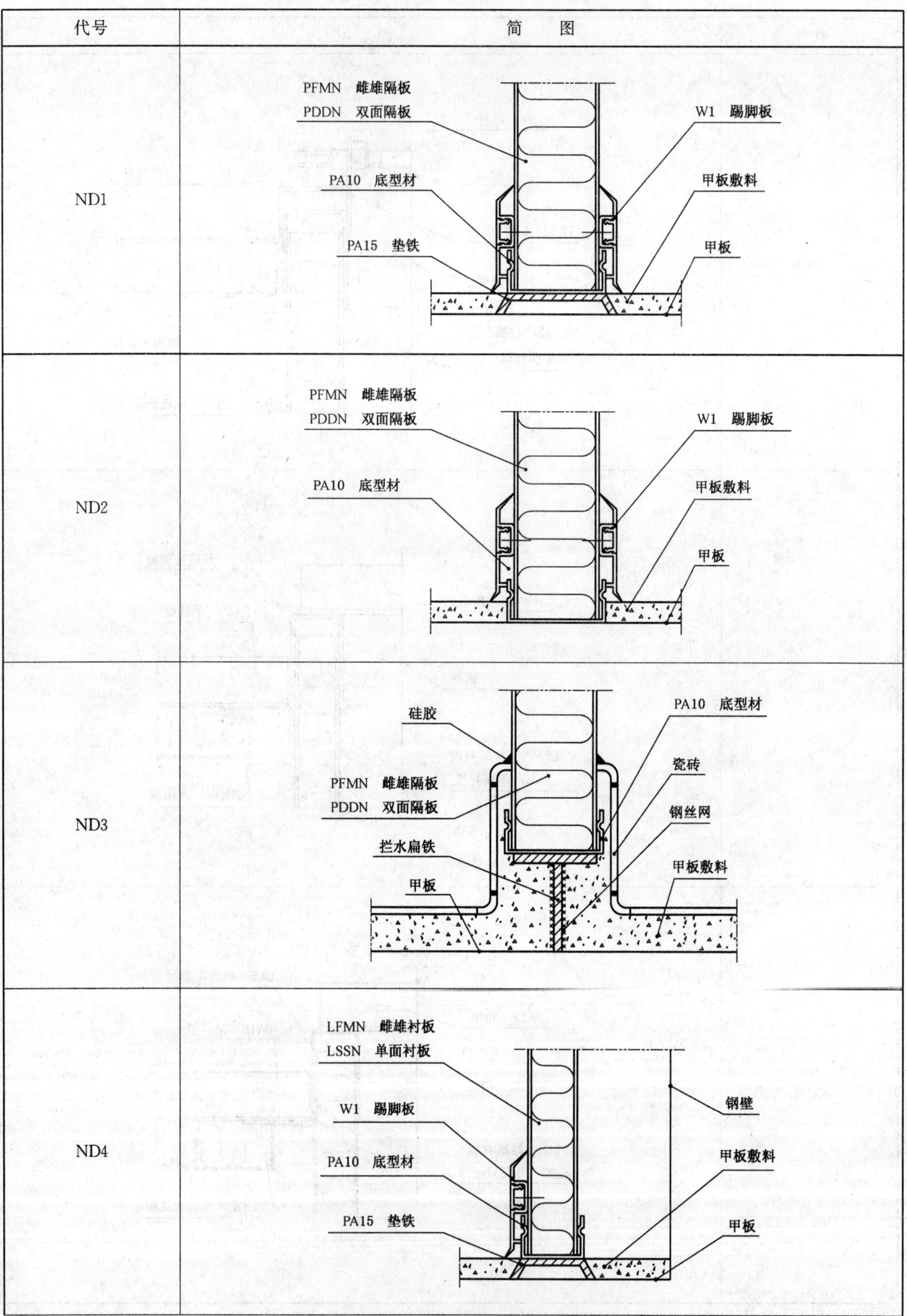

表 4（续）

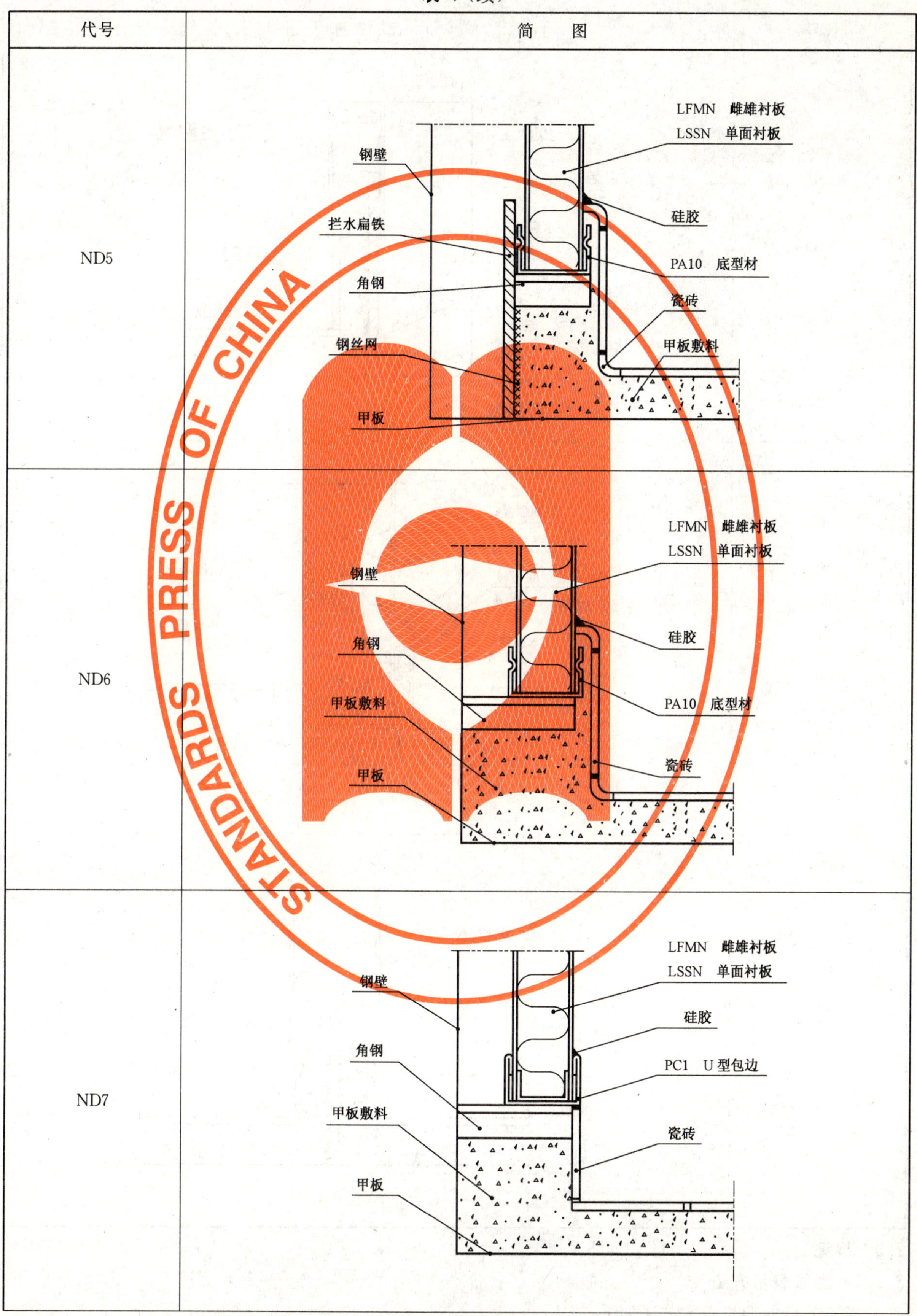

代号	简 图
ND5	
ND6	
ND7	

表 4（续）

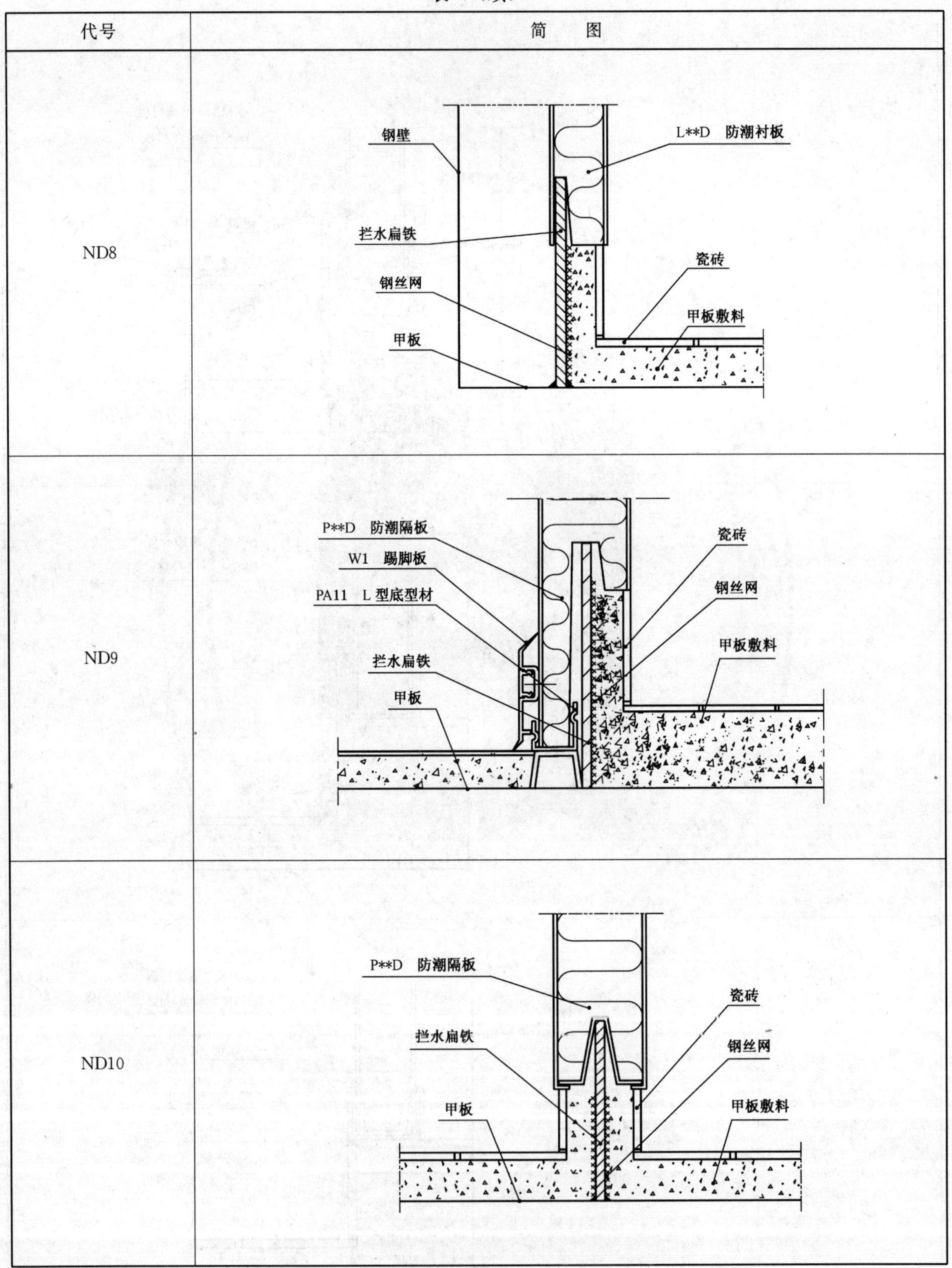

2.3 标记

2.3.1 型号表示方法

安装节点的型号表示方法如下：

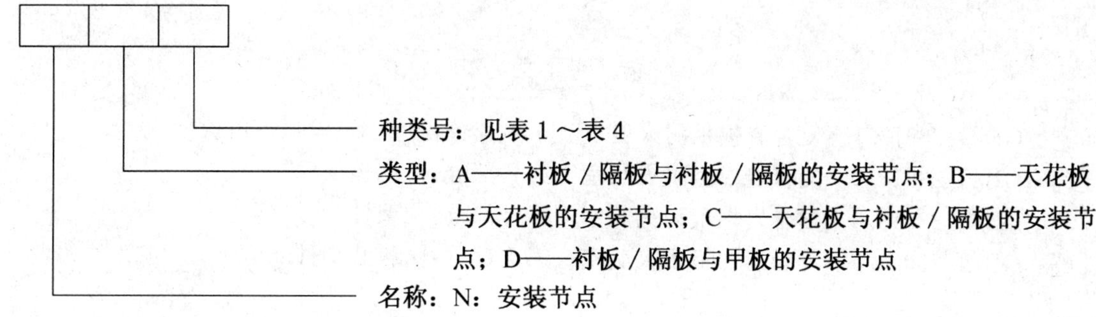

2.3.2 标记示例

天花板与天花板的第1种安装节点型式标记为：

安装节点 GB/T 23913.6—2009 NB1

参 考 文 献

[1] GB/T 23913.1 复合岩棉板耐火舱室 第1部分:衬板、隔板和转角板

[2] GB/T 23913.2 复合岩棉板耐火舱室 第2部分:天花板

[3] GB/T 23913.4 复合岩棉板耐火舱室 第4部分:构架件

[4] GB/T 23913.5 复合岩棉板耐火舱室 第5部分:塑料装饰件

ICS 03.220.20;59.100.30
R 12

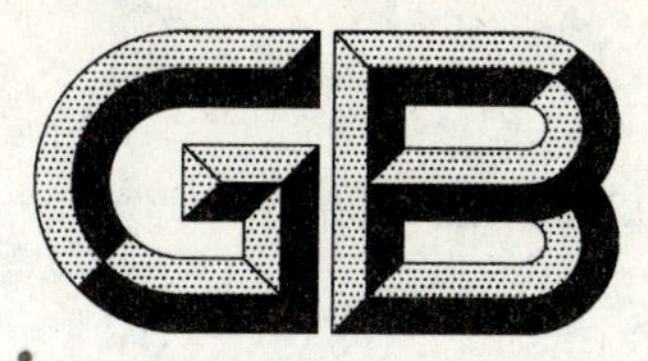

中华人民共和国国家标准

GB/T 23914.2—2009

道路车辆装载物固定装置　安全性
第2部分：合成纤维栓紧带总成

Load restraint assemblies on road vehicles—Safety—
Part 2: Web lashing assembly made from synthetic fibres

2009-06-04 发布　　　　2010-01-01 实施

中华人民共和国国家质量监督检验检疫总局
中国国家标准化管理委员会　发布

前　言

GB/T 23914《道路车辆装载物固定装置　安全性》分为四个部分：

——第1部分：栓紧力的计算；

——第2部分：合成纤维栓紧带总成；

——第3部分：捆绑链条；

——第4部分：捆绑钢丝绳。

本部分为GB/T 23914的第2部分。

本部分修改采用EN 12195-2:2001《道路车辆上的装载物固定装置　安全性　第2部分：合成纤维栓紧带》(英文版)。

本部分根据EN 12195-2:2001重新起草。为方便比较，在附录A中列出了本部分章条编号与EN 12195-2:2001的章条编号对照一览表。

本部分在采用EN 12195-2:2001时进行了修改，这些技术性差异用垂直单线标识在它们所涉及的条款的页边空白处。在附录B中给出了技术性差异及其原因的一览表以供参考。

为便于使用，本部分还做了下列编辑性修改：

a) “本欧洲标准”一词改为“本部分”；

b) 用小数点“.”代替作为小数点的逗号“,”；

c) 删除EN 12195-2:2001的前言和引言，按照标准要求增加新的前言。

本部分的附录C为规范性附录，附录A和附录B为资料性附录。

本部分由中华人民共和国交通运输部提出。

本部分由中华人民共和国交通部公路司归口。

本部分起草单位：巨力索具股份有限公司、交通部公路科学研究院、浙江双友物流器械股份有限公司。

本部分主要起草人：杨建国、张学利、李彦英、张万铭、李廷树、陈卫东、董金松、刘至国。

道路车辆装载物固定装置　安全性
第2部分:合成纤维栓紧带总成

1　范围

GB/T 23914 的本部分规定了合成纤维栓紧带总成(以下简称为栓紧带)的风险提示、要求、试验方法和检验规则、试验报告、标识、包装、运输和贮存等。

本部分规定的最大操作力为 500 N 的手动拉紧装置,适用于装载物的栓紧、捆绑及安全固定。

本部分不适用于吊装用合成纤维栓紧带。

2　规范性引用文件

下列文件中的条款通过 GB/T 23914 的本部分的引用而成为本部分的条款。凡是注日期的引用文件,其随后所有的修改单(不包括勘误的内容)或修订版均不适用于本部分,然而,鼓励根据本部分达成协议的各方研究是否可使用这些文件的最新版本。凡是不注日期的引用文件,其最新版本适用于本部分。

GB/T 251—2008　纺织品　色牢度试验　评定沾色用灰色样卡(ISO 105-A03:1993,IDT)

GB/T 3820　纺织品和纺织制品厚度的测定(GB/T 3820—1997,eqv ISO 5084:1996)

GB/T 4146　纺织名词术语(化纤部分)

GB/T 6461—2002　金属基体上金属和其他无机覆盖层　经腐蚀试验后的试样和试件的评级(ISO 10289:1999,IDT)

GB/T 10125—1997　人造气氛腐蚀试验和盐雾试验(eqv ISO 9227:1990)

GB/T 16825.1　静力单轴试验机的检验　第1部分:拉力和(或)压力试验机测力系统的检验与校准(GB/T 16825.1—2008,ISO 7500-1:2004,IDT)

GB/T 16856.1　机械安全　风险评价　第1部分:原则(GB/T 16856.1—2008,ISO 14121-1:2007,IDT)

EN 12195-1:1995　道路车辆上的装载物固定装置　安全性　第1部分:栓紧力的计算

3　术语和定义

GB/T 4146 确立的以及下列术语和定义适用于本部分。

3.1

合成纤维栓紧带总成　web lashing assembly

固定货物的一种工具,由拉紧装置或拉力保持装置和带或不带端配件的扁平织带组成。(见图 1)

3.2

扁平织带　flat woven textile webbing

起承载作用的传统或无梭编织带,一般为多层织物。

3.3

拉紧装置　tensioning device

在装载物固定装置中,产生和保持拉力的机械装置(主要装置如:棘轮、绞架、拉紧扣(见图 2C1～C5)。拉紧装置结构示意图详见图 4。

3.4

端配件　end fitting

用于把栓紧带或拉紧装置连接到车辆系固点或载荷连接点的部件。

3.5

拉力指示器　tension force indicator

能够显示通过拉紧装置、货物移动或车体弹性变形产生的作用于栓紧装置上力的装置。

3.6

单肢栓紧带　single part web lashing

由单肢扁平织带和拉紧装置组成并带有端配件的栓紧带[见图 1b)]。

3.7

两肢栓紧带　two-piece web lashing

由两扁平织带组成的栓紧带，其中一件带有拉紧装置，两肢织带均带有一个端配件[见图 1c)]。

3.8

单肢栓紧带长度　Length of single part web lashing (L_G)

从栓紧带的自由端到其与拉紧装置相连部位的外回转半径之间的距离。

a) 单肢织带组成的栓紧带

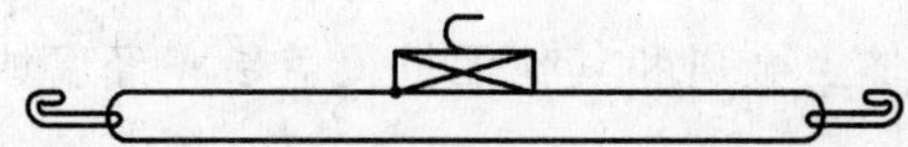

b) 带端配件的环状单肢织带栓紧带

c) 两肢织带组成的栓紧带

d) 力改进栓紧带

图 1　栓紧带示意图

3.9　两肢栓紧带的长度

3.9.1

固定端长度　the length of a fixed eng (L_{GF})

从端配件的受力点到扁平织带与拉紧装置相连接部位的外旋转半径之间的距离(见图 2 和图 3)。

3.9.2

调节端长度　the length of an adjustable end (L_{GL})

从栓紧带的自由端到端配件承力点之间的距离(见图 2 和图 3)。

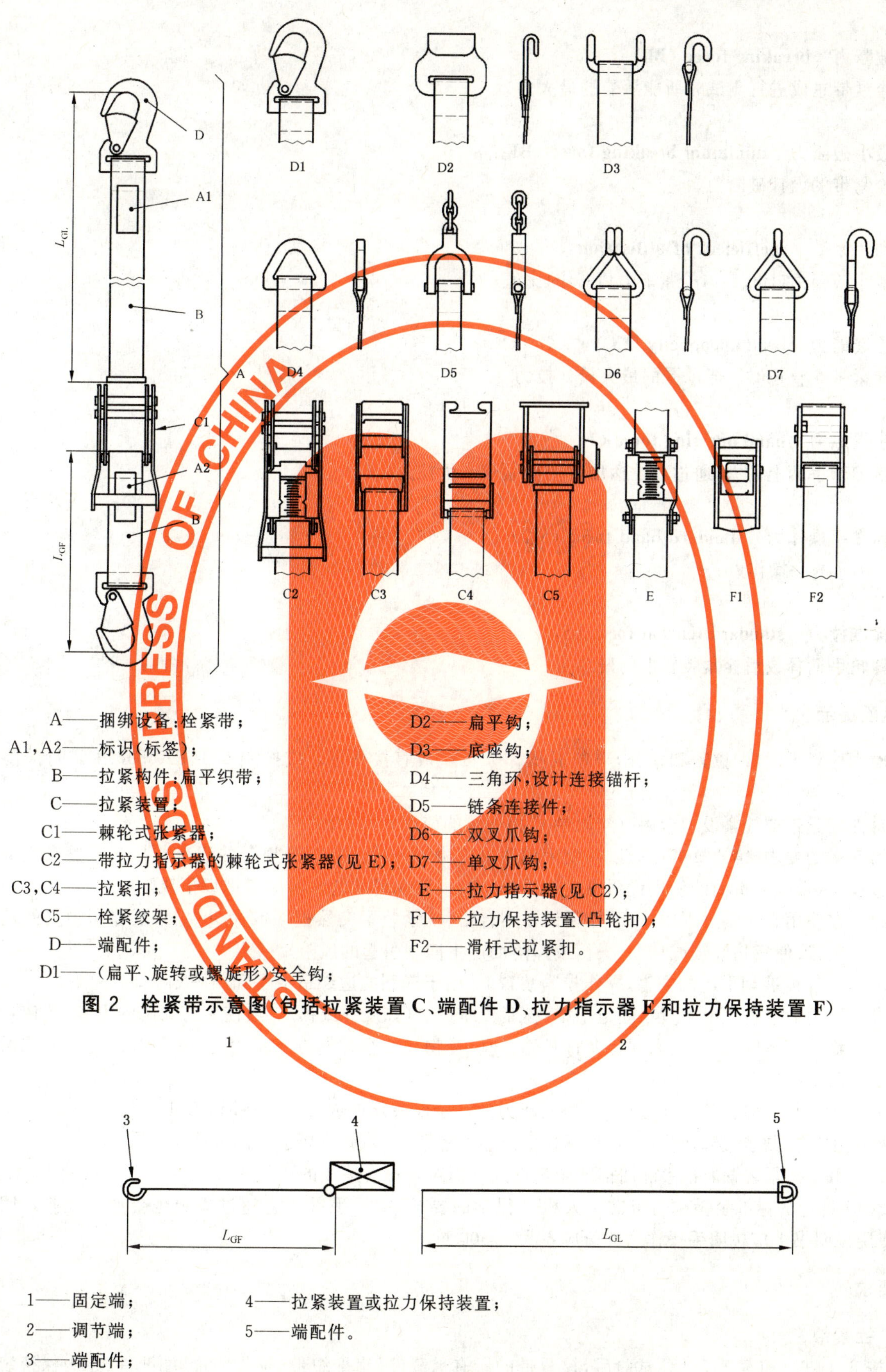

A——捆绑设备:栓紧带;
A1,A2——标识(标签);
B——拉紧构件:扁平织带;
C——拉紧装置;
C1——棘轮式张紧器;
C2——带拉力指示器的棘轮式张紧器(见 E);
C3,C4——拉紧扣;
C5——栓紧绞架;
D——端配件;
D1——(扁平、旋转或螺旋形)安全钩;
D2——扁平钩;
D3——底座钩;
D4——三角环,设计连接锚杆;
D5——链条连接件;
D6——双叉爪钩;
D7——单叉爪钩;
E——拉力指示器(见 C2);
F1——拉力保持装置(凸轮扣);
F2——滑杆式拉紧扣。

图 2 栓紧带示意图(包括拉紧装置 C、端配件 D、拉力指示器 E 和拉力保持装置 F)

1——固定端;
2——调节端;
3——端配件;
4——拉紧装置或拉力保持装置;
5——端配件。

图 3 两肢扁平织带组成的栓紧带

3.10

破断力 breaking force (BF)

栓紧带总成进行测试时所能承受的最大力。

3.11

最小破断力 minimum breaking force (BF_{min})

栓紧带的设计破断力。

3.12

利用系数 coefficient of utilisation

最小破断力(BF_{min})与栓紧能力(LC)的比值。

3.13

栓紧能力 lashing capacity (LC)

栓紧带在直拉时所能承受的最大设计拉力。

3.14

手操纵力 hand operting force (H_F)

施加于手柄上的力,通过对手柄加力使栓紧带产生拉力。

3.15

标准手操作力 standard hand force (S_{HF})

500 N 的手操作力。

3.16

标准拉力 standard tension force (S_{TF})

棘轮手柄释放后栓紧装置上的残余力。

4 风险提示

操作栓紧带时(即拉紧和松开)可能对操作人员造成直接伤害。应按照 GB/T 16856.1 进行风险评价。

每件栓紧带或栓紧设备应附有与附录 C 相一致的使用说明书。

第 5 章的要求、第 6 章的试验以及使用说明书应协调一致。本部分规定的织带或拉紧装置在正确使用过程中(根据制造商的使用说明书进行操作),其设计和尺寸的确定应考虑以下风险:

a) 在使用和拉紧过程中,由于栓紧设备不合格、拉紧装置突然损坏或失灵,导致反作用力突然消失,致使货物倾覆或移动、失衡或掉落而产生撞击引起的风险;

b) 夹住或剪切引起的伤害,操作拉紧装置时,由于锋利的边缘造成手和胳膊划伤;

c) 在运输过程中由于货物固定不牢、栓紧设备失灵(如反弹或损坏)或使用有缺陷的设备,致使货物移动或倾覆,尤其当卸货者打开侧板时,货物可能会掉落在人员身上,从而对卸货者造成的风险;

d) 由于操作者的错误组合(不同栓紧能力的栓紧件或部件进行组合)引起的风险;

e) 由于拉紧装置释放失控,货物不稳而产生突然移动,对卸货者造成的风险;

f) 由于拉紧装置的把手和曲柄产生过度反弹而对操作者造成的风险。

3.15 规定的标准手操作力考虑了人机工程学的要求,如果手操作力超过规定也会产生风险。因此,使用说明书上应标明手操作力的值应不大于 500 N。

5 要求

5.1 栓紧带

按 6.4 进行加载 1.25LC 试验后,栓紧带的所有承载件(扁平织带、拉紧装置、端配件、拉力保持装置)不应出现影响其性能的变形或其他缺陷:

a) 拉紧装置或带有可动部分的部件，应能完全保持其功能，扁平织带槽轴任何永久变形应小于织带宽度的2%；
b) 缝制线没有损坏；
c) 拉紧装置上的扁平织带在松开后不会出现滑移；
d) 栓紧带的破断力至少是栓紧能力的2倍。

5.2 扁平织带

5.2.1 按6.3进行试验。当加载到1LC，扁平织带的伸长率应不大于7%；编织带应承受至少3LC的拉力。

5.2.2 纤维材料

扁平织带由工业丝编织成，应具有良好的光、热稳定性，断裂强度不低于6 cN/dtex。材料为：

——聚酰胺(PA)
——聚酯(PES)
——聚丙烯(PP)

选用纤维材料时，应考虑材料的断裂强度、伸长率、耐腐蚀、耐老化等性能。本标准推荐聚对苯二甲酸乙二醇酯(涤纶工业丝)作为主要的扁平织带材料。

5.2.3 宽度

扁平织带的宽度应根据棘轮内宽尺寸来选择，棘轮内宽尺寸见表2。

5.2.4 厚度

扁平织带厚度应符合GB/T 3820的规定。

5.2.5 着色及其他处理

扁平织带的色牢度应不低于GB/T 251中的3级。

5.2.6 缝制

缝制线材料应与扁平织带母材相同，颜色应与扁平织带不同，应由缝纫机缝制。

5.3 拉紧装置

5.3.1 一般要求

拉紧装置的一般要求如下：

a) 织带或操作者手部可能接触到的部位应没有锋利边缘或毛刺，如果使用可拆卸手动曲柄，其固定方式应能防止曲柄产生意外脱离；
b) 受拉力工况下，打开拉紧装置时，其绞架的槽轴后冲量，不能超过150 mm，拉紧装置的设计应确保拉紧时，张力不会意外释放；
c) 以0.3LC的力施加到栓紧带时，不使用任何工具，能松开拉紧装置，以便在完成6.5.2规定试验后，其仍能继续使用；
d) 根据绞架原理制造的拉紧装置，设计时应确保织带环绕槽轴缠绕9/4圈后，织带的调节端不应滑出，允许松动值见表1；
e) 正常使用时，不应出现碾住或切伤操作者手部的现象；
f) 如用户要求，应按GB/T 10125—1997的规定进行96 h盐雾试验，缺陷面积应不超过GB/T 6461—2002中7级的规定。

5.3.2 手操作拉紧装置

5.3.2.1 概述

500 N的标准手操作力施加到拉紧装置的手柄后，栓紧带上应至少产生0.1LC且不超过0.5LC的残余拉力。至少0.1LC的残余拉力仅适用于栓紧带上标有S_{TF}的摩擦捆绑的手操作拉紧装置。

与织带接触的拉紧装置的槽轴应圆滑，以确保试验时：

a) 拉紧装置与织带连接部位没有可能影响安全的损伤；
b) 拉紧装置不应出现影响安全的永久变形、裂纹、瑕疵或其他缺陷。

如果使用可取下的手动曲柄，应防止加载时曲柄产生意外脱离。

拉紧装置(棘轮)应能正常释放栓紧带上的拉力，拉紧装置应允许织带绕槽轴旋转至少 9/4 圈。

5.3.2.2 织带允许松动值

LC>5 kN 的拉紧装置，应按 6.5.3 进行循环载荷试验，织带松动值不应超过表 1 的规定。

表 1 织带允许松动值

栓紧能力(LC)/kN		织带绕旋转槽轴 9/4 圈时的允许松动值/mm
5<LC≤20	10<LC≤40	15
20<LC≤40	40<LC≤80	20
40<LC	80<LC	25

5.3.2.3 棘轮强度

按 6.5.4 试验时，对手柄施加表 2 规定的力值，棘轮应不损坏。该力应在手柄宽度 1/3 的中心位置处施加。

表 2 棘轮强度试验时施加在手柄的力

棘轮内宽尺寸/mm	手柄试验力/N
25	500
35	1 500
50	2 500
75	3 500
100	3 500

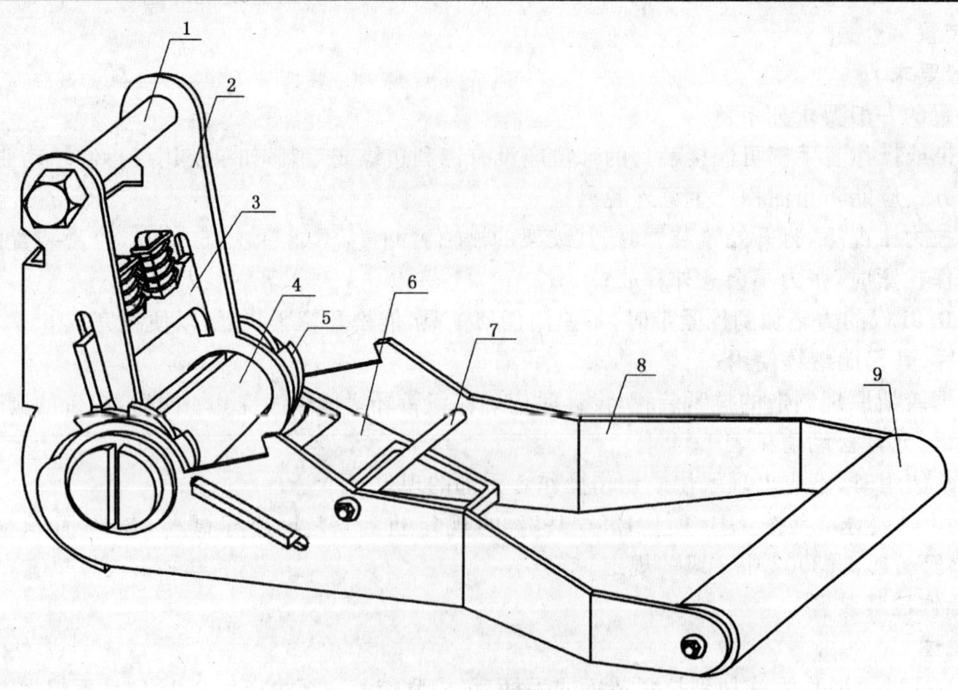

1——拉力横销；　4——槽轴；　7——横销；
2——止动绞架；　5——棘轮；　8——拉紧绞架；
3——止动千斤顶；　6——拉紧千斤顶；　9——手柄。

图 4 拉紧装置结构示意图

5.3.2.4 绞架曲柄

带绞架的栓紧带，如果绞架的曲柄或手柄为可拆卸部件，应防止曲柄或手柄意外脱离或释放。

5.4 端配件

5.4.1 不应有尖角、锐边和毛刺，其设计应确保不会产生碾碎点和切割点。

5.4.2 经打磨、除锈后，应镀锌或镀铜、镍、铬等，镀锌后应经纯化处理。

5.4.3 根据用户需要，经表面处理后的金属件，可按 5.3.1f)进行盐雾试验。

5.5 拉力保持装置

拉力保持装置应符合 5.4.1 和 5.4.3 的要求。依据 6.6 进行试验时，固定好的织带不应出现滑移。

5.6 拉力指示器

5.6.1 当使用拉力指示器时，其指示值应易于读取。在工作温度为(－10～＋40)℃的范围内，指示器指针的最小位移应达到(10±1.5)mm/10 kN。

5.6.2 对拉紧装置所做的规定，同样适用于拉力指示器。如果拉力指示器失效，应确保栓紧带不断开。

6 试验方法和检验规则

6.1 型式检验和出厂检验

型式检验按 6.3～6.7 进行，每种类型的栓紧带中至少抽取两件。

出厂检验按 6.3～6.4 规定进行，按照 6.2 要求抽样。

拉力试验机应按照 GB/T 16825.1 进行校准和检定，并达到 1 级精度。

6.2 出厂检验的抽样

应从连续生产或制造批次中随机抽取两件相同(仅长度允许不同)的栓紧带，批次要求见表 3。

表 3 栓紧带进行拉力试验时的抽样批次

栓紧能力(LC) kN	栓紧能力(LC) kN	批 次
LC≤5	LC≤10	6 000 件
5<LC≤10	10<LC≤20	3 000 件
10<LC≤30	20<LC≤60	2 000 件
LC>30	LC>60	1 000 件

6.3 织带的拉力试验

6.3.1 从制造栓紧带的同批次织带中，或从栓紧带的未缝制端，截取规定试验长度的织带试样，将试样平直地安装到试验机上。

6.3.2 给织带施加 0.05LC 的力，在试样宽度的中心位置标记出最小为 100 mm，最大为 1 000 mm 长的标距，长度测量偏差为±0.5%。

6.3.3 继续施加力至 1LC，测量标记间的距离并计算延伸率。

6.3.4 施加 3LC 的拉力时，应保证每 1 000 mm 长度的试样，拉伸速度在(50～110)mm/min 范围内。

6.4 栓紧带的试验

6.4.1 对选取的试样进行外观检查，织带或操作者手部接触的部位不应有锋利边缘和毛刺，不应出现碾住和划伤操作者手部的现象。

6.4.2 用常规的连接方式将栓紧带及其端配件安装到拉力试验机。如果栓紧带的拉紧构件是棘轮装置，其槽轴部位应在图 5b)所示的位置。

6.4.3 给栓紧带加载 1.25LC，并保持 1 min。试验应在织带环绕旋转轴 9/4 圈的情况下进行。

6.4.4 拉力释放后，察看部件的永久变形及异常情况。

6.4.5 继续增加载荷至栓紧带破断，栓紧带应至少承受 2LC 的力而不破断。

6.4.6 应试验其他的端配件或连接方式。试验时可以使用不带棘轮装置的织带,以便试验所有组合。

6.5 棘轮和其它带槽轴拉紧装置的型式检验

6.5.1 预拉伸性能试验

预拉伸性能试验步骤如下:

a) 将栓紧带连接到两个固定点,两点间距为 500 mm～4 000 mm(见图 6),可使用立式或卧式拉力机;

b) 对棘轮装置的栓紧带进行试验时,将织带插入槽轴或旋转 5/4 圈(包括长松端)(见图 5b),扁平织带在旋转 5/4 圈后,拉力在栓紧带上形成最大值为 0.05LC(见图 5);

c) 当施加标准手操作力 500 N 时,手柄应从垂直(±5°)织带轴线的位置进行转动(见图 6),然后释放手柄。手柄释放后,测量拉紧装置保留在栓紧带上 10 s 的力。重新将织带固定在槽轴中进行试验。重复此过程四次(当棘齿为奇数时,重复六次,180°不同的起始点位置),然后计算四次测量的平均值(当棘齿为奇数时,去掉其最大值和最小值)。对于设计用于摩擦捆绑的棘轮装置或其他旋转轴的拉紧装置,其力的最大值应达到 0.5LC,最小值应为 0.1LC 或从0.1LC 开始、以 0.02 为递增值的一个数值(如:0.12LC、0.14LC、0.16LC、0.18LC、0.20LC……)。

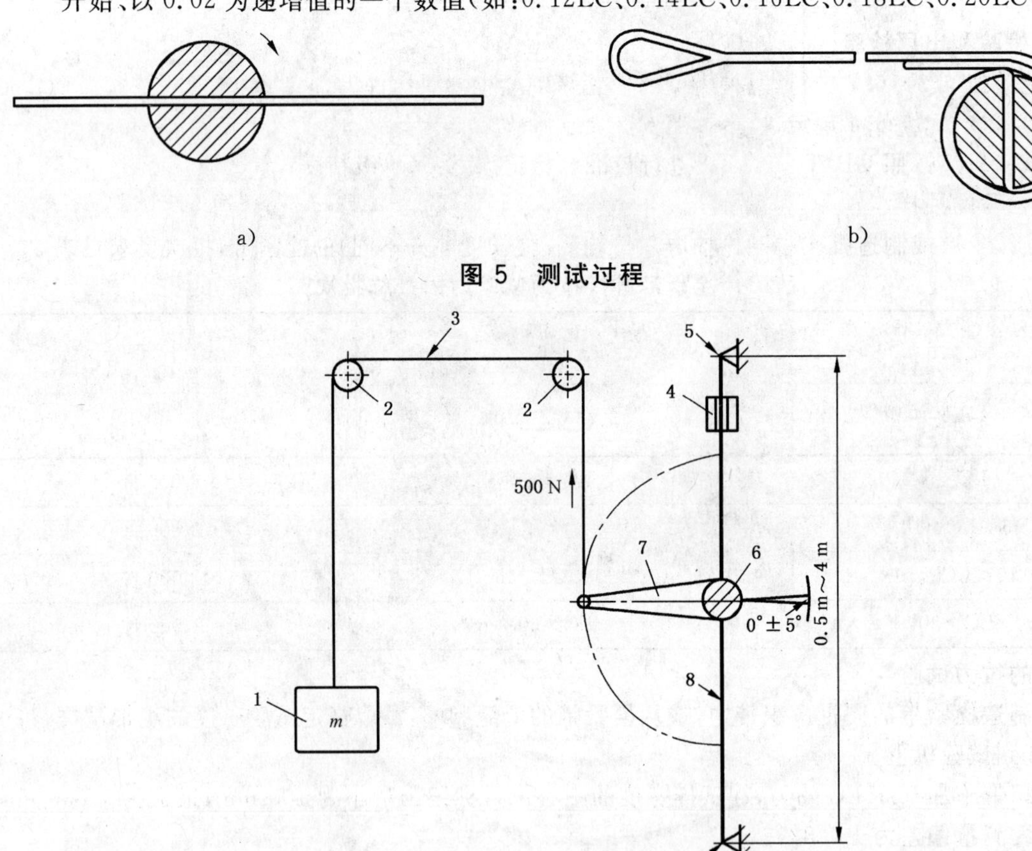

图 5 测试过程

1——装载物(负载);
2——导轮;
3——钢丝绳;
4——拉力指示器;
5——固定点;
6——槽轴;
7——手柄;
8——扁平织带。

图 6 棘轮预拉伸性能试验示意图

6.5.2 拉力下释放性能的试验

对栓紧带施加 0.3LC 的力,然后用手(不使用任何工具)释放栓紧带上的拉力,进行拉力下释放性能试验。

拉力释放后,应记录拉紧装置的以下特征:

a) 用手而不使用任何工具释放的能力；

b) 对释放时给操作者造成的任何危险进行评估。

6.5.3 循环载荷试验

6.5.3.1 棘轮和绞架装置

棘轮和绞架装置试验步骤如下：

a) 扁平织带缠绕槽轴 9/4 圈，织带自由端长度应为 500 mm～1 000 mm(见图 7)；

b) 给平直放置的栓紧带加载 1LC 的力，然后降低载荷至 0.2LC。在拉紧装置与织带结合处划一条线；

c) 栓紧带在频率不超过 0.4 Hz，拉力为 0.2LC～1LC 作用下，进行 100 次周期循环试验；

d) 循环试验后，在 0.2LC 力时，测量织带的松动值，不应超过表 1 的规定值；

注 1：可以使用进行循环载荷试验的样品来测定栓紧带的破断力。

注 2：进行循环载荷试验时，在试验机上固定栓紧带的两种方案见图 7。

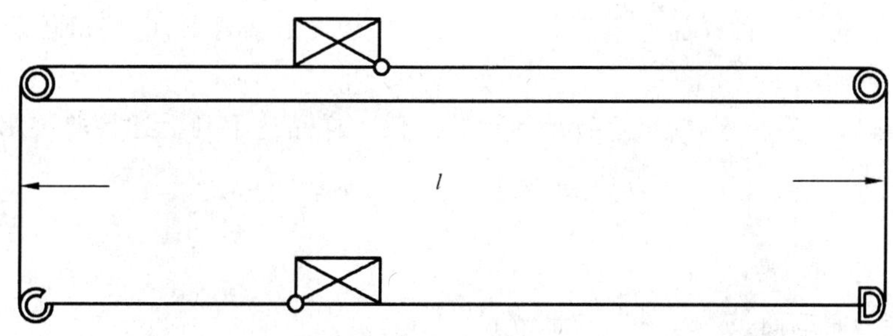

l——织带的长度。

图 7 循环载荷试验的固定方式

6.5.3.2 其他拉紧装置和拉力保持装置

将织带插入拉紧装置(适当时可按图 6 进行)。固定此装置并加载 1LC，然后降低载荷至 0.2LC。在拉紧装置与织带结合处划一条线。再以频率不大于 0.4 Hz、拉力为 0.2LC 和 1LC 进行 100 次循环试验。循环试验后，在 0.2LC 力时，测量划线与最初位置之间的距离，此线移动距离不应超过表 1 的规定值。

6.5.4 棘轮手柄的强度试验

将试样手柄固定在能防止槽轴旋转的固定设备上(见图 8)，沿垂直于手柄的位置施加力，增加此力直至手柄破坏，记录破坏力和破坏位置。

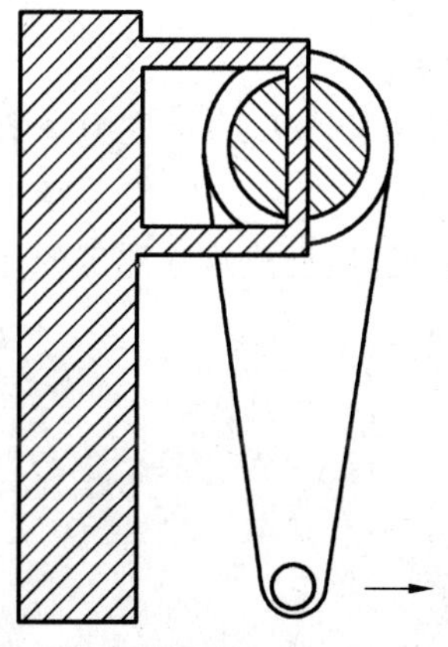

图 8 手柄强度试验示意图

6.5.5 绞架曲柄的试验

带有绞架的栓紧带,当绞架的曲柄或手柄是可以拆卸时,应对绞架进行外观检查,并用手进行功能试验,确保曲柄或手柄的设计能够防止意外的脱离或释放。

6.6 其他拉紧装置和拉力保持装置的型式检验

这些装置的型式检验应包括:

——拉力释放性能试验(见 6.5.2);

——循环载荷试验(见 6.5.3.2);

——反冲试验(见 6.7)。

6.7 反冲试验

依据 6.5.2 进行试验,当移动拉紧装置的操作手柄时,测量操作杆或把手末端的后冲距离。

6.8 判定原则

6.8.1 型式检验中,如果一件样品达不到 6.3～6.7 的一项或更多要求,应再选取两个样品进行重新检验。

6.8.2 出厂检验中,如果一件样品达不到 6.3～6.4 的一项或更多要求,应从相同系列或批次中再抽取两个样品进行重新检验。

6.8.3 型式检验或出厂检验中,如果进行重新检验的任一样品达不到上述检验要求,则认为此栓紧带不符合本部分的要求。

7 试验报告

以下内容应作为制造商技术文件的一部分:

——栓紧带的测试结果(6.3～6.4);

——织带表面的任何损坏;

——端配件或拉紧装置是否出现永久变形、裂缝、瑕疵或其他缺陷(6.4);

——施加的最大拉力(6.4);

——施加到 2LC 时,栓紧带有无异常变化(6.4);

——预拉伸力的平均值和达到的等级(6.5.1);

——循环载荷测试的结果(6.5.3);

——手柄强度试验结果(6.5.4);

——重新检验的结果(6.8)。

8 标志

8.1 栓紧带上应标识以下信息:

——栓紧能力 LC,单位为千牛(kN);

——长度 L_G、固定端长度 L_{GF}、调节端长度 L_{GL};单位为毫米(mm);

——标准手操作力 S_{HF}:500 N;

——对设计用于摩擦捆绑的拉紧装置,经型式检验测定的标准拉力 S_{TF}(kN)或绞力;

——警告信息:“禁止用于吊装”;

——织带材料;

——制造商的可追溯编码;

——执行标准编号;

——在 LC 时,织带的延伸率(%);

——制造日期。

LC≥5 kN 的端配件、拉紧装置、拉力保持装置及拉力指示器上应标注制造商或供应方的名称或代号。

各部件上均应标识 LC 值。

8.2 标签

8.2.1 标签颜色规定如下：

——蓝色：聚酯(PES)；

——绿色：聚酰胺(PA)；

——棕色：聚丙烯(PP)。

8.2.2 标签内容见图 9。

9 包装、运输和贮存

9.1 产品包装、运输和贮存过程应防热、防酸碱及化学气体浸入。

9.2 贮存在通风、干燥仓库内，不应露天堆放。

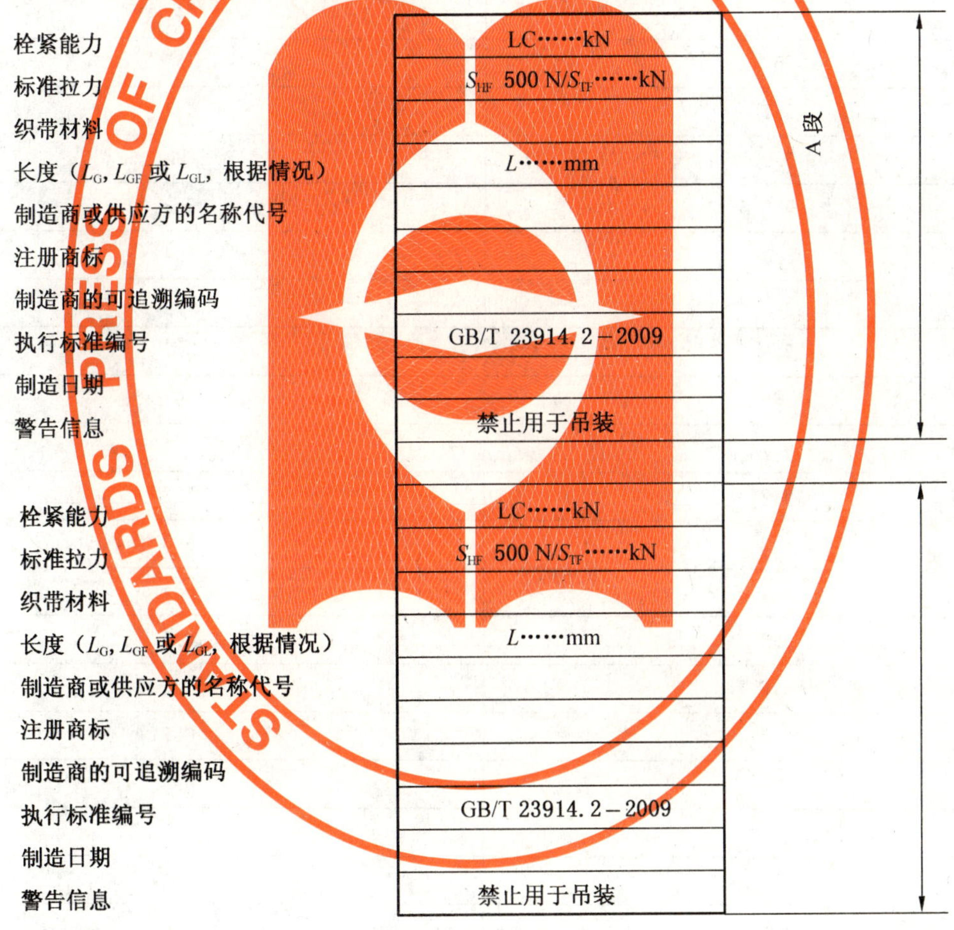

图 9 标签试样

附　录　A
（资料性附录）
本部分与 EN 12195-2:2001 的章条编号对照

表 A.1 给出了本部分与 EN 12195-2:2001 的章条编号对照一览表。

表 A.1　本部分章条编号与 EN 12195-2:2001 章条编号对照

本部分章条编号	对应的 EN 12195-2:2001 章条编号
1	1
2	2
3	3
4	4
5	5
5.1	5.1
5.2	5.2 和 5.6
5.3	5.3
5.4	5.4
5.5	5.5
5.6	5.7
6	6
6.1	6.1
6.2	6.2
6.3	6.3
6.4	6.4
6.5	6.5
6.6	6.6
6.7	6.7
6.8	6.8
7	7
8	8
9	—
附录 A	—
附录 B	—
附录 C	附录 B

附　录　B
（资料性附录）
本部分与 EN 12195-2:2001 的技术性差异及其原因

表 B.1 给出了本部分与 EN 12195-2:2001 的技术性差异及其原因的一览表。

表 B.1　本部分与 EN 12195-2:2001 的技术性差异及其原因

本部分的章条编号	技术性差异		原　因
	EN 12195-2	本部分	
1	用于捆绑时的安全要求；	本部分不适用吊装装载物。	按照 GB/T 1.1 和 GB/T 15706.2 规定
2	引用国际标准	引用了采用国际标准的我国标准，而非国际标准	适合中国标准与国际标准接轨
3	—	删除 EN 12195.2 术语和定义中的 3.1、3.2、3.12、3.13、3.21 和 3.22	符合修改内容
6.3～6.7	6.4 中规定试验机应依据 EN 10002-2 进行校准及检定并达到 1 级精确度状态。	拉力试验机应按照 GB/T 16825.1进行校准和检定并达到 1 级精度。	符合 GB/T 16825.1 规定
9	删除了第 9 章使用说明	增加了第 9 章包装、运输、贮存	符合 GB/T 1.1 规定
—	删除了 EN 12195-2:2001 的附录 A（规范性附录）风险	—	属于说明性语言，不宜编入标准中
附录 A	—	给出了与 EN 12195-2:2001 的章条编号对照	符合 GB/T 20000.2 规定
附录 B	—	给出了与 EN 12195-2:2001 的技术性差异及其原因	符合 GB/T 20000.2 规定
附录 C	附录 B（规范性附录）制造商应提供的栓紧带使用及保养说明	附录 C（规范性附录）栓紧带的使用及保养说明	符合 GB/T 1.1 规定

附 录 C
（规范性附录）
栓紧带的使用及保养说明

C.1 在选择使用栓紧带时，应考虑栓紧力、使用方式和被固定装置物的性质。装载物的类型、形状、重量、设计使用方式、运输环境及装载物性能都将影响栓紧带的正确选择。为了确保装载物的稳定性，当对独立式装载物中的负载进行捆绑时，应至少用一对栓紧带进行摩擦捆绑，并用两对栓紧带进行对角捆绑。

C.2 应按其使用方式选用具有足够强度和长度的栓紧带。基本栓紧规则：

——依据 EN 12195-1:1995 计算栓紧带的使用数量；

——运输开始前，应固定好货物并停止栓紧操作；

——时刻记牢，在运输过程中，部分货物也许会脱离栓紧；

——仅标签上标有 S_{TF}、设计用于摩擦捆绑的栓紧带可用于摩擦捆绑；

——定期对栓紧力进行检查，尤其在开始运输后不久。

C.3 由于受力时具有不同的性能和伸长，不同拉紧装置(例如：栓紧链条和栓紧带)不能用于栓紧相同的装载物。同时也应考虑货物固定装置上的附属配件(部件)及捆绑装置与栓紧带相匹配。

C.4 在使用扁平钩(图 2 D2)时，力应作用在钩子支撑面的全宽上。

C.5 栓紧带的释放：应确保装载物的稳定性与捆绑设备相互独立。以免在栓紧带松开时导致装载物从车辆上滑落，而对相关人员造成危险。必要时，拉紧装置释放前，使用吊装设备对装载物进行进一步输送，以避免装载物的意外滑落或倾覆。同样适用于移动式拉紧装置。

C.6 卸载前，应释放栓紧带的力以便能从平台上自由吊运装载物。

C.7 装载物装卸时应特别注意附近的低空电线。

C.8 栓紧带的制造材料应能抗化学性侵袭。

如果栓紧带可能暴露于化学物质下，应向制造商或供方咨询。应注意随着温度的升高，化学物质的影响会增加。合成纤维抗化学性如下：

——聚酰胺不易受碱的影响，但易受无机酸的影响；

——聚酯不易受无机酸的影响，但易受碱的侵袭；

——聚丙烯受酸碱的影响小，适用于高抗化学性能的环境，但某些有机溶剂除外。

酸碱溶液经过蒸发而充分浓缩，对栓紧带可能由无害变为有害。被污染的栓紧带应立刻停止使用，在冷水中浸泡，然后自然风干。

C.9 栓紧带工作温度范围：

聚丙烯：−40 ℃～+80 ℃

聚酰胺：−40 ℃～+100 ℃

聚 酯：−40 ℃～+120 ℃

使用温度范围随化学环境的不同而有所变化，应向制造商或供方咨询。

在运输过程中，环境温度的改变也许影响栓紧带的拉力。进入温度相对较高区域后，应检查栓紧带的拉力。

C.10 如果栓紧带损坏，应停止使用或还给制造商进行修理。

以下几点应视为栓紧带损坏：

——仅栓紧带承载识别标签损坏；

——栓紧带与化学产品发生接触，应停止使用并咨询制造商或供应商；

——栓紧带应报废：承载线及缝线有撕裂、断裂、划痕及破裂以及受热变形；

——端配件和拉紧装置有变形、裂开、磨损及腐蚀。

C.11 栓紧带在使用时，应防止被装载物的锋利边缘损坏。使用前后应对栓紧带进行外观检查。

C.12 仅应使用标识及标签清晰的栓紧带。

C.13 栓紧带禁止超载使用：仅应对栓紧带施加最大500 N的手操作力；禁止使用其他机械辅助工具，如杠杆、木棒等。

C.14 禁止在打结情况下使用栓紧带。

C.15 应防止标签的损坏，标签应远离装载物的锋利边缘。

C.16 织带应使用保护套筒或护角，防止装载物锐边造成的磨损、擦伤及损坏。

ICS 65.060
T 54

中华人民共和国国家标准

GB/T 23915—2009

低速货车　驾驶员操作位置尺寸

Low-speed goods vehicles—Operating position dimensions of driver

2009-06-04 发布　　2010-01-01 实施

中华人民共和国国家质量监督检验检疫总局
中国国家标准化管理委员会　发布

前　言

本标准由中国机械工业联合会提出。

本标准由全国低速汽车标准化技术委员会(SAC/TC 234)归口。

本标准负责起草单位:资阳市南骏汽车有限责任公司、机械工业农用运输车发展研究中心。

本标准参加起草单位:山东唐骏欧铃汽车制造有限公司、成都王牌汽车集团股份有限公司、山东五征集团有限公司、四川银河汽车集团有限责任公司。

本标准主要起草人:丁吉康、靳锁芳、车胜新、翁里、王侠民、钟国刚。

低速货车　驾驶员操作位置尺寸

1　范围

本标准规定了低速货车的驾驶员操作位置尺寸。

本标准适用于低速货车。

2　驾驶员操作位置尺寸

2.1　本标准采用的R点，是指驾驶员座椅纵向对称中心平面与距离坐垫上表面上方100 mm平行平面和距离座椅靠背前方100 mm平行平面的三平面交点。

2.2　驾驶员操作位置尺寸应符合表1及图1的规定。

表1　驾驶员操作位置尺寸要求

单位为毫米

序号	符号	内　容	指标	说明
1	A	R点至顶棚高	≥910	沿躯干线测量
2	B	R点至地板距离	390±140	—
3	α	背角/(°)	5～28	—
4	β	臀角/(°)	90～115	—
5	D	座垫深度	440±60	—
6	E	座椅前后最小调整范围	≥100	—
7	G	靠背高度	520±70	带头枕的整体式靠背，此尺寸可以增加，但增加部分的宽度应减小
8	H	R点至离合器、制动踏板中心距离	750～850	气制动、真空助力制动或带有加力器的离合器，此尺寸应为750～950，座椅在可调节的中间位置
9	J	离合器、制动器踏板行程	≤200	—
10	K	转向盘下缘至坐垫上表面距离	≥180	—
11	L	转向盘后缘至靠背距离	≥450	—
12	L_f	飞轮罩至制动踏板和离合器踏板中心的纵向水平距离	≥300	—
13	M	转向盘下缘至离合器、制动器踏板纵向中心面距离	≥600	—
14	N	转向盘极限转角状态时至前面及下面障碍物距离	≥80	—
15	P	R点至前围的水平距离	≥1 000	脚能伸到的最前位置
16	T	R点至仪表板的水平距离	≥600	此二项规定达到一项即可
17	S	仪表板下缘至地板的距离	≥540	

表 1(续)

单位为毫米

序号	符号	内容		指标	说明
18	b	座椅下部的操纵手柄与坐垫前沿的纵向后置距离		≥20	—
19	A_1	驾驶室内部宽度	双人座	≥1 250	内宽是在高度为车门窗下缘，前门后支柱内侧量取
			三人座	≥1 650	
20	B_1	座椅中心面至前门后支柱内侧距离		≥310	在高度为前门窗下缘处量取
21	C_1	座垫宽度		≥450	—
22	D_1	靠背宽度		≥450	在靠背最宽处测量
23	E_1	转向盘外缘至侧面障碍物距离		≥80	—
24	F_1	打开车门时，下部通道宽度		≥250	—
25	G_1	打开车门时，上部通道宽度		≥650	—
26	H_1	离合器踏板纵向中心面至侧壁距离		≥80	—
27	J_1	离合器踏板纵向中心面至制动器踏板纵向中心面距离		≥110	—
28	J_2	制动器踏板表面中心与加速踏板表面中心在运动方向上的高度差		≥100	—
29	K_1	加速踏板纵向中心面至制动器踏板纵向中心面距离		≥100	—
30	L_1	加速踏板纵向中心面至右侧最近障碍物的距离		≥60	—
31	L_2	制动器踏板中心与加速踏板中心的纵向水平距离		≤60	—
32	M_1	离合器踏板纵向中心面至转向柱纵向中心面距离		50～150	—
33	N_1	制动器踏板纵向中心面至转向柱纵向中心面距离		50～150	—
34	W	转向盘中心对座椅中心面的偏移量		≤50	—
35	—	转向盘平面与低速货车对称平面间夹角/(°)		90±5	—
36	R_{min}	变速杆手柄在所有工作位置，应位于转向盘下面和驾驶员座椅后面，不低于坐垫表面，在通过 R 点横向垂直平面之前，而投影平面上距 a 点 (a 点为 R 点在水平面上的投影)≤600，并不得超过副驾驶座位的左侧位置			—
37	—	变速杆和手制动器的手柄在任意位置，距离驾驶室内其他零件或操纵杆的最小距离≥50			
38	—	加速踏板和制动踏板在任意位置，相临边缘间的最小距离≥25			
39	—	操纵机构运行区域内不得有剪切和挤压处，操纵力大于等于 50 N 的操纵机构(不包括转向盘)周围应有最小 50 mm 的间隙，操纵力小于 50 N 的操纵机构周围应有最小 25 mm 的间隙，按钮/开关类操纵机构只要不存在误操作相邻操纵机构的危险，则无上述间隙要求			

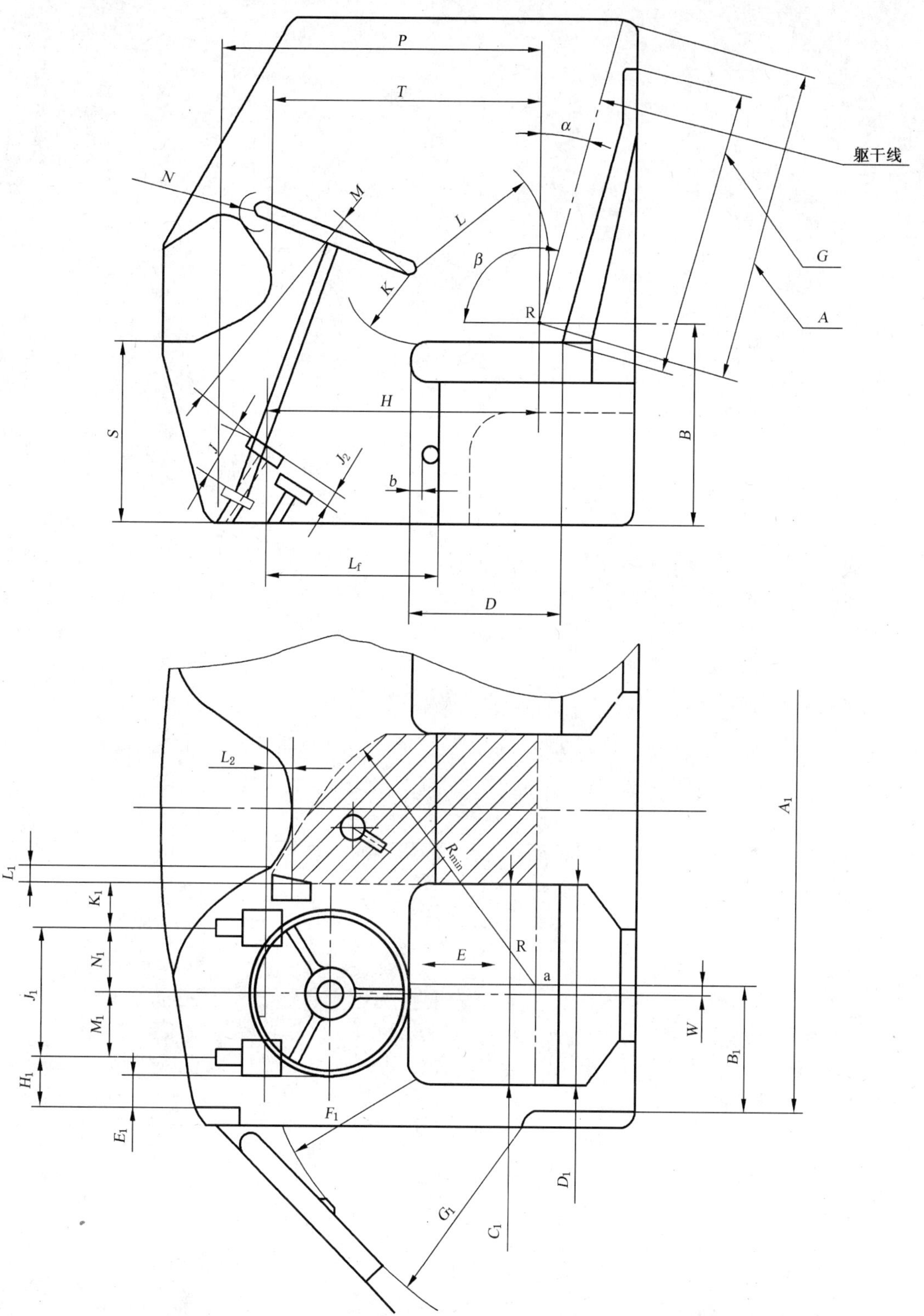

图 1 驾驶员操作位置尺寸示意图

ICS 65.060
T 54

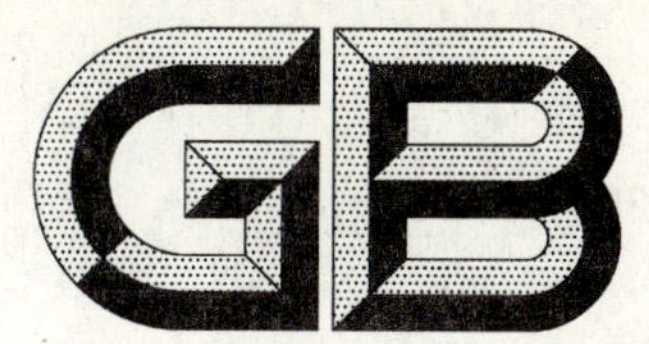

中华人民共和国国家标准

GB/T 23916—2009

低速货车 操纵机构的位置、最大操纵力和操纵方法

Low-speed goods vehicles—Location, maximum actuating forces and operating method of controls

2009-06-04 发布 2010-01-01 实施

中华人民共和国国家质量监督检验检疫总局
中国国家标准化管理委员会 发布

前　言

本标准由中国机械工业联合会提出。

本标准由全国低速汽车标准化技术委员会(SAC/TC 234)归口。

本标准负责起草单位:山东五征集团有限公司、机械工业农用运输车发展研究中心。

本标准参加起草单位:杭州杭挂机电有限公司、北汽福田汽车股份有限公司诸城汽车厂、成都王牌汽车集团股份有限公司。

本标准主要起草人:王侠民、张咸胜、张琦、王亚飞、韩术亭、翁里。

低速货车　操纵机构的位置、最大操纵力和操纵方法

1　范围

本标准规定了低速货车行车制动器、驻车制动器、离合器、转向系统、液压自卸系统等操纵机构的位置、最大操纵力和操纵方法。

本标准适用于低速货车。

2　规范性引用文件

下列文件中的条款通过本标准的引用而成为本标准的条款。凡是注日期的引用文件，其随后所有的修改单(不包括勘误的内容)或修订版本均不适用于本标准，然而，鼓励根据本标准达成协议的各方研究是否可使用这些文件的最新版本。凡是不注日期的引用文件，其最新版本适用于本标准。

GB/T 20341　农林拖拉机和自走式机械　操作者操纵机构　操纵力、位移量、操纵位置和方法(GB/T 20341—2006,ISO/TS 15077:2002,IDT)

3　术语和定义

下列术语和定义适用于本标准。

3.1

操纵机构　control

由操作者操纵引起低速货车、低速货车的装置或机构动作的装置。

3.2

操纵机构操纵力　control actuation force

沿操纵机构移动方向、施加在操纵机构接触表面的中心、并垂直于接触表面，以实现操纵功能的力。

3.3

最大操纵力　maximum actuation force

在正常操作条件下，为实现所需操纵功能而允许施加于操纵机构的最大力。

3.4

前方　forward

按制造厂规定，低速货车及其座椅处于直线向前行驶状态，坐在驾驶座上的操作者面向的方向。

4　最大操纵力

低速货车操纵机构的最大操纵力应符合表1的要求。

本标准未规定的操纵机构的最大操纵力参照执行GB/T 20341的规定。

表 1　低速货车操纵机构的最大操纵力

序号	操纵机构		最大操纵力 N
1	发动机	起动开关	20
		脚油门踏板	80
		手油门	50
		熄火机构	50
2	转向系	方向盘	245
3	行车制动器	脚制动踏板	600
	驻车制动器	脚制动踏板	600
		操纵手柄	400
		操纵阀杆	25
4	离合器	脚踏板	300
		操纵手柄	200
5	变速器	换挡杆	100
6	自卸系统	手操纵杆	150
		操纵按钮	25
7	照明、信号装置和其他电气设备	转动式、拨钮式、 按钮式或拨杆式开关	手指:25;指尖:10

5　操纵机构位置和操作方法

低速货车操纵机构的位置和操作方法详见表 2。

本标准未规定的操纵机构的位置和操作方法参照执行 GB/T 20341 的规定。

表 2　操纵机构的位置和操作方法

操纵机构		位置和操作方法
5.1	发动机	
5.1.1	起动	只有满足下列条件之一,才能起动发动机: 1)　换挡杆处于空挡; 2)　离合器分离。 操纵机构应在操作者右手易于接近的位置。 对于旋转开关,移动操纵机构到“起动”位置,顺时针转动开关应使发动机起动。
5.1.2	转速	
5.1.2.1	脚油门	操纵机构应在操作者右脚能迅速接近的位置。向前和/或向下踩下踏板来增加发动机转速。
5.1.2.2	手油门	手油门应装在操作者的前面或右面。 操纵机构的移动方向应在与车辆纵向轴线大致平行的平面内,其向远离操作者的方向(通常为向前)移动增加发动机转速。

表 2（续）

操纵机构			位置和操作方法
5.1.3	发动机熄火		操纵机构应在操作者右手易于接近的位置。对于转动式，逆时针转动应至“关”的位置。移动操纵机构到熄火位置。该操纵机构应在不施加人力的情况下自动保持在熄火位置。如果熄火操纵机构和转速操纵机构是联动的，则向怠速位置方向移动并越过怠速位置时发动机熄火。
5.2	转向操纵机构——方向盘		方向盘应设置于车辆左侧，位于操作者前方，与操作者座椅的中心线基本对齐。顺时针转动方向盘应实现右转弯，逆时针转动方向盘应实现左转弯。
5.3	制动操纵机构		
5.3.1	行车制动操纵机构——脚制动		制动踏板应位于操作者右脚易于接近的位置。制动踏板应向前和/或向下运动使制动器接合。
5.3.2	驻车制动操纵机构		
5.3.2.1	手操纵	操纵手柄	操纵手柄应在操作者右手易于接近并便于操作的位置。向后和/或向上施加拉力应实现制动。通过再次拉动驻车操纵手柄，开启驻车制动锁止装置来解除驻车制动。应装有保持制动器在制动状态的装置，应采取措施防止该装置意外松开。
5.3.2.1	手操纵	操纵阀杆	操纵阀杆应在操作者易于接近并便于操作的位置。上提后再向后拉动至锁紧位置应实现制动。上提后再向前推动离开锁紧位置解除驻车制动。应装有保持制动器在制动状态的装置，应采取措施防止该装置意外松开。
5.3.2.2	脚操纵		驻车制动踏板一般位于行车制动踏板的左边，并便于左脚操作的位置。向下和/或向前踩下制动踏板使制动器接合实现制动。再次向下和/或向前踩下制动踏板，解除驻车制动锁止装置分离驻车制动器，解除驻车制动。应装有保持制动器在制动状态的装置，应采取措施防止该装置意外松开。
5.4	传动系		
5.4.1	离合器操纵机构		
5.4.1.1	脚操纵		离合器踏板应位于便于操作者左脚操作的位置。向前和/或向下踩下踏板使离合器分离。
5.4.1.2	手操纵（手柄）		操作者的手放在转向机构上时，易于接近的位置。操纵机构朝后移或朝向操作者移动使离合器分离。应采取可靠装置使离合器操纵机构保持在分离位置，除非有人力操作，否则该离合器不会重新接合。向前和/或向下踩下踏板使离合器分离。
5.4.2	变速器操纵机构——换挡杆		换挡杆应在操作者坐在座椅上时，右手易于接近并便于操作的位置。挡位标志（图）应简洁、易识别且清晰易见。空挡位置应可靠且容易选择。

表 2（续）

<table>
<tr><th colspan="3">操纵机构</th><th>位置和操作方法</th></tr>
<tr><td rowspan="2">5.5</td><td rowspan="2">自卸系统操纵机构</td><td>手操纵杆</td><td>手操纵杆一般位于便于操作者操作的位置。向后和/或向上移动操纵杆实现自卸功能，向前和/或向下实现复位。除非采取其他措施，否则应在道路运输和维护期间，或自卸车车厢升起、降落或停在任一位置时，应能将操纵杆或机构可靠锁定。</td></tr>
<tr><td>操纵按钮</td><td>操纵按钮应位于便于操作者操作的位置。按下按钮实现自卸功能，再次按下实现复位。除非采取其他措施，否则应在道路运输和维护期间，或自卸车车厢升起、降落或停在任一位置时，应能将操纵杆或机构可靠锁定。</td></tr>
<tr><td>5.6</td><td colspan="2">照明、信号装置和其他电气设备操纵机构</td><td>应位于操作者前方，便于操作者用手指操纵的位置。
可以为转动式、拨钮式、按钮式或拨杆式开关。如为转动式，顺时针转动应至“开”的位置；如为拨钮式，向前和/或向上应拨至“开”的位置。如为按钮式，按下应至“开”的位置。</td></tr>
</table>

ICS 65.060
T 54

中华人民共和国国家标准

GB/T 23917—2009

低速货车　试验方法

Low-speed goods vehicles—Test method

2009-06-04 发布　　2010-01-01 实施

中华人民共和国国家质量监督检验检疫总局
中国国家标准化管理委员会　发布

前　言

本标准的附录A为规范性附录。

本标准由中国机械工业联合会提出。

本标准由全国低速汽车标准化技术委员会(SAC/TC 234)归口。

本标准负责起草单位:国家农机具质量监督检验中心、资阳市南骏汽车有限责任公司。

本标准参加起草单位:山东五征集团有限公司、成都王牌汽车集团股份有限公司、四川银河汽车集团有限责任公司、北汽福田汽车股份有限公司诸城汽车厂。

本标准主要起草人:靳锁芳、陈戈、丁吉康、王侠民、翁里、钟国刚、韩术亭。

低速货车 试验方法

1 范围

本标准规定了测定低速货车整车各项性能的试验方法。

本标准适用于低速货车的整车试验。

2 规范性引用文件

下列文件中的条款通过本标准的引用而成为本标准的条款。凡是注日期的引用文件，其随后所有的修改单(不包括勘误的内容)或修订版均不适用于本标准，然而，鼓励根据本标准达成协议的各方研究是否可使用这些文件的最新版本。凡是不注日期的引用文件，其最新版本适用于本标准。

GB/T 3730.3 汽车和挂车的术语及其定义 车辆尺寸

GB/T 3871.10 农业拖拉机 试验规程 第10部分：低温起动(GB/T 3871.10—2006，ISO 789-12:2000，MOD)

GB 8410 汽车内饰材料的燃烧特性

GB 18320—2008 三轮汽车和低速货车 安全技术要求

GB 18322 农用运输车自由加速烟度排放限值及测量方法

GB/T 19118 农用运输车 噪声测量方法

GB/T 19119 农用运输车 照明与信号装置的安装规定

GB/T 19120 农用运输车 制动系统 结构、性能和试验方法

GB/T 19124 农用运输车 前照灯

GB/T 19129 农用运输车 电喇叭 性能要求及试验方法

GB/T 19130 农用运输车 车速表使用性能

GB/T 19133 农用运输车 最大侧倾稳定角 试验方法

GB/T 19134 农用运输车 后视镜 性能和安装要求

GB 19756 三轮汽车和低速货车用柴油机排气污染物排放限值及测量方法(中国Ⅰ、Ⅱ阶段)

GB 19757 三轮汽车和低速货车加速行驶车外噪声限值及测量方法(中国Ⅰ、Ⅱ阶段)

GB 21378 低速货车 燃料消耗量限值及测量方法

GB/T 23920 三轮汽车和低速货车 最高车速测定方法

JB/T 7736 四轮农用运输车 可靠性考核

3 通用要求

3.1 通用试验条件

除另有规定外，各项试验应满足以下要求。

3.1.1 下列各项应与随车技术文件相符：

——被试低速货车各总成、附件及附属装置的结构和性能；

——被试低速货车的技术状态、各部分的调整及操作方法；

——试验期间所用的燃油、润滑油、冷却液及其他工作液体。

3.1.2 整个试验期间，除按使用说明书的规定进行常规保养调整外，不允许做其他调整与换修。如确有需要，应经试验组织机构同意并在其监督下进行，随后重新做有关项目试验，并将详情记入报告中。

3.1.3 试验时的轮胎气压应符合随车技术文件的规定或轮胎上标注气压的要求。除可靠性试验外，轮

胎不应有积泥和油污。

3.1.4 除特殊规定外，试验时的负载应保持最大厂定装载质量，载荷物应是不会因气候及使用条件改变而改变其质量和形状的物品，它应均匀放置在车箱内，并应限制它移动，其高度不应超过车箱边板。车上乘员(包括驾驶员)数目应符合随车技术文件的规定，但可以用重物放在相应位置代替乘员，每人按 75 kg 计(座椅上 65 kg、前面地板上 10 kg)。

3.1.5 除可靠性试验不受气候条件限制和另有规定外，其余各项试验均应在气温为 0 ℃～40 ℃、距地面 1.2 m 高处的风速不大于 3 m/s(特殊规定除外)的无雨天气下进行。各项试验均应分别在试验开始及结束时，测记气温、风速和气压(高原地区适用)，并报告其范围。

3.1.6 除另有规定外，试验均应在清洁、干燥、平坦的沥青路面或混凝土路面上进行，路面的纵向坡度不大于 2%，横向坡度不大于 3%，直线段长度不小于 1 000 m，宽度不小于 8 m。需往返进行的试验，应尽可能在同一路段进行。

3.1.7 进行各项性能试验前，被试低速货车均应预热，使各部分达到正常工作温度。

3.1.8 除可靠性行驶试验可开窗户外，其余试验均应在门窗关闭下进行。

3.1.9 试验所用仪器设备的精度应满足测量准确度要求，并在其标定的有效期内。

3.1.10 试验期间出现的一切异常现象，均应详细记录，并写入报告中。

3.2 测量准确度

3.2.1 除另有规定外，对各种参数的测量，其准确度应分别满足下列要求：距离 1%，操纵力 5%，质量 1%，时间 0.2 s，转矩 1%，转速 1%，车速 3%，油压或气压 2%，环境温度 1 ℃，水温、油温 2 ℃，角度 1°，大气压力 0.2 kPa，轮胎气压 10 kPa，噪声级 1 dB(A)，其他 3%。

3.2.2 记录行驶距离千米数时，只需记至最接近的整数。

4 试验样车的验收与磨合

4.1 被试低速货车应由试验负责单位，根据该低速货车的验收技术条件或其他有关文件的要求，进行全面检查及验收，检查项目如表 1 所列，检查结果记入表 1 中。

表 1 试验样车验收检查与磨合结果汇总表

序号	验收内容	验收结果
1	车辆厂牌型号	
2	车辆标志(标牌、商标或厂标)	
3	整车出厂日期	
4	整车车辆识别代号(VIN)/位置	
5	打印在车架上的车辆识别代号(VIN)/位置	
6	发动机厂牌型号	
7	发动机机体编号/位置	
8	有无出厂合格证	
9	有无使用说明书	
10	随车备件是否齐全	
11	随车工具是否齐全	
12	整车装备是否完整	
13	外部有无磕碰伤	
14	重要连接部位是否紧固	
15	转向盘转动是否灵活、方便、无阻滞	
16	是否有转向限位装置	

表1(续)

<table>
<tr><th>序号</th><th colspan="2">验收内容</th><th>验收结果</th></tr>
<tr><td>17</td><td colspan="2">车轮转向是否有干涉</td><td></td></tr>
<tr><td>18</td><td colspan="2">轮胎型号规格/气压</td><td></td></tr>
<tr><td>19</td><td colspan="2">同一轴上的轮胎花纹是否一致</td><td></td></tr>
<tr><td>20</td><td colspan="2">驾驶室内部空间是否有使人致伤的尖锐突起物</td><td></td></tr>
<tr><td>21</td><td colspan="2">操纵机构工作是否正常</td><td></td></tr>
<tr><td>22</td><td colspan="2">驾驶室车门是否会自行开启</td><td></td></tr>
<tr><td>23</td><td colspan="2">驾驶室门窗是否采用安全玻璃</td><td></td></tr>
<tr><td>24</td><td colspan="2">发动机起动、运转、熄火是否正常有效</td><td></td></tr>
<tr><td>25</td><td colspan="2">油门控制是否符合要求</td><td></td></tr>
<tr><td>26</td><td colspan="2">行车制动系是否符合要求,工作是否正常</td><td></td></tr>
<tr><td>27</td><td colspan="2">驻车机构是否独立,工作是否正常</td><td></td></tr>
<tr><td rowspan="11">28</td><td rowspan="11">外部照明和信号装置数量和光色</td><td>前照灯(远光/近光)</td><td></td></tr>
<tr><td>前位灯</td><td></td></tr>
<tr><td>后位灯</td><td></td></tr>
<tr><td>前转向信号灯</td><td></td></tr>
<tr><td>后转向信号灯</td><td></td></tr>
<tr><td>制动灯</td><td></td></tr>
<tr><td>号牌灯</td><td></td></tr>
<tr><td>倒车灯</td><td></td></tr>
<tr><td>危险警告信号</td><td></td></tr>
<tr><td>后回复反射器</td><td></td></tr>
<tr><td>后雾灯</td><td></td></tr>
<tr><td>29</td><td colspan="2">行驶系统是否正常</td><td></td></tr>
<tr><td>30</td><td colspan="2">传动系运转是否正常</td><td></td></tr>
<tr><td>31</td><td colspan="2">自卸车货厢举升后的锁定装置是否齐全</td><td></td></tr>
<tr><td>32</td><td colspan="2">电气、仪表系统安装是否符合要求,工作是否正常</td><td></td></tr>
<tr><td>33</td><td colspan="2">远近光灯的变换是否符合要求</td><td></td></tr>
<tr><td>34</td><td colspan="2">危险警告信号是否受电源总开关的控制</td><td></td></tr>
<tr><td>35</td><td colspan="2">转向灯和危险警告信号的闪光频率</td><td></td></tr>
<tr><td>36</td><td colspan="2">最高车速限制装置是否符合要求</td><td></td></tr>
<tr><td>37</td><td colspan="2">仪表板上的指示信号灯是否符合要求</td><td></td></tr>
<tr><td>38</td><td colspan="2">仪表灯是否符合要求</td><td></td></tr>
<tr><td>39</td><td colspan="2">蓄电池及其位置</td><td></td></tr>
<tr><td>40</td><td colspan="2">转向信号灯、后牌照灯、危险警告信号、后位灯、制动灯工作是否正常</td><td></td></tr>
<tr><td>41</td><td colspan="2">喇叭的功能</td><td></td></tr>
<tr><td>42</td><td colspan="2">车身反光标识</td><td></td></tr>
<tr><td>43</td><td colspan="2">工作仪器仪表装备是否符合要求</td><td></td></tr>
<tr><td>44</td><td colspan="2">前风窗玻璃应装备刮水器</td><td></td></tr>
<tr><td>45</td><td colspan="2">防止阳光直射使驾驶员产生眩目的装置</td><td></td></tr>
</table>

表 1（续）

序号	验收内容	验收结果
46	前保险杠	
47	侧防护和后防护（总质量大于 3 500 kg）	
48	所有车轮是否有挡泥板	
49	外露旋转件应有防护罩，其安全距离是否符合要求	
50	燃油、液压和润滑系统应有安全防护	
51	热防护	
52	电气导线捆扎、布置、固定、接头、穿越应符合要求	
53	过载保护	
54	车架号码或车辆识别代号是否符合要求	
55	发动机型号和出厂编号的打刻（或铸出）	
56	号牌板（架）的位置是否符合要求	
57	操纵件、指示器及信号装置的图形标志	
58	安全标志	
59	使用说明书是否符合要求	
60	排气管口指向	
61	有无三漏部位	
62	磨合里程　　　　　　　　　km	
63	比功率　　　　　　　　　　kW/t	

4.2　除另规定外，试验前被试低速货车应按随车技术文件规定进行磨合及保养，磨合情况记入表 1。

4.3　磨合保养后，进行试验前，应对被试低速货车里程表进行校验，结果记入表 1。

检查时，被试低速货车准确地沿已知距离的路线行驶（路线长度不应少于 25 km），记录驶过此区间时里程表显示的里程数，按式(1)计算出被试低速货车里程表的校正系数。

$$C_m = \frac{S_o}{S_b} \qquad \cdots\cdots(1)$$

式中：

C_m——里程表校正系数；

S_o——实际里程，单位为千米(km)；

S_b——里程表指示数，单位为千米(km)。

5　整车参数测定

5.1　测定条件

5.1.1　被试低速货车上除常用随车工具及原装的备用轮胎外，不允许有任何超载货物、杂物、泥土等。

5.1.2　燃油、润滑油、冷却液及其他工作液体均应加注到技术文件规定的最高液面位置。

5.1.3　凡对被试低速货车外廓尺寸有影响的可调整的或可改变状态的零部件，如翻转驾驶室、自卸货厢等，均应处于最小外廓尺寸的稳定状态。

5.1.4　测量尺寸参数时，被试低速货车应停放在坚硬的水平地面上，在测试范围内地面坡度应不大于 0.3%，地面平面度应在 3 mm/m 以内。

5.1.5　被试低速货车处于直线行驶位置。对可调式乘员座位，应置于中间位置。

5.1.6　测量时，发动机熄火，变速杆置于空挡位置，制动器松开，不准用垫木。

5.2　仪器设备

钢卷尺或其他线性尺寸测量装置、磅秤或其他称量装置、角度计等。

5.3 测定方法

5.3.1 尺寸参数

测量被试低速货车的外形尺寸及货箱尺寸等，测量项目如表 2 所列及图 1 所示，各参数的定义按 GB/T 3730.3 的规定。

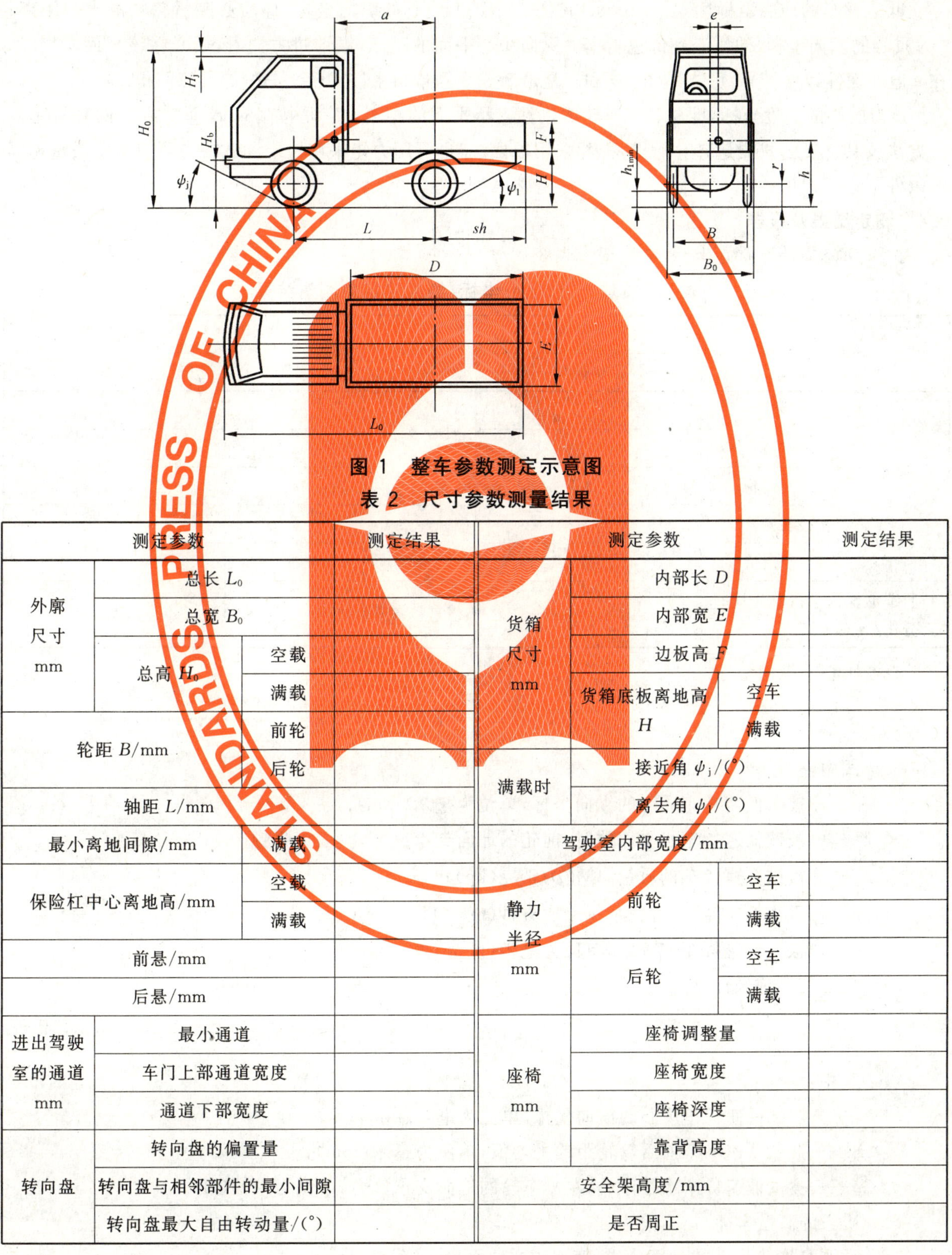

图 1 整车参数测定示意图

表 2 尺寸参数测量结果

测定参数			测定结果	测定参数			测定结果
外廓尺寸 mm	总长 L_0			货箱尺寸 mm	内部长 D		
	总宽 B_0				内部宽 E		
	总高 H_0	空载			边板高 F		
		满载			货箱底板离地高 H	空车	
轮距 B/mm		前轮				满载	
		后轮		满载时	接近角 φ_j/(°)		
轴距 L/mm					离去角 φ_l/(°)		
最小离地间隙/mm		满载		驾驶室内部宽度/mm			
保险杠中心离地高/mm		空载		静力半径 mm	前轮	空车	
		满载				满载	
前悬/mm					后轮	空车	
后悬/mm						满载	
进出驾驶室的通道 mm	最小通道			座椅 mm	座椅调整量		
	车门上部通道宽度				座椅宽度		
	通道下部宽度				座椅深度		
转向盘	转向盘的偏置量				靠背高度		
	转向盘与相邻部件的最小间隙			安全架高度/mm			
	转向盘最大自由转动量/(°)			是否周正			

5.3.2 质量参数

分别在空载(有一名驾驶员、无载货和其他乘员,下同)状态和满载(有全部乘员和最大厂定装载质量,下同)状态下测定被试低速货车的总质量及前、后轴上的质量分配。

5.3.3 质心坐标

低速货车的质心坐标用 a、e、h 表示(见图 1)。a 为质心的纵向坐标,即质心距后轮轴的水平距离;e 为质心的横向坐标,即质心到低速货车的纵向中心平面的距离,顺前进方向看,质心在该平面左侧时,在 e 值前面注以"—"号,反之不注。a 和 e 是由 5.3.2 测量结果按式(2)和式(3)计算而得。

h 为质心的高度坐标,即质心至车轮的刚性支承平面的距离。它是按附录 A 所介绍的两种常用测量方法及其计算公式测量计算而得,推荐采用摇摆法,也可用力矩平衡法。测试在与测定整备质量相同的条件下进行。

5.4 测定结果及报告

按下列公式计算质心坐标,结果记入表 3。

表 3 质量参数、质心坐标/侧倾稳定角测量结果

<table>
<tr><th colspan="2" rowspan="2">测定参数</th><th colspan="3">测定结果</th><th colspan="2" rowspan="2">测定参数</th><th colspan="3">测定结果</th></tr>
<tr><th>空车</th><th>空载</th><th>满载</th><th>空车</th><th>空载</th><th>满载</th></tr>
<tr><td rowspan="5">质量
kg</td><td>前轴</td><td></td><td></td><td></td><td rowspan="3">质心坐标/
mm</td><td>a</td><td></td><td></td><td></td></tr>
<tr><td>后轴</td><td></td><td></td><td></td><td>e</td><td></td><td></td><td></td></tr>
<tr><td>左侧轮</td><td></td><td></td><td></td><td>h</td><td></td><td>—</td><td>—</td></tr>
<tr><td>右侧轮</td><td></td><td></td><td></td><td rowspan="2">侧倾稳定角/
(°)</td><td>左</td><td colspan="3"></td></tr>
<tr><td>总质量</td><td></td><td></td><td></td><td>右</td><td colspan="3"></td></tr>
<tr><td colspan="2">转向轴承载质量占总质量的百分比/%</td><td>—</td><td></td><td></td><td colspan="2">整车整备质量/kg</td><td colspan="3"></td></tr>
</table>

a) 质心的纵向坐标

$$a = \frac{Z_{jc}}{m_s g} L \qquad \cdots\cdots(2)$$

式中:

a——被试低速货车质心的纵向坐标,单位为毫米(mm);

Z_{jc}——被试低速货车水平停放时,前轮的地面支承反力,单位为牛顿(N);

m_s——被试低速货车的质量,单位为千克(kg);

g——重力加速度,单位为米每二次方秒(m/s^2);

L——被试低速货车的轴距,单位为毫米(mm)。

b) 质心的横向坐标

$$e = B\left(0.5 - \frac{Z_{jz}}{m_s g}\right) \qquad \cdots\cdots(3)$$

式中:

e——被试低速货车质心的横向坐标,单位为毫米(mm);

B——被试低速货车前后轮轮距的平均值,单位为毫米(mm);

Z_{jz}——被试低速货车水平停放,左侧车轮的地面支承反力,单位为牛顿(N)。

c) 质心的高度坐标

质心高度坐标 h 的计算公式,随测试方法而异,见附录 A。

6 动力性能试验

6.1 试验条件

试验用道路应是附着性能良好的道路,爬坡试验在有纵向坡度的坡道上进行。

6.2 仪器设备

五轮仪或其他车速测试仪等。

6.3 试验方法

6.3.1 最低稳定车速测定

测定最低挡的最低稳定车速时,被试四轮车挂最低挡,以尽可能小的油门行驶,五轮仪(或其他车速测试仪)显示车速保持稳定后,测定驶过 100 m 距离的时间,测试完成后,立即踩下油门踏板加速行驶,此期间发动机不应熄火、传动系不应颤动。若出现了上述情况,则应适当提高车速,重新试验,如此反复测试,直至找出被试四轮车能够平稳加速的最低稳定车速。在最低稳定车速状态下,试验往返各进行一次,测记通过测区的距离和时间,计算最低稳定车速,取其算术平均值。

然后,用同样方法测试被试车挂最高挡时的最高挡的最低稳定车速。

6.3.2 最高车速测定

最高车速测定按 GB/T 23920《三轮汽车和低速货车　最高车速测定方法》的规定进行。

6.3.3 加速性能试验

6.3.3.1 最高挡的加速性能

被试低速货车挂最高挡,以比该挡最小稳定车速约高 10%的车速行驶,稳定后,将油门迅速踩到底,直至将被试低速货车加速到其最高车速的 80%以上为止。用五轮仪(或其他车速测试仪)连续记录整个加速过程,测记速度、时间和距离。试验往返各进行一次,取两次测定值中相同速度下测定值的平均值为该车速下的测量结果。初速度和末速度往返试验的两次测定值误差不应大于 3 km/h。

6.3.3.2 起步连续换挡的加速性能

试验前,首先由驾驶员在试验道路上充分练习起步换挡加速过程,以确定最佳换挡工况(此时的加速时间及加速距离均应最短)。试验时,被试低速货车静止挂空挡,从发令开始立即挂起步挡起步并尽快加速行驶,至最佳换挡时刻,最迅速、无声地换入高一个挡位,如此尽快连续地换到最高挡并加速到最高车速的 80%以上为止。用五轮仪(或其他车速测试仪)连续记录从发令开始的整个加速过程,测记速度、时间和距离。试验往返各进行一次,取两次测定值中相同速度下的平均值为其结果。末速度往返试验的两次测定值误差不应大于 3 km/h。

6.3.4 爬坡能力测定

在道路上选择一段坡度接近被试低速货车最大爬坡度(设计值)、坡度均匀、坡长足够、坡底有一段平路或平缓的直线坡道为试验道路,在坡道上设置长 25 m 的测速区,测区起点离坡底为 20 m。坡道坡度的测量应在坡道始末及中部区段有代表性的三处测量,取其平均值。

试验时,被试低速货车从离坡底约 20 m 的平路区段用最低挡起步后,立即将油门踩到底驶上坡道,测定通过测区的时间。如爬不上坡而被迫停车时,应减少载荷重新试验。

如试验道路坡度不合适(大或小),可采用改变载荷或改变挡位行驶的办法,反复进行试验。直至减少或增加约 50 kg(对总质量小于 1 500 kg 的被试低速货车为 25 kg)后刚好能或不能驶过测区为止。试验后,再将临界状态下的试验结果,按式(7)换算成在额定载质量下、用最低挡爬坡时所能爬上的最大坡度。增加载荷时,加载量不应超过构件强度所限。

若受地形条件限制,也可在附着性能良好的平直道路用牵引模拟法进行测定。试验时,被试低速货车额定满载、挂合适挡位,牵引一辆负荷车(其间串接拉力计),逐渐加大负荷,测出被试低速货车发动机临近熄火时所能发挥的最大牵引力,再按式(8)计算出其最大爬坡度。

6.4 试验结果及报告

6.4.1 试验结果分别用式(4)至式(8)计算：

a) 平均行驶速度：

$$v = \frac{3.6S}{t} \quad \cdots\cdots(4)$$

式中：

v——平均行驶速度，单位为米每秒(m/s)；

S——测区长，单位为米(m)；

t——通过测区的行驶时间，单位为秒(s)。

b) 平均加速度：

$$a_j = \frac{v_2 - v_1}{t} \quad \cdots\cdots(5)$$

式中：

a_j——平均加速度，单位为米每二次方秒(m/s²)；

v_1——加速前的稳定车速，单位为米每秒(m/s)；

v_2——加速到最高车速80%时的车速，单位为米每秒(m/s)；

t——从 v_1 到 v_2 的加速时间，单位为秒(s)。

c) 换算最大爬坡度：

$$J_{max} = 100\tan\alpha_{max} \quad \cdots\cdots(6)$$

1) 爬坡法：

$$\alpha_{max} = \arcsin\left(\frac{m_s' i_1}{m_s i'} \cdot \sin\alpha'\right) \quad \cdots\cdots(7)$$

2) 模拟法：

$$\alpha_{max} = \arcsin\left(\frac{F_{Tmax}}{m_s g}\right) \quad \cdots\cdots(8)$$

式中：

J_{max}——换算最大爬坡度，%；

α_{max}——换算坡道最大坡度角，单位为度(°)；

α'——试验坡道的坡度角，单位为度(°)；

m_s——被试低速货车最大设计总质量，单位为千克(kg)；

m_s'——被试低速货车试验时的实际总质量，单位为千克(kg)；

i_1——被试低速货车最低挡的总传动比；

i'——试验时实际使用挡位的总传动比；

F_{Tmax}——最大牵引力，单位为牛顿(N)。

6.4.2 对6.3.3试验分别绘制两种加速过程性能曲线，即 t-v 和 S-v 曲线，v 为达到的车速，t 为加速时间，S 为加速距离，其间至少应分布8个以上的测点。并算出最高挡加速时的平均加速度。

对6.3.4试验结果，当换算坡道的最大坡度角 α_{max} 大于被试低速货车的离去角 ψ_1 或接近角 ψ_j 时，则应以 ψ_1 或 ψ_j 作为最大坡度角，并在报告中说明。

7 燃油经济性试验

燃油经济性试验按GB 21378的规定进行。

8 滑行试验

8.1 仪器设备

风速计、五轮仪或其他车速测试仪等。

8.2 试验方法

试验时，被试低速货车加速至 30 km/h 以上(约 32 km/h)时，立即分离离合器并挂空挡滑行行驶，当车速达到 30 km/h 时起动距离测定开关，直至停车。测记从滑行开始至停车时的滑行距离(或由仪器自动记录从 30 km 至停车的滑行距离)。试验往返各进行一次，取其平均值。

8.3 试验结果及报告

当滑行前的初速度在规定值的±5%范围内时，用式(9)计算出规定初速度时的滑行距离，否则试验无效，应重做。

$$S_g = \left(\frac{v_g}{v}\right)^2 S \qquad (9)$$

式中：

S_g——规定滑行初速度时的滑行距离，单位为米(m)；

v_g——规定的滑行初速度，单位为千米每小时(km/h)；

v——实测的滑行初速度，单位为千米每小时(km/h)；

S——实测的滑行距离，单位为米(m)。

9 操纵性能试验

9.1 试验条件

测试可在磨合前进行，试验时空载(可另乘一名测试人员)，前轮转角应符合技术条件的规定。

9.2 仪器设备

前轮侧滑试验台、转向力角仪、测力计、五轮仪(或其他车速测试仪)和钢卷尺等。

9.3 试验方法

9.3.1 前轮前束及侧滑率测量

前轮前束测量，在通过左、右前轮中心的水平面上进行。测量左右车轮平面内前后距离之差值，车轮每转过 90°测量一次，取四次测值的平均值。

测量前轮侧滑率时，被试低速货车挂最低挡，以 3 km/h～5 km/h 的车速直线平稳行驶，正向驶过侧滑试验台，读取前轮驶过时该仪器所显示的最大侧滑率值。测量重复进行三次，取其最小值。行驶过程中不应转动方向盘。

9.3.2 最小转向圆直径测量

转向圆半径指被试低速货车转弯时，其最外轮辙中心和最外端点至瞬时回转轴线的距离，即图 2 中的 R_y。

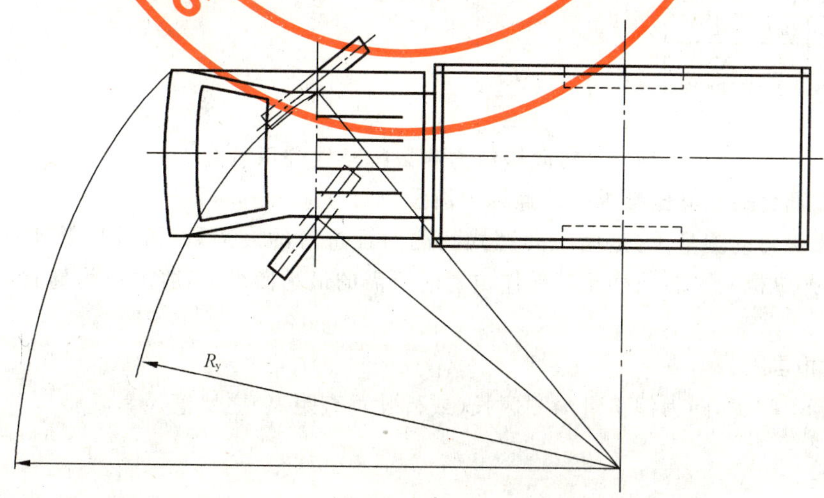

图 2 转向圆直径测量示意图

测定时，被试低速货车以低速稳定行驶，将转向盘向一方转到极限位置，在地上标出最外轮辙中心的轨迹，待驶完一个整圆后退出场地，然后用钢卷尺测量这个轨迹所构成的圆的直径，均布测量三次，取其平均值。

测定应分别在向左转和向右转两个方向上进行，取其两者中的最大值。

9.3.3 行驶直线性试验

试验前，在试验场上依次划出长 50 m 的预测区和长 25 m 的测区。试验时，被试低速货车以约 10 km/h 的速度匀速直线行驶，当其前轮中心刚抵达测区起始线时，驾驶员双手立即松开转向盘，让被试低速货车自由行驶，直至其任一个前轮中心抵达测区终线时即停车。测量此时前轴中点偏离起始线前被试低速货车前轴中点行驶轨迹延长线的距离。试验重复进行三次，取三次测值的平均值。若三次试验中，出现偏离方向相反的情况，则试验无效，应在检查调整后重新试验，并对因此调整而受影响的项目重新试验。

9.3.4 操纵力测量

9.3.4.1 转向盘切向操纵力测量

首先在试验场地上画出如图 3 所示的行驶路线。测量时，低速货车以 10 km/h 的速度自 A 点开始，使其外前轮沿曲线 $ABCD$ 行驶，测量被试低速货车自 B 点到 C 点行驶期间作用在转向盘上的最大操纵力。

测量应分别在向右转和向左转两种情况下各进行三次，分别取其平均值。向左转时，应沿一条与图 3 中X 轴对称的路线行驶。

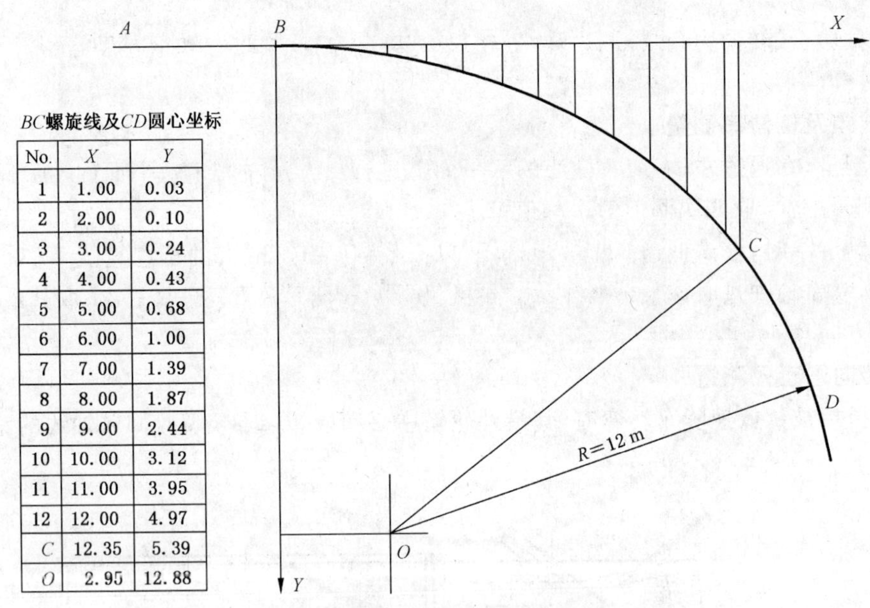

BC螺旋线及CD圆心坐标

No.	X	Y
1	1.00	0.03
2	2.00	0.10
3	3.00	0.24
4	4.00	0.43
5	5.00	0.68
6	6.00	1.00
7	7.00	1.39
8	8.00	1.87
9	9.00	2.44
10	10.00	3.12
11	11.00	3.95
12	12.00	4.97
C	12.35	5.39
O	2.95	12.88

图 3 转向操纵力测量行驶轨迹示意图

9.3.4.2 制动器、离合器及其他操纵杆的操纵力测量

各操纵机构操纵力的测量，均是用不同型式的测力计进行的。测量时，被试低速货车处于静止状态，分别测量将各操纵机构平缓地移至其工作位置时所需的最小操纵力，着力点为驾驶员常规操纵位置的中点。

9.4 试验结果及报告

对 9.3.3 计算斜驶率，即为偏移量与测区长(或行驶垂直距离)之比值。

10 制动性能试验

按照 GB/T 19120 的规定进行。

11 环境污染测定

自由加速烟度的测定按 GB 18322 的规定进行。

驾驶员操作位置处噪声按 GB/T 19118 的规定进行。

排气污染物排放按 GB 19756 的规定进行。

加速行驶车外噪声按 GB 19757 的规定进行。

12 低温起动试验

按照 GB/T 3871.10 的规定进行。

13 自卸货厢性能试验

对具有自卸货厢的低速货车进行此项试验。试验可在磨合前进行。

13.1 试验条件

试验应在无明显坡度(纵向和横向)的坚实场地上进行。

13.2 仪器设备

角度计、转速表、秒表、直尺等。

13.3 试验方法

13.3.1 举升时间和最大举升角测定

低速货车空载状态下将车厢栏板锁定使其不会开启,发动机在额定转速下运转,测定从举升操作开始至车厢举升到最大位置所需的时间,随后,在左右两侧测量车厢举升到最高位置时的举升角。试验重复进行二次,取其平均值。

13.3.2 货厢静沉降试验

被试低速货车装载 110%的额定载荷,载荷均匀分布并固定在车厢内,当车厢举升角达 20°±1°时,将举升操纵手柄置于中立位置,发动机熄火。测量车厢停留 5 min 时车厢前端的垂直下降量,如图 4 所示。

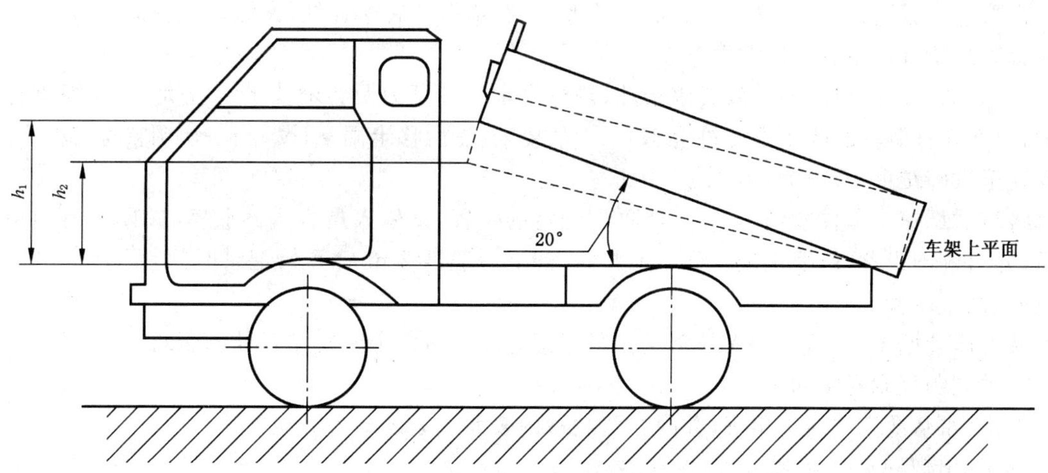

图 4 货厢静沉降试验示意图

13.4 试验结果及报告

对 13.3.2 试验,货厢静沉降率按式(10)计算:

$$\delta = \frac{h_1 - h_2}{h_1} \times 100 \qquad \cdots\cdots(10)$$

式中:

δ——货厢静沉降率,%;

h_1——货厢举升角为20°±1°时，货厢前端距车架上平面的垂直高度，单位为毫米(mm)；

h_2——停留5 min后，货厢前端距车架上平面的垂直距离，单位为毫米(mm)。

14 照明信号装置试验

按照GB/T 19119的有关规定进行。

15 驾驶室淋雨试验

试验在专门设置的淋雨实验室进行。

15.1 试验条件

15.1.1 试验时，前风窗迎风面上的降水强度为8 mm/min～10 mm/min，其余部位的降水强度为4 mm/min～6 mm/min。

15.1.2 淋雨喷头的出水水柱呈35°～40°圆锥角。除车顶部位的喷头水柱轴线与车顶面垂直外，其余均与车体侧面被喷表面呈向下的30°～45°夹角。

15.1.3 喷雨喷头出水口距离被喷表面的距离要求如下：前风窗50 cm～60 cm、车门及侧窗50 cm～80 cm、顶盖80 cm～130 cm、后窗60 cm～80 cm。

15.1.4 喷头数量应保证人工淋雨在车体表面各处喷洒均匀，不应有死区存在，且各处的降雨强度应满足15.1.1要求。

15.1.5 水泵出水口压力应可调节，使淋雨时管路系统压力为70 kPa～150 kPa，以保证淋雨强度要求。

15.1.6 驾驶室顶盖喷水面积应不小于其水平投影面积。

15.1.7 被试低速货车的所有门、窗及孔盖均应关闭。

15.2 仪器设备

淋雨试验室、气象雨量计或计量盘、计时器等。

15.3 试验方法

15.3.1 将被试低速货车移放到淋雨室中适当位置，调整淋雨喷头位置及数量，使满足15.1.2，15.1.3和15.1.4要求。

15.3.2 将雨量计分别布置在驾驶室顶、前窗玻璃、左右车门及后窗各处，在做好位置标志后移去，再将被试低速货车的位置标注后移出淋雨室。

15.3.3 在15.3.2所确定的各处放置雨量计，调整供水系统压力及各喷头的开孔大小，随即进行淋雨强度测定，使在各处测得的降水强度符合15.1.1的要求，然后移走雨量计。当一切调整符合要求后，应保持不变直至试验结束。

15.3.4 将被试低速货车移放到15.3.2所预先确定的位置，试验人员进入驾驶室，关闭所有门窗及孔盖。然后，开启淋雨设备，待喷水进入稳定工作状态时(一般需2 min)开始记录时间，至15 min时即关闭淋雨设备，结束试验。

15.3.5 从淋雨开始至结束，试验人员都应仔细观察驾驶室内各个密封结合处的密封情况，认真记录渗漏部位。有关判断规则规定如下：

——渗水：水从缝隙中缓慢出现，并附在驾驶室内表面上蔓延开来的现象；

——漏水：出现滴水或流水；

——滴水：水从缝隙中成滴出现，在驾驶室内表面断续滴下的现象；

——流水：水从缝隙中出现，并沿着或离开驾驶室内表面连续不断地向周围流淌现象。

15.4 试验结果及报告

详细报告渗水和漏水处数。

16 侧倾稳定性试验

按GB/T 19133的规定进行。

17 不足转向特性试验

按 GB 18320—2008 中 5.4.2.5 的规定进行。

18 前照灯性能和安装试验

前照灯性能按 GB/T 19124 的规定进行。前照灯的安装要求按 GB/T 19119 中的规定方法进行。

19 后视镜试验

按 GB/T 19134 的规定进行。

20 车速表误差试验

按 GB/T 19130 的规定进行。

21 电喇叭功能和声级试验

按 GB/T 19129 的规定进行。

22 内饰材料的阻燃性

按 GB 8410 的规定进行。

23 可靠性行驶试验

按 JB/T 7736 的规定进行。

附 录 A
（规范性附录）
低速货车质心高度测定法

本附录给出了低速货车两种测定质心高度坐标 h 的方法。

A.1 质量周期法

质量周期法（或称摇摆法）是一种比较准确、快速的测定方法，是在一个专用试验台上进行的其示意图见 A.1a）。

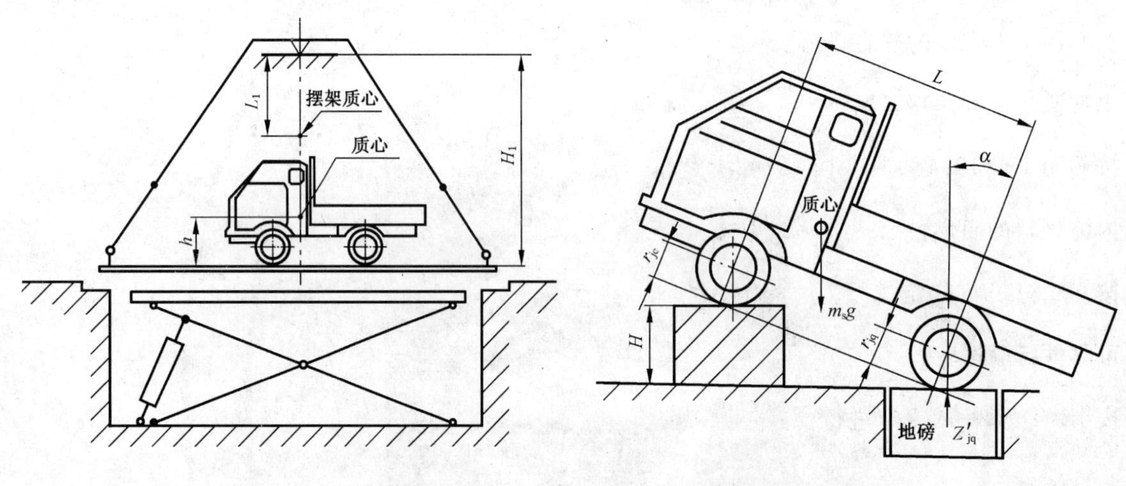

a）质量周期法（或称摇摆法）　　b）力矩平衡法

图 A.1 测定低速货车质心高度示意图

试验台由三部分组成：(1)摇摆架：由平台、框架、悬吊刀口及支撑架组成，它相当于悬吊臂长度可调的复摆。(2) 液压举升平台：安装在摇摆架下面的地坑里，它可把摆架举起来。(3)测量记录装置：由频率测定记录装置等组成。

测定过程如下：把测过质量并测得质心纵向坐标的被试低速货车准确移放到摇摆架平台上规定位置处，使被试低速货车的质心同摇摆架的质心在同一铅垂线上，将被试低速货车固定住，把摇摆架的悬吊臂置于长臂状态后使整个摇摆架悬吊起来，并使它作自由微摆动。稍稳定后测记此时的摆动周期 T_1。然后，放下摇摆架，使其悬吊臂置于短臂状态后，重复上述步骤，测得此时的摆动周期为 T_2。由此即可按式(A.1)计算出被试低速货车的质心高度 h。

$$h = \frac{B - A}{C} \qquad \cdots\cdots\cdots\cdots (A.1)$$

式中：

$A = 4\pi^2[J_{s1} - J_{s2} + m_s(H_1^2 - H_2^2)]$

$B = T_1^2 g(m_0 L_1 + m_s H_1) - T_2^2 g(m_0 L_2 + m_s H_2)$

$C = m_s g(T_1^2 - T_2^2) - 8\pi^2 m_s(H_1 - H_2)$

h——被试低速货车的质心高度坐标，单位为毫米(mm)；

m_s——被试低速货车的总质量，单位为千克(kg)；

T_1——试验时测得的长摆周期，单位为秒(s)；

T_2——试验时测得的短摆周期，单位为秒(s)；

m_0——摇摆架质量，单位为千克(kg)；

g——重力加速度，单位为米每二次方秒（m/s^2）；

L_1、L_2——分别为长摆和短摆时，摇摆架质心到悬吊刀口的垂直距离，单位为毫米（mm）；

H_1、H_2——分别为长摆和短摆时，摇摆架平面到悬吊刀口的垂直距离，单位为毫米（mm）；

J_{s1}、J_{s2}——分别为长摆和短摆时，摇摆架本身绕悬吊刀口的转动惯量，单位为千克二次方毫米（$kg \cdot mm^2$）。

A.2 力矩平衡法

这是目前普遍采用的一种方法，它比较简单易行，不需要什么专用设备，但不够准确，是一种近似的测量方法。

测量时，首先应在水平状态下，将被试低速货车的悬架弹簧与车架间的间隙，用木块塞紧，使弹簧不再起作用。然后，将被试低速货车的前轮垫起[见图 A.1b)]。使被试低速货车至少倾斜 15°（即 $\alpha \geqslant 15°$），测记此时的后轮支撑反力（制动器处于非工作状态）及图中所示的参数，用式（A.2）或（A.3）即可算得质心高度坐标 h 值：

$$h = \frac{l}{m_s g}\left[L\cot\alpha(Z'_{jq} - Z_{jq}) + Z'_{jq}(r_{jq} - r_{jc})\right] + r_{jc} \quad \cdots\cdots(A.2)$$

$$h = \frac{l}{m_s g}\left[L\frac{\sqrt{L^2 - (H + r_{jc} - r_{jq})^2}}{H + r_{jc} - r_{jq}}(Z'_{jq} - Z_{jq}) + Z'_{jq}(r_{jq} - r_{jc})\right] + r_{jc} \quad \cdots\cdots(A.3)$$

式中：

h——被试低速货车的质心高度坐标，单位为毫米（mm）；

m_s——被试低速货车的总质量，单位为千克（kg）；

g——重力加速度，单位为米每二次方秒（m/s^2）；

r_{jq}——后轮静力半径，单位为毫米（mm）；

r_{jc}——前轮静力半径，单位为毫米（mm）；

α——被试低速货车的倾斜角，要求测量误差不大于 5′；

Z'_{jq}——被试低速货车倾斜后，后轮的地面支承反力，单位为牛顿（N）；

Z_{jq}——被试低速货车水平状态下，后轮的地面支承反力，单位为牛顿（N）；

L——被试低速货车的轴距，单位为毫米（mm）；

H——垫块高度，单位为毫米（mm）。

ICS 65.060
T 54

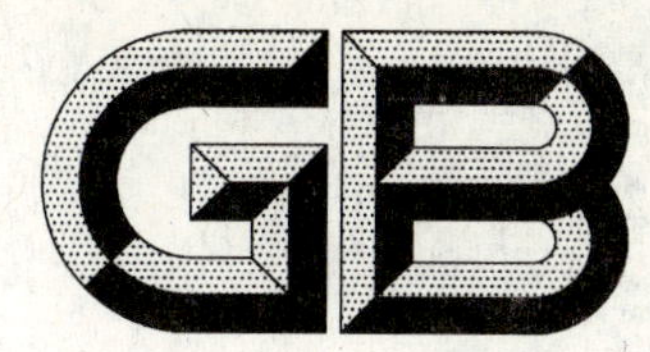

中华人民共和国国家标准

GB/T 23918—2009

三轮汽车 操纵机构的位置、最大操纵力和操纵方法

Tri-wheel vehicles—Location, maximum actuating forces and operating method of controls

2009-06-04 发布 2010-01-01 实施

中华人民共和国国家质量监督检验检疫总局
中国国家标准化管理委员会 发布

前　言

本标准由中国机械工业联合会提出。

本标准由全国低速汽车标准化技术委员会(SAC/TC 234)归口。

本标准负责起草单位:山东五征集团有限公司、机械工业农用运输车发展研究中心。

本标准参加起草单位:山东时风(集团)有限责任公司、河南奔马股份有限公司、福田雷沃国际重工股份有限公司。

本标准主要起草人:王侠民、张咸胜、吕树盛、林连华、唐喜林、王炳涛。

三轮汽车　操纵机构的位置、最大操纵力和操纵方法

1　范围

本标准规定了三轮汽车行车制动器、驻车制动器、离合器、转向系统、液压自卸系统等的操纵机构的位置、最大操纵力和操纵方法。

本标准适用于三轮汽车。

2　规范性引用文件

下列文件中的条款通过本标准的引用而成为本标准的条款。凡是注日期的引用文件，其随后所有的修改单(不包括勘误的内容)或修订版本均不适用于本标准，然而，鼓励根据本标准达成协议的各方研究是否可使用这些文件的最新版本。凡是不注日期的引用文件，其最新版本适用于本标准。

GB/T 20341　农林拖拉机和自走式机械　操作者操纵机构　操纵力、位移量、操纵位置和方法(GB/T 20341—2006,ISO/TS 15077:2002,IDT)

3　术语和定义

下列术语和定义适用于本标准。

3.1

操纵机构　control

由操作者操纵引起三轮汽车、三轮汽车的装置或机构动作的装置。

3.2

操纵机构操纵力　control actuation force

沿操纵机构移动方向、施加在操纵机构接触表面的中心、并垂直于接触表面，以实现操纵功能的力。

3.3

最大操纵力　maximum actuation force

在正常操作条件下，为实现所需操纵功能而允许施加于操纵机构的最大力。

3.4

前方　forward

按制造厂规定，三轮汽车及其座椅处于直线向前行驶状态，坐在驾驶座上的操作者面向的方向。

4　最大操纵力

三轮汽车操纵机构的最大操纵力应符合表1的要求。

本标准未规定的操纵机构的最大操纵力参照执行GB/T 20341的规定。

表1　三轮汽车操纵机构的最大操纵力

序号	操纵机构		最大操纵力/N
1	发动机	电起动	20
		人力起动	400
		脚油门踏板	80

表 1（续）

序号	操纵机构		最大操纵力/N
1	发动机	手油门	50
		熄火机构	50
2	转向系	方向盘	245
		方向把	400
3	行车制动器	脚制动踏板	600
		方向把上的手制动机构	250
	驻车制动器	脚制动踏板	600
		操纵手柄	400
4	离合器	脚踏板	250
		操纵手柄	200
5	变速器	换挡杆	150
6	自卸系统	手操纵杆	150
		操纵按钮	25
7	照明、信号装置和其他电气设备	转动式、拨钮式、按钮式或拨杆式开关	手指:25;指尖:10

5 操纵机构位置和操作方法

三轮汽车操纵机构的位置和操作方法详见表 2。

本标准未规定的操纵机构的位置和操作方法参照执行 GB/T 20341 的规定。

表 2 操纵机构的位置和操作方法

操纵机构		位置和操作方法
5.1	发动机	
5.1.1	起动	只有满足下列条件之一，才能起动发动机： 1) 换挡杆处于空挡； 2) 离合器分离。
5.1.1.1	电起动(起动开关)	操纵机构应在操作者右手易于接近的位置。 对于旋转(钥匙)开关式，移动操纵机构到“起动”位置，顺时针转动开关应使发动机起动。若装有发动机预热器电路，则该操纵机构应在发动机起动位置前或在起动位置接通预热装置，也可以通过逆时针转动开关接通预热装置。
5.1.1.2	人力起动	操纵机构应在操作者易于操作的位置。 可以为拉动或摇动式。需要人工有意识的操纵。
5.1.2	转速	
5.1.2.1	脚油门	操纵机构应在操作者右脚能迅速接近的位置。向前和/或向下踩下踏板来增加发动机转速。
5.1.2.2	手油门	手油门应装在操作者的前面或右面。 操纵机构的移动方向应在与车辆纵向轴线大致平行的平面内，其向远离操作者的方向(通常为向前)移动增加发动机转速。

表 2（续）

操纵机构			位置和操作方法
5.1.3	发动机熄火		操纵机构应在操作者右手易于接近的位置。对于转动式，逆时针转动应至“关”的位置。移动操纵机构到熄火位置。该操纵机构应在不施加人力的情况下自动保持在熄火位置。如果熄火操纵机构和转速操纵机构是联动的，则向怠速位置方向移动并越过怠速位置时发动机熄火。
5.2	转向操纵机构——方向盘/方向把		位于操作者前方，与操作者座椅的中心线基本对齐。顺时针转动方向盘/方向把应实现右转弯，逆时针转动方向盘/方向把应实现左转弯。
5.3	制动操纵机构		
5.3.1	行车制动操纵机构——脚操纵		制动踏板应位于操作者右脚易于接近的位置。制动踏板应向前和/或向下运动使制动器接合。
5.3.2	方向把上的行车制动操纵机构——手操纵		装在方向把上，并便于操作者右手操纵的位置。向上和/或向后握压实现制动。
5.3.3	驻车制动操纵机构		
5.3.3.1	手操纵		操纵手柄应在操作者右手易于接近并便于操作的位置。向后和/或向上施加拉力应实现制动。通过再次拉动驻车操纵手柄，开启驻车制动锁止装置来解除驻车制动。应装有保持制动器在制动状态的装置，应采取措施防止该装置意外松开。
5.3.3.2	脚操纵		驻车制动踏板一般位于行车制动踏板的左边，并便于左脚操作的位置。向下和/或向前踩下制动踏板使制动器接合实现制动。再次向下和/或向前踩下制动踏板，解除驻车制动锁止装置分离驻车制动器，解除驻车制动。应装有保持制动器在制动状态的装置，应采取措施防止该装置意外松开。
5.4	传动系		
5.4.1	离合器操纵机构		
5.4.1.1	脚操纵		离合器踏板应位于便于操作者左脚操作的位置。向前和/或向下踩下踏板使离合器分离。
5.4.1.2	手操纵(手柄)		操作者的手放在转向机构上时，易于接近的位置。操纵机构朝后移或朝向操作者移动使离合器分离。应采取可靠装置使离合器操纵机构保持在分离位置，除非有人力操作，否则该离合器不会重新接合。向前和/或向下踩下踏板使离合器分离。
5.4.2	变速器操纵机构——换挡杆		换挡杆应在操作者坐在座椅上时，右手易于接近并便于操作的位置。挡位标志(图)应简洁、易识别且清晰易见。空挡位置应可靠且容易选择。
5.5	自卸系统操纵机构	手操纵杆	手操纵杆一般位于便于操作者操作的位置。向后/或向上移动操纵杆实现自卸功能，向前和/或向下实现复位。除非采取其他措施，否则应在道路运输和维护期间，或自卸车车箱升起、降落或停在任一位置时，应能将操纵杆或机构可靠锁定。
		操纵按钮	操纵按钮应位于便于操作者操作的位置。按下按钮实现自卸功能，再次按下实现复位。除非采取其他措施，否则应在道路运输和维护期间，或自卸车车箱升起降落或停在任一位置时，应能将操纵杆或机构可靠锁定。
5.6	照明、信号装置和其他电气设备操纵机构		应位于操作者前方，便于操作者用手指操纵的位置。 可以为转动式、拨钮式、按钮式或拨杆式开关。如为转动式，顺时针转动应至“开”的位置；如为拨钮式，向前和/或向上应拨至“开”的位置。

ICS 65.060
T 54

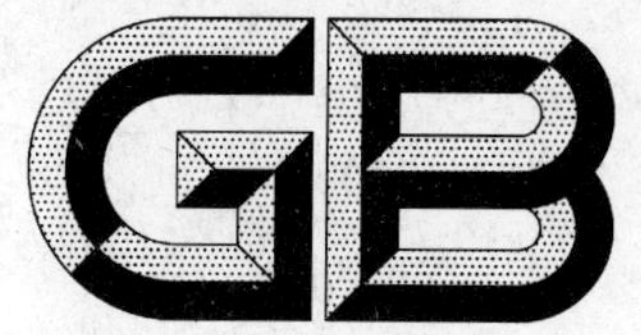

中华人民共和国国家标准

GB/T 23919—2009

三轮汽车和低速货车　减振器

Tri-wheel vehicles and low-speed goods vehicles—Shock absorbers

2009-06-04 发布　　2010-01-01 实施

中华人民共和国国家质量监督检验检疫总局
中国国家标准化管理委员会　发布

前言

本标准的附录B为规范性附录，附录A为资料性附录。

本标准由中国机械工业联合会提出。

本标准由全国低速汽车标准化技术委员会(SAC/TC 234)归口。

本标准负责起草单位：江苏大学。

本标准参加起草单位：机械工业农用运输车发展研究中心、山东五征集团有限公司、山东时风(集团)有限责任公司、河南奔马股份有限公司。

本标准主要起草人：陈昆山、薛念文、张琦、王侠民、李东、林连华、唐喜林、陈燎。

三轮汽车和低速货车　减振器

1　范围

本标准规定了三轮汽车和低速货车减振器的结构尺寸、技术要求、试验方法、检验规则、标志、包装、运输及贮存。

本标准适用于三轮汽车和低速货车用减振器。

2　规范性引用文件

下列文件中的条款通过本标准的引用而成为本标准的条款。凡是注日期的引用文件，其随后所有的修改单(不包括勘误的内容)或修订版均不适用于本标准，然而，鼓励根据本标准达成协议的各方研究是否可使用这些文件的最新版本。凡是不注日期的引用文件，其最新版本适用于本标准。

GB/T 1239.2　冷卷圆柱螺旋压缩弹簧技术条件

GB/T 2828.1　计数抽样检验程序　第1部分：按接收质量限(AQL)检索的逐批检验抽样计划(GB/T 2828.1—2003,ISO 2859-1:1999,IDT)

GB/T 16947　螺旋弹簧疲劳试验规范

JB/T 5673—1991　农林拖拉机及机具涂漆　通用技术条件

QC/T 625—1999　汽车用涂镀层和化学处理层

3　术语和定义

下列术语和定义适用于本标准。

3.1

示功图　indicator card

减振器阻力 P 与活塞位移 S 的关系曲线。

3.2

速度特性　damping force-velocity curve

减振器阻力 P 与活塞速度 v 的关系。

3.3

耐久性　durability

减振器阻力 P 与运转次数 n 的关系。

3.4

三轮汽车前减振器总成　tri-wheel vehicles shock absorber

位于三轮汽车车架和车轮之间，缓和并衰减由地面引起的冲击和振动，同时承受和传递作用在车轮和车架之间的各种力和转矩的装置(部件)。

3.5

三轮汽车前减振器　tri-wheel vehicles damper

三轮汽车前减振器总成中除去缓冲弹簧后的部分。

3.6

筒式减振器　cylindrical shock absorber

圆筒形的减振器。

4 结构尺寸

减振器的主要结构尺寸应符合表1的规定。

表1 减振器的主要结构尺寸

单位为毫米

三轮汽车前减振器工作缸直径	34	40	45	53
筒式减振器工作缸直径	20	30	40	—

5 技术要求

5.1 减振器应符合本标准的要求,并按经规定程序批准的图样及技术文件制造。

5.2 减振器外观应光洁,无明显碰伤、划痕和锈蚀等缺陷。

5.3 减振器焊缝应均匀平整,不应有裂纹、漏焊、夹渣等焊接缺陷。

5.4 减振器镀铬层厚度和硬度应不低于 QC/T 625—1999 中 Fe/Ep・Cr10 的规定。

5.5 减振器涂漆件的涂层质量应不低于 JB/T 5673—1991 中 TQ-1-2-DM 的规定。

5.6 减振器应注入符合企业标准或有关技术文件规定牌号和容量的油液。在拉压试验台上,以 5 Hz±2 Hz频率、30 mm±1 mm 行程拉压循环10次后,不应有异响等现象。拉压试验后,横置 8 h 以上不应有渗油现象。

5.7 减振器的清洁度应符合企业标准或有关技术文件的规定。

5.8 三轮汽车前减振器总成的缓冲弹簧与三轮汽车前减振器之间不应有异常摩擦。

5.9 三轮汽车前减振器总成的缓冲弹簧应符合 GB/T 1239.2 中2级的规定。

5.10 减振器复原阻力与压缩阻力之比应大于或等于1.2。

5.11 三轮汽车前减振器总成的承载质量、弹簧刚度及阻尼力(复原阻力与压缩阻力之和)应符合表2的规定;筒式减振器的额定复原阻力与额定压缩阻力的范围应符合表3的规定。

表2 减振器总成的承载质量、弹簧刚度及阻尼力

工作缸直径 mm	轴向额定载质量 kg	弹簧刚度 N/mm	阻尼力 N
34	100	8～21	≥154
	120	10～25	≥185
40	150	12～37	≥228
	200	16～42	≥307
45	220	20～46	≥337
53	250	24～52	≥383
注:表中阻尼力是活塞速度为0.52 m/s时的值。			

表3 筒式减振器的额定复原阻力与额定压缩阻力范围

工作缸直径 mm	复原阻力 N	压缩阻力 N
20	200～1 200	≤600
30	1 000～2 800	≤1 000
40	1 600～4 500	400～1 800
注:表中阻力是活塞速度为0.52 m/s时的值。		

5.12 三轮汽车前减振器总成的缓冲弹簧其永久变形量不应大于总高度的0.5%;每副三轮汽车前减

振器总成的缓冲弹簧在额定轴向载荷下的高度差不应大于总高度的2%。

5.13 三轮汽车前减振器总成用共振频率、加速度传递率检测时，其共振频率应不大于1.7 Hz；起减振作用时的最小振动激励加速度不大于0.6 m/s^2；共振频率处的最大加速度传递率不大于2.8；在3.5 Hz～10 Hz内的加速度传递率不大于0.5；在10 Hz以上的频率范围内，加速度传递率不应出现大于1的峰值。

注：三轮汽车前减振器总成按承载质量、弹簧刚度和阻尼力检测或按共振频率、加速度传递率检测，两者等效。

5.14 耐久性台架试验时，筒式减振器在 5×10^5 次循环之内不应漏油；三轮汽车前减振器在 3×10^5 次循环之内不应漏油；阻力衰减率不大于额定值的35%，阻尼润滑油消耗不应超过规定加注量的15%；三轮汽车前减振器总成的缓冲弹簧永久变形量不大于极限工作负荷下弹簧变形量的4%；各零件不应损坏。

5.15 三轮汽车前减振器的垂直弯曲刚度 K_W、应满足式(1)要求。垂直弯曲强度后备系数不小于5。

$$mg(f_0+\tan\alpha)\leqslant 0.05K_W \quad \cdots\cdots(1)$$

式中：

m——三轮汽车前减振器轴向额定载质量，单位为千克(kg)；

g——重力加速度，取 $g=10\ m/s^2$；

f_0——滚动阻力系数，取 $f_0=0.2$；

α——三轮汽车前减振器总成安装后倾角，单位为度(°)；

K_W——垂直弯曲刚度，单位为牛顿每毫米(N/mm)。

6 试验方法

6.1 三轮汽车前减振器总成缓冲弹簧性能

三轮汽车前减振器总成缓冲弹簧性能试验按GB/T 1239.2规定进行，试验结果记录于附录A表A.1中。

6.2 三轮汽车前减振器垂直弯曲刚度及垂直弯曲强度后备系数

6.2.1 试验设备及精度

试验设备及精度应满足以下要求：

a) 试验设备：液压或机械式加载设备，百分表或位移测量仪。

b) 精度：测力系统误差不超过满刻度的8%，测量位移系统误差不超过满刻度的1%。

6.2.2 试验条件

试验应满足以下条件：

a) 拆除三轮汽车前减振器总成外罩和缓冲弹簧，需要时可放尽阻尼润滑液；

b) 三轮汽车前减振器在最大长度状态下，按图1所示固定在试验台上。图中支承点的位置应与三轮汽车前减振器总成安装在整车上时联结板的位置相同；

c) 支承或加载方式应保证三轮汽车前减振器基本不受轴向力；

d) 支承应有足够的刚度；

e) 加载位置和方向：载荷 P 作用在三轮汽车前减振器下端前轮轴孔轴线位置C点处，方向垂直于三轮汽车前减振器轴线；

f) 百分表或位移传感器布置在C点。

6.2.3 试验方法

试验方法如下：

a) 按表4确定初试负荷 $P_2=3.5P_0$；

b) 预加载荷 $P_1=0.5P_0$，以此作为C点的测量基准点(零点)；

c) 缓慢加载至 P_2，保持1 min，卸载至 P_1，记录C点的永久变形 ΔC(或损坏情况)；

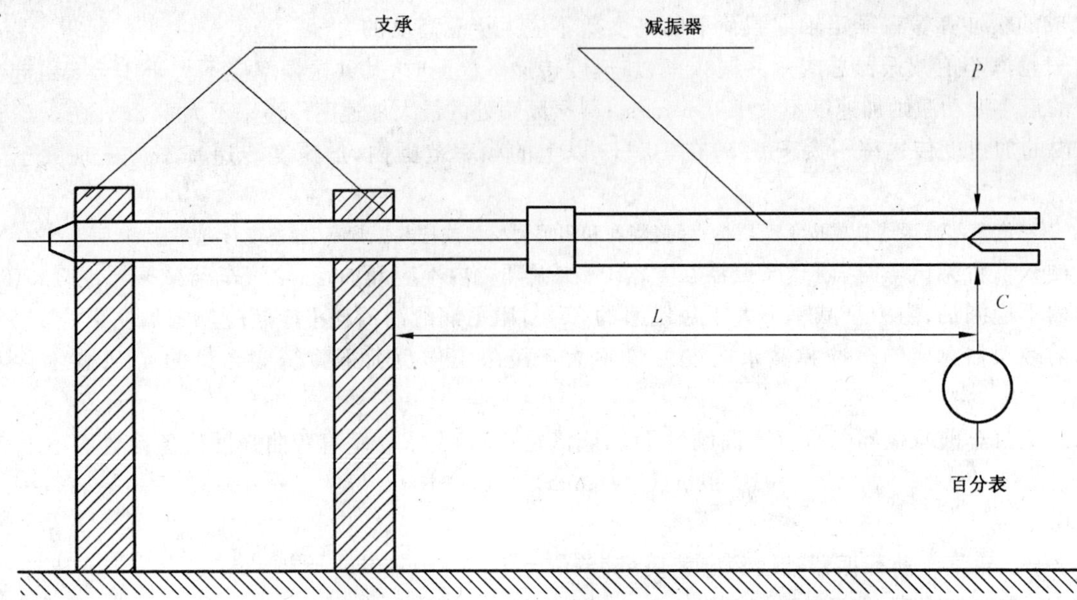

图1　三轮汽车前减振器总成试验台

表4　三轮汽车前减振器额定轴向承载质量及垂直弯曲负荷

<table>
<tr><th>工作缸径
mm</th><th>额定轴向承载质量
kg</th><th>额定垂直弯曲负荷 P_0（$P_0=mg\sin25°$）
N</th></tr>
<tr><td rowspan="2">34</td><td>100</td><td>414</td></tr>
<tr><td>120</td><td>497</td></tr>
<tr><td rowspan="2">40</td><td>150</td><td>621</td></tr>
<tr><td>200</td><td>828</td></tr>
<tr><td>45</td><td>220</td><td>911</td></tr>
<tr><td>53</td><td>250</td><td>1 035</td></tr>
<tr><td colspan="3">注：可按三轮汽车前减振器总成实际装车承载质量，计算实际垂直弯曲负荷。</td></tr>
</table>

d）当 $\Delta C<0.005L$ 时，P_2 负荷递增 $0.5P_0$ 重复加载、卸载至 P_1，直至 $\Delta C\geqslant0.005L$（或损坏），停止试验，记录其失效（塑性变形或损坏）负荷 P_n（包括 P_1），并按式（2）计算垂直弯曲强度后备系数 K_a：

$$K_a=P_n/P_0 \qquad \cdots\cdots(2)$$

e）试验结果记录于附录A表A.2中。

6.3　三轮汽车前减振器总成共振频率、阻尼比和振动加速度传递率

6.3.1　试验设备

6.3.1.1　激振台

激振台的相关要求应满足：

a）机械或电液伺服式激振。

b）激振方式：激振扫描或单频率正弦激振。

c）激振频率：下限频率不大于1 Hz，上限频率不小于30 Hz。有级或无级可调。

d）最大振动幅值：

——频率小于或等于5 Hz范围内，幅值不小于30 mm；

——频率大于5 Hz至小于或等于10 Hz的范围内，幅值不小于2 mm；

——频率在10 Hz以上范围内，幅值不小于0.5 mm。

e) 振幅调节:有级或无级。

6.3.1.2 **测量仪器**

测量仪器及其频率、信噪比应满足:

a) 名称:加速度传感器、电荷放大器、记录器、信号处理设备;

b) 频率范围:0.5 Hz～100 Hz;

c) 信噪比:优于 40 dB。

6.3.2 **试验条件**

试验应满足以下条件:

a) 将三轮汽车前减振器总成下端固定在激振台上,如图 2 所示;

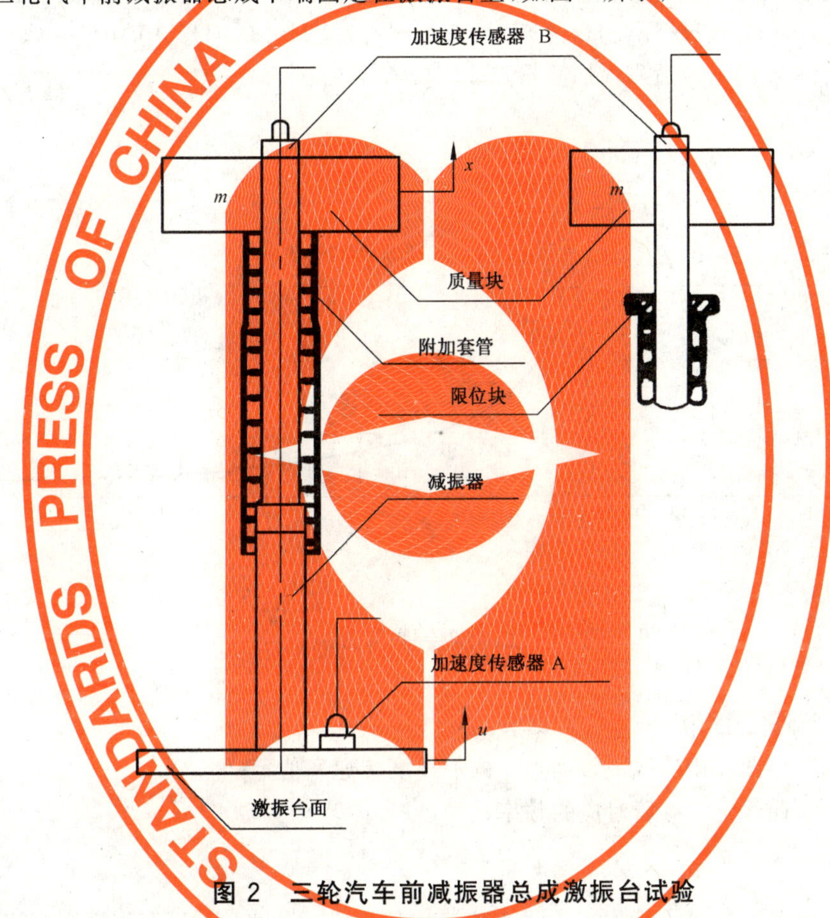

图 2 三轮汽车前减振器总成激振台试验

b) 将质量块固定在减振柱上,质量块的质量等于三轮汽车前减振器总成的额定轴向载质量;

c) 质量块的重力应作用在缓冲弹簧上。当质量块和弹簧之间有距离时,可附加套管(见图 2)或在减振柱上加装限位块等。套管下端或限位块的位置应与三轮汽车前减振器总成安装在整车上时联结板或下联结板的位置相同;

d) 将加速度传感器 A 布置在叉头上或靠近叉头的振动台面上,加速度传感器 B 布置在减振柱上或靠近减振柱的质量块上。

6.3.3 **试验方法**

试验方法如下:

a) 从小于 1 Hz 的下限频率开始,对三轮汽车前减振器总成进行正弦激振,同时测量上下端的振动加速度;

b) 按式(3)计算不同频率时的加速度传递率:

$$T_a(f) = a_n(f)/a_A(f) \qquad \cdots\cdots(3)$$

式中：

$T_a(f)$——频率为 f 时的加速度传递率；

$a_n(f)$——频率为 f 时减振器上端的激振加速度，单位为米每二次方秒(m/s^2)；

$a_A(f)$——频率为 f 时减振器下端的激振加速度，单位为米每二次方秒(m/s^2)。

c) 绘制加速度传递率曲线(见图 3)。在测取曲线 A 时，应在较大激励振幅状态下测量，试验最高频率不小于其共振峰值的四倍(但不应小于 5 Hz)；

d) 采用正弦扫描激振时，如在所测频率范围内，被测信号幅值的变化范围超过仪器某一档的量程范围，可进行分段测量；

e) 采用单频正弦激振时，激振频率可以参考下列数值：0.5 Hz、0.6 Hz、0.8 Hz、1.0 Hz、1.3 Hz、1.6 Hz、2.0 Hz、2.5 Hz、3.2 Hz、4.0 Hz、5.0 Hz、6.3 Hz、8.0 Hz、10.0 Hz；

在图 3 曲线所示 a 点附近应适当增加测量点。

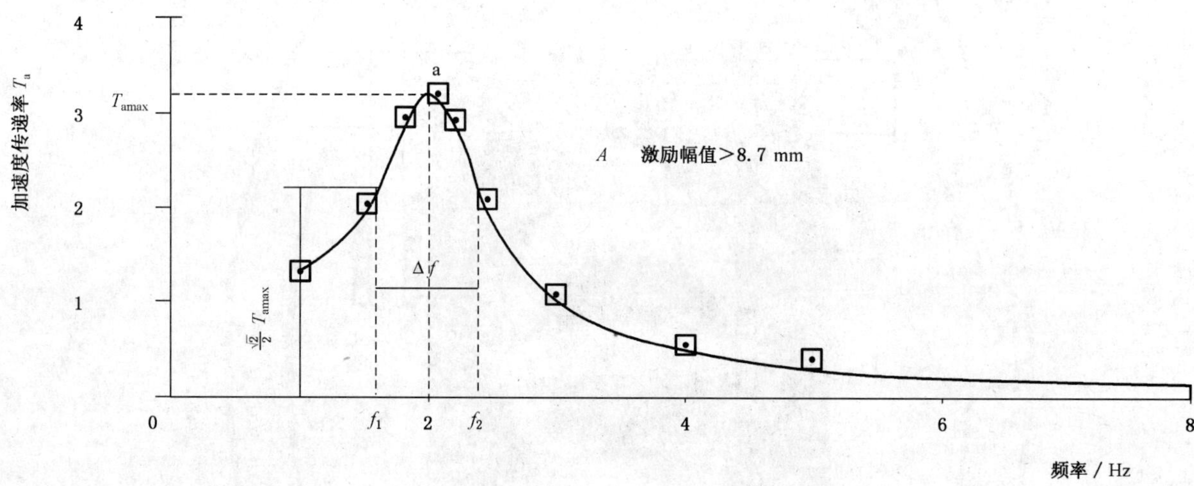

图 3 加速度传递率曲线

6.3.4 数据处理

共振峰值、频率及阻尼比等应满足下列要求：

a) 共振峰值 T_{amax}：图 3 中曲线上最高点 a 的加速度传递率值；

b) 共振频率 f_a：曲线上 a 点所对应的频率；

c) 阻尼比 ξ：按式(4)确定：

$$\xi = \frac{1}{2\sqrt{T_{amax}^2 - 1}} \qquad \cdots\cdots(4)$$

d) 试验结果记录于附录 A 表 A.3 中。

6.4 示功试验

6.4.1 目的

测取试件的示功图。

6.4.2 设备

符合附录 B 规定的减振器试验台。

6.4.3 试验条件

试验应满足以下条件：

a) 试验温度：18 ℃～32 ℃；

b) 试件试验行程 S：(100±1)mm；

c) 试件试验频率 n：(100±2)次/min；

d) 速度 v：根据 a)和 b)由式(5)决定减振器活塞速度：

$$v = \frac{\pi \cdot S \cdot n}{6} \times 10^{-4} = 0.52\ \text{m/s} \qquad (5)$$

式中：

v——减振器活塞速度，单位为米每秒(m/s)；

S——试件试验行程，单位为毫米(mm)；

n——试件试验频率，单位为次每分(次/min)；

π——圆周率，取 3.14。

在减振器行程较小，不宜选用 100 mm 的试验行程时，应根据有关技术文件选定试验速度值；

e) 方向：铅垂方向；

f) 位置：安装时，在减振器行程约二分之一的中间位置。三轮汽车前减振器总成应拆除缓冲弹簧。

6.4.4 试验方法

试验方法如下：

a) 定期按附录 B 的试验台标定方法取得测力元件标定常数 l，单位为牛顿每毫米(N/mm)；

b) 在不装试件时，画出基准线；

c) 按 6.4.3 加振，在试件往复(3～5)次内记录示功图。

6.4.5 阻力计算

如图 4 所示，按式(6)和式(7)计算复原阻力和压缩阻力。

$$P_f = a \cdot l \qquad (6)$$

$$P_y = b \cdot l \qquad (7)$$

式中：

P_f——复原阻力，单位为牛顿(N)；

P_y——压缩阻力，单位为牛顿(N)；

a、b——分别为示功图复原部分(f)和压缩部分(y)与基准线间的距离，单位为毫米(mm)；

l——试验台测力元件的标定常数，单位为牛顿每毫米(N/mm)。

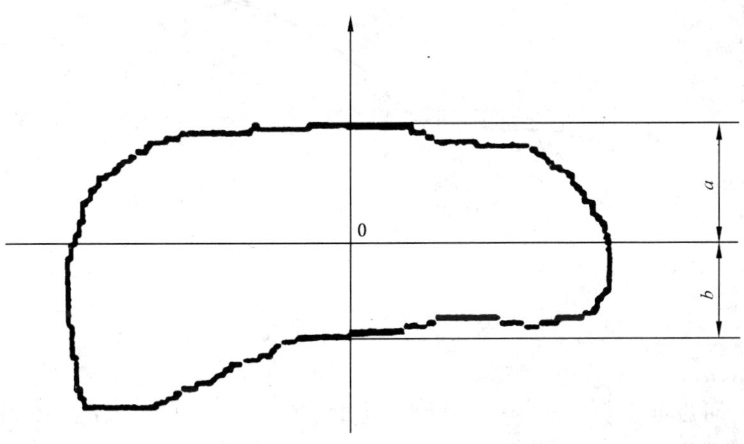

图 4 示功图

6.5 速度特性试验

6.5.1 目的

检测减振器在不同活塞速度下的阻力，取得试件的速度特性。

6.5.2 设备

符合附录 B 规定的减振器试验台。

6.5.3 试验条件

试验应满足以下条件：

a) 试验温度：18 ℃～32 ℃；

b) 试件试验行程 S：20 mm～100 mm；

c) 速度 v 按式(8)计算：

$$v=\frac{\pi \cdot S \cdot n}{6}\times 10^{-4} \qquad \cdots\cdots(8)$$

式中：

v——减振器活塞速度，单位为米每秒(m/s)，最高试验速度应不低于 1.2 m/s；

S——试件试验行程，单位为毫米(mm)；

n——试件试验频率，单位为次每分(次/min)；

π——圆周率，取 3.14。

d) 三轮汽车前减振器总成应拆除缓冲弹簧。

6.5.4 减振器的安装

同 6.4.3 中的 e)和 f)。

6.5.5 试验方法

可根据具体要求选用下列方法之一。

6.5.5.1 直接记录法

在 6.5.2 规定的试验台上，采用相应的电测量装置，利用传感元件取得试件在振动过程中的活塞速度和阻力信号，将该两信号同时输入记录装置而直接获得试件的速度特性。

速度特性曲线如图 5 所示。

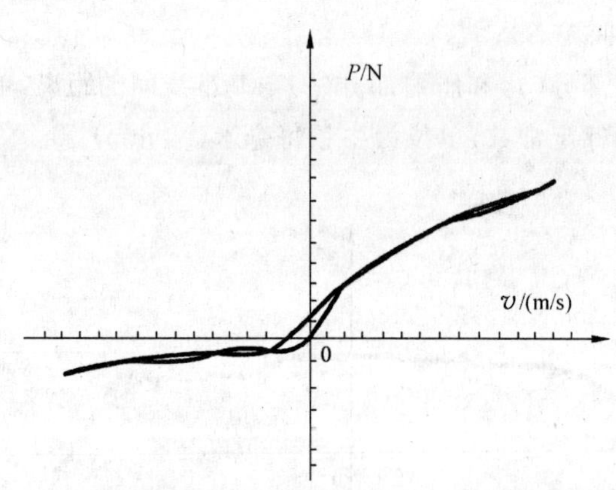

图 5 速度特性曲线

6.5.5.2 多工况合成法

根据 6.5.3 中 b)可以改变行程或频率，取得变化的速度 v 值及相应工况下的阻力 P，形成速度特性的若干点，最终光滑连接构成速度特性 P-v 的试验曲线。

a) 固定行程改变频率时

1) 按 6.5.3 中 c)确定速度；

2) 按 6.4.4 测出不同频率时的示功图；

3) 按图 6 所示测出试验速度特性 P-v 曲线。

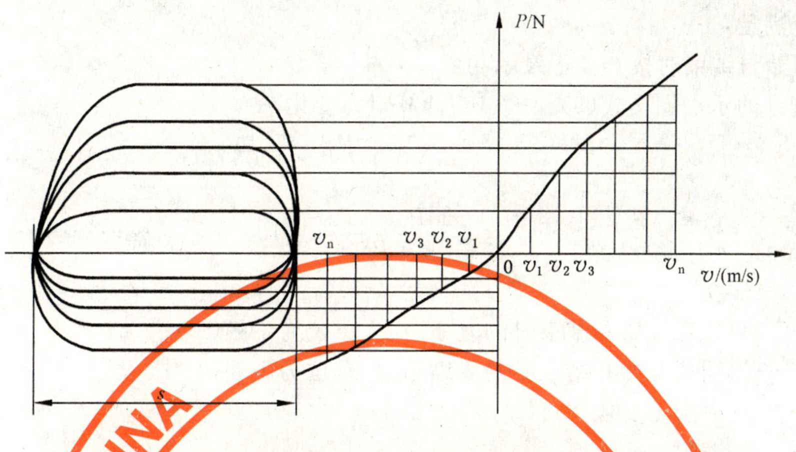

图 6 固定行程改变频率时的速度特性 ***P-v*** 曲线

b) 固定频率改变行程时

1) 试验频率 100 次/min；

2) 按 6.4.4 测出不同行程下的示功图；

3) 按图 7 所示测出试验速度特性 P-v 图。

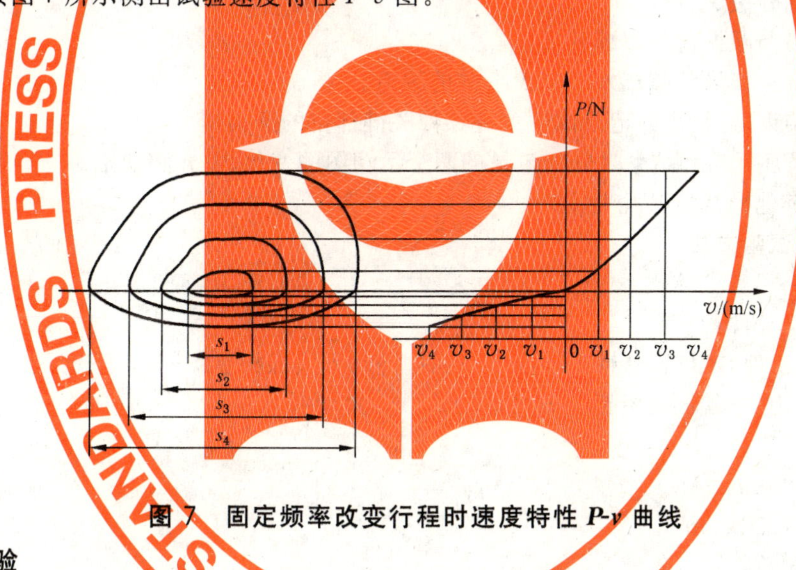

图 7 固定频率改变行程时速度特性 ***P-v*** 曲线

6.6 耐久性试验

6.6.1 目的

测定试件的耐久性。

6.6.2 设备

机械或电液伺服式试验台，单动或双动均可，频率不少于 180 次/min，行程应满足 6.4 的规定。

6.6.3 单动试验台试验方法

6.6.3.1 试验条件

试验应满足以下条件：

a) 试验温度：试件升温后外壁上端温度以强制冷却方式保持在 70 ℃以下范围内，并适时监测；

b) 试件上、下装接位置应对中良好，并沿铅垂方向安装；

c) 位置：应大致在减振器的中间位置；

d) 工作循环次数：筒式减振器 5×10^5 次；三轮汽车前减振器 3×10^5 次；

e) 试件试验行程：100 mm±1 mm。

6.6.3.2 试验记录

试验的记录应满足：

a) 在试验开始与结束时按6.4记录示功图。

b) 根据所记录的示功图按式(9)和式(10)计算阻力变化率

$$\delta_f = \frac{P_{f0} - P_{f1}}{P_{f0}} \times 100\% \quad \cdots\cdots(9)$$

$$\varepsilon_y = \frac{P_{y0} - P_{y1}}{P_{y0}} \times 100\% \quad \cdots\cdots(10)$$

式中：

P_{f0}，P_{f1}——为循环开始和结束时的复原阻力，单位为牛顿(N)；

P_{y0}，P_{y1}——为循环开始和结束时的压缩阻力，单位为牛顿(N)；

δ_f——复原阻力变化率，%；

ε_y——压缩阻力变化率，%。

c) 试验过程中记录减振器的异常情况和漏油情况。一般零件损坏可更换后继续试验，但应详细记录零件的损坏情况、损坏原因及循环次数，并对损坏零件存照。

d) 如出现下列情况之一，则表明试件耐久性不符合要求，应终止试验。

1) 三轮汽车前减振器减振柱断裂、弯曲；

2) 减振筒开裂、变形；

3) 连接件与减振筒的焊缝开裂；

4) 其他有可能导致整车发生重大事故的故障。

e) 试验循环结束后，检查并记录试件关键零件关键部位的磨损情况。

f) 检查对比循环开始和结束时分别记录的两个示功图的变化、差异和缺陷。

g) 记录有无其他异常情况发生。

6.6.4 双动试验台试验方法

6.6.4.1 试验条件

试验应满足以下条件：

a) 试验温度：试件升温后，外壁上端温度以强制冷却方式保持在70 ℃以下范围内，并适时监测；

b) 运动方式：上、下端同时沿铅垂方向运动；

c) 上端加振规范：

1) 行程：80 mm；

2) 频率：125次/min。

d) 下端加振规范：

1) 行程：14 mm～20 mm；

2) 频率：500次/min～720次/min；

3) 速度：按6.4.3规定的速度，即0.52 m/s。

e) 工作循环次数：筒式减振器5×10^5次；三轮汽车前减振器3×10^5次。

f) 必要时加侧向力，由制造厂与用户商定。

6.6.4.2 试验记录和结果

按6.6.3.2的规定，应同时记录上下端试验结果。

6.6.5 三轮汽车前减振器总成缓冲弹簧耐久性试验

按GB/T 16947的规定进行。

7 检验规则

7.1 出厂检验

7.1.1 减振器均需经制造厂按图样及本标准检验合格，并附有合格证后方可出厂。

7.1.2 减振器均需对下列项目进行检验：

a) 外观质量；

b) 焊接质量；

c) 拉压试验；

d) 示功试验，绘制示功图。

7.1.3 抽样检查和判断处置规则应按 GB/T 2828.1 的规定，可采用正常检查一次抽样方案，检查批为月（或日）产量或一次订货批量，检查水平为一般检查水平Ⅱ，合格质量水平（AQL）为 4.0。

7.2 型式检验

7.2.1 有下列情况之一，应进行型式检验：

a) 新产品定型鉴定；

b) 老产品异地生产或转厂生产试制定型鉴定；

c) 正式生产后，如结构、材料、工艺有较大改变，可能影响产品质量时；

d) 产品停产一年以上，恢复生产时；

e) 出厂检验结果与上次型式检验结果有较大差异时；

f) 成批生产的产品，每一年至少一次；

g) 国家质量监督机构提出进行型式检验的要求时。

7.2.2 检验项目为第 5 章的全部技术要求。

7.2.3 抽样检查和判断处置规则应按 GB/T 2828.1 的规定，可采用正常检查一次抽样方案，检查水平为特殊检查水平 S-1，检查批为应满足样本大小至少为 2 件的要求，接收质量限（AQL）为 6.5。

7.3 用户验收

用户有权对收到的减振器产品进行抽检，抽样方案、抽样检查和判断处置规则由供需双方按 GB/T 2828.1的规定协商确定。

8 标志、包装及贮存

8.1 产品标志

每支减振器上应有制造厂厂名或代号及商标，并标明减振器的型号和规格及编号。

8.2 包装及标志

8.2.1 减振器的包装应能保证在正常运输情况下不致损坏，每箱总质量不超过 50 kg。

8.2.2 三轮汽车前减振器应成对装箱。

8.2.3 每个包装箱内至少应附有产品使用说明书、产品合格证。

8.2.4 每个包装箱外侧应清晰标明制造厂厂名、出厂年月、产品名称、型号规格和装箱数量。

8.3 运输及贮存

8.3.1 发运的减振器的装运应保证在正常运输中不致损伤和丢失。

8.3.2 减振器在干燥通风、防湿、防热、防化学侵蚀的保存条件下，制造厂应保证自出厂之日起不少于 12 个月内减振器不应有锈蚀、漏油、渗油和外表涂层、镀层起泡或剥落等现象。

附 录 A
（资料性附录）
记录表格和曲线图格式

表 A.1 缓冲弹簧试验记录表

减振器型号＿＿＿＿＿＿ 试样编号＿＿＿＿＿＿ 制造厂＿＿＿＿＿＿

弹簧代号＿＿＿＿＿＿ 试样编号＿＿＿＿＿＿ 制造厂＿＿＿＿＿＿

试验日期＿＿＿＿＿＿ 试验编号＿＿＿＿＿＿

弹簧参数：

外径 D mm	簧丝直径 d mm	总圈数 n	有效圈数 n_1	自由高度 H_0 mm

试验结果：

1. 永久变形

试验负荷 N	压缩后的自由高度 mm		永久变形 mm
	第一次 $H_1=$		—
	第二次 $H_2=$		—
	第三次 $H_3=$		$H_2-H_3=$

$$\frac{H_2-H_3}{H_0}\times 100\%=$$

2. 指定高度时负荷 P 的偏差

指定高度 H_1 ＿＿＿＿＿＿ mm 对应负荷 P ＿＿＿＿＿＿ N

实测负荷＿＿＿＿＿＿ N 偏差＿＿＿＿＿＿

3. 弹簧刚度

项 目 名 称		载荷/N					刚度 N/mm
压缩量 mm	第一次试验						
	第二次试验						
	第三次试验						
	平均值						

弹簧静刚度特性图：

表 A.2 三轮汽车前减振器垂直弯曲强度试验记录表

减振器型号____________ 试样编号____________ 制造厂____________

试验日期____________ 试验编号____________

主要参数：

减振柱			减振筒			最大长度 mm	最小长度 mm	额定轴向载荷 N	安装后倾角 (°)
材料	内径 mm	外径 mm	材料	内径 mm	外径 mm				

试验结果：

试验负荷/N		恢复至 P_1 后的永久变形 Δc/mm
初负荷	$P_1=0.5P_0$	
	$P_2=3.5P_0$	
	$P_3=4.0P_0$	
	$P_4=4.5P_0$	

垂直弯曲强度后备系数 K_a

$$K_a=\frac{P_n}{P_0}$$

式中：

P_n——$\Delta c>0.005L$（或损坏）时的负荷，单位为牛顿(N)。

表 A.3 三轮汽车前减振器总成共振频率、阻尼比和振动加速度传递率试验记录表

型号____________ 制造厂____________

工作缸径____________mm 额定轴向载质量____________kg

试验日期____________ 试验编号____________

试验结果：

试件编号	f_a	H_2	T_{amax}	ξ	a_{min}/(m/s^2)

速度传递率曲线

共振频率曲线

表 A.4 耐久性台架试验原始记录表

型号____________________ 制造厂____________________

试验日期____________________ 试验编号____________________

试验台型号____________________ 试验人员____________________

记录人员____________________

日期	开机 时间	循环 次数	停机 时间	停机时 循环次数	停机 原因	故障 原因	故障排除 措施	维修 时间	维修费	备注

附 录 B
（规范性附录）
减振器示功试验台及其选用的标定方法

B.1 减振器示功试验台

B.1.1 单动(一端固定,另一端实现近似的简谐波运动)。

B.1.2 行程可调。

B.1.3 有级或无级调速。

B.1.4 B.1.2、B.1.3 能实施 6.4.3、6.5.3 的试验参数,即 $S \times n = 100\ \text{mm} \times 100$ 次/min 的规范示功图和速度特性试验的最高速度不低于 1.2 m/s。

B.1.5 可配备适当的电测量系统和计算机系统。

B.2 试验台选用的标定方法

B.2.1 采用五等砝码或砝码标定法。

B.2.2 采用三等标准测力计或标准弹簧标定法。

注：标定最大量应大于试件的最大阻力值。标定点在拉伸、压缩方向各不少于 5 点,加载、卸载曲线的不重合度不大于最大标定量的 1%,记录线条宽度不应大于 0.2 mm。

ICS 65.060
T 54

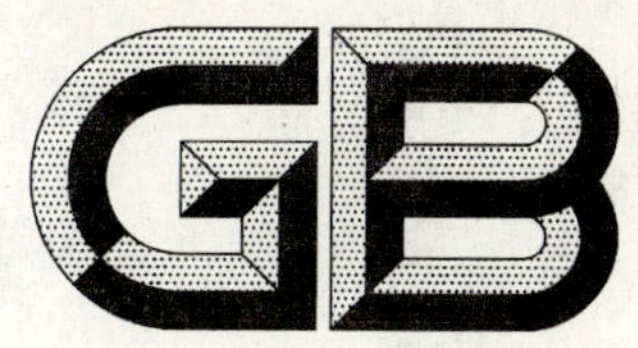

中华人民共和国国家标准

GB/T 23920—2009

三轮汽车和低速货车　最高车速测定方法

Tri-wheel vehicles and low-speed goods vehicles—Determination method of maximum speed

2009-06-04 发布　　2010-01-01 实施

中华人民共和国国家质量监督检验检疫总局
中国国家标准化管理委员会　发布

前　言

本标准的附录A为规范性附录。

本标准由中国机械工业联合会提出。

本标准由全国低速汽车标准化技术委员会(SAC/TC 234)归口。

本标准负责起草单位:国家农机具质量监督检验中心。

本标准参加起草单位:山东五征集团有限公司、山东时风(集团)有限责任公司、北汽福田汽车股份有限公司诸城汽车厂、成都王牌汽车集团股份有限公司。

本标准主要起草人:张琦、王侠民、林连华、王建军、翁里。

三轮汽车和低速货车　最高车速测定方法

1　范围

本标准规定了三轮汽车和低速货车实际最高行驶速度的测定方法。

本标准适用于三轮汽车和低速货车(以下通称车辆)。

2　规范性引用文件

下列文件中的条款通过本标准的引用而成为本标准的条款。凡是注日期的引用文件，其随后所有的修改单(不包括勘误的内容)或修订版均不适用于本标准，然而，鼓励根据本标准达成协议的各方研究是否可使用这些文件的最新版本。凡是不注日期的引用文件，其最新版本适用于本标准。

GB 18320—2008　三轮汽车和低速货车　安全技术要求

3　实际最高行驶速度的测量

3.1　测定要求

3.1.1　车辆

3.1.1.1　车辆应用使用说明书中规定的燃油。

3.1.1.2　喷油泵的调整、发动机功率和空载转速应符合制造厂的规定。对通过调整能够引起发动机转速和/或车辆行驶速度发生变化的任何装置，均应调整到能使发动机转速和/或车辆行驶速度达到最高的状态。

3.1.1.3　轮胎规格应与制造厂计算最高设计速度时所用轮胎规格相同，轮胎为新轮胎，充气压力为车辆制造厂推荐的道路行驶时的轮胎压力。

3.1.1.4　车辆应为正常空载工作状态，油箱装满燃油，散热器装满冷却液，带驾驶员。

3.1.1.5　根据需要，测定在最大设计装载质量(或最大设计总质量)状态下车辆的实际最高行驶速度。

3.1.2　测定跑道

3.1.2.1　测定用跑道应为直线跑道，并且应能使车辆以实际最高行驶速度至少行驶 100 m 的测定距离。

3.1.2.2　测定跑道为清洁、干燥、平坦的沥青路面或混凝土路面。

3.1.2.3　测定跑道路面的纵向坡度不大于 2%，横向坡度不大于 3%。

3.1.2.4　进入测试路段前的跑道应足够长，并且应平整、坡度均匀，以保证测量时车辆匀速行驶。

3.1.3　环境条件

测定应在干燥、风速不超过 5 m/s 的环境条件下进行。

3.2　测定程序

3.2.1　测定前，应使车辆充分预热运转，以确保发动机、润滑油和冷却液等达到正常的工作温度。

3.2.2　车辆挂最高前进挡，以全开油门驶入测定跑道。

3.2.3　沿往返方向，在至少 100 m 的距离内测量车辆的实际最高行驶速度。记录车辆行驶 100 m 距离的时间。

3.2.4　根据连续往返两次的测定结果，确定车辆的实际最高行驶速度。

3.3　测定报告

测定报告的内容应符合附录 A 的规定。

附 录 A
（规范性附录）
实际最高行驶速度的测定报告

测定报告应至少包含下列内容：

a） 执行本标准的编号。

b） 车辆型式、型号。

c） 车辆制造厂。

d） 车辆识别代号（VIN）和发动机编号。

e） 发动机型式、型号、标定转速和实际最高转速（r/min）。

f） 传动系型式。

g） 测定时车辆装载状态、装载质量（kg）。

h） 前轮和后轮轮胎规格。

i） 轮胎气压（kPa）。

j） 测定时跑道路面情况。

k） 跑道型式。

l） 跑道纵向坡度。

m） 跑道横向坡度。

n） 车辆的最高设计车速。

o） 天气情况，包括风速（m/s）、风向、气压（kPa）、气温（℃）。

p） 按表 A.1 确定实际最高行驶速度。每次计算的速度 v 应圆整到小数点后 2 位，往返一次的速度平均值应圆整到小数点后 1 位。往返两次车辆速度平均值中较大者为该车辆测定的实际最高行驶速度。

表 A.1 行驶速度测量记录表

测定编号	行驶方向	测量路段长度 l m	通过测量路段的时间 t s	车辆速度 $v=3.6l/t$ km/h	车辆速度平均值 km/h
1	往				
2	返				
3	往				
4	返				

q） 车辆实际最高行驶速度是否符合 GB 18320—2008 中 4.10 的规定。

ICS 65.060
T 54

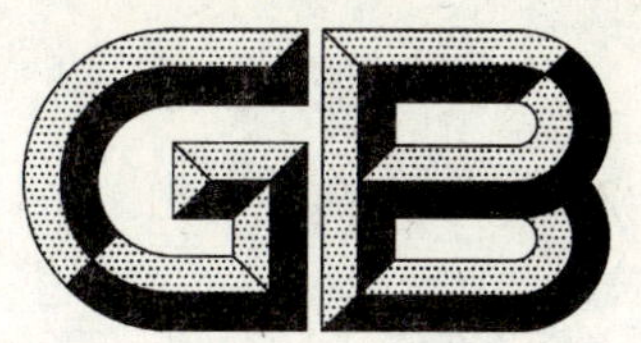

中华人民共和国国家标准

GB/T 23921—2009

三轮汽车和低速货车 半轴

Tri-wheel vehicles and low-speed goods vehicles—Axle shaft

2009-06-04 发布 2010-01-01 实施

中华人民共和国国家质量监督检验检疫总局
中国国家标准化管理委员会 发布

前　言

本标准由中国机械工业联合会提出。

本标准由全国低速汽车标准化技术委员会(SAC/TC 234)归口。

本标准负责起草单位:机械工业农用运输车发展研究中心。

本标准参加起草单位:山东省农业机械科学研究所、洛阳拖拉机研究所、山东五征集团有限公司、福田雷沃国际重工股份有限公司。

本标准主要起草人:吕树盛、王东岳、郎志中、王侠民、王炳涛。

三轮汽车和低速货车　半轴

1　范围

本标准规定了三轮汽车和低速货车半轴(以下简称半轴)的技术要求、试验方法、检验规则、标志、包装、运输和贮存。

本标准适用于三轮汽车和低速货车用半轴。

2　规范性引用文件

下列文件中的条款通过本标准的引用而成为本标准的条款。凡是注日期的引用文件,其随后所有的修改单(不包括勘误的内容)或修订版均不适用于本标准,然而,鼓励根据本标准达成协议的各方研究是否可使用这些文件的最新版本。凡是不注日期的引用文件,其最新版本适用于本标准。

GB/T 191　包装储运图示标志(GB/T 191—2008,ISO 780:1997,MOD)

GB/T 2828.1　计数抽样检验程序　第1部分:按接收质量限(AQL)检索的逐批检验抽样计划(GB/T 2828.1—2003,ISO 2859-1:1999,IDT)

3　技术要求

3.1　半轴应符合本标准的规定,并按经规定程序批准的产品图样和技术文件制造。如有特殊要求时,应按用户与制造厂的协议执行。

3.2　在保证产品设计性能要求的条件下,推荐采用的半轴材料牌号为:40Cr、42CrMo、40MnB、40CrMnMo、35CrMo、35CrMnSi、40CrV和45钢,允许采用能满足本标准要求的其他材料。

3.3　推荐采用预调质处理后表面感应热处理工艺。其心部硬度应为245 HB～283 HB(24 HRC～30 HRC);感应淬火处理后杆部表面硬度应不低于52 HRC;花键处允许降低3 HRC;杆部硬化层深度范围为杆部直径的10%～20%,硬化层深度变化不大于杆部直径的5%,杆部过渡圆角应淬硬,法兰盘硬度应不低于245 HB(24 HRC)。在保证半轴性能指标要求条件下,也允许采用其他热处理工艺,如正火处理后表面感应淬火工艺等。

3.4　感应淬火后半轴的金相组织要求如下:

a)　预调质处理后表面感应淬火处理,硬化层为回火马氏体,心部为回火索氏体;

b)　正火处理后表面感应淬火处理,硬化层为回火马氏体,心部为片状珠光体加铁素体。

3.5　粗糙度:法兰盘安装端面不大于 $Ra3.2$,非加工杆部及杆根部圆角为毛坯表面,经过加工的杆部不大于 $Ra6.3$(喷丸处理允许不大于 $Ra12.5$),杆根部圆角不大于 $Ra3.2$,与轴承与油封配合表面不大于 $Ra1.6$,花键外圆定心表面不大于 $Ra1.6$,齿侧定心表面不大于 $Ra3.2$。

3.6　半轴内部不允许有裂纹等缺陷。

3.7　半轴花键齿的周节累计公差、齿形公差和齿向公差应符合产品图样的规定。

3.8　半轴表面不应有折叠、凹陷、砸痕和裂纹等缺陷。杆部表面允许有磨去裂纹的痕迹。磨削后存在的磨痕深度不大于0.5 mm,长度不大于40 mm,同一横断面不允许超过两处。

3.9　半轴的静扭强度失效后备系数 K 应不小于2.0。

半轴静扭强度失效后备系数 K 按公式(1)计算:

$$K = M/M_j \quad \cdots\cdots(1)$$

式中:

M——半轴破坏扭矩,单位为牛顿米(N·m);

M_j——半轴最大额定扭矩，单位为牛顿米（N·m）。

3.10 半轴的扭转疲劳寿命中值寿命 $B_{50} \geqslant 30 \times 10^4$，90%存活率下寿命 $B_{10} \geqslant 20 \times 10^4$。

4 试验方法

4.1 表面硬度用洛氏或布氏硬度法检测。沿圆周表面相隔约120°测量三处。但硬度要求不大于32 HRC的半轴，应以布氏硬度法测定的硬度为准。

4.2 有效硬化层深度测定方法：调质处理的硬化层深度用金相法测至出现连续铁素体处；感应加热淬火有效硬化层深度用维氏硬度法，在9.8 N载荷下，从表面测至规定硬度下限值的80%处，允许用金相法从表面测至50%马氏体处代替。

4.3 用花键综合量规测定花键齿的周节累计公差、齿形公差和齿向公差。

4.4 静扭强度和扭转疲劳寿命试验按相关标准的规定进行。

4.5 用探伤仪检查半轴内部裂纹等缺陷，磁力探伤后应退磁。

5 检验规则

5.1 出厂检验

5.1.1 每根半轴需经制造厂检验合格后方可出厂，产品出厂应附有合格证。

5.1.2 目测每根半轴检查是否符合3.9的规定。生产企业应按GB/T 2828.1规定检验抽样和判定规则，抽样检验半轴是否符合3.3～3.8的规定，推荐采用正常检查一次抽样方案，检查批为产品日（或小时）产量或每个包装批量，检查水平为一般检查水平Ⅱ，接收质量限（AQL）为4.0。

5.2 型式检验

5.2.1 凡遇下列情况之一者，应进行型式检验：

a) 新产品或老产品转厂生产的试制定型鉴定；

b) 正式生产后，如结构、材料、工艺有较大改变，可能影响产品性能时；

c) 产品长期（半年以上）停产后，恢复生产时；

d) 批量生产的产品，周期性的检验时（每半年至少进行一次）；

e) 出厂检查结果与上次型式检验有较大差异时；

f) 国家质量监督机构提出进行型式检验的要求时。

5.2.2 型式检验的项目见表1。

5.2.3 被检验项目凡不符合第4章要求的均称为不合格（缺陷），按其对整机产品质量特性影响的重要程度分为A类不合格项、B类不合格项，具体分类见表1。

表1 不合格项目及分类

分类	序号	项目名称	对应条款
A	1	静扭强度	3.9
	2	扭转疲劳寿命	3.10
	3	热处理硬度要求	3.3
	4	金相组织	3.4
B	1	材质要求	3.2
	2	粗糙度	3.5
	3	内部缺陷	3.6
	4	花键形位公差	3.7
	5	表面外观质量	3.8

5.3 型式检验的抽样检查和判断处置规则应符合 GB/T 2828.1 的规定。推荐采用正常检查一次抽样方案，检查批量应满足样本大小的要求，检查水平为特殊检查水平 S-1，接收质量限(AQL)为 6.5。

6 标志、包装、运输与贮存

6.1 标志

半轴法兰盘外端应打有制造厂的标志。

6.2 包装

6.2.1 半轴包装应采用防锈、防碰损的包装方法。

6.2.2 半轴装箱时应附带下列文件：

a) 产品合格证；

b) 用户意见反馈单；

c) 装箱清单。

6.2.3 包装箱外应标明下列内容，其图示标志应符合 GB/T 191 的规定：

a) 制造厂名称、地址；

b) 产品名称、规格；

c) 执行标准编号；

d) 质量(净重及连同包装的毛重)，单位为千克(kg)；

e) 外形尺寸(长×宽×高)，单位为毫米(mm)；

f) 发往地址和收货单位；

g) 运输注意事项；

h) 装箱日期。

6.3 运输

运输中应采取措施防止发生磕碰、丢失现象。

6.4 贮存

6.4.1 半轴产品应放在通风、干燥和无酸碱气体侵蚀的库房中，不应露天存放。

6.4.2 在正常保管情况下，产品应保证有 12 个月的有效防锈期。

ICS 65.060
T 54

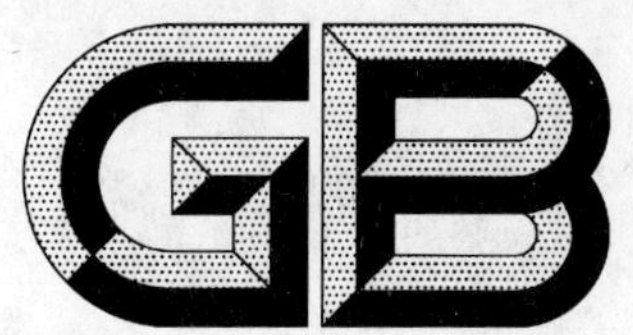

中华人民共和国国家标准

GB/T 23922—2009

三轮汽车和低速货车　标牌

Tri-wheel vehicles and low-speed goods vehicles—Manufacturer's plate

2009-06-04 发布　　2010-01-01 实施

中华人民共和国国家质量监督检验检疫总局
中国国家标准化管理委员会　发布

前　言

本标准由中国机械工业联合会提出。

本标准由全国低速汽车标准化技术委员会(SAC/TC 234)归口。

本标准负责起草单位:国家农机具质量监督检验中心、资阳市南骏汽车有限责任公司。

本标准参加起草单位:福田雷沃国际重工股份有限公司、成都王牌汽车集团股份有限公司、山东五征集团有限公司。

本标准主要起草人:张咸胜、丁吉康、王炳涛、翁里、王侠民。

三轮汽车和低速货车　标牌

1　范围

本标准规定了三轮汽车和低速货车标牌的内容、型式、固定位置和安装要求等。

本标准适用于三轮汽车和低速货车。

2　术语和定义

下列术语和定义适用于本标准。

2.1

制造厂　manufacturer

负责经过装配工序制造三轮汽车和低速货车整车的厂商或公司。

2.2

生产日期　manufactured date

三轮汽车和低速货车整车实际生产完成的日期。

3　技术要求

3.1　三轮汽车和低速货车标牌的型式如图1所示。制造厂可以使用自己选定的字体及背景颜色，但背景颜色和字体颜色应保证标牌内容清晰美观，易于辨认。

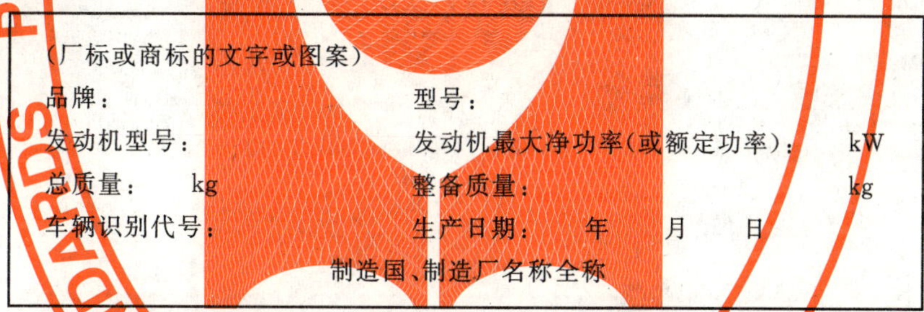
（厂标或商标的文字或图案）
品牌：　　　　型号：
发动机型号：　　　　发动机最大净功率（或额定功率）：　　kW
总质量：　　kg　　　　整备质量：　　kg
车辆识别代号：　　　　生产日期：　　年　　月　　日
制造国、制造厂名称全称

图1　三轮汽车和低速货车标牌型式

3.2　标牌应用不易损坏变质的材料制成。标牌的推荐尺寸为长不小于10 cm，宽不小于6 cm。三轮汽车和低速货车标牌的尺寸也可由制造厂根据产品的具体形式及固定位置确定，但应满足明显、清晰，易于识别阅读的要求。

3.3　每辆三轮汽车和低速货车至少应以永久保持的方式在易见部位固定一枚标牌。

3.4　标牌应牢固固定，不损坏则不能拆卸。应保证标牌不会被完整拆下移作他处使用。若使用柔性标牌，则其项目应使用蚀刻方式，使用的粘接剂应为压力敏感型。

3.5　标牌的固定位置应是不易磨损、替换、遮蔽的部位。

3.6　标牌的具体位置应在产品说明书中指明。

3.7　标牌至少应标示出以下内容：

a）　制造国、制造厂名称全称，品牌（或厂标或商标）文字或图案；

b）　整车型号；

c）　发动机型号、发动机最大净功率或额定功率；

d）　总质量、整备质量；

e）　车辆识别代号；

f) 生产日期。

3.8 制造厂可根据情况确定标牌内容的编排格式，但以不应引起对标牌内容的误解为准。

3.9 标牌上使用的汉字及阿拉伯数字、罗马字母的字高应不小于 4 mm，字宽应不小于 3 mm。若将标牌内容直接打印在车辆部件上，则打印字高应不小于 7 mm。

3.10 出口三轮汽车和低速货车的标牌，可将汉字与外文并列标示，也可根据使用目的国家和地区的要求制作标牌。

ICS 65.060
T 54

中华人民共和国国家标准

GB/T 23923—2009

三轮汽车和低速货车　发电机

Tri-wheel vehicles and low-speed goods vehicles—Generator

2009-06-04 发布　　2010-01-01 实施

中华人民共和国国家质量监督检验检疫总局
中国国家标准化管理委员会　发布

前言

本标准由中国机械工业联合会提出。

本标准由全国低速汽车标准化技术委员会(SAC/TC 234)归口。

本标准起草单位:国家农机具质量监督检验中心、机械工业农用运输车发展研究中心。

本标准主要起草人:靳锁芳、张琦、吕树盛。

三轮汽车和低速货车　发电机

1　范围

本标准规定了三轮汽车和低速货车用交流发电机、永磁恒压发电机、飞轮发电机、张紧轮发电机(以下简称发电机)的技术要求、试验方法、检验规则、标志、包装、贮存及保管、型号编制规则。

本标准适用于三轮汽车和低速货车用交流发电机、永磁恒压发电机、飞轮发电机、张紧轮发电机。

发电机工作时应与相应的电压调节器配合使用,电压调节器工作时与蓄电池的联结方式为并联。

2　规范性引用文件

下列文件中的条款通过本标准的引用而成为本标准的条款。凡是注日期的引用文件,其随后所有的修改单(不包括勘误的内容)或修订版均不适用于本标准,然而,鼓励根据本标准达成协议的各方研究是否可使用这些文件的最新版本。凡是不注日期的引用文件,其最新版本适用于本标准。

GB/T 2423.1—2008　电工电子产品环境试验　第2部分:试验方法　试验A:低温(IEC 60068-2-1:2007,Environmental testing—Part 2-1:Tests—Test A:Cold,IDT)

GB/T 2423.2—2008　电工电子产品环境试验　第2部分:试验方法　试验B:高温(IEC 60068-2-2:2007,Environmental testing—Part 2-2:Tests—Test B:Dry heat,IDT)

GB/T 2423.3　电工电子产品环境试验　第2部分:试验方法　试验Cab:恒定湿热试验(GB/T 2423.3—2006,IEC 60068-2-78:2001,Environmental testing—Part 2-78:Tests—Test Cab:Damp heat,steady state,IDT)

GB/T 2423.4　电工电子产品环境试验　第2部分:试验方法　试验Db交变湿热(12 h+12 h循环)(GB/T 2423.4—2008,IEC 60068-2-30:2005,Environmental testing—Part 2-30:Tests—Test D6:Damp heat,cyclic (12 h+12 h cycle),IDT)

GB/T 2423.17—2008　电工电子产品环境试验　第2部分:试验方法　试验Ka:盐雾(IEC 60068-2-11:1981,Basic environmental testing procedures—Part 2:Tests—Test Ka:Salt mist,IDT)

GB/T 2423.22—2002　电工电子产品环境试验　第2部分:试验方法　试验N:温度变化(IEC 60068-2-14:1984,Basic environmental testing procedures—Part 2:Tests—Test N:Change of temperature,IDT)

GB/T 2423.34—2005　电工电子产品环境试验　第2部分:试验方法　试验Z/AD:温度/湿度组合循环试验(IEC 60068-2-38:1974,Basic environmetal testing procedures—Part 2:Test—Test Z/AD:Comosite temperature/humidity cyclic test,IDT)

GB/T 2828.1　计数抽样检验程序　第1部分:按接收质量限(AQL)检索的逐批检验抽样计划(GB/T 2828.1—2003,ISO 2859-1:1999,IDT)

GB/T 4942.1—2006　旋转电机整体结构的防护等级(IP代码)分级(IEC 60034-5:2000,Rotating electrical machines—Part 5:Degrees of protection provided by the integral design of rotating electrical machines (IP code)—Classification,IDT)

GB/T 10069.1—2006　旋转电机噪声测定方法及限值　第1部分:旋转电机噪声测定方法(ISO 1680:1999,MOD)

GB/T 17619　机动车电子电器组件的电磁辐射抗扰性限值和测量方法

GB 18655　用于保护车载接收机的无线电骚扰特性的限值和测量方法(GB 18655—2002,idt IEC/CISPR 25:1995)

JB/T 6697—2006 机动车及内燃机电气设备 基本技术条件

JB/T 6698 机动车及内燃机用永磁发电机 安装尺寸

JB/T 6700 机动车及内燃机用交流发电机 安装尺寸

QC/T 625 汽车用涂镀层和化学处理层

3 技术要求

3.1 通用要求

3.1.1 发电机应符合本标准要求，并按经规定程序批准的图样及技术文件制造。

3.1.2 发电机的常态工作环境应为：温度 10 ℃～35 ℃；相对湿度 45%～75%；气压 86 kPa～106 kPa。

3.1.3 发电机的温度范围应符合 JB/T 6697—2006 中 3.1.3 的规定。

3.1.4 发电机的工作电压范围应符合 JB/T 6697—2006 中 3.1.4 的规定。

3.1.5 发电机为单线输出方式，负极搭铁。根据用户要求，也可制成双线制，但应有表示极性的明显标志。

3.1.6 发电机的黑色金属表面应进行防锈处理。

3.1.7 交流发电机旋转方向一般采用顺时针，对于旋转方向为逆时针的产品，应在产品的驱动端或其他明显部位标出表示旋转方向的箭头。

3.2 安装尺寸

3.2.1 张紧轮发电机的外形尺寸和安装尺寸应符合图 1 的规定，其中尺寸 L 可根据发电机所压紧的传动胶带的数量来确定。

3.2.2 其他类型发电机的安装尺寸应符合 JB/T 6698 或 JB/T 6700 的规定。

单位为毫米

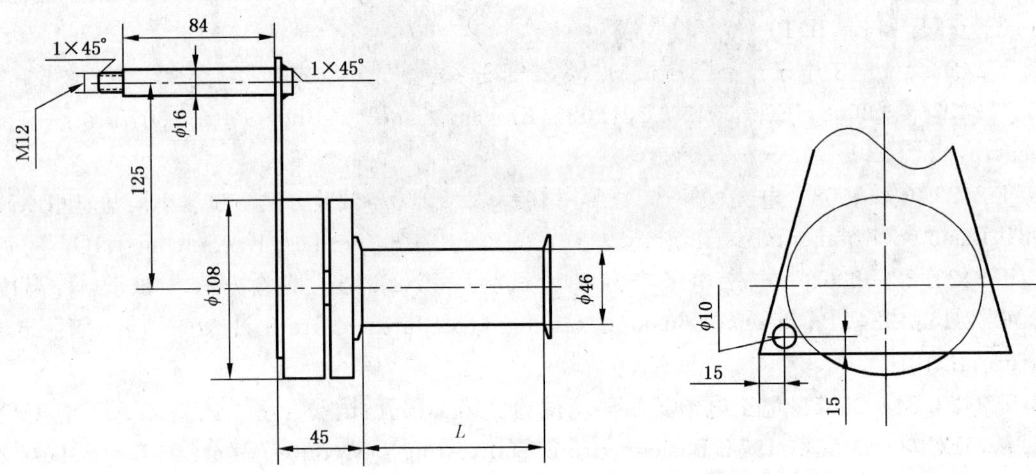

L——68,90 或由供方和用户协商确定。

图 1 张紧轮发电机的外形尺寸和安装尺寸

3.3 外观及装配质量

3.3.1 发电机外观应无损坏和明显碰伤。

3.3.2 铸件表面应光洁，无气孔、砂眼、明显冷隔纹等。

3.3.3 零部件应无错装、漏装。

3.3.4 紧固件无松动。

3.3.5 零部件不应有裂纹、损伤。

3.3.6 电压调节器与发电机配合良好。

3.3.7 发电机旋转时无异常响声。

3.3.8 标牌标志应符合产品图样要求。

3.4 镀层及化学处理层

镀层无锈蚀斑点、起皮、剥落。

3.5 漆层

发电机漆层应均匀，无气泡、空白、堆积和流痕；漆层与被覆盖物结合牢固；当经受工作环境温度变化时，应无皱缩，无起层现象。

3.6 冷态工作性能

3.6.1 交流发电机的冷态工作性能应符合表1的规定。

表 1 交流发电机冷态工作性能

<table>
<tr><th colspan="2">额定输出</th><th rowspan="2">试验电压
V</th><th rowspan="2">零电流转速 n_0（最大值）
r/min</th><th rowspan="2">1 500 r/min 输出电流 I_L（最小值）
A</th></tr>
<tr><th>电压 U_R
V</th><th>电流 I_R
A</th></tr>
<tr><td rowspan="11">14</td><td>35</td><td rowspan="11">13.5</td><td rowspan="5">1 050</td><td>16</td></tr>
<tr><td>45</td><td>20</td></tr>
<tr><td>55</td><td>25</td></tr>
<tr><td>65</td><td>32</td></tr>
<tr><td>80</td><td>37</td></tr>
<tr><td>90</td><td rowspan="9">1 100</td><td>42</td></tr>
<tr><td>105</td><td>45</td></tr>
<tr><td>120</td><td>50</td></tr>
<tr><td>140</td><td>58</td></tr>
<tr><td>160</td><td>65</td></tr>
<tr><td>180</td><td>70</td></tr>
<tr><td rowspan="9">28</td><td>30</td><td rowspan="9">27</td><td>14</td></tr>
<tr><td>35</td><td>16</td></tr>
<tr><td>45</td><td>20</td></tr>
<tr><td>55</td><td rowspan="6">1 150</td><td>25</td></tr>
<tr><td>65</td><td>32</td></tr>
<tr><td>90</td><td>40</td></tr>
<tr><td>120</td><td>50</td></tr>
<tr><td>140</td><td>58</td></tr>
<tr><td>160</td><td>65</td></tr>
</table>

3.6.2 永磁恒压发电机和飞轮发电机（含电压调节器）在环境温度为 23 ℃±5 ℃时，在额定负载下运行，其冷态工作性能应符合表2的规定。

表 2 永磁恒压发电机和飞轮发电机冷态工作性能

<table>
<tr><th rowspan="2">额定电压
V</th><th colspan="2">实际电压
V</th></tr>
<tr><th>最低工作转速时</th><th>额定和最高工作转速时</th></tr>
<tr><td>14</td><td>≥8</td><td>14±0.5</td></tr>
</table>

3.6.3 张紧轮发电机在环境温度为 10 ℃～35 ℃下，配电压调节器在额定负载下运行，其冷态工作性能应符合表 3 规定。

表 3 张紧轮发电机冷态工作性能

电机型号	运行状态 r/min		输出电压 V	额定负载 W
PF-150	低速	2 500	≥8.0	150
	额定转速	5 000	≥12.0 且≤14.5	
	高速	5 500	≤14.5	
PF-200	低速	2 500	≥8.0	200
	额定转速	5 000	≥12.0 且≤14.5	
	高速	5 500	≤14.5	

3.7 交流发电机热态工作性能

交流发电机热态工作性能应符合表 4 的规定。

表 4 交流发电机热态工作性能

系列	额定输出 电压 U_R V	额定输出 电流 I_R A	试验电压 V	零电流转速 n_0 r/min	1 500 r/min 输出电流 I_L A	额定转速 n r/min
Ⅰ	14	12 35	(14)13.5	≤1 150[a]	≥35% I_R	≤6 000
	28	12.5 18	(28)27			
Ⅱ	14	45 55 65	(14)13.5			
	28	27 35	(28)27			
Ⅲ	14	75 100 90	(14)13.5			
	28	45 55	(28)27			
Ⅳ	14	105 120	(14)13.5	≤1 250[a]		
	28	70 90	(28)27			
Ⅴ	14	140 150 180	(14)13.5			
	28	120 160	(28)27			

[a] 该转速为图解外延法取得。

3.8 发电机调节器性能

3.8.1 整体式交流发电机调节器冷态电压调节值与用户协商，并在产品技术条件中规定。空载调节电压不大于 15 V(14 V 发电机)及 30 V(28 V 发电机)。

3.8.2 整体式交流发电机调节器在环境温度 23 ℃±5 ℃时，热态调节电压性能应符合表 5 的规定；高温电压调节性能应符合表 6 的规定。张紧轮发电机电压调节器热态工作输出电压：小负载应为 14 V±0.5 V；额定负载为不小于 12.0 V 且不大于 14.5 V；其他类型发电机的电压调节器热态工作输出电压应为 14 V±0.5 V。

表5 整体式交流发电机调节器热态调节电压性能

试验项目	试验条件	额定电压 V	调节电压值或调节电压差 ΔU V
调节电压[a]	$n=n_R$ $I=10\%I_R(\geqslant 5\ A)$	14	14.2±0.25
		28	28±0.3
转速特性	$n_1=2\ 000$ r/min $n_2=8\ 500$ r/min $I=10\%I_R(\geqslant 5\ A)$	14	$\|\Delta U\|\leqslant 0.3$
		28	$\|\Delta U\|\leqslant 0.5$
负载特性	$n=n_R$ $I_1=10\%I_R$ $I_2=85\%I_R$	14	$\|\Delta U\|\leqslant 0.5$
		28	$\|\Delta U\|\leqslant 0.8$

[a] 根据用户要求，根据产品图上的规定做此项试验，可以不相同。

表6 整体式交流发电机调节器高温调节性能

额定电压 V	调节电压 V	调节器温度补偿系数 mV/℃
14	≥13	0～−7
28	≥26	0～−10

3.8.3 发电机在额定转速和额定电流下应能承受全抛负荷试验100次，试验后发电机冷态性能、调节器热态调节电压性能应符合本标准的规定。

3.9 温升限值

发电机的温升限值推荐采用JB/T 6697—2006中表3的规定，生产厂家与用户可以协商，在产品标准中加以规定。

3.10 超速性能

发电机能承受超速试验，试验后无紧固件松脱和零部件损伤、变形现象，发电机仍能正常工作，其冷态工作性能应符合3.6的规定。

3.11 绝缘耐电压性能

各互不连接的导电零部件之间及导电零部件对机壳之间能承受耐压试验不被击穿(不含电压调节器)。

3.12 耐振动性能

发电机在进行JB/T 6697—2006中3.9规定的振动试验后，无紧固件松脱和零部件损伤、变形现象，发电机性能符合3.6和3.8的规定。

3.13 噪声

当对发电机的噪声有要求时，应在产品标准中规定。

3.14 防护性能

发电机的防护等级、标志方法应符合GB/T 4942.1—2006的规定。开启式交流发电机为IP20级，封闭式发电机为IPX4S；永磁恒压发电机和飞轮发电机的防护等级为IP54；张紧轮发电机的防护等级为IP44。试验后，发电机性能应符合3.6和3.8的规定。

3.15 耐环境性能

3.15.1 发电机应能承受4.15.1规定的低温试验。试验后，发电机性能应符合3.6和3.8的规定。

3.15.2 发电机应能承受4.15.2规定的高温试验。试验后，发电机性能应符合3.6和3.8的规定。

3.15.3 发电机应能承受4.15.3规定的耐温度变化试验。试验后,发电机性能应符合3.6和3.8的规定,各部件应无开裂现象。

3.15.4 发电机应能承受4.15.4规定的耐温度、湿度试验。试验后,发电机性能应符合3.6和3.8的规定。

3.15.5 有要求时,发电机应能承受4.15.5规定的盐雾试验。试验后,发电机性能应符合3.6和3.8的规定,由黑色金属制造的外露零部件不应出现红锈。

3.16 耐工业溶剂性能

发电机按JB/T 6697—2006中3.11的规定,试剂为制动液、防冻液、发动机机油、柴油,试验时间为24 h。试验后,发电机上的有关保护层、标记及标识不应损坏。

3.17 电磁兼容性能

3.17.1 电磁辐射抗扰性应符合GB/T 17619的有关规定。

3.17.2 电磁骚扰性应符合GB 18655的有关规定。

3.18 耐久性

发电机应通过耐久试验考核。试验后按3.6检查冷态工作性能,允许比规定值下降5%。

3.19 互换性

同型号规格的发电机可拆零件应具有互换性。拆机并混合零部件再重新装机后,其冷态工作性能应符合3.6的规定。

3.20 张紧轮发电机抗泥沙性能

张紧轮发电机应能承受抗泥沙试验。试验后,其冷态工作性能应符合3.6的规定。

4 试验方法

4.1 试验条件

4.1.1 试验时所用的电压表、电流表的精度应不低于0.5级,转速表的精度应不低于1%。

4.1.2 除另有规定外,试验应在3.1.2规定的常态工作环境条件下进行。

4.1.3 除另有规定外,试验时发电机与电压调节器同时进行。

4.1.4 试验方法中无温度偏差规定时,宜采用±2 ℃。

4.2 安装尺寸

用符合精度要求的检测量具逐项检查。

4.3 外观及装配质量

用目测法或专用工具对规定的要求逐项进行检查。

4.4 镀层

金属镀层和化学处理层按QC/T 625的规定进行。

4.5 漆层

漆层质量检查按JB/T 6697—2006中4.12.2的规定进行。

4.6 冷态性能试验

4.6.1 交流发电机冷态性能试验:在额定转速、10%额定电流(不小于5 A)工况下检测调节电压值,试验时间不超过30 s。

4.6.2 其他类型发电机冷态性能试验:将发电机装在试验台上,在规定的额定负载下,由低速到高速运转,用电压表测量其输出端电压。

4.7 交流发电机热态工作性能试验

交流发电机在额定转速和额定电流下,运行30 min,按3.7的规定进行试验。

4.8 调节器性能试验

4.8.1 交流发电机调节器冷态性能试验在额定转速、10%额定电流(不小于5 A)状态下,检测调节电压值,试验时间不超过30 s。空载电压调节性能试验以额定转速、接通负载(带蓄电池)正常发电工作后转入空载(断开蓄电池)状态下进行,检测调节的端电压值。

4.8.2 交流发电机调节器热态性能试验是在环境温度为 23 ℃±5 ℃下进行,试验条件按表 4 规定。高温电压调节性能试验按下列条件进行:试验环境温度为 105 ℃±2 ℃、转速为 3 000 r/min、电流为 40%额定电流、连续运转 2 h 后,2 min 内检查此时的高温调节性能。交流发电机为额定转速,输出电流为 10%额定电流(不小于 5 A)。

4.8.3 其他类型发电机电压调节器热态性能试验:发电机分别在额定转速、1/15 额定负载和额定转速、额定负载下,运转至调节器的温升稳定,测定调节电压。

4.8.4 抛负荷试验是发电机在额定转速及额定电流下,运转到调节器温升稳定。运行 10 s,立即抛负荷(包括蓄电池)转入空载运行 15 s,为一次抛负荷,共进行 100 次。

注:多功能调节器试验(如负载响应控制特性等)按用户要求进行。

4.9 温升试验

发电机在正常安装状态及额定转速和额定负载下连续运行 3 h 后,即可进行温升测试,测试应在试验结束时 20 s 内完成。

发电机绕组的温升 Δt 按公式(1)计算:

$$\Delta t = \frac{R_2 - R_1}{R_1} \times (235 + t_1) + t_1 - t_2 \qquad \cdots\cdots(1)$$

式中:

R_1——试验开始前的绕组电阻,单位为欧姆(Ω);

R_2——试验结束时的绕组电阻,单位为欧姆(Ω);

t_1——试验开始前周围介质的温度,单位为摄氏度(℃);

t_2——试验结束时周围介质的温度,单位为摄氏度(℃)。

4.10 超速试验

交流发电机在不励磁状态下空载运行,转速为 1.2 倍最高转速(不小于 10 000 r/min),历时2 min。整体式交流发电机允许带 10%的额定电流进行试验。其他类型发电机不接负载,在 2 倍额定转速下运转 2 min。

4.11 绝缘耐电压试验

4.11.1 交流发电机的耐压试验按 JB/T 6697—2006 中 4.8 的规定进行。

4.11.2 其他类型发电机的耐压试验:在绕组未接电压调节器的情况下,外壳与绕组间加 50 Hz、正弦波形 500 V 交流电压,历时 1 min,无击穿现象。本试验在振动试验后进行。在大批量连续生产时,允许用 660 V 的正弦波电压,历时 1 s 的试验代替。

4.12 振动试验

发电机在不工作状态下按 JB/T 6697—2006 中 4.9 的规定进行,试验的频率、加速度和时间应符合 JB/T 6697—2006 中 3.9 的规定。

4.13 噪声试验

按 GB/T 10069.1—2006 的有关规定测量 A 计权声功率级。当试验方法有特殊规定时,应在产品标准中规定。

4.14 防护等级试验

发电机的防护等级试验按 GB/T 4942.1—2006 的规定进行。

4.15 耐环境性能试验

4.15.1 低温试验应按 GB/T 2423.1—2008 中试验 Ad 的相应试验方法的规定进行。当需要时可按试验 Aa 或试验 Ab 进行试验。

4.15.2 高温试验应按 GB/T 2423.2—2008 中试验 Bd 的相应试验方法的规定进行。当需要时可按试验 Ba、试验 Bb 或试验 Bc 进行。

4.15.3 耐温度变化试验应按 GB/T 2423.22—2002 中试验 Na 的相应试验方法规定进行。

4.15.4 耐温度、湿度性能试验方法如下：

a) 耐温度、湿度循环变化性能应按 GB/T 2423.34—2005 中试验 Z/AD：温度湿度组合循环试验方法的有关规定进行；

b) 恒定湿热应按 GB/T 2423.3 的规定进行；

c) 交变湿热应按 GB/T 2423.4 的规定进行。

4.15.5 盐雾试验应按 GB/T 2423.17—2008 中试验 Ka：盐雾试验方法的规定进行。

4.16 耐工业溶剂试验

将各种试剂各取 50 mL，用 10 cm×10 cm 的纱布抹于发电机各种非金属表面，室温下存放 24 h 后，擦干净后的各种涂层表面应符合 3.16 的规定。

4.17 电磁兼容性试验

4.17.1 电磁辐射抗扰性按 GB/T 17619 的有关规定进行。

4.17.2 电磁骚扰性按 GB 18655 的有关规定进行。

4.18 耐久试验

4.18.1 交流发电机按下列规定进行电机耐久试验：

a) 3 000 h 台架试验：发电机在额定转速和 2/3 额定电流输出条件下运行，每次连续运行时间不少于 4 h，累计 3 000 h。试验 2 000 h 后允许更换电刷，保养集电环一次。

b) 高温高速试验：按表 7 规定的条件进行，每次连续试验时间不少于 4 h，累计 200 h。试验150 h 后允许更换电刷，保养集电环一次。

表 7 高温高速试验条件

箱内温度 ℃	试验转速 r/min	负载	试验时间 h
85±2	$2n_R$(≥8 500)	(85%～90%)I_R	200
95±2			

4.18.2 其他类型发电机按下列规定进行耐久试验：

允许选择下列方法之一进行，优先采用强化耐久试验(高温高速试验)。

a) 强化耐久试验(高温高速试验)：将发电机安装在试验台上，按额定负载、1.5 倍额定转速，在 85 ℃±2 ℃的环境温度运行 200 h。

b) 一般耐久试验：将发电机安装在试验台上，在额定转速和额定负载下，累计运行时间达 2 000 h。整个试验过程，允许更换润滑脂一次，允许试验中断，但每次连续工作时间不少于 4 h，试验结束检查冷态工作性能。

4.19 互换性检验

将 3 台同型号规格的产品拆开后，混合其零部件然后总装。拆机时检查产品的内部装配质量及内部零件的防护处理质量。装机后测试的产品性能应符合标准的规定。

4.20 张紧轮发电机抗泥沙试验

先将 1 kg 的泥沙与 10 kg 的水配制成均匀的液体，再将发电机置于其中存放 5 h。取出后安装在试验台上，在额定转速(n=5 000 r/min)下空转 20 min，再测定冷态性能。

5 检验规则

5.1 出厂检验

5.1.1 每台发电机应检验合格后方能出厂，并附有证明产品质量合格的文件或标记。

5.1.2 全数检查发电机的如下项目，所有项目都合格方可签发产品合格证：

a) 发电机安装尺寸；

b) 发电机外观及装配质量；

c) 冷态性能；

d) 调节器冷态调节电压值。

5.2 型式检验

5.2.1 制造厂在下列情况之一时，进行型式检验：

a) 新产品定型鉴定或老产品转产试制；

b) 正式生产后，如结构、材料、工艺有较大改变，可能影响产品质量时；

c) 成批或大批生产的产品，每两年至少一次；

d) 产品停产一年以上，恢复生产时；

e) 出厂检验结果与上次型式检验结果有较大差异时；

f) 国家质量监督机构提出进行型式检验的要求时。

5.2.2 型式检验应从出厂合格的同一批产品中抽取 9 台，分成 3 组，各组检验的项目见表 8。成批或大量生产后的型式检验允许用 2 台做耐久性试验。

表 8 检验项目

试验项目		样机号								
		1	2	3	4	5	6	7	8	9
安装尺寸		√	√	√	√	√	√	√	√	√
外观及装配质量		√	√	√	√	√	√	√	√	√
镀层		√	√	√	√	√	√	√	√	√
漆层		√	√	√	√	√	√	√	√	√
热态性能		√	√	√	√	√	√	√	√	√
冷态性能		√	√	√	√	√	√	√	√	√
调节器性能	冷态调节电压	√	√	√	√	√	√	√	√	√
	空载调节电压	√	√	√	√	√	√	√	√	√
	热态调节性能	√	√	√	√	√	√	√	√	√
	高温调节性能	√	√	√						
	抛负荷				√	√	√			
温升		√	√	√						
噪声[a]		√	√	√						
外壳防护等级		√	√	√						
绝缘耐电压		√	√	√						
超速		√	√	√						
振动					√	√	√			
耐环境	低温				√	√	√			
	高温				√	√	√			
	耐温度变化				√	√	√			
	耐湿度、耐温度				√	√	√			
	盐雾				√	√	√			

表 8（续）

试验项目	样机号								
	1	2	3	4	5	6	7	8	9
耐工业溶剂				√	√	√			
电磁兼容[a]				√	√	√			
耐久性							√	√	√
互换性	√	√	√						
抗泥沙[b]							√	√	√
[a] 认可试验项目，型式检验不要求。 [b] 只适合张紧轮发电机。									

5.2.3 型式检验如果有一项不合格时，允许重新抽取加倍数量的产品就该不合格项进行复查。如仍有不合格项时，则该批产品判为不合格。耐久性试验不应重新复查。

5.3 用户验收

5.3.1 用户可按 GB/T 2828.1 的规定验收。验收项目、接收质量限见表 9。

5.3.2 一般检查水平：Ⅱ。

5.3.3 抽样方案：正常检查一次抽样方案。

表 9 验收项目和接收质量限

验收项目	接收质量限 AQL
外观及装配质量	6.5
外形及安装尺寸	6.5
冷态性能	4.0
冷态调节电压	4.0

6 标志、包装、贮存及保管

6.1 标志

6.1.1 每台发电机应在其明显的部位固定产品铭牌，其基本内容包括：

a) 产品名称及商标；

b) 产品型号；

c) 主要技术参数：如额定电压(V)、电流(A)、功率(W)、配用的电压调节器型号或励磁线圈绕组的电阻值等；

d) 生产日期(或编号)或生产批号；

e) 制造厂名称。

按具体情况可增加项目，如执行标准号、使用警示标志或中文警示说明等，也可按用户的要求增加项目。

6.2 包装

6.2.1 发电机的包装标志应至少包含以下基本内容：

a) 与发货有关的产品标志内容：如产品名称及商标、产品型号、规格、适用车型或机型；

b) 生产企业名称、详细地址、邮政编码及电话号码；

c) 生产日期(或编号)或生产批号；

d) 执行的产品标准(国家标准、行业标准、地方标准或经备案的企业标准)编号；

e） 符合相关标准规定的包装储运图示标志；

f） 运输作业的文字：包装箱的体积（长×宽×高）尺寸，每箱内装产品数量，每箱产品总质量。

6.2.2 进行包装时应考虑防潮、防振、防尘，适应运输及装卸的要求。

6.2.3 包装前黑色金属零部件无防护层的配合部位，应有临时性的防锈保护措施。

6.2.4 包装箱应牢固，产品在箱内不应窜动。

6.2.5 随同发电机出厂的技术文件应包含：

a） 装箱单；

b） 产品出厂合格证；

c） 使用说明书。

6.3 贮存及保管

6.3.1 发电机在贮存过程中，不应受潮、腐蚀、重压、碰撞，不应接触酸、碱等腐蚀性物质和有机溶剂。

6.3.2 发电机的贮存期通常为两年（从制造厂入库日期算起）。在贮存期满两年时，发电机性能应符合本标准的规定。

7 型号编制规则

产品型号编制规则如下：

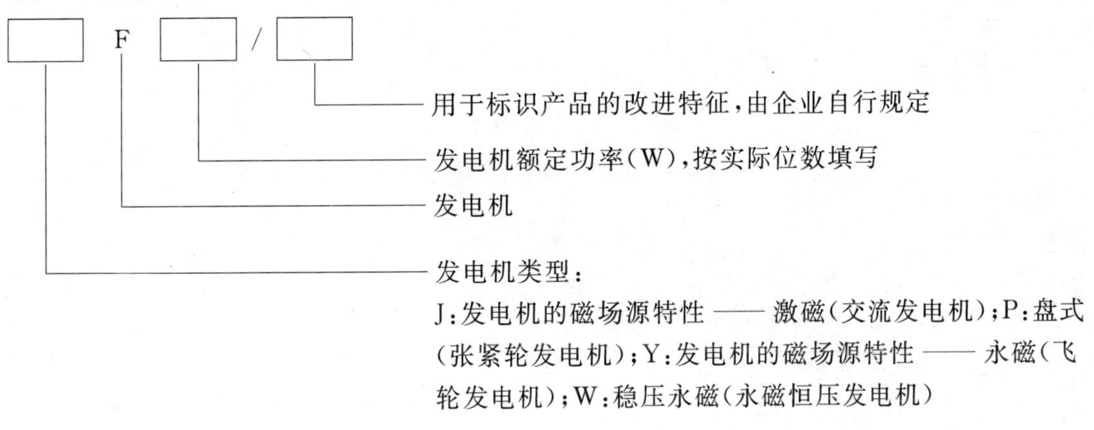

ICS 65.060
T 54

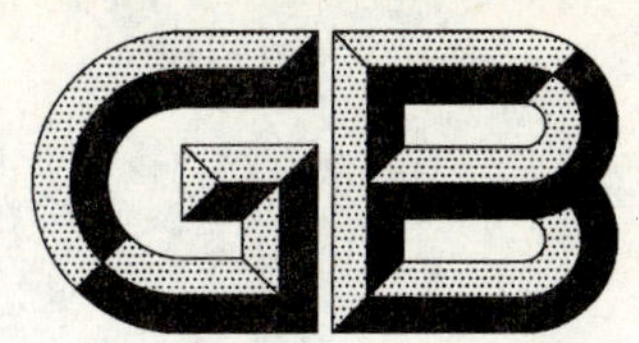

中华人民共和国国家标准

GB/T 23924—2009

三轮汽车和低速货车 干摩擦式离合器

Tri-wheel vehicles and low-speed goods vehicles—Dry friction clutch

2009-06-04 发布　　2010-01-01 实施

中华人民共和国国家质量监督检验检疫总局
中国国家标准化管理委员会　发布

前　言

本标准由中国机械工业联合会提出。

本标准由全国低速汽车标准化技术委员会(SAC/TC 234)归口。

本标准起草单位:国家拖拉机质量监督检验中心、机械工业农用运输车发展研究中心。

本标准主要起草人:齐劲峰、吕树盛。

三轮汽车和低速货车
干摩擦式离合器

1 范围

本标准规定了三轮汽车和低速货车干摩擦式离合器的术语和定义、技术要求、试验方法、检验规则、标志、包装、运输与贮存。

本标准适用于采用螺旋弹簧和膜片弹簧的三轮汽车和低速货车干摩擦式离合器。

2 规范性引用文件

下列文件中的条款通过本标准的引用而成为本标准的条款。凡是注日期的引用文件，其随后所有的修改单(不包括勘误的内容)或修订版均不适用于本标准，然而，鼓励根据本标准达成协议的各方研究是否可使用这些文件的最新版本。凡是不注日期的引用文件，其最新版本适用于本标准。

GB/T 2828.1 计数抽样检验程序 第1部分：按接收质量限(AQL)检索的逐批检验抽样计划(ISO 2859-1:1999,IDT)

JB/T 5673 农林拖拉机及机具涂漆 通用技术条件

3 术语和定义

下列术语和定义适用于本标准。

3.1

压缩特性 characteristics of compression

从动盘总成厚度变化量和轴向载荷的关系。

3.2

轴向压缩量 axial compression

在工作压紧力下，从动盘总成厚度的变化量。

3.3

分离扭转力矩 release torque

在规定的工况下，离合器压盘达到图样规定的最小升程时，从动盘总成的旋转力矩。

3.4

负荷特性 characteristics of load

在未安装从动盘总成的条件下，对压盘加载和最后减载过程中，作用在压盘上的载荷 P_1 与压盘位移 λ_1 之间的关系曲线。如图1所示。

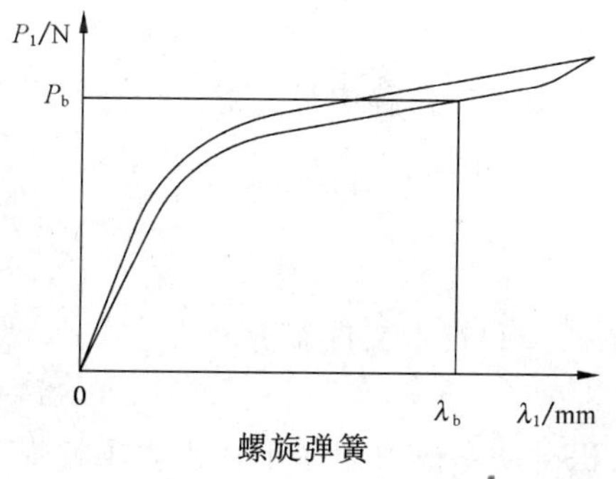

螺旋弹簧

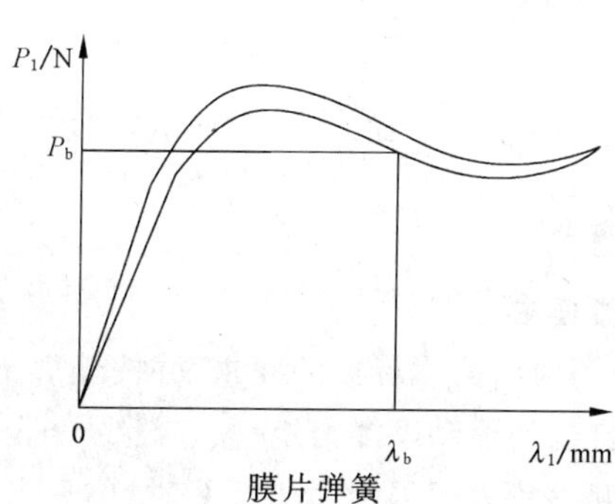

膜片弹簧

图1 负荷特性

3.5

工作位置压盘位移量　pressure plate displacement on the work site

λ_b

离合器处于实际安装状态，压盘位置相对于未装从动盘总成时压盘位置的位移量。

3.6

工作压紧力　working pressure

P_b

在负荷特性减载过程中 P_1-λ_1 曲线上，对应于 λ_b 的载荷。

3.7

分离特性　release characteristics

离合器处于实际安装状态，或用相当于从动盘夹紧厚度的垫块代替从动盘，当分离和接合离合器时，作用于分离杆（指）端的载荷 P_2 及压盘升程 h 随分离杆（指）端行程 λ_2 变化的关系曲线。如图 2 所示。

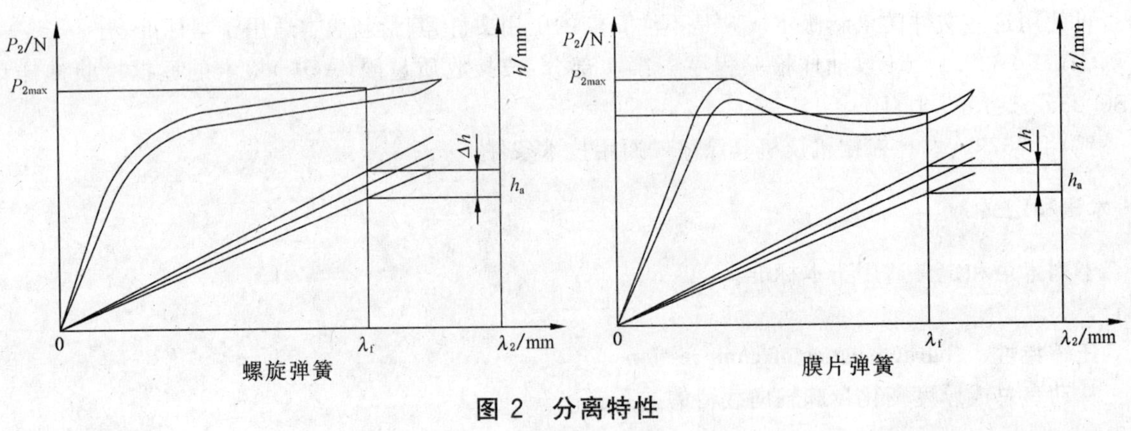

图 2　分离特性

3.8

最大分离力　maximum release force

P_{2max}

在规定的分离行程 λ_f 范围内，分离特性 P_2-λ_2 曲线上的最大载荷值。

3.9

压盘升程　pressure plate travel

h_a

在分离特性 P_2-λ_2 曲线上，对应规定分离行程 λ_f 处，压盘上各点位移的最小量。

3.10

压盘倾斜量　pressure plate inclination

Δh

在分离特性 h-λ_2 曲线上，对应规定分离行程 λ_f 处，压盘上各点位移中最大值和最小值之差。

4　技术要求

4.1　一般要求

离合器应符合本标准的要求，并按经规定程序批准的图样和技术文件制造。

4.2　离合器的滑动摩擦力矩

4.2.1　摩擦片表面温度为 250 ℃时，单盘离合器单位面积滑动摩擦力矩应不低于表 1 的规定，双盘离合器的单位面积滑动摩擦力矩不低于表 1 规定值的 75%。

表 1 双盘离合器的单位面积滑动摩擦力矩

离合器规格/mm	≤210	>210~265	>265
单位面积滑动摩擦力矩/(N·m/cm²)	0.28	0.30	0.35

4.2.2 摩擦片表面温度为 250 ℃时，离合器的滑动摩擦力矩应不小于常温时的 70%。

4.3 离合器的热负荷

离合器连续起步 10 次，每次起步的平均温升值应不大于 10 ℃。

4.4 离合器摩擦衬片耐磨性

离合器经 1.0×10^4 次模拟起步试验后，摩擦片单面磨损量应不大于 0.65 mm，摩擦片表面不应有裂纹、气泡和铆钉露头等现象。

4.5 离合器的分离扭转力矩

单盘离合器的分离扭转力矩应不大于 0.2 N·m。

4.6 离合器的静平衡

盖、压盘总成最大允许静不平衡量为 $6M_1$ g·cm，从动盘总成最大允许静不平衡量为 $12M_2$ g·cm（M_1 为盖、压盘总成质量千克数，M_2 为从动盘总成质量千克数）。

4.7 盖总成工作压紧力

盖总成工作压紧力应符合产品使用说明书、技术文件或有关标准的规定，其偏差在工作压紧力的±10%之内。

4.8 压盘升程

压盘升程应符合产品使用说明书、技术文件或有关标准的规定。

4.9 盖总成动态分离耐久性能

盖总成经 4×10^5 次动态分离耐久性试验后，应满足下列要求：

a) 分离轴承处载荷变化量不大于初始值的 15%；

b) 压盘工作压紧力，对膜片弹簧离合器不小于初始值的 85%，对螺旋弹簧离合器不小于初始值的 80%；

c) 压盘升程不小于初始值的 85%；

d) 分离杆(指)的磨损量不小于分离杆(指)端厚度的 30%；

e) 任何零件不应失效。

4.10 从动盘总成夹紧厚度偏差及平行度

在工作压紧力下，从动盘总成夹紧厚度偏差及平行度分别为±2.5 mm 和 0.2 mm。

4.11 从动盘总成轴向压缩耐久性能

在工作压紧力下，从动盘总成经 2×10^5 次轴向压缩试验后应满足下列要求：

a) 轴向压缩量不小于初始值的 80%；

b) 波形片无损伤、断裂，铆接无松动；

c) 任何零件不应失效。

4.12 从动盘扭转耐久性能

从动盘总成经 3.5×10^6 次扭转耐久试验后应满足下列要求：

a) 极限力矩不低于初始值的 75%；

b) 扭转减振器的摩擦力矩(阻尼力矩)不低于初始值的 60%；

c) 各零件不应失效。

4.13 分离杆(指)高度偏差及分离杆(指)端面跳动量

4.13.1 在规定工况下，盖总成分离杆(指)端高度偏差不大于±1.5 mm。

4.13.2 在规定工况下，盖总成分离杆(指)端与分离轴承接触圆周上的端面跳动量，对膜片弹簧离合器不大于 1 mm,对螺旋弹簧离合器不大于 0.5 mm。

4.14 离合器性能参数明示

离合器的下列性能参数必应在产品使用说明书和图样上明确规定:

a) 分离杆(指)行程及压盘升程;

b) 压盘工作压紧力及压盘位置;

c) 扭转特性曲线及阻尼力矩值;

d) 从动盘总成轴向压缩特性;

e) 分离扭转力矩。

4.15 其他要求

4.15.1 离合器应清洁,摩擦片表面不应粘有油污。

4.15.2 离合器各金属零件应经防锈处理,压盘表面允许涂防锈剂。

4.15.3 离合器总成表面涂漆应符合 JB/T 5673 的规定。

5 试验方法

5.1 样品准备

试验前,按需要对样品进行针对性的原始数据测量和记录。

5.2 盖总成分离特性和负荷特性测定试验

5.2.1 试验设备及仪表

使载荷均匀作用于分离杆(指)端、压盘摩擦表面,并与压盘摩擦表面垂直的盖总成静特性测量台架,如图 3 和图 4 所示。

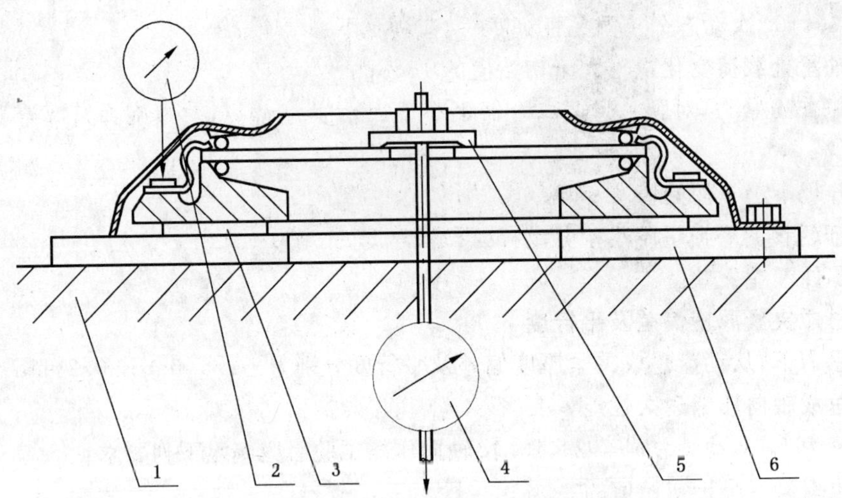

1——测量台;
2——百分表;
3——垫块;
4——载荷测量装置;
5——代用分离轴承;
6——代用飞轮。

图 3 分离特性测量装置

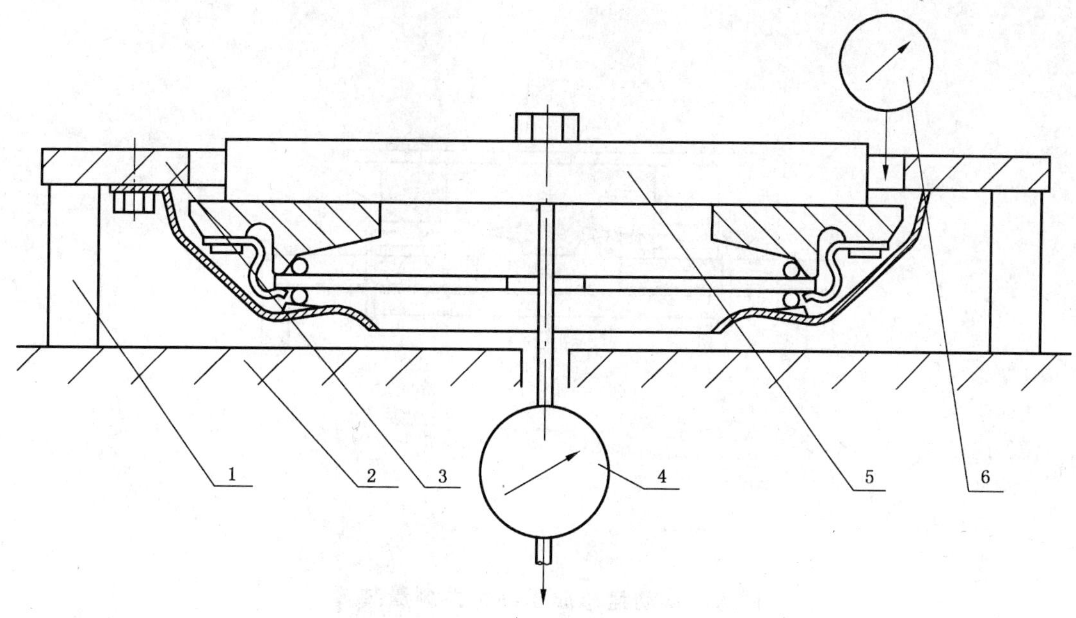

1——支撑柱；

2——测量台；

3——代用飞轮；

4——载荷测量装置；

5——加载盘；

6——百分表。

图 4 负荷特性测量装置

5.2.2 试验程序

5.2.2.1 将盖总成按技术要求固定于代用飞轮上，中间装有相当于从动盘总成夹紧厚度的垫块。

5.2.2.2 将这套装置放于测量台中心，如图 3 所示。

5.2.2.3 操纵加载装置，使代用分离轴承行程达到规定的最大分离行程然后退回。如此动作 10 次后，分离杆(指)预加规定载荷，将百分表或位移传感器调零。

5.2.2.4 操纵加载机构，以适当的行程增量使离合器分离，直至达到最大分离行程为止，再以相同的行程增量，使离合器接合，直至恢复零位，记录分离和接合时分离行程相对应的载荷及压盘位移。

5.2.2.5 绘制分离特性曲线。

5.2.2.6 将按 5.2.2.1 的要求装好的试验装置放于测量台中心，如图 4 所示。

5.2.2.7 装百分表或位移传感器，使其与压盘或与压盘摩擦表面接触的专用位移测量架相接触，调零。

5.2.2.8 对压盘施加载荷，使压盘移动 1 mm 左右，取出垫块，然后减载至百分表复零。再继续减载，直至卸掉全部载荷，记录压盘从零位到全部卸掉载荷时的位移量，此值即为 λ_b。

5.2.2.9 将百分表或位移传感器、负荷测量装置重新调零。

5.2.2.10 以适当的压盘位移增量对压盘加载，加载至超过 λ_b 2.5 mm 左右，然后减载，直至卸掉全部载荷，记录压盘上载荷 P 随压盘位移 λ 变化的数字。

5.2.2.11 绘制负载荷特性曲线，注明 λ_b。

5.2.2.12 按图 1 和图 2 所示，确定 P_b、P_{2max}、h_a 和 Δh 。

5.3 从动盘总成轴向压缩特性，夹紧厚度及平行度测定试验

5.3.1 试验设备及仪器仪表

保证载荷垂直而均匀地作用于从动盘总成摩擦表面的轴向压缩特性试验台及相应的仪器仪表装置，如图 5 所示。

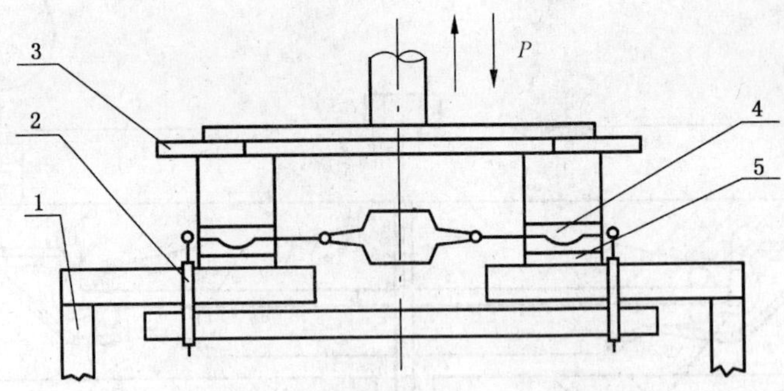

1——主框架；

2——位移传感器；

3——预载盘；

4——从动盘总成；

5——下垫板。

图 5　从动盘总成压缩特性测量装置

5.3.2　试验程序

5.3.2.1　将试验样品装于试验台上，装置状况如图 5 所示。

5.3.2.2　按工作压紧力压缩从动盘总成数次，直至轴向压缩量读数稳定，施加规定的预载荷，然后开始测量。

5.3.2.3　对从动盘总成加载，直到从动盘总成上的载荷达到规定的工作压紧力，记录轴向压缩量 d 和对应的垂直压力 P。

5.3.2.4　达到规定的压紧力时，测量上下夹板间沿圆周均布三点处的距离，其平均值为从动盘总成的夹紧厚度，最大值与最小值之差即为平行度。

5.3.2.5　以同样方法减载，直到载荷卸到零，记录轴向压缩量 δ 和对应的垂直压力 P。

5.3.2.6　绘制轴向压缩特性曲线，如图 6 所示，确定轴向压缩量 δ_b。

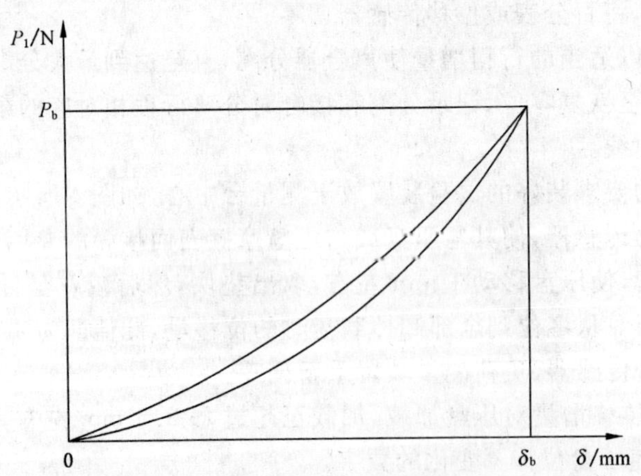

图 6　从动盘总成压缩特性

5.4　从动盘总成减振器扭转特性测定试验

5.4.1　试验设备及仪器仪表

保证摩擦衬片部分完全固定，并对盘毂施加扭转力矩的从动盘扭转特性试验台及相应的转角和力矩测量装置，如图 7 所示。

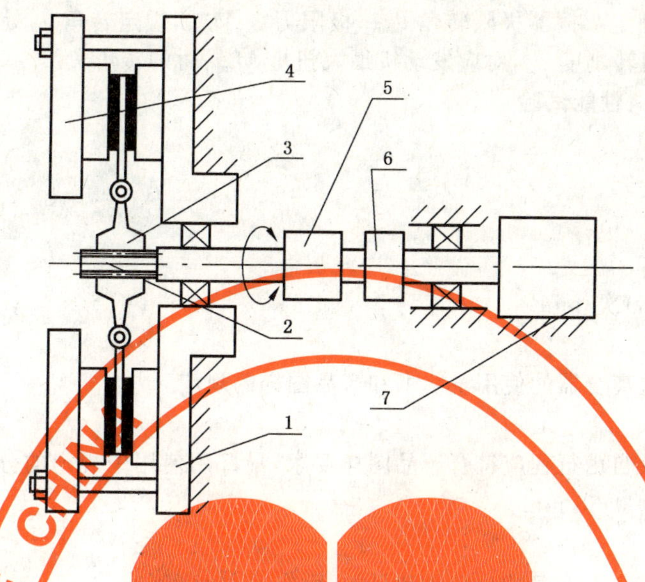

1——支撑板；

2——花键轴；

3——从动盘总成；

4——夹紧板；

5——转矩测量装置；

6——转角测量装置；

7——驱动装置。

图 7　从动盘总成减振器扭转特性测量装置

5.4.2　试验程序

5.4.2.1　将从动盘总成装到试验台与之相配合的花键轴上，将摩擦衬片部分夹紧。

5.4.2.2　装转角指针或角位移传感器，使之能随盘毂一起转动并处于零位。

5.4.2.3　对盘毂施加扭转力矩，转动盘毂，直到与限位销接触为止。

5.4.2.4　卸载至零。

5.4.2.5　反向施加扭转力矩，转动盘毂，直到与限位销接触为止。

5.4.2.6　卸载至零。

5.4.2.7　重复 5.4.2.3～5.4.2.6 两次。

5.4.2.8　在中间位置检查并调整转角及扭转力矩至零位。

5.4.2.9　重复 5.4.2.3～5.4.2.6，但需记录转角与扭转力矩对应数值。

5.4.2.10　绘出扭转特性曲线，如图 8 所示。

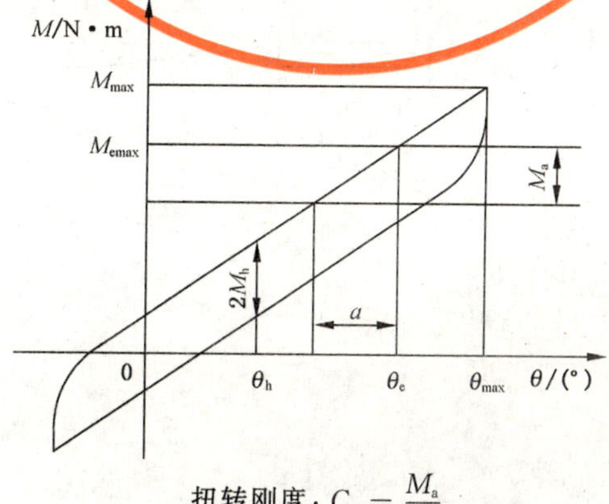

扭转刚度：$C_a = \dfrac{M_a}{a}$

图 8　从动盘总成扭转特性

5.4.2.11 按图 8 所示确定减振器极限转角 θ_{max}，极限力矩 M_{max}，规定转角 θ_h 处的摩擦阻尼力矩 M_h，规定转角范围 a 区间的扭转刚度 C_a，对应发动机最大扭矩 M_{emax} 时的转角 θ_e。

5.5 盖总成动态分离耐久性能试验

5.5.1 试验条件

5.5.1.1 盖总成转速

主轴转速为 1 450 r/min。

5.5.1.2 离、合频率

离、合频率为(100±5)次/min。

5.5.1.3 分离行程

分离行程符合所试验离合器的使用说明书和产品图样的规定。

5.5.1.4 分离轴承

轴承接触表面尺寸及自由行程应符合产品图样要求，最好用使用中规定的分离轴承。分离轴承对离合器回转中心偏心量为 0.38 mm。

5.5.1.5 环境温度

室温或 100 ℃±10 ℃，或根据试验性质和目的，由有关方面商定。

5.5.1.6 离合器安装状况及试验次数

按四种从动盘总成夹紧厚度安装，每种安装状况试验 10×10^4 次。

a) 第一种为名义夹紧厚度减去 0.25 mm；

b) 第四种为从动盘磨损后的最薄厚度，由设计确定；

c) 第二种和第三种由第一种和第四种厚度之间的间隔等分确定。

试验总次数最少为 4×10^5 次。

5.5.2 试验设备

满足 5.5.1 试验条件的盖总成动态分离耐久性试验台，如图 9 所示。

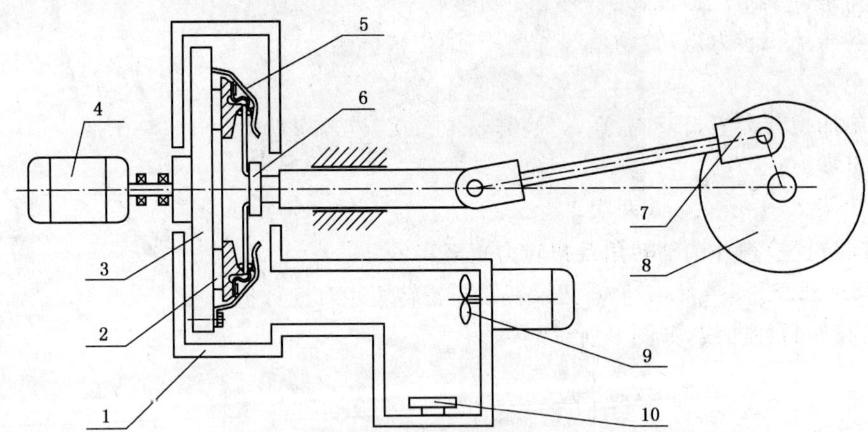

1——外罩；
2——垫板；
3——代用飞轮；
4——驱动装置；
5——盖总成；
6——分离轴承；
7——曲柄连杆；
8——曲柄驱动机构；
9——风扇；
10——加热器。

图 9 盖总成动态分离耐久性能试验台

5.5.3 **试验程序**

5.5.3.1 按5.2测总成分离特性及负荷特性，确定试验前的P_{2max}、h_a和P_b。

5.5.3.2 将样品按规定装于试验台的飞轮上，在飞轮与压盘表面间装第一种厚度的垫板或垫块。

5.5.3.3 调整试验台，满足5.5.1的规定。

5.5.3.4 开动试验台连续动作10×10^4次。

5.5.3.5 停机检查，如无零件损坏，将垫块厚度减至下一规定尺寸，连续动作10×10^4次。

5.5.3.6 重复5.5.3.5直至完成第四种垫块厚度尺寸试验。

5.5.3.7 停机卸下样品，检查有无零件损坏，测量分离杆(指)磨损量，并按5.2测分离特性和负荷特性，确定P_{2max}、h_a和P_b。

5.5.3.8 重复5.5.3.2～5.5.3.7直至完成所要求的总循环次数或试件发生损坏为止。

5.6 **从动盘总成轴向压缩耐久性试验**

5.6.1 **试验条件**

5.6.1.1 轴向载荷：零至最大载荷往复循环，最大载荷等于与被试从动盘总成配用的盖总成工作压紧力。

5.6.1.2 往复频率：(150～200)次/min。

5.6.1.3 往复行程：与被试离合器规定的分离行程相同。

5.6.1.4 试验次数：$(2\times10^5\sim4\times10^5)$次，可按有关规定确定。

5.6.2 **试验设备**

往复行程在(0～20)mm范围内可调，并满足5.6.1中规定的往复式试验台及与被试从动盘总成相配套且工作压紧力符合规定的盖总成，如图10所示。

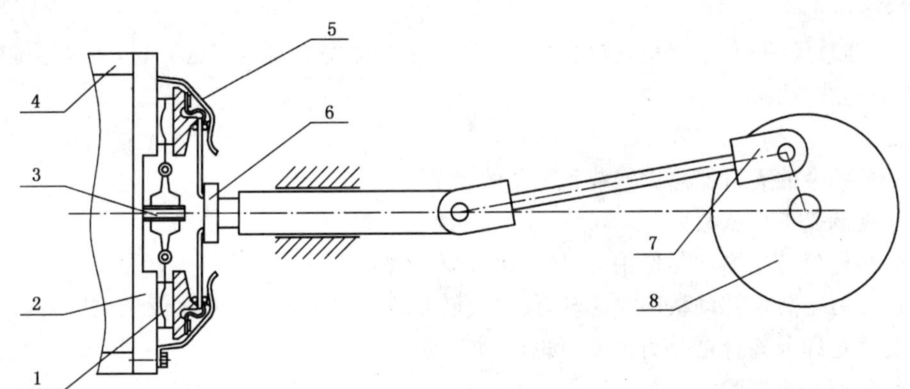

1——从动盘总成；

2——代用飞轮；

3——芯轴；

4——台架；

5——盖总成；

6——分离轴承；

7——曲柄连杆；

8——曲柄驱动机构。

图10 从动盘总成轴向压缩耐久性能试验台

5.6.3 **试验程序**

5.6.3.1 按5.2确定盖总成的工作压紧力是否符合规定。

5.6.3.2 按5.3测量从动盘总成轴向压缩特性，确定试验前轴向压缩量d。

5.6.3.3 将被试从动盘总成和盖总成装于试验台上。

5.6.3.4 调整试验台，满足5.6.1的规定。

5.6.3.5 开动试验台,使离合器分离、接合,往复循环至规定的试验次数。

5.6.3.6 拆下样品,按5.3规定测量从动盘总成轴向压缩特性,确定试验后的轴向压缩量 d。

5.6.3.7 必要时取出摩擦衬片铆钉,取下摩擦衬片,检查波形片和摩擦衬片的损坏情况。

5.7 从动盘总成扭转耐久性能试验

5.7.1 试验条件

5.7.1.1 载荷:最小扭矩为25%发动机最大扭矩、最大扭矩为100%发动机最大扭矩的单向脉冲扭转载荷,亦可按相应上述载荷的相应转角间接加载。

5.7.1.2 扭转频率:(420～1 200)次/min。

5.7.1.3 试验次数:3.5×10^{6} 次或根据要求确定。

5.7.2 试验设备

满足5.7.1试验条件的机械式或液压式扭转疲劳试验台,如图7所示。

5.7.3 试验程序

5.7.3.1 按5.4规定测量从动盘总成减振器扭转特性曲线,确定试验前的扭转刚度 C_{d}、摩擦阻力矩 M_{h}、极限转角 θ_{max} 和极限力矩 M_{max}。

5.7.3.2 将样品装于试验台的花键轴上,将摩擦衬片部分固定。

5.7.3.3 调整试验台后,以规定的载荷、频率,摆动减振器至规定的次数:50×10^{4}、100×10^{4}、200×10^{4}、350×10^{4},进行中间检查和最终检查。重复5.7.3.1并检查有无损坏、松动及磨损情况。

5.8 离合器分离扭转力矩测定

5.8.1 试验条件

离合器总成应经过磨合,其接触面积大于80%,摩擦表面温度小于100 ℃。

5.8.2 试验设备

能够对离合器总成的分离杆(指)施加均匀作用力,使压盘分离到规定的升程,通过芯轴转动从动盘并测量转动力矩的装置。

5.8.3 试验程序

5.8.3.1 将经过磨合的离合器总成安装到测量装置上。

5.8.3.2 从动盘承受工作压紧力。

5.8.3.3 对分离杆(指)施加均匀作用力,使压盘分离到规定的最小升程。

5.8.3.4 通过测力矩装置转动从动盘芯轴,使之旋转至少一周,同时测量旋转过程中转动力矩的平均值,该平均转动力矩即为离合器分离扭转力矩。

5.9 离合器热负荷测定试验

5.9.1 试验目的

模拟起步过程,确定离合器平均每接合一次的滑磨功及连续起步时的发热情况。

5.9.2 试验条件

5.9.2.1 样品应经过磨合,其接触面积大于80%,摩擦表面温度小于100 ℃。

5.9.2.2 起步转速一般为1 450 r/min。

5.9.2.3 载荷相当于车辆满载,在10%坡度上,用1挡起步时的当量惯量和道路阻力矩。

当量惯量按式(1)确定:

$$J_{1}=\frac{WR_{T}^{2}}{i_{1}i_{0}} \qquad \cdots\cdots(1)$$

式中:

J_{1}——车辆1挡的当量惯量,单位为千克二次方米(kg·m²);

W——车辆总质量,单位为千克(kg);

R_{T}——车轮滚动半径,单位为米(m);

i_0——驱动桥减速比；

i_1——变速器 1 挡速比。

道路阻力矩按式(2)确定：

$$M_T = \frac{Wg\psi R_T}{i_1 i_0} \qquad \cdots\cdots(2)$$

式中：

M_T——作用于离合器输出端上的道路阻力矩，单位为牛顿米(N·m)；

ψ——道路阻力系数，$\psi = f\cos\alpha + \sin\alpha$；

f——滚动阻力系数，f=0.02；

α——坡路角度，tanα=10%；

g——重力加速度，单位为米每二次方秒(m/s^2)。

5.9.2.4 每次接合的滑磨时间为 1.5 s±0.5 s。

5.9.2.5 连续起步周期为 30 s。

5.9.2.6 试验次数为 10 次。

5.9.3 测量和记录的参数

需测量和记录接合过程中下列参数随时间的变化量：

a) 摩擦力矩；

b) 离合器主动及从动部分转角或转速；

c) 摩擦表面温度。

5.9.4 试验设备及测量记录装置

5.9.4.1 满足 5.9.2 规定的试验条件的离合器综合性能试验台，其原理如图 11 所示。

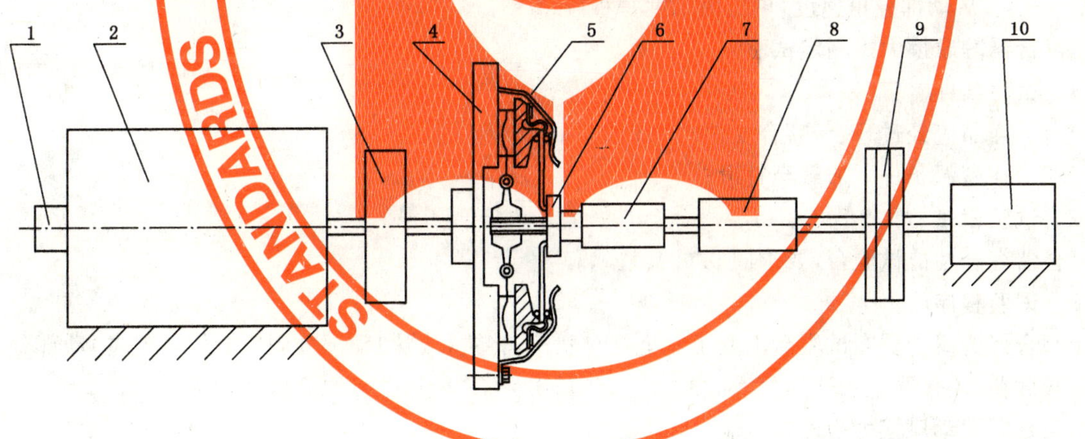

1——输入转速传感器；

2——驱动电机；

3——储能飞轮；

4——代用飞轮；

5——离合器总成；

6——分离轴承；

7——分离机构；

8——输出转速转矩传感器；

9——惯量盘；

10——加载、制动装置。

图 11 离合器综合性能试验台

5.9.4.2 能实时测量和记录离合器接合过程中摩擦力矩、主动及从动部分转角或转速、摩擦表面温度随时间变化的测量及记录装置。

5.9.5 试验程序

5.9.5.1 按5.2和5.3的规定检查盖总成和从动盘总成,确定它们是否满足技术要求。

5.9.5.2 在压盘表面中径处,距工作表面0.5 mm±0.1 mm,埋装热电偶或其他感温元件。

5.9.5.3 将离合器按技术要求安装于试验台上。

5.9.5.4 装配当量惯量。

5.9.5.5 选择适当的工况磨合,满足5.9.2.1的规定。

5.9.5.6 按5.2和5.3的规定复验磨合后的盖总成和从动盘总成,确定夹紧厚度和对应的工作压紧力。

5.9.5.7 将离合器重新装于试验台上,安装连接好温度、摩擦力矩、转角或转速的测量记录装置。

5.9.5.8 起动试验台上的控制装置,按5.9.2.2~5.9.2.6规定的条件,接合离合器,待主、从动部分同步之后,分离离合器、制动从动部分至停止,再放松制动,依次顺序循环共10次,记录接合过程的各参数,至少记录三次。

5.9.5.9 重复5.9.5.6。

5.9.5.10 根据记录整理出各次起步滑磨功及温升。滑磨功按式(3)处理:

$$A=\int_{t_0}^{t} M_c(\omega_0-\omega_1)\,\mathrm{d}t \qquad \cdots\cdots(3)$$

式中:

A——滑磨功,单位为焦耳(J);

M_c——摩擦力矩,单位为牛顿米(N·m);

t_0、t——接合过程的起、止时间,单位为秒(s);

ω_0、ω_1——主、从动部分角速度,单位为弧度每秒(rad/s)。

5.10 离合器静摩擦力矩测定试验

5.10.1 试验条件

5.10.1.1 样品应经过磨合,磨合要求同5.9.2.1的规定。

5.10.1.2 在室温条件下加载至打滑。

5.10.2 试验设备

离合器综合性能试验台,要求同5.9.4.1。

5.10.3 试验程序

让磨合好的离合器在试验台上处于完全接合状态,将主(或从)动部分固定,对从(或主)动部分缓慢施加扭转载荷,测量并记录开始打滑时的扭矩,测量次数不少于五次,取算术平均值。

5.11 离合器滑动摩擦力矩测定试验

5.11.1 试验条件

5.11.1.1 应在完成5.9.5.8或5.10.3之后进行,否则样品应经过磨合,磨合要求同5.9.2.1。

5.11.1.2 离合器从动盘总成固定不动,盖总成转速为摩擦片外径处线速度为17.0 m/s±0.5 m/s时相应的转速。

5.11.1.3 摩擦表面温度从室温开始强制滑磨,直至300 ℃。

5.11.2 测量和记录的参数

a) 滑动摩擦力矩;

b) 摩擦表面温度。

5.11.3 试验设备

满足5.11.1试验条件的离合器综合性能试验台,同5.9.4的规定。

5.11.4 试验条件

5.11.4.1 将磨合好并按5.2和5.3检验后的盖总成和从动盘总成或完成5.9.5.8之后的盖总成和从动盘总成(表面用砂纸打磨去除油污或碳化物)装于试验台上。

5.11.4.2 调整试验台,满足5.11.1的规定。

5.11.4.3 调整摩擦力矩、温度测量记录装置。

5.11.4.4 起动试验台的控制装置,按5.11.1.2～5.11.1.3进行强制滑磨,记录对应于室温、50 ℃、100 ℃、150 ℃、200 ℃、250 ℃及300 ℃时的滑动摩擦力矩。

5.11.4.5 绘制滑动摩擦力矩随温度变化的关系曲线。

5.11.4.6 计算250 ℃时单位面积的滑动摩擦力矩。

5.12 离合器摩擦衬片耐磨损性能试验

5.12.1 试验条件

5.12.1.1 按5.9.2.1～5.9.2.4的规定,模拟车辆连续起步。

5.12.1.2 接合频率为(3～6)次/min。

5.12.1.3 摩擦表面温度不超过160 ℃。

5.12.1.4 试验次数为10×10^4次或根据不同要求商定。

5.12.2 试验设备

试验设备同5.9.4的规定。

5.12.3 试验程序

5.12.3.1 按5.9.5.1～5.9.5.6的规定进行,并测量记录摩擦衬片的厚度,测量位置在每面中径处附近均布三点,并作标记。

5.12.3.2 将离合器重新装于试验台上,按5.12.1规定的试验条件,模拟车辆连续起步,至规定的试验次数。

5.12.3.3 在完成2.5×10^3、5×10^3次循环后,检查零件有无损坏。

5.12.3.4 在完成1×10^4次循环后,拆下样品做最终检验,测量摩擦衬片标记处的厚度,确定摩擦中径处平均磨损量。

6 检验规则

6.1 出厂检验

6.1.1 每套离合器总成,均要经质量检查合格后方可出厂,出厂时应附有产品质量合格证。

6.1.2 出厂检验项目如下:

a) 盖总成工作压紧力;
b) 压盘升程;
c) 离合器的静平衡;
d) 分离扭转力矩;
e) 分离杆(指)高度偏差及分离杆(指)端面跳动;
f) 外观质量。

6.1.3 抽检的数量不少于三套,从企业成品库中随机抽取时,抽样基数不少于抽取数的10倍。

6.1.4 所检项目应全部合格方可判该检验批产品合格。

6.2 型式检验

6.2.1 有下列情况之一时,进行型式检验:

a) 新产品或老产品转厂生产的试制定型鉴定;

b) 正式生产后，如结构、材料、工艺有较大改变，可能影响产品性能时；

c) 正常生产时，应定期周期性进行试验；

d) 产品长期停产后，恢复生产时；

e) 出厂检验结果与上次型式检验结果有较大差异时；

f) 国家质量监督机构提出进行型式检验的要求时。

6.2.2 型式检验项目如下：

a) 离合器的滑动摩擦力矩；

b) 离合器的热负荷；

c) 离合器摩擦衬片的耐磨性；

d) 离合器的分离扭转力矩；

e) 离合器的静平衡；

f) 盖总成工作压紧力；

g) 压盘升程；

h) 盖总成分离耐久性能；

i) 从动盘总成夹紧厚度偏差及平行度；

j) 从动盘总成轴向压缩耐久性能；

k) 从动盘扭转耐久性能；

l) 分离杆(指)高度偏差及分离杆(指)端面跳动量；

m) 其他要求。

6.2.3 对 6.2.2 中 a)、b)、c)、h)、j)、k)各项抽检一台，其余项目按 6.1.3 的规定抽检。

6.2.4 所有检验项目均合格，方可判通过型式检验。

6.3 用户验收

订货单位有权对收到的产品进行抽检，试验项目、抽样方案、抽样检查和判断处置规则应按本标准和 GB/T 2828.1 的规定，由供需双方商定。

7 标志、包装、运输与贮存

7.1 标志

离合器出厂时，均应标示制造厂家的厂标，其上应注明离合器的型号与规格、制造日期与产品编号。

7.2 包装

7.2.1 离合器应包装牢靠，其包装箱内应附有产品说明书、产品合格证。合格证应注明：

a) 制造厂名和商标；

b) 产品名称、型号规格及总成号；

c) 制造厂质量检验章；

d) 执行标准编号；

e) 制造日期与产品编号。

7.2.2 包装箱上应注明：

a) 制造厂名和商标；

b) 产品名称、型号规格及总成号；

c) 包装箱内产品数量、毛重和净重；

d) 制造日期与生产批号；

e) 印有“小心轻放，勿受潮湿”和“向上”字样。

7.3 运输

运输过程中要小心轻放、防雨、防潮,从动盘不应粘有油污。

7.4 贮存

离合器应贮存于通风、干燥、无油污、无腐蚀的库房内。自出厂之日起六个月内,如有锈蚀现象应由制造厂家负责。

ICS 65.060
T 54

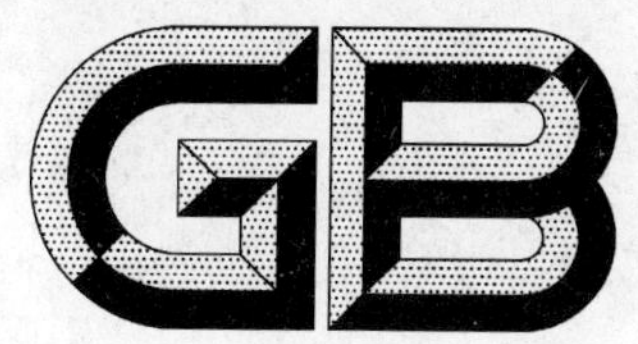

中华人民共和国国家标准

GB/T 23925—2009

三轮汽车和低速货车　钢板弹簧

Tri-wheel vehicles and low-speed goods vehicles—Leaf spring

2009-06-04 发布　　2010-01-01 实施

中华人民共和国国家质量监督检验检疫总局
中国国家标准化管理委员会　发布

前言

本标准由中国机械工业联合会提出。

本标准由全国低速汽车标准化技术委员会(SAC/TC 234)归口。

本标准负责起草单位:国家农机具质量监督检验中心。

本标准参加起草单位:江苏大学、山东五征集团有限公司。

本标准主要起草人:陈戈、陈昆山、王侠民。

三轮汽车和低速货车　钢板弹簧

1　范围

本标准规定了三轮汽车和低速货车用钢板弹簧的术语和定义、技术要求、试验方法、检验规则、标志、包装和贮存。

本标准适用于三轮汽车和低速货车线性(等刚度)和非线性(变刚度)特性的钢板弹簧总成(以下简称板簧)。

2　规范性引用文件

下列文件中的条款通过本标准的引用而成为本标准的条款。凡是注日期的引用文件，其随后所有的修改单(不包括勘误的内容)或修订版均不适用于本标准，然而，鼓励根据本标准达成协议的各方研究是否可使用这些文件的最新版本。凡是不注日期的引用文件，其最新版本适用于本标准。

GB/T 191　包装储运图示标志(GB/T 191—2008,ISO 780:1997,MOD)

GB/T 1222　弹簧钢

GB/T 1805　弹簧术语

GB/T 2828.1　计数抽样检验程序　第1部分:按接收质量限(AQL)检索的逐批检验抽样计划(GB/T 2828.1—2003,ISO 2859-1:1999,IDT)

JB/T 50106　四轮农用运输车钢板弹簧　可靠性考核试验规范

3　术语和定义

GB/T 1805确立的以及下列术语和定义适用于本标准。

3.1

弧高　camber

板簧两支承点连线与第一片凹面间最大的垂直距离 h，单位为毫米(mm)。

3.2

自由弧高　free camber

板簧在无负荷时的弧高 h_0，单位为毫米(mm)。

3.3

额定静负荷弧高　camber under specified load

板簧在承受额定垂直负荷下的弧高，简称“静弧高”h_e，单位为毫米(mm)。

3.4

永久变形和暂时变形　permanent deformation, temporary deformation

板簧卸载后自由高度、弧高的变化不能恢复的部分称为永久变形，能恢复的部分称为暂时变形。

3.5

板簧总成　spring assembly

按板簧图样要求装配完成的产品。

3.6

总成宽度　width of spring assembly

板簧产品在U型螺栓夹紧范围内及装入支架滑动部分的宽度。

3.7

卷耳宽度　width of scroll

簧片在卷耳部分的宽度。

3.8

主片　main leaf

带有卷耳或装入支架滑动部分的簧片。

3.9

工作极限负荷　working ultimate load

弹簧正常工作中可能出现的最大负荷。

4　技术要求

4.1　一般要求

4.1.1　板簧材料应为热轧弹簧扁钢，按 GB/T 1222 的规定选用。若采用其他新材料，其性能指标应达到本标准的规定。

4.1.2　簧片表面不应有过烧、裂纹、飞边等对使用有害的缺陷。

4.1.3　板簧应按照经规定程序批准的图样和技术文件制造。该图样和技术文件应对额定负荷、静负荷弧高、规定负荷下刚度作明确要求。

4.1.4　板簧簧片经热处理后，中、高碳弹簧钢回火屈氏体应为 1 级～5 级，低碳弹簧钢回火马氏体应为 1 级～4 级。脱碳层深度应不大于弹簧扁钢厚度的 3%。板簧主片及变截面片的拉伸面应进行喷丸处理。

4.1.5　带有卷耳的簧片，卷耳宽度尺寸精度应不低于 Js16。

4.1.6　总成主片两端安装中心距在伸直状态的尺寸精度应不低于 Js16，一端至中心孔(或定位凸包)的尺寸精度应不低于 Js16。

4.1.7　需方对板簧制造质量有特殊要求时，可与制造厂商定，并在产品图样等技术文件中注明，但技术要求不应低于本标准的规定。

4.2　装配要求

4.2.1　簧片片间应涂石墨润滑脂(片间有衬垫者除外)。

4.2.2　总成自由弧高偏差、总成宽度偏差及卷耳衬套孔径公差应符合表 1 规定。

表 1　自由弧高偏差、总成宽度偏差及卷耳衬套孔径公差

<table>
<tr><th colspan="2">项目</th><th>要求</th></tr>
<tr><td colspan="2">自由弧高偏差</td><td>±5%(最大值不超过 2.0 mm)</td></tr>
<tr><td colspan="2">总成宽度偏差/mm</td><td>±1.0</td></tr>
<tr><td rowspan="2">卷耳衬套孔径公差</td><td>金属衬套/mm</td><td>IT10</td></tr>
<tr><td>非金属衬套/mm</td><td>Js16</td></tr>
<tr><td colspan="3">注：装入支架滑动部分的簧片为变宽度时，其宽度应符合产品图样的规定。</td></tr>
</table>

4.2.3　带卷耳的板簧总成压入衬套后不应松动，其轴心线与安装基面的平行度及纵向中心面的垂直度应不大于 1.0%，不带卷耳的板簧端接触工作面与纵向中心面的垂直度应不大于 1.0%，如图 1 所示。

单位为毫米

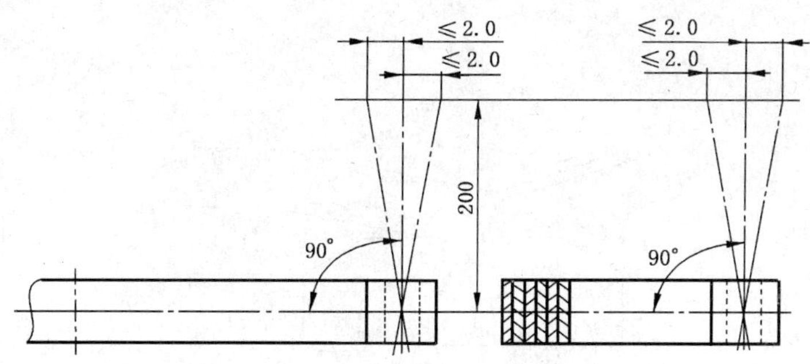

图 1　板簧装配时平行度及垂直度示意图

4.2.4　板簧总成(含单片配件)表面均应涂漆,涂层应均匀,带卷耳板簧的衬套孔内不应有漆渍,金属衬套应采取其他防锈措施。

4.3　性能指标

4.3.1　板簧经强压处理后的永久变形和暂时变形应不大于 0.5 mm。

4.3.2　线性特性板簧在额定负荷下的刚度、静弧高偏差,非线性特性板簧在指定负荷下的刚度、静弧高偏差应符合表 2 的规定。主、副复合板簧应能保证在额定静负荷、指定负荷和参照负荷下副板簧工作面完全接触。

表 2　非线性特性板簧在指定负荷下的刚度、静弧高偏差

项　目		要　求
静弧高或指定负荷下弧高偏差/mm		±1.0
刚度或指定负荷下刚度偏差	标定刚度<95 N/mm	±3%
	标定刚度≥95 N/mm	±4%

4.4　台架疲劳寿命

4.4.1　板簧(主、副复合板簧除外)在垂直负荷下的台架疲劳寿命应符合表 3 规定。

表 3　板簧垂直负荷台架疲劳寿命

应力幅度/MPa	台架疲劳寿命/次
≤285	≥10×10^4
>285～325	≥6×10^4
>325～365	≥4×10^4
>365	≥3×10^4
注:本标准中涉及到的应力均指平均应力。	

4.4.2　主、副复合板簧在垂直负荷下的台架疲劳寿命应不低于 6×10^4 次。

5　试验方法

5.1　性能指标测定

在板簧专用试验机(该试验机加载过程、卸载过程均应进行检、标定)上进行。

5.1.1　支承与夹持方法

带卷耳板簧的支承方法如图 2 所示。卷耳以销轴支承在装有滚轮的滑车上,其他结构弹簧按产品

图样等技术文件规定的支承方法支承。加、卸载时弹簧中间部分处于自由状态，负荷通过图3所示加载块施加。

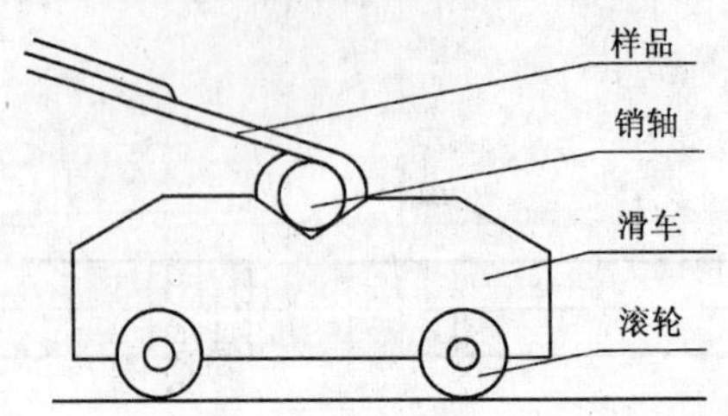

图2 带卷耳板簧的支承方法

单位为毫米

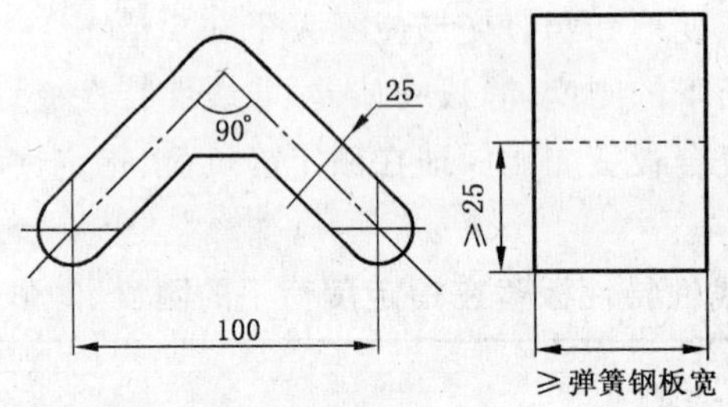

图3 加载块

5.1.2 试验方法

5.1.2.1 按产品图样规定的工作极限负荷对板簧做三次强压，加、卸载应缓慢连续进行。

5.1.2.2 第三次强压时，测量并记录强压前、后的自由弧高和加、卸载到0.7倍、1.0倍、1.3倍额定负荷下的弧高值。对于非线性特性板簧还需测量并记录指定负荷与参照负荷下的弧高值。

5.1.2.3 测量应在加、卸载稳定静止后进行。

5.1.2.4 永久变形和暂时变形 d、静弧高 h_e、刚度值 C 分别按式(1)、式(2)和式(3)计算：

a) 永久变形和暂时变形：

$$d = h_{a0} - h_{u0} \qquad \cdots\cdots (1)$$

式中：

d——永久变形和暂时变形，单位为毫米(mm)；

h_{a0}——第三次加、卸载前自由弧高，单位为毫米(mm)；

h_{u0}——第三次加、卸载后自由弧高，单位为毫米(mm)。

b) 静弧高：

$$h_e = \frac{h_{ae} + h_{ue}}{2} \qquad \cdots\cdots (2)$$

式中：

h_e——静弧高，单位为毫米(mm)；

h_{ae}——第三次加载至额定负荷时的弧高，单位为毫米(mm)；

h_{ue}——第三次卸载至额定负荷时的弧高，单位为毫米(mm)。

c) 刚度值：

$$C=\frac{C_1+C_2+C_3+C_4}{4} \quad \cdots\cdots(3)$$

式中：

C——刚度值，单位为牛每毫米(N/mm)；

C_1、C_2、C_3、C_4 按式(4)计算。

$$C_i=\frac{\Delta P}{\Delta f_i} \quad \cdots\cdots(4)$$

式中：

$i=1,2,3,4$；

$\Delta P=1.3P_e-P_e=P_e-0.7P_e$；

P_e——额定负荷，单位为牛(N)；

Δf_i——加、卸载时各 ΔP 所对应的变形量，单位为毫米(mm)。

5.1.2.5 对于具有非线性特性板簧总成，测量指定负荷下的刚度值，仍采用上述步骤，以两点法测定并按式(5)计算：

$$C_p=\frac{2\Delta P}{\Delta f_a+\Delta f_u} \quad \cdots\cdots(5)$$

式中：

C_p——板簧在指定负荷下的实测刚度值，单位为牛每毫米(N/mm)；

ΔP——指定负荷与参照负荷的差值，由图样给出，单位为牛(N)；

Δf_a、Δf_u——加、卸载时各 ΔP 所对应的变形量，单位为毫米(mm)。

5.2 台架疲劳寿命测定

板簧疲劳寿命试验按 JB/T 50106 的规定进行。

5.3 自由弧高测定

在检验性能项目时进行，使用通用量具测量。

5.4 衬套孔径测定

使用塞规测量。

5.5 卷耳垂直度测定

使用专用检具或采用通用量具组合的方法进行测量。

5.6 平行度、垂直度测定

使用专用检具或采用通用量具组合的方法进行测量。

5.7 总成宽度测定

使用卡板或卡尺测量。

5.8 卷耳宽度测定

使用卡板或卡尺测量。

5.9 表面质量检测

采用目测法测量。

6 检验规则

6.1 出厂检验

6.1.1 板簧应经制造厂检验合格后方可出厂，并附有产品质量合格证。

6.1.2 板簧的出厂检验项目为：

a) 静弧高；

b) 自由弧高；

c) 衬套孔径；

d) 板簧宽度；

e) 卷耳宽度；

f) 外观质量。

6.1.3 每件板簧应全检6.1.2中的检验项目，所有项目均应合格。

6.2 型式检验

6.2.1 有下列情形之一时，板簧应进行型式检验：

a) 新产品定型鉴定或老产品转产试制；

b) 正式生产后，如结构、材料、工艺有较大改变，可能影响产品质量时；

c) 成批或大批生产的产品，每两年至少一次；

d) 产品停产一年以上，恢复生产时；

e) 出厂检验结果与上次型式检验结果有较大差异时；

f) 国家质量监督机构提出进行型式检验的要求时。

6.2.2 型式检验包括出厂检验的全部项目和以下项目：

a) 永久变形和暂时变形；

b) 刚度；

c) 垂直度；

d) 平行度；

e) 台架疲劳寿命。

6.2.3 型式检验采用GB/T 2828.1规定的正常检查一次抽样方案。在工厂近6个月生产的产品中随机抽取5件，其中再随机确定3件进行疲劳寿命检验。抽样基数不少于50件，在需方抽样时不受此限。

6.2.4 型式检验项目分类按其对产品质量的影响程度分为A类、B类、C类，其分类见表4。

表4 型式检验项目分类

序号	项目分类	检验项目
1	A类	疲劳寿命
2	B类	永久变形和暂时变形
3		静弧高
4		刚度
5	C类	自由弧高
6		衬套孔径
7		垂直度
8		平行度
9		总成宽度
10		卷耳宽度
11		表面质量

6.2.5 型式检验判定规则见表5，其中，AQL为接收质量限，Ac为合格判定数，Re为不合格判定数。

表 5　型式检验判定规则

项目分类	A类	B类	C类
项目数	1	3	7
样本数	3	5	
接收质量限 AQL	4.0	10	25
判定数 Ac　Re	0　1	1　2	3　4

7　标志、包装和贮存

7.1　整车厂制造的板簧可以不单独标志和包装，但应在整车的相关随车文件中注明板簧的生产者，并应按照7.3的规定贮存。非整车厂制造的板簧应在板簧上标明以下内容：

a)　产品名称及型号；

b)　生产者名称和/或商标；

c)　执行标准编号；

d)　出厂日期和编号。

7.2　板簧包装时应附上产品合格证、保修单、产品说明书和包装清单。板簧及其附件、备件的包装应能保证在正常搬运过程中不致损坏或散落。包装上的图示标志应符合GB/T 191的规定，包装上应注明以下内容：

a)　产品名称及型号；

b)　制造者名称、商标、地址、电话等；

c)　毛重；

d)　包装数量；

e)　外形尺寸；

f)　包装日期；

g)　其他注意事项。

7.3　板簧应存放在有遮蔽的通风和干燥场所。

7.4　需方对板簧外观、表面处理、标志、包装及保管有特殊要求时，可与制造厂商定。

ICS 65.060
T 54

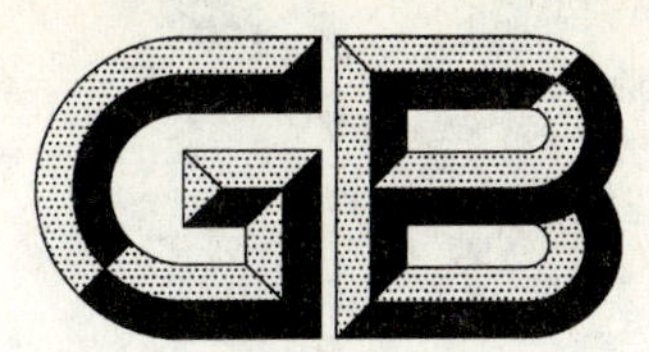

中华人民共和国国家标准

GB/T 23926—2009

三轮汽车和低速货车
行车制动器

Tri-wheel vehicles and low-speed goods vehicles—Brakes

2009-06-04 发布　　　　2010-01-01 实施

中华人民共和国国家质量监督检验检疫总局
中国国家标准化管理委员会　发布

前　言

本标准的附录 A 为资料性附录。

本标准由中国机械工业联合会提出。

本标准由全国低速汽车标准化技术委员会(SAC/TC 234)归口。

本标准起草单位:机械工业拖拉机农用运输车产品质量检测中心、机械工业农用运输车发展研究中心。

本标准主要起草人:王志中、张琦。

三轮汽车和低速货车
行车制动器

1 范围

本标准规定了三轮汽车和低速货车行车制动器总成(以下简称制动器)的定义、结构尺寸、技术要求、试验方法、检验规则、标志、包装、运输及贮存。

本标准适用于三轮汽车和低速货车的行车制动器。

2 规范性引用文件

下列文件中的条款通过本标准的引用而成为本标准的条款。凡是注日期的引用文件,其随后所有的修改单(不包括勘误的内容)或修订版均不适用于本标准,然而,鼓励根据本标准达成协议的各方研究是否可使用这些文件的最新版本。凡是不注日期的引用文件,其最新版本适用于本标准。

GB/T 2828.1 计数抽样检验程序 第1部分:按接收质量限(AQL)检索的逐批检验抽样计划(GB/T 2828.1—2003,ISO 2859-1:1999,IDT)

GB 5763 汽车用制动器衬片(GB 5763—2008,JIS D4411:1993,NEQ)

JB/T 5673—1991 农林拖拉机及机具涂漆 通用技术条件

QC/T 77 汽车液压制动轮缸技术条件

QC/T 479—1999 货车、客车制动器台架试验方法

QC/T 556 汽车制动器 温度测量和热电偶安装

3 术语和定义

下列术语和定义适用于本标准。

3.1

制动周期 braking cycle

在连续制动过程中,从本次制动开始到下一次制动开始所经过的时间。

3.2

恒定输入方式 constant input mode

在一次制动过程中,使被试制动器输出的制动力矩保持不变的制动方式。

3.3

制动器初温 initial temperature of brake

开始制动时制动鼓(盘)或制动衬片(衬块)的温度,当多个制动器同时试验时,以其中温度最高者为准。

3.4

最大制动力矩 maximum braking torque

指一次制动过程中(以制动力为纵坐标,时间为横坐标)制动力矩随时间变化的曲线上纵坐标的最大值,如图1中的 M_{Bmax}。

3.5

最小制动力矩 minimum braking torque

指一次制动过程中(以制动力为纵坐标,时间为横坐标)制动力矩随时间变化的曲线上纵坐标的最

小值，如图 1 中的 M_{Bmin}。

3.6

平均制动力矩　average braking torque

指一次制动过程中的主制动过程，制动力矩与制动时间所围的面积，除以主制动时间所得的纵坐标值。

3.7

制动时间　braking time

制动器作用的时间包括制动力增长时间、主制动时间、放松时间。

3.8

拖磨　drag

在不切断输入动力情况下进行制动。

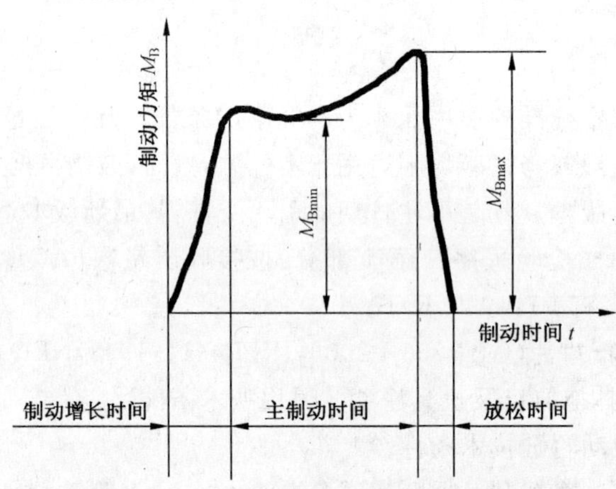

图 1　制动力矩随时间变化曲线

3.9

衰退率　degeneration rate

衰退试验中，制动力矩下降的程度，以百分数计算，按下式计算：

3.9.1

第一次衰退率　first degeneration rate

$$F_{a1}=\frac{M_{B1}-M_{Bmin}}{M_{B1}}\times 100\% \qquad \cdots\cdots(1)$$

3.9.2

第二次衰退率　second degeneration rate

$$F_{a2}=\frac{(M_B/P)_{max}-(M_B/P)_{min}}{(M_B/P)_{max}}\times 100\% \qquad \cdots\cdots(2)$$

3.10

恢复差率　difference rate of recuperation

恢复试验中，最后一次制动力矩与基准制动力矩的差值，以百分数计算，按式(3)计算：

$$R_c=\frac{(M_B)_j-(M_B)_{cnd}}{(M_B)_j}\times 100\% \qquad \cdots\cdots(3)$$

3.11

速度稳定性　stability of velocity

试验中，在额定制动管路压力下，不同制动初速度时的制动力矩差值，以百分数计算，按式(4)计算：

$$V_{st(m-n)}=\frac{M_n-M_m}{M_n}\times 100\% \qquad \cdots\cdots(4)$$

4 符号

下列符号适用于本标准。

F_{a1}——第一次衰退率,%;

F_{a2}——第二次衰退率,%;

M_B——制动力矩,单位为牛米(N·m);

M_{Bf}——每一个前轮的制动力矩,单位为牛米(N·m);

M_{Br}——每一个后轮的制动力矩,单位为牛米(N·m);

M_e——制动力矩额定值,单位为牛米(N·m);

F_f——前两轮制动力,单位为牛(N);

F_r——后两轮制动力,单位为牛(N);

p——输入管路压力,单位为兆帕(MPa);

M_{B1}——第一次衰退试验中,第一次制动时的制动力矩,单位为牛米(N·m);

M_{Bmin}——第一次衰退试验中,第二次至第十次制动时制动力矩的最小值,单位为牛米(N·m);

$(M_B/P)_{max}$——第二次衰退试验中,单位管路压力的制动力矩最大值,单位为牛米(N·m);

$(M_B/P)_{min}$——第二次衰退试验中,单位管路压力的制动力矩最小值,单位为牛米(N·m);

R_c——恢复差率,%;

$(M_B)_j$——衰退恢复试验前,基准试验时的三次制动力矩平均值,单位为牛米(N·m);

$(M_B)_{cnd}$——恢复试验中最后一次制动力矩,单位为牛米(N·m);

$V_{st(m-n)}$——车速 m(km/h)与 n(km/h)相比的速度稳定性(不同初速度时的制动力矩差值),%;

M_m、M_n——效能试验中,在额定制动管路压力下,车速分别为 m km/h 和 n km/h 时的制动力矩,单位为牛米(N·m)。

r_r——后轮滚动半径,单位为米(m);

r_f——前轮滚动半径,单位为米(m);

a——制动减速度,单位为米每二次方秒(m/s^2);

G——车辆最大总质量,单位为千克(kg);

5 产品结构尺寸

制动器结构尺寸应符合表1的规定。

表1 制动器结构尺寸

项目	尺寸
制动轮缸直径/mm	17.46,19.05,20.64,22.22,25.40,28.57,30.00,32.00
制动鼓内径/mm	160,180,200,220,240,250,260,280,300,310,320,340,360,380,400,410,420,440
摩擦片宽度/mm	38,46,50,60,64,75,80,85,90,95,100,110,120,125,130,140,150,155,160,180,200,220
膜片式制动气室直径/mm	102,112,115,123,130,138,140,145,150,154,160,161,174,181
活塞式制动气室直径/mm	120,146,172

6 技术要求

6.1 一般要求

6.1.1 制动器应符合本标准要求,并按经规定程序批准的图样及技术文件制造和装配。

6.1.2 制动器在试验台上的安装应与装车状态相同,制动鼓的旋转方向与汽车的前进方向一致。

6.1.3 制动器衬片表面不允许有油脂和污物。

6.1.4 制动器底板外表面涂层应符合 JB/T 5673—1991 中 TQ-4-SC-DM 的规定。

6.1.5 制动器衬片应满足 GB 5763 的规定。

6.1.6 制动器轮缸应满足 QC/T 77 的规定。

6.1.7 制动蹄片和制动蹄筋焊接总成应能承受不小于 4.9 kN 的剪切力。

6.1.8 衬片与制动蹄总成用粘接方式结合的,粘接部位的剪切强度应大于 2.94 MPa。

6.1.9 衬片与制动蹄总成用铆接方式结合的,每个铆钉处的剪切力矩应大于 0.98 N·m。

6.2 性能要求

6.2.1 第一次磨合试验

按 9.2.2 规定试验,制动衬片与制动鼓之间的接触面积达 80%时,磨合次数为 200 次。不允许人工打磨。

6.2.2 第一次效能试验

按 9.2.3 规定试验,应满足下列要求。

6.2.2.1 制动器输出的制动力矩:$M_e \leqslant M_B \leqslant 1.3M_e$。

6.2.2.2 制动器输出制动力矩的速度稳定性

——三轮汽车:$|V_{st(30-20)}| \leqslant 10\%$;

——低速货车:$|V_{st(40-30)}| \leqslant 10\%$。

6.2.3 第一次衰退恢复试验

按 9.2.4 规定试验,应满足下列要求。

6.2.3.1 第一次衰退率:$|F_{a1}| \leqslant 25\%$。

6.2.3.2 第一次恢复差率:$|R_e| \leqslant 20\%$。

6.2.3.3 试验中和试验后,制动器应能彻底松开,不应有拖磨现象。

6.2.4 第二次效能试验

按 9.2.5 规定试验,应满足 6.2.2.1 和 6.2.2.2 的要求。

6.2.5 第二次衰退试验

按 9.2.6 规定试验,应满足下式和 6.2.3.3 的要求。

第二次衰退率:$|F_{a2}| \leqslant 60\%$。

6.2.6 第二次磨合试验

按 9.2.7 规定试验,磨合次数为 50 次。不允许人工打磨。

6.2.7 第三次效能试验

按 9.2.8 规定试验,应满足 6.2.2.1 和 6.2.2.2 的要求。

6.2.8 疲劳强度(只适合低速货车)

按 9.2.9 规定试验,应满足 6.2.2.1 和 6.2.2.2 的要求。

6.2.9 总成综合要求

总成按 9.2.2~9.2.7 规定的试验项目完成后,应满足下列要求:

——制动器应能正常工作;

——制动鼓工作表面应无刮伤;

——制动底板若产生变形,不能影响制动器的性能;

——制动衬片应完整,无脱层、烧焦现象,允许有轻微裂纹;

——制动轮缸、制动器室应无漏油、漏气现象。

7 试验设备及仪器

7.1 试验设备

单端或双端惯性式制动器试验台、单扭臂或双扭臂疲劳式制动器试验台及测量记录仪器。

7.2 **仪器精度要求**

7.2.1 指示和记录各种参数的仪器和仪表，其精度不低于1.5级。

7.2.2 制动输入量及制动温度的测量和控制误差为±3%，制动力矩控制误差为±5%，试验台轴的转速误差为±2%，试验台转动惯量（包括试验台旋转部分的转动惯量）误差为±5%。

8 试验条件

8.1 制动器温度的测量按QC/T 556的规定。

8.2 试验台安装制动鼓的轴转速按QC/T 479—1999中7.1.5的规定。

8.3 试验台转动惯量的确定按QC/T 479—1999中7.1.6的规定。对于仅有后制动器的三轮汽车，取$\beta=0$。

8.4 疲劳强度

低速货车制动力矩按下列公式(5)、公式(6)计算。

——前轮：

$$M_{Bf} = \frac{1}{2}aG\frac{F_f}{F_f + F_r}r_f \qquad (5)$$

——后轮：

$$M_{Br} = \frac{1}{2}aG\frac{F_r}{F_f + F_r}r_r \qquad (6)$$

8.5 冷却条件

试验在室温条件下进行，采用风机对制动器进行冷却，风机的风速不小于10 m/s。

9 试验方法

9.1 **准备**

9.1.1 被试制动器样品由生产厂提供，样品数量3件。

9.1.2 检查被试制动器是否符合出场技术条件，各部分有无异常情况。

9.1.3 在制动鼓和制动衬片的测温点上安装测温传感器。

9.1.4 把被试制动器安装到惯性试验台上，并按图样要求调整制动衬片与制动鼓之间的间隙。

9.1.5 接上输入液(气)压管并检查各接头处的密封情况，如为液压驱动应排除液压管路和制动轮缸制中的空气。

9.1.6 根据各试验项目中所需测量的参数，选择并调整测试仪器，标定输入管路液(气)压、输出制动力矩、摩擦副温度等各传感器，绘制出标定曲线。

9.2 **试验项目和程序**

9.2.1 目测检查制动器外观质量。

9.2.2 磨合

9.2.2.1 试验方法

a) 制动初速度：三轮汽车20 km/h；低速货车30 km/h。

b) 制动输入量：三轮汽车使制动减速度达到0.20g；低速货车调整制动管路压力，使制动减速度达到0.30g。从制动初速度进行制动，直至速度为零。

c) 制动间隔时间：以控制制动器初温不超过65 ℃±5 ℃(三轮汽车)或80 ℃±5 ℃(低速货车)而定。

d) 磨合次数以使制动衬片与制动鼓之间的接触面积达80%以上而定。

9.2.2.2 测量项目

每制动50次测量一次输出制动力矩值。

9.2.3 第一次效能试验

测定制动器经磨合后的输出制动力矩。

9.2.3.1 试验方法

a) 制动初速度：三轮汽车 20 km/h 和 30 km/h；低速货车 30 km/h 和 40 km/h。制动初速度宜从低速逐渐转入高速。

b) 制动输入量：三轮汽车使制动减速度达到 0.10g～0.50g，低速货车按使制动减速度达到 0.10g～0.65g 的制动管路压力，或按被试制动器在三轮汽车和低速货车上所使用的液(气)压力范围，每隔 0.10g 作为一级或每隔 1 MPa 为一级，每次以规定的制动减速度或制动管路压力从制动初速度进行制动，直至速度为零。

c) 制动器初温控制在 65 ℃±5 ℃(三轮汽车)或 80 ℃±5 ℃(低速货车)。

d) 制动次数：在每种制动初速度和每种制动管路压力(或每种制动减速度)下制动一次，在整个制动管路压力(或制动减速度)范围内至少做 5 次。

9.2.3.2 测量项目

每次制动，记录制动初速度、制动减速度、制动管路压力、输出制动力矩、制动器初温和制动时间。

9.2.4 第一次衰退——恢复试验

检查制动器在多次连续使用时性能衰变及其冷却后的恢复能力。

9.2.4.1 基准校核

制动初速度：三轮汽车 20 km/h；低速货车 30 km/h。

制动减速度：三轮汽车 0.3g；低速货车 0.45g。

调整制动管路压力使制动减速度为 0.3g(三轮汽车)或 0.45g(低速货车)，从制动初速度进行制动，直至速度为零。进行 3 次基准校核，制动器初温控制在 80 ℃以下(三轮汽车)或 100 ℃以下(低速货车)。

9.2.4.2 衰退试验

a) 制动初速度：三轮汽车 30 km/h；低速货车 40 km/h。

b) 制动输入量：三轮汽车使制动减速度达到 0.30g，低速货车调整制动管路压力使制动减速度达到 0.45g。

c) 制动器初温：第一次制动时制动器初始温度控制在 65 ℃±5 ℃(三轮汽车)或 80 ℃±5 ℃(低速货车)，风机关闭。

d) 制动周期：60 s。

e) 制动次数：15 次(从规定的制动初速度进行制动直至速度为零)。

f) 衰退试验后，制动鼓以相当于 30 km/h 的运转，打开风机以 10 m/s 的风速对制动器进行冷却 3 min 后开始进行恢复试验。

9.2.4.3 恢复试验

a) 制动初速度：三轮汽车 20 km/h；低速货车 30 km/h。

b) 制动输入量：三轮汽车使制动减速度达到 0.30g，低速货车调整制动管路压力使制动减速度达到 0.45g。

c) 冷却：在整个试验过程中，以 10 m/s 的风速对制动器进行冷却。

d) 制动周期：60 s。

e) 制动次数：10 次(从规定的制动初速度进行制动直至速度为零)。

9.2.4.4 测量项目

每次制动，记录制动初速度、制动减速度、制动管路压力、输出制动力矩、制动鼓温度、制动衬片温度和制动时间。

9.2.5 第二次效能试验

检查制动器经过第一次衰退和恢复试验后的性能变化。

9.2.5.1 试验方法

同9.2.3.1。

9.2.5.2 测量项目

同9.2.3.2。

9.2.6 第二次衰退试验

检查制动器在以低的制动管路压力(或制动减速度)长时间使用下的性能衰变情况。

9.2.6.1 试验方法

a) 制动初速度:三轮汽车 20 km/h;低速货车 30 km/h。

b) 制动输入量:调整制动管路压力使制动减速度达到 0.07g。

c) 控制方式:恒定输出制动力矩、拖磨方式。

d) 制动时间:每次拖磨时间 48 s(机械式)、40 s(液压式)、12 s(气压式);拖磨间隔时间 72 s(机械式)、60 s(液压式)、18 s(气压式);总的试验时间 1 680 s。

e) 制动器初始温度:第一次拖磨时制动器温度为室温。

f) 冷却:在整个试验过程中,风机关闭。

9.2.6.2 其他方法

如试验设备无法进行恒定输出控制和拖磨方式,可采用下述方法:

a) 制动初速度:三轮汽车从 30 km/h 降到 10 km/h;低速货车从 40 km/h 降到 10 km/h。

b) 制动输入量:三轮汽车使制动减速度达到 0.20g,低速货车调整制动管路压力使制动减速度达到 0.3g。

c) 制动器初始温度:第一次制动前,制动器温度为室温。

d) 制动间隔:40 s。

e) 制动次数:60 次。

9.2.6.3 测量项目

每次制动,记录制动减速度、制动管路压力、输出制动力矩、制动鼓温度和制动衬片温度,观察并记录制动衬片在第几次制动时发出烧焦味和冒烟。

9.2.6.4 外观检查

试验结束后,打开风机,使制动鼓以低速运转直至其温度与室温一致,检查制动衬片有无裂纹、积炭、烧焦及摩擦衬片表面有无亮膜等。

9.2.7 第二次磨合

同9.2.2.1,但制动次数为50次。

9.2.8 第三次效能试验

检查制动器经过第二次衰退试验和第二次磨合后的性能变化。

9.2.8.1 试验方法

同9.2.3.1。

9.2.8.2 测量项目

同9.2.3.2。

9.2.9 制动器磨损试验

9.2.9.1 试验方法

在制动器性能试验结束后,进行该项目的试验。

a) 试验前对每一制动衬片选定点的厚度进行精确测量,并做记录,精确度 0.01 mm。如为干法成型的制动衬片可称量制动蹄总成(或制动器总成)质量,并做记录,精确度 1 g。然后进行磨损试验。

b) 制动初速度:三轮汽车 20 km/h;低速货车 30 km/h。

c) 制动器初温:100 ℃±10 ℃、150 ℃±10 ℃、200 ℃±10 ℃、250 ℃±10 ℃。

d) 制动次数:每一种制动器初始温度下制动 500 次。

e) 制动输入量:调整制动管路压力使制动减速度为 0.3g。

f) 制动间隔时间:以控制制动器初温不超过规定值而定。

g) 控制方式:从制动初速度开始制动,直至速度为零,用风机冷却,整个试验过程中保持要求的制动器初温。

9.2.9.2 测量项目

每次制动,测量制动衬片指定点的厚度,计算制动衬片的总磨损量。对于干法成型的制动衬片,可在磨损试验结束后称量制动蹄总成(或制动器总成)质量,以计算出制动衬片磨损量。

9.2.10 疲劳强度试验(只适合低速货车)

9.2.10.1 试验方法

a) 试验前根据需要测量制动器各部位的有关尺寸,并做记录。

b) 磨合

1) 制动减速度 2.7 m/s^2;

2) 制动 5.0×10^3 次;当制动力矩稳定时,可减少磨合次数。

c) 制动器的调整

磨合后,按生产厂家设计要求调整制动间隙(不包括具有间隙自调整装置的制动器)。

d) 疲劳强度试验

1) 制动减速度 4.7 m/s^2;

2) 制动次数按设计要求;

3) 制动持续时间 0.5 s~2.5 s;

4) 试验过程中,应随时调整制动管路压力,以保证制动力矩稳定。

9.2.10.2 操作方法

a) 试验装置示意图如图 2 所示。

b) 把扭臂装到制动鼓上,动力缸上、下运动,带动制动鼓转动。

c) 制动鼓转动后,开始加压(制动开始),工作周期见图 3。

d) 制动力矩计算方法

$$M = h \cdot p \quad \cdots\cdots(7)$$

式中:

M——制动力矩,单位为牛米(N·m);

h——制动器中心线制动力缸的中心距离,单位为米(m);

p——扭臂转动(工作)时所需的力,单位为牛(N)。

e) 调整加压装置中的液(气)压已确定制动力矩。

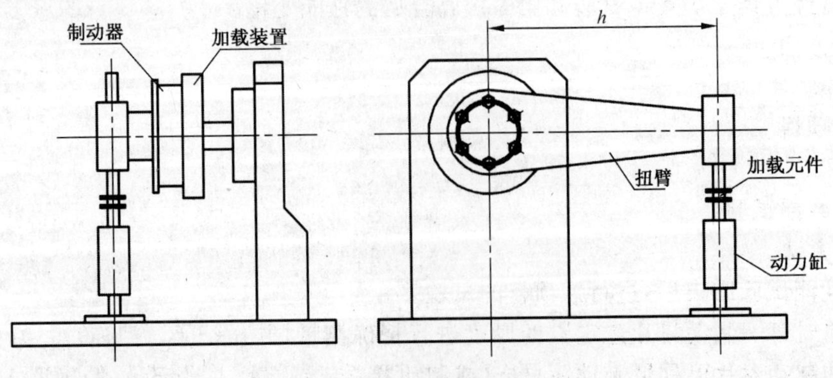

图 2 试验装置示意图

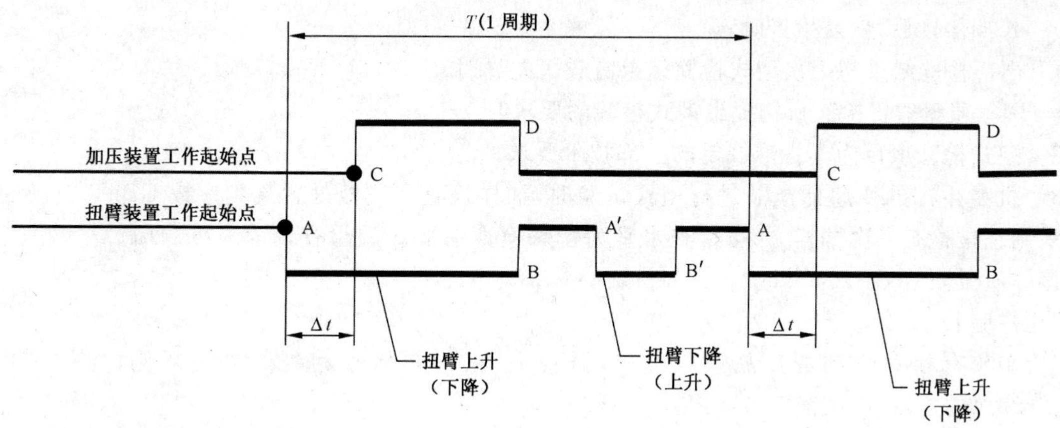

Δ*t*——制动鼓与加压装置开始工作的时间差；

A、A′——动力缸开始工作点；

B、B′——动力缸停止工作点；

C——加压装置开始工作点；

D——加压装置停止工作点。

图 3 工作周期

9.2.10.3 检查

a) 检查时间

在试验过程中，当制动次数达到 5×10^{4} 次时，进行第一次检查，以后根据需要进行检查，试验结束后进行检查。

b) 检查部位

1) 支承部位(销孔)的变形；

2) 制动蹄铁的变形及破损；

3) 制动底板的变形；

4) 安装部位的变形及松动；

5) 其他。

c) 有关零部件允许有轻微的变形及破损，但不应影响制动器的使用性能。

9.3 记录

所有的试验结果，按附录 A 规定的格式记录。

9.4 试验结果处理

第一次、第二次效能试验后绘制制动力矩 M 与管路压力 p(或制动减速度 g)的关系曲线。第一次衰退——恢复试验、第二次衰退试验后绘制制动力矩 M、温度 T 与制动次数的关系曲线。

10 检验规则

10.1 出厂检验

10.1.1 每件产品应经制造厂检验部门检验合格后才能出厂，并附有证明产品合格的文件。

10.1.2 出厂的产品应按 9.2.1 进行检验，并符合 6.1.1、6.1.2 和 6.1.3 的要求。

10.2 型式检验

10.2.1 有下列情况之一，应进行型式检验：

a) 新产品试制或老产品转厂生产的定型鉴定；

b) 正式生产后，如结构、材料和工艺等有较大改变，可能影响产品性能时；

c) 批量生产时，定期的抽查检验；

d) 长期停产后,恢复生产时;

e) 出厂检验结果与上次型式检验结果有较大差异时;

f) 国家质量监督检验机构提出型式检验的要求时。

10.2.2 型式检验项目为本标准规定的全部技术要求。

10.2.3 批量生产的变速器产品进行型式试验时,抽样检查和判断处置规则应按 GB/T 2828.1 的规定,可采用正常检查一次抽样方案,检查水平为特殊检查水平 S-1,检查批为月(或日)产量或一次定货批量,接收质量限(AQL)为 6.5。

10.3 用户验收

定货单位有权对收到的产品进行抽检,试验项目、抽样检查和判断处置规则,应按本标准和 GB/T 2828.1的规定,由供需双方商定。

11 标志、包装、运输与贮存

11.1 标志

每件产品应在醒目的位置标示:

a) 产品型号;

b) 商标;

c) 制造厂名称;

d) 制造日期及批次号。

11.2 包装

11.2.1 包装箱内应附有产品合格证,合格证应包含下列内容:

a) 产品名称、型号;

b) 制造厂名称;

c) 检验日期;

d) 质量检验部门的签字。

11.2.2 包装箱外应标明:

a) 产品名称;

b) 制造厂名称;

c) 数量;

d) 装箱日期;

e) 型号。

11.3 运输

在运输过程中应做到不使制动器总成受到损坏和被油水沾污。

11.4 贮存

制动器应贮存在通风、干燥的室内。

附　录　A
（资料性附录）
记录表格和曲线格式

记录表格见表 A.1～表 A.7，曲线图格式见图 A.1～图 A.3。

表 A.1　制动器参数表

制动器参数					
前后制动力比			制动器驱动方式		
轮缸直径/mm	前		制动器形式	前	
	后			后	
摩擦衬片与制动鼓间隙/mm	前		摩擦衬片宽、长、厚/mm	前	
	后			后	

表 A.2　第一（二）次磨合

样品编号________________　室温________________℃

试验日期________________　试验人员________________

项目	
磨合方式	
制动管路压力 p/MPa（或制动减速度 g）	
磨合次数	
接触面积/%	

表 A.3　第一（二、三）次效能试验

样品编号________________　室温________________℃

试验日期________________　试验人员________________

项　目		车速/(km/h)
制动管路压力 p/MPa（或制动减速度 g）		
制动力矩/(N·m)	最大	
	最小	
	平均	
制动鼓温度 T_g/℃		
摩擦衬片温度 T_c/℃		
制动时间 t/s		

图 A.1 第一(二、三)次效能试验

表 A.4 第一次衰退——恢复试验

样品编号________________ 室温________________ ℃

试验日期________________ 试验人员________________

试验车速________________ km/h 试验台安装制动鼓轴转速________________ r/min

项目		次数
制动管路压力 p/MPa(或制动减速度 g)		
制动力矩/(N·m)	最大	
	最小	
	平均	
制动鼓温度 T_g/℃		
摩擦衬片温度 T_c/℃		
制动时间 t/s		

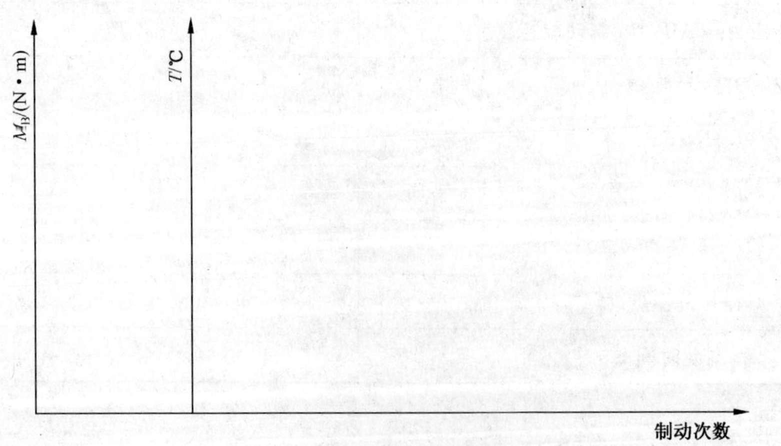

图 A.2 第一次衰退——恢复试验

表 A.5 第二次衰退试验

样品编号______________________ 室温______________________ ℃

试验日期______________________ 试验人员______________________

试验车速__________________ km/h 试验台安装制动鼓轴转速______________ r/min

项 目	次数
制动管路压力 p/MPa	
制动减速度 g	
制动鼓温度 T_g/℃	
摩擦衬片温度 T_c/℃	
制动时间 t/s	
备注	

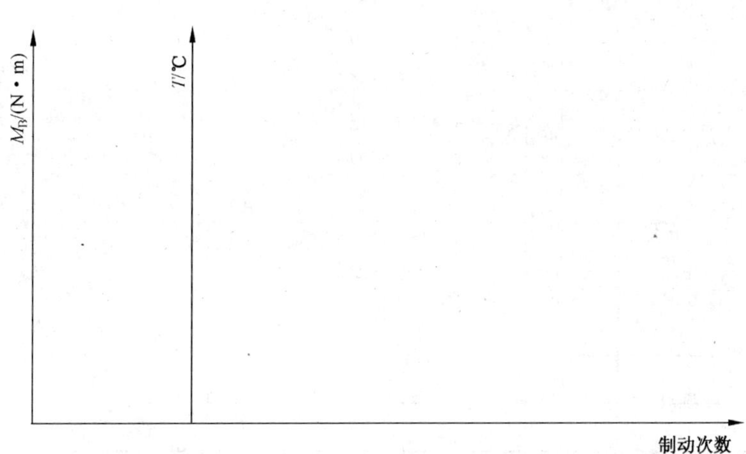

图 A.3 第二次衰退试验

表 A.6 制动器疲劳强度试验项目

试验项目及顺序		试 验 条 件			
		制动力矩/(N·m)	制动次数/次	保持时间/s	备 注
1	初期检验	—	—	—	—
2	磨合	相当于 3.43 (2.7)m/s²	5 000	0.5～2.5	在获得了稳定力矩时，可减少次数
3	制动器的调整	—	—	—	在试验开始前调整间隙
4	试验	相当于 5.88 (4.7)m/s²	按设计要求	0.5～2.5	规定在 5×10^4 次进行检查，以后根据需要进行
5	记录	—	—	—	记录整个试验过程中的异常情况

表 A.7 制动器疲劳强度试验测定值

制动器形式＿＿＿＿＿＿＿＿编号＿＿＿＿＿＿＿＿制动器尺寸＿＿＿＿＿＿＿＿

试验日期＿＿＿＿＿＿＿＿ 试验人员＿＿＿＿＿＿＿＿＿＿＿＿＿＿＿＿

被试样件前(左、右),后(左、右)

检查	日期	制动次数	实测力矩	实测压力	备注	测定位置的永久变形量 单位×0.01 mm											略图(测定位置)
						a	b	c	d	e							
No.	月/日	次	N·m	MPa		0	0	0	0	0							
1	/																
2	/																
3	/																
4	/																
5	/																
6	/																
7	/																
8	/																
9	/																
10	/																
11	/																制动减速度＿＿＿＿ m/s^2 制动力矩＿＿＿＿ N·m
12	/																制动压力＿＿＿＿ MPa
13	/																保持时间＿＿＿＿ s
14	/																磨合减速度＿＿＿＿ m/s^2 制动力矩＿＿＿＿ N·m
15	/																磨合压力＿＿＿＿ MPa
16	/																磨合次数＿＿＿＿次

ICS 65.060
T 54

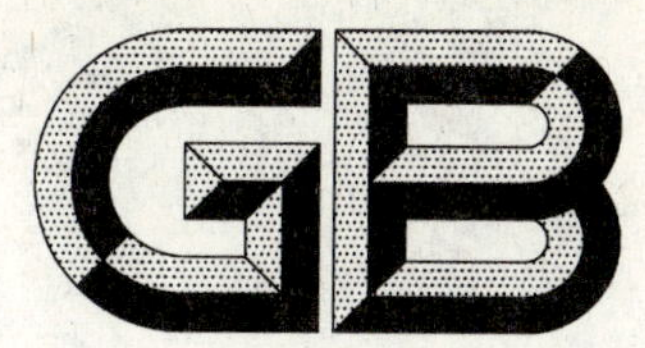

中华人民共和国国家标准

GB/T 23927—2009

三轮汽车和低速货车　机械式变速器

Tri-wheel vehicles and low-speed goods vehicles—
Mechanical transmissions

2009-06-04 发布　　2010-01-01 实施

中华人民共和国国家质量监督检验检疫总局
中国国家标准化管理委员会　发布

前　言

本标准由中国机械工业联合会提出。

本标准由全国低速汽车标准化技术委员会(SAC/TC 234)归口。

本标准起草单位:机械工业拖拉机农用运输车产品质量检测中心、一汽轿车股份有限公司长春齿轮厂、机械工业农用运输车发展研究中心。

本标准主要起草人:闵海涛、嵇晓霞、吕树盛。

三轮汽车和低速货车　机械式变速器

1　范围

本标准规定了三轮汽车和低速货车机械式变速器的技术要求、试验方法、检验规则、标志、包装、运输和贮存。

本标准适用于三轮汽车、低速货车所使用的机械式齿轮变速器(不包括与后桥连体的三轮汽车变速器)。对于采用八挡以上带副变速器的多挡变速器只适用于主变速器。

2　规范性引用文件

下列文件中的条款通过本标准的引用而成为本标准的条款。凡是注日期的引用文件,其随后所有的修改单(不包括勘误的内容)或修订版均不适用于本标准,然而,鼓励根据本标准达成协议的各方研究是否可使用这些文件的最新版本。凡是不注日期的引用文件,其最新版本适用于本标准。

GB/T 2828.1　计数抽样检验程序　第1部分:按接收质量限(AQL)检索的逐批检验抽样计划(GB/T 2828.1—2003,ISO 2859-1:1999,IDT)

QC/T 484—1999　汽车油漆涂层

QC/T 572　汽车清洁度工作导则　测定方法

3　符号

表1所列符号适用于本标准。

表1　本标准符号及其名称、单位

序号	符号	名称	单位
1	n_1	变速器第一轴输入转速	r/min
2	n_M	变速器所匹配的发动机最大转矩时的转速与 i 值之比(当 n_N 接近或小于1 450 r/min时可取1 450 r/min)	
3	n_2	变速器输出轴的输入转速	
4	n_N	变速器所匹配的发动机最大功率时的转速	
5	T_1	变速器第一轴输入转矩	N·m
6	T_{emax}	变速器所匹配发动机的最大转矩	
7	T_{1max}	变速器允许输入的最大转矩	
8	T_k	变速器静扭断裂转矩	
9	—	挂挡力	N
10	t	磨合时间	h
11	—	试验油温	℃
12	—	噪声值	dB(A)
13	K_1	静扭强度后备系数	—
14	K_n	转速系数	—
15	i	发动机至离合器带轮的减速比,适用于传动系中包含带传动的三轮汽车和低速货车。其他传动形式的三轮汽车和低速货车,i 值取为1	—
16	i_d	所换挡位相邻两挡的低挡速比	—

4 技术要求

4.1 基本要求

4.1.1 产品应符合本标准要求,并按经规定程序批准的产品图样及技术文件制造。

4.1.2 各零部件应符合相应标准和技术文件的要求,并经检验合格后方可进行装配。

4.2 总成装配要求

4.2.1 总成装配后应保证挡位准确,无乱挡、脱挡现象。

4.2.2 总成各运动件应运动灵活,无卡滞现象及异常声响。

4.2.3 总成各紧固螺栓、螺母应按使用说明书或产品图样要求的紧固力矩拧紧,不应有松动和漏装现象。

4.2.4 油封刃口、轴承、摩擦副按使用说明书或产品图样或产品图样规定涂润滑脂或润滑液。

4.2.5 总成各结合面及油封刃口处均不应有渗漏现象。

4.2.6 总成外露非加工表面均应涂以均匀完整的防护漆,油漆涂层应符合 QC/T 484—1999 中 TQ5 的规定。外露加工表面涂以防锈油。

4.3 清洁度

总成清洁度应符合企业标准的规定。

4.4 换挡性能

换算到变速器拨叉轴上的各挡位静态挂挡力应不大于 400 N。

4.5 噪声

各类变速器总成在 $n_1=0.8n_N$ 时的最大允许声级应符合表 2 规定。

表 2 最大允许声级

挡位	最大允许声压级 dB(A)
空挡和前进挡	91
超速挡和倒挡	95

4.6 传动效率

各类变速器总成的传动效率 η 不应低于 96%。

4.7 静扭强度

总成静扭强度后备系数应不小于 2.5。

4.8 疲劳寿命

总成疲劳寿命应符合表 3 规定。

在规定的试验条件下,各类变速器在达到表 3 规定的输出轴循环次数——寿命指标后,主要零件不应有损坏,齿轮不应产生下列任一缺陷:轮齿断裂、齿面严重点蚀(任一处有 个点发生点蚀,面积超过 4 mm^2,深 0.5 mm)。

表 3 变速器寿命指标

变速器类型		寿命指标——输出轴循环次数($\times 10^4$)			
		一挡	二挡	三挡	四挡
两轴式变速器	三挡变速器	105	245	550	—
	四挡变速器	15	105	245	550
中间轴式变速器	四挡为直接挡变速器	30	200	500	—
	五挡为直接挡变速器	30	105	350	700
注 1:变速器有直接挡和超速挡时,该挡位可不做试验。 注 2:倒挡试验时间 2 h。					

4.9 同步器寿命

同步器经 10×10^4 次挂挡试验后，不应出现失效现象(即任一挡连续出现5次冲击声)。

4.10 变速器性能参数明示

变速器制造厂应根据整车厂要求，在产品使用说明书和图样上给出下列性能参数：

a) 变速器最大输入转矩(如果带有副变速器，则副变速器最大输入转矩也应明确规定)；

b) 变速器挡位及各挡传动比；

c) 里程表速比；

d) 适用润滑油牌号及加注量；

e) 变速器质量。

5 试验方法

5.1 挂挡力试验(静态)

5.1.1 试验装置

换挡试验台、测力计。

5.1.2 试验程序

a) 将变速器安装在试验台上，在输入轴处连接相应的离合器从动盘总成或相当的惯量盘；

b) 变速器内按使用说明书或产品图样规定加注润滑油；

c) 在输入轴转速 $n_1=0.5n_N$ 的工况下进行100次挂挡磨合；

d) 选用适当量程的测力计，并使测力方向与挂挡力作用方向一致，在变速器输入轴与输出轴均静止的状态下各挡位反复挂挡3次，分别测量每次的挂挡力。

5.1.3 数据处理

取3次挂挡时测出力的算术平均值作为该挡位的静态挂挡力。

5.2 噪声试验

5.2.1 试验装置

能够实现变速器转动的变速装置、精密声级计。

5.2.2 试验条件

5.2.2.1 测量场所：应在背景噪声和反射声影响较小的室内进行，测量场地周围2 m之内不应放置障碍物。

5.2.2.2 试验安装：被试变速器按实际使用条件安装，变速器输入轴的轴心线距地面的高度不应小于400 mm。

5.2.2.3 转速：第一轴输入转速为 $n_1=0.8n_N$，旋转方向与使用工况相同。

5.2.2.4 载荷：空载。

5.2.2.5 润滑：润滑油和油量应符合使用说明书或产品图样的规定，油温为60 ℃±5 ℃。

5.2.2.6 测点

在被试变速器的左、右、上、后布置4个测点，左、右、后3个测点的高度应与变速器输入轴轴心线等高。每个测点上布置的声级计都以零入射对准被测面。

测点到变速器外壳的距离，由变速器壳体外廓的最大轴向尺寸确定，其各测点距离按表4规定。

表4 变速器壳体外廓的最大轴向尺寸对应测量距离

单位为毫米

变速器壳体外廓的最大轴向尺寸 L	测量距离
$L\leqslant300$	150
$L>300$	300

5.2.3 试验程序

5.2.3.1 测量背景噪声

被试变速器在试验台上安装之前，按5.2.2.6规定布置声级计，试验台按5.2.2.3规定的转速运转，各声级计测得的噪声即为背景噪声。

5.2.3.2 按下列规范对被试变速器进行磨合。

a) 变速器第一轴输入转矩

$$T_1 = \frac{1}{2} \times i \times T_{emax} \quad \cdots\cdots(1)$$

b) 变速器第一轴输入转速 $n_1 = n_M$；

c) 各挡磨合时间为 $t = 2$ h；

d) 润滑油及油量按使用说明书或产品图样要求确定；

e) 磨合时油温为80 ℃±10 ℃；

f) 磨合后清洗变速器并更换润滑油。

5.2.3.3 将磨合后的变速器按5.2.2.2规定安装在试验台上，按5.2.2.6规定布置声级计。

5.2.3.4 将变速器升温，使油温符合规定。

5.2.3.5 将变速器依次挂入各挡位，第一轴输入规定转速，待转速稳定后测量并记录各挡位的噪声值。

5.2.3.6 记录：精密声级计使用“A计权网络”下读数并记录。

5.2.4 数据处理

5.2.4.1 测量值的修正

当被试变速器各测点所测的噪声值与该点的背景噪声值之差小于3 dB时，该测量值无效。等于3 dB(A)～10 dB(A)时，按表5修正。

表5 不同声级差的修正值

声级差/dB(A)	3	4	5	6	7	8	9	10
修正值/dB(A)	−3	−2	−1				0	

5.2.4.2 变速器各挡的噪声以四测点中最大读数并经修正后的值作为该挡的噪声值。

5.3 疲劳寿命试验

5.3.1 试验装置

闭式总成试验台或开式总成试验台，转矩、转速等参数测量、监视及数据采集、处理用仪器和设备等。

5.3.2 试验条件

5.3.2.1 试验安装：被试变速器总成在试验台架上的支承和固定方式应与其在三轮汽车和低速货车上的安装和固定方式完全一致。

5.3.2.2 试验载荷：第一轴输入转矩按式(2)确定，其测量误差不大于±1%。

$$T_1 = T_{emax} i \quad \cdots\cdots(2)$$

5.3.2.3 试验转速：第一轴输入转速为 $n_1 = n_M$。

5.3.2.4 润滑油：按使用说明书或产品图样规定的牌号及加注量加注，油温控制在80 ℃±10 ℃范围内或按使用说明书规定。

5.3.2.5 试验循环次数：变速器各挡试验输出轴循环次数应符合表3规定。

5.3.3 试验程序

5.3.3.1 按5.2.3.2规定对被试变速器进行磨合。

5.3.3.2 变速器疲劳寿命试验采用排挡循环试验方法，从低挡至高挡进行试验，重复进行10个试验循环。每一挡位的每一试验循环的循环次数取其总的循环次数的1/10。直接挡和超速挡可不进行试验。前进挡完成10个试验循环后，倒挡运转2 h。

5.3.3.3 按5.3.2.5中规定完成总的循环次数后，检查变速器的损坏情况，并作记录。

5.4 静扭强度试验

5.4.1 试验装置

静扭试验台、(X-Y等)记录仪、传感器等。

5.4.2 **试验条件**

5.4.2.1 将被试变速器按照5.3.2.1的规定安装在试验台上。

5.4.2.2 被试变速器的输入端与输出端应只承受转矩,不允许承受附加弯矩。

5.4.2.3 试验时,齿轮应全齿啮合,轮齿受载工作面与三轮汽车或低速货车前进工况相同。

5.4.2.4 转矩测量误差不大于±1%。

5.4.3 **试验程序**

5.4.3.1 按5.4.2.1规定安装被试变速器总成及所用仪器。

5.4.3.2 对所用仪器进行调整、标定及预热。

5.4.3.3 将变速器依次挂入除直接挡外的某一挡位,启动扭力机,连续缓慢加载,直至变速器某处出现破坏时为止,记录出现损坏时第一轴的输入转矩及转角。

若轮齿出现折断时,转过120°后再试验,一个齿轮测三点,取其失效转矩的平均值。

5.4.4 **数据处理**

静扭强度后备系数 K_1 按式(3)计算:

$$K_1 = T_k / T_{1max} \quad \cdots\cdots(3)$$

5.5 **同步器寿命试验**

5.5.1 **试验装置**

换挡试验台或同步器试验台,传感器、应变仪及示波器等参数测量与监视用仪器设备。

5.5.2 **试验条件**

5.5.2.1 变速器输出轴的输入转速按式(4)确定:

$$n_1 = K_n n_N / i_d \quad \cdots\cdots(4)$$

K_n 按表6确定。

表6 不同挡位的 K_n 值

挡位	K_n
一挡	0.65
二挡	0.80
三挡	0.85
四挡	—

5.5.2.2 换挡频率为10次/min。

5.5.2.3 润滑油牌号及加注量按使用说明书或产品图样规定,试验油温为60 ℃±5 ℃。

5.5.2.4 换挡力根据同步器设计计算值确定。

5.5.2.5 变速器第一轴上安装所匹配的离合器从动盘总成作为同步部分的转动惯量。

5.5.3 **试验程序**

5.5.3.1 正式试验前,对同步器进行300次换挡磨合,换挡力按5.5.2.4规定,磨合后更换润滑油。

5.5.3.2 测量同步器轴向尺寸(适用于同步器试验台)。

5.5.3.3 试验采用相邻两挡间交替换挡或单向换挡方式进行,用示波器监视测量参数及检查同步器失效,试验直至同步器失效或达到规定的换挡次数为止,记录换挡次数。

5.6 **传动效率试验**

5.6.1 **试验装置**

开式变速器总成试验台,转矩转速传感器、微机转矩仪等。

5.6.2 **试验条件**

5.6.2.1 试验载荷:按5.3.2.2的规定。

5.6.2.2 试验转速:按5.3.2.3的规定。

5.6.2.3 试验油温:80 ℃±5 ℃,油温测量偏差不大于±1 ℃。

5.6.2.4 润滑油:润滑油的型号和油量按使用说明书或产品图样规定。

5.6.3 试验程序

5.6.3.1 按5.2.3.2规定对被试样品进行磨合。

5.6.3.2 将磨合后的变速器重新加注润滑油,并正确地安装在试验台上。

5.6.3.3 在规定试验条件下分别测量各个挡位的传动效率。

5.6.4 试验结果处理

变速器总成的传动效率为各挡传动效率的算术平均值。

5.7 清洁度

清洁度测定方法按QC/T 572规定。

6 检验规则

6.1 出厂检验

每件产品出厂前,应检查4.2和4.4规定的各项要求,检验合格后方可出厂。产品出厂应附有合格证。

6.2 型式检验

6.2.1 有下列情况之一,应进行型式检验:

a) 新产品试制或老产品转厂生产的定型鉴定;

b) 正式生产后,如结构、材料和工艺等有较大改变,可能影响产品性能时;

c) 批量生产时,定期的抽查检验;

d) 长期停产后,恢复生产时;

e) 出厂检验结果与上次型式检验结果有较大差异时;

f) 国家质量监督检验机构提出型式检验的要求时。

6.2.2 型式检验项目为本标准规定的全部技术要求。

6.2.3 批量生产的变速器产品进行型式试验时,抽样检查和判断处置规则应按GB/T 2828.1的规定,推荐采用正常检查一次抽样方案,检查水平为特殊检查水平S-1,检查批为月(或日)产量或一次定货批量,接收质量限(AQL)为6.5。型式试验项目为本标准规定的项目。

6.2.4 其他形式检验时,从出厂检验合格的产品中随机抽取试验样本,样本数量规定如下:4.2~4.6各项试验,样本1件~2件;4.7~4.9各项试验,样本不少于3件。试验结果均应符合本标准的规定。

6.3 用户验收

定货单位有权对收到的产品进行抽检,试验项目、抽样检查和判断处置规则,应按本标准和GB/T 2828.1的规定,由供需双方商定。

7 标志、包装、运输与贮存

7.1 标志

标志的基本内容应至少包括产品名称、商标、制造厂名称、产品型号及主要参数、制造日期。

7.2 包装

包装箱内应带有产品合格证、使用说明书、装箱单及规定的备件和附件。包装应牢固、可靠。包装箱外应注明:制造厂名称、地址,产品名称、型号,总质量,外形尺寸,产品出厂日期。

7.3 运输

运输时,应保证运输途中不磕碰产品。

7.4 贮存

产品应贮存在通风干燥处。

ICS 65.060
T 54

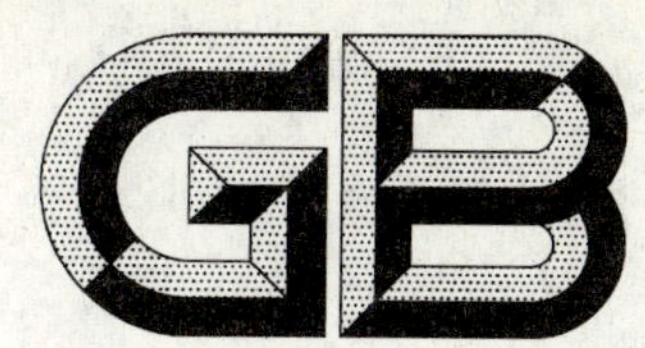

中华人民共和国国家标准

GB/T 23928—2009

低速货车 前轴连接尺寸

Low-speed goods vehicles—Front axle mounting dimensions

2009-06-04 发布 2010-01-01 实施

中华人民共和国国家质量监督检验检疫总局
中国国家标准化管理委员会 发布

前言

本标准由中国机械工业联合会提出。

本标准由全国低速汽车标准化技术委员会(SAC/TC 234)归口。

本标准负责起草单位:资阳市南骏汽车有限责任公司、中国农业机械化科学研究院。

本标准参加起草单位:成都王牌汽车集团股份有限公司、北汽福田汽车股份有限公司诸城汽车厂、山东时风(集团)有限责任公司、山东五征集团有限公司。

本标准主要起草人:丁吉康、张琦、翁里、孙加平、林连华、王侠民。

低速货车 前轴连接尺寸

1 范围

本标准规定了低速货车前轴轮距、前轴钢板弹簧支座中心距及转向节连接尺寸等。

本标准适用于低速货车整体式非驱动前轴。

2 连接尺寸

2.1 低速货车前轴轮距、前轴钢板弹簧支座中心距应符合表1的规定。

表 1 前轴轮距和前轴钢板弹簧支座中心距 单位为毫米

前轴轮距	1 220,1 260,1 300,1 340,1 350,1 380,1 400,1 420,1 460,1 470,1 480,1 485,1 500,1 530,1 545,1 585,1 620,1 650
前轴钢板弹簧支座中心距	630,650,670,690,710,750,760

2.2 转向节连接尺寸应符合表2的规定，如图1、图2所示。

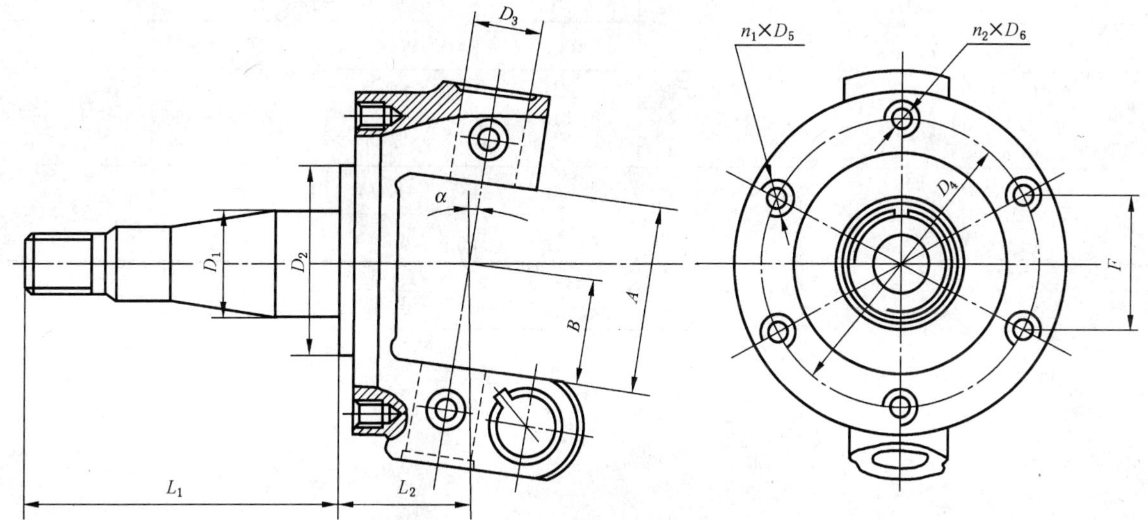

图 1 转向节连接尺寸示意图

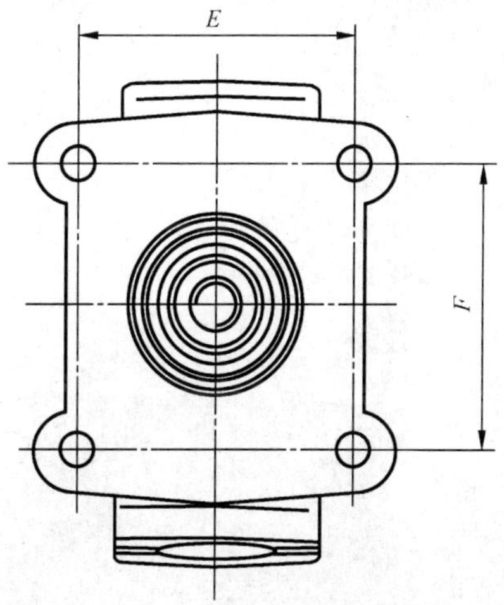

图 2 转向节连接尺寸示意图

表 2 转向节连接尺寸

单位为毫米

<table>
<tr><th>尺寸代号</th><th>公差等级</th><th colspan="5">尺寸参数值</th></tr>
<tr><td>D_1</td><td>g7</td><td>35</td><td>40</td><td colspan="3">45</td></tr>
<tr><td>D_2</td><td>h9</td><td>50</td><td>74</td><td>80</td><td>98</td><td>100</td></tr>
<tr><td>D_3</td><td>H8</td><td colspan="4">30</td><td>34</td></tr>
<tr><td rowspan="2">α(±15′)</td><td rowspan="2">—</td><td colspan="2" rowspan="2">8°30′</td><td>9°30′</td><td rowspan="2">8°30′</td><td rowspan="2">9°</td></tr>
<tr><td>11°30′</td></tr>
<tr><td>A</td><td>H11</td><td>66</td><td>76</td><td>66</td><td>76</td><td>97</td></tr>
<tr><td>B</td><td>—</td><td>40</td><td>44</td><td>40</td><td>44</td><td>50</td></tr>
<tr><td>n_1</td><td>—</td><td colspan="4">4</td><td>6</td></tr>
<tr><td>n_2</td><td>—</td><td colspan="3">—</td><td>2</td><td>—</td></tr>
<tr><td>D_4</td><td>—</td><td colspan="3">—</td><td>124.0</td><td>126.9</td></tr>
<tr><td>D_5</td><td>H11</td><td>8.5</td><td>13.2</td><td colspan="2">10.5</td><td>12.5</td></tr>
<tr><td>D_6</td><td colspan="4">—</td><td>M10</td><td>—</td></tr>
<tr><td>E</td><td>—</td><td>70</td><td>86</td><td>75</td><td>—</td><td>—</td></tr>
<tr><td>F</td><td>—</td><td>80.0</td><td>100.0</td><td>90.0</td><td>62.0</td><td>95.2</td></tr>
<tr><td rowspan="2">L_1</td><td rowspan="2">—</td><td rowspan="2">112</td><td rowspan="2">140</td><td>124</td><td rowspan="2">114</td><td rowspan="2">169</td></tr>
<tr><td>127</td></tr>
<tr><td rowspan="2">L_2</td><td rowspan="2">Js13</td><td rowspan="2">48.0</td><td rowspan="2">50.0</td><td>48.0</td><td rowspan="2">49.5</td><td rowspan="2">53.5</td></tr>
<tr><td>50.0</td></tr>
</table>

ICS 65.060
T 54

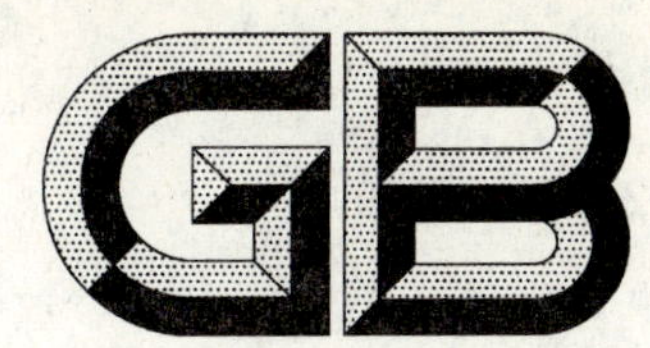

中华人民共和国国家标准

GB/T 23929—2009

三轮汽车和低速货车　驱动桥

Tri-wheel vehicles and low-speed goods vehicles—Driving axle

2009-06-04 发布　　2010-01-01 实施

中华人民共和国国家质量监督检验检疫总局
中国国家标准化管理委员会　发布

前　言

本标准由中国机械工业联合会提出。

本标准由全国低速汽车标准化技术委员会(SAC/TC 234)归口。

本标准负责起草单位:国家农机具质量监督检验中心、资阳市南骏汽车有限责任公司。

本标准参加起草单位:山东时风(集团)有限责任公司、山东五征集团有限公司、福田雷沃国际重工股份有限公司。

本标准主要起草人:张咸胜、丁吉康、林连华、王侠民、王炳涛。

三轮汽车和低速货车　驱动桥

1　范围

本标准规定了三轮汽车和低速货车驱动桥的技术要求、试验方法、检验规则、标志、包装和贮存。

本标准适用于三轮汽车和低速货车驱动桥(包括链传动驱动桥和变速器连体驱动桥)。

2　规范性引用文件

下列文件中的条款通过本标准的引用而成为本标准的条款。凡是注日期的引用文件,其随后所有的修改单(不包括勘误的内容)或修订版均不适用于本标准,然而,鼓励根据本标准达成协议的各方研究是否可使用这些文件的最新版本。凡是不注日期的引用文件,其最新版本适用于本标准。

GB/T 191　包装储运图示标志(GB/T 191—2008,ISO 780:1997,MOD)

GB/T 2828.1　计数抽样检验程序　第1部分:按接收质量限(AQL)检索的逐批检验抽样计划(GB/T 2828.1—2003,ISO 2859-1:1999,IDT)

JB/T 5673—1991　农林拖拉机及机具涂漆　通用技术条件

3　技术要求

3.1　一般要求

3.1.1　产品应符合本标准规定,并按经规定程序批准的产品图样及技术文件制造。

3.1.2　各零部件应符合相应的标准要求,并经检验合格后方可进行装配。

3.2　装配

3.2.1　零件在装配前应清洗干净;装配时应检查配对零件的标记是否一致。

3.2.2　装配应连接可靠,不许松动,紧固件的拧紧转矩应符合使用说明书或图样的规定。

3.2.3　空载下,驱动桥以1 000 r/min左右的输入转速运转30 min,应无异常响声,所有轴承装置部位温升应不大于25 ℃。

3.2.4　驱动桥各部位应按使用说明书或图样的规定加注润滑油脂或润滑油。

3.2.5　变速器连体驱动桥变速器部分应有油量检查或液面限位装置。

3.2.6　变速器连体驱动桥变速操纵机构在工作状态下,不得有挂不上挡、乱挡现象,挂挡后不得有自动跳挡、脱挡现象。

3.3　外观

3.3.1　铸造驱动桥桥壳应平整、不允许有影响质量的裂纹、夹杂、气孔等缺陷。焊接驱动桥的桥壳焊缝应均匀、牢固可靠、整齐美观,不得有漏焊、烧穿、假焊、裂纹等焊接缺陷。

3.3.2　驱动桥各油封及结合面处不得有漏油和渗油现象。

3.3.3　驱动桥非配合的外表面油漆涂层应符合JB/T 5673—1991中TQ-4-SC-DM的规定。

3.4　性能

3.4.1　静扭强度

链传动驱动桥或变速器连体驱动桥总成静扭强度后备系数应不小于2;其他驱动桥总成静扭强度后备系数应不小于1.8。

3.4.2　垂直弯曲刚性

驱动桥桥壳(架)满轴载荷时每米轮距最大变形量不超过1.5 mm。

3.4.3 垂直弯曲静强度

链传动驱动桥或变速器连体驱动桥桥壳(架)垂直弯曲(断裂或严重塑性变形)后备系数应不小于4.5;其他驱动桥桥壳垂直弯曲(断裂或严重塑性变形)后备系数应不小于6。

3.4.4 垂直弯曲疲劳寿命

试验数据按对数正态分布(或威布尔分布),取其中值寿命应不小于 80×10^4 次,试验样品中最低寿命应不小于 50×10^4 次。

3.4.5 总成疲劳寿命

3.4.5.1 链传动驱动桥或变速器连体驱动桥总成转动系统疲劳寿命

链传动驱动桥在达到 50×10^4 次的试验循环次数后,驱动桥主要零件不应损坏,被动链轮达到规定循环次数后不应有轮齿断裂、齿面压碎或严重磨损等失效现象。

变速器连体驱动桥转动齿轮的疲劳寿命达到表1规定的试验循环次数后,齿轮不应产生轮齿断裂、齿面严重点蚀(任一处有一点发生点蚀,面积超过 4 mm^2、深 0.5 mm);主要零件不应损坏。

表1 各挡次疲劳寿命

变速器类型	输入轴负荷 ($T_P\times100\%$)	变速输出轴循环次数($\times10^4$)			
		一挡	二挡	三挡	四挡
三挡变速器	100%	134	252	330	—
四挡变速器	100%	30	134	252	330

注1:若变速输出轴转数不便测量时,可按实际速比换算到输入轴的转数,在输入轴端测量循环次数。

注2:倒挡试验 2 h。

注3:对四挡以上的驱动桥,按其速度选择四个最接近一般四挡变速器的挡次,按照四挡变速器要求进行试验。

3.4.5.2 其他驱动桥总成齿轮疲劳寿命

试验数据按对数正态分布(或威布尔分布),取其中值寿命应不低于 50×10^4 次,试验样品中最低寿命不得低于 30×10^4 次。

齿轮失效判断标准:轮齿断裂、齿面压碎、齿面严重剥落和齿面严重点蚀(齿面疲劳剥落、点蚀总面积占所有齿面大于或等于1%;在单个齿面上的剥落点蚀面积大于或等于齿面的4%)。

4 试验方法

4.1 变速器连体驱动桥变速操纵机构稳定性试验

4.1.1 试验装置

变速器连体驱动桥配套的变速操纵装置,模拟运输车运行状态,在其设计位置处可与驱动桥前、后相对移动 7 mm,上、下相对摆动各 50 mm 的试验台。

4.1.2 试验规程

驱动桥总成连接在试验台上,输入轴以 1 000 r/min 左右的转速空载运行,变速操纵机构与驱动桥相对在前上、前下、后上、后下各极限位置换各挡次并各运转 3 min,检查换挡及挂挡运转中是否有挂不上挡、乱挡、自动跳挡、脱挡现象。

4.2 涂漆质量检查

涂漆质量的检查按 JB/T 5673—1991 的规定进行。

4.3 其他装配、外观质量检查

用目测法和常规检测器具检查。

4.4 静扭强度试验

4.4.1 试验目的

考核驱动桥总成中抗扭的最薄弱零件,计算静扭强度后备系数。

4.4.2 **试验装置**

静扭加载装置、扭力机、X-Y 记录仪、传感器等。

4.4.3 **试验转矩**

4.4.3.1 链传动驱动桥试验转矩按式(1)进行计算：

$$T_{NL} = T_{emax} \cdot i_{k1} \cdot i_p \cdot i_0 \qquad (1)$$

式中：

T_{NL}——链传动驱动桥静扭强度试验转矩，单位为牛米(N·m)；

T_{emax}——允许配套的最大功率发动机的最大转矩，单位为牛米(N·m)；

i_{k1}——变速器第一挡速比，取4；

i_p——发动机至变速输入轴速比，取2；

i_0——主传动速比，取3。

4.4.3.2 变速器连体驱动桥试验转矩按式(2)进行计算：

$$T_{NT} = T_{emax} \cdot i_p \qquad (2)$$

式中：

T_{NT}——变速器连体驱动桥静扭强度试验转矩，单位为牛米(N·m)；

T_{emax}——允许配套的最大功率发动机的最大转矩，单位为牛米(N·m)；

i_p——发动机至变速输入轴速比，取2。

4.4.3.3 其他驱动桥试验转矩按式(3)、式(4)进行计算，取其中较小的一个为试验转矩 T_p：

$$T_{pe} = T_{emax} \cdot i_{k1} \cdot i_{D1} / n_1 \qquad (3)$$

式中：

T_{pe}——按允许配套的最大功率发动机最大转矩计算的试验转矩，单位为牛米(N·m)；

T_{emax}——允许配套的最大功率发动机的最大转矩，单位为牛米(N·m)；

i_{k1}——变速器第一挡速比；

i_{D1}——分动器低挡速比；

n_1——使用分动器低挡时的驱动桥数。

$$T_{p\varphi} = Q \cdot \varphi \cdot r_k / i_0 \qquad (4)$$

式中：

$T_{p\varphi}$——按最大附着力算至减速器主动齿轮的试验转矩，单位为牛米(N·m)；

Q——静满载轴荷，单位为牛(N)；

φ——附着系数，取0.8；

r_k——轮胎滚动半径，单位为米(m)；

i_0——主减速器速比。

4.4.4 **试验程序**

4.4.4.1 **链传动驱动桥**

将总成的两个轮毂和板簧支座固定于试验台架上，保持半轴轴线水平。通过1∶1的链轮链条传动在主动链轮上逐渐加载直到2.0倍试验转矩或驱动桥总成转动系统中任一零件扭断(坏)，记录2.0倍试验转矩值或扭断(坏)时输入轴的加载转矩和转角。

4.4.4.2 **变速器连体驱动桥**

将总成的两个轮毂固定于试验台支架上，变速输入轴通过滑动配合的轴承支座固定于试验台架上，静扭加载装置与输入轴连接。

变速杆挂一挡，缓慢加载直至2.0倍试验转矩或驱动桥总成传动系中任一零件扭断(坏)，记录2.0倍试验转矩值或扭断(坏)时输入轴的加载转矩和转角。

4.4.4.3 其他驱动桥

其他驱动桥的强度试验程序应满足：

a) 把装好的驱动桥总成的桥壳牢固地固定在支架上。驱动桥总成输入端(即减速器主动齿轮一端)与扭力机输出端相连。驱动桥输出端(即半轴输出端或轮毂)固定在支架上。

b) 调整扭力力臂，使力臂在试验过程中处在水平位置上下摆动，并校准仪器。

c) 开动扭力机(扭力机输出端转速应不大于 0.25 r/min)缓慢加载 1.8 倍试验转矩或任意一个零件扭断(坏)，通过 X-Y 记录仪记录 T-θ 曲线。记录 1.8 倍试验转矩值或扭断(坏)时的转矩和转角。

4.4.5 数据处理

4.4.5.1 静扭强度

取所有样品的静扭断(坏)转矩的最小值为 T_k 值。

4.4.5.2 静扭强度后备系数

静扭强度后备系数按式(5)、式(6)或式(7)计算：

a) 对链传动驱动桥：

$$K_k = T_k/T_{NL} \quad \cdots\cdots(5)$$

式中：

K_k——静扭强度后备系数；

T_k——静扭断(坏)转矩，单位为牛米(N·m)；

T_{NL}——链传动驱动桥静扭强度试验转矩，单位为牛米(N·m)。

b) 变速器连体驱动桥：

$$K_k = T_k/T_{NT} \quad \cdots\cdots(6)$$

式中：

T_{NT}——变速器连体驱动桥静扭强度试验转矩，单位为牛米(N·m)。

c) 对其他驱动桥：

$$K_k = T_k/T_p \quad \cdots\cdots(7)$$

式中：

T_p——其他驱动桥静扭强度试验转矩，单位为牛米(N·m)。

4.5 垂直弯曲刚性和垂直弯曲静强度试验

4.5.1 试验目的

考核驱动桥桥壳(架)垂直弯曲刚性和垂直弯曲静强度，计算其满载轴荷时每米轮距最大变形量和垂直弯曲失效(断裂或严重塑性变形)后备系数。

4.5.2 试验装置

液压疲劳试验机或相应的其他试验机，百分表(或位移传感器)等。

4.5.3 试验程序

4.5.3.1 链传动驱动桥架(包括除去制动器以外的所有驱动桥零件)

链传动驱动桥架强度试验程序应满足：

a) 将驱动桥架安装于试验台支架，并且调平。如加力点为两钢板弹簧座中心，则支点应为该轴轮距的相应点，即支承半浮式半轴伸出的锥形轴径的相应轮距处。

b) 安装时保证加力方向与驱动桥架轴管中心线垂直，支点应能滚动，以便加载变形时不致产生运动干涉。

c) 安装后，预加载至满载轴荷(半轴轴径 $\phi \leqslant 30$ 时为 8 800 N，$30 < \phi \leqslant 35$ 时为 13 000 N，$\phi > 35$ 时为 17 600 N)2 次～3 次。

d) 卸载至零时，调整百分表零位，测点应不少于 5 点，如图 1 所示。

e) 从零开始缓慢加载。做垂直刚性试验时最大试验负荷为2.5倍的静满载轴荷。从零加至最大试验负荷过程中记录不得少于6次，且必须记录静满载轴荷和最大试验负荷时各点的位移。每个桥架最少测3遍。每次试验开始时量表都应“调零”。

f) 做驱动桥架垂直弯曲静强度试验时取下百分表，一直加载至4.5倍静满载轴荷或桥壳失效(断裂或严重塑变)，中间不得反复，记录失效时的载荷 Q_n。

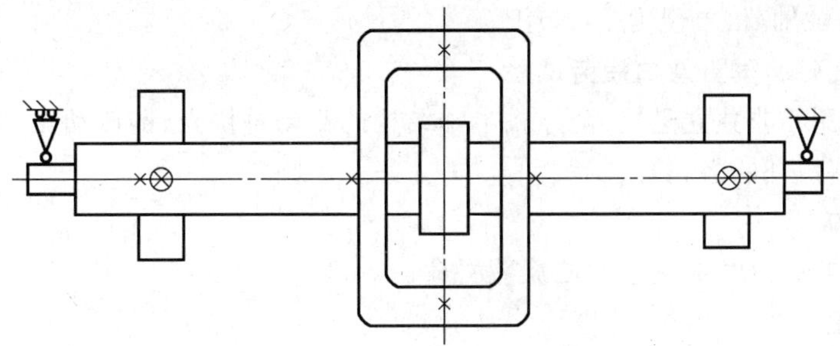

○——加力点；

×——百分表测点。

图1 驱动桥架垂直弯曲刚性试验力点、支点及测点位置简图

4.5.3.2 非独立悬挂、全浮式半轴结构的驱动桥桥壳

非独立悬挂、全浮式半轴结构的驱动桥桥壳强度试验程序应满足：

a) 把装有减速器壳和后盖的桥壳安装在支架上，桥壳必须放平。如果力点为两钢板弹簧座中心，则支点为该轴轮距的相应点，或者将力点和支点位置互换。

b) 安装时保证加力方向与桥壳轴管中心线垂直，支点应能滚动，以适应加载变形不致产生运动干涉。

c) 安装之后，预加载至满载轴荷(2～3)次，卸荷后开始正式测量。

d) 卸载至零时，调整百分表至零位，测点位置不应少于7点，如图2所示。

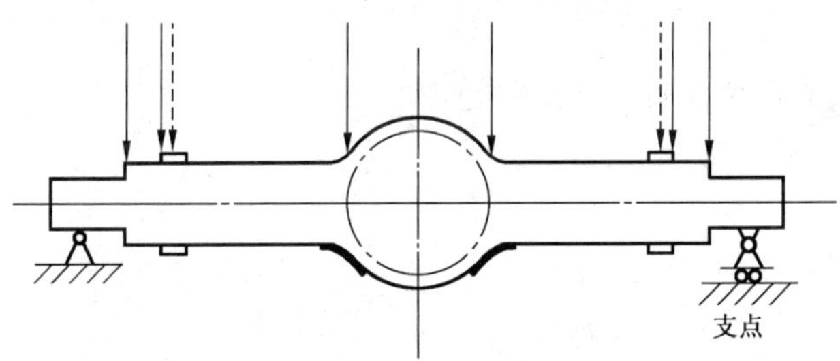

- - - - - -→——加力点；

———→——百分表测点。

图2 桥壳垂直弯曲刚性试验力点、支点及测点位置简图

e) 缓慢加载，从零开始记录百分表。做桥壳垂直弯曲刚性试验负荷至3.0倍静满载轴荷。从零至3倍静满载轴荷的过程中记录不得少于8次，且必须记录满载轴荷与3倍静满载轴荷时各测点的位移量。每根桥壳最少测3遍。每次试验开始时都应把量表调至零位。

f) 做桥壳垂直弯曲静强度试验时，当加载至3.0倍静满载轴荷，取下百分表，一次加至破坏，中间不得反复。记录失效(断裂或严重塑性变形)载荷 Q_n。

4.5.4 数据处理

4.5.4.1 垂直弯曲刚性

计算驱动桥壳(架)静满载轴荷时最大位移点位移量和轮距之比的数值，并画出每个记录负荷下各测点的位移量的连接折线图。

4.5.4.2 垂直弯曲静强度

按式(8)计算每个样品垂直弯曲失效(断裂或严重塑性变形)后备系数，取所有样品中垂直弯曲失效(断裂或严重塑性变形)后备系数的最小值 K_{nmin} 为最终试验结果。

$$K_n = Q_n/Q \quad \cdots\cdots(8)$$

式中：

K_n——垂直弯曲失效(断裂或严重塑性变形)后备系数；

Q_n——垂直弯曲失效(断裂或严重塑性变形)载荷,单位为牛(N)；

Q——静满载轴荷,单位为牛(N)。

4.6 驱动桥桥壳(架)垂直弯曲疲劳试验

本试验只适用于非独立悬挂、全浮式半轴结构的驱动桥桥壳、链传动驱动桥架和变速器连体驱动桥桥壳(不装差速器以外的齿轮)。

4.6.1 试验目的

考核驱动桥桥壳(架)的垂直弯曲疲劳寿命。

4.6.2 试验装置

液压疲劳试验机或相应的其他试验机,载荷误差±1%。

4.6.3 试验载荷

试验下限载荷为0.5倍静满载轴荷。

链传动驱动桥的驱动桥架和变速器连体驱动桥桥壳上限载荷为2.0倍静满载轴荷;其他驱动桥桥壳上限载荷为3.0倍静满载轴荷。

采用正弦波交变载荷加载,试验频率随设备而定。

4.6.4 试验程序

4.6.4.1 桥壳(架)的安装及力点、支点位置要求同4.5.3.1和4.5.3.2。

4.6.4.2 安装之后,预加载至上限载荷3次,卸荷后开始试验。

4.6.4.3 载荷达到4.6.3规定的数值的同时开始记录试验次数。

4.6.4.4 试件出现断裂时停机,记录停机时间、损坏部位和断裂情况。

4.6.5 数据处理

驱动桥桥壳疲劳寿命按对数正态分布处理。

4.7 驱动桥总成齿轮疲劳寿命试验

4.7.1 试验目的

检验驱动桥总成齿轮的疲劳寿命。

4.7.2 试验装置

闭式试验台或开式试验台,转矩转速仪。

4.7.3 试验条件

4.7.3.1 试验转矩

按式(9)、式(10)进行计算,取其中较小的一个为试验转矩 T_p,测试精度控制在±1.5%以内。

$$T_{pe} = T_{emax} \cdot i_{k1} \cdot i_{D2}/n_2 \quad \cdots\cdots(9)$$

式中：

T_{pe}——按允许配套的最大功率发动机的最大转矩计算的试验转矩,单位为牛米(N·m)；

T_{emax}——允许配套的最大功率发动机的最大转矩,单位为牛米(N·m)；

i_{k1}——变速器第一挡速比；

i_{D2}——分动器高挡速比；

n_2——使用分动器高挡时的当量驱动桥数。

$$T_{p\varphi} = Q \cdot \varphi \cdot r_k/i_0 \quad \cdots\cdots(10)$$

式中：

$T_{p\varphi}$——按最大附着力算至减速器主动齿轮的试验转矩,单位为牛米(N·m)；

Q——静满载轴荷,单位为牛(N);

φ——附着系数,取0.8;

r_k——轮胎滚动半径,单位为米(m);

i_0——主减速器速比。

4.7.3.2 **润滑油**

被试驱动桥内润滑油应按技术条件规定的牌号加注。

4.7.3.3 **油温**

正式试验时,普通油控制在70 ℃~90 ℃范围内。双曲线齿轮油控制在85 ℃~120 ℃范围内。

4.7.4 **试验程序**

4.7.4.1 记录空负荷下正车和倒车的啮合印迹。

4.7.4.2 磨合:按$1/4T_p$、$1/2T_p$、$3/4T_p$三种转矩由小到大进行磨合,时间每段按主动轮运转2×10^4~3×10^4循环次数(主动轮每转一周为一个循环)为准。

4.7.4.3 正式试验:磨合后按T_p加载,按4.7.3中的规定进行试验。直至齿轮失效为止。失效形式有轮齿断裂、齿面压碎、齿面严重剥落和齿面严重点蚀。

4.7.5 **数据处理**

齿轮疲劳寿命遵循对数正态分布(或威布尔分布),取其中值疲劳寿命。

4.8 **驱动桥总成转动系统疲劳寿命试验**

4.8.1 **试验目的**

测试驱动桥总成转动系统疲劳寿命。

4.8.2 **试验装置**

开式(或闭式)试验台、转速转矩仪等。

4.8.3 **试验条件**

4.8.3.1 **试验转矩**

链传动驱动桥按式(11)进行计算:

$$T_{PL}=T_{emax}\cdot i_{k1}\cdot i_p\cdot i_0 \qquad\cdots\cdots(11)$$

式中:

T_{PL}——链传动驱动桥扭转疲劳试验转矩,单位为牛米(N·m);

T_{emax}——允许配套的最大功率发动机的最大转矩,单位为牛米(N·m);

i_{k1}——变速器第一挡速比,取4;

i_p——发动机至变速输入轴速比,取2;

i_0——主传动速比,取3。

变速器连体驱动桥试验转矩按式(12)进行计算:

$$T_{PT}=T_{emax}\cdot i_p \qquad\cdots\cdots(12)$$

式中:

T_{PT}——变速器连体驱动桥扭转疲劳试验转矩,单位为牛米(N·m);

T_{emax}——允许配套的最大功率发动机的最大转矩,单位为牛米(N·m);

i_p——发动机至变速输入轴速比,取2。

试验转矩的测试精度控制在±1.5%范围内。

4.8.3.2 **润滑油**

被测试驱动桥内润滑油按技术条件规定牌号加注。

4.8.3.3 **油温**

正式试验时油温控制在70 ℃~90 ℃范围内。

4.8.4 链传动驱动桥试验程序

4.8.4.1 将总成的两个板簧支座固定于试验台支架上，保持半轴轴线水平。两端轮毂与试验台加载装置连接。通过被动链轮齿数和主动链轮齿数之比为 1 的链传动，在主动链轮轴上以 550 r/min～725 r/min 的转速驱动主动链轮。

4.8.4.2 用 4.8.3.1 计算的 T_{PL}，按 $0.25T_{PL}$、$0.5T_{PL}$、$0.75T_{PL}$ 三种负荷由小到大进行磨合。时间每段按被动链轮运转 0.7×10^4 循环次数(被动链轮每转一周为一个循环)为准。

4.8.4.3 正式试验开始后按 T_P 加载，按 4.8.3 规定的条件进行试验直至被动链轮的循环次数达到 50×10^4 次为止。检查并记录循环次数和损坏情况。

4.8.5 变速器连体驱动桥试验程序

4.8.5.1 将驱动桥总成两板簧支座相当于工作状态固定于试验台支架上，两轮毂与试验台加载装置连接。直接驱动变速输入轴。

4.8.5.2 以 $0.5T_{emax}$ 转矩和 1 100 r/min～1 450 r/min 驱动变速输入轴对各挡齿轮磨合 2 h，清洗后正式试验。

4.8.5.3 试验采用高挡优先试验与中低挡循环试验结合进行。按表 1 要求先将高挡试验完成，后对中低挡按循环试验法分 5 个循环进行重复试验，每个循环从低挡开始逐次向中挡循环转换。前进挡 5 个循环完成后，进行 2 h 的倒挡运转。每个挡位的每个试验循环次数为该挡位应循环总次数(见表 1)的五分之一(高挡除外)。完成上述试验循环后，记录变速器连体驱动桥的损坏或没有达到试验循环损坏的情况。

5 检验规则

5.1 出厂检验

5.1.1 每台驱动桥须经制造厂检验部门检验合格后方可出厂，产品出厂必须附有合格证。

5.1.2 检验项目与判定规则

对每台驱动桥检验 3.2 和 3.3 规定的项目，所有项目必须全部合格方可签发合格证。

5.2 型式检验

5.2.1 有下列情况之一时，应进行型式检验：

a) 新产品或老产品转厂生产的试制定型鉴定；
b) 正式生产后，如结构、材料和工艺等有较大改变，可能影响产品性能时；
c) 批量生产时，定期的抽查检验；
d) 长期停产后，恢复生产时；
e) 出厂检验结果与上次型式检验结果有较大差异时；
f) 国家质量监督机构提出型式检验的要求时。

5.2.2 型式检验的检验项目见表 2，按其质量特性分为 A、B 两类。

表 2 型式检验项目及分类

项目分类	项	检验项目
A	1	静扭强度
	2	垂直弯曲刚性
	3	垂直弯曲静强度
	4	垂直弯曲疲劳寿命
	5	总成疲劳寿命
B	1	装配
	2	外观

5.2.3 批量生产或国家质量监督机构进行型式检验时，抽样检查和判断处置规则应按 GB/T 2828.1

的规定，可采用正常检查一次抽样方案，检查水平为特殊检查水平 S-1，检查批不小于 20 件，具体抽样检查方案见表 3。

表 3 抽样检查方案

项目分类	A		B	
样本大小	2		2	
项目数	5×2		2×2	
检查水平	S-1			
样本字码	A			
AQL	6.5		25	
Ac　Re	0	1	1	2

5.2.4 其他型式检验时，应随机抽取 3 台进行，试验结果均应符合本标准的规定。

5.3 用户验收

订货单位有权对收到的产品进行抽检，试验项目、抽样方案、抽样检查和判断处置规则等应按本标准和 GB/T 2828.1 的规定，由供需双方商定。

6 标志、包装与贮存

6.1 驱动桥应有标牌，标牌字迹清晰，安装端正、牢固，并应标明如下内容：

a) 制造厂名称或注册商标；

b) 产品名称；

c) 产品型号；

d) 出厂编号；

e) 执行标准编号；

f) 制造日期(年、月)。

6.2 包装

6.2.1 驱动桥装箱时应附带下列文件：

a) 产品合格证；

b) 驱动桥安装使用说明书。

6.2.2 包装时应将规定的附件、备件等与驱动桥一同装入箱内，并应附有装箱单。

6.2.3 包装时，对所有外露螺纹部分应加以保护，包装箱内应有防尘防潮措施。包装材料应具有防潮能力，包装必须可靠，不致在运输中造成驱动桥损坏。

6.2.4 包装箱外应标明下列内容，其图示标志应符合 GB/T 191 的规定：

a) 制造厂名称、地址；

b) 产品型号、名称；

c) 毛重；

d) 外形尺寸；

e) 发往地址和收货单位；

f) 运输注意事项；

g) 装箱日期(年、月)。

6.3 贮存

6.3.1 产品应存放在通风、干燥和无酸碱气体侵蚀的库房中，不得在露天存放。

6.3.2 在正常保管情况下，产品应保证有 12 个月的有效防锈期。

ICS 65.060
T 54

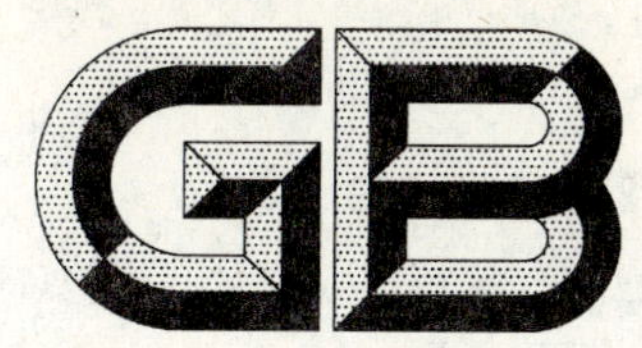

中华人民共和国国家标准

GB/T 23930—2009

三轮汽车和低速货车　转向器

Tri-wheel vehicles and low-speed goods vehicles—Steering gear

2009-06-04 发布　　2010-01-01 实施

中华人民共和国国家质量监督检验检疫总局
中国国家标准化管理委员会　发布

前　言

本标准由中国机械工业联合会提出。

本标准由全国低速汽车标准化技术委员会(SAC/TC 234)归口。

本标准负责起草单位:国家农机具质量监督检验中心、中国农业机械化科学研究院。

本标准参加起草单位:山东五征集团有限公司、山东时风(集团)有限责任公司。

本标准主要起草人:张琦、吕树盛、王侠民、林连华。

三轮汽车和低速货车　转向器

1　范围

本标准规定了三轮汽车和低速货车转向器总成(不包括转向轴及转向管柱总成、转向轴万向节叉总成和横、直拉杆总成)的技术条件、试验方法、检验规则、标志、包装、运输和贮存。

本标准适用于蜗杆滚轮式、循环球式、蜗杆指销式和齿轮齿条式等三轮汽车和低速货车转向器总成。

本标准不适用于动力转向器。

2　规范性引用文件

下列文件中的条款通过本标准的引用而成为本标准的条款。凡是注日期的引用文件,其随后所有的修改单(不包括勘误的内容)或修订版均不适用于本标准,然而,鼓励根据本标准达成协议的各方研究是否可使用这些文件的最新版本。凡是不注日期的引用文件,其最新版本适用于本标准。

GB/T 2828.1　计数抽样检验程序　第1部分:按接收质量限(AQL)检索的逐批检验抽样计划(GB/T 2828.1—2003,ISO 2859-1:1999,IDT)

JB/T 5673—1991　农林拖拉机及机具涂漆　通用技术条件

3　术语和定义

下列术语和定义适用于本标准。

3.1

额定输出转矩(力)　rated output torque (or force)

转向器设计时规定的安全使用的输出转矩(力)。

3.2

线角传动比　displacement-angle ratio for the rack and pinion steering gear

I_{LR}

齿轮齿条式转向器的齿条位移增量与齿轮转角增量之比。

3.3

全转角　total number of rotating angles of the steering shaft

转向器的轴(输入轴或摇臂轴),从一个极限位置转到另一个极限位置时的总转角。

4　技术要求

转向器应符合本标准要求,并按照经规定程序批准的图样及技术文件制造。

4.1　性能

4.1.1　传动效率应符合表1的规定,正效率均方差值不大于3%。

表1　转向器传动效率

结构型式	正效率 η_+	逆效率 η_-
蜗杆滚轮式	≥70%	≥45%
循环球式		≥50%
蜗杆指销式		
齿轮齿条式	≥75%	≥60%
注:表中数值为全转角的60%范围内的平均值。		

4.1.2 传动比及输入轴全转角应符合使用说明书和/或产品图样的要求。

4.1.3 转向器在输入轴全转角范围内,其传动间隙特性应符合使用说明书和/或产品图样的要求。

4.1.4 输入轴在中间位置的转动力矩应符合使用说明书和/或产品图样的要求。

4.1.5 转向器在中间位置的小转角扭转刚度 G_S 不应低于 25 N·m/rad,大转角扭转刚度 G_g 不应低于 32 N·m/rad;对焊有转向轴的转向器,G_S 不应低于 20 N·m/rad,G_g 不应低于 27 N·m/rad。

4.2 静扭强度

4.2.1 蜗杆滚轮式、循环球式和蜗杆指销式转向器应能承受式(1)计算的扭转载荷,不出现损坏。

$$M = \frac{2TS}{I_R} \qquad \cdots\cdots(1)$$

式中:

M——静转矩值,单位为牛米(N·m);

T——转向器额定输出转矩,单位为牛米(N·m);

I_R——角传动比;

S——安全系数,取 3。

4.2.2 齿轮齿条式转向器应能承受式(2)计算的扭转载荷,不出现损坏。

$$M = 2FRS \qquad \cdots\cdots(2)$$

式中:

M——静转矩值,单位为牛米(N·m);

F——转向器额定输出力,单位为牛(N);

R——齿轮节圆半径,单位为米(m);

S——安全系数,取 3。

4.3 冲击强度

转向器按表 2 的规定进行落锤冲击试验后,不应出现裂纹、扭曲或转动不灵活现象。

表 2 落锤冲击

额定输出转矩/N·m	≤580	>580~920	>920~1 150	>1 150
落锤质量/kg	50			
落下高度/m	0.3	0.5	0.7	1.5

4.4 疲劳寿命

4.4.1 蜗杆滚轮式、循环球式和蜗杆指销式转向器的转向摇臂轴上,承受的载荷为额定输出转矩。驱动输入轴,经 1.5×10^5 次循环疲劳寿命试验后,或驱动转向摇臂轴,经 2×10^5 次循环疲劳寿命后,零件不应损坏(包括点蚀、剥落),其间隙应在可调整范围内。

4.4.2 齿轮齿条式转向器的齿条轴上,承受的载荷为额定输出力。驱动输入轴,经 1.5×10^5 次循环疲劳寿命试验后,或驱动齿条,经 2×10^5 次循环疲劳寿命试验后,零件不应损坏(包括点蚀、剥落);其间隙应在可调整范围内。

4.5 转动灵活性

转向器应转动灵活,无阻滞现象。

4.6 密封性

转向器在试验、贮存和运输过程中,不应渗漏。

4.7 防锈、涂层

转向器的花键、锥面和螺纹等结合面应涂润滑脂;其余表面应涂漆,漆层应符合 JB/T 5673—1991 中 TQ-2-1-DM 的规定。

5 试验方法

5.1 磨合

5.1.1 产品在进行性能和疲劳寿命试验前，应在下述工况下进行磨合。

a) 输入轴转角不小于全转角的 90%；

b) 加在转向摇臂轴或齿条上的载荷，为额定输出转矩(力)的 40%；

c) 循环次数不低于 1.5×10^3；

d) 磨合时，输入轴转速不大于 10 r/min；

e) 磨合后更换润滑油。

5.1.2 转向器试验时，在使用说明书和/或产品图样规定的条件下进行润滑。

5.2 输入轴全转角的测定

旋转输入轴，从一个极限位置转到另一个极限位置，测出总转角。

5.3 传动比特性的测定

5.3.1 角传动比特性的测定

5.3.1.1 角传动比

角传动比按公式(3)计算。

$$I_R = \frac{d\theta}{d\beta} \approx \frac{\Delta\theta}{\Delta\beta} \tag{3}$$

式中：

θ——输入轴转角，单位为度(°)；

β——转向摇臂轴转角，单位为度(°)；

I_R——角传动比。

5.3.1.2 测量范围

测量范围不小于输入轴全转角的 90%。

5.3.1.3 测量点间隔

输入轴转角增量不大于 45°，变速比转向器输入轴转角增量不大于 18°。

5.3.1.4 测定方法

驱动输入轴，测出输入轴转角和转向摇臂轴对应转角，取其增量，代入公式(3)可得出角传动比。输入轴转角的测量误差不大于 10′，转向摇臂轴转角的测量误差不大于 1.5′。

5.3.2 线角传动比的测定

5.3.2.1 线角传动比

线角传动比按公式(4)计算。

$$I_{LR} = \frac{dL}{d\theta} \approx \frac{\Delta L}{\Delta\theta} \tag{4}$$

式中：

L——齿条位移距离，单位为毫米(mm)；

θ——输入轴转角，单位为度(°)；

I_{LR}——线角传动比，单位为毫米每度[mm/(°)]。

5.3.2.2 测量范围

测量范围不小于输入轴全转角的 90%。

5.3.2.3 测量点间隔

输入轴转角增量不大于 45°，变速比转向器输入轴转角增量不大于 18°。

5.3.2.4 测定方法

驱动输入轴，测出输入轴转角和齿条对应位移，取其增量，代入公式(4)可得出线角传动比。输入轴转角的测量误差不大于10′,齿条位移的测量误差不大于0.01 mm。

5.4 传动间隙特性的测定

5.4.1 测量范围

测量范围不小于输入轴全转角的90%。

5.4.2 测定方法

输入轴每转一定角度后使之固定;在转向摇臂轴上施加10 N·m的力矩,测量转向摇臂轴相应的转角;或在齿条上施加400 N的力,测量齿条相应的位移。测量误差不大于1.5′或0.01 mm。

5.5 传动效率特性的测定

5.5.1 蜗杆滚轮式、循环球式和蜗杆指销式转向器传动效率的测定

5.5.1.1 传动效率

传动效率按公式(5)和公式(6)计算:

$$\eta_{+}=\frac{M_2}{W_1 I_R}\times 100\% \qquad \cdots\cdots(5)$$

$$\eta_{-}=\frac{W_2 I_R}{M_1}\times 100\% \qquad \cdots\cdots(6)$$

式中:

W_1,W_2——输入轴的输入、输出转距,单位为牛米(N·m);

M_1,M_2——转向摇臂轴的输入、输出转距,单位为牛米(N·m);

I_R——角传动比;

η_{+}——正传动效率,%;

η_{-}——逆传动效率,%。

5.5.1.2 正传动效率均方差值

按公式(7)计算。

$$\sigma_a=\sqrt{\frac{(\eta_1-\eta^*)^2+\cdots+(\eta_n-\eta^*)^2}{n-1}} \qquad \cdots\cdots(7)$$

式中:

σ_a——均方差值;

$\eta_1,\cdots,\eta_n$——各测点的正传动效率,%;

η^*——平均正传动效率,%;

n——测点总数。

5.5.1.3 测定条件

蜗杆滚轮式、循环球式和蜗杆指销式转向器传动效率的测定条件应满足:

a) 转向摇臂轴上的载荷为额定输出转矩的40%;

b) 输入轴转速不大于10 r/min;

c) 输入轴转角范围不小于全转角的85%;

d) 测量点与5.3.1.3对应。

5.5.1.4 测定方法

驱动输入轴,在转向摇臂轴上加载荷,测出输入轴的输入转矩 W_1 和转向摇臂轴的输出转矩 M_2,代入公式(5)中可得正传动效率 η_{+}。反之,驱动转向摇臂轴,在输入轴上加载荷,测出转向摇臂轴的输入转矩 M_1 和输入轴的输出转矩 W_2,代入公式(6)可得逆传动效率 η_{-}。将各测点的正传动效率值与其平均值代入公式(7)可得均方差值。测量误差不应大于2%。

5.5.2 齿轮齿条式转向器传动效率的测定

5.5.2.1 传动效率

传动效率按公式(8)和公式(9)计算:

$$\eta_{+}=\frac{F_{2}I_{LR}}{17.45W_{1}}\times 100\% \qquad (8)$$

$$\eta_{-}=\frac{17.45W_{2}}{F_{1}I_{LR}}\times 100\% \qquad (9)$$

式中：

W_1,W_2——输入轴的输入、输出转距，单位为牛米(N·m)；

F_1,F_2——齿条的输入、输出力，单位为牛(N)；

I_{LR}——线角传动比，单位为毫米每度[mm/(°)]。

5.5.2.2 测定条件

齿轮齿条式转向器传动效率的测定条件应满足：

a) 齿条轴向力为额定输出力的40%；

b) 输入轴转速不大于10 r/min；

c) 输入轴转角范围不小于全转角的85%；

d) 测量点与5.3.2.3对应。

5.5.2.3 测定方法

驱动输入轴，在齿条上加载荷，测出输入轴的输入转矩 W_1 和齿条的输出力 F_2，代入公式(8)中可得正传动效率 η_+。反之，驱动齿条，在输入轴上加载荷，测出齿条的输入力 F_1 和输入轴的输出转矩 W_2，代入公式(9)可得逆传动效率 η_-。将各测点的正传动效率值与其平均值代入公式(7)可得均方差值。测量误差不应大于2%。

5.6 转动力矩的测定

5.6.1 测定条件

转动力矩的测定应满足：

a) 转向器摇臂轴或齿条为空载；

b) 输入轴转速不大于10 r/min。

5.6.2 测定方法

驱动输入轴，测出输入轴在不同转角时的转矩。测量误差不应大于5%。

5.7 刚度的测定

5.7.1 刚度

刚度按公式(10)和公式(11)计算。

$$G_S=0.573\times\frac{\frac{T_B-T_A}{2}+\frac{T_b-T_a}{2}}{2} \qquad (10)$$

$$G_g=0.573\times\frac{\frac{T_D-T_C}{5}+\frac{T_d-T_c}{5}}{2} \qquad (11)$$

式中：

G_S——小扭角扭转刚度，单位为牛米每弧度(N·m/rad)；

G_g——大扭角扭转刚度，单位为牛米每弧度(N·m/rad)；

T_A——右扭角为0.5°时的转矩值，单位为牛厘米(N·cm)；

T_B——右扭角为2.5°时的转矩值，单位为牛厘米(N·cm)；

T_a——左扭角为0.5°时的转矩值，单位为牛厘米(N·cm)；

T_b——左扭角为2.5°时的转矩值，单位为牛厘米(N·cm)；

T_C——右扭角为 10°时的转矩值,单位为牛厘米(N·cm);

T_D——右扭角为 15°时的转矩值,单位为牛厘米(N·cm);

T_c——左扭角为 10°时的转矩值,单位为牛厘米(N·cm);

T_d——左扭角为 15°时的转矩值,单位为牛厘米(N·cm)。

5.7.2 测定条件

刚度的测定条件应满足:

a) 转向摇臂轴或齿条固定在中间位置;

b) 输入轴转速,测定 G_S 时应不大于 0.5 r/min,测定 G_g 时应不大于 2 r/min。

5.7.3 测定方法

5.7.3.1 G_S 的测定

将转向摇臂轴或齿条固定,左扭输入轴至 5°,回至中间位置;变换为右扭输入轴至 5°,再回到中间位置。往复两次,测出每次左、右扭时输入轴的扭角及相应的转矩值,其结果以曲线表示。从曲线上查出 T_A、T_B、T_a 和 T_b 转矩值,代入公式(10)中可得刚度 G_S。测量误差不应大于 5%。

5.7.3.2 G_g 的测定

将转向摇臂轴或齿条固定,左扭输入轴至 20°,回至中间位置;变换为右扭输入轴至 20°,再回到中间位置。往复两次,测出每次左、右扭时输入轴的扭角及相应的转矩值,其结果以曲线表示。从曲线上查出 T_C、T_D、T_c 和 T_d 转矩值,代入公式(11)中可得刚度 G_g。测量误差不应大于 5%。

5.8 静扭强度试验

5.8.1 试验条件

转向摇臂轴或齿条应在两极端位置以外任意位置固定。

5.8.2 试验方法

静扭强度的试验方法应满足下列规定:

a) 将转向器固定,转向摇臂轴或齿条固定,在输入轴上施加规定的转矩,测出输入转矩及相应的输入扭角值,其结果以曲线表示。测量误差不应大于 5%。

b) 试验后,检查零件损坏情况。

5.9 落锤冲击试验

5.9.1 试验条件

落锤冲击试验条件应满足:

a) 转向器应牢固地安装在质量不小于落锤质量 50 倍的试验台基座上;

b) 输入轴应在两极端位置以外的任意位置固定;

c) 落锤质量为 50 kg。

5.9.2 试验方法

落锤冲击的试验方法应满足下列规定:

a) 将转向摇臂水平放置或将齿条垂直放置,落锤升至规定的高度后自由落下,冲击摇臂末端或齿条顶端;

b) 冲击后,检查零件损坏情况。

5.10 疲劳寿命试验

5.10.1 试验条件

5.10.1.1 正向驱动

正向驱动试验条件应满足:

a) 在转向摇臂轴或齿条上,施加试验载荷为额定输出转矩或额定输出力;

b) 驱动输入轴左右旋转的角度,自中间位置起各为180°;

c) 驱动输入轴的速度,不应大于30 r/min;

d) 在试验过程中,转向器内部的润滑油温度不应超过60 ℃;

e) 转向器在试验中,允许每隔2.5万次循环拆检一次,但不允许更换零件。

5.10.1.2 逆向驱动

逆向驱动试验条件应满足:

a) 在转向摇臂轴或齿条上测量在输入轴上施加的试验载荷,其载荷值为额定输出转矩或额定输出力;

b) 左右驱动转向摇臂轴的角度,自中间位置起各为10°,或左右驱动齿条长度,自中间位置起各为$180 I_{LR}$ mm;

c) 驱动转向摇臂轴或齿条的速度,不应大于30 r/min;

d) 在试验过程中,转向器内部的润滑油温度不应超过60 ℃;

e) 转向器在试验中,允许每隔2.5万次循环拆检一次,但不允许更换零件。

5.10.2 试验方法

逆向驱动试验方法应满足下列规定:

a) 正向驱动输入轴,逆向驱动转向摇臂轴或齿条;

b) 正向驱动及逆向驱动的载荷最大幅值误差均不应大于5%;

c) 正向驱动和逆向驱动疲劳寿命试验任选做一个;

d) 测出循环次数。

5.11 其他项目检验

5.11.1 采用目测或常规方法检查转向器的转动灵活性和防锈、涂层外观质量。

5.11.2 涂漆层的附着性能按JB/T 5673—1991的规定进行检验。

5.11.3 把转向器输入轴垂直放置,从加油螺孔注满柴油,24 h后进行密封性检查。

6 检验规则

6.1 出厂检验

6.1.1 每个转向器总成,应经制造厂检验合格后方能出厂,出厂时应附有证明产品质量合格的文件。

6.1.2 出厂检验项目包括:

a) 转动灵活性;

b) 输入轴全转角;

c) 防锈措施和涂层外观质量;

d) 转动力矩;

e) 传动间隙特性;

f) 密封性。

6.1.3 对每个转向器总成全检6.1.2中a)、b)、c)三项,所有项目应全部合格。

6.1.4 对6.1.2中d)、e)、f)三项,抽样检查和判断处置规则应按GB/T 2828.1的规定,可采用正常检查一次抽样方案,检查批为月(或日)产量或一次订货批量,检查水平为一般检查水平Ⅱ,接收质量限(AQL)为4.0。

6.2 型式检验

6.2.1 有下列情况之一时,应进行型式检验:

a） 新产品定型鉴定或老产品转产试制；

b） 正式生产后，如结构、材料、工艺有较大改变，可能影响产品质量时；

c） 成批或大批生产的产品，每二年至少一次；

d） 产品停产一年以上，恢复生产时；

e） 出厂检验结果与上次型式检验结果有较大差异时；

f） 国家质量监督机构提出进行型式检验的要求时。

6.2.2 型式检验项目及其分类见表3。

表3 型式检验项目及其分类

项目分类	序号	项目名称	对应条款号
A	1	传动效率	4.1.1
	2	传动比及输入轴全转角	4.1.2
	3	扭转刚度	4.1.5
	4	静扭强度	4.2
	5	冲击强度	4.3
	6	疲劳寿命	4.4
B	1	传动间隙特性	4.1.3
	2	转动力矩	4.1.4
	3	转动灵活性	4.5
	4	密封性	4.6
	5	防锈和涂层	4.7

6.2.3 抽样检查和判断处置规则应按GB/T 2828.1的规定，可采用正常检查一次抽样方案，检查水平为特殊检查水平S-1，检查不少于30件，抽样方案见表4。

表4 抽样方案

项目分类		A		B	
检查水平		S-1			
样本大小		2			
AQL		6.5		25	
Ac	Re	0	1	1	2

6.3 用户验收

用户有权对收到的转向器总成进行抽检，检验项目、抽样方案、抽样检查和判断处置规则由供需双方按GB/T 2828.1的规定协商确定。

7 标志、包装、运输和贮存

7.1 转向器出厂时，均应有制造厂的证明合格印鉴，并标明制造厂的厂名或厂标。

7.2 产品进行包装时应考虑防潮、防振、防尘，适应运输及装卸的要求。在特殊情况下，可按供需双方协商一致的条件进行包装。

每个包装箱应附有装箱单、使用说明书和合格证，合格证应包括下列内容：

a） 制造厂的厂名或厂标；

b） 产品名称、型号和总成号；

c） 制造厂质量管理部门的签章；

d） 执行标准编号；

e） 制造日期或生产批号。

7.3 每个包装箱外壁的文字与标志应包括下列内容：

a） 制造厂的厂名或厂标；

b） 产品型号、总成号和产品名称；

c） 包装数量、毛重和净重；

d） 制造日期或生产批号；

e） 标有“小心轻放”和“勿近潮湿”字样。

7.4 转向器在运输过程中，花键、锥面和螺纹等外露部分，应有保护措施。

7.5 转向器应放在通风干燥无腐蚀的环境内。在贮存过程中，不应受潮、腐蚀、重压、碰撞，不应接触酸、碱等腐蚀物质和有机溶剂。

ICS 65.060
T 54

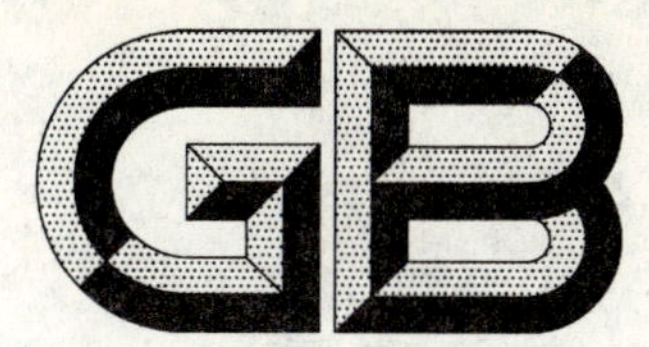

中华人民共和国国家标准

GB/T 23931—2009

三轮汽车 试验方法

Tri-wheel vehicles—Test method

2009-06-04 发布 2010-01-01 实施

中华人民共和国国家质量监督检验检疫总局
中国国家标准化管理委员会 发布

前 言

本标准由中国机械工业联合会提出。

本标准由全国低速汽车标准化技术委员会(SAC/TC 234)归口。

本标准负责起草单位:山东省农业机械科学研究所。

本标准参加起草单位:国家农机具质量监督检验中心、山东五征集团有限公司、福田雷沃国际重工股份有限公司、河南奔马股份有限公司。

本标准主要起草人:王东岳、吕树盛、杜建刚、王侠民、王炳涛、唐喜林。

三轮汽车　试验方法

1　范围

本标准规定了测定三轮汽车整车各项性能的试验方法。

本标准适用于三轮汽车的整车试验。

2　规范性引用文件

下列文件中的条款通过本标准的引用而成为本标准的条款。凡是注日期的引用文件，其随后所有的修改单(不包括勘误的内容)或修订版均不适用于本标准，然而，鼓励根据本标准达成协议的各方研究是否可使用这些文件的最新版本。凡是不注日期的引用文件，其最新版本适用于本标准。

GB/T 5373　摩托车和轻便摩托车尺寸和质量参数的测定方法

GB 8410　汽车内饰材料的燃烧特性

GB 18320　三轮汽车和低速货车　安全技术要求

GB 18322　农用运输车自由加速烟度排放限值及测量方法

GB/T 19118　农用运输车　噪声测量方法

GB/T 19119　农用运输车　照明与信号装置的安装规定

GB/T 19124　农用运输车　前照灯

GB/T 19129　农用运输车　电喇叭　性能要求及试验方法

GB/T 19133　农用运输车　最大侧倾稳定角　试验方法

GB/T 19134　农用运输车　后视镜　性能和安装要求

GB 19756　三轮汽车和低速货车用柴油机排气污染物排放限值及测量方法(中国Ⅰ、Ⅱ阶段)

GB 19757　三轮汽车和低速货车加速行驶车外噪声限值及测量方法(中国Ⅰ、Ⅱ阶段)

GB 21377　三轮汽车　燃料消耗量限值及测量方法

GB/T 21422　三轮汽车　驾驶员操作位置尺寸

GB/T 23917　低速货车　试验方法

JB/T 50096　三轮农用运输车　可靠性考核评定方法

3　通用要求

3.1　通用试验条件

除另有规定外，各项试验应满足以下要求。

3.1.1　下列各项应与随车技术文件相符：

——被试三轮汽车各总成、附件及附属装置的结构和性能；

——被试三轮汽车的技术状态、各部分的调整及操作方法；

——试验期间所用的燃油、润滑油、冷却液及其他工作液体。

3.1.2　整个试验期间，除按使用说明书的规定进行常规保养调整外，不允许做其他调整与换修。如确有需要，应经试验组织机构同意并在其监督下进行，随后重新做有关项目试验，并将详情记入报告中。

3.1.3　试验时的轮胎气压应符合随车技术文件的规定或轮胎上标注气压的要求，最大误差不超过

±10 kPa。除可靠性试验外，轮胎不应有积泥和油污。

3.1.4 除特殊规定外，试验时的负载应保持最大厂定装载质量，载荷物应是不会因气候及使用条件改变而改变其质量和形状的物品，它应均匀放置在车箱内，并应限制它移动，其高度不应超过车箱边板。车上乘员（包括驾驶员）数目应符合随车技术文件的规定，但可以用重物放在相应位置代替乘员，每人按75 kg计（座椅上65 kg、前面地板上10 kg）。

3.1.5 除可靠性试验不受气候条件限制和另有规定外，其余各项试验均应在气温为0 ℃～40 ℃、距地面1.2 m高处的风速不大于3 m/s（特殊规定除外）的无雨天气下进行。各项试验均应分别在试验开始及结束时，测记气温、风速和气压（高原地区适用），并报告其范围。

3.1.6 除另有规定外，试验均应在清洁、干燥、平坦的沥青路面或混凝土路面上进行，路面的纵向坡度不大于2%，横向坡度不大于3%，直线段长度不小于1 000 m，宽度不小于8 m。需往返进行的试验，应尽可能在同一路段进行。

3.1.7 进行各项性能试验前，被试三轮汽车均应预热，使各部分达到正常工作温度。

3.1.8 除可靠性行驶试验可开窗户外，其余试验均应在门窗关闭下进行。

3.1.9 试验所用仪器设备的精度应满足测量准确度要求，并在其标定的有效期内。

3.1.10 试验时采用的燃油、冷却液和各种润滑油等，不应添加任何添加剂。

3.1.11 发动机应处于正常工作状态，发动机转速应符合规定要求。

3.1.12 试验期间出现的一切异常现象，均应详细记录，并写入报告中。

3.2 测量准确度

3.2.1 除另有规定外，对各种参数的测量，其准确度应分别满足下列要求：距离1%，操纵力5%，质量1%，时间0.2 s，转矩1%，转速1%，车速3%，油压或气压2%，环境温度1 ℃，水温、油温2 ℃，角度1°，大气压力0.2 kPa，轮胎气压10 kPa，噪声级1 dB(A)，其他3%。

3.2.2 记录行驶距离千米数时，只需记至最接近的整数。

3.3 试验方法选定

本标准中同一试验项目有两种以上试验方法时，可根据要求或试验设备条件选定其中一种。

3.4 验收

被试三轮汽车应由试验负责单位，根据该三轮汽车的验收技术条件或其他有关文件的要求，进行全面检查及验收。

4 尺寸和质量参数测定

4.1 测定条件

4.1.1 被试三轮汽车上除常用随车工具及原装的备用轮胎外，不允许有任何超载货物、杂物、泥土等。

4.1.2 燃油、润滑油、冷却液及其他工作液体均应加注到技术文件规定的最高液面位置。

4.1.3 凡对被试三轮汽车外廓尺寸有影响的、可调整的或可改变状态的零部件，如自卸货厢等，均应处于最小外廓尺寸的稳定状态。

4.1.4 测量尺寸参数时，被试三轮汽车应停放在坚硬的水平地面上，在测试范围内地面坡度应不大于0.3%，地面平面度应在3 mm/m以内。

4.1.5 测量时，被试车处于直线行驶时的静止状态。

4.1.6 测量时，发动机熄火，变速杆置于空挡位置，制动器松开，不准用垫木。

4.2 测定方法

按GB/T 5373中有关正三轮摩托车的规定进行。三轮汽车驾驶员操作位置尺寸见GB/T 21422的规定。

5 起动性能试验

5.1 试验应在环境温度不低于5 ℃的常温、常压下进行，发动机和冷却水均不预热。

5.2 自开始起动(手摇或按电钮)计时至发动机自行运转止为起动时间，电起动时间不大于30 s，手摇起动时间不大于15 s即为起动成功。起动成功后立即熄火，2 min后再次起动、停车，重复两次。

5.3 开始起动至停止摇车或按电钮，发动机未能自行运转或起动时间超过规定时间均为起动失败。

5.4 连续三次起动中两次成功即为起动成功。

6 动力性能试验和滑行性能试验

按GB/T 23917的规定进行。

7 操纵性能试验

7.1 最小转向圆直径测量

三轮汽车空载挂最低挡，以稳定低速行驶，转向盘(或转向把)向一方转到极限位置，同时在地面上标出前轮对称中心面与地面接触点，驶完一整圈后退出试验场地，用卷尺在均布三个方向上测量轨迹圆的直径，取平均值。测量应分别在向左和向右两个方向上进行，各测两次，取平均值。以向左或向右转的大值为该车的最小转向圆直径。

7.2 转向盘最大自由转角测量

7.2.1 被试车静止，转向轮处于直线行驶状态。

7.2.2 转向盘分别向左、右转至阻力明显增加时(转向轮开始转动)，测量转向盘转角。

7.3 转向轮转角测量

7.3.1 被试车静止，转向轮处于直线行驶的静止状态。

7.3.2 转向盘(把)分别向左、右转至极限位置，测定转向轮的转角。

7.4 操纵力测量

7.4.1 制动器、离合器及其他操纵杆的操纵力测量

各操纵机构操纵力的测量，均是用不同型式的测力计进行的。测量时，被试三轮汽车处于静止状态，分别测量将各操纵机构平缓地移至其工作位置时所需的最小操纵力，着力点为驾驶员常规操纵位置的中点。

7.4.2 转向操纵力测量

首先在试验场地上画出如图1所示的行驶路线。测量时，三轮汽车以10 km/h的速度自*A*点开始，使其前轮沿曲线*ABCD*行驶，测量被试三轮汽车自*B*点到*C*点行驶期间作用在转向盘上的最大操纵力。测量应分别在向右转和向左转两种情况下各进行三次，分别取其平均值。向左转时，应沿一条与图1中*X*轴对称的路线行驶。

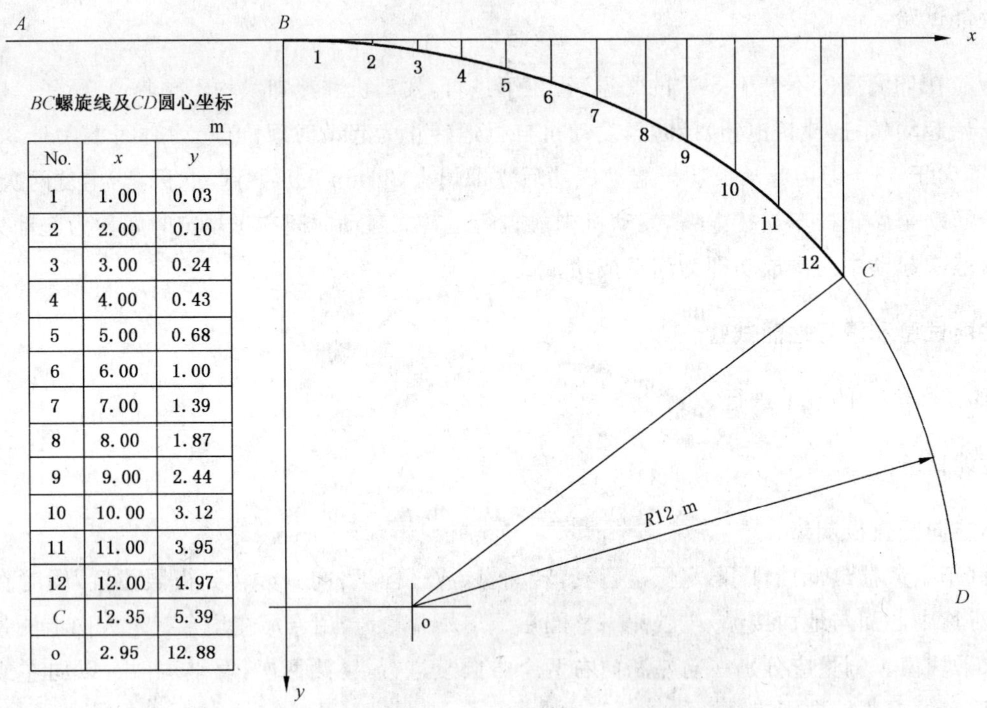

BC螺旋线及CD圆心坐标

m

No.	x	y
1	1.00	0.03
2	2.00	0.10
3	3.00	0.24
4	4.00	0.43
5	5.00	0.68
6	6.00	1.00
7	7.00	1.39
8	8.00	1.87
9	9.00	2.44
10	10.00	3.12
11	11.00	3.95
12	12.00	4.97
C	12.35	5.39
o	2.95	12.88

图 1 转向操纵力测量行驶轨迹示意图(右转)

8 制动性能试验

8.1 行车制动性能

8.1.1 在试验道路中段划出长 20 m、宽 2.5 m 的直线区段为测区，测区两端有适当长的距离使被试三轮汽车在抵达测区前能达到规定车速。

8.1.2 被试三轮汽车的制动鼓处于冷态(100 ℃以下)，被试三轮汽车以 20 km/h 的稳定车速沿测区中线直线行驶抵达测区后，迅速踩下离合器踏板和制动踏板紧急制动至完全停车，随后将变速杆挂空挡。测定并记录制动初速度和制动距离，同时测定制动踏板力。试验应往返各进行两次，取平均值。

制动试验过程中不应转动转向盘(或转向把)。

观察被试三轮汽车的任何部位是否超出试车道宽度。

8.2 驻车制动性能

被试三轮汽车空载开上坡度为 20%的平整、清洁、干燥的水泥或沥青路面制动停车。预先将测力装置套在驻车操纵手柄上测定制动操纵力，将驻车操纵手柄扳到最大工作位置，随后挂空挡，松开脚制动，发动机熄火，在后轮胎最大外径及与地面接触点处分别划出停车标志线，5 min 后测量后轮胎外径转动角位移及与地面的相对位移，然后被试三轮汽车调头 180°，重复上述试验。

8.3 行车制动与驻车制动的台试试验

按 GB 18320 的规定进行。

9 燃料消耗量试验

按 GB 21377 的规定进行。

10 环境污染测定

10.1 加速行驶车外噪声的测定按 GB 19757 的规定进行。

10.2 驾驶员操作位置处噪声的测定按 GB/T 19118 的规定进行。

10.3 自由加速烟度的测定按 GB 18322 的规定进行。

10.4 排气污染物排放按 GB 19756 的规定进行。

11 自卸货箱性能试验

对具有自卸货箱的三轮汽车,按 GB/T 23917 的规定进行。

12 其他专用功能装置的性能试验

对具有专用功能装置的三轮汽车,专用装置的性能试验方法按相关规定进行。

13 照明信号装置试验

按 GB/T 19119 的有关规定进行。

14 侧倾稳定角试验

按 GB/T 19133 的规定进行。

15 前照灯性能和安装试验

前照灯性能按 GB/T 19124 的规定进行。前照灯的安装要求按 GB/T 19119 中的规定方法进行。

16 后视镜试验

按 GB/T 19134 的规定进行。

17 电喇叭功能和声级试验

按 GB/T 19129 的规定进行。

18 内饰材料的阻燃性

按 GB 8410 的规定进行。

19 全封闭驾驶室淋雨试验

按 GB/T 23917 的规定进行。

20 可靠性行驶试验

可靠性行驶试验按 JB/T 50096 的规定进行。

ICS 91.120.10
Q 25

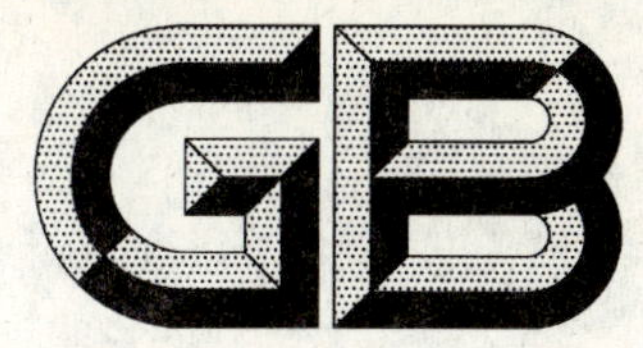

中华人民共和国国家标准

GB/T 23932—2009

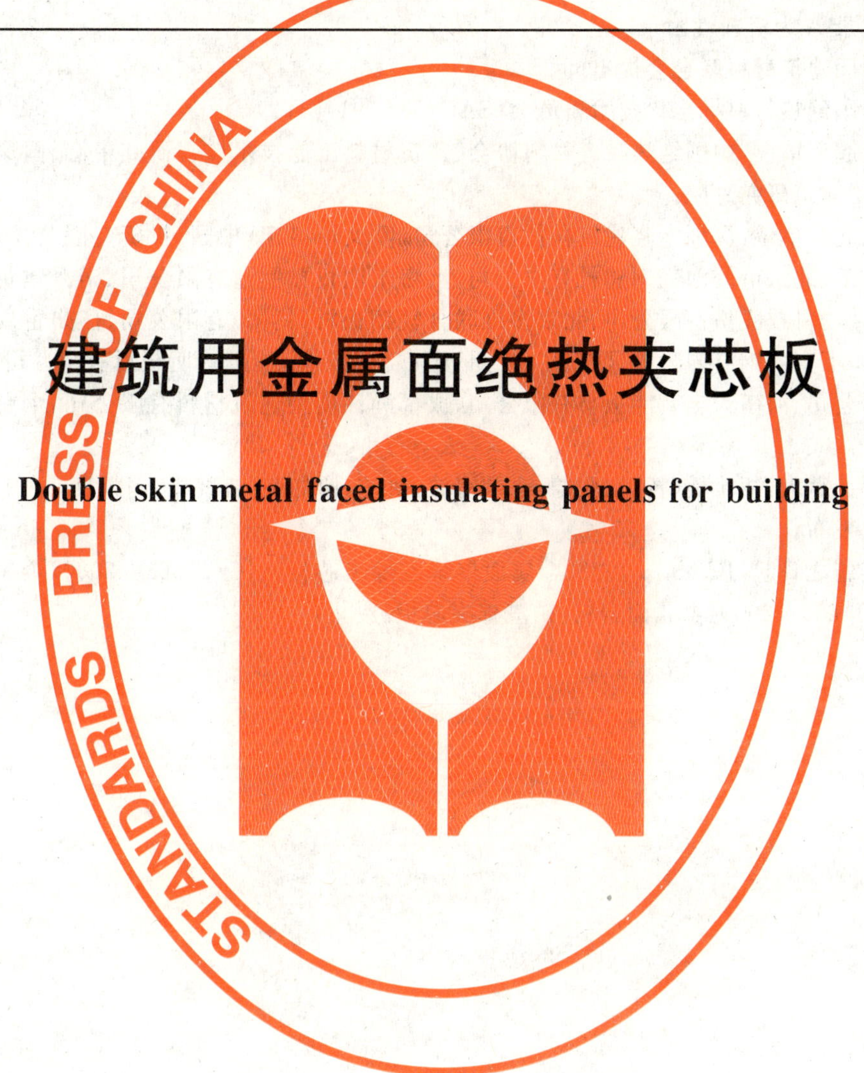

建筑用金属面绝热夹芯板

Double skin metal faced insulating panels for building

2009-06-09 发布　　2010-02-01 实施

中华人民共和国国家质量监督检验检疫总局
中国国家标准化管理委员会　发布

前　言

请注意本标准的某些内容有可能涉及专利。本标准的发布机构不应承担识别这些专利的责任。

本标准与 EN 14509:2006《工厂生产的自支撑双金属面绝热夹芯板》的一致程度为非等效。

本标准的附录 A 为资料性附录。

本标准由中国建筑材料联合会提出。

本标准由全国绝热材料标准化技术委员会(SAC/TC 191)归口。

本标准负责起草单位:中国绝热隔音材料协会、建筑材料工业技术监督研究中心、国家建筑材料测试中心、中冶集团建筑研究总院。

本标准参加起草单位:深圳赤晓建筑科技有限公司、欧文斯科宁(中国)投资有限公司、哈尔滨工业大学深圳研究生院、北京市北泡轻钢建材有限公司、上海永明机械制造有限公司、诺派建筑材料(上海)有限公司、浙江精功科技股份有限公司、北京多维联合轻钢板材(集团)有限公司、广州番禺广厦新型建材有限公司、山东汇金彩钢有限公司、西斯尔(广州)建材有限公司、上海新昕板材有限公司、上海顺宇彩钢结构制作有限公司、河南天丰节能板材有限公司、成都瀚江新型建筑材料有限公司、烟台万华聚氨酯股份有限公司。

本标准主要起草人:胡小媛、杨斌、张德信、刘海波、仇沱、谢如荣、查晓雄、高凯良。

本标准首次发布。

自本标准实施之日起,JC 689—1998《金属面聚苯乙烯夹芯板》、JC/T 868—2000《金属面硬质聚氨酯夹芯板》、JC/T 869—2000《金属面岩棉、矿渣棉夹芯板》废止。

建筑用金属面绝热夹芯板

1 范围

本标准规定了建筑用金属面绝热夹芯板(以下简称“夹芯板”)的术语和定义、分类与标记、要求、试验方法、检验规则、包装、运输与贮存。

本标准适用于工厂化生产的工业与民用建筑外墙、隔墙、屋面、天花板的夹芯板。其他夹芯板也可参照本标准使用。

2 规范性引用文件

下列文件中的条款通过本标准的引用而成为本标准的条款。凡是注日期的引用文件,其随后所有的修改单(不包括勘误的内容)或修订版均不适用于本标准,然而,鼓励根据本标准达成协议的各方研究是否可使用这些文件的最新版本。凡是不注日期的引用文件,其最新版本适用于本标准。

GB/T 4132 绝热材料及相关术语

GB 8624—2006 建筑材料及制品燃烧性能分级

GB/T 9978.1—2008 建筑构件耐火试验方法 第1部分:通用要求

GB/T 10801.1 绝热用模塑聚苯乙烯泡沫塑料

GB/T 10801.2 绝热用挤塑聚苯乙烯泡沫塑料(XPS)

GB/T 11835 绝热用岩棉、矿渣棉及其制品

GB/T 12754 彩色涂层钢板及钢带

GB/T 12755 建筑用压型钢板

GB/T 13350 绝热用玻璃棉及其制品

GB/T 13475 绝热 稳态传热性质的测定 标定和防护热箱法

GB/T 21558 建筑绝热用硬质聚氨酯泡沫塑料

3 术语和定义

GB/T 4132 确立的以及下列术语和定义适用于本标准。

3.1

夹芯板 sandwich panel

由双金属面和粘结于两金属面之间的绝热芯材组成的自支撑的复合板材。

3.2

金属面聚苯乙烯夹芯板 moulded polystyrene foam board (EPS) or rigid extruded polystyrene foam board (XPS) sandwich panel

以聚苯乙烯泡沫塑料为芯材的夹芯板制品。

3.3

金属面硬质聚氨酯夹芯板 rigid polyurethene foam (PUR or PIR) sandwich panel

以硬质聚氨酯泡沫塑料为芯材的夹芯板制品。

3.4

金属面岩棉、矿渣棉夹芯板 rock wool (RW) or slag wool (SW) sandwich panel

以岩棉带或矿渣棉带为芯材的夹芯板制品。

3.5

金属面玻璃棉夹芯板　glass wool (GW) sandwich panel

以玻璃棉带为芯材的夹芯板制品。

4　分类与标记

4.1　分类

4.1.1　产品按芯材分为:聚苯乙烯夹芯板、硬质聚氨酯夹芯板、岩棉、矿渣棉夹芯板、玻璃棉夹芯板四类。

4.1.2　按用途分为:墙板、屋面板二类。

4.2　标记与示例

产品应按以下方式进行标记:

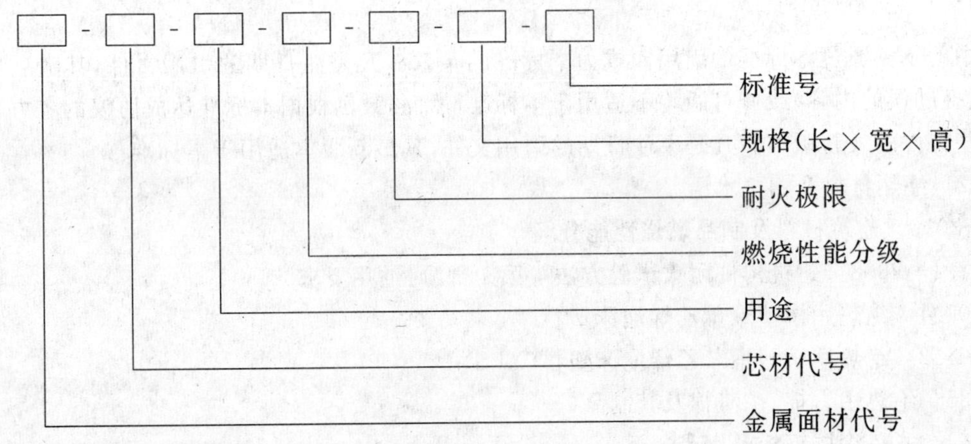

其中:

S——彩色涂层钢板;

EPS——模塑聚苯乙烯泡沫塑料;

XPS——挤塑聚苯乙烯泡沫塑料;

PU——硬质聚氨酯泡沫塑料;

RW——岩棉;

SW——矿渣棉;

GW——玻璃棉;

W——墙板;

R——屋面板。

长度、宽度和厚度以 mm 为单位,其中夹芯板的厚度以最薄处为准。耐火极限以 min 为单位。

示例:长度为 4 000 mm、宽度为 1 000 mm、厚度为 50 mm,燃烧性能分级为 A2 级,耐火极限为 60 min 的用作墙板的岩棉夹芯板可标记为:

S-RW-W- A2-60-4 000×1 000×50-GB/T 23932—2009

5　原材料

5.1　金属面材

5.1.1　彩色涂层钢板

彩色涂层钢板应符合 GB/T 12754,其中基板公称厚度不得小于 0.5 mm。

5.1.2　压型钢板

应符合 GB/T 12755 的要求,其中板的公称厚度不得小于 0.5 mm。

5.1.3 其他金属面材应符合相关标准的规定。

5.2 芯材

5.2.1 聚苯乙烯泡沫塑料

EPS应符合GB/T 10801.1的规定，其中EPS为阻燃型，并且密度不得小于18 kg/m³，导热系数不得大于0.038 W/(m·K)；XPS应符合GB/T 10801.2的规定。

5.2.2 硬质聚氨酯泡沫塑料

应符合GB/T 21558的规定，其中物理力学性能应符合类型Ⅱ的规定，并且密度不得小于38 kg/m³。

5.2.3 岩棉、矿渣棉

除热荷重收缩温度外，应符合GB/T 11835的规定，密度应大于等于100 kg/m³。

5.2.4 玻璃棉

除热荷重收缩温度外，应符合GB/T 13350的规定，并且密度不得小于64 kg/m³。

5.3 粘结剂

粘结剂应符合相关标准的规定。

6 要求

6.1 外观质量

应符合表1规定。

表1 外观质量

项目	要求
板面	板面平整；无明显凹凸、翘曲、变形；表面清洁、色泽均匀；无胶痕、油污；无明显划痕、磕碰、伤痕等。
切口	切口平直、切面整齐、无毛刺、面材与芯材之间粘结牢固、芯材密实。
芯板	芯板切面应整齐，无大块剥落，块与块之间接缝无明显间隙。

6.2 规格尺寸和允许偏差

6.2.1 规格尺寸

产品主要规格尺寸见表2。

表2 规格尺寸

单位为毫米

项目	聚苯乙烯夹芯板		硬质聚氨酯夹芯板	岩棉、矿渣棉夹芯板	玻璃棉夹芯板
	EPS	XPS			
厚度	50	50	50	50	50
	75	75	75	80	80
	100	100	100	100	100
	150			120	120
	200			150	150
宽度	900～1 200				
长度	≤12 000				
注：其他规格由供需双方商定。					

6.2.2 尺寸允许偏差

应符合表3的规定。

表 3 尺寸允许值

项目		尺寸/mm	允许偏差
厚度		≤100	±2 mm
		>100	±2%
宽度		900～1 200	±2 mm
长度		≤3 000	±5 mm
		>3 000	±10 mm
对角线差	长度	≤3 000	≤4 mm
	长度	>3 000	≤6 mm

6.3 物理性能

6.3.1 传热系数

应符合表 4 的规定。

表 4 传热系数

名　称		标称厚度/mm	传热系数 U/[W/(m² · K)] ≤
聚苯乙烯夹芯板	EPS	50	0.68
		75	0.47
		100	0.36
		150	0.24
		200	0.18
	XPS	50	0.63
		75	0.44
		100	0.33
硬质聚氨酯夹芯板	PU	50	0.45
		75	0.30
		100	0.23
岩棉、矿渣棉夹芯板	RW/SW	50	0.85
		80	0.56
		100	0.46
		120	0.38
		150	0.31
玻璃棉夹芯板	GW	50	0.90
		80	0.59
		100	0.48
		120	0.41
		150	0.33
注：其他规格可由供需双方商定，其传热系数指标按标称厚度以内差法确定。			

6.3.2 粘结性能

6.3.2.1 粘结强度

应符合表5规定。

表5 粘结强度

单位为兆帕

类别	聚苯乙烯夹芯板		硬质聚氨酯夹芯板	岩棉、矿渣棉夹芯板	玻璃棉夹芯板
	EPS	XPS			
粘结强度 ≥	0.10	0.10	0.10	0.06	0.03

6.3.2.2 剥离性能

粘结在金属面材上的芯材应均匀分布，并且每个剥离面的粘结面积应不小于85%。

6.3.3 抗弯承载力

夹芯板为屋面板时，夹芯板挠度为 $L_0/200$(L_0 为 3 500 mm)时，均布荷载应不小于 0.5 kN/m^2；

夹芯板为墙板时，夹芯板挠度为 $L_0/150$(L_0 为 3 500 mm)时，均布荷载应不小于 0.5 kN/m^2。

当有下列情况之一者时，应符合相关结构设计规范的规定：

a) L_0 大于 3 500 mm；

b) 屋面坡度小于 1/20；

c) 夹芯板作为承重结构件使用时。

附录A可作为挠度设计的参考。

6.4 防火性能

6.4.1 燃烧性能

燃烧性能按照GB 8624—2006分级。

6.4.2 耐火极限

岩棉、矿渣棉夹芯板，当夹芯板厚度小于等于80 mm时，耐火极限应大于等于30 min，当夹芯板厚度大于80 mm时，耐火极限应大于等于60 min。

7 试验方法

7.1 外观质量

在光线明亮的情况下，距试件1.0 m处对其进行目测检查，记录观察到的缺陷。

7.2 尺寸和允许偏差

7.2.1 规格尺寸

7.2.1.1 量具

7.2.1.1.1 钢卷尺 精度1 mm；

7.2.1.1.2 钢直尺 精度0.5 mm；

7.2.1.1.3 游标卡尺 精度0.05 mm；

7.2.1.1.4 外卡钳 精度0.02 mm。

7.2.1.2 试件

在放置至少24 h的产品中抽取试件。

7.2.1.3 试验步骤

将试件放置在至少有三个相等间距，具有硬质平滑表面的支撑物上。按图1所示在距板边100 mm处，和板宽度(长度)方向中间处用钢卷尺测量其长度、宽度。取3个测量值的算术平均值为测定结果，修约至1 mm。

单位为毫米

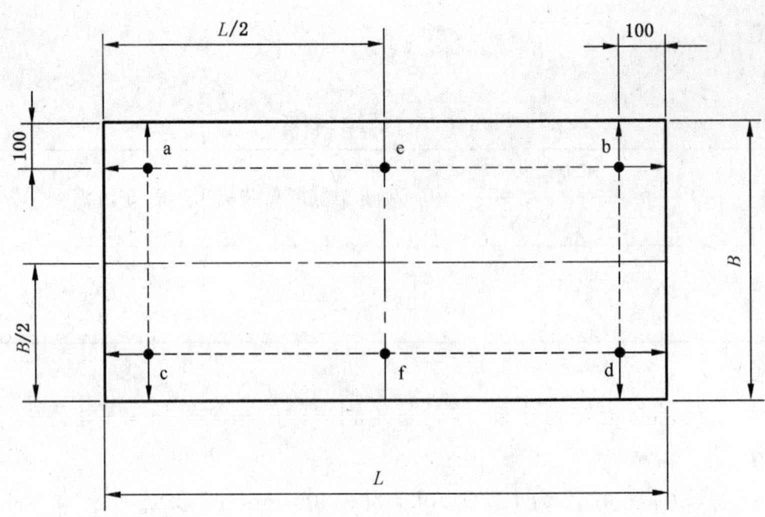

图 1 长度(*L*)、宽度(*B*)、厚度测量位置

按图 1 所示,在 a、b、c、d、e、f 点,用钢直尺和外卡钳配合或用游标卡尺测量其厚度。取 6 个测量值的算术平均值为测定结果,修约至 1 mm。

如果试件表面为压型钢板,测量应在厚度最薄处分别进行,记录应指明测量位置。

7.2.2 对角线差

用钢卷尺测量两条对角线长度,取其差值为测定结果,修约至 1 mm。

7.3 物理性能

7.3.1 传热系数

按 GB/T 13475 的规定进行。

7.3.2 粘结强度

7.3.2.1 试验机

量程 10 kN;测量精度 1 级。

7.3.2.2 试件

在对角线上距板端 100 mm 处及中间等距离切取 200 mm×200 mm 试件三块。

当压型板波谷宽度小于 200 mm 时,按实际宽度取样。

7.3.2.3 试验步骤

按图 2,将平钢板粘结到试件两面的面材上,并使试件中心轴和固定金属块的中心轴线重合。把试验装置放到试验机上,以(1.0±0.5)mm/min 的速度拉伸,记录最大荷载。当破坏位于芯材,应注明芯材破坏。读数精确至 10 N。

7.3.2.4 试验结果计算

每块试件粘结强度按式(1)计算:

$$A = \frac{P}{L \cdot W} \quad \cdots\cdots\cdots\cdots(1)$$

式中:

A——粘结强度,单位为兆帕(MPa);

P——试件面材与芯材脱离时最大荷载,单位为牛顿(N);

L——试件长度,单位为毫米(mm);

W——试件宽度,单位为毫米(mm)。

单位为毫米

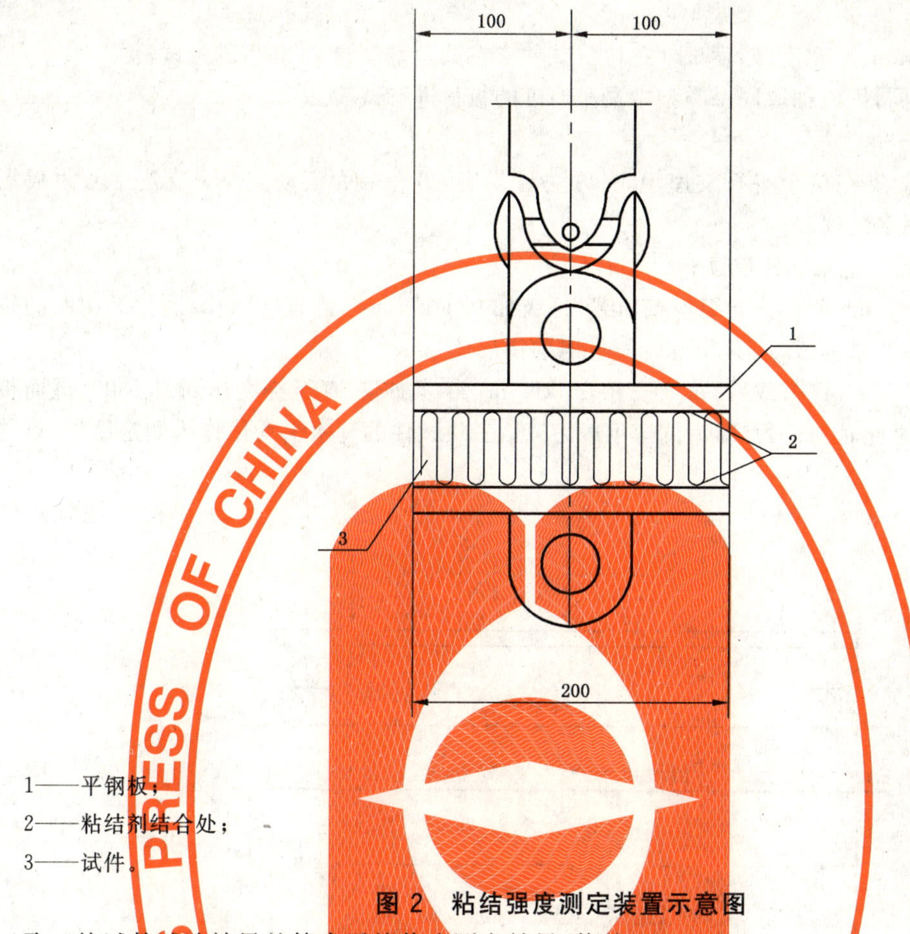

1——平钢板；

2——粘结剂结合处；

3——试件。

图 2 粘结强度测定装置示意图

取三块试件试验结果的算术平均值为测定结果，修约至 0.01 MPa。

7.3.3 剥离性能

7.3.3.1 试件

沿板材长度方向取三块试件，试件尺寸为：200 mm×原板宽×原板厚。

7.3.3.2 试验步骤

试件应在切取 1 h 后进行试验，分别将试件的上、下表面的面材与芯材用力撕开，用钢直尺测量未粘结部分的面积，直径小于 5 mm 的面积不进行测量。

7.3.3.3 试验结果计算

粘结面积与剥离面积的比值按式(2)计算：

$$S = \frac{F - \sum_{i=1}^{n} F_i}{F} \times 100 \qquad \cdots\cdots(2)$$

式中：

S——粘结面积与剥离面积的比值(%)；

F——每个剥离面的面积，单位为平方毫米(mm^2)；

F_i——每一块未粘结的面积，单位为平方毫米(mm^2)；

$\sum_{i=1}^{n} F_i$——未粘结面积之和，单位为平方毫米(mm^2)。

取三块试件试验结果的算术平均值为测定结果，修约至 1%。

压型板按实际粘结面积计算。

7.3.4 **抗弯承载力**

7.3.4.1 **试件**

取长度为3 700 mm，原宽度、厚度试件三块。试件应在试验室放置24 h后进行试验。

若夹芯板厚度不同，则应抽取同一类型中最小厚度的板材进行试验。

7.3.4.2 **试验步骤**

7.3.4.2.1 将试件简支在两个平行支座上，一端为铰支座，另一端为滚动支座。支座中心距板端为100 mm。按图3所示安装仪表；

7.3.4.2.2 空载2 min，记录初始数读；

7.3.4.2.3 将0.5 kN/m² 荷载分五级均布加载，每级加0.1 kN/m²，静置10 min后记录中间的位移量及支座的下沉量，一直加至0.5 kN/m²，计算此时的挠度值；

7.3.4.2.4 超过0.5 kN/m² 荷载后，每级按0.05 kN/m² 继续加载，直至挠度达到 $L_0/200$（屋面板），或 $L_0/150$（墙板），记录此时的荷载，即为抗弯承载力。取三块试件的算术平均值作为测定结果，修约至0.01 kN/m²。

单位为毫米

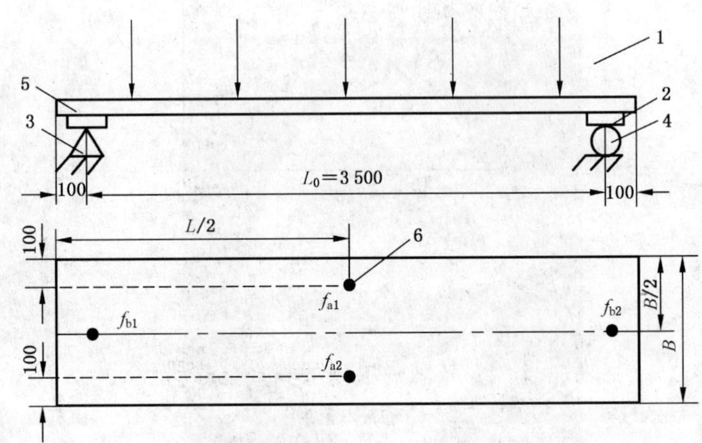

1——均布荷载；

2——支座承压板（宽100 mm，厚6 mm～15 mm钢板）；

3——铰支座；

4——滚动支座；

5——试件；

6——百分表 f_{a1}，f_{a2}，f_{b1}，f_{b2}。

图3 均布承载力法测定试件抗弯承载力与挠度示意图

7.3.4.3 **试验结果计算**

挠度按式(3)计算：

$$a = f_a - f_b \qquad \cdots\cdots(3)$$

式中：

a——试件的挠度，单位为毫米(mm)；

f_a——抗弯承载力试验时，试件跨中的平均位移量，$f_a=\frac{f_{a1}+f_{a2}}{2}$，单位为毫米(mm)；

f_{a1}，f_{a2}——抗弯承载力试验时，试件中间两点的位移量，单位为毫米(mm)；

f_b——抗弯承载力试验时，支座的平均下沉量，$f_b=\frac{f_{b1}+f_{b2}}{2}$，单位为毫米(mm)；

f_{b1}，f_{b2}——抗弯承载力试验时，两个支座的下沉量，单位为毫米(mm)。

7.4 防火性能

7.4.1 燃烧性能

按照 GB 8624—2006 进行分级。

7.4.2 耐火极限

按照 GB/T 9978.1—2008 进行。

8 检验规则

8.1 检验分类

出厂检验与型式检验。

8.2 出厂检验

产品出厂时必须进行出厂检验,检验项目包括外观、尺寸偏差、剥离性能、抗弯承载力。

8.3 型式检验

型式检验项目包括技术要求中的全部项目。有下列情况之一时,应进行型式检验:

a) 新产品投产、定型鉴定时;

b) 正常生产时,每一年进行一次;防火性能试验每两年进行一次;

c) 原材料、工艺等发生较大变动时;

d) 停产半年以上,恢复生产时;

e) 出厂检验结果与上次型式检验结果有较大差异时。

8.4 组批与抽样

8.4.1 组批

以同一原材料、同一生产工艺、同一厚度,稳定连续生产的产品为一个检验批。

8.4.2 抽样

8.4.2.1 外观与尺寸偏差按表 6 抽样。

表 6 外观与尺寸偏差抽样方案

批量 N/块	样本/次	样本大小		合格判定数		不合格判定数	
		第一次	第二次	Ac_1	Ac_2	Re_1	Re_2
≤50	1	2		0		2	
	2		2		1		2
51～90	1	3		0		2	
	2		3		1		2
91～150	1	5		0		2	
	2		5		1		2
151～280	1	8		0		2	
	2		8		1		2
281～500	1	13		0		3	
	2		13		3		4
501～1 200	1	20		1		3	
	2		20		4		5

表 6（续）

批量 N/块	样本/次	样本大小		合格判定数		不合格判定数	
		第一次	第二次	Ac_1	Ac_2	Re_1	Re_2
1 201～3 200	1	32		2		5	
	2		32		6		7
3 201～10 000	1	50		3		6	
	2		50		9		10
试件应从生产后放置 24 h 后的检验批量中随机抽取。							

8.4.2.2　物理性能从外观与尺寸偏差检验合格的试件中分别抽取。

8.4.2.3　抗弯承载力的试件应从同一原材料、同一生产工艺、不同规格的产品中抽取其厚度最小的产品进行试验。

8.5　判定规则

8.5.1　外观与尺寸偏差

若检验结果外观质量与尺寸偏差均符合 6.1、6.2 规定，则判定该试件合格；若有一项不符合标准，则判定该试件不合格。

若一个检验批的样本中，不合格试件数不超过 Ac_1，则判该批产品外观与尺寸偏差合格；如不合格试件数等于大于 Re_1，则判该批产品外观与尺寸偏差不合格。

若样本中不合格试件数大于 Ac_1，小于 Re_1，则抽取第二样本再检验。若检验结果累计不合格试件数小于、等于 Ac_2、则判该批产品外观与尺寸偏差合格；若等于大于 Re_2，则判该批产品外观与尺寸偏差不合格。

8.5.2　物理性能

8.5.2.1　试验结果均符合 6.3 的规定，则该批产品物理性能合格，否则判为不合格。

8.5.2.2　同一类型的板材中，抗弯承载力的试验结果适用于大于等于所测厚度的产品。

8.5.3　总判定

若要求的试验结果均符合第 6 章的规定，则判该批产品合格。

9　标志、包装、运输与贮存

9.1　标志

应包括以下内容：

a)　产品名称、商标；

b)　生产企业名称、地址、邮编、电话；

c)　生产日期或批号；

d)　产品标记；

e)　彩色涂层钢板厚度、芯材密度；

f)　“注意防潮”、“防火”指示标记。

9.2　包装

9.2.1　散装按板长分类，角铁护边，用绳固定。

9.2.2　箱装用型钢及金属薄板或木板等材料作包装箱。

9.2.3　包装箱高度不宜超过 2.0 m。

9.2.4　夹芯板之间宜衬垫聚乙烯膜或牛皮纸隔离，外表面宜覆保护膜。

9.3　运输

9.3.1　产品可用汽车、火车、船舶或集装箱运输，汽车可以散装运输，其他运输工具应箱装或捆装运输。

9.3.2 运输过程中，应注意防水，避免受压或机械损伤，严禁烟火。

9.4 贮存

9.4.1 应在干燥、通风的仓库内贮存。露天贮存，需采取防雨措施。

9.4.2 贮存场地应坚实、平整、散装堆放高度不宜超过 2.0 m。堆底应用垫木或泡沫板铺垫，垫木间距不大于 2.0 m。

9.4.3 贮存时远离热源、火源，不得与化学药品接触。

附 录 A
(资料性附录)
均布面荷载作用下简支板的跨中挠度计算公式

A.1 均布面荷载作用下单跨简支板的跨中挠度计算公式

$$f=\frac{5pWL_0^4}{384EI}+\frac{K\beta pWL_0^2}{8GA}=\left(6.2\times10^{-8}\frac{L_0^2}{I}+1.5\times10^{-1}\frac{\beta}{GA}\right)pWL_0^2 \quad \cdots\cdots(A.1)$$

$$\beta=R_1\left(\frac{D}{100}\right)^2+R_2\frac{D}{100}+R_3\cdot d+R_4 \quad \cdots\cdots(A.2)$$

式中：

f——正常使用阶段的挠度，单位为毫米(mm)；

p——板面荷载标准值；单位为兆牛每平方米(MN/m^2)；

W——夹芯板宽度；单位为毫米(mm)；

L_0——夹芯板跨度；单位为毫米(mm)；

E——金属面材的弹性模量；按 2.10×10^5 MPa；

I——上下金属面对中和轴的惯性矩；单位为毫米^4(mm^4)；可通过力学计算或其他如CAD方法精确得到，也可通过下面给出的一种近似方法中公式(A.2)近似计算；

K——剪应力不均匀系数，对于常见板型取6/5；

β——剪力分配系数(指夹芯材料承担剪力占总剪力的百分比)，计算参见公式(A.2)；

d——钢板厚度，单位为毫米(mm)，对于上下钢板不一样厚取平均值；

R_1、R_2、R_3、R_4——系数，取值参看表A.1；

G——芯材的剪切模量，取值参看表A.2；单位MPa；

A——芯材的截面面积；单位为平方毫米(mm^2)；可以近似按 $A=W(D+\Delta h)$，D 为芯材厚度，单位为毫米(mm)；Δh 为屋面板上钢板形心轴到底面位置距离，单位为毫米(mm)。其常见屋面板型 Δh 可保守取值为8.057 5 mm，见图A.1。

表 A.1 系数 R_1、R_2、R_3、R_4 取值表

板型	R_1	R_2	R_3	R_4	
				聚苯乙烯、聚氨酯	岩棉、矿渣棉、玻璃棉
墙面板	0.08	0.021	−0.08	0.72	0.63
屋面板	−0.20	0.670	−0.20	0.25	0.22

表 A.2 芯材的剪切模量 G 取值表

芯材	剪切模量/MPa	芯材	剪切模量/MPa
聚氨酯	$1.725\times(\rho/38)^2$	岩棉、矿渣棉	$1.294\times\rho/100$
聚苯乙烯	$2.07\times(\rho/17.8)^2$	玻璃棉	$2.682\times\rho/100$
注：其中 ρ 为芯材密度，单位为千克每立方米(kg/m^3)。			

上下钢板对夹芯板中和轴惯性矩的近似计算公式：

$$I=\frac{A_uA_d}{A_u+A_d}(D+\Delta h)^2 \quad \cdots\cdots(A.3)$$

式中：

I——上下金属面对中和轴的惯性矩；单位为四次方毫米(mm^4)；

A_u——上钢板的截面面积，单位为平方毫米(mm^2)；

A_d——下钢板的截面面积，单位为平方毫米(mm^2)；

D——夹芯板厚度，单位为毫米(mm)；

Δh——屋面板上钢板形心轴到底面位置距离，单位为毫米(mm)；其常见屋面板型可取值为 8.057 5 mm，见图 A.1。

单位为毫米

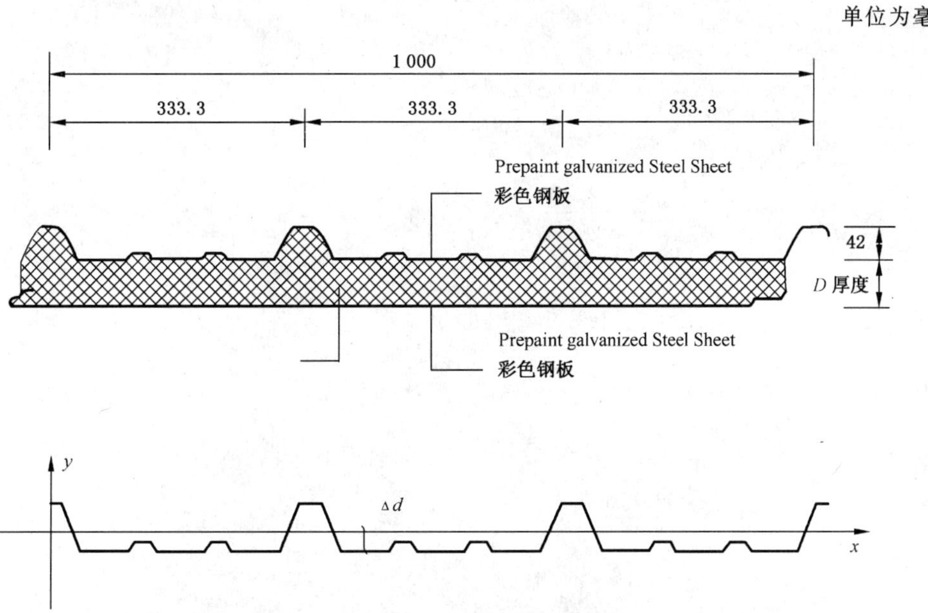

图 A.1 常见屋面板上钢板形心轴到底面位置距离

A.2 均布面荷载作用下单跨简支板的抗弯承载力计算公式

夹芯板的抗弯承载力主要由正常使用状态时变形控制，当受均布面荷载作用时，单跨夹芯板的抗弯承载力可按式(A.4)计算：

$$p=\frac{f}{\frac{5WL_0^4}{384EI}+\frac{K\beta WL_0^2}{8GA}}=\frac{f}{\left(6.4\times10^{-11}\frac{L_0^2}{I}+1.5\times10^{-4}\frac{\beta}{GA}\right)WL_0} \qquad \cdots\cdots\cdots(A.4)$$

式中各参数的意义及取值同公式(A.1)。

A.3 均布面荷载作用下多跨板的抗弯承载力计算

由于夹芯板承载力受变形共同控制，且剪切变形较大，而多跨板中间支座处承受剪力和弯矩都最大，在荷载早期板跨中挠度很小时就发生破坏，多跨板转变成多个按单跨板，故其最终抗弯承载力可以按均布面荷载作用下单跨简支板抗弯承载力公式(A.4)计算，大量的试验结果证明计算结果偏于安全。

ICS 91.100.10
Q 11

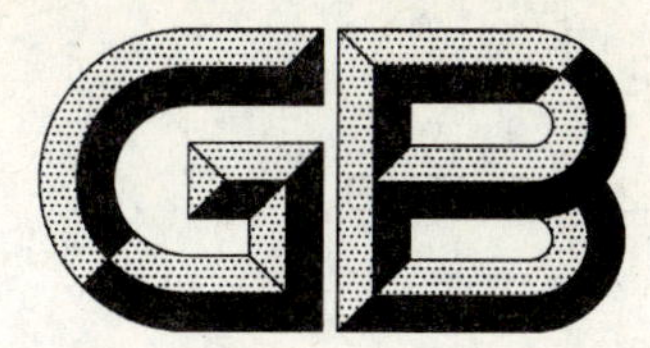

中华人民共和国国家标准

GB/T 23933—2009

镁渣硅酸盐水泥

Magnesium slag portland cement

2009-06-09 发布　　2009-09-01 实施

中华人民共和国国家质量监督检验检疫总局
中国国家标准化管理委员会　发布

前言

本标准附录A为规范性附录。

本标准由中国建筑材料联合会提出。

本标准由全国水泥标准化技术委员会(SAC/TC 184)归口。

本标准负责起草单位：中国建筑材料科学研究总院、山西广灵精华化工集团有限公司、山东丛林集团有限公司、厦门艾思欧标准砂有限公司。

本标准参加起草单位：山西双良水泥有限公司、冀东海天水泥闻喜有限责任公司、宁夏华源冶金实业有限公司、山西中条山新型建材公司。

本标准主要起草人：江丽珍、张秋英、张富、刘晨、宋立春、杨富青、仝重贵、安学利、董长佳、李虎森、于云利、李逸、马兆模。

本标准为首次发布。

镁渣硅酸盐水泥

1 范围

本标准规定了镁渣硅酸盐水泥的术语和定义、组分、材料、强度等级、技术要求、试验方法、检验规则和包装、标志、运输与贮存。

本标准适用于镁渣硅酸盐水泥。

2 规范性引用文件

下列文件中的条款通过本标准的引用而成为本标准的条款。凡是注日期的引用文件，其随后所有的修改单(不包括勘误的内容)或修订版均不适用于本标准，然而，鼓励根据本标准达成协议的各方研究是否可使用这些文件的最新版本。凡是不注日期的引用文件，其最新版本适用于本标准。

GB/T 176 水泥化学分析方法

GB/T 203 用于水泥中的粒化高炉矿渣

GB/T 750 水泥压蒸安定性试验方法

GB/T 1345 水泥细度检验方法 筛析法

GB/T 1346 水泥标准稠度用水量、凝结时间、安定性检验方法(GB/T 1346—2001,eqv ISO 9597:1989)

GB/T 1596 用于水泥和混凝土中的粉煤灰

GB/T 2419 水泥胶砂流动度测定方法

GB/T 2847 用于水泥中的火山灰质混合材料

GB/T 5483 天然石膏

GB 6566 建筑材料放射性核素限量

GB 9774 水泥包装袋

GB/T 12573 水泥取样方法

GB/T 12957 用作水泥混合材的工业废渣活性试验方法

GB/T 12960 水泥组分的定量测定

GB/T 17671 水泥胶砂强度检验方法(ISO法)(GB/T 17671—1999,idt ISO 679:1989)

GB/T 18046 用于水泥和混凝土中的粒化高炉矿渣粉

GB/T 21371 用于水泥中的工业副产石膏

JC/T 667 水泥助磨剂

3 术语和定义

下列术语和定义适用于本标准。

3.1

镁渣 magnesium slag

冶炼金属镁时产生的以硅酸盐矿物为主要成分的工业废渣。

3.2

镁渣硅酸盐水泥 magnesium slag portland cement

以硅酸盐水泥熟料、适量的石膏及规定的镁渣等混合材料制成的水硬性胶凝材料称为镁渣硅酸盐水泥，代号P·M。

4 组分

镁渣硅酸盐水泥的组分及代号应符合表1的规定。

表1

%

品种	代号	组分(质量分数)				
		熟料+石膏	镁渣	粒化高炉矿渣[a]	火山灰质混合材料[a]	粉煤灰[a]
镁渣硅酸盐水泥	P·M	≥67且≤80	≥12且≤25	≤8		
[a] 本组分材料为符合本标准第5.2条的活性混合材料或符合本标准第5.3条的非活性混合材料。						

5 材料

5.1 石膏

5.1.1 天然石膏

符合GB/T 5483中规定的G类或M类二级(含)以上的石膏或混合石膏。

5.1.2 工业副产石膏

符合GB/T 21371的规定。

5.2 活性混合材料

符合GB/T 203、GB/T 18046、GB/T 1596、GB/T 2847要求的粒化高炉矿渣、粒化高炉矿渣粉、粉煤灰、火山灰质混合材料。

5.3 非活性混合材料

活性指标分别低于GB/T 203、GB/T 18046、GB/T 1596、GB/T 2847要求的粒化高炉矿渣、粒化高炉矿渣粉、粉煤灰、火山灰质混合材料。

5.4 镁渣

镁渣应符合附录A中的规定。

5.5 助磨剂

水泥粉磨时允许加入助磨剂,其加入量应不大于水泥质量的0.5%,助磨剂应符合JC/T 667的规定。

6 强度等级

镁渣硅酸盐水泥的强度等级分为32.5、32.5R、42.5、42.5R、52.5、52.5R六个等级。

7 技术要求

7.1 化学指标

镁渣硅酸盐水泥化学指标应符合表2规定。

表2

%

指标	三氧化硫(质量分数)	氧化镁(质量分数)	氯离子(质量分数)
要求	≤3.5	≤6.0	≤0.06[a]
[a] 当有更严格要求时,该指标由买卖双方确定。			

7.2 碱含量(选择性指标)

水泥中碱含量按$Na_2O+0.658K_2O$计算值表示。若使用活性骨料,用户要求提供低碱水泥时,水泥中的碱含量应不大于0.60%或由买卖双方协商确定。

7.3 物理指标

7.3.1 凝结时间

初凝不小于45 min,终凝不大于600 min。

7.3.2 压蒸安定性

压蒸膨胀率不大于0.5%。

7.3.3 强度

各龄期强度应符合表3的规定。

表 3

单位为兆帕

强度等级	抗压强度		抗折强度	
	3 d	28 d	3 d	28 d
32.5	≥10.0	≥32.5	≥2.5	≥5.5
32.5R	≥15.0		≥3.5	
42.5	≥15.0	≥42.5	≥3.5	≥6.5
42.5R	≥19.0		≥4.0	
52.5	≥21.0	≥52.5	≥4.0	≥7.0
52.5R	≥23.0		≥4.5	

7.3.4 细度(选择性指标)

以筛余表示,80 μm方孔筛筛余不大于10%或45 μm方孔筛筛余不大于30%。

8 试验方法

8.1 组分

由生产者按GB/T 12960中的基准法或选择准确度更高的方法进行。在正常生产情况下,生产者应至少每月对水泥组分进行校核,年平均值应符合本标准第4章的规定,单次检验值应不超过本标准规定最大限量的2%。

为保证组分测定结果的准确性,生产者应采用适当的生产程序和适宜的方法对所选方法的可靠性进行验证,并将经验证的方法形成文件。

8.2 三氧化硫、氧化镁、氯离子和碱含量

按GB/T 176进行。

8.3 凝结时间

按GB/T 1346进行。

8.4 压蒸安定性

按GB/T 750进行。

8.5 强度

按GB/T 17671进行。其用水量按0.50水灰比和胶砂流动度不小于180 mm来确定。当流动度小于180 mm时,须以0.01的整倍数递增的方法将水灰比调整至胶砂流动度不小于180 mm。

胶砂流动度试验按GB/T 2419进行,其中胶砂制备按GB/T 17671进行。

8.6 细度

按GB/T 1345进行。

9 检验规则

9.1 编号

水泥出厂前按同强度等级编号和取样。袋装水泥和散装水泥应分别进行编号和取样。每一编号为

一取样单位。水泥出厂编号按年生产能力规定为：

60×10^4 t～120×10^4 t,不超过 1 000 t 为一编号；

30×10^4 t～60×10^4 t,不超过 600 t 为一编号；

10×10^4 t～30×10^4 t,不超过 400 t 为一编号；

10×10^4 t 以下,不超过 200 t 为一编号。

9.2 取样

取样方法按 GB/T 12573 进行。可连续取,亦可从 20 个以上不同部位取等量样品,总量至少 12 kg。当散装水泥运输工具的容量超过该厂规定出厂编号吨数时,允许该编号的数量超过取样规定吨数。

9.3 水泥出厂

待出厂水泥压蒸安定性经检验合格,出厂水泥经确认各项技术指标及包装质量符合要求时方可出厂。

9.4 出厂检验

出厂检验项目为 7.1、7.3.1、7.3.2、7.3.3。

9.5 判定规则

9.5.1 检验结果符合本标准 7.1、7.3.1、7.3.2、7.3.3 为合格品。

9.5.2 检验结果不符合本标准 7.1、7.3.1、7.3.2、7.3.3 中的任何一项要求为不合格品。

9.6 检验报告

检验报告内容应包括出厂检验项目、细度、混合材料品种和掺加量、石膏和助磨剂的品种及掺加量、属旋窑或立窑生产及合同约定的其他技术要求。当用户需要时,生产者应在水泥发出之日起 7 d 内寄发除 28 d 强度以外的各项检验结果,32 d 内补报 28 d 强度的检验结果。

9.7 交货与验收

9.7.1 交货时水泥的质量验收可抽取实物试样以其检验结果为依据,也可以生产者同编号水泥的检验报告为依据。采取何种方法验收由买卖双方商定,并在合同或协议中注明。卖方有告知买方验收方法的责任。当无书面合同或协议,或未在合同、协议中注明验收方法的,卖方应在发货票上注明"以本厂同编号水泥的检验报告为验收依据"字样。

9.7.2 以抽取实物试样的检验结果为验收依据时,买卖双方应在发货前或交货地共同取样和签封。取样方法按 GB/T 12573 进行,取样数量为 24 kg,缩分为二等份。一份由卖方保存 40 d,一份由买方按本标准规定的项目和方法进行检验。

在 40 d 以内,买方检验认为产品质量不符合本标准要求,而卖方又有异议时,则双方应将卖方保存的另一份试样送省级或省级以上国家认可的水泥质量监督检验机构进行仲裁检验。水泥安定性仲裁检验时,应在取样之日起 10 d 以内完成。

9.7.3 以生产者同编号水泥的检验报告为验收依据时,在发货前或交货时买方在同编号水泥中取样,双方共同签封后由卖方保存 90 d,或认可卖方自行取样、签封并保存 90 d 的同编号水泥的封存样。

在 90 d 内,买方对水泥质量有疑问时,则买卖双方应将共同认可的试样送省级或省级以上国家认可的水泥质量监督检验机构进行仲裁检验。

10 包装、标志、运输与贮存

10.1 包装

水泥可以散装或袋装,袋装水泥每袋净含量为 50 kg,且应不少于标志质量的 99%;随机抽取 20 袋总质量(含包装袋)应不少于 1 000 kg。其他包装形式由供需双方协商确定,但有关袋装质量要求,应符合上述规定。水泥包装袋应符合 GB 9774 的规定。

10.2 标志

水泥包装袋上应清楚标明:执行标准、水泥品种、代号、强度等级、生产者名称、生产许可证标志(QS)及编号、出厂编号、包装日期、净含量。包装袋两侧印刷水泥品种、代号和强度等级,两侧印刷采用黑色或蓝色。

散装发运时应提交与袋装标志相同内容的卡片。

10.3 运输与贮存

水泥在运输与贮存时不得受潮和混入杂物,不同品种和强度等级的水泥在贮运中避免混杂。

附　录　A
（规范性附录）
用于水泥中的镁渣

A.1　范围

本附录规定了镁渣的技术要求、试验方法和检验规则。

A.2　技术要求

A.2.1　氧化镁

氧化镁含量(质量分数)≤8.0%。

A.2.2　28 d 活性指数

28 d 活性指数≥70%。

A.2.3　放射性

放射性合格。

A.3　试验方法

A.3.1　氧化镁

按 GB/T 176 进行。

A.3.2　28 d 活性指数

按 GB/T 12957 中 28 d 抗压强度比试验方法进行。

A.3.3　放射性

按 GB 6566 进行。

A.4　检验规则

A.4.1　编号和取样

每 400 t 为一个编号。从堆场 20 个以上不同部位取等量镁渣总量不少于 24 kg，混合均匀后用四分法缩分，样品重量不少于 6 kg。

A.4.2　检验

A.4.2.1　常规检验

常规检验项目为本附录 A.2.1、A.2.2。

A.4.2.2　型式检验

型式检验项目为本附录 A.2 全部技术要求。

A.4.2.3　有下列情况之一应进行型式检验：

——冶炼镁渣原料、工艺有较大改变，可能影响镁渣性能时；

——正常生产时，每年检验一次；

——常规检验结果与上次型式检验有较大差异时；

——国家质量监督机构提出型式检验的要求时。

A.4.3　判定规则

A.4.3.1　常规检验结果符合本附录 A.2.1、A.2.2 技术要求时，判为常规检验合格。

A.4.3.2　常规检验结果不符合本附录 A.2.1、A.2.2 任一条技术要求时，判为常规检验不合格，该镁渣不能用作水泥混合材。

A.4.3.3 型式检验结果符合本附录 A.2 全部技术要求时，判为型式检验合格。

A.4.3.4 型式检验结果不符合本附录 A.2 中任一条技术要求时，判为型式检验不合格，该镁渣不能用作水泥混合材。

A.5 运输与贮存

镁渣在运输与贮存时不得与其他材料混装，车皮和车厢应打扫干净，以免混入杂质。